Physik mit Python

Oliver Natt

Physik mit Python

Simulationen, Visualisierungen
und Animationen von Anfang an

2. Auflage

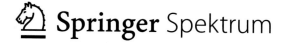 Springer Spektrum

Oliver Natt
Technische Hochschule Nürnberg
Georg Simon Ohm
Nürnberg, Deutschland

ISBN 978-3-662-66453-7   ISBN 978-3-662-66454-4 (eBook)
https://doi.org/10.1007/978-3-662-66454-4

Die Deutsche Nationalbibliothek verzeichnet diese Publikation in der Deutschen Nationalbibliografie;
detaillierte bibliografische Daten sind im Internet über http://dnb.d-nb.de abrufbar.

Planung/Lektorat: Gabriele Ruckelshausen
Springer Spektrum ist ein Imprint der eingetragenen Gesellschaft Springer-Verlag GmbH, DE und ist ein
Teil von Springer Nature.
Die Anschrift der Gesellschaft ist: Heidelberger Platz 3, 14197 Berlin, Germany

Vorwort

Es ist weitgehend unbestritten, dass der Computer zu einem nahezu unverzichtbaren Werkzeug in den Ingenieur- und Naturwissenschaften geworden ist, und auch in den allgemeinbildenden Schulen wird mit größer werdendem Druck eine Digitalisierung des Unterrichts gefordert. An Universitäten und Hochschulen werden schon seit längerer Zeit viele Lehrveranstaltungen über Physik durch Computergrafiken, -animationen und -simulationen ergänzt. Dabei werden die oftmals schönen Animationen zwar von den Studierenden mit Begeisterung aufgenommen, der Erkenntnisgewinn durch das bloße Betrachten der Animationen ist dagegen oft gering.

Im Gegensatz dazu berichten Lehrende immer wieder, dass sie selbst beim Erstellen der Animationen und Grafiken erstaunlich viel hinzulernen. Es klingt daher verlockend, entsprechende Programmieraufgaben zu stellen, damit nicht dem Lehrenden, sondern den Studierenden dieser Lernerfolg zuteilwird. Leider scheitert dies oft an den Programmierkenntnissen. Die Tatsache, dass unser Alltag in hohem Maße von digitalen Geräten durchdrungen ist, darf nicht darüber hinwegtäuschen, dass die wenigsten Studierenden zu Beginn ihres Studiums mit irgendeiner Programmiersprache wirklich so vertraut sind, dass sie diese auf Anhieb dazu verwenden können, um ein gegebenes Problem zu lösen. Es stellt sich somit die Frage nach einem geeigneten didaktischen Ansatz, um in die Benutzung des Computers zur Lösung von naturwissenschaftlich-technischen Fragestellungen einzuführen.

Ein sicherlich extremer Standpunkt, der zum Teil in den Ingenieurwissenschaften vertreten wird, geht davon aus, dass es völlig ausreichend sei, wenn man die entsprechenden Simulationsprogramme bedienen kann. Es zeigt sich allerdings immer wieder, dass die meisten Menschen mit professionellen Simulationsprogrammen völlig überfordert sind, wenn sie nicht wenigstens eine grobe Idee davon haben, wie die Programme eigentlich funktionieren.

Der andere Standpunkt, der in vielen Büchern über Computerphysik oder Computational Physics vertreten wird, besteht darin, dass man zunächst einmal jede einzelne numerische Methode von der Pike auf lernen muss, bevor man diese sinnvoll anwenden kann. Es ist unbestritten wichtig, sich mit den numerischen Methoden tiefgehend auseinanderzusetzen, wenn man ernsthaft Computerphysik betreiben möchte. Für viele Studierende ist dies aber kein geeigneter Einstieg, da man auf diese Weise erst relativ spät dazu in der Lage ist, komplexere physikalische Probleme zu bearbeiten.

Vergleichen wir die Situation einmal mit einem völlig anderen Lehrgebiet: In der Schulmathematik wird das Rechnen mit reellen Zahlen ganz intuitiv gelehrt. Es würde sicherlich niemand auf die Idee kommen, den ersten Kontakt mit den reellen Zahlen über eine axiomatische Einführung herzustellen. Genauso sollte man beim wissenschaftlichen Rechnen zunächst einmal Problemlösungsstrategien verinnerlichen. Man benötigt einen intuitiven Zugang dafür, wie man überhaupt ein physikalisches Problem in ein Computerprogramm übersetzen kann, sowie einige Erfahrungen, wie man die Ergebnisse der eigenen Computerprogramme auf Plausibilität überprüfen kann. Man muss wissen, wie man die Ergebnisse der eigenen Programme grafisch ansprechend aufbereitet, und nicht zuletzt muss man eine geeignete Programmiersprache beherr-

schen. Erst danach kann man (und dann sollte man auch) tiefer einsteigen und sich
intensiver mit der zugrunde liegenden numerischen Mathematik beschäftigen.

An der TH Nürnberg erhalten die Studierenden des Studiengangs »Angewandte
Mathematik und Physik« bereits in den ersten beiden Semestern eine grundlegende
Einführung in Programmiertechniken. Im dritten Semester wird ein Simulationsseminar
angeboten, in dem die Studierenden während eines Semesters – meistens in einer
Zweiergruppe – an einem Simulationsthema arbeiten. Die dabei von den Studierenden
erzielten Ergebnisse begeistern immer wieder aufs Neue, und auch die Studierenden
geben sehr viele positive Rückmeldungen zu dieser Lehrveranstaltung, die oft noch am
Ende des Bachelorstudiums als ein »Highlight des Studiengangs« bezeichnet wird.

Dieses Buch soll mehr Studierende für das Thema Computerphysik begeistern,
indem die oben beschriebene inhaltliche und didaktische Herangehensweise weiterver-
folgt wird. Anhand typischer Fragestellungen aus der klassischen Mechanik wird ein
praxisorientierter Einstieg in das Thema Computersimulationen gegeben.

An dieser Stelle möchte ich mich bei Frau Anja Dochnal und Frau Anja Groth für
die gute Betreuung vonseiten des Springer-Verlages sowie bei Frau Margit Maly für
die vielen hilfreichen Diskussionen bedanken. Ein besonderer Dank gebührt darüber
hinaus den Kolleginnen und Kollegen der Fakultät »Angewandte Mathematik, Physik
und Allgemeinwissenschaften« der TH Nürnberg, die mir durch Entlastung bei einigen
Lehrveranstaltungen den Freiraum zum Schreiben dieses Buches gewährt haben. Nicht
zuletzt möchte ich mich bei meinen Studenten, Frau Anja Mödl und Herrn Andreas
Nachtmann, sowie bei Fabian Steinmeyer für das Durcharbeiten des Manuskripts und
viele hilfreiche Vorschläge bedanken.

Gegenüber der ersten Auflage dieses Buchs wurden einige Fehler beseitigt, und an
zahlreichen Stellen wurden kleinere Ergänzungen und Verbesserungen vorgenommen.
Bei den vielen Leserinnen und Lesern der ersten Auflage bedanke ich mich ganz herz-
lich für die entsprechenden Hinweise. Darüber hinaus habe ich in dieser Auflage die
Programme nicht nur an den aktuellen Stand der Entwicklung angepasst, sondern auch
etwas mehr Wert auf formale Aspekte des Programmierens gelegt: Missverständliche
Variablennamen in den Programmen wurden geändert und alle Funktionen sind jetzt
durchgehend mit Docstrings versehen. Um das Buch für den Einstieg in das Programmieren noch attraktiver zu machen, wurde das einführende Kapitel über Python in zwei
Kapitel aufgeteilt, sodass schon direkt nach der Einführung in die Programmiersprache
einige Übungsaufgaben gestellt werden können, bevor die Bibliotheken NumPy und
Matplotlib besprochen werden. Ein zusätzliches Kapitel am Ende des Buches bietet
darüber hinaus einen Einblick, wie man objektorientierte Programmiermethoden für
die Simulation physikalischer Probleme einsetzen kann.

Nürnberg, im November 2022   Oliver Natt

Inhaltsverzeichnis

Everyone should learn how to code, it teaches you how to think.

Steve Jobs

1

Einleitung

Lösungsmethoden zur Behandlung komplexer physikalischer, technischer und mathematischer Probleme haben in den vergangenen Jahrzehnten stark an Bedeutung gewonnen und bilden vielfach die entscheidende Grundlage des technologischen Fortschritts. Die Simulation hat sich mit zunehmend verfügbarer Rechenleistung am Arbeitsplatz als dritte Säule neben dem Experiment und dem analytisch-theoretischen Ansatz in den Ingenieur- und Naturwissenschaften etabliert und nimmt einen stetig wachsenden Anteil an vielen technologischen Entwicklungsprozessen ein. Dabei zeigt sich, dass eine Computersimulation im Allgemeinen nicht mit der Erzeugung von numerischen Daten abgeschlossen ist. Nicht nur bei Simulationen, sondern auch bei experimentellen Untersuchungen müssen die Daten aufbereitet und visualisiert werden, um daraus geeignete Schlüsse zu ziehen.

Computersimulationen und computerunterstützte Auswertungen von experimentellen Daten bilden somit in vielen Bereichen die wesentliche Arbeitsgrundlage von Natur- und Ingenieurwissenschaftlern. Darüber hinaus hilft das Erstellen von Computersimulationen beim Verständnis der zugrunde liegenden Physik. Aufgrund der Arbeitsweise des Computers ist man gezwungen, eine Problemlösung in ganz klar definierte Arbeitsschritte zu zerlegen. In diesem Sinne ist auch das Zitat von Steve Jobs zu verstehen: Das Erstellen von Computerprogrammen trainiert in besonderer Art und Weise eine strukturierte Herangehensweise an Probleme.

1.1 An wen richtet sich dieses Buch?

Dieses Buch richtet sich an Studierende der Physik und der Ingenieurwissenschaften, die Lehrveranstaltungen über Physik hören. Dabei sollen gezielt Studierende in den ersten Semestern angesprochen werden. Ich setze in diesem Buch nur solche Kenntnisse voraus, die im Lehrplan der gymnasialen Oberstufe in Physik und Mathematik enthalten sind oder die innerhalb des ersten Semesters in den einführenden Mathematikvorlesungen behandelt werden. Dies betrifft insbesondere das Arbeiten mit mathematischen Funktionen, Ableitungen, Integrale, Vektorrechnung, Skalarprodukte, lineare Gleichungssysteme und Matrizen. Gleichwohl denke ich, dass das Buch auch für Studierende höherer Semester interessant ist, die sich bisher wenig mit Computersimu-

© Springer-Verlag GmbH Deutschland, ein Teil von Springer Nature 2022
O. Natt, *Physik mit Python*, https://doi.org/10.1007/978-3-662-66454-4_1

lationen beschäftigt haben oder die sich auf diesem Weg mit der Programmiersprache Python vertraut machen möchten.

Das Buch soll darüber hinaus auch eine Unterstützung für die Lehre im Fach Physik bieten. Wenn Sie selbst unterrichten, kennen Sie bestimmt die folgende Situation: Zu irgendeinem Thema finden Sie eine fertige Animation im Netz. Wenn Sie diese jedoch in Ihren Unterricht einbauen wollen, stellen Sie fest, dass diese doch nicht genau zu dem Unterrichtsstoff oder der Zielgruppe Ihres Unterrichts passt: Es ist zu viel oder zu wenig dargestellt, die Animation läuft zu schnell oder zu langsam, oder die verwendeten Bezeichnungen unterscheiden sich. Der einzige Ausweg besteht letztlich darin, die Animationen selbst zu erstellen, und genau dafür soll dieses Buch eine Hilfe sein.

1.2 Was ist eine Simulation?

Wir benutzen den Begriff »Simulation« meist im engeren Sinne mit der Bedeutung Computersimulation. Um sich zu verdeutlichen, was eine Computersimulation ausmacht, ist es hilfreich, den Unterschied zu der Lösung einer physikalischen Aufgabe mit Papier und Bleistift zu betrachten. Dieser ist nämlich gar nicht so groß, wie man zunächst annehmen möchte: In beiden Fällen wird anfangs ein mathematisches Modell erstellt, das meistens aus einer Menge von Gleichungen besteht. Bei der händischen Rechnung werden die Gleichungen anschließend manuell gelöst, während man bei einer Computersimulation diesen Schritt einem entsprechenden Computerprogramm überträgt. Der Unterschied zwischen einer analytischen Rechnung und einer Computersimulation ist daher eher quantitativ als qualitativ. Meistens verwendet man bei einer analytischen Rechnung mehr vereinfachende Annahmen als bei einer entsprechenden Simulation.

Das sollte Sie aber nicht zu der falschen Schlussfolgerung verleiten, dass in einer Simulation keine vereinfachenden Annahmen getroffen werden. Das Gegenteil ist der Fall: In jeder Simulation wird nur ein ganz bestimmter Aspekt der Natur widergespiegelt, in jeder Simulation stecken damit vereinfachende Annahmen, und in jeder Simulation sind darüber hinaus Fehler enthalten, die durch die numerische Lösung der entsprechenden Gleichungen verursacht werden.

Eine Computersimulation sollte man daher als ein »Experiment an einem Modell« auffassen. Ein physikalisches Experiment stellt eine Frage an die Natur. Wir lassen beispielsweise einen Gegenstand an einem Faden pendeln und beobachten die Bewegung für verschiedene Anfangsbedingungen, unterschiedliche Masse, unterschiedliche Pendellängen und vieles mehr. Anschließend erstellen wir ein Modell in Form von mathematischen Gleichungen, die das Pendel beschreiben sollen, und setzen diese in ein Computerprogramm um. Eine Simulation stellt nun eine Frage an dieses Modell. Wir können anschließend überprüfen, ob das Modell ähnliche Antworten auf die Frage bereithält wie die Natur, um damit die Qualität des Modells zu überprüfen.

Definition: Simulation

Eine Simulation ist ein Experiment an einem Modell. Ein Experiment stellt eine Frage an die Natur. Eine Simulation stellt eine Frage an ein Modell.

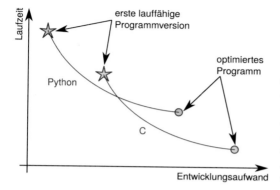

Abb. 1.1: Entwicklungsaufwand und Laufzeit. *In einer höheren Programmiersprache wie Python erhält man meist schneller ein erstes lauffähiges Programm. Dafür kann man mit einer maschinennahen Sprache wie C Programme mit sehr viel kürzerer Laufzeit erhalten.*

1.3 Die Wahl der Programmiersprache

Über die richtige Wahl der Programmiersprache kann man trefflich streiten, und diese Wahl lässt sich ganz sicher nicht rein objektiv treffen, da sie von vielen Einflüssen und nicht zuletzt vom persönlichen Geschmack abhängt. Trotzdem möchte ich an dieser Stelle einige Programmiersprachen, die häufig für Simulationen eingesetzt werden, diskutieren. Dabei muss man zwischen verschiedenen Typen von Sprachen unterscheiden.

Zum einen sind das Sprachen wie C oder C++, die **kompiliert** werden. Beim Kompilieren wird der Programmtext in eine Abfolge von Maschinenbefehlen übersetzt, die der jeweilige Prozessor des Computers direkt verstehen kann. Zum anderen gibt es Sprachen wie Python oder MATLAB®, die **interpretiert** werden. Dabei läuft auf dem Computer ein Programm, der sogenannte Interpreter, der die einzelnen Befehle des Programms zur Laufzeit analysiert und ausführt. Ein weiteres wichtiges Unterscheidungsmerkmal besteht darin, ob sich die Sprache sehr eng daran orientiert, wie ein Computer intern arbeitet – man spricht dann von einer **niedrigeren Sprache** – oder ob die Sprache ganz abstrakte und zum Teil deutlich komplexere Befehle und Datenstrukturen zur Verfügung stellt – man spricht dann von einer **höheren Sprache**. Eine höhere Sprache bedeutet dabei nicht, dass das Programmieren in dieser Sprache besonders schwierig ist, sondern vielmehr, dass man darin komplexe Probleme einfacher lösen kann als in einer niedrigeren Sprache. Python ist ein typischer Vertreter einer sehr hohen Programmiersprache, während C ein Vertreter einer eher niedrigen Programmiersprache ist.

Betrachten wir einmal verschiedene Personen, die ihre jeweilige Programmiersprache ähnlich gut beherrschen. Alle bekommen die gleiche Aufgabe gestellt, und wir messen die Zeit, die jeweils benötigt wird, bis das erste Mal ein lauffähiges Programm vorliegt, das das Problem löst. Anschließend messen wir die **Laufzeit**, also die Zeit, die das Programm benötigt, um das Problem zu lösen. Danach geben wir jeder Person beliebig viel Zeit, um das eigene Programm zu optimieren. Eine qualitative Darstellung eines möglichen Ergebnisses ist in Abb. 1.1 gegeben. In einer hohen, interpretierten Sprache wie Python kann man relativ schnell zu einem ersten lauffähigen Programm kommen. Man erkauft sich das aber damit, dass das Programm selbst nicht so schnell läuft wie in einer maschinennahen Sprache wie C.

Der oben vorgestellte Vergleich zeigt sehr deutlich die unterschiedlichen Anwendungsgebiete der Programmiersprachen in den Natur- und Ingenieurwissenschaften auf: Im Bereich des Höchstleistungsrechnens dominieren Programmiersprachen wie C. Bei Simulationen, die auf Supercomputern laufen, kommt es darauf an, die Ressourcen dieser sehr teuren Geräte optimal auszunutzen. Daneben gibt es aber auch viele Anwendungen, bei denen die Laufzeit der Programme nicht sonderlich relevant ist, da die Entwicklungszeit für das Programm der dominierende Faktor ist. In diesen Fällen werden meistens höhere, interpretierte Programmiersprachen eingesetzt.

Für den Einstieg in das wissenschaftliche Programmieren halte ich es für sinnvoll, mit einer möglichst hohen Sprache zu beginnen. Dafür bieten sich zwei Sprachen im Besonderen an: zum einen MATLAB®, ein kommerzielles Softwarepaket, das an vielen Hochschulen und Universitäten in Form von Campuslizenzen verfügbar und sehr speziell auf das Lösen mathematisch-naturwissenschaftlicher Probleme zugeschnitten ist. Zum anderen bietet sich die Sprache Python an, die frei verfügbar ist, und in den letzten Jahren an vielen Forschungsinstitutionen und in Industrieunternehmen MATLAB® zumindest teilweise verdrängt hat.

Man kann sicherlich über die Vor- und Nachteile von Python und MATLAB® streiten. Ich arbeite selbst mit beiden Programmiersprachen gerne, wobei ich in den letzten Jahren zunehmend Python den Vorzug gebe. Ein aus meiner Sicht großer Vorteil von Python besteht darin, dass es sich eigentlich um eine Allzweck-Programmiersprache handelt, die nicht ausschließlich auf den mathematisch-naturwissenschaftlichen Bereich spezialisiert ist, sondern mit dem Ziel entwickelt wurde, dass die Programme möglichst einfach und übersichtlich werden. Die Autoren von Python haben die Möglichkeit vorgesehen, die Sprache durch in C geschriebene Bibliotheken besonders einfach zu ergänzen. Das hat dazu geführt, dass es zur Sprache Python eine Vielzahl von Bibliotheken gibt, die gewissermaßen die Vorteile einer hohen Programmiersprache mit der Ausführungsgeschwindigkeit von C kombinieren. Diese Art der Erweiterbarkeit lässt sich auch im wissenschaftlichen Rechnen gut umsetzen: Wenn Sie später einmal mit Aufgaben konfrontiert werden, bei denen die Rechenzeit die entscheidende Rolle spielt, fällt es mit Python besonders leicht, nur die zeitkritischen Bestandteile in C zu programmieren, während man für alles andere weiterhin die Vorteile einer sehr hohen Programmiersprache nutzen kann. Auf diese Art kann man die Vorteile beider Sprachen sinnvoll kombinieren.

1.4 Aufbau des Buches

Nach der Einleitung beginnen wir mit einer kurzen Einführung in die Programmiersprache Python. Dabei wird bewusst auf eine formale Beschreibung der Sprache verzichtet. Stattdessen werden die wesentlichen Aspekte anhand von Beispielen erklärt. Die Einführung beschränkt sich dabei auf die Programmierkonzepte, die Sie für das weitere Verständnis des Buches benötigen. Anschließend gehen wir in Kap. 3 auf die für das wissenschaftliche Rechnen wichtige numerische Bibliothek NumPy und auf die Grafikbibliothek Matplotlib ein. Es wird in diesem Buch weitgehend darauf verzichtet, Argumente von Funktionen und Ähnliches vollumfänglich zu beschreiben, da diese ausführlich online dokumentiert sind.

Der Ablauf der weiteren Kapitel orientiert sich an den physikalischen Inhalten, die typischerweise in den ersten ein bis zwei Semestern in einer Physikvorlesung behandelt werden, sodass das Buch parallel zu einer entsprechenden Lehrveranstaltung gelesen werden kann. In jedem Kapitel werden die benötigten physikalischen Gesetze rekapituliert, insbesondere um die verwendete Notation einzuführen. Es ist dabei nicht meine Absicht, die grundlegende Physik noch einmal darzustellen. Stattdessen möchte ich auf die einschlägigen Lehrbücher verweisen [1–5]. Anschließend werden Programme entwickelt, die typische Aufgaben rund um die entsprechenden physikalischen Zusammenhänge lösen. Dabei lege ich Wert darauf, dass es sich um Beispiele handelt, die man nicht mehr ohne Weiteres von Hand mit Papier und Bleistift lösen kann. Besonderes Augenmerk wird auch darauf gelegt, dass die Programme ästhetische Grafiken und, wo es sich anbietet, Animationen erzeugen. Jedes Kapitel schließt mit einer Zusammenfassung, die die verwendeten Techniken noch einmal aufgreift, und mit einer Sammlung von Aufgaben. Darüber hinaus finden Sie am Ende jedes Kapitels einige Literaturangaben und relevante Internetadressen. Auf diese wird im Text mit Zahlen in eckigen Klammern Bezug genommen.

Alle in diesem Buch vorgestellten Programme, die Lösungen der Übungsaufgaben, die fertigen Animationen und weitere Informationen werden online unter der folgenden Adresse bereitgestellt:

 `https://pyph.de`

Im Buch ist von den Animationen jeweils nur ein repräsentatives Bild dargestellt. Die vollständige Animation können Sie mit einem Smartphone direkt über den entsprechenden QR-Code aufrufen. Im E-Book können Sie den QR-Code auch einfach anklicken. Alle Querverweise sowie Verweise auf Internetadressen sind im E-Book ebenfalls direkt verlinkt. Ich habe allerdings darauf verzichtet, diese farblich hervorzuheben, um den Lesefluss nicht zu stark zu stören.

Sie werden beim Lesen feststellen, dass die einzelnen Kapitel aufeinander aufbauen, sodass es am besten ist, das Buch linear durchzuarbeiten. Eine Ausnahme bilden das Kap. 6 über Statik sowie das Kap. 9 über Zwangsbedingungen. Diese beiden Kapitel sind mathematisch etwas anspruchsvoller als die anderen Kapitel, sodass Sie diese beim ersten Lesen des Buches gegebenenfalls überspringen können.

1.5 Nomenklatur

Alle Gleichungen werden konsequent mit einer Nummer am Seitenrand nummeriert, unabhängig davon, ob sich später einmal auf die Gleichung bezogen wird oder nicht. Das erleichtert meiner Meinung nach das Finden einer bestimmten Gleichungsnummer. Gelegentlich kommt es vor, dass eine Gleichung wiederholt wird. Sie erhält dann eine neue Nummer. Wenn ein Fachbegriff erstmals erklärt wird, ist dieser als **neuer Begriff** hervorgehoben. Python-Befehle oder Bezeichner (Variablennamen, Funktionsnamen etc.) werden als `bezeichner` markiert. Befehle, die Sie in der Windows-Kommandozeile oder einer Linux-Shell eingeben müssen, werden als `befehl` markiert. Darüber hinaus sind einige Textstellen in Kästen hervorgehoben:

Achtung!

Hier finden Sie einen Fallstrick oder einen häufig gemachten Fehler.

Erläuterung

Hier finden Sie weiterführende Informationen zu einem bestimmten Thema. Diese Kästen können unabhängig vom Fließtext gelesen werden.

Merksatz

Hier finden Sie einen Merksatz oder eine wichtige Formel.

Der Programmcode wird in grau unterlegten Kästen dargestellt, wobei in vielen Fällen Zeilennummern mit angegeben sind. Wenn einer dieser Kästen einen Titel mit einer Nummer hat, dann finden Sie das Programm auch zum Herunterladen in dem Begleitmaterial zu diesem Buch unter dem angegebenen Dateinamen. Die Zeilennummern erleichtern dabei das Auffinden einer bestimmten Programmstelle. Innerhalb des Programmcodes werden Kommentare und Zeichenketten, wie unten gezeigt, farblich hervorgehoben. Man bezeichnet dies als **Syntaxhervorhebung** oder **Syntax-Highlighting**. Die farbliche Hervorhebung hat keinen Einfluss auf die Funktion der Programme. Es hängt von dem von Ihnen verwendeten Texteditor (siehe Abschn. 2.3) ab, ob und wie diese Hervorhebung vorgenommen wird.

Programm 1.1: `Dateiname.py`

```
1    In diesem Kasten ist ein Programmcode dargestellt.
2        # Kommentare werden so formatiert.
3        'Zeichenketten werden so formatiert.'
4        """Ein Docstring wird so formatiert."""
5        Alle anderen Codeteile werden so formatiert.
```

In diesem Buch werden Programme häufig abschnittsweise besprochen. Dabei wird der Dateiname nur über dem ersten grau unterlegten Kasten dargestellt. Die nachfolgenden Kästen erkennen Sie dann an den entsprechenden Zeilennummern. Im fertigen Programm sind einige Leerzeilen enthalten, die oft am Ende eines besprochenen Abschnitts stehen. Diese werden aus Platzgründen nicht mit abgedruckt. Ebenso wird auf das Abdrucken der Docstrings im Buch in vielen Fällen verzichtet. Sie erkennen die ausgelassenen Zeilen aber an den Zeilennummern.

Literatur

[1]   Tipler PA und Mosca G. Physik für Studierende der Naturwissenschaften und Technik. Hrsg. von Kersten P und Wagner J. Berlin, Heidelberg: Springer Spektrum, 2019. DOI:10.1007/978-3-662-58281-7.

[2]   Meschede D. Gerthsen Physik. Berlin, Heidelberg: Springer Spektrum, 2015. DOI:10.1007/978-3-662-45977-5.

[3]   Halliday D, Resnick R und Walker J. Halliday Physik. Weinheim: Wiley-VCH, 2017.

[4]   Demtröder W. Experimentalphysik. Band 1. Berlin, Heidelberg: Springer Spektrum, 2021. DOI:10.1007/978-3-662-62728-0.

[5]   Kuypers F. Physik für Ingenieure und Naturwissenschaftler. Band 1: Mechanik und Thermodynamik. Weinheim: Wiley-VCH, 2012.

*Premature optimization is the root of all evil (or at least most of it)
in programming.*

Donald Ervin Knuth

2

Einführung in Python

Bevor wir mit der Bearbeitung von physikalischen Fragestellungen mithilfe des Computers beginnen können, müssen wir uns zunächst einige grundlegende Arbeitstechniken
aneignen. Damit Sie mit diesem Buch arbeiten können, sollten Sie mit den grundlegenden Funktionen Ihres Computers und des Betriebssystems vertraut sein. Sie sollten
insbesondere wissen, wie man Programme auf dem Computer startet und wie Dateien
in der Verzeichnis- oder Ordnerstruktur des Computers abgelegt werden. Wenn Sie
schon Erfahrungen im Umgang mit Python haben, sollten Sie die folgenden Abschnitte
dennoch lesen, weil wir neben den Grundlagen der Sprache Python auch einige Konventionen besprechen, die uns durch das gesamte Buch begleiten werden. Wenn Sie
schon Erfahrungen mit einer anderen Programmiersprache haben, sollten Sie beim
Lesen der folgenden Abschnitte genau darüber nachdenken, an welchen Stellen sich
die Arbeit mit Python von der Ihnen bekannten Programmiersprache unterscheidet.

Es ist wahrscheinlich unmöglich, in nur einem Kapitel eine umfassende Einführung in
die Programmiersprache Python zu geben. Wir können daher nur eine kleine Teilmenge
der Programmiersprache Python besprechen. Darüber hinaus kann man leicht auch
ein ganzes Buch nur über die Erzeugung von grafischen Ausgaben mit der Bibliothek
Matplotlib füllen, und ein weiteres Buch kann man sicher über das Numerikpaket
NumPy schreiben. Nun soll es nicht so sein, dass Sie erst drei Bücher lesen müssen,
bevor Sie damit anfangen können, physikalische Aufgaben mit dem Computer zu
bearbeiten. Wir werden daher in diesem Kapitel zunächst die wichtigsten Aspekte der
Programmiersprache Python an ganz konkreten Beispielen kennen lernen, ohne dabei
für jeden Befehl eine formale Definition aller möglichen Parameter und syntaktischen
Regeln zu geben. Auf die wichtigen Bibliotheken NumPy und Matplotlib gehen wir
dann anschließend in Kap. 3 ein.

Ich halte es für hilfreich, beim Programmieren darauf zu achten, dass die verwendeten
Programmierkonzepte auch über die einfachsten Beispiele hinaus anwendbar sind.
Einige Einführungen in das wissenschaftliche Rechnen mit Python starten mit dem
Befehl `from pylab import *`. Dieser Befehl bewirkt, dass man viele mathematische,
grafische und numerische Funktionen direkt aufrufen kann, sorgt aber auf der anderen
Seite in größeren Programmen schnell für recht unübersichtlichen Code. Es lohnt sich
meiner Meinung nach auf jeden Fall, von Anfang an etwas strukturierter zu arbeiten.
Vielleicht müssen Sie dadurch an der einen oder anderen Stelle ein paar Zeichen mehr

© Springer-Verlag GmbH Deutschland, ein Teil von Springer Nature 2022
O. Natt, *Physik mit Python*, https://doi.org/10.1007/978-3-662-66454-4_2

Code eintippen, aber dafür haben Sie die Sicherheit, dass Sie das Erlernte auch für etwas aufwendigere Programme sinnvoll einsetzen können.

Wenn Sie vielleicht schon etwas programmieren können, wird Ihnen an der folgenden Einführung auffallen, dass wir ein Thema komplett auslassen, das in nahezu allen Programmierbüchern eine ganz zentrale Rolle spielt: die Ein- und Ausgabe von Dateien sowie die Verarbeitung von Benutzereingaben. Der Grund dafür ist darin zu sehen, dass Sie mit diesem Buch nicht vorrangig lernen sollen, Anwendungsprogramme zu schreiben, die von anderen Personen benutzt werden können. Vielmehr werden Sie hauptsächlich Programme schreiben, die von Ihnen selbst benutzt werden, um physikalische Probleme zu lösen. Sie werden im Laufe der Zeit merken, dass es in den meisten Fällen völlig ausreichend ist, wenn Sie die notwendigen Eingabedaten direkt im Programm hinterlegen.

2.1 Installation einer Python-Distribution

Um in der Programmiersprache Python zu programmieren, benötigen Sie einen Computer, auf dem Python installiert ist. Geeignet ist nahezu jeder Rechner, auf dem ein aktuelles Betriebssystem läuft. Python ist für Microsoft-Windows, Apple macOS und Linux verfügbar. Auf der Webseite der Python-Foundation [1] finden sich viele wertvolle Hinweise rund um die Programmiersprache Python. Insbesondere findet man dort die vollständige Dokumentation der Standardbibliothek, die in der Programmiersprache Python enthalten ist. Als Anfänger sollte man jedoch davon Abstand nehmen, das Installationspaket direkt von dieser Webseite auf seinem Rechner zu installieren. Der Grund dafür ist, dass man für die Bearbeitung von physikalischen Fragestellungen eine Reihe von Bibliotheken[1] benötigt, die für das Erstellen von grafischen Ausgaben oder numerischen Berechnungen notwendig sind. Diese Bibliotheken alle von Hand zu installieren, ist leider recht aufwendig.

Glücklicherweise gibt es sogenannte **Python-Distributionen**. Es handelt sich dabei um Zusammenstellungen von Python mit den wichtigsten Bibliotheken, die man als ein Paket auf dem Rechner installieren kann. Besonders zu empfehlen ist die Distribution **Anaconda**, da diese sehr aktuell und umfangreich ist und sich trotzdem einfach installieren lässt. Auf der Webseite von Anaconda [2] werden Installationspakete für Windows, macOS und Linux zum Herunterladen bereitgestellt. Für Windows wird eine 64-Bit- und eine 32-Bit-Version angeboten. Wählen Sie hier die Variante aus, die zu dem von Ihnen verwendeten Betriebssystem passt.

Achtung!

Stellen Sie sicher, dass Sie die Programmiersprache Python in einer Version 3.8 oder höher installiert haben, damit Sie die Beispiele in diesem Buch unverändert übernehmen können.

Falls Sie anstelle der Python-Distribution Anaconda lieber das Installationspaket der Python-Foundation [1] verwenden möchten, so finden Sie auf der Webseite zu

---

[1] Eine Bibliothek ist eine Sammlung von Werkzeugen, die das Programmieren erleichtern oder bestimmte Funktionen zur Verfügung stellen.

Tab. 2.1: Pakete, die unter Linux installiert werden sollten. *Die folgenden Pakete sollten Sie über die Paketverwaltung Ihrer Linux-Distribution installieren, wenn Sie keine Python-Distribution verwenden möchten. Die genauen Namen der Pakete können unter Umständen bei einzelnen Linux-Distributionen abweichend sein.*

Paket	Erläuterung	Version
python	Grundpaket der Programmiersprache	$\geq$ 3.8
ipython	Interaktive Python-Shell	
matplotlib	Bibliothek für grafische Darstellungen	$\geq$ 3.1
numpy	Bibliothek für numerische Berechnungen	$\geq$ 1.17
scipy	Bibliothek mit wissenschaftlichen Funktionen	$\geq$ 1.3
spyder	Interaktive Entwicklungsumgebung	$\geq$ 3.3

diesem Buch unter dem Punkt »Fragen« eine detaillierte Installationsanleitung für die benötigten Bibliotheken und Zusatzprogramme.

2.2 Installation von Python unter Linux

Wenn Sie Linux als Betriebssystem verwenden, können Sie neben der oben erwähnten Python-Distribution Anaconda auch das Python verwenden, das über die Paketverwaltung Ihrer Linux-Distribution installiert werden kann. Dieses Vorgehen hat den Vorteil, dass Python über den Update-Mechanismus des Betriebssystems aktualisiert wird. Wie man Pakete unter Linux installiert, hängt stark von der jeweiligen Linux-Distribution ab. Bitte informieren Sie sich dazu in der Anleitung Ihrer Linux-Distribution. Auf der Webseite zu diesem Buch finden Sie unter dem Punkt »Fragen« eine detaillierte Installationsanleitung für einige gängige Linux-Distributionen. Generell sollten Sie darauf achten, dass die in Tab. 2.1 aufgelisteten Pakete installiert sind und diese mindestens in der jeweils angegebenen Version vorliegen. Wenn diese Pakete in Ihrer Linux-Distribution nicht in diesen Versionen angeboten werden, sollten Sie auch unter Linux die Python-Distribution Anaconda [2] installieren.

2.3 Installation eines Texteditors

Neben der Programmiersprache Python benötigen Sie noch einen geeigneten Texteditor. Mit dem Texteditor erstellen Sie Dateien, die einzelne Befehle enthalten, die dann von Python abgearbeitet werden. Es gibt einige Texteditoren, die das Programmieren aktiv unterstützen, indem beispielsweise bestimmte Teile des Programmtextes farblich hervorgehoben werden. Der mit Microsoft-Windows mitgelieferte Texteditor ist aus diesem Grund nur sehr bedingt zum Erstellen von Computerprogrammen geeignet. Einige geeignete Editoren sind in Tab. 2.2 aufgelistet. Bei der Auswahl habe ich mich auf solche Editoren beschränkt, die auch für Anfänger gut zu bedienen sind.

Name	Webadresse
Visual Studio Code	code.visualstudio.com
Notepad++	notepad-plus-plus.org
Geany	geany.org
Kate	kate-editor.org
gedit	projects.gnome.org/gedit

Tab. 2.2: Texteditoren. Einige Texteditoren, die sich für das Erstellen von Python-Programmen gut eignen.

2.4 Installation einer Entwicklungsumgebung

Eine **integrierte Entwicklungsumgebung** (auch IDE für engl. integrated development environment) ist ein Programm, das Sie beim Programmieren weitaus stärker unterstützt als ein einfacher Texteditor das tun kann. Eine integrierte Entwicklungsumgebung ermöglicht es, den programmierten Code direkt auszuführen und unterstützt darüber hinaus beim Testen und bei der Fehlersuche. Es gibt für die Programmiersprache Python viele empfehlenswerte Entwicklungsumgebungen, die sich aber eher an Menschen richten, die häufig größere Programme schreiben. Falls Sie bereits Erfahrung im Programmieren haben und vielleicht auch schon in anderen Sprachen mit integrierten Entwicklungsumgebungen gearbeitet haben, dann kann ich Ihnen für Python die Entwicklungsumgebung PyCharm [3] empfehlen.

Zum Einstieg in das Programmieren mit Python empfehle ich die Programmierumgebung **Spyder** [4]. Insbesondere für die Arbeit im naturwissenschaftlichen Umfeld ist es häufig notwendig, Programme interaktiv zu erstellen, und Spyder unterstützt genau diese Art des interaktiven Programmierens. Das Programm ist in der Python-Distribution Anaconda bereits enthalten.

Neben Spyder ist auch der Editor **Visual Studio Code** sehr empfehlenswert, da er viele Funktionen bietet, die man sonst nur in den großen integrierten Entwicklungsumgebungen findet. Auch dieser Editor unterstützt das interaktive Programmieren, erfordert aber etwas mehr Einarbeitungszeit als Spyder. Auf der Webseite zu Visual Studio Code [5] gibt es eine ausführliche Anleitung, wie man diesen Editor für die Arbeit mit Python einrichtet.

2.5 Starten einer interaktiven Python-Sitzung

Es gibt prinzipiell zwei Möglichkeiten, mit Python zu arbeiten. Die erste Möglichkeit besteht darin, eine Textdatei zu erstellen, in der die einzelnen Befehle niedergeschrieben sind. Diese Textdatei bezeichnet man dann als ein **Python-Programm** oder auch als **Python-Skript**. Dieses Python-Programm wird dann von Python ausgeführt. Die zweite Möglichkeit besteht darin, eine interaktive Sitzung zu starten, in der man die Python-Befehle eintippt. Jeder Befehl wird dann unmittelbar von Python ausgeführt. Die Software, in der man die Befehle eingeben kann, bezeichnet man als eine Shell. Wie Sie eine **Python-Shell** starten, hängt vom Betriebssystem und der verwendeten Python-Distribution ab. Falls Sie beispielsweise Windows mit der Distribution Anaconda verwenden, dann können Sie im Startmenü den Punkt **Anaconda-Prompt** auswählen und dort den Befehl `python` eingeben. Wenn Sie Linux verwenden, dann öffnen Sie bitte ein Terminalfenster und geben dort den Befehl `python` oder `python3` ein.[2] Sie sollten ein Fenster erhalten, das ungefähr den folgenden Inhalt hat:

```
(base) C:\Users\natt>python
Python 3.9.13 (main, Aug 25 2022, 23:51:50)
[MSC v.1916 64 bit (AMD64)] :: Anaconda, Inc. on win32
Type "help", "copyright", "credits" or "license" for
more information.
>>>
```

Bitte kontrollieren Sie noch einmal, dass Sie mindestens die Version 3.8 der Programmiersprache Python installiert haben. Im oben angegebenen Beispiel wird die Python-Version 3.9.13 verwendet.

Die drei größer-Zeichen >>> sind der sogenannte **Python-Prompt**, der Sie zur Eingabe von Befehlen auffordert. Sie können nun Python-Befehle eingeben, und diese werden direkt ausgeführt, nachdem Sie die Eingabetaste gedrückt haben. Um Python zu beenden, geben Sie bitte den Befehl

```
>>> exit()
```

ein. Bei der Eingabe des Befehls müssen Sie streng auf die Groß- und Kleinschreibung achten. Beachten Sie bitte auch, dass zwischen dem Wort `exit` und den Klammern () kein Leerzeichen steht. Weiterhin dürfen Sie keine Leerzeichen am Zeilenanfang einfügen, da diese in Python eine spezielle Bedeutung haben, auf die wir in Abschn. 2.16 eingehen werden. Falls Sie sich einmal bei einem Befehl vertippt haben sollten, ist das nicht weiter schlimm. Sie erhalten dann vielleicht eine Fehlermeldung, die mehr oder weniger gut verständlich ist. Wenn Sie einen vorher eingegebenen Befehl noch einmal bearbeiten wollen, dann können Sie mit der Pfeiltaste nach oben zu diesem Befehl zurückblättern.

Alternativ kann man statt des Befehls `python` auch den Befehl `ipython` verwenden. Das »i« in `ipython` steht dabei für »interaktiv«. Der Prompt sieht dort etwas anders aus, und es gibt eine Reihe von Funktionen, die die Eingabe etwas erleichtern. Insbesondere erhält man häufig durch Drücken der TAB-Taste sinnvolle Vorschläge zur Vervollständigung der Python-Befehle. Für die Beispiele in diesem Buch ist es irrelevant, ob Sie die Python-Shell oder die IPython-Shell benutzen. Im Buch wird der Übersichtlichkeit halber immer nur der Python-Prompt dargestellt. Eine ausführliche Dokumentation der Funktionen der IPython-Shell finden Sie online [6].

2.6 Python als Taschenrechner

Die einfachste Anwendung einer interaktiven Python-Sitzung besteht darin, Python als einen erweiterten Taschenrechner zu benutzen. Geben Sie einfache Rechenaufgaben, die die Grundrechenarten Addition +, Subtraktion −, Multiplikation * und Division / benutzen, direkt hinter dem Prompt an und führen Sie die Berechnung durch Drücken der Eingabetaste aus.

---

[2] Bei einigen Linux-Distributionen ruft der Befehl `python` die veraltete Version Python 2.7 auf. Probieren Sie in diesem Fall stattdessen den Befehl `python3`.

Achtung!

Um einen Befehl auszuführen, müssen Sie diesen mit der Eingabetaste bestätigen.

Es ist für die bessere Lesbarkeit empfehlenswert, jeweils ein Leerzeichen zwischen den Zahlen und dem Rechenzeichen zu lassen. Die Rechenzeichen nennt man auch **Operatoren**, während man die Zahlen, die vom Rechenzeichen verarbeitet werden, als **Operanden** bezeichnet. Nachfolgend sind einige Beispiele angegeben:

```
>>> 17 + 4
21
>>> 23 - 5
18
>>> 8 / 5
1.6
>>> 175 * 364
63700
>>> 32 / 1000000
3.2e-05
```

Sie erkennen an diesen Beispielen schon einige Besonderheiten: Dezimalbrüche werden mit einem Dezimalpunkt anstelle des im Deutschen üblichen Kommas dargestellt. Bei sehr großen oder sehr kleinen Zahlen wird die wissenschaftliche Notation benutzt. Die Angabe 3.2e-05 ist als $3{,}2 \cdot 10^{-5}$ zu lesen. Dementsprechend sollte man sehr große oder sehr kleine Zahlen auch in dieser Schreibweise angeben.

Sie können selbstverständlich auch komplizierte Rechnungen ausführen. Dabei müssen Sie beachten, dass Python die übliche Operatorrangfolge der Mathematik »Punktrechnung vor Strichrechnung« übernimmt. Selbstverständlich können Sie Klammern einsetzen, um eine andere Reihenfolge der Auswertung zu erzwingen. Wenn Sie sich bei der Operatorrangfolge einmal unsicher sind, setzen Sie lieber ein Klammerpaar zu viel.

```
>>> 3 + 4 * 2
11
>>> 3 + (4 * 2)
11
>>> (3 + 4) * 2
14
```

Zum Klammern von Ausdrücken dürfen Sie allerdings nur die üblichen runden Klammern ( ) verwenden. Die eckigen Klammern [ ] und die geschweiften Klammern { } haben in Python eine andere Bedeutung, wie man an dem folgenden Beispiel sieht.

```
>>> [(3 + 4) * 2 + 7] * 3
[21, 21, 21]
```

Das erwartete Ergebnis erhält man, wenn man die eckigen Klammern durch runde Klammern ersetzt.

```
>>> ((3 + 4) * 2 + 7) * 3
63
```

Wir werden bei der Behandlung von Listen in Abschn. 2.9 verstehen, warum der Ausdruck [(3 + 4) * 2 + 7] * 3 ein so sonderbares Ergebnis produziert.

Vielleicht haben Sie schon mehr Rechnungen ausprobiert als die in den oben angegebenen Beispielen, und vielleicht sind Sie darüber gestolpert, dass Python anscheinend nicht immer genau rechnet. Bei der einfachen Rechnung $4{,}01 - 4 = 0{,}01$ stellt man fest, dass Python ein unerwartetes Ergebnis liefert:

```
>>> 4.01 - 4
0.00999999999999787
```

Der Grund hierfür ist darin zu sehen, dass die Nachkommastellen einer Gleitkommazahl im Computer im Binärsystem dargestellt werden und es bei der Umwandlung von Dezimalbrüchen in die Binärdarstellung zu unvermeidlichen Rundungsfehlern kommt. Bitte beachten Sie aber, dass der Fehler tatsächlich klein ist.

```
>>> (4.01 - 4) - 0.01
-2.1337098754514727e-16
```

Die Differenz des berechneten Ergebnisses vom erwarteten Ergebnis beträgt gerade einmal $-2 \cdot 10^{-16}$. Die relative Abweichung[3] liegt also in der Größenordnung von $-2 \cdot 10^{-14}$ und ist somit außerordentlich klein. Dennoch muss man sich beim Rechnen mit Dezimalzahlen, die im Computer als sogenannte Gleitkommazahlen dargestellt werden, stets über solche Rundungsfehler bewusst sein.

Um Potenzen zu bilden, wird in Python der Operator ** verwendet. Dabei kann der Exponent eine beliebige Gleitkommazahl sein. Man kann mit dem Operator ** insbesondere auch negative Potenzen und gebrochene Potenzen berechnen.

```
>>> 2 ** 8
256
>>> 4 ** -5
0.0009765625
>>> 4 ** -1
0.25
>>> 16 ** 0.25
2.0
```

Wenn man Potenzen von negativen Zahlen bildet, muss man geeignet klammern, wie das folgende Beispiel zeigt:

```
>>> -2 ** 4
-16
```

Das Ergebnis ist -16, denn der Ausdruck wird als $-(2^4)$ interpretiert und nicht als $(-2)^4$. Um Letzteres zu berechnen, muss man die -2 in Klammern setzen:

```
>>> (-2) ** 4
16
```

---

[3] Wenn man eine Abweichung Δx von einer Größe x betrachtet, dann ist die relative Abweichung das Verhältnis $\Delta x / x$. In dem dargestellten Beispiel ist die betrachtete Größe die tatsächliche Differenz von $x = 0{,}01$, und die Abweichung beträgt $\Delta x = 2 \cdot 10^{-16}$.

Man sagt auch, dass der Operator ** stärker bindet als das Vorzeichen –. Der Potenz-Operator bindet auch stärker als die Division. Beachten Sie dies bitte, wenn Sie gebrochene Potenzen berechnen:

```
>>> 9 ** 1 / 2
4.5
>>> 9 ** (1 / 2)
3.0
```

Achtung!

Potenzen werden in Python mit dem Operator ** gebildet. Der Operator ^, der in vielen anderen Programmiersprachen eine Potenz anzeigt, führt in Python eine bitweise XOR-Verknüpfung aus.

Gelegentlich kommt es vor, dass man eine **Division mit Rest** durchführen möchte. Dazu gibt es in Python den Operator //, der das Ergebnis der ganzzahligen Division liefert, und den Operator %, der den Rest der ganzzahligen Division zurückgibt.

```
>>> 17 // 3
5
>>> 17 % 3
2
```

Neben den Grundrechenarten und der Potenzbildung benötigt man zur Bearbeitung physikalischer Probleme oft weitere mathematische Funktionen wie die Wurzelfunktion, die Exponentialfunktion, Logarithmen und die trigonometrischen Funktionen. Diese sind in Python in einem **Modul** enthalten, das zunächst importiert werden muss. Man **importiert** ein Modul mit einer import-Anweisung. Wie man Funktionen aus dem Modul math benutzt, wird am einfachsten an Beispielen deutlich.

```
>>> import math
>>> math.sqrt(64)
8.0
>>> math.exp(4)
54.598150033144236
>>> math.sin(math.pi / 4)
0.7071067811865475
>>> math.atan(1)
0.7853981633974483
```

Sie erkennen, dass man den Modulnamen und den Funktionsnamen mit einem Punkt trennt. Das Argument der Funktion wird, wie in der Mathematik üblich, in runde Klammern gesetzt. Die Funktion math.sqrt berechnet die Quadratwurzel. Die Funktion math.exp ist die Exponentialfunktion. Vielleicht ist Ihnen an den Beispielen schon aufgefallen, dass Python bei trigonometrischen Funktionen immer im Bogenmaß rechnet. Es gibt zwei hilfreiche Funktionen, mit denen man zwischen dem Bogen- und dem Gradmaß umrechnen kann:

```
>>> import math
>>> math.radians(45)
0.7853981633974483
>>> math.degrees(math.atan(1))
45.0
```

Eine vollständige Liste aller Funktionen, die im Modul `math` enthalten sind, finden Sie in der Dokumentation der Python-Standardbibliothek [7]. Alternativ können Sie auch direkt in der Python-Shell eine Hilfe erhalten, indem Sie nach dem Importieren des Moduls `math` den Befehl `help(math)` ausführen.[4] Analog können Sie mit dem Befehl `help(math.sin)` auch die Hilfe einer einzelnen Funktion aufrufen.[5]

2.7 Importieren von Modulen

Wir haben gesehen, wie man mit der Anweisung `import math` das Modul `math` importiert. Anschließend kann man Funktionen oder Konstanten aus dem Modul aufrufen, indem man den Modulnamen und den Funktionsnamen mit einem Punkt trennt. Die Programmiersprache Python bietet noch weitere Möglichkeiten, Funktionen aus einem Modul zu importieren, die man am einfachsten an Beispielen verstehen kann.

```
>>> from math import sin, cos, pi
>>> sin(pi / 2)
1.0
>>> cos(pi / 2)
6.123233995736766e-17
>>> tan(pi / 4)
Traceback (most recent call last):
  File "<stdin>", line 1, in <module>
NameError: name 'tan' is not defined
```

Der Befehl `from math import sin, cos, pi` importiert die Funktionen `math.sin` und `math.cos` sowie die Konstante `math.pi` so, dass man sie ohne das vorangestellte `math.` verwenden kann. Sie können auch erkennen, dass die Funktion `math.tan` nicht importiert wurde. Der Python-Interpreter gibt beim Versuch, die Funktion `tan` aufzurufen, die Fehlermeldung aus, dass `tan` nicht definiert ist. Sie können auch gleich alle Definitionen aus einem Modul importieren:

```
>>> from math import *
>>> tan(pi / 4)
0.999999999999999
```

---

[4] Wenn der Hilfetext nicht komplett in das Fenster passt, können Sie durch Drücken der Leertaste eine Seite weiter blättern. Durch Drücken der Taste »q« verlassen Sie die Hilfefunktion.
[5] Wenn Sie die Hilfefunktion innerhalb von Python benutzen, wird Ihnen auffallen, dass dort in den Argumenten der Funktionen häufig ein Schrägstrich (/) auftaucht, wie zum Beispiel in `sin(x, /)`. Dieser Schrägstrich bedeutet, dass die Argumente vor dem Schrägstrich reine Positionsargumente sind. Wir werden auf die unterschiedlichen Arten von Funktionsargumenten in Abschn. 2.17 näher eingehen.

Man bezeichnet diese Art, ein Modul zu importieren, als einen **Stern-Import**. Der Stern-Import wirkt auf den ersten Blick besonders bequem. Er bringt allerdings einige Nachteile mit sich.

- Wir werden später sehen, dass es noch andere Module gibt, die ebenfalls eine Funktion mit dem Namen `sin` enthalten. So besitzt beispielsweise das Modul `numpy` eine solche Funktion, die dazu dient, den Sinus von vielen Zahlen gleichzeitig zu berechnen. Es ist offensichtlich, dass es zu Verwechslungen kommen kann, wenn man beide Module verwenden möchte.

- Etwas längere Programme sind bei der Verwendung des Stern-Imports manchmal schwer zu verstehen. Das ist nicht nur ein Problem, wenn irgendwann eine andere Person das Programm weiter bearbeiten möchte, sondern oft auch, wenn Sie selbst nach längerer Zeit eines Ihrer Programme wieder anschauen.[6] Die Schwierigkeit bei der Verwendung von Stern-Importen besteht darin, dass oft gar nicht klar ist, aus welchem Modul eine Funktion überhaupt kommt.

- Man verliert leicht den Überblick, was eigentlich alles importiert wird. Stellen Sie sich vor, dass Sie in einer analytischen Rechnung eine Zeitdauer mit dem griechischen Buchstaben τ bezeichnen. Anschließend setzen Sie Ihre Rechnung in ein Python-Programm um. Die zugehörige Variable heißt dann wahrscheinlich `tau`. Wenn Sie nun das Modul `math` über `from math import *` importieren, sind Fehler vorprogrammiert, denn im Modul `math` ist `tau` bereits als 2π definiert.

2.8 Variablen

Wenn Sie mathematische oder physikalische Aufgaben händisch bearbeiten, ist es Ihnen bereits vertraut, mit Variablen zu rechnen. Die Namen von Variablen, die sogenannten **Bezeichner**, dürfen in Python aus beliebigen Klein- oder Großbuchstaben, dem Unterstrich _ und den Ziffern 0–9 bestehen. Dabei darf der Name nicht mit einer Ziffer anfangen. Im Prinzip können Sie alle Buchstaben verwenden, die der Unicode-Zeichensatz[7] zur Verfügung stellt. Ich empfehle Ihnen allerdings, sich auf die lateinischen Buchstaben a–z und A–Z sowie die Ziffern und den Unterstrich zu beschränken. Bitte beachten Sie, dass in Python stets zwischen Groß- und Kleinschreibung unterschieden wird. Es gibt einige **Schlüsselwörter** in Python, die als Bezeichner von Variablen und Funktionen verboten sind, weil sie eine spezielle Bedeutung haben (siehe Kasten).

Jedes Ding, das irgendwie im Speicher des Computers gespeichert werden kann, bezeichnen wir als ein **Objekt**. Wir werden in Abschn. 2.9 sehen, dass es sich dabei nicht notwendigerweise um Zahlen, sondern auch um Zeichenketten (Strings), Listen oder andere Dinge handeln kann. Eine Variable ist ein Name für ein bestimmtes Objekt.

---

[6] Der Begriff »längere Zeit« ist aus meiner Erfahrung ein Euphemismus. Mir persönlich passiert es durchaus, dass ich ein eigenes Programm schon nach wenigen Stunden nicht mehr verstehe, wenn ich nicht sauber programmiert habe.

[7] Ein Computer verarbeitet ausschließlich Zahlen. Um einen Text im Computer darzustellen, benötigt man eine Konvention, die aussagt, welcher Buchstabe durch welche Zahl repräsentiert wird. Der Unicode-Zeichensatz ist eine solche Zuordnungstabelle, die neben dem englischen Zeichensatz auch viele sprachspezifische Zeichen enthält.

Schlüsselwörter in Python

Die folgenden Wörter sind in Python reserviert und dürfen nicht als Bezeichner verwendet werden.

False	assert	continue	except	if	nonlocal	return
None	async	def	finally	import	not	try
True	await	del	for	in	or	while
and	break	elif	from	is	pass	with
as	class	else	global	lambda	raise	yield

Man sagt auch, dass die Variable eine **Referenz**, also ein Bezug, auf ein bestimmtes Objekt sei. In Python dient das Gleichheitszeichen = als Zuweisungsoperator. Eine Zuweisung der Form a = 9.81 wird meistens als »Weise der Variablen a den Wert 9,81 zu« gelesen, und wir verwenden diese Sprechweise ebenfalls. Allerdings werden wir im Folgenden sehen, dass man sich eine solche Zuweisung eher in der Form »Gib der Zahl 9,81 den Namen a« einprägen sollte, da dies die Funktionsweise der Sprache Python eigentlich besser wiedergibt.

Die Verwendung des Zuweisungsoperators wird an dem folgenden Beispiel gezeigt:

```
1  >>> a = 9.81
2  >>> t = 0.5
3  >>> s = 1/2 * a * t**2
4  >>> print(s)
5  1.22625
```

Die erste Zeile weist der Variablen a den Wert 9,81 zu. Die zweite Zeile weist der Variablen t den Wert 0,5 zu. In der dritten Zeile wird der Variablen s das Ergebnis von $\frac{1}{2}at^2$ zugewiesen. In der vierten Zeile benutzen wir die in Python eingebaute Funktion print, um die Variable s auszugeben. Sie können mit Python-Variablen also (fast) genauso rechnen, wie man das auf Papier auch tun würde. Für das bessere Verständnis sollten Sie eine Zuweisung der Art

```
>>> a = 9.81
```

wie folgt verstehen: Die rechte Seite vom Gleichheitszeichen erzeugt ein Objekt. In diesem Fall ist das eine Gleitkommazahl, die den Zahlenwert 9,81 hat. Dieses Objekt muss irgendwo im Hauptspeicher des Computers abgelegt werden. Stellen Sie sich den Platz im Hauptspeicher des Computers als eine Kiste vor (siehe Abb. 2.1). Die Zuweisung a = 9.81 bewirkt nun, dass man dieser Kiste den Namen »a« gibt. Das kann man sich anschaulich so vorstellen, dass ein Schild mit der Aufschrift »a« an der Kiste angebracht wird. Wenn man anschließend der Variablen a durch

```
>>> a = 1.62
```

einen neuen Wert zuweist, sollten Sie sich das wie folgt vorstellen: Es wird eine neue Kiste hergenommen. In diese wird die Zahl 1,62 gelegt. Anschließend wird das Schild mit der Aufschrift »a« von der Kiste mit der Zahl 9,81 abgenommen und an der neuen Kiste angebracht (siehe zweite Zeile von Abb. 2.1). Wenn Sie sich nun fragen,

```
>>> a = 9.81
```

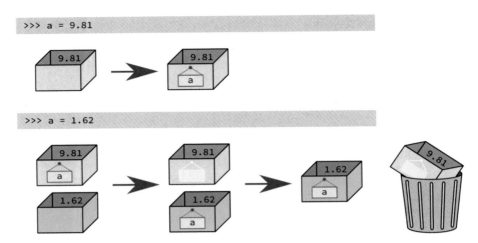

```
>>> a = 1.62
```

Abb. 2.1: Variablenzuweisung in Python. *Die Zuweisung* a = 9.81 *bewirkt, dass ein Objekt mit dem Zahlenwert 9,81 erzeugt wird. Dieses Objekt erhält den Namen* a. *In der Illustration ist das Objekt eine Kiste und der Name ein daran angebrachtes Schild. Wenn anschließend die Zuweisung* a = 1.62 *ausgeführt wird, so wird ein neues Objekt mit dem Zahlenwert 1,62 erstellt. Dieses Objekt hat nun den Namen* a. *In der Illustration wird das Schild von der Kiste mit dem alten Objekt entfernt und an der Kiste mit dem neuen Objekt angebracht. Es verbleibt ein Objekt, das überhaupt nicht mehr benannt ist. Dieses Objekt wird von der Müllabfuhr entsorgt.*

was mit der alten Kiste und deren Inhalt passiert, dann ist das eine sehr berechtigte Frage. Python nimmt Ihnen hier sehr viel Arbeit ab. Es gibt eine Art Müllabfuhr (engl. **garbage collection**), die nach und nach alle Kisten, die nicht mehr benötigt werden, weil beispielsweise kein Schild mit einem Namen mehr daran angebracht ist, entsorgt. Das geschieht ganz automatisch im Hintergrund, ohne dass Sie sich darum kümmern müssen.

2.9 Datentypen und Klassen

In Python hat jedes Objekt einen Datentyp. Man sagt auch, dass es sich um ein Objekt einer bestimmten **Klasse** handelt. Den Typ eines Objekts kann man in Python mit der Funktion type bestimmen:

```
>>> a = 2
>>> b = 2.0
>>> type(a)
<class 'int'>
>>> type(b)
<class 'float'>
```

Sie können an diesem Beispiel sehen, dass Zahlen vom Typ »ganze Zahl« int (von engl. integer) oder vom Typ Gleitkommazahl float (von engl. floating point number) sein können. Weiterhin erkennt man an dem Beispiel, dass sich die Zahlen 2 und 2.0

unterscheiden. Das Erste ist eine ganze Zahl mit dem Zahlenwert 2 und das Zweite eine Gleitkommazahl mit dem gleichen Zahlenwert.

In Python haben Variablen im Gegensatz zu anderen Programmiersprachen wie Java oder C keinen vordefinierten Datentyp. In Java oder C bezeichnet die Variable einen bestimmten Speicherplatz im Hauptspeicher des Computers. In Python ist die Variable dagegen ein Name, der auf einen bestimmten Speicherplatz verweist.

Bei den Datentypen muss man zwischen **veränderlichen** (engl. mutable) und **unveränderlichen** (engl. immutable) Typen unterscheiden. Intuitiv gehen Sie vermutlich davon aus, dass eine Zahl in Python eine veränderliche Größe ist, denn eine Anweisung der Art

```
1  >>> x = 5
2  >>> x = x + 1
3  >>> print(x)
4  6
```

verändert augenscheinlich den Wert der Variablen x. Um verstehen zu können, was mit einer unveränderlichen Größe gemeint ist, schauen wir uns noch einmal in kleinen Schritten an, was die drei Anweisungen bewirken.

Die erste Zeile sagt aus: »Gib der Zahl 5 den Namen x«. Die zweite Zeile sagt aus: »Addiere zu der Zahl mit dem Namen x die Zahl 1 und nenne das Ergebnis von nun an x«. Wichtig dabei ist, dass der Name x nach Zeile zwei auf eine andere Stelle im Speicher des Computers verweist als vor der Zeile zwei. Man hat also nicht den Inhalt einer Speicherstelle verändert, sondern der Name verweist auf eine andere Speicherstelle.

Es erscheint Ihnen vielleicht sehr umständlich oder als Wortklauberei, dass wir Zahlen in Python als unveränderliche Größen bezeichnen. Diese Eigenschaft ist aber überaus nützlich, da sie eine Reihe von Programmierfehlern vermeidet. Wir werden darauf noch einmal zurückkommen, wenn wir den Datentyp der Liste besprechen, der ein veränderlicher Datentyp ist.

int Ganze Zahlen

Der Datentyp int stellt ganze Zahlen dar. Es gibt keine vordefinierte maximale Größe der Zahlen, wie es in anderen Programmiersprachen üblich ist. Die größte darstellbare Zahl ist nur durch den Hauptspeicher Ihres Computers begrenzt.

float Gleitkommazahlen

Der Datentyp float stellt sogenannte Gleitkommazahlen dar. Sie können Gleitkommazahlen als eine Art Darstellung der reellen Zahlen der Mathematik auffassen. Dabei muss allerdings klar sein, dass der Computer nur mit einer bestimmten endlichen Genauigkeit rechnet. Der genaue Wertebereich der Gleitkommazahlen hängt von der Rechnerarchitektur ab. Sie können diesen Wertebereich wie folgt herausfinden:

```
>>> import sys
>>> sys.float_info
sys.floatinfo(max=1.7976931348623157e+308, max_exp=1024,
max_10_exp=308, min=2.2250738585072014e-308, min_exp=-1021,
```

```
min_10_exp=-307, dig=15, mant_dig=53,
epsilon=2.2204460492503131e-16, radix=2, rounds=1)
```

Auf dem in diesem Beispiel verwendeten Rechner ist die größte darstellbare Gleitkommazahl $1,79 \cdot 10^{308}$. Die kleinste positive darstellbare Gleitkommazahl ist $2,22 \cdot 10^{-308}$. Die Angabe epsilon, die hier den Zahlenwert $2,22 \cdot 10^{-16}$ hat, ist der kleinste relative Unterschied zweier Gleitkommazahlen. Die Bedeutung dieser Größe erkennt man an den folgenden Beispielen:

```
>>> (1 + 1e-16) - 1
0.0
>>> (1 + 2e-16) - 1
2.220446049250313e-16
```

Im ersten Beispiel weicht die Zahl $1 + 1 \cdot 10^{-16}$ so wenig von 1 ab, dass die Differenz zur Zahl 1 bei der Rechnung mit Gleitkommazahlen exakt 0 ergibt. Im zweiten Beispiel ist die Differenz nicht wie vielleicht erwartet $2 \cdot 10^{-16}$, sondern $2,22 \cdot 10^{-16}$. Dies spiegelt genau die Bedeutung der Größe epsilon wider: Es gibt im Rahmen der Rechengenauigkeit des Computers keine Gleitkommazahl, die zwischen 1 und 1 + epsilon liegt.

complex Komplexe Gleitkommazahlen

Python kann auch mit komplexen Zahlen rechnen. Wenn Sie mit komplexen Zahlen noch nicht vertraut sind, können Sie diesen Abschnitt zunächst überspringen.

Eine komplexe Zahl wird durch ihren Real- und Imaginärteil dargestellt. In der Mathematik schreibt man komplexe Zahlen meistens in der Form $a + ib$, wobei man a als den Realteil und b als den Imaginärteil der Zahl bezeichnet. Die Größe i nennt man die **imaginäre Einheit** mit $i^2 = -1$. In Python wird die imaginäre Einheit mit dem Buchstaben j dargestellt. Sie können mit komplexen Zahlen genauso rechnen wie mit Gleitkommazahlen. Dies wird an den folgenden Beispielen verdeutlicht:

```
>>> z1 = 3 + 4j
>>> type(z1)
<class 'complex'>
>>> z2 = 3.5 * z1
>>> print(z2)
(10.5+14j)
>>> z3 = z1 * z2
>>> print(z3)
(-24.5+84j)
>>> z3.real
-24.5
>>> z3.imag
84.0
```

Die Beispiele zeigen einen weiteren Aspekt der Programmiersprache Python: Eine komplexe Zahl hat zwei Eigenschaften, die man auch als **Attribute** bezeichnet: den Realteil real und den Imaginärteil imag. Man kann auf die Attribute zugreifen, indem man den Namen des Attributs mit einem Punkt vom Namen des Objekts trennt. Den

Betrag einer komplexen Zahl kann man in Python mit der Funktion `abs` berechnen. In dem Modul `cmath` ist eine Reihe mathematischer Funktionen für komplexe Zahlen enthalten.

`bool` Wahrheitswerte

In Python gibt es einen speziellen Datentyp für Wahrheitswerte, die man auch als **boolesche Werte** bezeichnet. Dieser Datentyp kann nur die Werte `True` für wahr und `False` für falsch annehmen. Wir werden die Verwendung dieses Datentyps bei den bedingten Anweisungen ausführlich diskutieren.

`str` Zeichenketten (Strings)

Strings sind unveränderliche Aneinanderreihungen von Zeichen, die im Unicode-Standard dargestellt werden. Strings können also Buchstaben aus verschiedenen Alphabeten, Sonderzeichen, Ziffern, Leerzeichen und so weiter enthalten. Einen String stellt man in Python dar, indem man die Zeichenketten in einfache Anführungszeichen einschließt.[8] Alternativ kann man die Zeichenkette auch in doppelte Anführungszeichen einschließen. Das ist hilfreich, wenn Sie innerhalb des Strings einfache Anführungszeichen verwenden wollen:

```
>>> x1 = 'Das ist eine Zeichenkette.'
>>> print(x1)
Das ist eine Zeichenkette.
>>> x2 = "Das ist auch eine Zeichenkette."
>>> print(x2)
Das ist auch eine Zeichenkette.
>>> x3 = "Ich sage: 'Das ist eine Zeichenkette.'"
>>> print(x3)
Ich sage: 'Das ist eine Zeichenkette.'
>>> x4 = 'Du sagtest: "Das ist eine Zeichenkette."'
>>> print(x4)
Du sagtest: "Das ist eine Zeichenkette."
```

Strings lassen sich addieren und mit einer ganzen Zahl multiplizieren. Die Bedeutung der Operationen können Sie sich an dem folgenden Beispiel klarmachen:

```
>>> a = 'Oh '
>>> b = 'la '
>>> c = '!'
>>> a + 2 * b + c
Oh la la !
```

Addition von Strings bewirkt also ein Hintereinanderhängen (Verketten) von Strings. Dabei werden nicht automatisch Leerzeichen oder andere Trennzeichen eingefügt. Die Leerzeichen im oben angegebenen Beispiel sind bereits in den Strings a und b enthalten.

---

[8] Das einfache Anführungszeichen ist das Zeichen, das auf der deutschen Computertastatur auf der gleichen Taste liegt wie die Raute #. Bitte verwenden Sie nicht die Akzente, die auf der deutschen Tastatur rechts neben dem Fragezeichen zu finden sind.

Die Multiplikation eines Strings mit einer natürlichen Zahl erzeugt eine entsprechende Wiederholung des Strings. Bitte beachten Sie auch hier, dass bei einer Zuweisung der folgenden Art

```
>>> a = 'Hallo'
>>> a = a + '!'
>>> print(a)
Hallo!
```

die ursprüngliche Zeichenkette `'Hallo'` nicht verändert wird. Der Befehl `a = a + '!'` erzeugt vielmehr eine neue Zeichenkette mit dem entsprechenden Inhalt.

Man kann auf einzelne Zeichen eines Strings zugreifen, indem man die Position des gewünschten Zeichens in der Zeichenkette als Index in eckigen Klammern anhängt. Dabei ist darauf zu achten, dass das erste Zeichen eines Strings den Index null hat.

```
>>> s = 'Dies ist ein kleiner Text'
>>> s[0]
'D'
>>> s[1]
'i'
>>> s[23]
'x'
```

Python gibt eine Fehlermeldung aus, wenn man versucht, auf ein Zeichen zuzugreifen, das nicht existiert:

```
>>> s = 'Dies ist ein kleiner Text'
>>> s[25]
Traceback (most recent call last):
  File "<stdin>", line 1, in <module>
IndexError: string index out of range
```

Eine sehr praktische Eigenschaft von Python ist, dass man mit negativen Indizes arbeiten kann, um die Zeichen eines Strings von hinten abzuzählen:

```
>>> s = 'Dies ist ein kleiner Text'
>>> s[-1]
't'
>>> s[-2]
'x'
```

Die Länge eines Strings kann man mit der Python-Funktion `len` bestimmen.

```
>>> s = 'Dies ist ein kleiner Text'
>>> len(s)
25
```

Darüber hinaus gibt es eine ganze Reihe **Methoden** in Python, mit denen man Strings bearbeiten kann. Eine Methode ist gewissermaßen eine Funktion, die mit einem Objekt verbunden ist. Eine Methode ruft man auf, indem man den Methodennamen und den Objektnamen mit einem Punkt verbindet. Die Methoden der Klasse `str` werden in der Dokumentation der Standardbibliothek von Python [7] erklärt. Alternativ können Sie

Bedeutung des Punktes . in Python

Der Punkt hat in Python zwei Bedeutungen:

1. als Dezimalpunkt bei der Angabe von Zahlen, wie in 3.1415,

2. als Trennzeichen zwischen einem Objekt und einer Eigenschaft des Objektes wie in z.real, bzw. einer Methode wie bei s.replace().

Darüber hinaus haben wir den Punkt noch als Trennzeichen zwischen einem Modul und einer im Modul enthaltenen Funktion wie bei math.sin() oder einer im Modul enthaltenen Konstante wie bei math.pi kennengelernt. Das ist aber kein Widerspruch, denn in Python ist auch ein importiertes Modul ein Objekt, nämlich ein Objekt, das den Datentyp module hat.

in Python auch help(str) aufrufen. Als Beispiel probieren wir einmal die Methode replace, die eine Ersetzung von Textteilen vornimmt.

```
>>> s = 'Dies ist ein kleiner Text'
>>> s1 = s.replace('kleiner', 'kurzer')
>>> print(s)
Dies ist ein kleiner Text
>>> print(s1)
Dies ist ein kurzer Text
```

Es würde den Rahmen dieses Buches sprengen, wenn wir alle Methoden, die in Python definiert sind, ausführlich besprechen. Bitte schauen Sie sich aber einmal die Dokumentation der Klasse str an, damit Sie wissen, welche Methoden es überhaupt gibt.

Neben den Rechenoperatoren + und * gibt es für Strings in Python noch den Operator in. Dieser Operator überprüft, ob ein bestimmter String in einem anderen String enthalten ist. Auch das kann man wieder am besten an einem Beispiel erkennen:

```
>>> s = 'Dies ist ein kleiner Text'
>>> 'ie' in s
True
>>> 'ren' in s
False
```

Die Zeichenkette »ie« ist im String s also enthalten, die Zeichenkette »ren« dagegen nicht. Der Operator in gibt ein Objekt vom Typ bool zurück, wie das folgende Beispiel zeigt:

```
>>> s = 'Dies ist ein kleiner Text'
>>> b = 'er' in s
>>> type(b)
<class 'bool'>
```

tuple   Ketten von Objekten (Tupel)

Ein Tupel ist in Python eine Aneinanderreihung oder Kette von beliebigen Objekten. Ein Tupel wird gebildet, indem man mehrere Objekte mit Kommata getrennt aufzählt. In vielen Fällen wird die Lesbarkeit des Programmcodes besser, wenn man bei der Definition eines Tupels runde Klammern um die Aufzählung der Objekte schreibt, auch wenn dies nicht notwendig ist. Die einzelnen Elemente eines Tupels können von völlig unterschiedlichen Datentypen sein:

```
>>> t = (1, 2.0, 4+3j, 'Klaus')
>>> type(t)
<class 'tuple'>
```

Tupel haben große Ähnlichkeit mit Strings. Strings sind Aneinanderreihungen von Zeichen, während Tupel Aneinanderreihungen von beliebigen Objekten sind. Dementsprechend funktioniert die Indizierung von Tupeln genauso wie die von Strings. Ein bestimmtes Element eines Tupels erhält man, indem man an den Variablennamen den Index des Elements in eckigen Klammern anhängt. Auch hier ist zu beachten, dass man in Python bei null anfängt zu zählen.

```
>>> t = (1, 2.0, 4+3j, 'Klaus')
>>> t[0]
1
>>> t[1]
2.0
```

Genau wie bei Strings kann man auch bei Tupeln mit negativen Indizes arbeiten, um das letzte, vorletzte etc. Element anzusprechen:

```
>>> t = (1, 2.0, 4+3j, 'Klaus')
>>> t[-1]
Klaus
>>> t[-2]
(4+3j)
```

Genau wie Strings kann man Tupel addieren und mit einer ganzen Zahl multiplizieren:

```
>>> t1 = (1, 'zwei', 3)
>>> t2 = ('one', 2, 'three')
>>> t1 + 2 * t2
(1, 'zwei', 3, 'one', 2, 'three', 'one', 2, 'three')
```

Während bei den Strings die Funktion len die Anzahl der Zeichen im String zurückgibt, gibt sie bei einem Tupel die Anzahl der Elemente im Tupel an.

```
>>> t = (1, 2.0, 4+3j, 'Klaus')
>>> len(t)
4
```

Der Operator in überprüft, ob ein bestimmtes Objekt in einem Tupel enthalten ist.

```
>>> t = (1, 2.0, 4+3j, 'Klaus')
>>> 3 in t
False
>>> 'Klaus' in t
True
```

Es gibt Fälle, in denen wir ein Tupel mit nur einem Element erzeugen müssen. Dies kann man erreichen, indem man an das Element ein Komma anhängt.

```
>>> t = (1, )
>>> type(t)
<class 'tuple'>
```

list Listen

Eine Liste ist, ähnlich wie ein Tupel, eine Aneinanderreihung von beliebigen Python-Objekten. Der wesentliche Unterschied zum Tupel besteht darin, dass eine Liste ein veränderliches Objekt ist, während das Tupel unveränderlich ist. Wir können bei einer Liste also nachträglich Objekte durch andere Objekte ersetzen und Objekte hinzufügen oder entfernen. Eine Liste erzeugt man, indem man die Objekte in eckigen Klammern mit Kommata trennt.

```
>>> liste = [1, 2.0, 4+3j, 'Klaus']
>>> type(liste)
<class 'list'>
```

Alle Operationen, die wir oben für Tupel besprochen haben, funktionieren genauso auch für Listen. Probieren Sie die Beispiele aus dem Abschnitt über Tupel für die entsprechenden Listen aus.

Listen sind veränderlich. Wir können nachträglich Objekte mit der Methode append an die Liste anhängen, wir können Objekte ersetzen, und wir können Elemente mit dem Befehl del aus der Liste entfernen, wie die folgenden Beispiele zeigen:

```
>>> liste = [1, 2, 3, 4, 5]
>>> liste[2] = 'drei'
>>> print(liste)
[1, 2, 'drei', 4, 5]
>>> liste.append('six')
>>> print(liste)
[1, 2, 'drei', 4, 5, 'six']
>>> del liste[1]
>>> print(liste)
[1, 'drei', 4, 5, 'six']
```

Neben append gibt es noch eine Reihe weiterer Methoden der Klasse list, die Sie in der Dokumentation der Standardbibliothek [7] unter dem Stichpunkt »Sequence Types« finden. In dem Python-Tutorial [8] gibt es unter dem Stichwort »Data-Types« eine sehr übersichtliche Darstellung der Methoden der Klasse list. So kann man beispielsweise mit count zählen, wie oft ein bestimmtes Objekt in der Liste vorkommt, oder man kann mit index den Index eines bestimmten Objektes suchen.

Vielleicht finden Sie es gewöhnungsbedürftig, dass die Datentypen, die wir vor der
Liste kennengelernt haben, unveränderlich sind, und Sie denken sich, warum man denn
überhaupt Tupel verwenden möchte, wenn es Listen gibt. Das folgende Beispiel zeigt,
dass veränderliche Python-Objekte nicht ganz unproblematisch sind:

```
1   >>> liste = [1, 2, 3, 4]
2   >>> liste1 = liste
3   >>> liste[1] = 'zwei'
4   >>> print(liste)
5   [1, 'zwei', 3, 4]
6   >>> print(liste1)
7   [1, 'zwei', 3, 4]
```

Wenn Sie bisher mit einer Programmiersprache wie C oder Java gearbeitet haben, haben
Sie wahrscheinlich erwartet, dass der letzte print-Befehl die Ausgabe [1, 2, 3, 4]
erzeugt. Warum erzeugt Python hier diese Ausgabe? Dazu müssen wir uns daran
erinnern, dass Variablen in Python Referenzen auf Objekte sind. Denken Sie bitte
wieder an das Bild mit den Kisten. Die Variable liste ist ein Schild, das an der Kiste
mit der Liste angebracht ist. Die zweite Zeile des Beispiels oben bewirkt, dass an diese
Kiste ein zweites Schild mit der Aufschrift liste1 gehängt wird. Die Kiste trägt jetzt
zwei Schilder: eines mit der Aufschrift liste und eines mit der Aufschrift liste1. In
Zeile 3 wird der Inhalt der Kiste verändert. Wenn wir nun den Inhalt der Kiste ausgeben
lassen, so erhalten wir den veränderten Inhalt, ganz gleichgültig, ob wir die Kiste mit
dem Namen liste ansprechen oder mit dem Namen liste1.

Achtung!

Variablen in Python sind Referenzen auf Objekte. Eine Variable ist also ein Name,
den man dem Objekt gibt. Ein Objekt kann durch mehrere Namen angesprochen werden. Eine Zuweisung der Form variable2 = variable1 kopiert das
Objekt nicht, sondern erzeugt nur einen zweiten Namen, unter dem das Objekt
angesprochen (referenziert) werden kann.

Wenn Sie eine Kopie einer Liste erstellen wollen, dann können Sie die Methode copy
verwenden.

```
1   >>> liste = [1, 2, 3, 4]
2   >>> liste1 = liste.copy()
3   >>> liste[1] = 'zwei'
4   >>> print(liste)
5   [1, 'zwei', 3, 4]
6   >>> print(liste1)
7   [1, 2, 3, 4]
```

Man hat damit also erreicht, dass Änderungen in der Liste liste nun keinen Einfluss
auf die Liste liste1 haben, weil sich beide Variablen auf unterschiedliche Objekte
beziehen.

dict Wörterbücher

Ein Dictionary dict ist ein Datentyp, der es erlaubt, eine Zuordnung von bestimmten Objekten zu anderen Objekten vorzunehmen. Sie können sich unter einem Dictionary am einfachsten ein Telefonbuch vorstellen, wie das folgende Beispiel zeigt.

```
>>> telefon = {'Klaus': 1353, 'Manfred': 5423, 'Petra': 3874}
>>> telefon['Klaus']
1353
```

Sie können erkennen, dass ein Dictionary durch ein Paar von geschweiften Klammern {} erzeugt wird. Jeder Eintrag besteht aus einem **Schlüssel** und einem bestimmten **Wert**, die durch einen Doppelpunkt voneinander getrennt sind. Die Schlüssel sind in unserem Fall die Namen und die Werte die Telefonnummern. Das Dictionary ordnet also jedem Schlüssel genau einen Wert zu.[9]

set Mengen

Ebenfalls mit geschweiften Klammern werden in Python Mengen (Datentyp set) gebildet. Unter einer Menge sollten Sie sich genau das vorstellen, was man in der mathematischen Mengenlehre unter einer Menge versteht. In einer Menge kann jedes Element nur maximal einmal vorkommen, und die Reihenfolge der Elemente spielt keine Rolle, wie das folgende Beispiel zeigt.

```
>>> a = {4, 3, 5, 4, 4, 3}
>>> print(a)
{3, 4, 5}
```

Auf Mengen kann man in Python die üblichen Operationen der Mengenlehre wie Vereinigung (union), Schnittmenge (intersection) und Differenz (difference) anwenden sowie die Frage stellen, ob eine Menge eine Teilmenge (issubset) oder eine Obermenge (issuperset) einer anderen Menge ist. Die Anwendung dieser Methoden wird im folgenden Beispiel demonstriert.

```
>>> a = {1, 2, 3, 4}
>>> b = {2, 3, 4, 6, 7}
>>> a.union(b)
{1, 2, 3, 4, 6, 7}
>>> a.intersection(b)
{2, 3, 4}
>>> a.difference(b)
{1}
>>> a.issubset(b)
False
>>> a.issuperset(b)
False
```

---

[9] Der Schlüssel muss dabei nicht unbedingt ein String sein. Es kann sich auch um einen anderen unveränderlichen Datentyp handeln.

Mengen benutzt man häufig dazu, um aus einer Liste von Zahlen die doppelten
Einträge zu entfernen, indem man eine Liste erst mit der Funktion `set` in eine Menge
umwandelt und anschließend wieder mit der Funktion `list` in eine Liste, wie das
folgende Beispiel zeigt:

```
1  >>> liste = [1, 2, 3, 2, 3, 2, 5, 7, 5]
2  >>> liste2 = list(set(liste))
3  >>> liste2
4  [1, 2, 3, 5, 7]
```

Wenn man anstelle der Liste ein Tupel erzeugen möchte, kann man statt der Funktion
`list` die Funktion `tuple` verwenden.

2.10 Arithmetische Zuweisungsoperatoren

Wir haben bereits Zuweisungen der Form

```
variable = wert
```

kennengelernt. Bei einer solchen Zuweisung wird einer Variablen ein bestimmter Wert
zugeordnet. Es kommt relativ häufig vor, dass man den Wert einer Variablen verändern
möchte, indem man die Variable zum Beispiel um eine bestimmte Zahl erhöht oder
mit einem bestimmten Faktor multipliziert. Wenn wir die Variable x um zwei erhöhen
möchten, dann kann man das in Python durch

```
x = x + 2
```

ausdrücken. Da Zuweisungen dieser Art sehr häufig vorkommen, gibt es in Python
dafür eine spezielle Kurzschreibweise. Um die Variable x um zwei zu erhöhen, kann
man auch die Anweisung

```
x += 2
```

benutzen. Man bezeichnet den Operator += als einen **arithmetischen Zuweisungsoperator**, da er eine Rechenoperation mit einer Zuweisung verknüpft. Völlig analog
kann man den Operator -= verwenden, um eine Variable um einen bestimmten Wert zu
verringern. Der Operator *= multipliziert eine Variable mit einem bestimmten Faktor
und /= teilt eine Variable durch einen bestimmten Faktor.

2.11 Mehrfache Zuweisungen (Unpacking)

Wir haben einige Datentypen kennengelernt, die aus einer Sammlung von Objekten
bestehen: Strings (`str`), Tupel (`tuple`), Listen (`list`) und Mengen (`set`). Bei diesen
Datentypen kann man eine besondere Form der Zuweisung verwenden, die in vielen
Fällen sehr praktisch ist. Dabei werden die einzelnen Elemente getrennten Variablen
zugewiesen. Wir demonstrieren dies am Beispiel einer Liste:

```
>>> a = [3, 7, 5]
>>> x, y, z = a
```

```
>>> print(x)
3
>>> print(y)
7
>>> print(z)
5
```

Es gibt einige Funktionen in Python, die zwei oder mehr Werte als Ergebnis zurückgeben. In diesen Fällen kann man die Ergebnisse direkt unterschiedlichen Variablen zuordnen. Ein Beispiel ist die Funktion `math.modf`, die eine Gleitkommazahl in den ganzzahligen Anteil und den gebrochenen Anteil zerlegt. Diese Funktion liefert ein Tupel der beiden Anteile zurück.

```
>>> import math
>>> a = math.modf(2.25)
>>> print(a)
(0.25, 2.0)
```

Mithilfe der mehrfachen Zuweisung kann man die beiden Teile direkt zwei unterschiedlichen Variablen zuweisen:

```
>>> import math
>>> x, y = math.modf(2.25)
>>> print(x)
0.25
>>> print(y)
2.0
```

Diese Art der mehrfachen Zuweisung wird auch als **Unpacking** bezeichnet, da das Tupel gewissermaßen ausgepackt wird und seine Bestandteile auf mehrere Variablen verteilt werden. Wichtig ist, dass die Anzahl der Variablen exakt mit der Anzahl der auszupackenden Elemente übereinstimmt. Wenn das Tupel (oder die Liste) mehr oder weniger Elemente enthält, als Sie Variablen angeben, erhalten Sie eine Fehlermeldung.

2.12 Indizierung von Ausschnitten (Slices)

Für die Datentypen, die aus einzelnen Elementen bestehen, die man mit einem Index ansprechen kann, gibt es eine weitere Variante der Indizierung, die man als **Slicing** bezeichnet. Dies betrifft Strings (`str`), Tupel (`tuple`) und Listen (`list`). Nehmen wir an, dass a eine Liste, ein Tupel oder ein String ist. Dann kann man mit

```
a[Anfang:Ende:Schrittweite]
```

eine bestimmte Teilmenge der Elemente von a auswählen. Dabei wird mit dem Index mit `Anfang` begonnen. Dieser Index wird in der Schrittweite `Schrittweite` hochgezählt. Das geschieht so lange, wie der Index kleiner als `Ende` ist. Wir demonstrieren dies an einem einfachen Beispiel mit einer Liste:

```
>>> a = [0, 1, 2, 3, 4, 5, 6, 7, 8, 9, 10, 11, 12, 13, 14]
>>> a[4:12:2]
[4, 6, 8, 10]
```

Beginnend mit dem Index 4 wird in 2er-Schritten hochgezählt, solange der Index kleiner als 12 ist. Beachten Sie bitte, dass das Element `a[12]` *nicht* im Ergebnis auftaucht. Wenn die Schrittweite nicht angegeben wird, so wird eine Schrittweite von 1 angenommen. Wenn der Anfang und das Ende nicht angegeben werden, so wird vom Anfang der ursprünglichen Liste bzw. bis zum Ende der ursprünglichen Liste gezählt. Es sind auch negative Schrittweiten erlaubt. In diesem Fall wird die Liste rückwärts durchlaufen. Dazu muss dann natürlich `Anfang` größer sein als `Ende`. Wir demonstrieren die verschiedenen Möglichkeiten der Slices wieder an einigen Beispielen:

```
>>> a = [0, 1, 2, 3, 4, 5, 6, 7, 8, 9, 10, 11, 12, 13, 14]
>>> a[5:]
[5, 6, 7, 8, 9, 10, 11, 12, 13, 14]
>>> a[:10]
[0, 1, 2, 3, 4, 5, 6, 7, 8, 9]
>>> a[::2]
[0, 2, 4, 6, 8, 10, 12, 14]
>>> a[::-1]
[14, 13, 12, 11, 10, 9, 8, 7, 6, 5, 4, 3, 2, 1, 0]
>>> a[12:4:-2]
[12, 10, 8, 6]
```

2.13 Formatierte Strings

Wenn man mit Python eine physikalische Aufgabe löst, möchte man oft das Ergebnis in Form eines Antwortsatzes mit einer sinnvollen Anzahl von Dezimalstellen angeben. Es gibt dazu in Python verschiedene Möglichkeiten. Die am einfachsten zu benutzende besteht aus den sogenannten **formatierten Strings** oder kurz **f-Strings**. Ein f-String ist ein String, der mit dem Buchstaben f vor dem einleitenden Anführungszeichen markiert ist. Innerhalb des Strings können mehrere Python-Ausdrücke in geschweiften Klammern vorkommen. Die Ausdrücke in den geschweiften Klammern werden ausgewertet, und an ihrer Stelle wird das Ergebnis der Auswertung eingesetzt. Wir demonstrieren das an einem Beispiel:

```
>>> import math
>>> a = 2
>>> print(f'Die Quadratwurzel von {a} ist {math.sqrt(a)}.')
'Die Quadratwurzel von 2 ist 1.4142135623730951.'
```

Innerhalb der geschweiften Klammen kann man noch genauer angeben, wie der Ausdruck formatiert werden soll. Am häufigsten werden wir Gleitkommazahlen ausgeben müssen. Dazu kann man hinter den Ausdruck einen Doppelpunkt angeben. Nach dem Doppelpunkt kann angegeben werden, wie viele Zeichen für die Ausgabe der Zahl reserviert werden sollen. Dies ist wichtig, wenn man Zahlen untereinander so ausgeben möchte, dass zusammengehörige Dezimalstellen untereinander stehen. Nach dieser

Angabe folgt ein Punkt und danach die Angabe der Nachkommastellen. Es empfiehlt sich, danach noch den Buchstaben f anzuhängen. Diese Angabe erzwingt, dass die Zahl als Gleitkommazahl angegeben wird. Das obige Beispiel kann dann wie folgt aussehen, wobei wir auf die Angabe einer vorgegebenen Anzahl von Zeichen verzichtet haben.

```
>>> import math
>>> a = 2
>>> f'Die Quadratwurzel von {a:.3f} ist {math.sqrt(a):.3f}.'
'Die Quadratwurzel von 2.000 ist 1.414.'
```

Die f-Strings bieten noch viel mehr Formatierungsmöglichkeiten, die hier nicht im Detail besprochen werden können. Diese sind ausführlich unter dem Stichwort »Format Specification Mini-Language« der Dokumentation der Python-Standardbibliothek [7] dokumentiert.

2.14 Vergleiche und boolesche Ausdrücke

Aus der Schulmathematik kennen Sie die Vergleichsoperatoren gleich =, ungleich ≠, kleiner als <, größer als >, kleiner oder gleich ≤ und größer oder gleich ≥. Diese Vergleichsoperatoren werden in Python durch die Operatoren ==, !=, <, >, <=, >= ausgedrückt und liefern jeweils einen Wahrheitswert vom Typ bool zurück, wie das folgende Beispiel zeigt.

```
>>> 3 < 4
True
>>> 3 > 5
False
>>> 6 == 2 * 3
True
```

Wahrheitswerte lassen sich mit den Operatoren and und or verknüpfen. Der Ausdruck x and y ist genau dann wahr, wenn sowohl x als auch y den Wert True haben. Der Ausdruck x or y ist genau dann wahr, wenn mindestens einer der beiden Ausdrücke x bzw. y wahr ist. Der Operator not negiert einen Wahrheitswert: Aus True wird False und umgekehrt. Wir zeigen dies wieder an einigen Beispielen:

```
>>> 3 < 4 or 5 > 2
True
>>> 3 < 4 or 5 < 2
True
>>> not 3 < 4
False
>>> 3 < 4 and 3 > 1
True
```

Wenn Sie beispielsweise überprüfen wollen, ob eine Variable x einen Wert zwischen 0 und 10 hat, dann können Sie dies wie folgt überprüfen:

```
>>> x = 3
>>> 0 <= x and x <= 10
True
```

Ausdrücke dieser Art, bei der mehrere Vergleichsoperatoren mit and verknüpft sind, lassen sich in Python verkürzt in der folgenden Form darstellen, die sich stark an die übliche Notation in der Mathematik anlehnt:

```
>>> x = 3
>>> 0 <= x <= 10
True
```

Neben der Gleichheit von zwei Objekten, die mit dem Operator == festgestellt wird, gibt es noch die Identität von zwei Objekten, die mit dem Operator is festgestellt wird. Der Unterschied zwischen == und is entspricht in etwa dem Bedeutungsunterschied zwischen »das Gleiche« und »dasselbe« in der deutschen Sprache. Um den Unterschied zu verdeutlichen, erzeugen wir zwei Listen mit dem gleichen Inhalt:

```
>>> a = [1, 2, 3]
>>> b = [1, 2, 3]
>>> a == b
True
>>> a is b
False
```

Die Listen a und b haben zwar den gleichen Inhalt, es sind aber unterschiedliche Objekte. Wir können zum Beispiel nachträglich ein Element der Liste b verändern und damit bewirken, dass sich die Inhalte der Listen unterscheiden. Anders sieht es im folgenden Beispiel aus:

```
>>> a = [1, 2, 3]
>>> b = a
>>> a == b
True
>>> a is b
True
```

Die Operation a is b liefert nun True zurück. Das bedeutet, dass a und b ein und dasselbe Objekt sind. Selbst wenn wir nachträglich ein Element von b ändern, sind trotzdem beide Listen völlig identisch, da a und b nur zwei unterschiedliche Namen für dasselbe Objekt sind.

Vergleiche mit Gleitkommazahlen liefern gelegentlich überraschende Ergebnisse, wie das folgende Beispiel demonstriert. Wir betrachten dazu die offensichtlich erfüllte Gleichung $3 + 0{,}4 - 0{,}2 = 3{,}2$. Wenn wir diese Gleichung in Python aufschreiben, erhalten wir allerdings die folgende Ausgabe:

```
>>> 3 + 0.4 - 0.2 == 3.2
False
```

Aufgrund der unvermeidlichen Rundungsfehler weicht das Ergebnis der Berechnung $3 + 0.4 - 0.2$ minimal von 3,2 ab, und daher liefert der Vergleich ein False. In vielen Fällen kann man die Überprüfung der Gleichheit zweier Gleitkommazahlen vollständig vermeiden. Wenn Sie beispielsweise eine Schleife abbrechen möchten, wenn die Zahl x gleich null ist, sollten Sie überlegen, ob es nicht sogar logischer ist, die Schleife so lange auszuführen, wie die Zahl x größer als null ist. Wenn es unumgänglich ist, zwei Gleitkommazahlen auf (näherungsweise) Gleichheit zu überprüfen, sollten Sie den Vergleich a == b durch abs(a - b) < fehler ersetzen, wobei fehler eine hinreichend kleine Zahl ist und die eingebaute Funktion abs den Betrag einer Zahl berechnet.

> **Achtung!**
>
> Vergleichen Sie nie Gleitkommazahlen mit den Operatoren == oder !=. In vielen Fällen verursachen derartige Vergleiche schwer auffindbare Programmfehler.

Eine Besonderheit von Python ist, dass fast jedem Objekt eine Wahrheitswert zugewiesen wird.[10] Diesen findet man mit der Funktion bool heraus:

```
1  >>> bool(5.0)
2  True
3  >>> bool(0.0)
4  False
5  >>> bool([1, 2, 3])
6  True
7  >>> bool([])
8  False
9  >>> bool([0])
10 True
```

Die dahinterstehenden Regeln lauten:

- Die Zahl Null wird als False interpretiert.

- Leere Sammlungen von Objekten (Listen, Tupel, Mengen, Dictionaries, Strings) werden als False interpretiert.

- Die Objekte False und None werden als False interpretiert.

- Alle anderen Objekte werden als True interpretiert.

Im obigen Beispiel ergibt sich in den Zeilen 7 und 8 beispielsweise der Wert False für eine leere Liste. Eine Liste, die die Zahl Null enthält, wird dagegen als True interpretiert, wie in den Zeilen 9 und 10 zu erkennen ist.

2.15 Erstellen von Python-Programmen

Bisher haben wir die Befehle immer in der Python-Shell eingegeben. Sobald die Aufgaben etwas komplexer werden, lohnt es sich, alle Anweisungen in eine Datei zu schreiben und diese Anweisungen dann von Python ausführen zu lassen. Dazu muss man eine Textdatei erstellen, deren Name mit der Dateiendung .py endet. In dieser Datei werden

---

[10] Eine Ausnahme werden wir in Abschnitt 3.10 kennen lernen.

die Befehle zeilenweise aufgeschrieben. Anschließend kann man die Datei ausführen. Dazu muss man beim Starten von Python den Dateinamen hinter den Befehl `python` schreiben.

Erstellen Sie mit einem Texteditor (siehe Abschn. 2.3) eine Datei mit dem Namen `programm.py` und speichern Sie diese Datei in einem Ordner Ihrer Wahl. Der Inhalt der Datei ist in dem Listing Programm 2.1 angegeben.

Programm 2.1: *Grundlagen/programm.py*

```
1  """Berechnung der Quadratwurzel von 17."""
2
3  import math
4
5  # Weise a den Wert 17 zu.
6  a = 17
7  # Berechne die Quadratwurzel von a.
8  b = math.sqrt(a)
9  # Gib das Ergebnis aus.
10 print(b)
```

Um das Programm unter Windows mit der Distribution Anaconda laufen zu lassen, öffnen Sie über das Startmenü einen Anaconda-Prompt. Dort müssen Sie zunächst in das Verzeichnis wechseln, in dem die Datei gespeichert ist. Das geschieht mit dem Befehl `cd`[11], hinter dem Sie den Namen des Ordners angeben müssen. Falls Sie das Programm unter Windows auf einem anderen Laufwerk gespeichert haben, müssen Sie zunächst dieses Laufwerk als aktuelles Laufwerk auswählen. Dazu geben Sie bitte den Laufwerksbuchstaben gefolgt von einem Doppelpunkt ein und betätigen die Eingabetaste. Um das Programm ausführen zu lassen, geben Sie beim Starten von Python den Dateinamen hinter dem Befehl `python` an. Sie sollten im Anschluss folgende Ausgabe erhalten:[12]

```
(base) C:\Users\natt>cd Documents\Python
(base) C:\Users\natt\Documents\Python>python programm.py
4.123105625617661
(base) C:\Users\natt\Documents\Python>
```

Um das Programm unter einem anderen Betriebssystem oder einer anderen Python-Distribution zu starten, können Sie ganz analog vorgehen.

In dem Programm gibt es einige Besonderheiten: In der ersten Zeile steht ein Text, der die Funktion des Programms erläutert. Dieser Text ist in ein Paar von jeweils drei doppelten Anführungszeichen eingeschlossen. Man bezeichnet diesen Text als einen **Docstring**. Die Zeilen 5, 7 und 9 beginnen mit einer Raute #. Alles hinter dem Rautezeichen ist ein **Kommentar**, der nur dazu dient, das Programm besser verständlich zu machen. Der Inhalt des Kommentars wird von Python ignoriert. Dennoch sind die Kommentare wichtig, damit Sie später Ihre eigenen Programme noch verstehen.

Das Eingeben des Programmcodes und das Starten von Python ist etwas komfortabler, wenn Sie die Entwicklungsumgebung Spyder verwenden. In Abb. 2.2 ist eine

---

[11] Der Befehl `cd` steht für »change directory«.
[12] In dem dargestellten Beispiel wurde die Datei `programm.py` in einem Unterordner `Python` des Ordners `Documents` des Benutzers `natt` gespeichert.

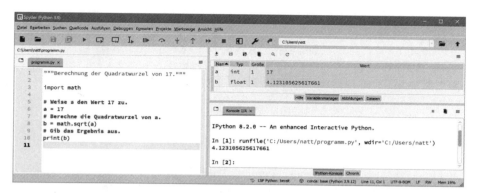

Abb. 2.2: Integrierte Entwicklungsumgebung Spyder. *In dem Fensterbereich auf der linken Seite ist das Programm* programm.py *geöffnet. Verschiedene Bestandteile des Programmcodes werden automatisch farblich hervorgehoben. Mit dem grünen Pfeil in der Werkzeugleiste oben kann man das Programm ausführen. Die Programmausgabe ist in dem Fensterbereich unten rechts zu sehen. In dem Fensterbereich oben rechts werden die definierten Variablen tabellarisch angezeigt.*

typische Sitzung zu sehen. Beim Arbeiten mit dem Programm werden Sie feststellen, dass Ihnen der Editor an vielen Stellen eine Auswahl von möglichen Befehlen anbietet. Die Funktionen des Programms Spyder sind zu umfangreich, als dass sie hier ausführlich beschrieben werden können. Es gibt allerdings im Hilfe-Menü ein ausführliches Tutorium, das Sie in die Funktionen dieser Entwicklungsumgebung einführt.

Wir werden im Folgenden immer wieder Beispiele besprechen, die mehrere Zeilen umfassen. Sie können diese natürlich trotzdem in der Python-Shell interaktiv eingeben. Praktischer ist es allerdings, wenn Sie für diese Beispiele jeweils eine entsprechende Datei anlegen. Um Ihnen eine Orientierung zu geben, welches Vorgehen Sie am besten wählen sollten, werden die Beispiele, die Sie besser in eine Datei schreiben sollten, ohne einen Python-Prompt >>> abgedruckt.

2.16 Kontrollstrukturen

In den meisten Fällen besteht ein Programm nicht einfach nur aus einer Liste von Befehlen, die der Reihe nach abgearbeitet werden. Vielmehr muss ein Programm flexibel auf ein Ergebnis einer Rechnung oder auf eine andere Bedingung reagieren, sodass bestimmte Programmteile nur bedingt oder wiederholt ausgeführt werden. Dazu gibt es bestimmte Konstrukte, die den Ablauf des Programms beeinflussen. Diese Konstrukte werden wir in den folgenden Abschnitten besprechen. Dabei spielen sogenannte **Anweisungsblöcke** eine wichtige Rolle, die in Python durch eine **Einrückung** gekennzeichnet sind. Hierdurch unterscheidet sich Python ganz wesentlich von vielen anderen Programmiersprachen (siehe Kasten).

Blöcke in Python

In vielen Programmiersprachen werden Blöcke von Anweisungen durch Klammern (geschweifte Klammern in C, C++, Java, C#) oder durch bestimmte Schlüsselwörter (begin und end in Pascal) gekennzeichnet. In Python wird ein Block immer durch einen Doppelpunkt eingeleitet. Die Zeilen, die zu einem Block gehören, werden durch die gleichmäßige Einrückung der Anweisungen gekennzeichnet.

Es ist üblich (aber nicht zwingend), dass zum Einrücken immer vier Leerzeichen verwendet werden. Es wird dringend davon abgeraten, zum Einrücken von Blöcken das Tabulatorzeichen zu verwenden, da es vom Texteditor abhängt, durch wie viele Leerzeichen ein Tabulator dargestellt wird. Viele Texteditoren lassen sich so konfigurieren, dass sie beim Drücken der Tabulatortaste automatisch eine vorgegebene Anzahl von Leerzeichen einfügen.

2.17 Funktionen

Eine Funktion ist eine Art Unterprogramm. Wir haben schon einige Funktionen wie die `print`-Funktion, die Funktion `len` oder die trigonometrischen Funktionen verwendet. Funktionen erlauben es, Code wiederzuverwenden. Nehmen Sie an, Sie schreiben ein Programm, in dem mehrfach zwischen Temperaturangaben in Grad Celsius und Grad Fahrenheit umgerechnet werden muss. Damit Sie nicht bei jeder Umrechnung wieder die gleiche Formel eintippen müssen, ist es praktisch, eine Funktion zu definieren, die diese Umrechnung vornimmt. Dies geschieht, wie im nächsten Beispiel gezeigt wird, mit dem Schlüsselwort `def`.

```python
1  def fahrenheit_von_celsius(grad_c):
2      grad_f = grad_c * 1.8 + 32
3      return grad_f
4
5  x = 35.0
6  y = fahrenheit_von_celsius(x)
7  print(f'{x} Grad Celsius entsprechen {y} Grad Fahrenheit')
```

In der ersten Zeile wird die Funktion mit dem Namen `fahrenheit_von_celsius` definiert. In den runden Klammern steht die Liste von Argumenten. In diesem Beispiel haben wir nur ein Argument, dem wir den Namen `grad_c` geben. Nach der schließenden Klammer folgt ein Doppelpunkt, der unbedingt erforderlich ist, weil er einen **Anweisungsblock** einleitet. Die nächsten beiden Zeilen sind mit der gleichen Anzahl Leerstellen eingerückt. Die **Einrückung** zeigt an, dass diese Zeilen zusammen einen Anweisungsblock bilden. Dieser Block wird ausgeführt, wenn die Funktion aufgerufen wird. Das Ende des Blocks wird dadurch erkannt, dass die Zeile 5 nicht mehr eingerückt ist. Die Leerzeilen werden ignoriert. Es ist gängige Praxis, dass vor und nach einer Funktionsdefinition zwei Leerzeilen gelassen werden. Bei den sehr kurzen Beispielen in diesem Abschnitt werden wir aus Platzgründen jedoch darauf verzichten. In Zeile 2 erfolgt die Umrechnung von °C in °F. In Zeile 3 wird das Ergebnis mit einer `return`-Anweisung zurückgegeben. Die Zeilen 5 bis 7 zeigen die Anwendung der neu definierten Funktion. Man kann erkennen, dass der Aufruf der Funktion als Ergebnis den Wert hat, der von der return-Anweisung zurückgegeben worden ist.

Beim Umgang mit Python-Funktionen sind einige Punkte zu beachten, die wir im Folgenden jeweils an einem möglichst kurzen Beispiel darstellen. Wenn eine Funktion eines ihrer Argumente verändert, dann ist das außerhalb der Funktion nicht sichtbar. Das folgende Programm liefert also die Ausgabe 7, 12 und nicht 12, 12.

```
1  def f(x):
2      x = x + 5
3      return x
4
5  y = 7
6  z = f(y)
7  print(y, z)
```

Eine Funktion kann sehr wohl ein *veränderliches* Objekt, das ihr als Argument übergeben wurde, verändern. Dies zeigt das folgende Beispiel. Als Ausgabe erhalten wir [1, 5, 3, 4], weil innerhalb der Funktion f die Liste verändert worden ist.

```
1  def f(x):
2      x[1] = 5
3      return x[2]
4
5  lst = [1, 2, 3, 4]
6  y = f(lst)
7  print(lst)
```

Eine Funktion kann lesend auf eine Variable zugreifen, die außerhalb der Funktion definiert wurde. Das folgende Programm liefert somit die Ausgabe 27.

```
1  def f(x):
2      return x + q
3
4  q = 17
5  print(f(10))
```

Eine Funktion kann aber keine Variable *verändern*, die außerhalb der Funktion definiert worden ist. Das folgende Programm liefert zunächst die Ausgabe 12 und anschließend 17. Die Zuweisung q = 2 erzeugt eine neue Variable innerhalb der Funktion. Diese Variable hat zwar den gleichen Namen wie die Variable q, die außerhalb der Funktion definiert worden ist, es sind aber dennoch zwei unterschiedliche Variablen.

```
1  def f(x):
2      q = 2
3      return x + q
4
5  q = 17
6  print(f(10))
7  print(q)
```

Wenn man innerhalb einer Funktion eine Variable definiert, die es auch außerhalb der Funktion gibt, so wird die Variable außerhalb der Funktion verdeckt. Wir betrachten dazu das folgende Beispiel:

```
1  def f(x):
2      a = q
3      q = 7
4      return x + q
5
6  q = 17
7  print(f(10))
```

Man könnte erwarten, dass die Ausgabe 17 erzeugt wird. Stattdessen wird eine Fehlermeldung ausgegeben:

```
UnboundLocalError: local variable 'q' referenced before assignment
```

Da in Zeile 3 innerhalb der Funktion eine neue Variable q angelegt wird, ist die ursprüngliche Variable q, die außerhalb der Funktion definiert wurde, unsichtbar. In Zeile 2 wird also versucht, auf eine Variable zuzugreifen, der bisher noch kein Wert zugewiesen wurde.

Wenn eine Funktion mehrere Argumente hat, so werden diese normalerweise anhand ihrer Position innerhalb der Argumentliste zugewiesen und man bezeichnet die Argumente dann als **Positionsargumente**. Alternativ kann man aber auch die Namen der Argumente beim Aufruf der Funktion angeben, man spricht in diesem Fall von **Schlüsselwortargumenten**. Wir betrachten dazu wieder ein Beispiel:

```
1  def f(x, y, z):
2      return 100 * x + 10 * y + z
3
4  print(f(3, 5, 7))
5  print(f(y=5, z=7, x=3))
```

Die Ausgabe dieses Programms besteht zweimal aus dem Wert 357. Im ersten Aufruf der Funktion in Zeile 4 werden die drei Argumente über die Position zugewiesen und im zweiten Aufruf in Zeile 5 über die Namen der Argumente. Sie können erkennen, dass in diesem Fall die Reihenfolge der Argumente ohne Bedeutung ist.

2.18 Funktionen mit optionalen Argumenten

Man kann ein Argument einer Funktion auch mit einem **Vorgabewert** belegen und dieses Argument damit zu einem **optionalen Argument** machen. Wir verdeutlichen das anhand der folgenden Definition einer Funktion, die die n-te Wurzel einer positiven Zahl berechnet:

```
1  def wurzel(x, n=2):
2      return x ** (1 / n)
```

Die Zuweisung n=2 in der Argumentliste der Funktion sorgt dafür, dass das Argument n den Vorgabewert 2 hat, falls kein anderer Wert beim Aufruf der Funktion angegeben wird. Man kann die Funktion nun mit einem oder mit zwei Argumenten aufrufen, wie die folgenden Zeilen zeigen:

```
3  print(f'Die Quadratwurzel von 4 ist {wurzel(4)}.')
4  print(f'Die Kubikwurzel von 27 ist {wurzel(27, 3)}.')
5  print(f'Die vierte Wurzel von 625 ist {wurzel(625, n=4)}.')
```

2.19 Bedingte Ausführung von Anweisungen

Es kommt häufig vor, dass man Anweisungen nur ausführen lassen möchte, wenn eine bestimmte Bedingung erfüllt ist. Dies wird in Python mit der if- und der else-Anweisung erreicht.

```
1  import math
2
3  a = 2
4  if a >= 0:
5      b = math.sqrt(a)
6      print(f'Die Quadratwurzel von {a} ist {b}.')
7  else:
8      print(f'Die Quadratwurzel von {a} ist keine reelle Zahl.')
9  print('Das Programm ist beendet.')
```

In Zeile 3 wird die Variable a definiert. In Zeile 4 wird überprüft, ob die Bedingung $a \geq 0$ erfüllt ist. Der Doppelpunkt am Ende der Bedingung leitet, ähnlich wie bei der Definition einer Funktion, wieder einen Anweisungsblock ein, der aus den Zeilen 5 und 6 besteht, die mit der gleichen Anzahl Leerstellen eingerückt sind. Dieser Block wird ausgeführt, wenn die Bedingung $a \geq 0$ erfüllt ist. Das Ende des Blocks wird dadurch erkannt, dass die Zeile 7 nicht mehr eingerückt ist. Nach der Anweisung else: kommt wieder ein Block, der diesmal nur aus einer Zeile besteht. Dieser Block wird ausgeführt, wenn die Bedingung $a \geq 0$ nicht erfüllt ist. Das Ende des Blocks wird wieder daran erkannt, dass die Zeile 9 nicht mehr eingerückt ist.

Man kann if-else Anweisungen in Python beliebig schachteln. Welches else zu welchem if gehört, ergibt sich daraus, dass die Befehle um die gleiche Anzahl Leerzeichen eingerückt sind. Selbstverständlich kann man bei einer bedingten Anweisung den Teil ab else auch komplett weglassen, wenn er nicht benötigt wird.

2.20 Bedingte Wiederholung von Anweisungen

Neben den einfachen bedingten Anweisungen möchte man oft bestimmte Anweisungen so lange wiederholen, wie eine bestimmte Bedingung erfüllt ist. Dazu dient in Python die while-Anweisung.

```
1  import math
2
3  a = 1
```

> **Tipp: Abbrechen von Python-Programmen**
>
> Wenn Sie mit Schleifen arbeiten, wird es Ihnen irgendwann sicher einmal passieren, dass Sie ein Python-Programm starten, das aufgrund eines Programmierfehlers sehr lange läuft oder vielleicht nie beendet wird. In diesem Fall können Sie das Programm jederzeit mit der Tastenkombination Strg+C abbrechen.

```
4   while a < 6:
5       b = math.sqrt(a)
6       print(f'Die Quadratwurzel von {a} ist {b}.')
7       a += 1
8   print('Das Programm ist beendet.')
```

Die Zeile 4 bildet zusammen mit dem Block, der aus den Zeilen 5 bis 7 besteht, eine Schleife. Beim ersten Durchlauf wird überprüft, ob die Bedingung $a < 6$ wahr ist. Da vorher $a = 1$ gesetzt wurde, werden die Zeilen 5 bis 7 ausgeführt und dabei a um eins erhöht. Am Ende von Zeile 7 wird wieder in Zeile 4 gesprungen und erneut überprüft, ob die Bedingung erfüllt ist. Das geschieht so lange, bis die Bedingung nicht mehr erfüllt ist. Danach wird die Ausführung des Programms in Zeile 8 fortgesetzt. Die Ausgabe des Programms sieht wie folgt aus:

```
Die Quadratwurzel von 1 ist 1.0.
Die Quadratwurzel von 2 ist 1.4142135623730951.
Die Quadratwurzel von 3 ist 1.7320508075688772.
Die Quadratwurzel von 4 ist 2.0.
Die Quadratwurzel von 5 ist 2.23606797749979.
Das Programm ist beendet.
```

Es gibt gelegentlich den Fall, dass es ungünstig ist, die Bedingung für den Abbruch einer Schleife am Anfang der Schleife zu überprüfen. In diesem Fall wird häufig die folgende Technik angewendet: Man programmiert zunächst mit `while` eine Endlosschleife, indem man für die Bedingung einfach den Ausdruck `True` einsetzt. An einer Stelle innerhalb der Schleife erfolgt ein `if`-Befehl, der die Schleife unter der gewünschten Bedingung mit dem Befehl `break` abbricht. Das folgende Programm verwendet diese Technik, um alle Quadratzahlen auszugeben, die kleiner oder gleich 20 sind.

```
1   a = 1
2   while True:
3       b = a**2
4       if b > 20:
5           break
6       print(f'Das Quadrat von {a} ist {b}.')
7       a += 1
```

Die Bedingung in einer `while`- oder in einer `if`-Anweisung kann in Python ein beliebiges Objekt sein. Die Bedingung wird ausgewertet, indem der Wahrheitswert des Objekts mithilfe der Funktion `bool` ermittelt wird, wie es am Ende von Abschn. 2.14 erläutert wurde. Dies wird am folgenden Code verdeutlicht:

```
1  a = 10
2  while a:
3      print(a)
4      a -= 1
```

Solange a einen Wert ungleich null hat, wird a gemäß den in Abschnitt 2.14 angegebenen Regeln als True interpretiert. Das Programm gibt also nacheinander die Zahlen von 10 bis 1 auf dem Bildschirm aus. Danach hat die Variable a den Wert null. Dieser wird als False interpretiert und die Schleife wird beendet.

Ich rate von dieser Art Code ab. Seien Sie lieber explizit und geben Sie die Abbruchbedingung in Form eines Vergleichs mit einem Vergleichsoperator an. Der Code

```
1  a = 10
2  while a > 0:
3      print(a)
4      a -= 1
```

lässt sich wesentlich einfacher verstehen und nachvollziehen als der Code mit der Bedingung while a:.

2.21 Schleifen über eine Aufzählung von Elementen

Nicht alle Wiederholungen von Anweisungen lassen sich mit der while-Schleife elegant ausdrücken. Häufig möchte man eine Reihe von Anweisungen für eine bestimmte Menge von Elementen ausführen. Dazu dient die for-Anweisung.

```
1  import math
2
3  liste = [1, 2, 3, 4, 5, 6, 7, 8, 9]
4  for a in liste:
5      b = math.sqrt(a)
6      print(f'Die Quadratwurzel von {a} ist {b}.')
```

In Zeile 3 wird eine Liste definiert, die die Zahlen 1 bis 9 enthält. In Zeile 4 befindet sich die for-Anweisung. Die for-Anweisung wählt das erste Element der Liste aus und weist es der Variablen a zu. Anschließend wird der Block, der aus den Zeilen 5 und 6 besteht, ausgeführt. Als Nächstes wird a das zweite Element der Liste zugewiesen, und die Zeilen 5 und 6 werden erneut ausgeführt. Dies wird wiederholt, bis die Variable a alle Elemente der Liste durchlaufen hat. Man sagt auch, die for-Schleife **iteriert** über die Elemente der Liste. Genauso kann man über die Elemente eines Tupels iterieren oder sogar über die Zeichen eines Strings. Man sagt, dass diese Objekte **iterierbar** sind. Probieren Sie doch einmal das folgende Beispiel aus:

```
for i in 'Hallo':
    print(i)
```

Der String 'Hallo' ist eine Aneinanderreihung von Zeichen, und demzufolge iteriert die for-Schleife über alle Zeichen des Strings.

Häufig möchte man eine Reihe von Anweisungen für eine vorgegebene Anzahl von ganzen Zahlen ausführen. Dafür kann man das range-Objekt verwenden. Ein Objekt, das man durch den Aufruf range(10) erzeugt, liefert nacheinander die zehn Zahlen von 0 bis 9. Ähnlich wie bei der Slice-Operation kann man bei einem range-Objekt auch die Anfangszahl, die Endzahl und die Schrittweite angeben. Dabei ist, wie auch bei den Slices, zu beachten, dass die Endzahl nicht mehr mit ausgegeben wird.

```
range(10)          # 0, 1, 2, 3, 4, 5, 6, 7, 8, 9
range(2, 12, 3)    # 2, 5, 8, 11
range(2, 12, 2)    # 2, 4, 6, 8, 10
range(12, 4, -1)   # 12, 11, 10, 9, 8, 7, 6, 5
range(2, 10)       # 2, 3, 4, 5, 6, 7, 8, 9
```

Wir wollen die for-Schleife mit dem range-Objekt für ein Anwendungsbeispiel verwenden: In der Physik werden häufig Näherungen benutzt. Eine Näherung, die sehr häufig verwendet wird, ist durch

$$\sin(x) \approx x \quad \text{für} \quad x \ll 1$$

gegeben. Wir wollen uns die Frage stellen, wie groß der prozentuale Fehler ist, den man durch diese Näherung einführt. Diese Frage wird durch das Programm 2.2 beantwortet, wobei der mehrzeilige Docstring hier aus Platzgründen weggelassen wurde.

Programm 2.2: *Grundlagen/naeherung_sin1.py*

```
 9  import math
10
11  for winkel in range(5, 95, 5):
12      x = math.radians(winkel)
13      fehler = 100 * (x - math.sin(x)) / math.sin(x)
14      print(f'Winkel: {winkel:2} Grad, Fehler: {fehler:4.1f} %')
```

In einem späteren Beispiel wollen wir den Fehler der Näherung grafisch auftragen. Dazu benötigen wir eine Wertetabelle, die die Winkel und die zugehörigen Fehler enthält. Diese Aufgabe kann man zum Beispiel mit zwei Listen lösen. Das zugehörige Programm 2.3 werden wir im Folgenden abschnittsweise besprechen. Nach dem hier nicht mit abgedruckten Docstring und dem Importieren des Moduls math wollen wir eine Liste mit den Winkeln im Gradmaß erzeugen. Dies geschieht, indem wir ein passendes range-Objekt definieren und dieses mit der Funktion list in eine Liste umwandeln:

Programm 2.3: *Grundlagen/naeherung_sin2.py*

```
12  liste_winkel = list(range(5, 95, 5))
```

Als Nächstes wird eine zweite Liste angelegt, die zunächst noch leer ist. Diese Liste soll die berechneten Werte aufnehmen.

```
15  liste_fehler_prozentual = []
```

Wir iterieren nun mit einer for-Schleife über die Elemente der Liste liste_winkel. Für jeden Winkel berechnen wir den prozentualen Fehler der Näherung $\sin(x) \approx x$ und hängen diesen an die Liste liste_fehler_prozentual an.

```
18   for winkel in liste_winkel:
19       x = math.radians(winkel)
20       fehler = 100 * (x - math.sin(x)) / math.sin(x)
21       liste_fehler_prozentual.append(fehler)
```

Abschließend geben wir den Inhalt der beiden Listen auf dem Bildschirm aus.

```
24   print(liste_winkel)
25   print(liste_fehler_prozentual)
```

Wir werden in Abschn. 3.1 sehen, wie man die gleiche Aufgabe mithilfe der numerischen Bibliothek NumPy sehr viel kürzer erledigt.

2.22 Schleifen mit zip und enumerate

Gelegentlich kommt es vor, dass man über mehrere Listen, Tupel oder Ähnliches gleichzeitig iterieren möchte. Nehmen wir einmal an, wir haben zwei Listen von Zahlen und möchten diese tabellarisch ausgeben. Eine Möglichkeit, dies zu bewerkstelligen, ist der folgende Ansatz:

Programm 2.4: `Grundlagen/for_index.py`

```
3   liste1 = [2, 4, 6, 8, 10]
4   liste2 = [3, 5, 7, 9, 11]
5   for i in range(len(liste1)):
6       a = liste1[i]
7       b = liste2[i]
8       print(f'{a:3d}    {b:3d}')
```

Die Variable `i` durchläuft nacheinander die Indizes 0 bis 4, und in den Zeilen 6 und 7 werden über die Indizierung die entsprechenden Werte aus den Listen ausgelesen.

Sehr viel eleganter kann man das Problem mit der Python-Funktion `zip` lösen. An die Funktion `zip` kann man mehrere iterierbare Objekte (z.B. Listen) übergeben, und man erhält ein neues iterierbares Objekt. Der erste Wert dieses Objekts besteht aus einem Tupel der jeweils ersten Elemente aller Argumente. Der zweite Wert besteht aus einem Tupel der jeweils zweiten Elemente aller Argumente und so fort. Um sich die Funktion von `zip` zu veranschaulichen, kann man das Ergebnis in eine Liste umwandeln:

```
>>> a = [1, 2, 3]
>>> b = ['A', 'B', 'C']
>>> list(zip(a, b))
[(1, 'A'), (2, 'B'), (3, 'C')]
```

Mithilfe der Funktion `zip` lässt sich das Programm 2.4 wie folgt abwandeln:

Programm 2.5: `Grundlagen/for_zip.py`

```
3   liste1 = [2, 4, 6, 8, 10]
4   liste2 = [3, 5, 7, 9, 11]
5   for a, b in zip(liste1, liste2):
6       print(f'{a:3d}    {b:3d}')
```

In der Zeile 5 wird über die Elemente des zip-Objektes iteriert. In jeder Iteration wird ein Tupel zurückgegeben, das aus je einem Element der beiden Listen besteht. Dieses Tupel wird mit einer Mehrfachzuweisung auf die beiden Variablen a und b verteilt.

Eine ähnliche Funktionalität bietet die Funktion enumerate. Das Argument dieser Funktion muss ein iterierbares Objekt sein. Die Funktion liefert ein neues iterierbares Objekt. Mit jeder Iteration über dieses Objekt wird ein Tupel zurückgegeben, das einen Index und das entsprechende Element des Arguments von enumerate enthält. Mit dieser Funktion kann man das kleine Programm 2.6

Programm 2.6: *Grundlagen/for_ohne_enumerate.py*

```
3   primzahlen = [2, 3, 5, 7, 11, 13, 17, 19, 23]
4   for i in range(len(primzahlen)):
5       p = primzahlen[i]
6       print(f'Die {i+1}-te Primzahl ist {p}.')
```

etwas kürzer und eleganter in der folgenden Form schreiben.

Programm 2.7: *Grundlagen/for_mit_enumerate.py*

```
3   primzahlen = [2, 3, 5, 7, 11, 13, 17, 19, 23]
4   for i, p in enumerate(primzahlen):
5       print(f'Die {i+1}-te Primzahl ist {p}.')
```

2.23 Styleguide PEP 8

In vielen alltäglichen Bereichen gibt es Konventionen, die uns das Leben erleichtern. Wenn man in einer fremden Küche das Essbesteck sucht, findet man es meist sehr schnell, weil es sich in einer der Schubladen direkt unter der Arbeitsfläche befindet. Es gibt natürlich keinerlei Vorschrift, die den Aufbewahrungsort des Essbestecks in einer Küche regelt, aber es ist üblich und praktisch, dieses an dem oben beschriebenen Ort zu lagern.

Genauso wie es Konventionen im täglichen Leben gibt, gibt es auch Konventionen für die Verwendung einer Programmiersprache. Man spricht dann von sogenannten **Styleguides**. Für die Programmiersprache Python gibt es einen offiziellen Styleguide mit der Bezeichnung »PEP 8« [9]. Ich empfehle, dass Sie sich beim Erstellen von Programmen weitgehend an diesem Styleguide orientieren, da dies dafür sorgt, dass Ihr Code einheitlichen Konventionen folgt und damit leichter zu verstehen ist. Gerade beim Bearbeiten physikalischer Probleme mit dem Computer gibt es allerdings einige Ausnahmen zu beachten, auf die wir in Kapitel 4 noch genauer eingehen werden. An dieser Stelle möchte ich auf einige Punkte des Styleguides hinweisen, die ich für besonders wichtig halte:

- Benutzen Sie zum Einrücken von Anweisungsblöcken immer vier Leerzeichen.

- Beschränken Sie die Zeilenlänge auf maximal 79 Zeichen, da zu lange Zeilen die Lesbarkeit des Codes verschlechtern.

- Verwenden Sie vor und nach Operatoren jeweils ein Leerzeichen. Der Ausdruck `grad_f = grad_c * 1.8 + 32` lässt sich wesentlich einfacher lesen als der Ausdruck `grad_f=grad_c*1.8+32`.

- Verwenden Sie Kommentare, um den Zweck Ihres Codes zu erklären und um Ihren Code ggf. zu strukturieren. Versuchen Sie aber vor allem selbsterklärenden Code zu schreiben. Wenn Sie einen langen Kommentar schreiben, um eine sehr komplizierte Codezeile zu erklären, sollten Sie darüber nachdenken, ob man an dieser Stelle nicht vielleicht den Code selbst vereinfachen kann.

- Fügen Sie am Anfang jedes Python-Programms und bei jeder Definition einer Funktion einen Docstring ein, um Ihre Programme zu dokumentieren.

Die Dokumentation von Code mit Docstrings wird leider oft vernachlässigt. Bei sehr einfachen Funktionen, bei denen die Bedeutung der Argumente unmittelbar einleuchtend ist, kann der Docstring nur aus einer Zeile bestehen. Diese Zeile soll den Zweck der Funktion erklären, wie das folgende Beispiel zeigt:

```
1  def mittelwert(x):
2      """Berechne den Mittelwert der Elemente von x."""
3      return sum(x) / len(x)
```

Wenn die Erklärung des Zwecks einer Funktion mehr Platz benötigt, dann sollte dennoch eine Kurzbeschreibung der Funktion in der ersten Zeile stehen. Danach können Sie mit einer Zeile Abstand weitere Erklärungen zu der Funktion geben. Insbesondere sollten dann auch die Bedeutung und die Datentypen der Argumente erläutert werden. Ich empfehle dazu die Formatierung zu verwenden, die in der folgenden Beispielfunktion gezeigt wird. Bei dieser Art von Docstring handelt es sich um die von der Firma Google vorgeschlagene Formatierung, die ausführlich online dokumentiert ist [10], und die sich in der Praxis gut bewährt hat.

Programm 2.8: *Grundlagen/temperatur.py*

```
4  def fahrenheit_von_celsius(grad_c):
5      """Wandle eine Temperaturangabe von °C in °F um.
6
7      Die Berechnung erfolgt auf Grundlage der beiden Fixpunkte
8      der Temperaturskalen: 0 °C = 32 °F und 100 °C = 212 °F
9
10     Args:
11         grad_c (float):
12             Temperaturangabe in °C.
13
14     Returns:
15         float: Temperaturangabe in °F.
16     """
```

Viele Python-Entwicklungsumgebungen verarbeiten intern die Docstrings und geben Ihnen beim Programmieren eine aktive Unterstützung. Öffnen Sie doch einmal das Programm 2.8 in der Entwicklungsumgebung Spyder und setzen Sie den Cursor an eine Textstelle, an der die Funktion `fahrenheit_von_celsius` verwendet wird. Wenn Sie nun die Tastenkombination Strg+i drücken, erhalten Sie direkt eine schön formatierte Ausgabe der Dokumentation zu dieser Funktion.

Zusammenfassung

Installation der benötigten Software: Wir haben besprochen, welche Software Sie auf Ihrem Computer installieren müssen, um mit diesem Buch arbeiten zu können.

Die Programmiersprache Python: Die grundlegenden Elemente der Programmiersprache Python wurden vorgestellt, soweit wir diese für die Arbeit mit diesem Buch benötigen. Die Sprache Python umfasst noch viel mehr, als dargestellt werden konnte. Für einen systematischen und ausführlicheren Einstieg empfehle ich das Buch von Langtangen [11], das einen besonderen Schwerpunkt auf das wissenschaftliche Programmieren setzt, sowie das Python-Tutorial [8], das von der Python-Foundation angeboten wird. Darüber hinaus gibt es eine unüberschaubare Vielfalt an einführenden Python-Büchern. Sie sollten bei der Wahl eines Buches aber darauf achten, dass das Buch sich explizit auf die Version 3 der Programmiersprache Python bezieht.

Dokumentation: In diesem Buch werden häufig Funktionen benutzt, ohne dass alle Argumente erklärt werden. Ich halte es nicht für sinnvoll, in einem Buch mit dem Schwerpunkt »physikalische Simulationen« eine komplette Dokumentation aller Funktionen abzudrucken. Sie sollten sich angewöhnen, bei allen Funktionen die entsprechende Hilfe in Python mit dem `help`-Befehl oder die entsprechende Onlinedokumentation zu Python [12] und der dazugehörigen Standardbibliothek [7] zu lesen.

Aufgaben

Aufgabe 2.1: Die Fibonacci-Folge ist eine rekursiv definierte Zahlenfolge. Die ersten beiden Zahlen sind eins, und jede weitere Zahl ergibt sich aus der Summe der beiden Vorgänger. Das Bildungsgesetz für die Folge lautet also: $a_n = a_{n-1} + a_{n-2}$ mit $a_0 = a_1 = 1$. Schreiben Sie eine Funktion `fibonacci`, die die ersten n Glieder der Fibonacci-Folge berechnet und als Liste zurückgibt. Benutzen Sie diese Funktion, um die ersten 20 Folgenglieder auszugeben.

Aufgabe 2.2: Erstellen Sie eine Funktion `ist_schaltjahr`. Diese Funktion soll als Argument eine Jahreszahl als ganze Zahl übergeben bekommen und einen booleschen Wert zurückgeben, der `True` ist, wenn es sich um ein Schaltjahr nach dem gregorianischen Kalender handelt. Benutzen Sie diese Funktion, um eine Liste der Schaltjahre von 1900 bis 2200 auszugeben.

Aufgabe 2.3: Das Collatz-Problem, das auch als die $(3n + 1)$-Vermutung bekannt ist, ist ein bislang ungelöstes mathematisches Problem, das sich auf die Collatz-Folge bezieht. Die Collatz-Folge zur Startzahl n ist wie folgt definiert: Starte mit einer natürlichen Zahl n. Wenn n eine gerade Zahl ist, dann wähle als nächstes Folgenglied $n/2$. Wenn n eine ungerade Zahl ist, dann wähle als nächstes Folgenglied $3n + 1$.

   a) Schreiben Sie eine Funktion `collatz`, die für eine gegebene Startzahl die Collatz-Folge in Form einer Liste zurückgibt. Brechen Sie die Liste ab, wenn die Folge die Zahl 1 erreicht hat. Die Folge wiederholt ab dann den Zyklus $1 \rightarrow 4 \rightarrow 2 \rightarrow 1 \ldots$ fortwährend.

   b) Finden Sie mithilfe Ihrer Funktion `collatz` aus allen Startzahlen bis zu einer gegebenen maximalen Größe diejenige Startzahl, die die meisten Schritte in der Collatz-Folge benötigt, bis die Folge bei der Zahl eins endet.

Aufgabe 2.4: Schreiben Sie eine Funktion `quersumme`, die die Quersumme einer natürlichen Zahl berechnet. Verwenden Sie dabei die Operatoren `//` und `%`, um auf die Ziffern der Zahl zuzugreifen. Testen Sie Ihre Funktion, indem Sie diese auf eine vorgegebene Liste von Zahlen anwenden und das Ergebnis ausgeben lassen.

Aufgabe 2.5: Erstellen Sie eine Funktion `ggt`, die zwei positive ganze Zahlen als Argument erwartet und den größten gemeinsamen Teiler zurückgibt. Verwenden Sie dabei den klassischen euklidischen Algorithmus. Bei diesem wird sukzessive die größere der beiden Zahlen durch die Differenz der beiden Zahlen ersetzt, bis eine der beiden Zahlen null ist. Die andere Zahl ist dann der größte gemeinsame Teiler. Testen Sie Ihre Funktion, indem Sie für eine Reihe von zufälligen ganzen Zahlen das Ergebnis Ihrer Funktion `ggt` mit der Bibliotheksfunktion `math.gcd` vergleichen. Zur Erzeugung von Zufallszahlen können Sie die Funktion `random.randint` aus dem Modul `random` verwenden.

Aufgabe 2.6: Ein pythagoreisches Zahlentripel besteht aus drei natürlichen Zahlen $a \leq b \leq c$ mit $a^2 + b^2 = c^2$. Schreiben Sie ein Programm, das alle pythagoreischen Zahlentripel findet, für die zusätzlich die Bedingung $a + b + c = 1000$ erfüllt ist.

Aufgabe 2.7: Das Sieb des Eratosthenes ist ein Algorithmus zur Bestimmung von Primzahlen. Informieren Sie sich, wie dieser Algorithmus funktioniert, und implementieren Sie diesen in Python. Hinweis: Erstellen Sie eine Liste mit booleschen Werten. Ein Eintrag `True` bedeutet, dass die Zahl noch ein möglicher Primzahlkandidat ist. Alle Zahlen, die durch das Sieb fallen, werden als `False` markiert.

Aufgabe 2.8: Sie möchten ein Haus bauen und dazu ein Darlehen über 350 000 € aufnehmen. Der jährliche Zinssatz beträgt 1,9 % und Sie zahlen eine konstante monatliche Rate von 1800 €. Schreiben Sie ein Programm, das eine Tabelle ausgibt, aus der Sie für jeden Monat entnehmen können, wie viel Zinsen Sie bezahlen und wie groß die Restschuld ist. Das Programm soll außerdem ausgeben, wie lange es dauert, bis Sie Ihr Darlehen komplett zurückgezahlt haben und wie viel Zinsen Sie insgesamt bezahlt haben. Benutzen Sie die eingebaute Funktion `round`, um die berechneten Zinsen jeweils auf ganze Cent zu runden.

Aufgabe 2.9: Das Ziegenproblem ist in den 1990er Jahren in Deutschland durch eine Fernseh-Spielshow der breiten Öffentlichkeit bekannt geworden. Hinter einem von drei verschlossenen Toren befindet sich ein Hauptgewinn und hinter den anderen Toren ein Trostpreis. Der Kandidat entscheidet sich für eines der drei Tore. Anschließend wird eines der beiden anderen Tore geöffnet, wobei es sich dabei natürlich nicht um das Tor mit dem Hauptgewinn handelt. Der Kandidat kann nun entweder bei seiner ursprünglichen Wahl bleiben, oder sich für das andere noch geschlossene Tor entscheiden. Anschließend werden alle Tore geöffnet und der Kandidat erhält als Gewinn den Preis, der sich hinter dem von ihm zuletzt gewählten Tor befindet.

a) Schreiben Sie eine Funktion, die eine Runde dieses Spiels simuliert. Als Argument soll die Funktion einen booleschen Wert erwarten, der angibt, ob der Kandidat seine ursprüngliche Wahl immer ändert oder immer beibehält. Ein weiteres optionales boolesches Argument der Funktion soll es ermöglichen, den genauen Spielverlauf als Text auszugeben. Die Funktion soll einen booleschen Wert zurückgeben, der anzeigt, ob der Kandidat gewonnen hat oder nicht.

Das Problem lässt sich besonders elegant lösen, wenn man ein Tupel mit den möglichen Toren definiert. Mithilfe der Funktion `random.choice` kann man ein zufälliges Tor auswählen. Danach kann man das Tupel in eine Menge umwandeln und mithilfe der Mengenoperationen die Spielregeln besonders elegant implementieren.

b) Benutzen Sie diese Funktion, um für eine große Anzahl (z.B. 100 000) von Spieldurchgängen die relative Häufigkeit der Gewinne bei den beiden Spielstrategien »Ich bleibe stets bei meiner ursprünglichen Wahl« und »Ich wechsle immer« zu berechnen.

Literatur

[1]   Welcome to Python. Python Software Foundation. https://www.python.org.

[2]   Anaconda – The World's Most Popular Data Science Platform. https://www.anaconda.com.

[3]   PyCharm. The Python IDE for Professional Developers. https://www.jetbrains.com/pycharm.

[4]   Spyder: The Scientific Python Development Environment. https://spyder-ide.org.

[5]   Visual Studio Code – Code editing. Redefined. https://code.visualstudio.com.

[6]   IPython Documentation. https://ipython.readthedocs.io.

[7]   The Python Standard Library. Python Software Foundation. https://docs.python.org/3/library.

[8]   Python Tutorial. Python Software Foundation. https://docs.python.org/tutorial/index.html.

[9]   PEP 8 – Style Guide for Python Code. Python Software Foundation. https://www.python.org/dev/peps/pep-0008.

[10]   Example Google Style Python Docstrings. https://sphinxcontrib-napoleon.readthedocs.io/en/latest/example_google.html.

[11]   Langtangen HP. A Primer on Scientific Programming with Python. Berlin, Heidelberg: Springer, 2016. DOI:10.1007/978-3-662-49887-3.

[12]   Python documentation. Python Software Foundation. https://docs.python.org.

*Die Gefahr, dass der Computer so wird wie der Mensch, ist nicht
so groß wie die Gefahr, dass der Mensch so wird wie der
Computer.*

Konrad Zuse

3

NumPy und Matplotlib

In der Physik werden die Naturgesetze häufig in Form von Vektorgleichungen formuliert.
Ein klassisches Beispiel ist das newtonsche Gesetz $\vec{F} = m\vec{a}$, mit dem wir uns in Kapitel 7
näher beschäftigen werden, oder die Definition der mechanischen Arbeit W über das
Skalarprodukt $W = \vec{F} \cdot \vec{s}$. Nehmen wir einmal an, wir wollen für zwei vorgegebenen
Vektoren $\vec{F}$ und $\vec{s}$ dieses Skalarprodukt ausrechnen. In Python könnte das zum Beispiel
wie folgt aussehen, wenn wir die Vektoren durch Tupel repräsentieren:

```
F = (1.0, -0.3, 0.7)
s = (-0.2, 0.4, -0.9)
W = 0
for Fi, si in zip(F, s):
    W += Fi * si
print(W)
```

Auch wenn dieser Code völlig korrekt funktioniert, so ist es doch unschön, dass man
drei Zeilen Code benötigt, um die Berechnung eines Skalarproduktes umzusetzen.

Ein ähnliches Problem hatten wir bei der Berechnung des relativen Fehlers der
Näherung $\sin(x) \approx x$ im vorherigen Kapitel zu lösen. Hier musste eine mathematische
Funktion auf jedes Element einer Liste angewendet werden. Auch hierzu haben wir eine
for-Schleife verwendet, und es wurde eine neue Liste mit dem Ergebnis produziert
(siehe Programm 2.3).

Probleme dieser Art tauchen bei physikalischen Berechnungen sehr häufig auf. Um
diese Art der Berechnung einfacher und schneller durchführen zu können, gibt es die
Bibliothek NumPy [1]. Die Bibliothek NumPy bietet Datentypen und die benötigten
Rechenoperationen an, mit denen beispielsweise Matrix- und Vektorrechnungen sehr
effizient durchgeführt werden können. Auch das Erstellen von Wertetabellen, wie im
oben erwähnten Programm 2.3 lässt sich sehr effizient mit NumPy lösen. Man kann
daher NumPy ohne Zweifel als die wichtigste Bibliothek für das wissenschaftliche
Rechnen mit Python bezeichnen.

Darüber hinaus gibt es noch die Bibliothek SciPy [2], die viele weitere spezielle
Funktionen für das wissenschaftliche Rechnen zur Verfügung stellt. Die Funktionsviel-
falt dieser Bibliothek ist so groß, dass es kaum möglich ist, diese sinnvoll an einem
Stück vorzustellen. Stattdessen werden wir in den nachfolgenden Kapiteln anhand der

© Springer-Verlag GmbH Deutschland, ein Teil von Springer Nature 2022
O. Natt, *Physik mit Python*, https://doi.org/10.1007/978-3-662-66454-4_3

Import von Modulen mit `import modul as name`

Die `as`-Klausel beim Import eines Moduls dient dazu, das Modul anschließend unter dem angegebenen Namen anzusprechen. Für einige häufig benutzte Module gibt es Empfehlungen, wie diese Module importiert werden sollten. Ich rate dringend dazu, diesen Empfehlungen zu folgen, da Sie dann Codebeispiele aus der Dokumentation der entsprechenden Module direkt übernehmen können und Ihr Code leichter zu verstehen ist.

physikalischen Beispiele immer wieder einzelne Funktionen aus der Bibliothek SciPy diskutieren.

Häufig möchte man das Ergebnis einer Berechnung oder die Auswertung eines Experiments grafisch darstellen. Dazu gibt es einige geeignete Bibliotheken für die Programmiersprache Python. Die am weitesten verbreitete Grafikbibliothek ist sicherlich Matplotlib [3]. Die Stärke von Matplotlib liegt darin, dass man nicht nur relativ einfach Grafiken auf dem Bildschirm darstellen kann, sondern es lassen sich auch qualitativ sehr hochwertige Grafiken für Veröffentlichungen erzeugen. Da Matplotlib an vielen Stellen auf Datentypen der Bibliothek NumPy zurückgreift, werden wir hier zunächst die grundlegenden Funktionen von NumPy diskutieren, bevor wir mit Abschn. 3.16 in Matplotlib einsteigen.

3.1 Eindimensionale Arrays

Den wichtigsten Datentyp in NumPy stellt das **Array** dar. Der Datentyp heißt dabei eigentlich `ndarray`, wobei sich die ersten beiden Buchstaben »nd« auf »*n*-dimensional« beziehen. Wir sprechen der Einfachheit halber aber einfach von Arrays. Ein 1-dimensionales Array ist ähnlich wie eine Liste. Der große Unterschied ist, dass die einzelnen Elemente einer Liste beliebige Python-Objekte sein können. Dagegen müssen bei einem Array alle Elemente vom gleichen Typ sein. Ein weiterer Unterschied zwischen Listen und Arrays besteht darin, dass man bei einem Array die Größe nicht mehr nachträglich ändern kann. Man kann insbesondere keine Elemente hinzufügen. Das sind zunächst einmal Einschränkungen gegenüber der Liste. Diese Einschränkungen erlauben es aber, mit Arrays viel effizienter zu arbeiten als mit Listen.

Es wird empfohlen, das Modul `numpy` stets in der Form

```
import numpy as np
```

zu importieren. Diese spezielle Art der Import-Anweisung erlaubt es, auf die Elemente des Moduls mit dem Namen `np` anstelle von `numpy` zuzugreifen. Der Bezeichner `np` ist im Prinzip beliebig wählbar. Es ist allerdings gängige Praxis, das Modul `numpy` immer unter dem Namen `np` zu importieren.

Um ein Array zu erzeugen, kann man mit `np.array` eine Liste oder ein Tupel in ein Array konvertieren.

```
>>> import numpy as np
>>> a = np.array([1.0, 2.0, 3.0, 4.0, 5.0, 6.0])
```

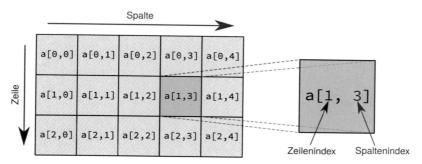

Abb. 3.1: Indizierung von 2-dimensionalen Arrays. *Die Array-Indizes folgen der Konvention der Matrixrechnung in der Mathematik. Der erste Index gibt die Zeile an und der zweite Index die Spalte.*

Anschließend kann man verschiedene Eigenschaften des Arrays abfragen:

```
>>> a.ndim
1
>>> a.size
6
```

Im obigen Beispiel handelt es sich um ein 1-dimensionales Array (a.ndim ergibt 1) mit sechs Elementen (a.size ergibt 6). Die einzelnen Elemente eines Arrays lassen sich genauso indizieren, wie die Einträge von Listen:

```
>>> a[4]
5.0
```

3.2 Mehrdimensionale Arrays

Mit NumPy kann man auch mehrdimensionale Arrays erzeugen. Das folgende Beispiel erzeugt ein 2-dimensionales Array.

```
>>> import numpy as np
>>> a = np.array([[1, 2, 3, 4], [5, 6, 7, 8], [9, 10, 11, 12]])
>>> a.ndim
2
>>> a.size
12
>>> a.shape
(3, 4)
>>> len(a)
3
```

Ein 2-dimensionales Array kann man sich, wie in Abb. 3.1 dargestellt, als ein Raster von Zahlen vorstellen. In unserem Beispiel handelt es sich um zwölf Zahlen (a.size), die in einem 3 × 4-Raster angeordnet sind (a.shape). Dabei stellt die erste Zahl die Anzahl der Zeilen dar, und die zweite Zahl gibt die Anzahl der Spalten an. Die Python-Funktion

Tab. 3.1: Wertebereich der ganzzahligen Datentypen in NumPy.

Datentyp	Wertebereich	
	von	bis
int8	$-2^7 = -128$	$2^7 - 1 = 127$
int16	$-2^{15} = -32768$	$2^{15} - 1 = 32767$
int32	$-2^{31} = -2147483648$	$2^{31} - 1 = 2147483647$
int64	$-2^{63} \approx -9{,}22 \cdot 10^{18}$	$2^{63} - 1 \approx 9{,}22 \cdot 10^{18}$
uint8	0	$2^8 - 1 = 255$
uint16	0	$2^{16} - 1 = 65535$
uint32	0	$2^{32} - 1 = 4294967295$
uint64	0	$2^{64} - 1 \approx 1{,}84 \cdot 10^{19}$

`len` liefert immer die Größe der ersten Dimension also die Anzahl der Zeilen zurück, es gilt also `len(a) == a.shape[0]`. Warum es sinnvoll ist, dass die Funktion `len` gerade die Größe der *ersten* Dimension zurückgibt, wird in Abschn. 3.9 deutlich. Auf ein bestimmtes Element des Arrays, kann man zugreifen, indem man den Zeilenindex und den Spaltenindex mit einem Komma getrennt in eckigen Klammern angibt. Wenn wir das Beispiel von oben fortsetzen, erhalten wir für das Element in der zweiten Zeile und vierten Spalte den Zahlenwert 8.

```
>>> a[1, 3]
8
```

Man kann in NumPy auch mit höherdimensionalen Arrays arbeiten. Unter einem dreidimensionalen Array kann man sich einen Block von Zahlen vorstellen, in dem mehrere 2-dimensionale Arrays gewissermaßen übereinander gestapelt sind. Bei vier oder mehr Dimensionen versagt dann allerdings die geometrische Veranschaulichung.

3.3 Datentypen in NumPy

Wir haben bereits erwähnt, dass bei einem Array alle Elemente den gleichen Datentyp haben müssen. Den Datentyp eines Arrays findet man über die Eigenschaft `dtype` heraus.

```
>>> import numpy as np
>>> a = np.array([1.0, 2.0, 3.0, 4.0, 5.0, 6.0])
>>> a.dtype
dtype('float64')
```

Das Array hat den Datentyp `np.float64` und verhält sich damit fast genauso wie die gewöhnlichen Gleitkommazahlen in Python. Eine Übersicht der verfügbaren Datentypen ist in Tab. 3.1 und 3.2 angegeben. Wenn Sie ein Array mit einem bestimmten Datentyp erstellen wollen, dann können Sie dies wie folgt machen:

```
>>> import numpy as np
>>> a = np.array([1, 2, 3, 4, 5, 6], dtype=np.int8)
```

Tab. 3.2: Wertebereich der Gleitkomma-Datentypen in NumPy.

Datentyp	Größte positive Zahl	Gültige Dezimalstellen
float16	$6,5 \cdot 10^4$	≈ 3
float32	$3,4 \cdot 10^{34}$	≈ 6
float64	$1,8 \cdot 10^{308}$	≈ 15
complex64	Real- und Imaginärteil jeweils wie float32	
complex128	Real- und Imaginärteil jeweils wie float64	

```
>>> a.dtype
dtype('int8')
```

Bei der Wahl des Datentyps muss man sehr vorsichtig sein und den erlaubten Wertebereich beachten. Das sieht man an dem folgenden Beispiel:

```
>>> import numpy as np
>>> a = np.array([1, 2, 3, 4, 5, 6], dtype=np.uint8)
>>> a[2] = 300
>>> print(a)
[ 1  2 44  4  5  6]
```

Bei dem Versuch, die Zahl 300 in einem Array vom Typ `uint8` zu speichern, kommt es zu einem sogenannten Überlauf, und es wird stattdessen die Zahl $300 - 256 = 44$ gespeichert. Beachten Sie bitte die folgende Regel, die eine wichtige Konsequenz hat, die gerne beim Programmieren übersehen wird und zu schwer auffindbaren Fehlern führt:

Achtung!

Wenn Sie aus einer Liste mit der Funktion `np.array` ein Array erzeugen und keinen Datentyp mit `dtype=` angeben, so versucht NumPy, den Datentyp des Arrays aus den in der Liste enthaltenen Daten abzuleiten.

Wir demonstrieren dies an einem Beispiel:

```
>>> import numpy as np
>>> a = np.array([1, 2, 3])
>>> b = np.array([1.0, 2, 3])
>>> a[2] = 42.7
>>> b[2] = 42.7
>>> a
array([ 1,  2, 42])
>>> b
array([ 1. ,  2. , 42.7])
```

Das Array a wird aus einer Liste erzeugt, die nur aus ganzen Zahlen besteht, und erhält darum einen ganzzahligen Datentyp. Das Array b wird aus einer Liste erzeugt, die eine Gleitkommazahl enthält, und erhält darum einen Gleitkommatyp. Beim Versuch, einer Zelle des Arrays a die Zahl 42,7 zuzuweisen, werden die Nachkommastellen einfach

abgeschnitten. Wir überprüfen den Datentyp der beiden Arrays, indem wir das Beispiel
fortsetzen:

```
>>> a.dtype
dtype('int64')
>>> b.dtype
dtype('float64')
```

Sie erkennen, dass NumPy für ganze Zahlen den Datentyp int64 wählt.

Wenn Sie einfach nur sicherstellen möchten, dass ein Array einen ganzzahligen Datentyp besitzt, dann können Sie als Datentyp einfach int angeben. Es wird dann normalerweise der größte ganzzahlige Datentyp genommen, der vom Prozessor des Rechners direkt unterstützt wird. Auf neueren PCs ist das meistens der Datentyp np.int64 bei etwas älteren 32-Bit-Computern ist es der Datentyp np.int32. Analog können Sie die Datentypen float oder complex verwenden, um sicherzustellen, dass es sich um Gleitkommazahlen beziehungsweise um komplexe Zahlen handeln soll, ohne explizit die Speicherbreiten, also die Anzahl der pro Zahl verwendeten Bits anzugeben.

3.4 Rechnen mit Arrays

Mit Arrays kann man Rechenoperationen ausführen. Wir besprechen diese Rechenoperationen hier nur an 1-dimensionalen Arrays, sie lassen sich aber auf mehrdimensionale Arrays völlig analog übertragen. Im Modul numpy ist eine Reihe Funktionen enthalten, die den gleichen Namen haben wie die entsprechenden Funktionen aus dem Modul math. Dies sind beispielsweise die trigonometrischen Funktionen, Wurzeln, Logarithmen und die Exponentialfunktion. Wenn man diesen Funktionen ein Array übergibt, dann wird die Funktion für jedes Element des Arrays ausgewertet, und es entsteht ein neues Array, das die gleiche Größe hat wie das ursprüngliche Array:

```
>>> import numpy as np
>>> a = np.array([1, 2, 3, 4])
>>> b = np.sqrt(a)
>>> print(b)
[1.         1.41421356 1.73205081 2.        ]
```

Ein Array kann man mit einer Zahl multiplizieren. Dabei wird jedes Element mit der Zahl multipliziert.[1]

```
>>> import numpy as np
>>> a = np.array([1, 2, 3, 4])
>>> b = 5 * a
>>> print(b)
[ 5 10 15 20]
```

Man kann zu einem Array eine Zahl addieren. Auch hierbei wird die Zahl zu jedem Element des Arrays addiert:

---

[1] Hier unterscheiden sich Arrays ganz wesentlich von Listen. Wenn a eine Liste ist, dann erzeugt
5 * a eine Liste, die aus einer 5-fachen Wiederholung der Liste a besteht.

```
>>> import numpy as np
>>> a = np.array([1, 2, 3, 4])
>>> b = a + 10
>>> print(b)
[11 12 13 14]
```

Interessant ist, was passiert, wenn man versucht, zwei Arrays der gleichen Größe zu addieren oder miteinander zu multiplizieren. Wir probieren dies an einem Beispiel aus:

```
>>> import numpy as np
>>> a = np.array([1, 2, 3, 4])
>>> b = np.array([10, 20, 30, 40])
>>> c = a + b
>>> print(c)
[11 22 33 44]
>>> d = a * b
>>> print(d)
[ 10  40  90 160]
```

Sie können erkennen, dass auch diese Operationen elementweise ausgeführt werden.

3.5 Erzeugen von Arrays

In den bisherigen Beispielen wurde ein Array immer aus einer Liste erzeugt. Wir werden im Folgenden einige Funktionen kennenlernen, mit denen man spezielle Sorten von Arrays erzeugen kann.

Die Funktion np.arange erzeugt ein 1-dimensionales Array, das aus einer Folge von Zahlen mit fester Schrittweite besteht.[2] Die Funktion wird ähnlich aufgerufen wie die range-Funktion:

```
np.arange(Anfang, Ende, Schrittweite)
```

Wir demonstrieren das wieder an einem Beispiel:

```
>>> import numpy as np
>>> a = np.arange(1, 20, 2)
>>> print(a)
[ 1  3  5  7  9 11 13 15 17 19]
```

In manchen Fällen möchte man einen Start- und einen Endwert vorgeben und die Anzahl der Punkte. Das geht am einfachsten mit der Funktion np.linspace:

```
np.linspace(Anfang, Ende, Anzahl)
```

Im Unterschied zu np.arange wird bei np.linspace der Endwert mit in das Array aufgenommen, wie das folgende Beispiel zeigt:

---

[2] Wenn alle Argumente ganzzahlig sind, erzeugt np.arange ein Array mit dem Datentyp int, ansonsten wird der Datentyp float gewählt. Alle anderen Funktionen, die im Folgenden diskutiert werden, erzeugen immer Arrays mit dem Datentyp float, wenn kein anderer Datentyp explizit mit dtype= angefordert wird.

```
>>> import numpy as np
>>> a = np.linspace(5, 20, 6)
>>> a
array([ 5.,   8.,  11.,  14.,  17.,  20.])
```

Manchmal benötigt man auch ein Array, das komplett mit Nullen initialisiert ist:

```
>>> import numpy as np
>>> a = np.zeros(5)
>>> print(a)
[0. 0. 0. 0. 0.]
>>> a = np.zeros((3, 4))
>>> print(a)
[[0. 0. 0. 0.]
 [0. 0. 0. 0.]
 [0. 0. 0. 0.]]
```

Sie erkennen an diesem Beispiel, dass man der Funktion np.zeros auch ein Tupel übergeben kann, um damit ein mehrdimensionales Array zu erzeugen. Eine ähnliche Funktion zum Erzeugen von Arrays ist np.empty, die das Array aber nicht mit Nullen füllt, sodass es im Allgemeinen irgendwelche unsinnigen Werte enthält. Verwenden Sie np.empty also nur, wenn anschließend die Array-Elemente anderweitig initialisiert werden.

Wir können nun die Berechnung des prozentualen Fehlers der Näherung $\sin(x) \approx x$ sehr elegant formulieren. Das Programm 3.1 ist nicht nur kürzer, sondern wird auch deutlich schneller ausgeführt als das Programm 2.3, das mit Listen gearbeitet hat.

Programm 3.1: *NumpyMatplotlib/naeherung_sin3.py*

```
 9  import numpy as np
10
11  # Lege ein Array der Winkel in Grad an.
12  winkel = np.arange(5, 95, 5)
13
14  # Wandle die Winkel in das Bogenmaß um.
15  x = np.radians(winkel)
16
17  # Berechne die relativen Fehler.
18  fehler = 100 * (x - np.sin(x)) / np.sin(x)
19
20  # Gib das Ergebnis aus.
21  print(winkel)
22  print(fehler)
```

3.6 Indizierung von Array-Ausschnitten (Array-Slices)

In Abschn. 2.12 haben wir bereits besprochen, wie man beispielsweise aus einer Liste eine bestimmte Teilliste auswählen kann. Das gleiche Verfahren funktioniert auch bei Arrays. So kann man zum Beispiel mit

```
a[:10]
```

die ersten zehn Elemente des Arrays a auswählen. Bei mehrdimensionalen Arrays kann man die Slice-Operation auf jede der Dimensionen anwenden. So erzeugt beispielsweise

```
a[:10, 5:8]
```

aus einem 2-dimensionalen Array a ein Teil-Array, das aus den ersten zehn Zeilen und aus den Spalten 5 bis 7 besteht. Im Gegensatz zu den Listen wird bei Arrays aber nur eine neue **Ansicht** (engl. view) des bestehenden Arrays erzeugt. Was damit gemeint ist, können Sie an dem folgenden Beispiel erkennen: Wir erzeugen zunächst ein 3 × 4-Array. Aus diesem Array wird ein Ausschnitt ausgewählt, der aus zwei Zeilen und drei Spalten besteht. Diesen Ausschnitt nennen wir b.

```
1  >>> import numpy as np
2  >>> a = np.array([[1, 2, 3, 4], [5, 6, 7, 8], [9, 10, 11, 12]])
3  >>> b = a[:2, 1:]
4  >>> print(b)
5  [[2 3 4]
6   [6 7 8]]
```

Nun weisen wir einem Element dieses Teil-Arrays einen neuen Wert zu.

```
7  >>> b[0, 1] = 50
```

Was passiert, wenn wir nun das ursprüngliche Array a ausgeben, zeigt der folgende Code:

```
8  >>> print(a)
9  [[ 1  2 50  4]
10  [ 5  6  7  8]
11  [ 9 10 11 12]]
```

Sie können erkennen, dass sich das ursprüngliche Array ebenfalls verändert hat.

Warum verhalten sich Arrays auf diese Art? Die Bibliothek NumPy wurde dazu konzipiert, mit großen Datenmengen umzugehen. Wenn man mit großen Datenmengen hantiert, ist es unbedingt zu vermeiden, diese Daten unnötig zu kopieren. Aus diesem Grund wird versucht, alle Operationen so durchzuführen, dass keine Daten im Speicher des Computers hin und her kopiert werden müssen. Ein Array besteht grob gesagt aus einem Bereich des Hauptspeichers des Computers, in dem die Zahlen abgelegt sind, und einer Zuordnungsvorschrift, wie die Indizes den Speicherzellen zugeordnet sind. Wenn man einen Ausschnitt eines Arrays auf die oben gezeigte Art auswählt, verweist das neue Array auf den gleichen Speicherbereich wie das alte, nur dass die Zuordnungsvorschrift der Indizes an die Speicherzellen angepasst wird. Wenn Sie wirklich eine Kopie der Daten wollen, dann müssen Sie das mit der Methode copy explizit anfordern. Wenn Sie im obigen Beispiel die Zeile 3 durch

```
3  >>> b = a[:2, 1:].copy()
```

ersetzen, dann wirken sich Änderungen von b nicht mehr auf a aus.

3.7 Indizierung mit ganzzahligen Arrays

Anstelle eines Ausschnitts lassen sich auch einzelne Elemente adressieren, indem man ein zweites Array benutzt, das die entsprechenden Indizes gespeichert hat. Das wird an dem folgenden Beispiel deutlich:

```
>>> import numpy as np
>>> a = np.arange(0, 40, 5)
>>> idx = np.array([2, 3, 5, 7])
>>> b = a[idx]
>>> print(b)
[10 15 25 35]
>>> print(a[2], a[3], a[5], a[7])
10 15 25 35
```

Sie können erkennen, dass das Array b nun die Einträge des Arrays a enthält, dessen Indizes im Array idx gespeichert waren. Dabei ist wichtig, dass das indizierende Array, hier also idx unbedingt einen ganzzahligen Datentyp haben muss.

Bei der Indizierung mit einem ganzzahligen Array werden die Elemente des ursprünglichen Arrays immer kopiert, während bei den Array-Slices eine Ansicht des ursprünglichen Arrays erzeugt wird. Unabhängig davon kann man aber die Indizierung mit ganzzahligen Arrays dazu benutzen, um einzelne Elemente eines Arrays zu verändern. Wir setzen das vorherige Beispiel fort:

```
>>> a[idx] = 0
>>> print(a)
[ 0  5  0  0 20  0 30  0]
```

Hier sind also die Elemente von a, deren Indizes im Array idx enthalten sind, auf null gesetzt worden.

3.8 Indizierung mit booleschen Arrays

Es gibt noch eine weitere sehr ähnliche Methode, mit der man auf bestimmte Teile eines Arrays zugreifen kann. Dazu betrachten wir zuerst, was passiert, wenn man die Vergleichsoperatoren auf Arrays anwendet.

```
>>> import numpy as np
>>> a = np.array([1, 2, 3, 4, 5])
>>> b = np.array([2, 1, 6, 2, 4])
>>> b < a
array([False,  True, False,  True,  True])
```

Sie sehen, dass ein Vergleich zweier Arrays gleicher Größe ein neues Array erzeugt, das mit den entsprechenden Wahrheitswerten gefüllt ist. Man kann auch ein Array mit einer einzelnen Zahl vergleichen und erhält ein entsprechendes Array.

```
>>> import numpy as np
>>> b = np.array([2, 1, 6, 2, 4])
>>> b < 3
array([ True,  True, False,  True, False])
```

Die so erzeugten booleschen Arrays haben eine interessante Anwendung. Man kann ein Array mit einem booleschen Array indizieren und erhält alle Elemente des Arrays, bei denen das boolesche Array den Wert True enthält.

```
>>> import numpy as np
>>> b = np.array([2, 1, 6, 2, 4])
>>> idx = b < 3
>>> b[idx]
array([2, 1, 2])
```

Diese Art der Indizierung wird häufig verwendet, wenn man Arrays verändern möchte. Nehmen wir das folgende Beispiel: Sie haben ein Array mit Messdaten und möchten für eine Auswertung alle Messwerte, die kleiner als ein bestimmter Wert sind, auf null setzen. Um dies zu erreichen, können Sie den folgenden Code verwenden:

```
1  >>> import numpy as np
2  >>> a = np.array([1.5, 0.2, 33.7, 0.02, 5.2, 7.4])
3  >>> a[a < 0.5] = 0
4  >>> print(a)
5  [ 1.5  0.  33.7  0.   5.2  7.4]
```

Das Schöne an dieser Art der Indizierung ist, dass der Programmcode fast intuitiv verständlich ist: In Zeile 3 werden alle Elemente von a, deren Zahlenwert kleiner als 0,5 ist, auf null gesetzt.

Bitte beachten Sie, dass auch hier, genau wie bei der Indizierung mit ganzzahligen Arrays, die Werte in das neue Array kopiert werden. Es wird also auch hier keine Ansicht erzeugt.

3.9 Ausgelassene Indizes

Bei der Indizierung eines mehrdimensionalen Arrays kann man auch weniger Indizes angeben, als das Array Dimensionen hat. In diesem Fall wird für die verbleibenden Indizes stillschweigend der Doppelpunkt : angenommen und damit alle Elemente der verbleibenden Dimensionen ausgewählt. Für ein 2-dimensionales Array a ist der Ausdruck a[1] also gleichbedeutend mit a[1, :], wie das folgende Beispiel zeigt:

```
>>> import numpy as np
>>> a = np.array([[1, 2, 3], [4, 5, 6], [7, 8, 9]])
>>> a[1]
array([4, 5, 6])
>>> a[1, :]
array([4, 5, 6])
```

Die Konvention für ausgelassene Indizes erklärt auch das in Abschn. 3.2 erwähnte Verhalten der Funktion len. Die Funktion len gibt die Anzahl der möglichen Werte für den Index zurück, wenn man das mehrdimensionale Array mit nur einem Index indiziert.

Diese Art der Indizierung ist sehr hilfreich, um gut lesbaren Programmcode zu erzeugen. Stellen Sie sich vor, dass wir in einem Programm die Bewegung eines Körpers im 3-dimensionalen Raum beschreiben möchten. Dazu haben wir die Koordinaten des Körpers zu 100 verschiedenen Zeitpunkten gegeben. Wir können nun diese Koordinaten in einem 100×3-Array speichern, dem wir den Namen `ortsvektoren` geben. In diesem Fall können wir beispielsweise mit `ortsvektoren[0]` direkt auf den nullten Ortsvektor zugreifen und wir können mit `ortsvektoren[:, 0]` für alle Ortsvektoren auf die nullte Komponente zugreifen. Wir könnten uns aber auch dafür entscheiden, dieselben Daten in einem 3×100-Array zu speichern. Dann sollte man das Array vielleicht besser `koordinaten` nennen, denn mit `koordinaten[0]` erhält man den Zeitverlauf der nullten Koordinate und mit `koordinaten[:, 0]` erhält man alle Koordinaten zum nullten Zeitpunkt.

3.10 Logische Operationen auf Arrays

Wir haben in Abschn. 3.8 bereits boolesche Arrays kennen gelernt. Mit den folgenden Zeilen erzeugen wir aus einem Array a ein boolesches Array b, das bei den Einträgen, den Wert `True` enthält, wo die angegebene Bedingung a < 20 erfüllt ist.

```
>>> import numpy as np
>>> a = np.arange(0, 30, 5)
>>> b = a < 20
>>> print(b)
[ True  True  True  True False False]
```

Nehmen wir an, wir möchten ein dir Bedingung $a < 20$ durch die Bedingung $5 < a < 20$ ersetzen. Die folgende Umsetzung erscheint naheliegend, führt jedoch zu einer Fehlermeldung:

```
>>> b = a > 5 and a < 20
ValueError: The truth value of an array with more than one
element is ambiguous. Use a.any() or a.all()
```

Warum erhalten wir hier diese Fehlermeldung? Dazu erinnern wir uns an die Regeln für Wahrheitswerte von Objekten aus Abschn. 2.14. Die Funktion `bool` muss für ein Objekt genau einen Wahrheitswert zurückliefern. Welcher sollte das sein? Ein Array könnte `True` sein, wenn *alle* Einträge des Arrays `True` sind oder wenn *mindestens ein* Eintrag `True` ist. Man könnte das Array auch genauso behandeln, wie die anderen Aufzählungstypen und ihm den Wahrheitswert `True` genau dann zuordnen, wenn das Array nicht leer ist. Die Entwickler von NumPy haben sich dafür entschieden, mögliche Fehlinterpretationen zu vermeiden, indem die Umwandlung eines Arrays in einen boole-schen Wert einen Fehler verursacht. Deswegen funktionieren die logischen Operatoren `and`, `or` und `not` nicht mit Arrays.

Stattdessen werden für Arrays Operatoren benutzt, die in Python normalerweise bitweise logische Operationen ausführen. Diese wurden in Kapitel 2 nicht behandelt, weil sie vergleichsweise selten benötigt werden. Bei Arrays bewirken diese Operatoren,

Tab. 3.3: Elementweise logische Operatoren. *Anstelle der üblichen booleschen Operatoren in Python können die folgenden Operatoren verwenden, um logische Operationen elementweise auf Arrays anzuwenden.*

Elementweiser Op.	Boolescher Op.	Bedeutung
&	and	und
|	or	oder
~	not	nicht
^		exklusives oder

die in Tab. 3.3 aufgeführt sind, eine elementweise logische Verknüpfung Das Beispiel von oben kann mit diesen Operatoren wie folgt korrekt umgesetzt werden:

```
>>> import numpy as np
>>> a = np.arange(0, 30, 5)
>>> b = (a > 5) & (a < 20)
>>> print(b)
[False False  True  True False False]
```

Es ist an dieser Stelle wichtig, dass die Ausdrücke a > 5 und a < 20 in Klammern gesetzt werden. Das liegt daran, dass die Operatoren &, |, ~ und ^ in der Operatorrangfolge vor den Vergleichsoperatoren kommen. Ohne die Klammern wäre der Ausdruck also gleichbedeutend mit a > (5 & a) < 20, was offensichtlich keinen Sinn ergibt. Die vollständige Auflistung der Rangfolge aller Operatoren in Python finden Sie in der Python-Dokumentation [4].

3.11 Mehrfache Zuweisungen mit Arrays (Unpacking)

Wir haben bereits in Abschn. 2.11 mehrfache Zuweisungen mit Tupeln und Listen kennengelernt. Völlig analog kann man auch mehrfache Zuweisungen mit Arrays durchführen. Dazu muss die Anzahl der Variablen mit der Größe der ersten Dimension des Arrays übereinstimmen. Das folgende Beispiel zeigt, wie man auf diese Art die Zeilen eines 2-dimensionalen Arrays auf unterschiedliche Variablen verteilt.

```
>>> import numpy as np
>>> a = np.array([[1, 2, 3], [4, 5, 6], [7, 8, 9]])
>>> x, y, z = a
>>> x
array([1, 2, 3])
>>> y
array([4, 5, 6])
>>> z
array([7, 8, 9])
```

Bitte beachten Sie auch hier, dass die Variablen x, y und z Ansichten des ursprünglichen Arrays a sind. Wenn Sie nachträglich einen Eintrag beispielsweise mit z[1] = 10 verändern, so ändern Sie damit auch das Array a.

3.12 Broadcasting

Vielleicht haben Sie sich schon gewundert, dass Operatoren wie + oder * sowohl mit zwei Arrays gleicher Größe als auch mit einem Array und einer Zahl funktionieren. Der dahinterstehende Mechanismus wird als **Broadcasting** bezeichnet. Broadcasting beschreibt, wie NumPy bei arithmetischen Operationen mit Arrays unterschiedlicher Größe umgeht. Der Broadcasting-Mechanismus wird immer dann angewendet, wenn eine arithmetische Operation auf zwei Arrays mit unterschiedlicher Größe wirkt.

Den Broadcasting-Mechanismus macht man sich am besten an einem Beispiel klar. Nehmen wir an, dass wir ein 5-dimensionales $7 \times 2 \times 1 \times 6 \times 4$-Array A und ein 3-dimensionales $3 \times 1 \times 4$-Array B addieren. Um den Mechanismus des Broadcastings zu verstehen, schreiben wir die Größe der Arrays rechtsbündig untereinander.

$$A : 7 \times 2 \times 1 \times 6 \times 4$$
$$B : \qquad\qquad 3 \times 1 \times 4$$

Im ersten Schritt ergänzt NumPy intern das Array, das weniger Dimensionen hat, von links durch zusätzliche Dimensionen der Größe 1. Die Anzahl der Elemente des Arrays ändert sich dadurch nicht. In unserem Beispiel sieht das dann wie folgt aus:

$$A : 7 \times 2 \times 1 \times 6 \times 4$$
$$B : 1 \times 1 \times 3 \times 1 \times 4$$

Nun wird die Größe der beiden Arrays spaltenweise verglichen. Wenn beide Arrays in einer Dimension gleich groß sind, ist nichts weiter zu unternehmen. Wenn eines der beiden Arrays in einer Dimension die Größe 1 hat, wird dieses Array durch Wiederholung in dieser Dimension auf die Größe des anderen Arrays vergrößert. Falls sich die Größen der Arrays in einer Dimension unterscheiden, aber keine der Größen gleich 1 ist, dann sind die Arrays nicht kompatibel miteinander und es kommt zu einer Fehlermeldung. Falls kein solcher Fehler aufgetreten ist, dann haben die beiden Arrays am Ende des Vorgangs die gleiche Größe und werden elementweise addiert. In unserem Beispiel ergibt sich ein Array der folgenden Größe:

$$
\begin{array}{rccccccccc}
A & : & 7 & \times & 2 & \times & 1 & \times & 6 & \times & 4 \\
B & : & & & & & 3 & \times & 1 & \times & 4 \\
\hline
A + B & : & 7 & \times & 2 & \times & 3 & \times & 6 & \times & 4
\end{array}
$$

Wir wollen das Broadcasting an einigen Beispielen demonstrieren. In NumPy kann man ein 3×4-Array und ein 1-dimensionales Array der Größe 4 oder ein 2-dimensionales Array der Größe 1×4 addieren:

$$
\begin{bmatrix} 1 & 2 & 3 & 4 \\ 5 & 6 & 7 & 8 \\ 9 & 10 & 11 & 12 \end{bmatrix} + \begin{bmatrix} 10 & 20 & 30 & 40 \end{bmatrix} = \begin{bmatrix} 11 & 22 & 33 & 44 \\ 15 & 26 & 37 & 48 \\ 19 & 30 & 41 & 52 \end{bmatrix} \tag{3.1}
$$
$$
(3 \times 4) \qquad\qquad (1 \times 4) \text{ bzw. } (4) \qquad\qquad (3 \times 4)
$$

Zu dem 3×4-Array kann man auch ein 3×1-Array addieren:

$$
\begin{bmatrix} 1 & 2 & 3 & 4 \\ 5 & 6 & 7 & 8 \\ 9 & 10 & 11 & 12 \end{bmatrix} + \begin{bmatrix} 10 \\ 20 \\ 30 \end{bmatrix} = \begin{bmatrix} 11 & 12 & 13 & 14 \\ 25 & 26 & 27 & 28 \\ 39 & 40 & 41 & 42 \end{bmatrix} \tag{3.2}
$$
$$
(3 \times 4) \qquad\qquad (3 \times 1) \qquad\qquad (3 \times 4)
$$

Dagegen kann man zu einem 3 × 4-Array kein 1-dimensionales Array der Größe 3 addieren und auch kein 1 × 3-Array. Diese Addition scheitert, weil die jeweils letzte Dimension mit vier bzw. drei Elementen nicht kompatibel ist.

$$\begin{bmatrix} 1 & 2 & 3 & 4 \\ 5 & 6 & 7 & 8 \\ 9 & 10 & 11 & 12 \end{bmatrix} \;+\; \begin{bmatrix} 10 & 20 & 30 \end{bmatrix} \;\longrightarrow\; \texttt{ValueError} \tag{3.3}$$
$$\quad\; (3 \times 4) \qquad\qquad (1 \times 3) \text{ bzw. } (3)$$

Das nächste Beispiel zeigt ein Broadcasting, das häufig benutzt wird, wenn man die Elemente zweier Arrays paarweise miteinander kombinieren will:

$$\begin{bmatrix} 1 & 2 & 3 & 4 \end{bmatrix} \;+\; \begin{bmatrix} 10 \\ 20 \\ 30 \end{bmatrix} \;=\; \begin{bmatrix} 11 & 12 & 13 & 14 \\ 21 & 22 & 23 & 24 \\ 31 & 32 & 33 & 34 \end{bmatrix} \tag{3.4}$$
$$(1 \times 4) \text{ bzw. } (4) \quad (3 \times 1) \qquad\qquad (3 \times 4)$$

Wir werden im Laufe der folgenden Kapitel viele Beispiele kennenlernen, in denen man mithilfe des Broadcastings physikalische Probleme nicht nur sehr effizient, sondern auch sehr übersichtlich darstellen kann.

> **Achtung!**
>
> Folgende Punkte sollten beim Broadcasting von Arrays beachtet werden:
>
> - Bei der Addition und Multiplikation von Arrays spielt die Reihenfolge der Operanden keine Rolle.
>
> - In NumPy sind 2-dimensionale Arrays der Größe $1 \times n$, der Größe $n \times 1$ und 1-dimensionale Arrays der Größe n unterschiedliche Datentypen.
>
> - Beim Broadcasting werden 1-dimensionale Arrays genauso behandelt wie 2-dimensionale Arrays der Größe $1 \times n$.

3.13 Matrixmultiplikationen mit @

Vielleicht haben Sie die Beispiele des vorherigen Abschnitts auch einmal mit dem Operator * anstelle von + ausprobiert und sich gefragt, ob es denn auch eine Möglichkeit gibt, eine klassische Matrixmultiplikation durchzuführen.[3] Die Matrixmultiplikation

---

[3] Wenn Sie mit dem mathematischen Konzept einer Matrixmultiplikation noch nicht vertraut sein sollten, dann können Sie diesen Abschnitt und den folgenden über das Lösen linearer Gleichungssysteme zunächst überspringen. Sie können diese Abschnitte dann nachholen, wenn Sie bei der Lektüre mit Kap. 6 beginnen. Dort werden wir von der Matrixmultiplikation Gebrauch machen. Die formale Definition der Matrixmultiplikation und viele nützliche Eigenschaften finden Sie in jedem einführenden Mathematikbuch über lineare Algebra [5, 6].

wird in der mathematischen Notation meist mit einem Punkt · gekennzeichnet. In Python wird stattdessen der Operator @ verwendet. Bitte rechnen Sie als Beispiel einmal

$$
\begin{bmatrix} 1 & 2 & 3 & 4 \\ 5 & 6 & 7 & 8 \\ 9 & 10 & 11 & 12 \end{bmatrix} \cdot \begin{bmatrix} 13 \\ 14 \\ 15 \\ 16 \end{bmatrix} = \begin{bmatrix} 1 \cdot 13 + 2 \cdot 14 + 3 \cdot 15 + 4 \cdot 16 \\ 5 \cdot 13 + 6 \cdot 14 + 7 \cdot 15 + 8 \cdot 16 \\ 9 \cdot 13 + 10 \cdot 14 + 11 \cdot 15 + 12 \cdot 16 \end{bmatrix} = \begin{bmatrix} 150 \\ 382 \\ 614 \end{bmatrix} \quad (3.5)
$$

in Python mithilfe des Operators @ nach. In dem folgenden Beispiel wird eine Matrixmultiplikation einer 1×3-Matrix mit einer 3×1-Matrix durchgeführt:

$$
\begin{bmatrix} 1 & 2 & 3 \end{bmatrix} \cdot \begin{bmatrix} 4 \\ 5 \\ 6 \end{bmatrix} = \begin{bmatrix} 1 \cdot 4 + 2 \cdot 5 + 3 \cdot 6 \end{bmatrix} = \begin{bmatrix} 32 \end{bmatrix} \quad (3.6)
$$

Der Python-Code für die entsprechende Rechnung ist unten abgedruckt. Man kann erkennen, dass hier tatsächlich ein 2-dimensionales Array der Größe 1×1 erzeugt wird.

```
>>> import numpy as np
>>> a = np.array([[1, 2, 3]])
>>> b = np.array([[4], [5], [6]])
>>> a @ b
array([[32]])
```

Eine häufige Anwendung des @-Operators besteht darin, das Skalarprodukt zweier Vektoren zu berechnen, wenn man die Vektoren durch 1-dimensionale Arrays darstellt.

```
>>> a = np.array([1, 2, 3])
>>> b = np.array([4, 5, 6])
>>> a @ b
32
```

An den vorangegangenen Beispielen konnten Sie erkennen, dass der Operator @ immer eine Multiplikation durchführt, bei der über einen gemeinsamen Index summiert wird. Da wir später diesen Operator auch auf höherdimensionale Arrays anwenden werden, wollen wir hier kurz die Logik des Operators diskutieren. Zu jeder der folgenden Regeln sind Beispiele gegeben, wobei nur die jeweilige Array-Größe angegeben ist und die Indizes, über die summiert wird, rot markiert sind.

- Summiert wird immer über den letzten Index des ersten Faktors und den vorletzten Index des zweiten Faktors:

$$
\begin{array}{ccccc}
(3 \times 4) & @ & (4 \times 6) & \longrightarrow & (3 \times 6) \\
(3 \times 4) & @ & (4 \times 1) & \longrightarrow & (3 \times 1) \\
(1 \times 4) & @ & (4 \times 3) & \longrightarrow & (1 \times 3) \\
(3 \times 4) & @ & (5 \times 6) & \longrightarrow & \text{valueError}
\end{array}
$$

- Wenn der erste Faktor ein 1-dimensionales Array ist, wird dieses wie ein $1 \times n$-Array behandelt. Die zusätzlich eingeführte Dimension wird nach der Multiplikation wieder entfernt:

$$
\begin{array}{ccccc}
(4) & @ & (4 \times 3) & \longrightarrow & (3)
\end{array}
$$

Arrays und Matrizen in NumPy

In NumPy gibt es neben der Klasse `np.ndarray` noch die Klasse `np.matrix`. Ein `matrix`-Objekt ist immer 2-dimensional und verhält sich ähnlich wie ein 2-dimensionales Array. Der Unterschied zum Array besteht darin, dass der Operator `*` bei Matrizen die Matrizenmultiplikation ausführt und nicht die elementweise Multiplikation. Der Potenzoperator bewirkt bei Matrizen eine Matrixpotenz. Wenn man im selben Programm sowohl Arrays als auch Matrizen einsetzt, ist der Code sehr schwer verständlich, weil man dem Zeichen `*` dann nicht ohne Weiteres ansieht, ob eine elementweise Multiplikation oder eine Matrixmultiplikation ausgeführt wird. Empfehlung: Verwenden Sie immer nur Arrays und keine Matrizen!

- Wenn der zweite Faktor ein 1-dimensionales Array ist, wird dieses wie ein $n \times 1$-Array behandelt. Die zusätzlich eingeführte Dimension wird nach der Multiplikation wieder entfernt:

$$(3 \times 4) \quad @ \quad (4) \quad \rightarrow \quad (3)$$

- Alle anderen Dimensionen der beiden Faktoren werden gemäß der Regel für das Broadcasting behandelt:

$$
\begin{aligned}
(2 \times 6 \times 3 \times 4) \quad @ \qquad\qquad (4 \times 5) \quad &\rightarrow \quad (2 \times 6 \times 3 \times 5) \\
(2 \times 6 \times 3 \times 4) \quad @ \qquad\qquad\quad (4) \quad &\rightarrow \quad (2 \times 6 \times 3) \\
(4) \quad @ \quad (2 \times 6 \times 3 \times 4) \quad &\rightarrow \quad \texttt{valueError} \\
(4) \quad @ \quad (2 \times 6 \times 4 \times 3) \quad &\rightarrow \quad (2 \times 6 \times 3) \\
(1 \times 4) \quad @ \quad (2 \times 6 \times 4 \times 3) \quad &\rightarrow \quad (2 \times 6 \times 1 \times 3)
\end{aligned}
$$

3.14 Lösen von linearen Gleichungssystemen

Wir werden im Verlauf des Buches einige physikalische Systeme kennenlernen, deren Behandlung das Lösen von linearen Gleichungssystemen erfordert oder die sich in einer Näherung durch lineare Gleichungssysteme beschreiben lassen. Ein Beispiel für ein lineares Gleichungssystem ist durch

$$
\begin{aligned}
7x \quad + \quad 4{,}5y \quad + \quad 3z \quad &= \quad 5 \\
2{,}4x \quad + \quad 3y \quad + \quad 9{,}5z \quad &= \quad -12{,}3 \\
7x \quad + \quad 2{,}1y \quad + \quad 4{,}6z \quad &= \quad 17{,}4
\end{aligned}
\tag{3.7}
$$

gegeben, wobei x, y, und z die gesuchten Größen sind. Wenn das Gleichungssystem genauso viele Gleichungen wie Unbekannte hat und die Gleichungen linear unabhängig sind, dann gibt es eine eindeutige Lösung des Gleichungssystems. Man kann dieses Gleichungssystem auch in der folgenden Art aufschreiben, wobei man die Koeffizienten in einer Matrix zusammenfasst:

$$
\begin{pmatrix} 7 & 4{,}5 & 3 \\ 2{,}4 & 3 & 9{,}5 \\ 7 & 2{,}1 & 4{,}6 \end{pmatrix} \cdot \begin{pmatrix} x \\ y \\ z \end{pmatrix} = \begin{pmatrix} 5 \\ -12{,}3 \\ 17{,}4 \end{pmatrix}
\tag{3.8}
$$

In NumPy ist mit der Funktion np.linalg.solve ein effizientes Verfahren implementiert, das solche Gleichungssysteme lösen kann. Wir müssen dazu zunächst die Koeffizientenmatrix A als 3 × 3-Array und den Vektor b auf der rechten Seite von Gleichung (3.8) als 1-dimensionales Array definieren.

```
>>> import numpy as np
>>> A = np.array([[7, 4.5, 3], [2.4, 3, 9.5], [7, 2.1, 4.6]])
>>> b = np.array([5, -12.3, 17.4])
```

Anschließend erhalten wir durch den Aufruf der Funktion np.linalg.solve den Ergebnisvektor x als 1-dimensionales Array.

```
>>> x = np.linalg.solve(A, b)
>>> print(x)
[ 4.62443268 -5.62455875 -0.68683812]
```

Überprüfen Sie durch Einsetzen dieser Werte in die Gleichungen (3.7), dass dies tatsächlich die Lösung dieses Gleichungssystems ist. Wenn Sie das in Python direkt überprüfen wollen, dann können Sie das vorherige Beispiel wie folgt fortsetzen, indem Sie die Matrixmultiplikation mit dem @-Operator verwenden:

```
>>> print(A @ x)
[  5.  -12.3  17.4]
```

Wenn das Gleichungssystem nicht eindeutig lösbar ist, weil die Gleichungen nicht linear unabhängig sind, dann liefert Ihnen np.linalg.solve eine Fehlermeldung, dass die Matrix singulär ist. Sie erhalten ebenfalls eine Fehlermeldung, wenn das Array, das die Koeffizientenmatrix enthält, nicht quadratisch ist, also nicht genauso viele Zeilen wie Spalten hat.

3.15 Änderung der Form von Arrays

Es kommt häufiger vor, dass man aus einem 2-dimensionalen Array ein 1-dimensionales Array machen möchte oder umgekehrt. Dazu gibt es die Funktion np.reshape bzw. die Methode reshape der Array-Objekte.[4] Wir demonstrieren an einem Beispiel, wie man ein 1-dimensionales Array mit zehn Elementen in ein 2-dimensionales 2 × 5-Array umwandelt:

```
1  >>> import numpy as np
2  >>> a = np.linspace(0, 9, 10)
3  >>> print(a)
4  [0. 1. 2. 3. 4. 5. 6. 7. 8. 9.]
5  >>> a.shape
6  (10,)
7  >>> a = a.reshape(2, 5)
8  >>> a.shape
9  (2, 5)
```

---

[4] Es ist eine Frage des persönlichen Geschmacks, ob man lieber mit der Methode oder mit der Funktion arbeitet.

```
10   >>> print(a)
11   [[0. 1. 2. 3. 4.]
12    [5. 6. 7. 8. 9.]]
```

Sie erkennen, dass die Elemente des 2-dimensionalen Arrays zeilenweise mit den Elementen des 1-dimensionalen Arrays gefüllt sind. Bei jeder Verwendung von reshape muss die Gesamtzahl der Elemente erhalten bleiben. Gewissermaßen ist also eine der beiden Angaben »2-Zeilen« und »5-Spalten« überflüssig, da sie sich aus der Gesamtzahl der Elemente ergibt. Aus diesem Grund gibt es die Möglichkeit, für eine Dimension des Ziel-Arrays die Größe −1 anzugeben, damit NumPy die Größe dieser Dimension automatisch festlegt. Dies kann man dazu benutzen, um aus einem 1-dimensionalen Array mit *n* Elementen ein 2-dimensionales Array der Größe *n* × 1 zu erzeugen, wie das folgende Beispiel zeigt:

```
1   >>> import numpy as np
2   >>> a = np.linspace(0, 9, 10)
3   >>> b = a.reshape(-1, 1)
4   >>> b.shape
5   (10, 1)
```

Eine andere Art der Formänderung von Arrays ist das **Transponieren**, bei dem die Dimensionen eines Arrays vertauscht werden. Am häufigsten wird dies für 2-dimensionale Arrays angewendet. Um die Transponierte eines Arrays a zu erhalten, kann man entweder den Ausdruck a.T verwenden oder die Funktion np.transpose. Das Transponieren entspricht dabei der gleichnamigen Operation auf Matrizen in der linearen Algebra, wie das folgende Beispiel zeigt:

```
1   >>> import numpy as np
2   >>> a = np.array([[1, 2], [3, 4], [5, 6]]))
3    >>> a
4   array([[1, 2],
5          [3, 4],
6          [5, 6]])
7   >>> a.T
8   array([[1, 3, 5],
9          [2, 4, 6]])
```

Aus den Zeilen werden also die Spalten und umgekehrt. Bei höherdimensionalen Arrays kann man mithilfe der Funktion np.transpose die Dimensionen beliebig umsortieren. Wenn man bei einem höherdimensionalen Array zwei Dimensionen vertauschen möchte, kann man stattdessen die Funktion np.swapaxes verwenden. Die Details hierzu finden Sie in der Hilfe-Funktion der entsprechenden Funktion.

3.16 Grafische Ausgaben mit Matplotlib

Ein Bild sagt mehr als tausend Worte, und erst recht sagt ein Bild mehr als eine lange Liste von Zahlen. In der Physik und in den Naturwissenschaften allgemein werden sehr häufig Diagramme verwendet, die den Zusammenhang von Größen veranschaulichen.

Die häufigste Variante ist eine Auftragung einer Größe als Funktion einer anderen Größe.

Die Bibliothek Matplotlib bietet ein riesiges Reservoir an grafischen Darstellungsmöglichkeiten, von denen hier nur ganz wenige vorgestellt werden können. Viele weitere werden Sie später bei den physikalischen Anwendungen kennenlernen. Die Bibliothek Matplotlib besteht aus vielen Teilmodulen. Es wird empfohlen, die zwei wichtigsten Module immer in der folgenden Form zu importieren:

```
import matplotlib as mpl
import matplotlib.pyplot as plt
```

Als ein einfaches Beispiel wollen wir den Funktionsgraphen der Sinusfunktion darstellen. Wenn Sie das Programm 3.2 ausführen, öffnet sich ein neues Fenster, in dem ein Plot dargestellt ist, der ungefähr wie Abb. 3.2 aussehen sollte. Um diese Grafik zu erzeugen, importieren wir zunächst die benötigten Module und erzeugen eine Wertetabelle der Sinusfunktion. Dabei müssen wir darauf achten, dass wir die Winkel vom Gradmaß in das Bogenmaß umwandeln. Die Wertetabelle besteht aus 500 Datenpunkten im Winkelbereich von 0° bis 360°. Die große Anzahl der Punkte stellt sicher, dass der Funktionsgraph schön glatt aussieht.

Programm 3.2: *NumpyMatplotlib/plot_sinus.py*

```
1  """Funktionsgraph der Sinusfunktion."""
2
3  import numpy as np
4  import matplotlib.pyplot as plt
5
6  # Erzeuge ein Array für die x-Werte in Grad und für die y-Werte.
7  x = np.linspace(0, 360, 500)
8  y = np.sin(np.radians(x))
```

Nun erzeugen wir eine **Figure**. Normalerweise besteht eine Figure aus einem neuen Fenster. Dieses Fenster beinhaltet einige Schaltflächen, mit denen man einzelne Teile der Figure vergrößern oder den Inhalt der Figure ausdrucken bzw. in einer Datei abspeichern kann. Aus der Perspektive der Programmiersprache ist eine Figure gewissermaßen die Fläche, in die etwas gezeichnet werden kann.

```
11  fig = plt.figure()
```

Die Funktion `plt.figure` akzeptiert eine ganze Reihe optionaler Argumente, mit denen man beispielsweise die Größe der Figure beeinflussen kann. Wir haben es hier aber bei den Standardeinstellungen belassen. Anschließend muss man innerhalb der Figure eine **Axes** erstellen. Ein Axes-Objekt legt einen bestimmten Bereich innerhalb der Figure fest. Darüber hinaus beinhaltet das Axes-Objekt ein Koordinatensystem. In einer Figure können mehrere Axes-Objekte positioniert werden. Am häufigsten ordnet man diese mit der Funktion `fig.add_subplot` in einem Raster an. Das erste Argument ist dabei die Anzahl der Zeilen, das zweite Argument ist die Anzahl der Spalten, und das dritte Argument ist eine fortlaufende Nummer. Leider weicht hier die Konvention von der üblichen Indizierung in Python ab, da diese fortlaufende Nummer mit 1 beginnt

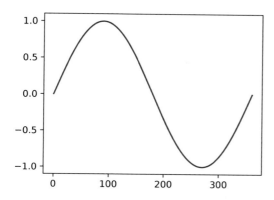

Abb. 3.2: Einfacher Plot. *Für eine Abbildung, die wissenschaftlichen Standards genügt, fehlen noch die Beschriftungen.*

und nicht mit 0. Da wir nur einen Graphen darstellen wollen, legen wir ein 1 × 1-Raster an und erzeugen das Axes-Objekt an der ersten Position:

```
12  ax = fig.add_subplot(1, 1, 1)
```

Als Nächstes wollen wir einen Funktionsgraphen in das eben definierte Axes-Objekt einzeichnen:

```
15  ax.plot(x, y)
```

Mithilfe der Funktion `plt.show` wird das in den Zeilen davor angelegte Bild angezeigt, und Python wartet, bis das Grafikfenster geschlossen wird.

```
18  plt.show()
```

Geben Sie die Befehle aus dem obigen Beispiel bitte einmal direkt in der Python-Shell ein. Wenn Sie das tun, fällt Ihnen auf, dass bis zur Zeile 15 überhaupt keine Ausgabe des Programms erfolgt.[5] Erst in Zeile 18 wird das zuvor angelegte Bild angezeigt, und Python wartet, bis das Grafikfenster geschlossen wird. Wahrscheinlich wünschen Sie sich stattdessen, dass die Befehle sofort ein Resultat auf dem Bildschirm erzeugen. Das können Sie mit der Funktion `plt.ion` erreichen. Der Name `ion` steht für »interactive mode on« und schaltet in den sogenannten interaktiven Modus. Geben Sie bitte einmal die Befehle aus Programm 3.2 in einer Python-Shell ein und fügen Sie nach dem Import von `matplotlib.pyplot` den Funktionsaufruf `plt.ion()` ein. Sie werden sehen, dass die Befehle nun sofort eine Grafikausgabe bewirken.

Vielleicht fragen Sie sich, warum der interaktive Modus nicht einfach immer eingeschaltet ist. Der Grund liegt in der Ausführungsgeschwindigkeit. Wenn für aufwendige Grafiken sehr viele unterschiedliche Grafikobjekte erzeugt werden, ist es deutlich schneller, wenn das Bild nur einmal am Ende auf dem Bildschirm dargestellt wird.

Die Ausgabe in Abb. 3.2 ist nicht völlig befriedigend. Für eine nach wissenschaftlichen Maßstäben korrekte Abbildung fehlen die Achsenbeschriftungen, Gitternetzlinien, ein Titel und eine Legende. Das Programm 3.3 erzeugt eine etwas aufwendigere Darstellung, in der nicht nur die Sinusfunktion, sondern auch die Kosinusfunktion dargestellt

---

[5] Wenn Sie anstelle der gewöhnlichen Python-Shell die IPython-Shell verwenden, kann es sein, dass die Grafikbefehle hier sofort eine Bildschirmausgabe nach sich ziehen. Das liegt daran, dass einige Versionen von IPython den interaktiven Modus automatisch aktivieren.

ist und in der die üblichen Beschriftungen hinzugefügt wurden. Das Ergebnis ist in
Abb. 3.3 dargestellt. Die Bedeutung der einzelnen Befehle in diesem Beispiel, die
bisher nicht erklärt wurden, können Sie sich anhand der Ausgabe verdeutlichen. Es gibt
eine nahezu unüberschaubare Anzahl von Optionen, mit denen man das Verhalten und
Aussehen der Grafik beeinflussen kann. In diesem Buch kann aufgrund dieser Vielzahl
keine auch nur annähernd vollständige Übersicht gegeben werden. Eine ausführliche
Dokumentation aller Funktionen und Optionen finden Sie online [7].

Programm 3.3: *NumpyMatplotlib/plot_sin_cos_beschriftet.py*

```
 1  """Graph der Sinus- und Kosinusfunktion mit Beschriftung."""
 2
 3  import numpy as np
 4  import matplotlib.pyplot as plt
 5
 6  # Erzeuge ein Array für die x-Werte in Grad.
 7  x = np.linspace(0, 360, 500)
 8
 9  # Erzeuge je ein Array für die zugehörigen Funktionswerte.
10  y_sin = np.sin(np.radians(x))
11  y_cos = np.cos(np.radians(x))
12
13  # Erzeuge eine Figure und eine Axes.
14  fig = plt.figure()
15  ax = fig.add_subplot(1, 1, 1)
16
17  # Beschrifte die Achsen. Lege den Wertebereich fest und erzeuge
18  # ein Gitternetz.
19  ax.set_title('Sinus- und Kosinusfunktion')
20  ax.set_xlabel('Winkel [Grad]')
21  ax.set_ylabel('Funktionswert')
22  ax.set_xlim(0, 360)
23  ax.set_ylim(-1.1, 1.1)
24  ax.grid()
25
26  # Plotte die Funktionsgraphen und erzeuge eine Legende.
27  ax.plot(x, y_sin, label='Sinus')
28  ax.plot(x, y_cos, label='Kosinus')
29  ax.legend()
30
31  # Zeige die Grafik an.
32  plt.show()
```

3.17 Animationen mit Matplotlib

Die Physik beschäftigt sich in nahezu all ihren Bereichen mit der Frage, wie sich der
Zustand eines physikalischen Systems im Laufe der Zeit verändert. Zeitliche Verän-
derungen lassen sich oft nur schwer in statischen Abbildungen darstellen, und aus

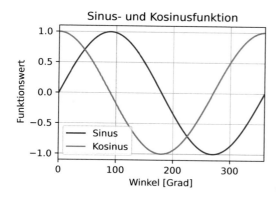

Abb. 3.3: Plot mit Beschriftung. *Die üblichen Beschriftungen von Diagrammen lassen sich mit Matplotlib sehr einfach darstellen.*

genau diesem Grund ist es besonders interessant, mit dem Computer bewegte Bilder zu erzeugen. Im Folgenden wollen wir die Funktion

$$u(x, t) = \cos(kx - \omega t) \tag{3.9}$$

animiert darstellen, wobei k und ω zwei vorgegebene Zahlen sind. Es handelt sich hierbei um die Darstellung einer ebenen Welle, die in Kap. 11 genauer besprochen wird. Die Konstante k bezeichnet man als die Wellenzahl, und die Konstante ω ist die sogenannte Kreisfrequenz. Um die Funktion (3.9) animiert darzustellen, müssen wir zu jedem Zeitpunkt t die Größe u als Funktion des Ortes x plotten. Dazu importieren wir zunächst die benötigten Module:

Programm 3.4: *NumpyMatplotlib/animation.py*

```
1  """Animierte Darstellung einer ebenen Welle."""
2
3  import numpy as np
4  import matplotlib as mpl
5  import matplotlib.pyplot as plt
6  import matplotlib.animation
```

Neu hinzugekommen ist hier das Modul `matplotlib.animation`, das wir später im Programm benutzen werden. Im Prinzip könnte man das Modul auch erst später importieren. Es ist aber die gängige und empfohlene Praxis, alle Imports am Anfang eines Programms durchzuführen.

Als Nächstes definieren wir ein Array mit x-Werten, die dargestellt werden sollen.

```
9  x = np.linspace(0, 20, 500)
```

Weiterhin weisen wir den Konstanten k und ω sinnvolle Werte zu und definieren eine Zeitschrittweite, die die Zeitdifferenz zwischen zwei Bildern der Animation angibt.

```
13  omega = 1.0
14  k = 1.0
15  delta_t = 0.04
```

Nun erstellen wir ein Figure- und ein Axes-Objekt und erzeugen die Achsenbeschriftungen. Da der Plot erst im Verlauf der Animation vervollständigt wird, muss man zu

Animationen in Spyder

Viele der Programme in diesem Buch erzeugen animierte grafische Ausgaben.
Wenn Sie Spyder verwenden, werden die Grafiken standardmäßig innerhalb von
Spyder dargestellt und nicht in einem separaten Grafikfenster. Leider werden
von Spyder nur statische Grafiken und keine Animationen unterstützt. Damit alle
Programme auch mit Spyder funktionieren, klicken Sie im Menü »Werkzeuge«
bitte den Punkt »Voreinstellungen« an. Dort wählen Sie bitte unter dem Punkt
»IPython-Konsole« im Reiter »Grafik« für »Backend« den Wert »automatisch«
an.

Beginn bereits die Skalierung der Achsen festlegen. Dies geschieht mit `ax.set_xlim`
und `ax.set_ylim`, indem man den kleinsten und den größten Wert für die entsprechende Achse angibt. Für den horizontalen Bereich verwenden wir die Funktionen
`np.min` und `np.max`, um den kleinsten und größten Wert im Array x zu bestimmen. In
der vertikalen Richtung erwarten wir Funktionswerte zwischen -1 und $+1$. Wir setzen
den Grenzen des Plotbereichs hier aber bewusst etwas größer.

```
18  fig = plt.figure()
19  ax = fig.add_subplot(1, 1, 1)
20  ax.set_xlim(np.min(x), np.max(x))
21  ax.set_ylim(-1.2, 1.2)
22  ax.set_xlabel('Ort x')
23  ax.set_ylabel('u(x, t)')
24  ax.grid()
```

Wir erzeugen nun einen leeren Linienplot, indem wir der Funktion `ax.plot` zwei leere
Listen übergeben. Genauer gesagt, erzeugen wir ein Objekt vom Typ `matplotlib.`
`lines.Line2D`.

```
27  plot, = ax.plot([], [])
```

Später müssen wir während der Animation diesem Linienplot die zu plottenden Daten
übergeben und speichern dazu den Plot in der Variablen `plot`. Das Komma hinter
`plot` ist wichtig. Mit der Funktion `ax.plot` können nämlich auch mehrere Plots auf
einmal erstellt werden. Aus diesem Grund liefert die Funktion eine Liste zurück, die
die erzeugten Plots enthält. Da wir nur einen Plot erzeugen, wird eine Liste mit nur
einem Element zurückgeliefert. Das Komma hinter `plot` sorgt dafür, dass diese Liste
entpackt wird (siehe Abschn. 2.11).

In der Animation soll nicht nur der Funktionsgraph dargestellt werden, sondern auch
noch der aktuelle Wert der Zeitkoordinate t. Wir erzeugen daher noch ein Textfeld mit
der Methode `text` des Axes-Objekts. Das Textfeld wird an den Koordinaten $x = 0,5$
und $y = 1,05$ positioniert und enthält zunächst nur einen leeren String.

```
28  text = ax.text(0.5, 1.05, '')
```

Für die Animation müssen wir nun eine Funktion definieren, die wir `update` nennen. Diese Funktion erhält als Argument die Nummer des Bildes innerhalb der Animation, das gerade dargestellt werden soll.

```
31   def update(n):
32       """Aktualisiere die Grafik zum n-ten Zeitschritt."""
```

Innerhalb dieser Funktion berechnen wir die neuen Funktionswerte u zum aktuellen Zeitpunkt t.

```
34       t = n * delta_t
35       u = np.cos(k * x - omega * t)
```

Anschließend aktualisieren wir den Plot und den im Textfeld angezeigten String.

```
38       plot.set_data(x, u)
39       text.set_text(f't = {t:5.1f}')
```

Am Ende der Funktion geben wir ein Tupel zurück, das aus den beiden Grafikelementen besteht, die neu gezeichnet werden müssen.

```
43       return plot, text
```

Beachten Sie bitte, dass wir innerhalb der Funktion `update` keine neuen Grafikelemente erzeugen, sondern lediglich die vorhandenen Elemente `plot` und `text` aktualisieren. Dazu hat jedes Grafikobjekt eine oder mehrere entsprechende Methoden. So kann man beispielsweise mit `text.set_text` den Text eines Textfeldes aktualisieren. Für das Objekt `plot` werden in unserem Beispiel mit `plot.set_data` die Koordinaten der Datenpunkte aktualisiert. Darüber hinaus gibt es auch noch die Methode `plot.set_xdata`, mit der man die *x*-Koordinaten der Datenpunkte aktualisieren kann, und eine Methode `plot.set_ydata`, die die *y*-Koordinaten aktualisiert. Die einzelnen Grafikobjekte haben meistens viele Methoden, deren Namen mit `set_` beginnen. Mit diesen Methoden kann man die meisten Eigenschaften der Grafikobjekte, wie beispielsweise Farben, Linienstärken und Punktgrößen, nachträglich verändern.

Wir erzeugen nun ein Animationsobjekt `ani`. Dieses Objekt kümmert sich um die gesamte Animation. Als erstes Argument wird die Figure übergeben, die animiert werden soll. Als zweites Argument wird die Funktion `update` übergeben.[6]

```
47   ani = mpl.animation.FuncAnimation(fig, update,
48                                      interval=30, blit=True)
```

Das Argument `interval=30` bewirkt, dass zwischen zwei Bildern eine Pause von 30 ms gelassen wird. Das letzte Argument `blit=True` bewirkt, dass nur die Teile des Bildes neu gezeichnet werden, die sich auch verändert haben. Dadurch laufen die meisten Animationen flüssiger. Wenn wir den Plot auf dem Bildschirm anzeigen, startet automatisch die Animation.

```
51   plt.show()
```

---

[6] Python ist hier unkompliziert: Funktionen sind ganz normale Objekte und können daher genauso wie andere Variablen als Argumente einer Funktion verwendet werden.

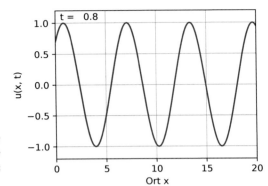

Abb. 3.4: Animation eines Plots. *Das Programm 3.4 erzeugt eine animierte Darstellung einer ebenen Welle nach Gleichung (3.9).*

Das Animationsobjekt ruft jetzt alle 30 ms die Funktion `update` auf und übergibt als Argument eine laufende Nummer des Bildes. Die Funktion `update` verändert den Plot und das Textfeld. Anschließend gibt die Funktion `update` ein Tupel zurück, das die Grafikobjekte enthält, die neu dargestellt werden müssen. Das Aktualisieren der Darstellung übernimmt dann wieder das Animationsobjekt.

Achtung!

Ein Animationsobjekt muss immer einer Variablen zugewiesen werden, auch wenn man auf diese Variable nicht explizit zugreift. Andernfalls wird das Animationsobjekt vom Garbage Collector entsorgt, und die Animation bleibt stehen.

Wenn Sie das Programm 3.4 laufen lassen, sehen Sie eine nach rechts, also in positive *x*-Richtung laufende, sinusförmige Welle, die in Abb. 3.4 dargestellt ist.

Wenn Sie die Animation nicht direkt auf dem Bildschirm anzeigen lassen möchten, sondern lieber eine Videodatei erzeugen möchten, so können Sie die letzten Zeilen durch die folgenden ersetzen:

```
47  ani = mpl.animation.FuncAnimation(fig, update, frames=1000,
48                          blit=True)
49  ani.save('wellen.mp4', fps=30)
```

Diese beiden Befehle sorgen dafür, dass 1000 Bilder erzeugt werden, die in einer .mp4-Datei mit einer Bildrate von 30 Bildern pro Sekunde abgespeichert werden. Damit das Erzeugen der Videodatei funktioniert, müssen Sie allerdings zunächst das Programm FFmpeg installieren (siehe Kasten).

3.18 Positionierung von Grafikelementen

Im vorherigen Abschnitt haben wir eine Animation einer ebenen Welle dargestellt, in der der jeweilige Zeitpunkt mithilfe eines Textfeldes angezeigt wurde. Dieses Textfeld wurde mit dem Befehl

```
ax.text(0.5, 1.05, '')
```

Installation von FFmpeg

Das Programm FFmpeg ist ein frei verfügbares Programmpaket zur Bearbeitung und Konvertierung von digitalen Video- und Audiodaten [8]. Wenn Sie mit Matplotlib Videodateien erzeugen wollen, sollten Sie dieses Programm installieren.

- Wenn Sie die Python-Distribution Anaconda verwenden, dann können Sie das Programm FFmpeg in einem Anaconda-Prompt mit dem Befehl `conda install ffmpeg` installieren.

- Wenn Sie Linux verwenden, sollten Sie in der Paketverwaltung Ihres Linux-Systems nach einem Paket mit dem Namen `ffmpeg` suchen und dieses installieren.

- Sie können FFmpeg auch direkt von der Webseite des FFmpeg-Projekts [8] herunterladen. Die Installation erfordert jedoch einige Handarbeit.

erzeugt, der das Textfeld an dem Punkt mit den Koordinaten $x = 0,5$ und $y = 1,05$ positioniert hat. Das Textfeld wird also an einer Stelle positioniert, die durch die **Datenkoordinaten** gegeben ist. Wenn Sie die Animation mit dem Programm 3.4 laufen lassen und beispielsweise in die Animation mit der Maus hereinzoomen, dann stellen Sie fest, dass der Text unter Umständen nicht mehr sichtbar ist, weil der Punkt mit den angegebenen Koordinaten nicht mehr im Koordinatensystem dargestellt wird. Je nach Anwendungszweck mag das gewünscht sein oder auch nicht.

Matplotlib bietet die Möglichkeit, Grafikobjekte auch mithilfe anderer Koordinatensysteme zu positionieren. Die drei häufigsten Koordinatensysteme sind in Abb. 3.5 dargestellt. Wenn Sie möchten, dass ein Text immer in der linken unteren Ecke der Figure dargestellt wird, dann können Sie dies mit

```
ax.text(0.0, 0.0, 'Text', transform=fig.transFigure)
```

erreichen.[7] Wenn Sie den Text dagegen immer in der unteren linken Ecke des Koordinatensystems positionieren möchten, können Sie den folgenden Befehl verwenden:

```
ax.text(0.0, 0.0, 'Text', transform=ax.transAxes)
```

Ein weiterer Aspekt bei der Positionierung von Grafikobjekten in Matplotlib ist die sogenannte **zorder**. Durch die Angabe der `zorder` lassen sich Grafikobjekte in unterschiedlichen Zeichenebenen darstellen. Wir demonstrieren dies am folgenden Beispiel:

Programm 3.5: *NumpyMatplotlib/zorder.py*

```
1  """Demonstration der zorder in Matplotlib."""
2
3  import numpy as np
4  import matplotlib.pyplot as plt
```

---

[7] Achtung: Falls Sie den Text damit außerhalb der Axes positionieren, wird dieser in einer Animation nur dann korrekt aktualisiert, wenn Sie auf die Option `blit=True` von `FuncAnimation` verzichten.

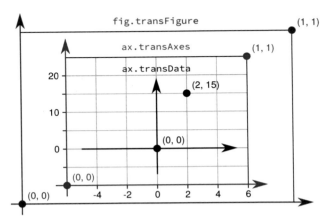

Abb. 3.5: Koordinatensysteme in Matplotlib. *Grafikobjekte lassen sich mithilfe des Axes-Ko-ordinatensystems (`ax.transAxes`) oder des Figure-Koordinatensystems (`fig.transFigure`) unabhängig von den Koordinatenachsen der darzustellenden Daten positionieren.*

```
5
6    x_grob = np.array([0, 2, 4, 8])
7    x_fein = np.linspace(0, 10, 500)
8
9    fig = plt.figure(figsize=(6, 3))
10   ax1 = fig.add_subplot(1, 2, 1)
11   ax1.plot(x_grob, x_grob ** 2, 'ro')
12   ax1.plot(x_fein, x_fein ** 2, 'b-', linewidth=2)
13
14   ax2 = fig.add_subplot(1, 2, 2)
15   ax2.plot(x_grob, x_grob ** 2, 'ro', zorder=2)
16   ax2.plot(x_fein, x_fein ** 2, 'b-', linewidth=2, zorder=1)
17
18   plt.show()
```

In Zeile 11 werden vier Datenpunkte geplottet, wobei das zusätzliche Argument `'ro'` dafür sorgt, dass die Datenpunkte als rote Kreise dargestellt werden.[8] In Zeile 12 werden 500 Datenpunkte geplottet, wobei das zusätzliche Argument `'b-'` für eine blaue durchgezogene Linie sorgt und das Argument `linewidth=2` die Linie etwas breiter als normal zeichnet. Da die Linie nach den Punkten gezeichnet wird, erhalten wir die Situation in Abb. 3.6 links, bei der die Linie die Punkte teilweise verdeckt. Wenn man ein Aussehen wie in Abb. 3.6 rechts erhalten möchte, bei dem die Punkte die Linie verdecken, dann kann man entweder die Reihenfolge der Plotbefehle vertauschen oder man kann angeben, dass die Punkte in einer Zeichenebene oberhalb der Linie liegen. Diese Zeichenebene legt man mit dem Argument `zorder` fest, wobei ein höherer Wert bedeutet, dass das Grafikobjekt weiter vorne liegt. In den Zeilen 15 und 16 wurde für die Punkte `zorder=2` und für die Linie `zorder=1` gesetzt, sodass die Punkte vor der Linie dargestellt werden.

---

[8] In der Dokumentation zu Matplotlib finden Sie zu diesen Formatangaben eine ausführliche Doku-mentation.

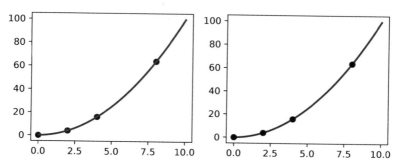

Abb. 3.6: Zorder in Matplotlib. *(Links) Da die blaue Linie nach den roten Punkten geplottet wurde, werden die Punkte von der Linie teilweise verdeckt. (Rechts) Durch Angabe einer höheren* zorder *für die Punkte werden die Punkte im Vordergrund dargestellt.*

Zusammenfassung

NumPy: Die Bibliothek NumPy ist für das wissenschaftliche Rechnen mit Python essenziell. Die wichtigsten Grundfunktionen der Bibliothek wurden vorgestellt. Einen ausführlichen Einstieg in die Arbeit mit NumPy gibt das Buch von Johansson [9].

Indizierung von Arrays: Ganz wesentlich für das Arbeiten mit NumPy ist die Art und Weise, wie Arrays indiziert werden können. Wir haben besprochen, dass Arrays ähnlich wie Listen oder Tupel indiziert werden können. Darüber hinaus haben wir diskutiert, wie man boolesche Arrays sehr effizient zur Indizierung von Arrays benutzen kann.

Broadcasting: Die Boadcasting-Regeln erscheinen am Anfang sicherlich verwirrend und es benötigt einige Zeit, bis man verinnerlicht hat, wie man mithilfe des Broadcastings und des @-Operators komplexe Operationen sehr effizient ausdrücken kann. Versuchen Sie bitte in den folgenden Kapiteln immer wieder einmal, zu den entsprechenden Regeln zurückzublättern und sich genau klar zu machen, wie die entsprechenden Ausdrücke funktionieren.

Grafiken mit Matplotlib: Wir haben an zwei Beispielen gezeigt, wie man mit der Bibliothek Matplotlib Grafiken erstellen kann. In dem Buch von Johansson [9] findet sich ebenfalls eine ausführliche Einführung hierzu. Darüber hinaus empfehle ich die Webseite von Matplotlib [7]. Dort finden Sie neben der Dokumentation aller Funktionen viele Beispielgrafiken zusammen mit dem entsprechenden Python-Code. Im Laufe des Buches werden wir an den konkreten physikalischen Beispielen viele weitere Möglichkeiten der Bibliothek Matplotlib kennen lernen.

Animationen: An einem einfachen Beispiel wurde gezeigt, wie man mit der Bibliothek Matplotlib auch Animationen erstellen kann. Viele weitere Animationen, die auf einem ähnlichen Grundgerüst aufbauen, werden Sie in den nachfolgenden Kapiteln kennen lernen.

Dokumentation: Wie auch bereits in Kap. 2 wurden nur einige wenige Aspekte der Funktionen von NumPy und Matplotlib erklärt, da eine vollumfängliche Behandlung den Umfang des Buches sprengen würde. Schauen Sie sich bitte unbedingt einmal die Online-Dokumentation zu NumPy und SciPy [10] sowie zu Matplotlib [7] an. Auch wenn der Umfang im ersten Moment überwältigend ist, so werden Sie sich schnell daran gewöhnen, sich in solchen Dokumentationen zurecht zu finden.

Aufgaben

Aufgabe 3.1: Erstellen Sie in Python 2-dimensionale Arrays, die den Beispielen in den Gleichungen (3.1) bis (3.4) entsprechen, und überprüfen Sie, ob Sie das gleiche Ergebnis erhalten. Was passiert, wenn Sie anstelle des 1 × 4-Arrays in Gleichung (3.1) ein 1-dimensionales Array mit vier Elementen verwenden? Was passiert, wenn Sie das 3 × 1-Array in Gleichung (3.2) durch ein 1-dimensionales Array mit drei Elementen ersetzen? Was passiert, wenn Sie die Reihenfolge der Summanden vertauschen?

Aufgabe 3.2: Erzeugen Sie ein 2-dimensionales Array, das eine Multiplikationstabelle für das kleine Einmaleins enthält:

$$\begin{pmatrix} 1 & 2 & 3 & 4 & 5 & 6 & 7 & 8 & 9 \\ 2 & 4 & 6 & 8 & 10 & 12 & 14 & 16 & 18 \\ 3 & 6 & 9 & 12 & \dots & & & & \\ \vdots & & & & & & & & \\ 9 & 18 & \dots & & & & & & 81 \end{pmatrix}$$

Verwenden Sie dabei keine `for`-Schleife, sondern benutzen Sie den Broadcasting-Mechanismus von NumPy und setzen Sie die Funktion `np.reshape` geschickt ein.

Aufgabe 3.3: Modifizieren Sie Ihre Lösung oder die Musterlösung der Aufgabe 2.7 zum Sieb des Eratosthenes so, dass anstelle der Listen boolesche Arrays verwendet werden. Ein mit `True` gefülltes boolesches Array können Sie einfach mit `np.ones(n, dtype=bool)` erzeugen. Mithilfe von Slices können Sie nun sehr effizient die Vielfachen von bereits gefundenen Primzahlen markieren.

Aufgabe 3.4: Stellen Sie den prozentualen Fehler der Näherung $\sin(x) \approx x$ im Bereich von 1° bis 45° grafisch dar. Achten Sie auf eine sinnvolle Beschriftung der Achsen.

Aufgabe 3.5: Der Body-Mass-Index (BMI) setzt Körpermasse m eines Menschen in Relation zur Körpergröße h. Er ist definiert durch:

$$\text{BMI} = \frac{m}{h^2}$$

Häufig wird der Normalbereich für einen erwachsenen Mann zwischen $20\,\text{kg}/\text{m}^2$ und $25\,\text{kg}/\text{m}^2$ festgelegt. Darüber hinaus wird oft das Normalgewicht in kg als »Körpergröße in cm minus 100« angegeben und das Idealgewicht als »Normalgewicht minus 10 Prozent«.

x [m]	y [m]		x [m]	y [m]
0,0	1,0		5,7	2,3
0,0	2,8		6,4	2,1
1,0	3,3		7,1	1,6
2,2	3,5		7,6	0,9
2,8	3,4		7,9	0,5
3,8	2,7		7,9	0,0
4,6	2,4		0,0	1,0

Tab. 3.4: Blumenbeet. *Die Koordinaten geben die Eckpunkte eines Blumenbeetes, dessen Fläche berechnet werden soll, in kartesischen Koordinaten an (siehe Aufgabe 3.8).*

Erstellen Sie eine grafische Auftragung des so definierten Normalgewichts und des Idealgewichts als Funktion der Körpergröße im Bereich zwischen $h = 1,70\,\mathrm{m}$ und $h = 2,10\,\mathrm{m}$. Stellen Sie in der Grafik auch die Körpermasse für die Werte BMI $= 20\,\mathrm{kg/m^2}$, BMI $= 22,5\,\mathrm{kg/m^2}$ und BMI $= 25\,\mathrm{kg/m^2}$ dar. Beschriften Sie die Grafik mit Achsenbeschriftungen und einer Legende.

Aufgabe 3.6: Eine rechteckförmige Funktion $f(x)$ der Periode 2π lässt sich durch eine Fourier-Reihe ausdrücken:

$$f(x) = \frac{4}{\pi} \sum_{k=0}^{\infty} \frac{\sin((2k+1)x)}{2k+1} \tag{3.10}$$

Erstellen Sie ein Python-Programm, das diese Fourier-Reihe animiert darstellt, indem Sie die Funktion im Bereich von $x = 0 \ldots 2\pi$ plotten und im n-ten Bild der Animation die ersten n Summanden der Reihe zeigen.

Aufgabe 3.7: Die Takagi-Funktion ist für reelle Zahlen $x \in [0, 1]$ wie folgt definiert

$$f(x) = \sum_{k=0}^{\infty} \frac{s(2^k x)}{2^k} \,, \tag{3.11}$$

wobei $s(x)$ den Abstand der Zahl x von der nächsten ganzen Zahl bezeichnet. Man kann zeigen, dass diese Funktion auf dem gesamten Definitionsbereich überall stetig aber nirgendwo differenzierbar ist.

Visualisieren Sie diese Funktion mit einer Animation, indem Sie im n-ten Bild der Animation die Summe der ersten n-Summanden auswerten. Beschränken Sie sich dabei zur Vermeidung von Überläufen auf $n \leq 50$.

Aufgabe 3.8: Eine befreundete Staudengärtnerin, nennen wir sie Konnie, legt ein Blumenbeet an. Konnie hat einige Punkte der Berandung markiert und möchte für die Auswahl der Pflanzen die Fläche des Beetes bestimmen. Sie hat dazu in Tab. 3.4 die Eckpunkte des Beetes in kartesischen Koordinaten eingetragen. Schreiben Sie ein Python-Programm, das die Fläche des Beetes berechnet und die Umrandung des Beetes grafisch darstellt. Die Fläche eines Polygons kann man mit der gaußschen Trapezformel

$$A = \frac{1}{2} \left| \sum_{i=1}^{n} (y_i + y_{i+1})(x_i - x_{i+1}) \right| \tag{3.12}$$

berechnen, wobei x_i und y_i die Koordinaten der Eckpunkte des Polygons sind und man den Index $n + 1$ mit dem Index 1 gleichsetzen muss. Die Gleichung (3.12) kann man in Python sehr effizient mithilfe der Funktion `np.roll` implementieren. Informieren Sie sich dazu in der Hilfe über die Arbeitsweise dieser Funktion.

Literatur

[1]   NumPy: The fundamental package for scientific computing with Python. https://numpy.org.

[2]   SciPy: Fundamental algorithms for scientific computing in Python. https://scipy.org.

[3]   Matplotlib: Visualization with Python. https://matplotlib.org.

[4]   The Python Language Reference: Operator precedence. Python Software Foundation. https://docs.python.org/3/reference/expressions.html#operator-precedence.

[5]   Stry Y und Rainer S. Mathematik Kompakt für Ingenieure und Informatiker. Berlin, Heidelberg: Springer Vieweg, 2013. DOI:10.1007/978-3-642-24327-1.

[6]   Papula L. Mathematik für Ingenieure und Naturwissenschaftler Band 1. Wiesbaden: Springer Vieweg, 2018. DOI:10.1007/978-3-658-21746-4.

[7]   Matplotlib Users Guide. https://matplotlib.org/stable/users/index.html.

[8]   FFmpeg: A complete, cross-platform solution to record, convert and stream audio and video. https://www.ffmpeg.org.

[9]   Johansson R. Numerical Python. Scientific Computing and Data Science Applications with Numpy, SciPy and Matplotlib. Berkeley: Apress, 2019. DOI:10.1007/978-1-4842-4246-9.

[10]   Numpy and Scipy Documentation. Python Software Foundation. https://docs.scipy.org.

Ordnungswidrig handelt, wer im geschäftlichen Verkehr entgegen
§ 1 Abs. 1 Größen nicht in gesetzlichen Einheiten angibt oder für
die gesetzlichen Einheiten nicht die festgelegten Namen oder
Einheitenzeichen verwendet, ...

§ 10: Gesetz über die Einheiten im Messwesen und die
Zeitbestimmung (Einheiten- und Zeitgesetz - EinhZeitG)

4

Physikalische Größen und Messungen

Die Physik ist eine empirische Wissenschaft. Sie beruht damit auf experimentell überprüfbaren Ergebnissen und versucht, die grundlegenden Phänomene der Natur mit quantitativen Modellen zu beschreiben. Diese quantitativen Modelle werden dabei meistens durch mathematische Gleichungen ausgedrückt, die unterschiedliche physikalische Größen miteinander verknüpfen und damit als physikalische Gesetze bezeichnet werden.

Bevor wir uns in den nachfolgenden Kapiteln damit beschäftigen werden, wie man physikalische Gesetze effizient in Form von Computerprogrammen umsetzt, um konkrete physikalische Probleme zu lösen, wollen wir uns in diesem Kapitel einige grundlegende Methoden anschauen, wie man den Computer für einfache Rechnungen und für die Auswertung von physikalischen Experimenten benutzen kann.

4.1 Darstellung physikalischer Größen

Die physikalischen Gesetze bringen Beziehungen zwischen physikalischen Größen zum Ausdruck. Dabei bezeichnet man eine quantitative bestimmbare Eigenschaft eines physikalischen Systems als eine physikalische Größe. Physikalische Größen haben eine Dimension, und wenn man einen konkreten Wert einer physikalischen Größe angeben möchte, dann besteht dieser Wert aus dem Produkt der Maßzahl mit der Maßeinheit. Wenn Sie physikalische Aufgaben rechnen, sollten Sie immer die Maßeinheiten mitführen und mit ihnen rechnen. Dies stellt sicher, dass am Ende einer Rechnung der Zahlenwert und die Maßeinheit zusammenpassen. Beim Rechnen mit dem Computer kann man die Maßeinheiten aber nicht ohne Weiteres mitführen, wie man das auf dem Papier machen würde. Es ist daher ratsam, die folgenden Regeln zu beachten:

- Vergeben Sie in Programmen möglichst Variablennamen, die sich eng an den Bezeichnungen der physikalischen Größen orientieren, die Sie auch in einer händischen Rechnung verwenden würden.

- In den meisten Fällen ist es am besten, wenn Sie physikalische Größen durch Gleitkommazahlen repräsentieren.

© Springer-Verlag GmbH Deutschland, ein Teil von Springer Nature 2022
O. Natt, *Physik mit Python*, https://doi.org/10.1007/978-3-662-66454-4_4

- Geben Sie Größen möglichst immer in den SI-Basiseinheiten oder in den entsprechenden abgeleiteten Einheiten ohne dezimale Vorfaktoren an.

- Verwenden Sie Kommentare, um die Größe genauer zu erklären, und geben Sie im Kommentar immer auch die Einheit mit an. Benutzen Sie die wissenschaftliche Notation, um die Zehnerpotenzen auszudrücken.

- Wenn Sie Größen in einer anderen Einheit ausdrücken wollen als in den Basiseinheiten oder deren Kombination, dann sollten Sie die Umrechnung erst direkt bei der Ausgabe durchführen.

- Berücksichtigen Sie bei der Ausgabe der Ergebnisse die Anzahl der signifikanten Dezimalstellen.

Betrachten wir einmal die folgende Rechenaufgabe: Die Erde ist näherungsweise kugelförmig mit einem Radius von $R = 6371$ km und hat eine Masse von $m = 5{,}972 \cdot 10^{24}$ kg. Berechnen Sie die mittlere Dichte der Erde in der Einheit g/cm^3. Bei einer händischen Rechnung würde man erst die Gleichungen für das Volumen V einer Kugel und die Definition der Dichte ρ aufschreiben:

$$V = \frac{4}{3}\pi R^3 \qquad\qquad \rho = \frac{m}{V}$$

Anschließend würde man den Ausdruck für das Volumen in die Gleichung für die Dichte einsetzen und den Ausdruck vereinfachen. Daraufhin setzt man die Zahlenwerte mit Einheiten ein und rechnet dann den Zahlenwert und die Einheit aus:

$$\rho = \frac{m}{\frac{4}{3}\pi R^3} = \frac{3m}{4\pi R^3} = \frac{3 \cdot 5{,}972 \cdot 10^{24}\,\text{kg}}{4\pi\,(6371 \cdot 10^3\,\text{m})^3} = 5513\,\frac{\text{kg}}{\text{m}^3} = 5{,}513\,\frac{\text{g}}{\text{cm}^3}$$

Das Python-Programm 4.1 erledigt die gleiche Aufgabe, wobei aus Platzgründen im Folgenden der einleitende Docstring und die Modulimporte nicht mit abgedruckt werden.

Programm 4.1: *Groessen/erddichte.py*

```
5   # Mittlerer Erdradius [m].
6   R = 6371e3
7   # Masse der Erde [kg].
8   m = 5.972e24
9   # Berechne das Volumen.
10  V = 4 / 3 * math.pi * R**3
11  # Berechne die Dichte.
12  rho = m / V
13  # Gib das Ergebnis aus.
14  print(f'Die mittlere Erddichte beträgt {rho/1e3:.3f} g / cm³.')
```

Wenn man die oben gegebenen Regeln ignoriert, dann entsteht eine Modifikation von Programm 4.1, die sogar etwas kürzer ist und die Aufgabe ebenfalls korrekt löst.

```
5   # Mittlerer Erdradius [km].
6   erdradius = 6371
```

```
 7   # Masse der Erde [kg].
 8   erdmasse = 5.972e24
 9   # Berechne die Dichte in g / cm³.
10   dichte = 0.75 * erdmasse / math.pi / erdradius**3 / 1e12
```

Sie werden sicher zustimmen, dass das zweite Programm wesentlich schwerer zu verstehen ist als das erste, da sich die Zeile 10 sehr viel stärker von der gewohnten mathematischen Notation unterscheidet und sich dem Leser nicht auf den ersten Blick erschließt, warum noch durch 10^{12} geteilt werden muss.

In vielen Programmierhandbüchern wird empfohlen, die Variablennamen so zu wählen, dass sie für sich selbst sprechen, und dies ist sicherlich in vielen Anwendungsfällen gerechtfertigt. Bei der Bearbeitung von physikalischen Fragestellungen ist es allerdings manchmal hilfreich, mit den Bezeichnungen der Variablen möglichst nahe an der üblichen Notation zu bleiben, die man auch in einer händischen Rechnung auf Papier verwenden würde. Ich empfehle Ihnen ein pragmatisches Vorgehen: Wenn Sie Bezeichner in einem relativ kurzen Skript oder einer relativ kurzen Funktion verwenden, spricht nichts dagegen, kurze Variablennamen zu verwenden, die sich eng an die mathematische Notation anlehnen, sodass die mathematischen Formeln übersichtlich bleiben. Wenn Sie allerdings ein größeres Programm schreiben, bei dem es eine größere Anzahl von Variablen gibt und die Gefahr der Verwechslung besteht, sollten Sie sich darum bemühen, möglichst aussagekräftige Bezeichner zu verwenden.

4.2 Statistische Messfehler

In den Naturwissenschaften arbeitet man häufig mit Größen, die durch eine Messung bestimmt werden. Dabei muss man beachten, dass jede Messung fehlerbehaftet ist. Es gibt dabei verschiedene Typen von Fehlern. Unter einem **systematischen Fehler** versteht man einen Fehler, der sich bei der mehrfachen Wiederholung einer Messung immer auf die gleiche Weise auswirkt. Ein typischer systematischer Fehler einer Längenmessung wäre beispielsweise, wenn man einen fehlerhaft geeichten Maßstab verwenden würde. Unter einem **groben Fehler** versteht man einen Fehler, der die anderen Fehler deutlich übersteigt und meist durch ein Versehen ausgelöst wird. Ein grober Fehler kann zum Beispiel durch die Vertauschung zweier Ziffern beim Ablesen von einem Messgerät entstehen. Neben diesen beiden Fehlern gibt es noch die sogenannten **statistischen Messfehler**, mit denen wir uns im Folgenden eingehender beschäftigen werden.

Wenn man die gleiche Messung einer physikalischen Größe sehr häufig wiederholt, erhält man eine Verteilung der Messwerte, die um einen bestimmten Wert streuen. In vielen Fällen kann die Verteilung der Messwerte näherungsweise durch eine **Gauß-Verteilung** beschrieben werden, die durch die Gleichung

$$f(x) = \frac{1}{\sqrt{2\pi}\,\sigma} e^{-\frac{(x-\langle x \rangle)^2}{2\sigma^2}} \qquad (4.1)$$

gegeben ist. Dabei ist $\langle x \rangle$ der **Mittelwert** von x. Dies ist der Wert, um den die Messwerte streuen, und σ ist die **Standardabweichung**. Die Standardabweichung ist ein Maß dafür, wie stark die Messwerte um den Mittelwert streuen. Die Funktion $f(x)$ ist eine sogenannte **Wahrscheinlichkeitsdichte**. Wenn man ein kleines Intervall zwischen

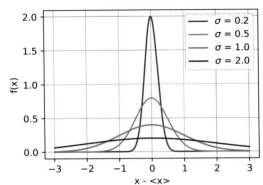

Abb. 4.1: Gauß-Verteilung. *Der Parameter σ bestimmt die Breite der Verteilung. Je breiter die Verteilung ist, desto flacher ist die Kurve, da das Integral konstant bleiben muss.*

einem Wert x und dem Wert $x + \Delta x$ betrachtet, dann gibt $f(x)\,\Delta x$ die Wahrscheinlichkeit dafür an, bei einer Messung einen Messwert in diesem Intervall zu erhalten.

Bevor wir in die Auswertung von Messdaten einsteigen, wollen wir die Gauß-Verteilung zunächst einmal visualisieren. Dazu plotten wir diese Funktion für unterschiedliche Werte von σ, sodass wir eine Darstellung wie in Abb. 4.1 erhalten. Nach dem Docstring und dem Import der benötigten Module definieren wir eine Funktion gauss, die die Gleichung (4.1) darstellt. Den Mittelwert geben wir durch das Argument x0 mit einem Vorgabewert von null an, sodass man die Funktion sowohl mit zwei als auch mit drei Argumenten aufrufen kann.

Programm 4.2: `Groessen/gauss_plot.py`

```
 8  def gauss(x, sigma, x0=0):
 9      """Berechne die normierte Gauß-Verteilung.
10
11      Args:
12          x (np.ndarray):
13              Werte, für die die Funktion berechnet wird.
14          sigma (float):
15              Standardabweichung.
16          x0 (float):
17              Mittelwert.
18
19      Returns:
20          np.ndarray: Array der Funktionswerte.
21      """
22      a = 1 / (math.sqrt(2 * math.pi) * sigma)
23      return a * np.exp(- (x - x0) ** 2 / (2 * sigma ** 2))
```

Der Vorfaktor wird in Zeile 22 vorab berechnet, damit die Programmzeilen nicht zu lang werden und der Programmcode lesbar bleibt. Nachdem wir mit

```
27  fig = plt.figure()
28  ax = fig.add_subplot(1, 1, 1)
29  ax.set_xlabel('x - <x>')
30  ax.set_ylabel('f(x)')
31  ax.grid()
```

ein Figure- und ein Axes-Objekt erzeugt haben, legen wir ein Array an, das die x-Werte enthält, für die die Gauß-Verteilung ausgewertet werden soll. Anschließend iterieren wir mit einer for-Schleife über eine Liste, die die Werte der Standardabweichung enthält, und erzeugen jeweils einen Plot.

```
34  x_plot = np.linspace(-3, 3, 1000)
35  for standardabw in [0.2, 0.5, 1.0, 2.0]:
36      ax.plot(x_plot, gauss(x_plot, standardabw),
37          label=f'$\\sigma$ = {standardabw}')
```

Dabei wird jeder Plot mit einem Label versehen. Dieses Label dient Matplotlib zur Beschriftung der Legende. Hier gibt es eine kleine Besonderheit zu entdecken: In Beschriftungen von Grafiken mit Matplotlib wird Text, der von zwei Dollar-Zeichen eingeschlossenen ist, als ein mathematischer Ausdruck mit einer kursiven Schrift dargestellt. In einem solchen Ausdruck kann man mathematische Sonderzeichen mit speziellen Befehlen erzeugen, die den Kommandos des Textsatzsystems LATEX, das im mathematisch-physikalischen Bereich weit verbreitet ist, entsprechen. Dabei müssen Sie beachten, dass Sie den Backslash \, der diese Kommandos einleitet, immer verdoppeln. Dies ist notwendig, da einige Kombinationen des Backslashs mit einem Buchstaben in Python-Strings eine besondere Bedeutung haben. Die Kombination \n erzeugt beispielsweise eine neue Zeile. Der String $\\sigma$ erzeugt somit die Ausgabe des griechischen Buchstabens σ. Im letzten Schritt erzeugen wir die Legende und zeigen den Plot an.

```
40  ax.legend()
41  plt.show()
```

Die Gleichung (4.1) gibt an, wie wahrscheinlich es ist, dass man einen Messwert in einem bestimmten Intervall erhält. Nun muss die Wahrscheinlichkeit dafür, einen beliebigen Messwert zu erhalten, natürlich 1 ergeben. Diese Wahrscheinlichkeit erhält man durch Integration der Funktion $f(x)$. Man bezeichnet dies auch als die **Normierungsbedingung**:

$$\int_{-\infty}^{\infty} f(x)\,\mathrm{d}x = 1 \tag{4.2}$$

Leider kann man die Funktion f nicht elementar integrieren, da man keine einfache Stammfunktion für e^{-x^2} angeben kann. Wir wollen daher an dieser Stelle eine **numerische Integration** durchführen. Dazu zerlegen wir die x-Achse ausgehend von einem Anfangswert $-x_{max}$ bis zu einem Endwert $+x_{max}$ in kleine Intervalle der Breite Δx. Den mittleren Wert von x im i-ten Intervall nennen wir x_i. In jedem Intervall bestimmen wir die Wahrscheinlichkeit $p_i = f(x_i)\Delta x$ dafür, dass ein Messwert in diesem Intervall liegt. Anschließend summieren wir alle Wahrscheinlichkeiten auf und erhalten damit eine Näherung des Integrals:

$$\int_{-\infty}^{\infty} f(x)\,\mathrm{d}x \approx \sum_i f(x_i)\Delta x_i \tag{4.3}$$

Damit diese Näherung gut ist, muss die Grenze x_{max} möglichst groß sein und die Breite des Intervalls möglichst klein. Es sind daher sehr viele Rechenschritte notwendig, die man sinnvollerweise von dem Python-Programm 4.3 ausführen lässt. Wir beginnen mit der Definition der Standardabweichung, des Integrationsbereiches und der Schrittweite für die Integration:

Programm 4.3: *Groessen/gauss_integral.py*

```
 6  # Standardabweichung.
 7  standardabw = 0.5
 8  # Integrationsbereich von -x_max bis +x_max.
 9  x_max = 3
10  # Schrittweite für die Integration.
11  dx = 0.01
```

Anschließend definieren wir die zu integrierende Funktion, die wir unverändert vom vorherigen Programm übernehmen können. Die Integration erfolgt mit einer while-Schleife, in der der Integrationswert immer in der Mitte des Intervalls zwischen xi und xi + dx ausgewertet wird.

```
33  xi = -x_max
34  integral = 0
35  while xi < x_max:
36      integral += gauss(xi + dx / 2, standardabw) * dx
37      xi += dx
38
39  print(f'Ergebnis der Integration: {integral}')
```

Wenn Sie das Programm laufen lassen, werden Sie in guter Näherung das Ergebnis 1 erhalten. Probieren Sie einmal verschiedene Werte für die Schrittweite dx, die Integrationsgrenzen x_max und die Standardabweichung aus. Sie werden feststellen, dass Sie bei großen Werten der Standardabweichung den Integrationsbereich vergrößern müssen. Bei kleinen Werten der Standardabweichung müssen Sie die Schrittweite verkleinern. Überlegen Sie bitte anhand von Abb. 4.1, warum das so ist.

Es ist mühsam und fehleranfällig, dass man die Integrationsgrenze und die Schrittweite manuell anpassen muss. Außerdem wird bei unserer Integration die Gauß-Kurve durch Rechtecke angenähert. Man kann die Integration wesentlich genauer machen, wenn man hierzu beispielsweise Trapeze verwendet. Numerische Integrationen werden in den Naturwissenschaften so häufig benötigt, dass es dafür in der Bibliothek SciPy eine fertige Funktion gibt. Das folgende Programm 4.4 führt die Integration am Beispiel der Gauß-Kurve vor. Wir importieren neben den Modulen math und numpy noch das entsprechende Modul aus der Bibliothek SciPy:

Programm 4.4: *Groessen/gauss_integral_scipy.py*

```
 5  import scipy.integrate
```

Anschließend übernehmen wir die Definition der Parameter und die zu integrierende Funktion unverändert von Programm 4.3. Die eigentliche Integration ist nun nahezu selbsterklärend.

```
31  integral, fehler = scipy.integrate.quad(gauss, -x_max, x_max,
32                                           args=(standardabw,))
33
```

```
34    print(f'Ergebnis der Integration: {integral}')
35    print(f'Fehler der Integration:   {fehler}')
```

Die Funktion `scipy.integrate.quad`[1] integriert die Funktion gauss in den Grenzen von `-x_max` bis `+x_max`, wobei die Schrittweite automatisch angepasst wird. Die Funktion `scipy.integrate.quad` integriert immer über die das erste Argument der angegebenen Funktion. Da unsere Funktion gauss noch ein zweites Argument benötigt, geben wir dieses in der Option `args=` an. Hier wird ein Tupel der zusätzlichen Argumente erwartet und wir übergeben ein Tupel, das nur aus einem Argument, nämlich der Standardabweichung, besteht. Als Ergebnis der Integration erhalten wir zwei Zahlen. Die erste Zahl ist das Ergebnis der Integration und die zweite Zahl eine Abschätzung des Fehlers. Als Ausgabe des Programms erhält man:

```
Ergebnis der Integration: 0.9999999980268247
Fehler der Integration:   1.1229899055615898e-14.
```

Sie erkennen, dass die Abweichung des Ergebnisses von der Zahl 1 größer als der angegebene Fehler von $1,1 \cdot 10^{-14}$ ist. Das rührt daher, dass wir nicht über die gesamte reelle Achse integriert haben, sondern nur von -3 bis $+3$. Die Integrationsroutine unterstützt allerdings sogar explizit die Werte $-\infty$ und ∞ als Integrationsgrenzen. Dazu gibt es in Python eine spezielle Zahl `math.inf`, die die Zahl ∞ repräsentiert. Ersetzen Sie dazu in dem Programm oben einmal die Zeile 31 wie folgt:

```
31    integral, fehler = scipy.integrate.quad(gauss, -math.inf, math.inf,
32                                    args=(standardabweichung,))
```

Als Ergebnis erhalten Sie nun:

```
Ergebnis der Integration: 1.000000000000001
Fehler der Integration:   3.564509628844136e-09
```

Das Ergebnis ist also innerhalb des angegebenen Fehlers von $3,6 \cdot 10^{-9}$ gleich 1.

Wenn Sie selbst eine Messung durchführen, haben Sie leider häufig keine genaue Information über die Standardabweichung der Messdaten. Sie können lediglich versuchen, den Mittelwert und die Standardabweichung aus den Messdaten zu schätzen. Die bestmögliche Schätzung unter der Annahme, dass die Daten gaußverteilt sind, erhält man über das arithmetische Mittel der Messwerte:

$$\langle x \rangle = \frac{1}{n} \sum_{i=1}^{n} x_i \tag{4.4}$$

Die bestmögliche Schätzung der Standardabweichung erhält man über die mittlere quadratische Abweichung:

$$\sigma = \sqrt{\frac{1}{n-1} \sum_{i=1}^{n} (x_i - \langle x \rangle)^2} \tag{4.5}$$

Für die weitere Verwendung der Ergebnisse einer experimentellen Untersuchung ist die Frage besonders wichtig, wie genau denn der Mittelwert $\langle x \rangle$ mit dem richtigen Wert

---

[1] Die Bezeichnug »quad« kommt von dem heute etwas veralteten Begriff der Quadratur für die Berechnung eines Flächeninhaltes.

übereinstimmt. Diese Frage beantwortet der **mittlere Fehler des Mittelwerts**, der sich wie folgt berechnen lässt:

$$\Delta x = \frac{\sigma}{\sqrt{n}} = \sqrt{\frac{1}{n(n-1)} \sum_{i=1}^{n} \left(x_i - \langle x \rangle \right)^2} \tag{4.6}$$

Das Berechnen der Gleichungen (4.4) bis (4.6) ist selbst für eine überschaubare Anzahl von Messungen mühselig und fehleranfällig, wenn man die Berechnung mit einem Taschenrechner durchführt. Wir betrachten dazu das folgende Beispiel: Sie beobachten, wie das Pendel einer Pendeluhr hin und her schwingt, und stoppen mit der Stoppuhrfunktion Ihres Handys die Zeit, die das Pendel benötigt, um von einer Seite auf die andere und wieder zurück zu schwingen. Nach zehn Messungen der Schwingungsdauer erhalten Sie folgende Werte:

$$\begin{array}{lllll} T_1 = 2{,}05\,\text{s} & T_2 = 1{,}99\,\text{s} & T_3 = 2{,}06\,\text{s} & T_4 = 1{,}97\,\text{s} & T_5 = 2{,}01\,\text{s} \\ T_6 = 2{,}00\,\text{s} & T_7 = 2{,}03\,\text{s} & T_8 = 1{,}97\,\text{s} & T_9 = 2{,}02\,\text{s} & T_{10} = 1{,}96\,\text{s} \end{array} \tag{4.7}$$

Wie groß ist die mittlere Schwingungsdauer $\langle T \rangle$, die Standardabweichung σ und der mittlere Fehler des Mittelwerts ΔT? Diese Fragen beantwortet das Programm 4.5. Nach den üblichen Modulimporten legen wir die Messwerte in einem Array ab. Da man in Python innerhalb von Klammern beliebige Zeilenumbrüche und Leerzeichen einfügen kann, können wir diese Liste übersichtlich in zwei Zeilen formatieren.

Programm 4.5: *Groessen/standardabweichung.py*

```
6   # Gemessene Schwingungsdauern [s].
7   messwerte = np.array([2.05, 1.99, 2.06, 1.97, 2.01,
8                         2.00, 2.03, 1.97, 2.02, 1.96])
```

Um den Code etwas übersichtlicher zu halten, legen wir eine zusätzliche Variable n für die Anzahl der Messwerte an.

```
11  n = messwerte.size
```

Wir berechnen nun den Mittelwert, indem wir in einer for-Schleife über die Messwerte iterieren und diese aufaddieren. Gemäß Gleichung (4.4) wird anschließend durch die Anzahl der Messwerte geteilt.

```
14  mittelwert = 0
15  for x in messwerte:
16      mittelwert += x
17  mittelwert /= n
```

Analog berechnen wir die Standardabweichung nach Gleichung (4.5)

```
20  standardabw = 0
21  for x in messwerte:
22      standardabw += (x - mittelwert) ** 2
23  standardabw = math.sqrt(standardabw / (n - 1))
```

und den mittleren Fehler des Mittelwerts nach Gleichung (4.6):

```
26   fehler = standardabw / math.sqrt(n)
```

Zuletzt geben wir das Ergebnis in Form einer Tabelle aus:

```
29   print(f'Standardabweichung:  sigma = {standardabw:.2f} s')
30   print(f'Mittlerer Fehler:   Delta T = {fehler:.2f} s')
```

Das Programm produziert die folgende Ausgabe:

```
Mittelwert:              <T> = 2.01 s
Standardabweichung:    sigma = 0.03 s
Mittlerer Fehler:    Delta T = 0.01 s
```

Wenn man mithilfe einer Internetsuchmaschine nach den Stichworten »Python, Mittelwert, Array« und »Python, Standardabweichung, Array« sucht, gelangt man nahezu unmittelbar zur Dokumentation der Funktionen np.mean und np.std. Wenn Sie diese Funktionen benutzen, können Sie auf die Schleifen verzichten. Das entsprechende Programm 4.6 ist damit sehr kurz und produziert augenscheinlich das gleiche Ergebnis.

Programm 4.6: *Groessen/standardabweichung_numpy.py*

```
 6   # Gemessene Schwingungsdauern [s].
 7   messwerte = np.array([2.05, 1.99, 2.06, 1.97, 2.01,
 8                         2.00, 2.03, 1.97, 2.02, 1.96])
 9
10   # Berechne die drei gesuchten Kenngrößen.
11   mittelwert = np.mean(messwerte)
12   standardabw = np.std(messwerte)
13   fehler = standardabw / math.sqrt(messwerte.size)
14
15   print(f'Mittelwert:              <T> = {mittelwert:.2f} s')
16   print(f'Standardabweichung:    sigma = {standardabw:.2f} s')
17   print(f'Mittlerer Fehler:    Delta T = {fehler:.2f} s')
```

An dieser Stelle sollten Sie zunächst die Übungsaufgabe 4.1 bearbeiten. Wenn Sie dies sorgfältig gemacht haben, sind Sie vielleicht zu dem Ergebnis gekommen, dass die Funktion np.std nicht exakt die Gleichung (4.5) darstellt. Die Funktion teilt offenbar nicht durch $n - 1$, sondern durch n. Der Hintergrund ist, dass die Bezeichnung »Standardabweichung« in der Literatur nicht ganz einheitlich verwendet wird. Wenn Sie mit der Funktion np.std das Verhalten von Gleichung (4.5) erreichen möchten, dann können Sie ein zusätzliches Argument ddof=1 angeben, das ein Teilen durch $n - 1$ anstelle von n bewirkt.

```
12   standardabw = np.std(messwerte, ddof=1)
```

Sie werden beim weiteren Lesen dieses Buches feststellen, dass es für sehr viele Aufgaben, für deren Lösung man über die Elemente eines Array iterieren muss, vorgefertigte Funktionen in den Modulen numpy und scipy gibt. Sie sollten sich nicht davor scheuen, diese Funktionen auch zu benutzen. Der Programmcode wird dadurch in den meisten Fällen kürzer und übersichtlicher. Darüber hinaus werden diese Funktionen vom Computer viel schneller ausgeführt als eine Iteration über das Array mittels einer for-Schleife. Es ist allerdings wichtig, sich zu vergewissern, dass die verwendete Funktion auch genau das tut, was Sie beabsichtigen. Dazu ist es oft hilfreich, die Funktion einmal für ein einfaches Beispiel, bei dem die verwendeten Arrays klein sind, aufzurufen und das Ergebnis mit einer händischen Rechnung oder einer expliziten Schleife zu vergleichen.

> **Achtung!**
>
> Viele Aufgaben, für deren Lösung man über die Elemente eines Arrays iterieren muss, sind bereits als vorgefertigte Funktionen verfügbar. Sie sollten sich immer, wenn Sie über die Elemente eines Arrays mit einer Schleife iterieren wollen, fragen, ob es nicht bereits eine fertige Funktion gibt, die die gleiche Aufgabe schneller und einfacher erledigt. Vergewissern Sie sich aber stets, dass die verwendete Funktion auch genau das macht, was Sie beabsichtigen.

4.3 Simulation der Gauß-Verteilung

Vielleicht haben Sie sich die Frage gestellt, warum die Verteilungsfunktion von Messwerten in vielen Fälle einer Gauß-Verteilung entspricht. Diese Frage wird von einem zentralen Grenzwertsatz beantwortet. Bei der Messung einer Größe hat man oft eine große Anzahl von kleinen Störungen. Jede Störung erzeugt einen Fehler, der einer bestimmten Verteilungsfunktion folgt. Der statistische Fehler der gemessenen Größe ergibt sich dann aus der Summe der einzelnen Fehler. Die Beobachtung ist nun, dass es bei einer großen Anzahl von Störgrößen gar nicht mehr darauf ankommt, wie die Verteilungsfunktion der einzelnen Störungen aussieht. Vielmehr ergibt sich im Grenzfall von sehr vielen Einflussgrößen für den Gesamtfehler unter recht weit gefassten Voraussetzungen eine Gauß-Verteilung [1].

Wir wollen dies mit einer sogenannten **Monte-Carlo-Simulation** untersuchen. Unter einer Monte-Carlo-Simulation versteht man eine Simulation, in der Zufallszahlen eine wichtige Rolle spielen. Wir wollen annehmen, dass wir eine Messgröße haben, die von n Störgrößen beeinflusst wird. Dazu erzeugen wir n Zufallszahlen, die gleichverteilt im Intervall zwischen 0 und 1 liegen. Diese Zufallszahlen werden addiert. Die Summe dieser Zahlen liegt also zwischen 0 und n. Das folgende Programm zeigt, dass diese Zahlen nicht mehr gleichverteilt sind, sondern in guter Näherung einer Gauß-Verteilung folgen. Wir beginnen mit den Modulimporten und definieren die Anzahl der Störgrößen und die Anzahl der Messwerte:

Programm 4.7: *Groessen/gauss_simulation.py*

```
 7   # Anzahl der Messwerte.
 8   n_messwerte = 50000
 9   # Anzahl der Störgrößen.
10   n_stoergroessen = 20
```

Nun wollen wir die Messwerte simulieren. Dazu erstellen wir mit der Funktion `np.random.rand` ein 2-dimensionales Array, das gleichverteilte Zufallszahlen aus dem Intervall [0, 1] enthält. Das Array hat `n_messwerte` Zeilen und `n_stoergroessen` Spalten. Anschließend summieren wir über die Spalten des Arrays mit der Funktion `np.sum`. Das zweite Argument `axis=1` der Funktion `np.sum` gibt die Dimension an, über die summiert wird. Dabei steht 0 für die Zeilen und 1 für die Spalten eines 2-dimensionalen Arrays.

```
13  messwerte = np.random.rand(n_messwerte, n_stoergroessen)
14  messwerte = np.sum(messwerte, axis=1)
```

Das Array `messwerte` hat nun also `n_messwerte` Einträge. Jeder einzelne Eintrag ist entstanden, indem wir `n_stoergroessen` Zahlen aus dem Intervall [0, 1] addiert haben. Die kleinstmögliche Zahl des Ergebnis-Arrays ist also 0. Die größtmögliche Zahl des Ergebnis-Arrays ist `n_stoergroessen`. Im nächsten Schritt berechnen wir aus diesen simulierten Messwerten die Standardabweichung und den Mittelwert.

```
17  mittelwert = np.mean(messwerte)
18  standardabw = np.std(messwerte, ddof=1)
```

Um die Verteilung der simulierten Messwerte mit der Gauß-Kurve zu vergleichen, wollen wir nun ein Histogramm der Verteilung der Messergebnisse zusammen mit der Gauß-Kurve in einem Koordinatensystem darstellen und erzeugen dazu zunächst eine Figure und eine Axes. Die Definition der Gauß-Verteilung übernehmen wir unverändert aus Programm 4.2.

```
40  fig = plt.figure()
41  ax = fig.add_subplot(1, 1, 1)
42  ax.set_xlabel('Messwert')
43  ax.set_ylabel('Wahrscheinlichkeitsdichte')
44  ax.grid()
```

Glücklicherweise bieten die Axes-Objekte von Matplotlib bereits eine Methode an, die ein Histogramm erstellt:

```
47  hist_werte, hist_kanten, patches = ax.hist(messwerte, bins=51,
48                                              density=True)
```

Die Methode `ax.hist` teilt die Messwerte in 51 Gruppen (engl. bins) ein und liefert drei Werte zurück:

- Ein Array `hist_werte` mit der Häufigkeitsdichte. Hierbei handelt es sich um ein Array mit 51 Elementen, das die relative Häufigkeit in jeder Gruppe angibt, wobei jede relative Häufigkeit noch durch die Breite der jeweiligen Gruppe geteilt wurde. Das Histogramm ist dadurch so normiert, dass das Integral unter dem Histogramm den Wert eins ergibt und lässt sich somit unmittelbar mit der Wahrscheinlichkeitsdichte, die sich aus der Gauß-Kurve ergibt, vergleichen.

- Ein Array `hist_kanten` mit den Grenzen der einzelnen Gruppen des Histogramms. Hierbei handelt es sich um ein Array mit 52 Elementen.

- Eine Liste `patches`, die die 51 einzelnen Balken als Grafikelemente enthält. Diese werden allerdings im weiteren Verlauf des Programms nicht benötigt.

Gleichzeitig erzeugt `ax.hist` auch die grafische Darstellung des Histogramms. Im letzten Schritt plotten wir die Gauß-Verteilung und zeigen die Grafik an.

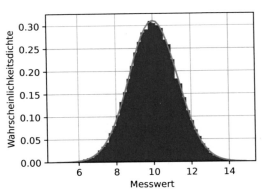

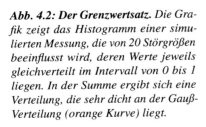

Abb. 4.2: Der Grenzwertsatz. *Die Grafik zeigt das Histogramm einer simulierten Messung, die von 20 Störgrößen beeinflusst wird, deren Werte jeweils gleichverteilt im Intervall von 0 bis 1 liegen. In der Summe ergibt sich eine Verteilung, die sehr dicht an der Gauß-Verteilung (orange Kurve) liegt.*

```
52   ax.plot(hist_kanten, gauss(hist_kanten, standardabw, mittelwert))
55   plt.show()
```

In Abb. 4.2 ist die Ausgabe des Programms für 50 000 Messwerte, die durch 20 Störgrößen beeinflusst werden, dargestellt. Sie können erkennen, dass die Häufigkeitsverteilung der Messwerte sich schon sehr gut an die Gauß-Kurve angenähert hat.

4.4 Grafische Darstellung von Messdaten

Häufig möchte man in der Physik eine Reihe von Messdaten mit einem physikalischen Gesetz vergleichen. Wir betrachten dazu das folgende Beispiel: Nehmen Sie an, dass Sie eine radioaktive Quelle haben, deren Strahlungsintensität Sie mit einem sogenannten Geiger-Müller-Zählrohr vermessen. Zwischen der Quelle und dem Zählrohr bringen Sie verschieden dicke Aluminiumblättchen zur Abschirmung ein. Sie interessieren sich dafür, wie die gemessene Intensität von der Dicke der Aluminiumblättchen abhängt. Ihre Messdaten sind in Tab. 4.1 dargestellt. Wenn Sie die Gesetzmäßigkeit hinter diesen Daten verstehen wollen, ist es günstig, zunächst einmal eine grafische Auftragung der Daten anzufertigen. Wir beginnen mit dem Import der benötigten Module und legen Arrays mit den Messdaten an.

Programm 4.8: Groessen/messdaten_radioaktivitaet.py

```
 6   # Dicke der Filter [mm].
 7   messwerte_d = np.array([0.000, 0.029, 0.039, 0.064, 0.136, 0.198,
 8                           0.247, 0.319, 0.419, 0.511, 0.611, 0.719,
 9                           0.800, 0.900, 1.000, 1.100, 1.189])
10   # Gemessene Intensität [Impulse / min].
11   messwerte_n = np.array([2193, 1691, 1544, 1244, 706, 466,
12                           318, 202, 108, 80, 52, 47,
13                           45, 46, 47, 42, 43], dtype=float)
14   # Fehler der gemessenen Intensität [Impulse / min].
15   fehlerwerte_n = np.array([47, 41, 39, 35, 26, 22,
16                             18, 14, 10, 9, 7, 7,
17                             7, 7, 7, 7, 7], dtype=float)
```

Tab. 4.1: Messwerte der Intensität von radioaktiver Strahlung. *Die Intensität n der Strahlung eines radioaktiven Präparates wurde hinter verschiedenen Filtern der Dicke d gemessen.*

d [mm]	n [min^{-1}]	d [mm]	n [min^{-1}]	d [mm]	n [min^{-1}]
0	2193 ± 47	0,247	318 ± 18	0,800	45 ± 7
0,029	1691 ± 41	0,319	202 ± 14	0,900	46 ± 7
0,039	1544 ± 39	0,419	108 ± 10	1,000	47 ± 7
0,064	1244 ± 35	0,511	80 ± 9	1,100	42 ± 7
0,136	706 ± 26	0,611	52 ± 7	1,189	43 ± 7
0,198	466 ± 22	0,719	47 ± 7		

Dabei haben wir in den Zeilen 13 und 17 explizit festgelegt, dass die Arrays der Messewerte und der Messfehler den Datentyp `float` haben sollen. Wenn man das nicht tut, würden in diesem Fall Arrays mit einem ganzzahligen Typ erzeugt, weil in den Listen nur ganze Zahlen auftreten.

Nun erzeugen wir ein Figure- und ein Axes-Objekt und legen die Beschriftung der Achsen fest. Da die Messwerte mehrere Größenordnungen überspannen, ist es sinnvoll, eine **logarithmische Einteilung** der vertikalen Achse zu wählen. Dies kann man mit dem Befehl `ax.set_yscale('log')` erreichen:

```
20  fig = plt.figure()
21  ax = fig.add_subplot(1, 1, 1)
22  ax.set_xlabel('Filterdicke $d$ [mm]')
23  ax.set_ylabel('Intensität $n$ [1/min]')
24  ax.set_yscale('log')
25  ax.grid()
```

Um die Messwerte darzustellen, verwenden wir jetzt nicht die Methode `ax.plot`, sondern die Methode `ax.errorbar`. Diese erlaubt es, die Fehlerbalken zu den Messwerten darzustellen.

```
28  ax.errorbar(messwerte_d, messwerte_n, yerr=fehlerwerte_n,
29              fmt='.', capsize=2)
30  plt.show()
```

Die ersten beiden Argumente der Methode `ax.errorbar` legen die Position der Punkte fest. Das Argument `yerr=fehlerwerte_n` bewirkt, dass die Breite der Fehlerbalken aus dem Array `fehlerwerte_n` entnommen wird. Weiterhin wählen wir für die Darstellung der Messwerte mit `fmt='.'` kleine Punkte aus,[2] und `capsize=2` bewirkt, dass die Enden der Fehlerbalken etwas breiter dargestellt werden als in der Voreinstellung. Bitte probieren Sie einmal verschiedene Werte aus, um sich die Funktion dieses Arguments zu verdeutlichen. Die Ausgabe des Programms ist in Abb. 4.3 dargestellt.

---

[2] In der Dokumentation zu Matplotlib finden Sie zu diesen Format-Strings eine Tabelle mit verschiedenen Symbolen, die dargestellt werden können. Kreise werden zum Beispiel mit `fmt='o'` erzeugt, und `fmt='s'` erzeugt Quadrate.

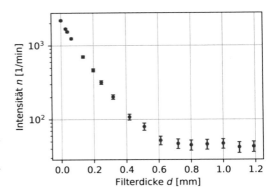

Abb. 4.3: Grafische Auftragung der Messergebnisse. *Dargestellt ist eine halblogarithmische Auftragung der Messergebnisse nach Tab. 4.1 mit Fehlerbalken.*

4.5 Kurvenanpassung an Messdaten

Die Darstellung der Messdaten aus dem vorherigen Abschnitt in Abb. 4.3 legt die Vermutung nahe, dass sich der Zusammenhang zwischen beiden Größen durch eine Gleichung der Form

$$n(d) = n_u + n_0 \cdot e^{-\alpha d} \tag{4.8}$$

beschreiben lässt. Dabei ist die Intensität n_u die natürliche Intensität der Untergrundstrahlung, n_0 ist die ursprüngliche Intensität des Strahlers ohne Abschirmung, und α ist eine Konstante, die die Abschirmwirkung beschreibt. Die Aufgabe ist nun, die Parameter n_u, n_0, α so zu bestimmen, dass Gleichung (4.8) bestmöglich zu den Messdaten passt. Man sagt auch, dass eine **Kurvenanpassung** oder ein **Fit** durchgeführt wird. Bei einer Kurvenanpassung sucht man die Parameter so, dass die quadratische Abweichung der Funktion von den Messdaten minimal wird. Die **quadratische Abweichung** χ^2 ist definiert über:

$$\chi^2 = \sum_i \left(n_i - n(d_i) \right)^2 \tag{4.9}$$

Dabei läuft der Index i über alle verfügbaren Messwerte. Die Aufgabe lautet also:

$$\text{Suche} \quad n_u, n_0, \alpha, \quad \text{sodass} \quad \chi^2 = \text{minimal ist.} \tag{4.10}$$

Es gibt unterschiedliche numerische Verfahren, um ein derartiges Problem zu lösen. Eines der bekanntesten ist das **Levenberg-Marquardt-Verfahren** [2]. Glücklicherweise bietet das Modul `scipy.optimize` hierfür eine geeignete Funktion, die das Levenberg-Marquart-Verfahren implementiert, um diese Optimierung durchzuführen.

Wir wollen nun ein Programm erstellen, das die Messwerte zusammen mit der daran angepassten Kurve nach Gleichung (4.8) darstellt. Dazu definieren wird nach den Modulimporten und der Definition der Arrays mit den Messdaten und Messfehlern von Programm 4.8 eine Funktion, die Gleichung (4.8) implementiert.

Programm 4.9: *Groessen/messdaten_radioaktivitaet_fit1.py*

```
23  def fitfunktion(x, nu, n0, alpha):
24      """Berechne die anzufittende Funktion."""
25      return nu + n0 * np.exp(-alpha * x)
```

Diese Funktion soll an die Messdaten angepasst werden. Es ist dabei wichtig, dass das erste Argument dieser Funktion die unabhängige Variable ist, hier also die Dicke d. Die weiteren Argumente der Funktion sind die anzupassenden Parameter n_u, n_0 und α. Nun erfolgt die eigentliche Kurvenanpassung mit der Funktion `scipy.optimize.curve_fit`. Diese erhält als erstes Argument die anzupassende Funktion, als zweites Argument ein Array mit den Werten der unabhängigen Variablen d und als drittes Argument ein Array mit den Werten der abhängigen Variablen n. Das vierte Argument ist eine Liste mit Startwerten für die anzupassenden Parameter. Damit die Optimierung gut funktioniert, muss man Startwerte vorgeben, die einigermaßen sinnvoll sind. Aus den letzten Messdaten in Tab. 4.1 entnehmen wir einen Wert für den Untergrund von ungefähr $n_u = 40\,\text{min}^{-1}$. Der maximale Wert ohne Abschirmung liegt bei ungefähr $n_0 = 2200\,\text{min}^{-1}$. Um einen Schätzwert für den Parameter α zu erhalten, müssen wir angeben, bei welcher Filterdicke die Intensität auf das $1/e$-Fache des Maximalwertes, also auf ca. $800\,\text{min}^{-1}$, abgefallen ist. Das ist bei einer Filterdicke von ca. $0{,}1\,\text{mm}$ der Fall. Wir wählen daher einen Startwert von $\alpha = 10\,\text{mm}^{-1}$.

```
29  popt, pcov = scipy.optimize.curve_fit(fitfunktion, messwerte_d,
30                          messwerte_n, [40, 2200, 10])
```

Die Kurvenanpassung liefert zwei Tupel als Ergebnis. Das Tupel `popt` enthält die optimierten Parameter, die wir in Zeile 31 wieder entsprechenden Variablen zuweisen. Der zweite Rückgabewert `pcov` ist die sogenannte **Kovarianzmatrix**. Die Wurzeln der Diagonalelemente dieser Matrix sind Schätzer für die Fehler der optimierten Parameter. Die Funktion `np.diag` erzeugt aus einem 2-dimensionalen Array ein 1-dimensionales Array der Diagonalelemente, dessen Einträge wir ebenfalls auf separate Variablen aufteilen.

```
31  fitwert_nu, fitwert_n0, fitwert_alpha = popt
32  fehler_nu, fehler_n0, fehler_alpha = np.sqrt(np.diag(pcov))
```

Anschließend geben wir das Ergebnis der Kurvenanpassung auf dem Bildschirm aus.

```
35  print('Ergebnis der Kurvenanpassung:')
36  print(f'  n_u = ({fitwert_nu:4.0f} +- {fehler_nu:2.0f}) 1/min.')
37  print(f'  n_0 = ({fitwert_n0:4.0f} +- {fehler_n0:2.0f}) 1/min.')
38  print(f'alpha = ({fitwert_alpha:.2f} +- {fehler_alpha:.2f}) 1/mm.')
```

Im letzten Schritt stellen wir die Messwerte und die angepasste Funktion grafisch dar. Dazu erstellen wir auf die gleiche Weise wie in Programm 4.8 eine Figure und eine Axes und plotten die angepasste Funktion:

```
49  d = np.linspace(np.min(messwerte_d), np.max(messwerte_d), 500)
50  n = fitfunktion(d, fitwert_nu, fitwert_n0, fitwert_alpha)
51  ax.plot(d, n, '-')
```

Anschließend erzeugen wir einen weiteren Plot mit den gemessenen Daten und den Fehlerbalken.

```
54  ax.errorbar(messwerte_d, messwerte_n, yerr=fehlerwerte_n,
55              fmt='.', capsize=2)
56  plt.show()
```

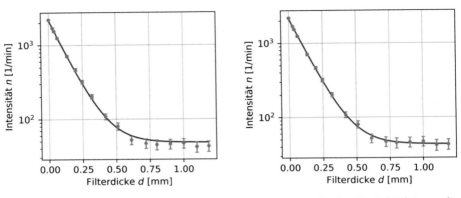

Abb. 4.4: Kurvenanpassung. *(Links) Die Kurvenanpassung wurde ohne Berücksichtigung der Messfehler durchgeführt. (Rechts) Mit Berücksichtigung der Messfehler ist die Kurvenanpassung deutlich besser.*

Das Ergebnis ist in Abb. 4.4 links abgebildet. Leider ist das Resultat der Kurvenanpassung nicht vollständig befriedigend. Es ist nahezu offensichtlich, dass die Kurvenanpassung einen etwas zu hohen Wert für die Untergrundintensität n_u bestimmt hat, sodass die angepasste Kurve systematisch oberhalb der Messwerte liegt. Der Fehler liegt darin, dass die Kurvenanpassung alle Messpunkte gleich behandelt hat. Wir wissen aber aus Tab. 4.1, dass die Messpunkte mit höherer Intensität auch einen höheren Fehler haben. Man kann die Kurvenanpassung wesentlich verbessern, indem man die Messpunkte mit einem geringeren Messfehler stärker gewichtet. Um das zu erreichen, teilt man bei der Berechnung der zu optimierenden Größe χ^2 jeweils durch den Fehler Δn_i des Messwertes n_i:

$$\chi^2 = \sum_i \left(\frac{n_i - n(d_i)}{\Delta n_i} \right)^2 \tag{4.11}$$

Wenn wir dieses modifizierte χ^2 für die Optimierung verwenden, dann wird automatisch dafür gesorgt, dass eine Abweichung in einer Größe, deren Messfehler klein ist, stärker gewichtet wird. Dies ist in der Funktion `scipy.optimize.curve_fit` bereits implementiert. Ändern Sie bitte den Aufruf der Kurvenanpassung wie folgt ab:

Programm 4.10: *Groessen/messdaten_radioaktivitaet_fit2.py*

```
29  popt, pcov = scipy.optimize.curve_fit(fitfunktion, messwerte_d,
30                              messwerte_n, [40, 2200, 10],
31                              sigma=fehlerwerte_n)
```

Das Ergebnis der Kurvenanpassung mit dieser Modifikation ist augenscheinlich deutlich besser, wie Abb. 4.4 zeigt.

Zusammenfassung

Darstellung physikalischer Größen: Wir haben besprochen, dass physikalische Größen in Python-Programmen möglichst Variablennamen bekommen sollten, die

v [m/s]	F [N]
$5{,}8 \pm 0{,}3$	$0{,}10 \pm 0{,}02$
$7{,}3 \pm 0{,}3$	$0{,}15 \pm 0{,}02$
$8{,}9 \pm 0{,}2$	$0{,}22 \pm 0{,}02$
$10{,}6 \pm 0{,}2$	$0{,}33 \pm 0{,}02$
$11{,}2 \pm 0{,}1$	$0{,}36 \pm 0{,}02$

Tab. 4.2: Messwerte des Strömungswiderstands. Ein Körper wurde mit einer Luftströmung unterschiedlicher Geschwindigkeit v umströmt, und die auf ihn wirkende Luftwiderstandskraft F wurde gemessen (siehe Aufgabe 4.4).

sich an der üblichen physikalischen Notation orientieren. Versuchen Sie, die Größen möglichst in den SI-Basiseinheiten anzugeben.

Statistische Messfehler: Die Verteilung statistischer Messfehler wird in vielen Fällen gut durch die Gauß-Verteilung beschrieben. Diese wird durch den Mittelwert und die Standardabweichung parametrisiert.

Numerische Integration: Anhand der Gauß-Verteilung wurden verschiedene Methoden diskutiert, mit deren Hilfe man eine Funktion in Python numerisch integrieren kann.

Mittelwert und Standardabweichung: Wir haben gesehen, dass man den Mittelwert und die Standardabweichung einer Stichprobe von Messwerten mithilfe der Funktionen `np.std` und `np.mean` bestimmen kann.

Monte-Carlo-Simulationen: Um zu verstehen, dass Messgrößen, auf die viele voneinander unabhängige Störgrößen einwirken, häufig einer Gauß-Verteilung folgen, haben wir eine Simulation durchgeführt, die auf gleichverteilten Zufallszahlen beruht. Durch Addition vieler solcher Störungen konnten wir die Gauß-Verteilung nachbilden. Dabei haben wir auch gesehen, wie man ein Histogramm darstellt.

Kurvenanpassung: Im letzten Abschnitt haben wir besprochen, wie man eine Funktion, die einen oder mehrere Parameter besitzt, an Messdaten anpasst. Dabei haben Sie gesehen, dass es hilfreich ist, die Information über den Messfehler der Daten in die Kurvenanpassung eingehen zu lassen.

Aufgaben

Aufgabe 4.1: Modifizieren Sie die Programme 4.5 und 4.6, sodass in beiden Programmen mehr Dezimalstellen ausgegeben werden. Vergleichen Sie die Ausgabe der beiden Programme. Verändern Sie die Anzahl der Messwerte in beiden Programmen, indem Sie nur die ersten drei oder die ersten zwei Messungen berücksichtigen. Wie verhalten sich die Programme? Welches der beiden Programme liefert das nach Gleichung (4.5) korrekte Ergebnis?

Aufgabe 4.2: Modifizieren Sie das Programm 4.6 mit dem zusätzlichen Argument `ddof=1` in der Funktion `np.std`, und zeigen Sie, dass es nun exakt das gleiche Ergebnis produziert wie das Programm 4.5.

Tab. 4.3: Resonanzkurve. Ein me-chanisches System wurde mit unter-schiedlichen Frequenzen f angeregt und die Amplitude A der erzwun-genen Schwingung gemessen (siehe Aufgabe 4.5).	f [Hz] $\quad$ A [cm]	f [Hz]	A [cm]

f [Hz]	A [cm]	f [Hz]	A [cm]
0,20	0,84 ± 0,04	0,71	2,06 ± 0,10
0,50	1,42 ± 0,07	0,80	1,45 ± 0,08
0,57	1,80 ± 0,09	1,00	0,64 ± 0,03
0,63	2,10 ± 0,11	1,33	0,30 ± 0,02
0,67	2,22 ± 0,11		

Aufgabe 4.3: Betrachten Sie die Messwerte der Schwingungsdauer des Pendels aus Abschn. 4.2. Schreiben Sie ein Programm, das die folgende Frage beantwortet: Wie groß ist der prozentuale Anteil der Messwerte, die im Intervall zwischen $T = 1,95\,\mathrm{s}$ und $T = 2,05\,\mathrm{s}$ liegen, wenn Sie die Messung der Schwingungsdauer unter sonst gleichen Bedingungen sehr oft wiederholen? Berechnen Sie dazu zunächst $\langle T \rangle$ und σ aus den Messwerten. Integrieren Sie anschließend die Gauß-Verteilung nach Gleichung (4.1) über das entsprechende Intervall.

Aufgabe 4.4: Für die Strömungswiderstandskraft F eines Körpers bei Umströmung mit der Geschwindigkeit v gilt bei einem gegebenen Medium und einem gegebenen Körper näherungsweise das Gesetz

$$F = b\,|v|^{n}\;, \tag{4.12}$$

wobei b und n Konstanten sind. Bestimmen Sie diese Konstanten für einen bestimmten Körper durch eine Kurvenanpassung der Gleichung (4.12) an die in Tab. 4.2 gegebenen Messwerte. Stellen Sie die Messdaten und die angepasste Kurve grafisch dar.

Aufgabe 4.5: Ein schwingungsfähiges System, das durch eine sinusförmige äußere Kraft mit einer festen Amplitude angeregt wird, reagiert auf diese Anregung mit einer Schwingung der Amplitude A, die durch die Gleichung

$$A = A_0 \frac{f_0^2}{\sqrt{\left(f^2 - f_0^2\right)^2 + \left(\frac{\delta f}{\pi}\right)^2}} \tag{4.13}$$

beschrieben wird. Dabei ist f die Frequenz der Anregung, und A_0, f_0 und δ sind Parameter. Bestimmen Sie diese Parameter durch eine Kurvenanpassung der Gleichung (4.13) an die in Tab. 4.3 gegebenen Messwerte. Stellen Sie die Messdaten und die angepasste Kurve grafisch dar.

Literatur

[1] Papula L. Mathematik für Ingenieure und Naturwissenschaftler Band 3. Wiesbaden: Springer Vieweg, 2016. DOI:10.1007/978-3-658-11924-9.

[2] Dahmen W und Reusken A. Numerik für Ingenieure und Naturwissenschaftler. Berlin, Heidelberg: Springer, 2008. DOI:10.1007/978-3-540-76493-9.

Essentially, all models are wrong, but some are useful.

George Edward Pelham Box

5

Kinematik des Massenpunkts

Die Kinematik ist die Sprache, mit der man den Bewegungszustand von Körpern charakterisiert. Unter einem **Massenpunkt** versteht man einen Körper, bei dem man sich nicht für die Größe, die Form oder die innere Bewegung des Körpers interessiert. Um die Position eines Massenpunktes im Raum zu beschreiben, benötigt man einen Bezugspunkt. Der **Ortsvektor** $\vec{r}$ stellt den Vektor dar, der von dem Bezugspunkt zur momentanen Position des Körpers zeigt. Wenn ein Massenpunkt sich an den kartesischen Koordinaten (x, y, z) befindet, dann können wir den Ortsvektor gemäß

$$\vec{r} = x\vec{e}_x + y\vec{e}_y + z\vec{e}_z \tag{5.1}$$

durch die Einheitsvektoren $\vec{e}_x$, $\vec{e}_y$ und $\vec{e}_z$ ausdrücken.

Wenn sich ein Massenpunkt von der Position $\vec{r}_1 = \vec{r}(t_1)$ zum Zeitpunkt t_1 zur Position $\vec{r}_2 = \vec{r}(t_2)$ zum Zeitpunkt t_2 bewegt, dann nennt man die Differenz der beiden Ortsvektoren den **Verschiebevektor** $\Delta\vec{r}$:

$$\Delta\vec{r} = \vec{r}_2 - \vec{r}_1 \tag{5.2}$$

Die **mittlere Geschwindigkeit** $\langle\vec{v}\rangle$, die der Körper in diesem Zeitintervall hat, ergibt sich, indem man den Verschiebevektor $\Delta\vec{r}$ durch die für die Bewegung benötigte Zeit Δt teilt:

$$\langle\vec{v}\rangle = \frac{\Delta\vec{r}}{\Delta t} = \frac{\vec{r}_2 - \vec{r}_1}{t_2 - t_1} \tag{5.3}$$

Um die **Momentangeschwindigkeit** eines Massenpunktes zu erhalten, muss man die Durchschnittsgeschwindigkeit in einem unendlich kurzen Zeitintervall Δt bestimmen. Formal entspricht das der Grenzwertbildung, bei der man das Zeitintervall Δt gegen null streben lässt:

$$\vec{v} = \lim_{\Delta t \to 0} \frac{\Delta\vec{r}}{\Delta t} = \frac{d\vec{r}}{dt} = \dot{\vec{r}} \tag{5.4}$$

Die Geschwindigkeit ist also die erste Ableitung des Ortes nach der Zeit. Die **mittlere Beschleunigung** $\langle\vec{a}\rangle$ ergibt sich völlig analog aus der Änderung der Geschwindigkeit mit der Zeit:

$$\langle\vec{a}\rangle = \frac{\Delta\vec{v}}{\Delta t} = \frac{\vec{v}_2 - \vec{v}_1}{t_2 - t_1} \tag{5.5}$$

© Springer-Verlag GmbH Deutschland, ein Teil von Springer Nature 2022
O. Natt, *Physik mit Python*, https://doi.org/10.1007/978-3-662-66454-4_5

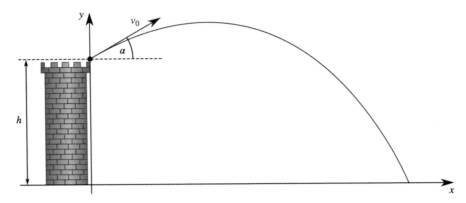

Abb. 5.1: Schiefer Wurf. *Ein Gegenstand wird unter einem Winkel α zur Horizontalen mit einer Anfangsgeschwindigkeit v_0 und einer Anfangshöhe h abgeworfen. Dabei wirkt die Gravitationskraft. Die Luftreibung wird vernachlässigt.*

Wie schon bei der Geschwindigkeit gelangt man von der mittleren Beschleunigung zur **Momentanbeschleunigung**, indem man das Zeitintervall Δt gegen null streben lässt:

$$\vec{a} = \lim_{\Delta t \to 0} \frac{\Delta \vec{v}}{\Delta t} = \frac{d\vec{v}}{dt} = \dot{\vec{v}} = \ddot{\vec{r}} \tag{5.6}$$

Die Momentanbeschleunigung ist also die Ableitung der Momentangeschwindigkeit nach der Zeit.

5.1 Schiefer Wurf

Der schiefe Wurf wird in nahezu jedem einführenden Physikbuch ausführlich diskutiert. Es handelt sich um eine gleichmäßig beschleunigte Bewegung mit einer gegebenen Anfangsgeschwindigkeit. Wenn man davon ausgeht, dass die Beschleunigung $\vec{a}$ konstant ist, dann kann man die Gleichung (5.6) integrieren und erhält für die Geschwindigkeit $\vec{v}$ den Ausdruck

$$\vec{v}(t) = \vec{v}_0 + \vec{a}t , \tag{5.7}$$

wobei $\vec{v}_0$ die Geschwindigkeit zum Zeitpunkt $t = 0$ ist. Die nochmalige Integration von Gleichung (5.7) liefert dann direkt den Ortsvektor als Funktion der Zeit:

$$\vec{r}(t) = \vec{r}_0 + \vec{v}_0 t + \frac{1}{2}\vec{a}t^2 \tag{5.8}$$

Für den schiefen Wurf, der in Abb. 5.1 dargestellt ist, zeigt der Vektor der Beschleunigung in die $-y$-Richtung und hat den Betrag der Erdbeschleunigung:

$$\vec{a} = -g\vec{e}_y \qquad \text{mit} \qquad g = 9{,}81 \, \frac{\text{m}}{\text{s}^2} \tag{5.9}$$

Den Zeitpunkt t_{ende}, zu dem der Gegenstand auf dem Boden aufkommt, ergibt sich aus der Bedingung $y(t_{\text{ende}}) = 0$. Diese liefert eine quadratische Gleichung, deren positive Lösung

$$t_{\text{ende}} = \frac{v_{0,y}}{g} + \sqrt{\left(\frac{v_{0,y}}{g}\right)^2 + \frac{2h}{g}} \tag{5.10}$$

lautet. Dabei bezeichnet $v_{0,y}$ die y-Komponente der Anfangsgeschwindigkeit. Wir wollen nun die Bahnkurve nach Gleichung (5.8) und (5.9) im Zeitbereich von $t = 0$ bis $t = t_{ende}$ grafisch darstellen und versuchen dies mit dem folgenden Python-Programm. Nach dem Docstring und dem Import der Module legen wir die Parameter fest:

Programm 5.1: *Kinematik/schiefer_wurf_so_nicht.py*

```
7   # Anfangshöhe [m].
8   h = 10.0
9   # Abwurfgeschwindigkeit [m/s].
10  betrag_v0 = 9.0
11  # Abwurfwinkel [rad].
12  alpha = math.radians(25.0)
13  # Schwerebeschleunigung [m/s²].
14  g = 9.81
```

Um die Bahnkurve mithilfe von Gleichung (5.8) zu berechnen, legen wir den Ortsvektor zum Zeitpunkt $t = 0$ als 1-dimensionales Array mit zwei Einträgen fest:

```
17  r0 = np.array([0, h])
```

Analog verfahren wir mit dem Vektor der Geschwindigkeit zum Zeitpunkt $t = 0$ und dem Vektor der Beschleunigung:

```
18  v0 = betrag_v0 * np.array([math.cos(alpha), math.sin(alpha)])
19  a = np.array([0, -g])
```

Danach berechnen wir mithilfe von Gleichung (5.10) den Endzeitpunkt

```
22  t_ende = v0[1] / g + math.sqrt((v0[1] / g) ** 2 + 2 * r0[1] / g)
```

und erzeugen damit ein sehr fein unterteiltes Array von Zeitpunkten, zu denen wir den Ort berechnen wollen.

```
25  t = np.linspace(0, t_ende, 1000)
```

Als Nächstes berechnen wir den Ort zu jedem Zeitpunkt in dem Array t und versuchen dies mit der folgenden Code-Zeile:

```
28  r = r0 + v0 * t + 0.5 * a * t**2
```

Wenn Sie dieses Programm laufen lassen möchten, werden Sie feststellen, dass es eine Fehlermeldung produziert:

```
    r = r0 + v0 * t + 0.5 * a * t**2
ValueError: operands could not be broadcast together with
shapes (2,) (1000,)
```

Das Problem ist, dass mit dem Ausdruck v0 * t ein 1-dimensionales Array mit zwei Elementen mit einem 1-dimensionalen Array mit 1000 Elementen multipliziert werden soll. Die beiden Arrays sind nach den Broadcasting-Regeln (siehe Abschn. 3.12) nicht miteinander kompatibel.

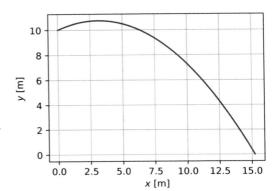

***Abb. 5.2: Schiefer Wurf.** Ein Gegen-
stand wurde aus einer Anfangshöhe von
10 m mit einer Anfangsgeschwindigkeit
von 9 m/s unter einem Winkel von 25°
abgeworfen.*

Um die Bewegung vollständig zu beschreiben, benötigen wir für jeden Zeitpunkt t die Komponenten des Ortsvektors. Es bietet sich also an, diese Information in einem 2-dimensionalen Array abzuspeichern, wobei wir die Zeitpunkte in den Zeilen und die Ortskomponenten in den Spalten darstellen.[1] Viele Anfänger im wissenschaftlichen Programmieren mit Python versuchen nun, das Problem dadurch zu lösen, dass man zunächst ein leeres Array der passenden Größe erzeugt und dann die einzelnen Komponenten durch ineinandergeschachtelte `for`-Schleifen berechnet. Die Berechnung der Ortsvektoren sieht dann beispielsweise aus, wie unten dargestellt.

***Programm 5.2:** Kinematik/schiefer_wurf_unschoen.py*

```
28   r = np.empty((t.size, r0.size))
29   for i in range(t.size):
30       for j in range(r0.size):
31           r[i, j] = r0[j] + v0[j] * t[i] + 0.5 * a[j] * t[i]**2
```

Ich rate dringend von dieser Art Code ab. Man verwechselt sehr leicht die Indizes `i` und `j`, was zu schwer auffindbaren Fehlern führt. Außerdem wird die eigentliche Berechnung in Zeile 31 aufgrund der vielen Indizierungen sehr unübersichtlich. Darüber hinaus werden Sie feststellen, dass `for`-Schleifen in Python sehr langsam sind, wenn Sie einmal größere Berechnungen durchführen, bei denen die Rechenzeit nicht mehr vernachlässigbar klein ist.

Glücklicherweise bietet uns NumPy eine sehr elegante Möglichkeit, diese Art der Berechnung kürzer, schneller und übersichtlicher darzustellen. Wir beginnen genauso wie beim Programm 5.1. Nach der Definition des Arrays `t` für die Zeitpunkte wandeln wir dieses mit `reshape` in ein $N \times 1$-Array um, wobei N die Anzahl der Zeitpunkte ist.

***Programm 5.3:** Kinematik/schiefer_wurf.py*

```
25   t = np.linspace(0, t_ende, 1000)
26   t = t.reshape(-1, 1)
```

Wir können nun die Berechnung der Ortsvektoren in einer Form aufschreiben, die der mathematischen Schreibweise nach Gleichung (5.8) sehr ähnlich ist.

```
29   r = r0 + v0 * t + 0.5 * a * t**2
```

---

[1] Man könnte auch die Ortskomponenten in den Zeilen und die Zeitpunkte in den Spalten speichern.

Durch das Broadcasting wird bei der Multiplikation `v0 * t` die Größe `v0` wie ein 1×2-Array behandelt, und `t` ist ein $N \times 1$-Array. Das Produkt ist also ein $N \times 2$-Array. Analog ergibt auch `0.5 * a * t**2` ein $N \times 2$-Array, und bei der Addition von `r0` greift ebenfalls wieder der Broadcasting-Mechanismus.

Um die Bahnkurve grafisch darzustellen, müssen wir nun die y-Komponenten des Ortsvektors über den x-Komponenten auftragen. Wir erzeugen dazu eine Figure und eine Axes. Dabei müssen wir dafür sorgen, dass die Darstellung nicht durch unterschiedliche Skalierung in x- und y-Richtung verzerrt wird. Dies bewirkt der zusätzliche Befehl `ax.set_aspect('equal')`.

```
32  fig = plt.figure()
33  ax = fig.add_subplot(1, 1, 1)
34  ax.set_xlabel('$x$ [m]')
35  ax.set_ylabel('$y$ [m]')
36  ax.set_aspect('equal')
37  ax.grid()
```

Anschließend plotten wir die Bahnkurve.

```
40  ax.plot(r[:, 0], r[:, 1])
41  plt.show()
```

Die Ausgabe des Programms ist in Abb. 5.2 dargestellt. Man erkennt die für den schiefen Wurf ohne Luftreibung typische Wurfparabel.

5.2 Radiodromen

Im vorherigen Abschnitt haben wir die Bahnkurve des schiefen Wurfes in ein Python-Programm umgesetzt. Man würde an dieser Stelle noch nicht im engeren Sinne von einer Simulation sprechen, weil die Berechnung der einzelnen Punkte direkt auf Grundlage einer analytisch bestimmten Bahnkurve erfolgt ist. Wir wollen uns im Folgenden eine Art von Bahnkurven, die sogenannten Radiodromen, anschauen, bei denen es im Allgemeinen nicht mehr einfach möglich ist, eine geschlossene analytische Lösung anzugeben. Wir müssen die Bahnkurve also zunächst durch eine etwas aufwendigere numerische Berechnung bestimmen.

Eine **Radiodrome** oder auch **Leitstrahlkurve** ist eine Bahnkurve, die die Bewegung eines Massenpunktes beschreibt, der einen anderen bewegten Punkt verfolgt [1–3]. Man geht dabei meistens davon aus, dass sich die beiden Punkte mit einem konstanten Betrag der Geschwindigkeit bewegen. Der einfachste Fall ist die sogenannte **Hundekurve** (Abb. 5.3), bei der sich ein Mensch geradlinig gleichförmig bewegt und der Hund mit einem konstanten Geschwindigkeitsbetrag immer direkt auf den Menschen zuläuft. Wir wollen im Folgenden ein Programm entwickeln, das die Bewegung von Hund und Mensch simuliert und animiert darstellt. In der Animation soll zudem der Vektor der Geschwindigkeit des Hundes und der Vektor der Beschleunigung des Hundes dargestellt werden. Die Ausgangssituation soll dem Zeitpunkt t_0 in Abb. 5.3 entsprechen. Der Mensch bewegt sich mit einer Geschwindigkeit von $2\,\text{m/s}$ in x-Richtung. Zu diesem Zeitpunkt ist der Hund $10\,\text{m}$ in y-Richtung vom Menschen entfernt.

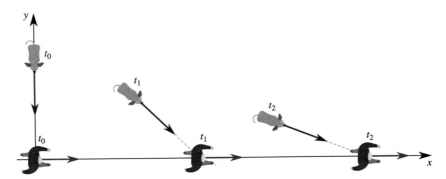

Abb. 5.3: Entstehung der Hundekurve. *Zum Zeitpunkt $t_0 = 0$ befinden sich der Hund und der Mensch in einer bestimmten Entfernung. Der Mensch bewegt sich mit konstanter Geschwindigkeit in die positive x-Richtung. Der Hund läuft mit einem konstanten Geschwindigkeitsbetrag stets direkt auf den Menschen zu.*

Um die Bewegung des Hundes zu simulieren, unterteilen wir diese in hinreichend kleine Zeitintervalle der Länge Δt. Wenn wir zu einem bestimmten Zeitpunkt t die Position $\vec{r}$ des Hundes und die Position $\vec{r}_m$ des Menschen kennen, dann können wir den Vektor $\vec{v}$ der Geschwindigkeit des Hundes bestimmen:

$$\vec{v}(t) = v\frac{\vec{r}_m(t) - \vec{r}(t)}{|\vec{r}_m(t) - \vec{r}(t)|} \tag{5.11}$$

Der Bruch auf der rechten Seite erzeugt einen Vektor der Länge eins, der vom Hund zum Menschen zeigt. Dieser Vektor wird mit dem Geschwindigkeitsbetrag v des Hundes multipliziert.

Mithilfe dieser Geschwindigkeit können wir jetzt näherungsweise die Position des Hundes nach einer kurzen Zeitspanne Δt bestimmen, indem wir annehmen, dass sich die Geschwindigkeit des Hundes in dieser Zeitspanne nur unwesentlich ändert:

$$\vec{r}(t + \Delta t) \approx \vec{r}(t) + \vec{v}(t)\Delta t \tag{5.12}$$

Da sich der Mensch mit einer konstanten Geschwindigkeit $\vec{v}_m$ bewegt, gilt analog für die Position des Menschen:

$$\vec{r}_m(t + \Delta t) = r_m(t) + \vec{v}_m\Delta t \tag{5.13}$$

Wir haben nun die Positionen von Hund und Mensch zum Zeitpunkt $t + \Delta t$ bestimmt. Wenn man diese in Gleichung (5.11) einsetzt, erhält man die Geschwindigkeit des Hundes zum Zeitpunkt $t + \Delta t$. Daraus kann man dann mit den Gleichungen (5.12) und (5.13) die Positionen zum Zeitpunkt $t + 2\Delta t$ bestimmen. Das Verfahren wiederholt man, bis sich Hund und Mensch eingeholt haben oder eine maximale Simulationsdauer erreicht ist, die vorab festgelegt werden muss.

Um den Vektor der Beschleunigung $\vec{a}$ des Hundes zu bestimmen, kann man die Ableitung durch den Differenzenquotienten näherungsweise bestimmen:

$$\vec{a}(t) \approx \frac{\vec{v}(t + \Delta t) - \vec{v}(t)}{\Delta t} \tag{5.14}$$

Das Verfahren ist in dem Programm 5.4 umgesetzt. Wir starten mit dem Modulimport und definieren die Ortsvektoren von Hund und Mensch zum Zeitpunkt $t = 0$, den Vektor der Geschwindigkeit des Menschen und den Betrag der Geschwindigkeit des Hundes.

Programm 5.4: *Kinematik/hundekurve.py*

```
6   # Startposition (x, y) des Hundes [m].
7   r0_hund = np.array([0.0, 10.0])
8   # Startposition (x, y) des Menschen [m].
9   r0_mensch = np.array([0.0, 0.0])
10  # Vektor der Geschwindigkeit (vx, vy) des Menschen [m/s].
11  v_mensch = np.array([2.0, 0.0])
12  # Betrag der Geschwindigkeit des Hundes [m/s].
13  betrag_v_hund = 3.0
```

Als Nächstes definieren wir die maximale Simulationsdauer und eine Zeitschrittweite.

```
14  # Maximale Simulationsdauer [s].
15  t_max = 500
16  # Zeitschrittweite [s].
17  dt = 0.01
```

Im späteren Verlauf des Programms brechen wir die Simulation ab, wenn der Abstand von Hund und Mensch kleiner als ein bestimmter Mindestabstand ist. Ein sinnvoller Wert für den Mindestabstand ergibt sich aus der Strecke, die der Hund während eines Zeitschritts zurücklegen kann.

```
20  mindestabstand = betrag_v_hund * dt
```

Da wir vorab nicht sagen können, wie viele Zeitschritte simuliert werden müssen, ist es ungünstig, die Ergebnisse in Arrays abzuspeichern. Wir legen stattdessen Listen an, die in jedem Zeitschritt verlängert werden. In diesen Listen speichern wir den jeweiligen Zeitpunkt, die Position des Hundes, die Position des Menschen und den Vektor der Geschwindigkeit des Hundes. Den Zeitpunkt $t = 0$ sowie die Anfangspositionen von Hund und Mensch tragen wir bereits in die Listen ein. Die Liste für den Vektor der Geschwindigkeit des Hundes bleibt zunächst leer, da dieser Eintrag im ersten Schritt der Simulation berechnet wird.

```
23  t = [0]
24  r_hund = [r0_hund]
25  r_mensch = [r0_mensch]
26  v_hund = []
```

Die eigentliche Simulation erfolgt in einer `while`-schleife, die wir mit `while True` einleiten und damit zunächst eine Endlosschleife erzeugen.

```
29  while True:
```

Nun berechnen wir mithilfe der Gleichung (5.11) den Vektor der Geschwindigkeit des Hundes. Dazu wird mit dem Index `[-1]` auf den jeweils letzten Eintrag der Liste mit den Ortsvektoren zugegriffen. Die Betragsbildung im Nenner von Gleichung (5.11) erfolgt über die Funktion `np.linalg.norm`.[2]

```
31      r_hund_mensch = r_mensch[-1] - r_hund[-1]
32      abstand = np.linalg.norm(r_hund_mensch)
33      v_hund.append(betrag_v_hund * r_hund_mensch / abstand)
```

Wir können nun die Abbruchbedingung formulieren: Die Simulation ist beendet, wenn der Abstand von Hund und Mensch zu klein ist oder wenn die maximale Simulationszeit überschritten wurde. Der Befehl `break` bewirkt, dass die Bearbeitung der `while`-Schleife sofort abgebrochen wird.

```
38      if (abstand < mindestabstand) or (t[-1] > t_max):
39          break
```

Die Position der Abbruchbedingung innerhalb der Schleife ist bewusst so gewählt worden, dass nach dem Verlassen der Schleife die Liste der Geschwindigkeit des Hundes immer genauso viele Einträge hat wie die anderen Listen.

Anschließend berechnen wir die neue Position von Hund und Mensch nach Gleichung (5.12) bzw. (5.13) sowie den nächsten Zeitpunkt, und die Ergebnisse werden an die entsprechenden Listen angehängt.

```
42      r_hund.append(r_hund[-1] + dt * v_hund[-1])
43      r_mensch.append(r_mensch[-1] + dt * v_mensch)
44      t.append(t[-1] + dt)
```

Damit ist die `while`-Schleife beendet. Als Nächstes wandeln wir die Listen in Arrays um, damit man leichter damit rechnen kann. Dies geschieht mit der Funktion `np.array`. Dabei werden aus den Listen, deren Einträge 1-dimensionale Arrays sind, automatisch 2-dimensionale Arrays erzeugt. Die Zeilen dieser Arrays stellen die Zeitpunkte dar und die Spalten die Ortskomponenten.

```
48  t = np.array(t)
49  r_hund = np.array(r_hund)
50  v_hund = np.array(v_hund)
51  r_mensch = np.array(r_mensch)
```

Nun berechnen wir zu jedem Zeitpunkt den Vektor der Beschleunigung des Hundes nach Gleichung (5.14). Dazu werden von `v_Hund` alle Zeilen außer der ersten Zeile ausgewählt und davon alle Zeilen außer der letzten abgezogen. Dies ergibt die Differenz der Geschwindigkeiten zweier aufeinanderfolgender Zeitpunkte. Diese Differenz wird gemäß Gleichung (5.14) durch `dt` geteilt, um eine Näherung für die Momentanbeschleunigung zu erhalten. Beachten Sie, dass bei dieser Rechnung ein 2-dimensionales Array mit nur einem Index versehen ist (vgl. Abschn. 3.9).

```
55  a_hund = (v_hund[1:] - v_hund[:-1]) / dt
```

---

[2] Ohne weitere Argumente berechnet die Funktion `np.linalg.norm` die sogenannte 2-Norm, also die Wurzel aus der Summe der Quadrate der Komponenten. Dies entspricht gerade der Betragsbildung von Vektoren.

Als Letztes erstellen wir die grafische Ausgabe der Ergebnisse. Wir erzeugen dazu zunächst eine Figure. Das optionale Funktionsargument `figsize` legt die Größe der Figure auf dem Bildschirm in Zoll (engl. inch) fest (1 in = 2,54 cm). Der Funktionsaufruf `fig.set_tight_layout(True)` sorgt dafür, dass die drei Axes-Objekte, die wir anschließend erstellen, mit möglichst wenig Zwischenraum, aber ohne dass sich die Beschriftungen überlappen, positioniert werden.[3]

```
58   fig = plt.figure(figsize=(10, 3))
59   fig.set_tight_layout(True)
```

Innerhalb der Figure erstellen wir eine Axes in einem 1 × 3-Raster und plotten die Bahnkurve. Auch hier müssen wir wieder mit `ax_bahn.set_aspect('equal')` dafür sorgen, dass die Darstellung nicht durch unterschiedliche Skalierung in x- und y-Richtung verzerrt wird.

```
62   ax_bahn = fig.add_subplot(1, 3, 1)
63   ax_bahn.set_xlabel('$x$ [m]')
64   ax_bahn.set_ylabel('$y$ [m]')
65   ax_bahn.set_aspect('equal')
66   ax_bahn.grid()
67   ax_bahn.plot(r_hund[:, 0], r_hund[:, 1])
```

In einer zweiten Axes wollen wir den zeitlichen Verlauf des Abstandes von Hund und Mensch plotten. Dazu benutzen wir die Funktion `np.linalg.norm`. Das zusätzliche Argument `axis=1` sorgt dafür, dass die Norm nur über die Spalten gebildet wird, da die Zeilen die einzelnen Zeitpunkte darstellen.[4]

```
70   ax_dist = fig.add_subplot(1, 3, 2)
71   ax_dist.set_xlabel('$t$ [s]')
72   ax_dist.set_ylabel('Abstand [m]')
73   ax_dist.grid()
74   ax_dist.plot(t, np.linalg.norm(r_hund - r_mensch, axis=1))
```

Als Letztes stellen wir auf die gleiche Art den Betrag der Beschleunigung des Hundes dar.

```
77   ax_beschl = fig.add_subplot(1, 3, 3)
78   ax_beschl.set_xlabel('$t$ [s]')
79   ax_beschl.set_ylabel('Beschl. [m/s²]')
80   ax_beschl.grid()
81   ax_beschl.plot(t[1:], np.linalg.norm(a_hund, axis=1))
```

Um die Grafik anzuzeigen, benutzen wir wieder die Funktion `plt.show`.

```
84   plt.show()
```

---

[3] Es gibt darüber hinaus noch die Funktion `fig.tight_layout`. Diese Funktion bewirkt, dass das Layout einmalig angepasst wird. Die Funktion `fig.set_tight_layout(True)` hat den Vorteil, dass das Layout auch angepasst wird, wenn die Größe der Figure nachträglich verändert wird.

[4] Analog kann man zum Beispiel bei `np.sum` auch angeben, dass nur entlang einer bestimmten Dimension summiert werden soll, oder man kann mit `np.mean` den Mittelwert nur entlang einer Dimension eines mehrdimensionalen Arrays berechnen.

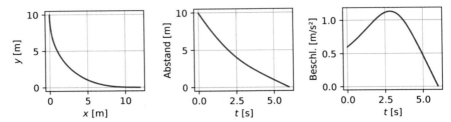

Abb. 5.4: Simulation der Hundekurve. *Dargestellt ist (links) die Bahnkurve des Hundes, (Mitte) der Abstand des Hundes vom Menschen als Funktion der Zeit und (rechts) der Betrag der Beschleunigung des Hundes.*

Das Ergebnis des Programms ist in Abb. 5.4 dargestellt. Man erkennt, dass die Beschleunigung des Hundes nach ungefähr 3 s am größten ist und dass er nach 6 s den Menschen einholt.

Für die meisten Menschen ist es schwierig, sich den zeitlichen Ablauf der Bewegung anhand der in Abb. 5.4 dargestellten Diagramme vorzustellen. Deutlich anschaulicher wird die Darstellung, wenn man den zeitlichen Verlauf der Bewegung in Form einer Animation visualisiert. Wir wollen im Folgenden das Programm 5.4 abwandeln, indem wir die Diagramme durch eine Animation der Bewegung von Hund und Mensch ersetzen. Dabei kann man den größten Teil des Programms übernehmen und muss lediglich den Grafikteil abwandeln. Wir fügen die entsprechenden Modulimporte für die Animation hinzu

Programm 5.5: `Kinematik/hundekurve_animation.py`

```
4  import matplotlib as mpl
6  import matplotlib.animation
```

und übernehmen anschließend den kompletten Berechnungsteil aus dem Programm 5.4. Für die Animation erzeugen wir ein Figure- und ein Axes-Objekt. Analog zu der Animation in Abschn. 3.17 muss man auch hier bereits die Skalierung der Achsen festlegen, da der Plot erst im Verlauf der Animation vervollständigt wird.

```
60  fig = plt.figure()
61  ax = fig.add_subplot(1, 1, 1)
62  ax.set_xlabel('$x$ [m]')
63  ax.set_ylabel('$y$ [m]')
64  ax.set_xlim(-0.2, 15)
65  ax.set_ylim(-0.2, 10)
66  ax.set_aspect('equal')
67  ax.grid()
```

Nun legen wir drei zunächst leere Plots an: einen Linienplot für die Bahnkurve und je einen Punktplot für die aktuelle Position von Hund und Mensch.

```
71  plot_bahn_hund, = ax.plot([], [])
72  plot_hund, = ax.plot([], [], 'o', color='blue')
73  plot_mensch, = ax.plot([], [], 'o', color='red')
```

Die Momentangeschwindigkeit möchten wir durch einen roten Pfeil und die Momentanbeschleunigung durch einen schwarzen Pfeil darstellen. Matplotlib bietet dazu spezielle
Funktionen an, mit denen man ganz unterschiedlich geformte Pfeile erzeugen kann. Wir
definieren zunächst eine einfache Pfeilvariante, bei der wir nur die Länge und Breite
der Spitze festlegen.

```
77   style = mpl.patches.ArrowStyle.Simple(head_length=6, head_width=3)
```

Anschließend erzeugen wir zwei Pfeile. Die beiden Tupel in den Argumenten geben
jeweils die Position des Pfeilendes und die Position der Pfeilspitze an.

```
78   pfeil_v = mpl.patches.FancyArrowPatch((0, 0), (0, 0),
79                             color='red',
80                             arrowstyle=style)
81   pfeil_a = mpl.patches.FancyArrowPatch((0, 0), (0, 0),
82                             color='black',
83                             arrowstyle=style)
```

Im Gegensatz zu den Plots, die durch eine Methode des Axes-Objekts erzeugt worden
sind, haben diese Pfeile aber keinerlei Bezug zu unserem Axes-Objekt. Daher ist es
notwendig, dass wir die Pfeile explizit mit dem Axes-Objekt verknüpfen.

```
86   ax.add_patch(pfeil_v)
87   ax.add_patch(pfeil_a)
```

Die eigentliche Animation wird, wie in Abschn. 3.17 beschrieben wurde, durch die
Funktion update ausgeführt.

```
90   def update(n):
91       """Aktualisiere die Grafik zum n-ten Zeitschritt."""
```

Innerhalb dieser Funktion aktualisieren wir zuerst den Geschwindigkeitspfeil. Dieser
soll an der aktuellen Position des Hundes starten und in Richtung des Geschwindigkeitsvektors zeigen. Bitte achten Sie darauf, dass wir an dieser Stelle die 2-dimensionalen
Arrays mit nur einem Index ansprechen, wie es in Abschn. 3.9 besprochen wurde.

```
93       pfeil_v.set_positions(r_hund[n], r_hund[n] + v_hund[n])
```

Analog verfahren wir für den Beschleunigungspfeil. Dabei müssen wir darauf achten,
dass das Array der Beschleunigungen eine Spalte weniger enthält als es Zeitpunkte gibt.
Im letzten Bild können wir also den Beschleunigungspfeil nicht mehr aktualisieren.

```
96       if n < len(a_hund):
97           pfeil_a.set_positions(r_hund[n], r_hund[n] + a_hund[n])
```

Danach setzen wir die Punkte für den Hund und den Menschen auf die aktuelle Position

```
100      plot_hund.set_data(r_hund[n])
101      plot_mensch.set_data(r_mensch[n])
```

und plotten die Bahnkurve des Hundes vom Zeitpunkt 0 bis zum aktuellen Zeitschritt.

```
104      plot_bahn_hund.set_data(r_hund[:n + 1, 0], r_hund[:n + 1, 1])
```

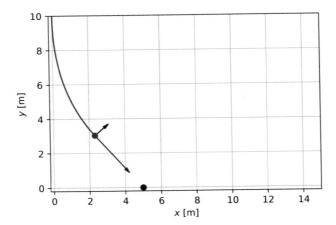

Abb. 5.5: Animation der Hundekurve. *Der rote Punkt stellt die aktuelle Position des Menschen dar, der blaue Punkt die des Hundes. Der rote Pfeil gibt die Geschwindigkeit des Hundes an (1 m ≙ 1 m/s). Der schwarze Pfeil gibt die Beschleunigung des Hundes an (1 m ≙ 1 m/s²).*

Bitte beachten Sie an dieser Stelle, dass gemäß Abschn. 2.12 ein Index der Form `[:n]` die Indizes von `0` bis `n - 1` anspricht. Damit die Bahnkurve also wirklich bis zur aktuellen Position gezeichnet wird, müssen wir als Endindex `n + 1` angeben. Wir beenden die Funktion `update`, indem wir ein Tupel aller veränderten Grafikobjekte zurückgeben.

```
106     return plot_bahn_hund, plot_hund, plot_mensch, pfeil_v, pfeil_a
```

Im letzten Schritt wird das Animationsobjekt erzeugt und die Animation durch Anzeigen der Grafik gestartet. Das Argument `frames=t.size` sorgt dafür, dass nur so viele Bilder angezeigt werden, wie auch Zeitschritte berechnet wurden.

```
110  ani = mpl.animation.FuncAnimation(fig, update, frames=t.size,
111                          interval=30, blit=True)
112  plt.show()
```

Ein Bildschirmfoto der Animation ist in Abb. 5.5 dargestellt. Sie können erkennen, dass der Vektor der Geschwindigkeit tangential auf der Bahnkurve des Hundes steht. Der Vektor der Beschleunigung steht senkrecht auf der Bahnkurve des Hundes, da sich der Betrag der Geschwindigkeit nicht verändert und es daher keine Tangentialbeschleunigung gibt, sondern nur eine Normalbeschleunigung.

Wenn Sie den Programmcode von Programm 5.5 kritisch angeschaut haben, sind Sie vielleicht über einen Punkt gestolpert: In der Funktion `update` wird die Endposition der beiden Pfeile festgelegt, indem zum aktuellen Ortsvektor des Hundes einmal dessen Geschwindigkeitsvektor und einmal dessen Beschleunigungsvektor addiert wird. Das ist natürlich physikalisch unsinnig, da es sich um zwei Größen mit unterschiedlicher Dimension handelt. Dieses Problem hat man immer, wenn man den Geschwindigkeits- oder Beschleunigungsvektor in einem Diagramm der Bahnkurve einzeichnen möchte. Im Diagramm der Bahnkurve legt man eine Längeneinheit fest. Wenn man nun eine Größe einer anderen Dimension im gleichen Diagramm darstellen will, dann muss man einen Umrechnungsfaktor definieren. In unserem Programm haben wir implizit festgelegt, dass eine Pfeillänge von 1 m im Diagramm einer Geschwindigkeit von 1 m/s bzw. einer Beschleunigung von 1 m/s^2 entspricht.

Achtung!

Immer, wenn Sie Geschwindigkeits- oder Beschleunigungsvektoren in ein Diagramm einer Bahnkurve einzeichnen wollen, muss eine Skalierung festgelegt werden. Diese Skalierung gibt an, wie die Länge des entsprechenden Vektors in die Längeneinheit der Bahnkurve umgerechnet werden soll.

Wir haben nun also die Bewegung des Hundes, der mit einem konstanten Geschwindigkeitsbetrag auf den Menschen zuläuft, simuliert. Es bleibt die Frage offen, wie genau unsere Simulation eigentlich ist. Wir haben schließlich an mehreren Stellen die Ableitung durch den Differenzenquotienten ersetzt und angenommen, dass sich innerhalb eines Zeitintervalls Δt die Geschwindigkeit nicht ändert. Außerdem können sich natürlich Programmierfehler eingeschlichen haben.

Wenn man eine Simulation auf ihre Richtigkeit hin untersuchen möchte, dann muss man am Simulationsmodell eine Verifikation und eine Validierung durchführen. Die **Verifikation** beantwortet die Frage: »Bildet die Computersimulation das Modell konzeptionell richtig ab?« oder »Lösen wir das Modell richtig?«. Die **Validierung** beantwortet die Frage: »Gibt das Modell die Wirklichkeit für den beabsichtigten Anwendungsfall genau genug wieder?« oder »Lösen wir das richtige Modell?«.

Die Validierung ist meistens der schwierigere der beiden Schritte. Um das Modell hinter der Hundekurve zu validieren, müsste man reale Situationen von Hunden, die auf Menschen zulaufen, quantitativ vermessen. Man müsste untersuchen, ob der Hund wirklich mit einer Geschwindigkeit läuft, deren Betrag näherungsweise konstant ist. Man müsste die maximal erreichbare Beschleunigung des Hundes untersuchen und vieles mehr.

Um ein Modell zu verifizieren, gibt es einige elementare Methoden, die wir im Folgenden kurz ansprechen wollen:

- Wenn es (in Spezialfällen) eine exakte Lösung des mathematischen Problems gibt, kann man diese Lösungen mit dem Simulationsergebnis vergleichen.

  In unserem Fall gibt es für den Spezialfall, dass der Mensch ruht, die offensichtliche Lösung, dass der Hund geradlinig gleichförmig auf den Menschen zuläuft. Die Beschleunigung muss demzufolge gleich null sein, und die Zeit, die der Hund benötigt, bis er beim Menschen ist, kann man durch den Quotienten aus der Anfangsentfernung und der Geschwindigkeit direkt ausrechnen. Beides kann man mit dem Ergebnis des Programms vergleichen.

  Es gibt sogar eine analytische Lösung für die Bahnkurve des Hundes, auf deren Herleitung wir an dieser Stelle verzichten wollen. Wenn der Mensch in x-Richtung läuft und sich zum Zeitpunkt $t = 0$ im Koordinatenursprung befindet

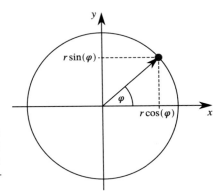

Abb. 5.6: Modellierung der Kreisbewegung. *Die Position eines Massenpunkts, der sich kreisförmig in der x-y-Ebene bewegt, wird eindeutig durch den konstanten Radius r und den zeitabhängigen Winkel φ festgelegt.*

und der Hund sich zum Zeitpunkt $t = 0$ am Ort $x = 0, y = y_0$ befindet, kann man die Bahnkurve durch die Gleichung

$$x(y) = \frac{y_0}{2} \left(\frac{1 - \left(\frac{y}{y_0}\right)^{1-k}}{1 - k} - \frac{1 - \left(\frac{y}{y_0}\right)^{1+k}}{1 + k} \right) \quad \text{für} \quad k = \frac{v_{\text{Mensch}}}{v_{\text{Hund}}} < 1 \quad (5.15)$$

darstellen [2, 3]. Eine Verifikation unseres Modells kann darin bestehen, diese analytische Lösung zusammen mit der Simulation in das gleiche Diagramm zu plotten, um die beiden Ergebnisse zu vergleichen.

- Man kann überprüfen, ob grundlegende Eigenschaften des Modells richtig wiedergegeben werden. In dem Beispiel der Hundekurve kann man sich beispielsweise die folgenden Fragen anschauen: »Stehen der Geschwindigkeitsvektor und der Beschleunigungsvektor stets senkrecht aufeinander?« und »Zeigt der Geschwindigkeitsvektor wirklich immer genau auf den Menschen?«

- Man kann den Fehler durch die endliche Zeitschrittweite Δt abschätzen. Der einfachste Weg, um herauszufinden, ob die Zeitschrittweite Δt klein genug ist, besteht darin, die Zeitschrittweite jeweils um einen festen Faktor zu verändern und nachzuschauen, ob sich das Simulationsergebnis noch wesentlich ändert.

5.3 Gleichförmige Kreisbewegung

Die gleichförmige Kreisbewegung wird in nahezu jedem Physikbuch ausführlich diskutiert. Da man die Bahngeschwindigkeit und die Beschleunigung für diese Bewegungsform analytisch ausrechnen kann, ist dies eine gute Möglichkeit, um das Berechnungsverfahren, das wir bereits für die Radiodrome angewendet haben, zu verifizieren.

Um die Kreisbewegung zu beschreiben, müssen wir zunächst die Position des Massenpunktes als Funktion der Zeit angeben. Aus Abb. 5.6 kann man entnehmen, dass sich der Ortsvektor $\vec{r}$ in der Form

$$\vec{r}(t) = r \cos(\varphi)\vec{e}_x + r \sin(\varphi)\vec{e}_y \quad (5.16)$$

schreiben lässt, wobei r der Radius der Kreisbahn ist. Für den Winkel φ wollen wir annehmen, dass er gleichförmig mit der Zeit zunimmt. Wenn wir mit T die Umlaufdauer bezeichnen, dann muss der Winkel φ nach der Zeit T um den Wert 2π größer geworden sein. Es gilt also:

$$\varphi(t) = \frac{2\pi}{T}t \tag{5.17}$$

Die Größe $2\pi/T$ bezeichnet man auch als die **Winkelgeschwindigkeit** ω:

$$\omega = \frac{2\pi}{T} \tag{5.18}$$

Für den Winkel $\varphi(t)$ ergibt sich damit die Gleichung:

$$\varphi(t) = \omega t \tag{5.19}$$

Der Betrag der Geschwindigkeit, mit der sich der Massenpunkt auf dem Kreis bewegt, ergibt sich aus dem Quotienten des Kreisumfangs und der Umlaufdauer:

$$v = \frac{2\pi r}{T} = \omega r \tag{5.20}$$

Den Vektor der Beschleunigung erhält man, indem man Gleichung (5.16) zweimal nach der Zeit differenziert und berücksichtigt, dass wegen (5.19) für die Ableitung des Winkels $\dot{\varphi} = \omega$ gilt:

$$\vec{v}(t) = \dot{\vec{r}} = -r\omega \sin(\varphi)\vec{e}_x + r\omega \cos(\varphi)\vec{e}_y \tag{5.21}$$

$$\vec{a}(t) = \dot{\vec{v}} = -r\omega^2 \cos(\varphi)\vec{e}_x - r\omega^2 \sin(\varphi)\vec{e}_y \tag{5.22}$$

Vergleicht man den Ausdruck von $\vec{r}$ nach Gleichung (5.16) mit dem Ergebnis für die Beschleunigung $\vec{a}$, so kann man erkennen, dass der Beschleunigungsvektor immer dem Ortsvektor entgegengerichtet ist, also auf das Zentrum der Kreisbahn zeigt. Man nennt diese Beschleunigung daher auch die **Zentripetalbeschleunigung**. Bildet man nun den Betrag von $\vec{a}$, so erhält man wegen $\cos(\varphi)^2 + \sin(\varphi)^2 = 1$ die Gleichung

$$a = \sqrt{\left(-r\omega^2 \cos(\varphi)\right)^2 + \left(-r\omega^2 \sin(\varphi)\right)^2} = r\omega^2 \, . \tag{5.23}$$

Wir wollen nun das analytische Ergebnis für die Bahngeschwindigkeit (5.20) und für die Zentripetalbeschleunigung (5.23) mit einer numerischen Rechnung vergleichen, die sich an der Rechnung für die Radiodrome orientiert. Im Unterschied zur Radiodrome haben wir nun aber den Vorteil, dass wir den Ortsvektor als Funktion der Zeit analytisch ausrechnen können. Wir testen daher lediglich die Genauigkeit der numerischen Bestimmung der Beschleunigung und der Geschwindigkeit. Dazu beginnen wir wieder mit dem Importieren der benötigten Module und legen die Parameter fest, die die Kreisbewegung beschreiben.

Programm 5.6: *Kinematik/kreisbahn.py*

```
 8  # Radius der Kreisbahn [m].
 9  radius = 3.0
10  # Umlaufdauer [s].
11  T = 12.0
12  # Zeitschrittweite [s].
13  dt = 0.02
14  # Winkelgeschwindigkeit [1/s].
15  omega = 2 * np.pi / T
```

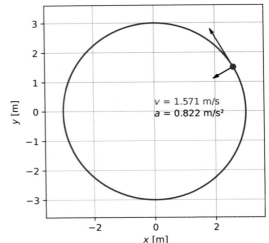

**Abb. 5.7: Animation der gleichförmi-
gen Kreisbewegung.** *Der blaue Punkt
stellt die Bewegung des Massenpunktes
dar. Der rote Pfeil gibt die Geschwindigkeit an (1 m ≙ 1 m/s). Der schwarze Pfeil gibt die Beschleunigung an
(1 m ≙ 1 m/s²).*

Zur Verifikation der Berechnungsmethode wird das analytisch berechnete Ergebnis für
die Bahngeschwindigkeit nach Gleichung (5.20) und für die Zentripetalbeschleunigung
nach Gleichung (5.23) ausgegeben.

```
18   print(f'Bahngeschwindigkeit:      {radius * omega:.3f} m/s')
19   print(f'Zentripetalbeschleunigung: {radius * omega ** 2:.3f} m/s²')
```

Um eine dauerhafte Animation der Kreisbewegung zu erhalten, reicht es aus, wenn wir
einen Umlauf simulieren.

```
22   t = np.arange(0, T, dt)
```

Die Berechnung der Bahnkurve ist mit NumPy sehr kompakt. Beachten Sie, dass wieder
die Zeitpunkte in den Zeilen und die Ortskomponenten in den Spalten des Arrays r
gespeichert werden.

```
25   r = np.empty((t.size, 2))
26   r[:, 0] = radius * np.cos(omega * t)
27   r[:, 1] = radius * np.sin(omega * t)
```

Die Geschwindigkeit und die Beschleunigung bestimmen wir analog zum Vorgehen
bei der Radiodromen.

```
30   v = (r[1:] - r[:-1]) / dt
31   a = (v[1:] - v[:-1]) / dt
```

Der Grafikteil ist dem der Hundekurve sehr ähnlich und daher hier nicht noch einmal
abgedruckt. Die einzige Neuerung besteht in der Ausgabe der aktuellen Beschleunigung
und Geschwindigkeit mit zwei Textfeldern. Eine Momentaufnahme der Animation ist
in Abb. 5.7 dargestellt. Bitte vergleichen Sie die Zahlenwerte der Beschleunigung und
der Geschwindigkeit mit der analytischen Rechnung. Sie werden feststellen, dass das
Ergebnis auf drei Nachkommastellen genau ist.

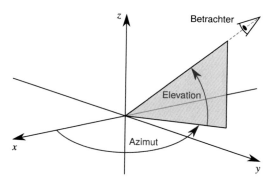

Abb. 5.8: Definition der Perspektive in Matplotlib. *Die Perspektive wird in Matplotlib durch den Azimutwinkel und den Elevationswinkel angegeben, die die Position des Betrachters relativ zum 3-dimensionalen Koordinatensystem festlegen.*

5.4 Bewegung entlang einer Schraubenlinie

Bisher haben wir uns auf 2-dimensionale Probleme beschränkt. Unsere Vorgehensweise lässt sich aber auch völlig analog auf 3-dimensionale Probleme anwenden. Wir betrachten dazu die Bewegung eines Teilchens auf einer schraubenförmigen Bahn. Solche Bewegungen treten in der Physik auf, wenn sich geladene Teilchen in einem Magnetfeld bewegen.

Die Bewegung entlang einer Schraubenbahn kann man dadurch modellieren, dass das Teilchen in der x-y-Ebene auf einer Kreisbahn läuft, während es sich in z-Richtung mit konstanter Geschwindigkeit v_z vorwärts bewegt:

$$\vec{r}(t) = r\cos(\varphi)\vec{e}_x + r\sin(\varphi)\vec{e}_y + v_z t\vec{e}_z \qquad \text{mit} \qquad \varphi = \omega t \qquad (5.24)$$

Die Berechnung der Beschleunigung und Geschwindigkeit funktioniert analog wie bei der Kreisbahn mit der einzigen Änderung, dass die Vektoren nun drei Komponenten haben.

Programm 5.7: *Kinematik/schraubenbahn.py*

```
27  r = np.empty((t.size, 3))
28  r[:, 0] = radius * np.cos(omega * t)
29  r[:, 1] = radius * np.sin(omega * t)
30  r[:, 2] = v_z * t
```

Bei der Erzeugung des Axes-Objekts gibt es nun eine Besonderheit. Wir wollen eine Projektion einer 3-dimensionalen Kurve in die Zeichenebene darstellen. Dazu gibt man der Methode `fig.add_subplot` das zusätzliche Argument `projection='3d'` mit. Damit das funktioniert, muss man vorher das Modul `mpl_toolkits.mplot3d` importieren. Zusätzlich legen wir mit den Argumenten `elev` und `azim` den Blickwinkel fest, aus dem der Beobachter die Darstellung betrachtet. Die Definition dieser beiden Winkel, die im Gradmaß angegeben werden, ist in Abb. 5.8 dargestellt.

```
37  fig = plt.figure()
38  ax = fig.add_subplot(1, 1, 1, projection='3d', elev=30, azim=45)
```

Leider bietet Matplotlib keinen so schönen 3-dimensionalen Pfeil an, wie wir ihn für die 2-dimensionalen Animationen benutzt haben. Wir müssen uns daher selbst einen definieren. Dazu muss das `FancyArrowPatch` so abgewandelt werden, dass es

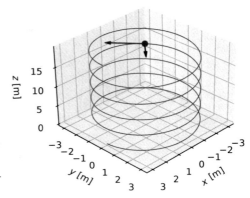

Abb. 5.9: Schraubenförmige Bahn. *Die Geschwindigkeit des Massenpunktes wird durch den roten Pfeil angezeigt (1 m $\hat{=}$ 1 m/s). Der schwarze Pfeil gibt die Beschleunigung an (1 m $\hat{=}$ 1 m/s^2).*

mit drei Koordinaten umgehen kann, und bei der Darstellung muss das Objekt auf die Zeichenebene projiziert werden. In dem vollständigen Programm finden Sie einen Codeabschnitt, der genau diese beschriebene Funktionalität in Form eines `Arrow3D` definiert. Sie sollten diesen Teil des Programms einfach als einen Baustein zur Darstellung eines 3-dimensionalen Pfeiles sehen, der sich ähnlich benutzen lässt wie der `FancyArrowPatch` in 2-dimensionalen Darstellungen, auch wenn wir hier nicht alle Details besprechen können.

Der restliche Teil ist sehr ähnlich zur Animation der Kreisbewegung. Wir erstellen zunächst den Linienplot für die Bahnkurve und den Punktplot für die Position des Massenpunktes, wobei wir nun natürlich jeweils drei Koordinaten angeben müssen.

```
77   plot_bahn, = ax.plot(r[:, 0], r[:, 1], r[:, 2], linewidth=0.7)
80   plot_punkt, = ax.plot([], [], [], 'o', color='red')
```

Die Grafikobjekte für die Pfeile werden völlig analog zur 2-dimensionalen Darstellung erzeugt. Wir müssen lediglich statt `FancyArrowPatch` den selbst definierten `Arrow3D` benutzen.

```
85   pfeil_v = Arrow3D((0, 0, 0), (0, 0, 0),
86               color='red', arrowstyle=style)
87   pfeil_a = Arrow3D((0, 0, 0), (0, 0, 0),
88               color='black', arrowstyle=style)
```

Danach definieren wir die Funktion `update`, die sehr ähnlich aufgebaut ist wie die entsprechende Funktion für die Animation der Kreisbahn.

```
93   def update(n):
94       """Aktualisiere die Grafik zum n-ten Zeitschritt."""
```

Wir müssen lediglich eine andere Methode für das Aktualisieren des Punktplots, der den Massenpunkt darstellt, verwenden: Die Methode `set_data` setzt nämlich nur die *x*- und die *y*-Koordinate. Stattdessen muss für einen 3-dimensionalen Plot die Methode `set_data_3d` verwendet werden.

```
104      plot_punkt.set_data_3d(r[n, :])
```

Anschließend wird mit den üblichen Befehlen das Animationsobjekt erstellt und angezeigt. In Abb. 5.9 ist eine Momentaufnahme der Bewegung dargestellt. Man erkennt auch hier, dass die Geschwindigkeit tangential auf der Bahnkurve steht.

Zusammenfassung

Darstellung von analytisch bestimmten Bahnkurven: Wir haben am Beispiel des schiefen Wurfes und der Kreisbewegung gezeigt, wie man Bahnkurven, für die es eine analytische Darstellung gibt, effizient für viele Zeitpunkte auswerten und grafisch darstellen kann.

Numerisches Integrieren: Bei der Hundekurve war die Geschwindigkeit zu jedem Zeitpunkt vorgegeben. Mithilfe der Näherung

$$\vec{r}(t + \Delta t) \approx \vec{r}(t) + \vec{v}(t)\,\Delta t \tag{5.25}$$

wurde der Ort $\vec{r}$ als Funktion der Zeit bestimmt. Das entspricht einer numerischen Integration.

Numerisches Differenzieren: Bei der Kreis- und der Schraubenbahn war der Ort $\vec{r}(t)$ als Funktion der Zeit vorgegeben. Wir haben durch den Differenzenquotienten eine Näherung für den Vektor der Geschwindigkeit

$$\vec{v}(t) \approx \frac{\vec{r}(t + \Delta t) - \vec{r}(t)}{\Delta t} \tag{5.26}$$

und daraus dann eine Näherung für den Vektor der Beschleunigung

$$\vec{a}(t) \approx \frac{\vec{v}(t + \Delta t) - \vec{v}(t)}{\Delta t} \tag{5.27}$$

erhalten.

Verifikation und Validierung: Die Verifikation und Validierung einer Simulation wurden am Beispiel der Hundekurve besprochen. Bei der Verifikation wird überprüft, ob das Computerprogramm das Modell korrekt umsetzt. Bei der Validierung wird überprüft, ob das Modell die Wirklichkeit genau genug widerspiegelt.

Grafische Darstellung von Bewegungen: Wir haben gesehen, wie man in Python mit Matplotlib Bahnkurven von Massenpunkten animiert darstellt und die Geschwindigkeit und Beschleunigung mittels Vektorpfeilen visualisiert.

3-dimensionale Darstellungen: Am Beispiel einer Schraubenbahn wurde demonstriert, wie man mit Matplotlib auch 3-dimensionale Bewegungen darstellen kann.

Aufgaben

Aufgabe 5.1: Schreiben Sie ein Programm, das die Flugbahn beim schiefen Wurf mit Anfangshöhe in Abhängigkeit vom Abwurfwinkel darstellt. Fassen Sie dabei zunächst die Berechnung der Bahnkurve in einer Funktion zusammen, deren Argument der Abwurfwinkel α ist.

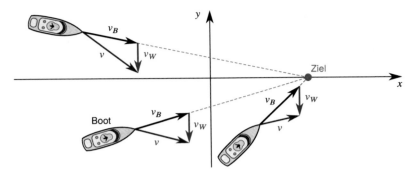

Abb. 5.10: Abdriften eines Bootes. *Das Boot bewegt sich mit der Geschwindigkeit v_B relativ zum Wasser, das mit der Geschwindigkeit v_W strömt. Die Bootsspitze soll während der Fahrt immer genau auf das Ziel ausgerichtet sein (siehe Aufgabe 5.4).*

Aufgabe 5.2: Modifizieren Sie das Programm 5.5 für die Hundekurve so, dass die analytische Bahnkurve nach Gleichung (5.15) mit dargestellt wird.

Aufgabe 5.3: Modifizieren Sie das Programm 5.5 für die Hundekurve für den Fall, dass der Mensch auf einem Kreis mit gegebenem Radius und gegebenem Betrag der Geschwindigkeit geht. In der Literatur finden Sie noch weitere interessante Varianten des Verfolgungsproblems [1, 4].

Aufgabe 5.4: Das folgende Problem ist mit dem der Hundekurve eng verwandt: Ein Boot steuert auf ein ruhendes Ziel zu, wobei es durch eine Strömung mit konstanter Geschwindigkeit abgetrieben wird. Dabei soll der Bug des Bootes immer genau auf das Ziel ausgerichtet werden, wie in Abb. 5.10 dargestellt ist, und der Betrag der Geschwindigkeit des Boots relativ zum strömenden Wasser ist konstant. Simulieren Sie die Bewegung des Boots und stellen Sie diese animiert dar. Hinweis: Bestimmen Sie den Vektor der Geschwindigkeit des Boots zunächst genauso wie im Programm der Hundekurve und addieren Sie dann den Vektor der Geschwindigkeit des strömenden Wassers.

Aufgabe 5.5: Die Bewegung eines Fadenpendels der Länge L lässt sich durch die folgende Gleichung beschreiben:

$$\vec{r}(t) = L \sin \left(\varphi \left(t \right) \right) \vec{e}_x - L \cos \left(\varphi \left(t \right) \right) \vec{e}_y \qquad (5.28)$$

Dabei ist $\varphi(t)$ die Auslenkung des Pendels aus der Ruhelage. Für kleine Maximalauslenkungen φ_0 kann man den Winkel φ bei geeigneten Anfangsbedingungen durch

$$\varphi(t) = \varphi_0 \cos(\omega t) \qquad \text{mit} \qquad \omega = \frac{2\pi}{T} \qquad (5.29)$$

beschreiben, wobei T die Schwingungsdauer des Pendels bezeichnet. Stellen Sie die Bewegung des Pendels zusammen mit dem Vektor der Momentangeschwindigkeit und der Momentanbeschleunigung animiert dar. Verwenden Sie die Werte $L = 3\,\mathrm{m}$, $T = 3{,}47\,\mathrm{s}$, $\varphi_0 = 10°$.

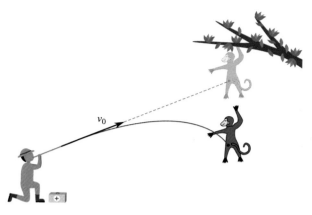

Abb. 5.11: Schuss auf einen fallenden Affen. *Der Schütze visiert den Affen auf einer geraden Linie an. In dem Moment, wenn der Schütze den Pfeil abschießt, lässt sich der Affe fallen (siehe Aufgabe 5.7).*

Aufgabe 5.6: Ein Fahrrad, dessen Räder einen Radius von $R_{\text{Rad}} = 35\,\text{cm}$ haben, fährt mit einer Geschwindigkeit von $v = 5\,\text{m/s}$. Betrachten Sie nun einen Punkt (z.B. ein Speichenreflektor oder das Ventil), der an dem Rad des Fahrrades in einem gegebenen Abstand R_{Punkt} von der Achse fest montiert ist. Die Form der Bahnkurve dieses Punktes bezeichnet man für $R_{\text{Punkt}} = R_{\text{Rad}}$ als Zykloide bzw. für als eine $R_{\text{Punkt}} < R_{\text{Rad}}$ als verkürzte Zykloide. Stellen Sie die Bahnkurve des Punktes und die Vektoren der Momentangeschwindigkeit und der Momentanbeschleunigung mit Pfeilen animiert dar. Skalieren Sie die Länge der Pfeile jeweils mit einen geeigneten Skalierungsfaktor. Stellen Sie in der Animation auch das Rad dar. Erzeugen Sie dazu am einfachsten mit `mpl.patches.Ellipse` einen Kreis, den Sie analog zu den Pfeilen der Axes hinzufügen. Testen Sie Ihr Programm, indem Sie die Spezialfälle der Zykloide und den Spezialfall $R_{\text{Punkt}} = 0$ betrachten.

Hinweis: Überlegen Sie sich zuerst, dass die Bahnkurve über die folgenden Gleichungen beschrieben werden kann

$$
\begin{aligned}
x(t) &= R_{\text{Punkt}} \cos\left(-\omega t - \frac{\pi}{2}\right) + vt \\
y(t) &= R_{\text{Punkt}} \sin\left(-\omega t - \frac{\pi}{2}\right) + R_{\text{Rad}} ,
\end{aligned}
\tag{5.30}
$$

wenn sich der betrachtete Punkt zum Zeitpunkt $t = 0$ am tiefsten Punkt befindet und dieser an der Position $x = 0$ liegt. Die Ebene $y = 0$ beschreibt in diesem Fall den Boden, auf dem das Rad rollt.

Aufgabe 5.7: In Abb. 5.11 ist ein Affe dargestellt, auf den im Rahmen einer Impfaktion mit einem Spritzenpfeil geschossen wird. Zum Zeitpunkt $t = 0$ wird der Schuss abgegeben, und gleichzeitig lässt sich der Affe fallen. Der Schütze zielt so, dass der Pfeil bei einer geradlinigen Flugbahn den Affen treffen würde. Es ist ein bekanntes Ergebnis der Kinematik, dass in dieser Situation der Pfeil den Affen genau an der anvisierten Stelle trifft, wenn man die Luftreibung vernachlässigt. Stellen Sie die Bewegung des Pfeils und des Affen animiert dar. Benutzen Sie dazu die analytische Lösung für den Fall des Affen und für den Flug des Pfeiles.

Aufgabe 5.8: Vielleicht möchten Sie anstelle eines einfachen Punktes für den Affen aus Aufgabe 5.7 ein kleines Bild eines Affen darstellen. Dazu müssen Sie sich ein entsprechendes Bild als Datei besorgen (z.B. als `.png` oder als `.jpg`). Dieses können Sie in Matplotlib wie folgt darstellen:

```
bild = mpl.offsetbox.OffsetImage(plt.imread('name.png'),
                                 zoom=0.1)
box_affe = mpl.offsetbox.AnnotationBbox(bild, (0, 0),
                                        frameon=False)

ax.add_artist(box_affe)
```

Dabei muss – je nach verwendetem Bild – der Skalierungsfaktor, der mit dem Argument `zoom=` gesetzt wird, geeignet gewählt werden. Innerhalb der `update`-Funktion der Animation können Sie die Position des Bildes dann mit dem folgenden Befehl aktualisieren.

```
box_affe.xybox = x, y
```

Literatur

[1]   Schierscher G. Verfolgungsprobleme. In: *Berichte über Mathematik und Unterricht*. Hrsg. von Kirchgraber U. Bd. 95. ETH Zürich, 1995.

[2]   Bacon RH. The Pursuit Course. *Journal of Applied Physics*, 21(10): 1065, 1950. DOI:10.1063/1.1699530.

[3]   Barton JC und Eliezer CJ. On pursuit curves. *The Journal of the Australian Mathematical Society. Series B. Applied Mathematics*, 41(3): 358–371, 2000. DOI:10.1017/S0334270000011292.

[4]   Weisstein EW. Pursuit Curve. From MathWorld – A Wolfram Web Resource. http://mathworld.wolfram.com/PursuitCurve.html.

Alles Einfache ist falsch, alles Komplizierte unbrauchbar.

Paul Valéry

6

Statik von Massenpunkten

Die newtonschen Axiome stellen einen Zusammenhang zwischen Kräften und der Änderung des Bewegungszustandes eines Körpers her. Das erste newtonsche Axiom definiert den Begriff eines Inertialsystems:

1. Newtonsches Axiom (Trägheitsprinzip)

Es gibt ein Bezugssystem, in dem die Bewegung eines kräftefreien Massenpunktes durch

$$\vec{v}(t) = \text{konst.} \tag{6.1}$$

beschrieben wird. Ein solches Bezugssystem nennen wir ein **Inertialsystem**.

Wir werden uns im Folgenden zunächst auf solche Probleme beschränken, die sich gut in einem Inertialsystem beschreiben lassen. In Inertialsystemen gilt nämlich das zweite newtonsche Gesetz, das wir in vielen unserer Simulationen benutzen werden:

2. Newtonsches Axiom (Aktionsprinzip)

Um einen Körper der Masse m mit der Beschleunigung $\vec{a}$ zu beschleunigen, ist eine Kraft $\vec{F}$ erforderlich. In einem Inertialsystem gilt

$$\vec{F} = m\vec{a} . \tag{6.2}$$

Es ist wichtig zu bemerken, dass in der newtonschen Mechanik eine Kraft immer zwischen zwei Körpern wirkt, wobei das Reaktionsprinzip gilt:

3. Newtonsches Axiom (Reaktionsprinzip)

Wirkt ein Körper 1 mit einer Kraft $\vec{F}_{12}$ auf einen anderen Körper 2, so wirkt der Körper 2 auf den Körper 1 mit einer gleich großen, aber entgegengesetzten Kraft $\vec{F}_{21}$. Es gilt also:

$$\vec{F}_{12} = -\vec{F}_{21} \tag{6.3}$$

© Springer-Verlag GmbH Deutschland, ein Teil von Springer Nature 2022
O. Natt, *Physik mit Python*, https://doi.org/10.1007/978-3-662-66454-4_6

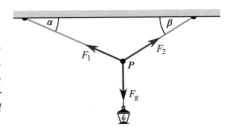

Abb. 6.1: Aufhängung einer Laterne mit zwei Seilen. *Auf den Punkt P wirken drei Kräfte: die Seilkraft des linken Seils $\vec{F}_1$, die Seilkraft des rechten Seils $\vec{F}_2$ und die Gewichtskraft $\vec{F}_g$ der Laterne. Diese drei Kräfte müssen zusammen null ergeben.*

Zu diesen drei Axiomen benötigt man noch eine Aussage, wie sich ein Körper verhält, auf den mehr als eine Kraft wirkt. Es erscheint fast selbstverständlich, dass die folgende Aussage gilt:

Addition von Kräften

Wirken auf einen Körper mehrere Kräfte $\vec{F}_i$ ein, so ergibt sich die Gesamtkraft aus der Summe der einzelnen Kräfte:

$$\vec{F} = \sum_i \vec{F}_i \tag{6.4}$$

In diesem Kapitel beschränken wir uns zunächst auf statische Probleme. Unter einem **statischen Problem** versteht man eine Anordnung von Körpern, die Kräfte aufeinander ausüben und sich dabei nicht bewegen. Damit kein Körper der Anordnung beschleunigt wird, muss insbesondere die Gesamtkraft auf jeden einzelnen Körper gleich null sein.

Eine typische Situation ist in Abb. 6.1 dargestellt. Die Geometrie der Anordnung ist durch die beiden Winkel α und β festgelegt, und die Gewichtskraft der Lampe F_g ist bekannt. Um die Kräfte F_1 und F_2 in den beiden Seilen zu bestimmen, schreibt man die Horizontal- und Vertikalkomponente der Gesamtkraft auf. Daraus ergeben sich die folgenden Gleichungen:

$$-F_1 \cos(\alpha) + F_2 \cos(\beta) = 0 \tag{6.5}$$
$$F_1 \sin(\alpha) + F_2 \sin(\beta) - F_g = 0 \tag{6.6}$$

Diese beiden Gleichungen bilden ein lineares Gleichungssystem für die beiden unbekannten Kräfte F_1 und F_2. Die Lösung findet man zum Beispiel, indem man die erste Gleichung nach F_1 umstellt und in die zweite Gleichung einsetzt. Es ergibt sich nach einigen Umformungen:

$$F_1 = \frac{F_g}{\cos(\alpha)\tan(\beta) + \sin(\alpha)} \quad \text{und} \quad F_2 = \frac{F_g}{\cos(\beta)\tan(\alpha) + \sin(\beta)} \tag{6.7}$$

Während man für einfache geometrische Situationen mit diesem Verfahren die Kräfte in jedem Seil berechnen kann, wird das Verfahren doch schnell unübersichtlich, wenn die Anzahl der beteiligten Körper größer wird. Wir wollen in den folgenden Abschnitten die Situation aus Abb. 6.1 verallgemeinern und Programme entwickeln, mit denen man auch für komplizierte Massenanordnungen die Kräfte im statischen Fall berechnen kann.

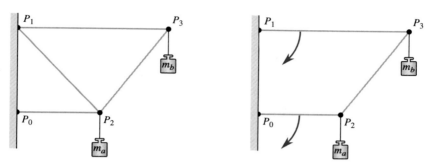

Abb. 6.2: Statische Bestimmtheit von Stabwerken. *Im linken Bild sind die Positionen der Knoten P_2 und P_3 durch die Längen der Stäbe eindeutig festgelegt. Im rechten Bild fehlt der Stab, der die Punkte P_1 und P_2 verbindet, und der Aufbau kann nach unten wegklappen, wie durch die blauen Pfeile angedeutet wird.*

6.1 Starre Stabwerke

Unter einem statischen starren Stabwerk versteht man eine Anordnung von Massenpunkten, die durch starre Stäbe miteinander verbunden sind, sodass sich die einzelnen Massenpunkte nicht mehr bewegen können. Ein solches Stabwerk ist in Abb. 6.2 links dargestellt. Es handelt sich um ein 2-dimensionales Stabwerk, das aus vier Massenpunkten und vier Stäben besteht. Von den vier Massenpunkten werden zwei Punkte von außen festgehalten. Diese Punkte bezeichnen wir als die **Stützpunkte**. Die restlichen Punkte werden wir im Folgenden als **Knoten** bezeichnen.

Bei einem Stabwerk wirken auf jeden Massenpunkt Kräfte, die durch die angrenzenden Stäbe übertragen werden. Zusätzlich wirken meistens äußere Kräfte, insbesondere die Gewichtskraft, auf die Massenpunkte. Die äußeren Kräfte sind normalerweise bekannt, und die Kräfte, die auf die einzelnen Stäbe wirken, sind gesucht. Wir wollen zunächst einige Modellannahmen für die Behandlung solcher Stabwerke treffen:

1. Die Stäbe selbst sind masselos. Um Stäbe mit einem Eigengewicht zu behandeln, kann man die Gewichtskraft des Stabes gleichmäßig auf die angrenzenden Massenpunkte verteilen.

2. Die Stäbe sind vollkommen starr. Sie lassen sich nicht dehnen, stauchen oder biegen.

3. Die Verbindungen der Stäbe mit den Massenpunkten sind drehbar. Ein Stab kann also nur eine Kraft entlang seiner Richtung übertragen und niemals quer dazu.

4. Jeder Stützpunkt kann Kräfte in beliebigen Richtungen aufnehmen, aber keine Drehmomente. Die Stützpunkte modellieren also nichtverschiebbare Drehlager.

5. Die Konstruktion der Stäbe muss so sein, dass sich kein Massenpunkt bewegen kann. Man sagt auch, das System muss **statisch bestimmt** sein.

6. Wir beschränken uns zunächst auf 2-dimensionale Stabwerke. Im Anschluss diskutieren wir, welche Änderungen sich bei 3-dimensionalen Stabwerken ergeben.

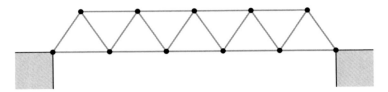

Abb. 6.3: Statisch überbestimmtes Stabwerk. *Die dargestellte Brückenkonstruktion ist statisch überbestimmt. Es gibt neben den zwei Stützpunkten neun Knotenpunkte, aber 19 Stäbe.*

Bevor wir mit der Simulation eines solchen Stabwerks beginnen, sollten wir uns zunächst einmal klarmachen, wie ein Stabwerk aufgebaut sein muss, damit sich die einzelnen Massenpunkte nicht mehr bewegen können. Zunächst einmal muss es bei einem 2-dimensionalen Stabwerk zwei Stützpunkte geben. Der erste Stützpunkt sorgt dafür, dass sich die gesamte Anordnung nicht mehr verschieben lässt. Der zweite Stützpunkt bewirkt, dass sich die Anordnung nicht mehr drehen kann.

Weiterhin müssen wir sicher sein, dass sich die Knoten relativ zueinander nicht bewegen können. Dazu muss jeder Knoten mit zwei anderen Punkten (Knoten oder Stützpunkten) verbunden sein. Ein statisch bestimmtes, 2-dimensionales Stabwerk hat also doppelt so viele Stäbe wie Knotenpunkte.[1]

Im rechten Stabwerk in Abb. 6.2 ist diese Bedingung nicht erfüllt. Ein solches Stabwerk nennt man **statisch unterbestimmt**. In Abb. 6.3 ist eine Brückenkonstruktion dargestellt, bei der es mehr Stäbe als die doppelte Knotenanzahl gibt. Eine solche Konstruktion nennt man **statisch überbestimmt**. Eine ausführliche Diskussion dieser Begriffe und der Kriterien, mit denen man unter etwas allgemeineren Voraussetzungen die Bestimmtheit eines Stabwerks ermitteln kann, finden Sie in vielen einführenden Lehrbüchern über technische Mechanik oder Baustatik [1, 2].

Wir wollen im Folgenden ein Python-Programm entwickeln, das für eine gegebene Anordnung von Punkten in einem statisch bestimmten Stabwerk die Kräfte auf die einzelnen Stäbe berechnet und grafisch darstellt. Wir betrachten dazu ein ganz konkretes Stabwerk, das in Abb. 6.4 dargestellt ist. An jedem Knotenpunkt greifen neben der äußeren Kraft die Kräfte an, die von den Stäben übertragen werden. Damit die Knoten sich nicht bewegen, muss die Summe aller Kräfte auf jeden Knoten verschwinden. Für den Knoten P_2 lautet diese Bedingung zum Beispiel

$$\vec{F}_0 + \vec{F}_1 + \vec{F}_2 + \vec{F}_{\text{ext},2} = 0 \,. \tag{6.8}$$

Da es sich um eine Vektorgleichung handelt, die man in eine Gleichung für die x- und y-Komponenten aufteilen kann, besteht diese Bedingung also aus zwei Gleichungen. Jeder Knotenpunkt liefert somit zwei Gleichungen, und es gibt insgesamt doppelt so viele Stäbe wie Knotenpunkte. Wir müssen für jeden Stab die durch ihn übertragene

---

[1] Im Bauingenieurwesen stellt man das Kriterium für die statische Bestimmtheit oft in der Form $2p = r + s$ dar. Dabei ist p die Gesamtzahl der Punkte (Knoten und Stützpunkte), s ist die Anzahl der Stäbe, und r ist die Anzahl der Kraftkomponenten, die durch die Stützpunkte aufgenommen werden können. Im hier betrachteten Fall kann jeder Stützpunkt zwei Kraftkomponenten aufnehmen. Für a Stützpunkte gilt also $r = 2a$. Die Gesamtzahl der Punkte ist die Summe der Stützpunkte und Knoten $p = k + a$. Setzen wir dies in die Bedingung $2p = r + s$ ein, so erhalten wir das Kriterium $2k = s$.

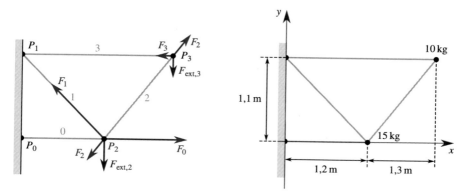

Abb. 6.4: Ein Stabwerk. *(Links) Die Punkte und die Stäbe (grau) des Stabwerks sind fortlaufend nummeriert worden. Weiterhin sind die Kräfte, die auf die Knoten P_2 und P_3 wirken, dargestellt. Die roten Pfeile sind die äußeren Kräfte. Die äußeren Kräfte, die auf die Stützpunkte wirken, sind der Übersichtlichkeit halber nicht abgebildet. Die blauen Pfeile stellen die durch die Stäbe verursachten Kräfte dar, die auf den jeweiligen Knotenpunkt wirken. Am Knotenpunkt P_2 und P_3 ist das newtonsche Reaktionsprinzip anhand der Kraft F_2 erkennbar. (Rechts) Bemaßte Skizze des gleichen Stabwerks.*

Kraft bestimmen und haben damit genauso viele Gleichungen wie zu bestimmende Größen.

Um das Problem ganz allgemein im Computer zu lösen, müssen wir die folgenden Aufgaben lösen:

1. Die Geometrie des Problems muss im Computer abgebildet werden.

2. Die Gleichungen, die aus dem Kräftegleichgewicht resultieren, müssen aufgestellt werden.

3. Diese Gleichungen müssen gelöst werden.

4. Das Ergebnis muss grafisch dargestellt werden.

Wir wollen die einzelnen Schritte zwar an dem ganz konkreten Beispiel aus Abb. 6.4 durchführen, dabei jedoch nicht den Anspruch verlieren, dass man mit dem Programm auch jedes beliebige andere statisch bestimmte Stabwerk behandeln kann.

Zunächst einmal werden die üblichen Module importiert, und wir legen einen Skalierungsfaktor für die Darstellung der Vektorpfeile der Kraft fest. Da die größte Masse 15 kg beträgt, setzen wir diesen Faktor auf einen Wert von 0,002 m/N, sodass ein typischer Kraftpfeil mit einer Länge von 0,3 m dargestellt wird.

Programm 6.1: *Statik/stabwerk_starr.py*

```
8   scal_kraft = 0.002
```

Darstellung der Geometrie

Um die Geometrie des Problems im Computer darzustellen, fertigen wir zunächst eine bemaßte Skizze des Problems an, in der wir alle Punkte und alle Stäbe durch-

nummerieren und ein Koordinatensystem festlegen, wie in Abb. 6.4 dargestellt. Die
Koordinaten der einzelnen Punkte können wir nun effizient in einem 4 × 2-Array ab-
speichern. Der Zeilenindex gibt die Nummer des Punktes an und der Spaltenindex die
Koordinatenrichtung.

```
11  punkte = np.array([[0, 0], [0, 1.1], [1.2, 0], [2.5, 1.1]])
```

Weiterhin müssen wir festlegen, bei welchen Punkten es sich um Stützpunkte handelt
und bei welchen Punkten um Knoten. Wir speichern dazu die Indizes der Stützpunkte
in einer Liste.

```
14  indizes_stuetz = [0, 1]
```

Als Nächstes muss angegeben werden, welche Punkte durch Stäbe miteinander verbunden sind. Da es sich um vier Stäbe handelt und jeder Stab zwei Punkte verbindet,
erzeugen wir ein 4 × 2-Array. Jede Zeile stellt einen Stab dar, und in den beiden Spalten
stehen die Indizes der Punkte, die verbunden werden.

```
18  staebe = np.array([[0, 2], [1, 2], [2, 3], [1, 3]])
```

Nun müssen wir die äußeren Kräfte auf die Punkte darstellen, wobei nur die äußeren
Kräfte auf die Knotenpunkte bekannt sind. Es wird sich herausstellen, dass es für das
Aufstellen der Gleichungen günstig ist, ein Array zu erzeugen, das die äußeren Kräfte
für *alle* Punkte beinhaltet. Da es in unserem Problem vier Punkte gibt, erzeugen wir ein
4 × 2-Array. Der Zeilenindex gibt den Index des Punktes an, auf den die Kraft wirkt. In
den Spalten sind die Koordinatenrichtungen gespeichert. Für den Punkt P_2 ergibt sich
eine Kraft von $15 \, \text{kg} \cdot 9{,}81 \, \text{m/s}^2 = 147{,}15 \, \text{N}$ in $-y$-Richtung und für P_3 eine Kraft von
$10 \, \text{kg} \cdot 9{,}81 \, \text{m/s}^2 = 98{,}1 \, \text{N}$ in $-y$-Richtung. Die äußere Kraft, die auf die Stützpunkte
wirkt, setzen wir zunächst auf null.

```
23  F_ext = np.array([[0, 0], [0, 0], [0, -147.15], [0, -98.1]])
```

Damit ist das Problem eigentlich vollständig beschrieben. Für die spätere Verwendung
definieren wir noch die Anzahl der Raumdimensionen[2], der Punkte, der Stäbe, der
Stützpunkte und der Knotenpunkte.

```
26  n_punkte, n_dim = punkte.shape
27  n_staebe = len(staebe)
28  n_stuetz = len(indizes_stuetz)
29  n_knoten = n_punkte - n_stuetz
```

Für das Aufstellen der Gleichungen ist es darüber hinaus günstig, nicht nur eine Liste
der Stützpunkte zu haben, sondern auch eine Liste der Knoten. Wir erzeugen diese Liste,
indem wir eine Liste aller Punktindizes erstellen und daraus die Stützpunkte entfernen.

---

[2] Ein wichtiger Aspekt beim Programmieren ist, dass die Programme später für Sie oder für andere
Menschen gut nachvollziehbar sind. Diese Nachvollziehbarkeit wird durch die Einführung einer
Konstante für die Raumdimension erleichtert. Nehmen Sie einmal an, wir würden in dem Programm
darauf verzichten und überall einfach die Zahl 2 einsetzen. Für einen Leser des Programms ist dann
vielleicht nur noch schwer nachvollziehbar, dass an einigen Stellen im Programm die Zahl 2 die
Bedeutung der Raumdimension hat, während an anderen Stellen die Zahl 2 auftritt,
weil jeder Stab zwei Massenpunkte miteinander verbindet.

Abb. 6.5: Vorzeichenkonvention bei einem Stabwerk. *Ein Stab, der zwei Massenpunkte verbindet, kann (links) eine nach außen gerichtete Kraft auf die beiden Massenpunkte ausüben. In diesem Fall lastet ein Druck auf dem Stab und man ordnet diesem Stab eine negative Kraft $F < 0$ zu. Wenn der Stab (rechts) auf die beiden Massenpunkte eine nach innen gerichtete Kraft ausübt, steht der Stab unter Zug und man ordnet dem Stab eine positive Kraft $F > 0$ zu.*

Das kann man sehr elegant in einer Zeile aufschreiben, indem man die Menge der Indizes der Punkte und die Menge der Indizes der Stützpunkte erstellt und dann die Mengendifferenz mit dem Operator - bildet. Das Ergebnis wandelt man dann mit der Funktion `list` wieder in eine Liste um.

```
32  indizes_knoten = list(set(range(n_punkte)) - set(indizes_stuetz))
```

Aufstellen der Gleichungen für das Kräftegleichgewicht

Um die Gleichungen für das Kräftegleichgewicht aufzustellen, müssen wir die Kräfte als Vektoren darstellen. Dabei muss die Modellannahme berücksichtigt werden, dass die Kraft, die von einem Stab auf eine Masse ausgeübt wird, immer nur in Richtung des Stabes zeigen kann. Da die Kraftrichtung damit bis auf das Vorzeichen festgelegt ist, können wir jede Kraft durch eine vorzeichenbehaftete Zahl darstellen. Wir treffen die in Abb. 6.5 dargestellte Konvention: Ein Stab, der unter Zug steht, entspricht einer positiven Kraft. Ein Stab, der unter Druck steht, entspricht einer negativen Kraft. Der Vektor der Kraft ergibt sich, indem man diese Zahl mit einem Einheitsvektor multipliziert, der von der Masse in Richtung des Stabes zeigt. Wir setzen diese Vorzeichenkonvention um, indem wir eine Funktion definieren, die für den Punkt mit dem Index `i_pkt` und den Stab mit dem Index `i_stb` den entsprechenden Einheitsvektor zurückgibt. Wir wollen bereits jetzt die Möglichkeit vorsehen, anstelle des Arrays `punkte`, das die Koordinaten der einzelnen Punkte enthält, ein anderes Array zu übergeben. Wir werden dies aber erst im Abschnitt 6.2 benötigen.

```
35  def ev(i_pkt, i_stb, koord=punkte):
36      """Bestimme den Einheitsvektor in einem Punkt für einen Stab.
37
38      Args:
39          i_pkt (int):
40              Index des betrachteten Punktes.
41          i_stb (int):
42              Index des betrachteten Stabes.
43          koord (np.ndarray):
44              Koordinaten der Punkte (n_punkte × n_dim).
45
46      Returns:
47          np.ndarray: Berechneter Einheitsvektor oder der Nullvektor,
48              wenn der Stab den Punkt nicht enthält (n_dim).
49      """
```

Um später Fallunterscheidungen zu vermeiden, soll die Funktion den Nullvektor zurückgeben, falls der angegebene Punkt gar nicht zu dem angegebenen Stab gehört.

```
50    stb = staebe[i_stb]
51    if i_pkt not in stb:
52        return np.zeros(n_dim)
```

Die weitere Implementierung der Funktion ev ist nun die direkte Umsetzung der oben festgelegten Vorzeichenkonvention.

```
53    if i_pkt == stb[0]:
54        vektor = koord[stb[1]] - koord[i_pkt]
55    else:
56        vektor = koord[stb[0]] - koord[i_pkt]
57    return vektor / np.linalg.norm(vektor)
```

Wenn wir diesen Einheitsvektor mit

$$\vec{e}_{ki} = \text{ev(k, i)} \tag{6.9}$$

bezeichnen, dann können wir die Kraft, die der Stab Nr. i auf den Knoten P_k ausübt, als $F_i\vec{e}_{ki}$ schreiben. Das newtonsche Reaktionsprinzip ist mit dieser Behandlung der Kräfte automatisch berücksichtigt. Das Kräftegleichgewicht (6.8) für den Punkt P_2 können wir somit in der Form

$$F_0\vec{e}_{20} + F_1\vec{e}_{21} + F_2\vec{e}_{22} + \vec{F}_{\text{ext},2} = 0 \tag{6.10}$$

aufschreiben, da hier die Stäbe 0, 1 und 2 angreifen. Am Punkt P_3 greifen die Stäbe 2 und 3 an. Die entsprechende Gleichung lautet:

$$F_2\vec{e}_{32} + F_3\vec{e}_{33} + \vec{F}_{\text{ext},3} = 0 \tag{6.11}$$

Die Gleichungen (6.10) und (6.11) kann man in Komponenten als ein lineares Gleichungssystem mit vier Gleichungen für die vier unbekannten Kräfte aufschreiben:

$$\begin{aligned}
F_0 e_{20,x} &+ F_1 e_{21,x} &+ F_2 e_{22,x} & & &= -F_{\text{ext},2,x} \\
F_0 e_{20,y} &+ F_1 e_{21,y} &+ F_2 e_{22,y} & & &= -F_{\text{ext},2,y} \\
& & F_2 e_{32,x} &+ F_3 e_{33,x} &= -\vec{F}_{\text{ext},3,x} \\
& & F_2 e_{32,y} &+ F_3 e_{33,y} &= -\vec{F}_{\text{ext},3,y}
\end{aligned} \tag{6.12}$$

Dieses Gleichungssystem kann man in der Matrix-Vektor-Schreibweise in der Form

$$\begin{pmatrix} e_{20,x} & e_{21,x} & e_{22,x} & 0 \\ e_{20,y} & e_{21,y} & e_{22,y} & 0 \\ 0 & 0 & e_{32,x} & e_{33,x} \\ 0 & 0 & e_{32,y} & e_{33,y} \end{pmatrix} \cdot \begin{pmatrix} F_0 \\ F_1 \\ F_2 \\ F_3 \end{pmatrix} = - \begin{pmatrix} F_{\text{ext},2,x} \\ F_{\text{ext},2,y} \\ F_{\text{ext},3,x} \\ F_{\text{ext},3,y} \end{pmatrix} \tag{6.13}$$

darstellen. Wir können das auch etwas kompakter in der folgenden Art aufschreiben:

$$\begin{pmatrix} \vec{e}_{20} & \vec{e}_{21} & \vec{e}_{22} & \vec{0} \\ \vec{0} & \vec{0} & \vec{e}_{32} & \vec{e}_{33} \end{pmatrix} \cdot \begin{pmatrix} F_0 \\ F_1 \\ F_2 \\ F_3 \end{pmatrix} = - \begin{pmatrix} \vec{F}_{\text{ext},2} \\ \vec{F}_{\text{ext},3} \end{pmatrix} \tag{6.14}$$

Die Matrix auf der linken Seite und der Vektor auf der rechten Seite sind dabei so zu verstehen, dass die einzelnen Komponenten der vektorwertigen Einträge jeweils untereinander geschrieben werden. Wir wollen uns jetzt überlegen, wie man das Gleichungssystem (6.14) für ein beliebiges starres Stabwerk aufstellen kann. Wir nehmen dazu an, dass wir K Knotenpunkte und S Stäbe haben. Die Indizes der Knotenpunkte in der Punktliste nennen wir k_0 bis k_{K-1} (in unserem konkreten Fall ist $K = 2$, $k_0 = 2$ und $k_1 = 3$). Die Matrixgleichung (6.14) schreiben wir dann als:

$$\begin{pmatrix} \vec{a}_{0,0} & \cdots\cdots & \vec{a}_{0,S-1} \\ \vdots & \ddots & \vdots \\ \vdots & & \ddots & \vdots \\ \vec{a}_{K-1,0} & \cdots\cdots & \vec{a}_{K-1,S-1} \end{pmatrix} \cdot \begin{pmatrix} F_0 \\ F_1 \\ \vdots \\ F_{S-1} \end{pmatrix} = - \begin{pmatrix} \vec{F}_{\text{ext},k_0} \\ \vec{F}_{\text{ext},k_1} \\ \vdots \\ \vec{F}_{\text{ext},k_{K-1}} \end{pmatrix} \qquad (6.15)$$

Ein Eintrag $\vec{a}_{ni}$ in der Matrix ist entweder ein Einheitsvektor oder der Nullvektor, wenn der entsprechende Stab nicht am entsprechenden Knoten endet. Diese Fallunterscheidung haben wir aber bereits bei der Definition der Einheitsvektoren berücksichtigt, sodass gilt:

$$\vec{a}_{ni} = \vec{e}_{k_n\,i} \qquad (6.16)$$

Die Matrix auf der linken Seite der Gleichung nennen wir A. Um diese Matrix in Python aufzustellen, starten wir mit einem entsprechend großen leeren Array. Diesem geben wir zunächst die Größe n_knoten × n_dim × n_staebe. Wir iterieren nun mit der Funktion enumerate über alle Knoten des Stabwerks. Falls Ihnen nicht mehr ganz klar sein sollte, wie diese Funktion arbeitet, schauen Sie sich bitte noch einmal die Erklärungen und Beispiele in Abschn. 2.22 an.

```
61  A = np.empty((n_knoten, n_dim, n_staebe))
62  for n, k in enumerate(indizes_knoten):
```

Innerhalb dieser Schleife entspricht n gerade dem Index n und k entspricht dem Index k_n in Gleichung (6.16). Wir iterieren nun über alle Stabindizes und schreiben den Einheitsvektor an der entsprechenden Stelle in das Array A:

```
63      for i in range(n_staebe):
64          A[n, :, i] = ev(k, i)
```

Anschließend wandeln wir das Array A in ein gleichnamiges, 2-dimensionales um. Dieses Array hat dann genau die Struktur der Matrix in Gleichung (6.13).

```
65  A = A.reshape(n_knoten * n_dim, n_staebe)
```

Lösen des Gleichungssystems

Nachdem wir die Matrix auf der linken Seite von Gleichung (6.13) aufgestellt haben, müssen wir das Array der äußeren Kräfte in ein 1-dimensionales Array umwandeln und das lineare Gleichungssystem mit der Funktion np.linalg.solve lösen.

```
68  b = -F_ext[indizes_knoten].reshape(-1)
69  F = np.linalg.solve(A, b)
```

Anschließend müssen wir noch die äußeren Kräfte auf die Stützpunkte berechnen. Diese äußeren Kräfte müssen die Stabkräfte genau kompensieren. Wir müssen also für jeden Stützpunkt alle angreifenden Stabkräfte summieren und das Vorzeichen umdrehen.

```
72    for i_stuetz in indizes_stuetz:
73        for i_stab in range(n_staebe):
74            F_ext[i_stuetz] -= F[i_stab] * ev(i_stuetz, i_stab)
```

Grafische Ausgabe der Ergebnisse

Die grafische Ausgabe der Ergebnisse besteht aus der Darstellung der Geometrie, dem Einzeichnen der Vektorpfeile und der Darstellung der Zahlenwerte der Kräfte in Form von Textfeldern.

Nach der obligatorischen Erzeugung einer Figure `fig` und einer Axes `ax`, die wir hier nicht mit abdrucken, plotten wir zunächst die einzelnen Punkte des Stabwerks.

```
87    ax.plot(punkte[indizes_knoten, 0], punkte[indizes_knoten, 1], 'bo')
88    ax.plot(punkte[indizes_stuetz, 0], punkte[indizes_stuetz, 1], 'ro')
```

Anschließend stellen wir die Stäbe dar und beschriften jeden Stab mit einem Textfeld, das wir in der Mitte des Stabes positionieren. Dazu verwenden wir nun die Methode `annotate`, die einer Axes eine Beschriftung hinzufügt. Wenn man die Methode `draggable` mit dem Argument `True` aufruft, erreicht man, dass man die Beschriftungen nachträglich mit der Maus verschieben kann, sodass sich der Text nicht mehr mit den Linien überlappt.

```
91    for stab, kraft in zip(staebe, F):
92        ax.plot(punkte[stab, 0], punkte[stab, 1], color='black')
93        position = np.mean(punkte[stab], axis=0)
94        annot = ax.annotate(f'{kraft:+.1f} N', position, color='blue')
95        annot.draggable(True)
```

Auf ähnliche Weise stellen wir nun die äußeren Kräfte mit roten Pfeilen dar, wobei wir den Skalierungsfaktor `scal_kraft` berücksichtigen.

```
99     style = mpl.patches.ArrowStyle.Simple(head_length=10, head_width=5)
100    for p1, kraft in zip(punkte, F_ext):
101        p2 = p1 + scal_kraft * kraft
102        pfeil = mpl.patches.FancyArrowPatch(p1, p2, color='red',
103                                            arrowstyle=style,
104                                            zorder=2)
105        ax.add_patch(pfeil)
106        annot = ax.annotate(f'{np.linalg.norm(kraft):.1f} N',
107                            (p1 + p2) / 2, color='red')
108        annot.draggable(True)
```

Als Letztes zeichnen wir die inneren Kräfte als Pfeile in das Diagramm ein und zeigen die Figure anschließend mit `plt.show()` an.

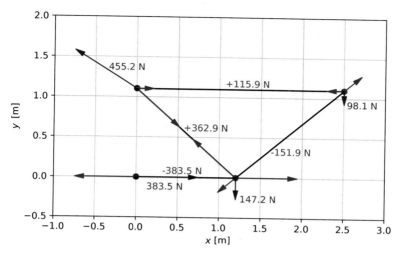

Abb. 6.6: Simulation des starren Stabwerks. *Dargestellt sind die Kräfte, die auf den jeweiligen Massenpunkt wirken. Die äußeren Kräfte sind rot dargestellt. Die blauen Pfeile zeigen die Stabkräfte an. Die roten Punkte markieren die Stützpunkte, während die Knotenpunkte blau darstellt sind.*

```
111   for i_stab, stab in enumerate(staebe):
112       for i_punkt in stab:
113           p1 = punkte[i_punkt]
114           p2 = p1 + scal_kraft * F[i_stab] * ev(i_punkt, i_stab)
115           pfeil = mpl.patches.FancyArrowPatch(p1, p2, color='blue',
116                                               arrowstyle=style,
117                                               zorder=2)
118           ax.add_patch(pfeil)
```

Das Ergebnis des Programms ist in Abb. 6.6 dargestellt. Man erkennt, dass in den Stützpunkten Kräfte wirken, die viel größer sind als die Gewichtskraft der beiden Massen.

Verifikation der Ergebnisse

Das vorgestellte Programm ist schon relativ komplex, und man sollte bei jedem Programm eine Verifikation der Ergebnisse durchführen. In unserem Beispiel gibt es einige Möglichkeiten, das Programm zu verifizieren.

- Stellen Sie sich einen Fall vor, bei dem eine Masse an zwei Stützpunkten befestigt ist. In nahezu jedem einführenden Physikbuch finden Sie ein vorgerechnetes Beispiel zur Bestimmung der Kräfte. Überprüfen Sie die Ergebnisse des Programms, indem Sie die Geometrie in das Programm übertragen und die Ausgabe mit dem analytischen Ergebnis nach Gleichung (6.7) vergleichen.

- Da sich die gesamte Konstruktion nicht bewegt, muss die Summe aller äußeren Kräfte (rote Kraftpfeile) null, ergeben. Sie können das überprüfen, indem Sie

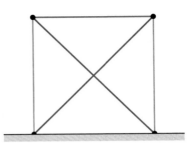

Abb. 6.7: Ein statisch überbestimmtes Regal. *Ein Regal, das nur aus den Seitenwänden (grau) und einer Querverbindung (blau) besteht, ist statisch unterbestimmt. Durch Einfügen einer Diagonalverbindung wird das Regal statisch bestimmt. In der Praxis verwendet man meistens zwei Diagonalverbindungen (rot) und hat damit ein überbestimmtes System.*

das Diagramm ausdrucken und mit dem Geodreieck die Vektorsumme grafisch bestimmen.

- Überprüfen Sie mit der gleichen Methode an den einzelnen Knoten, ob die Vektorsumme aller angreifenden Kräfte null ergibt.

- Überprüfen Sie die Vorzeichen der Kräfte. Ist es plausibel, dass der in Abb. 6.6 dargestellte Aufbau an der oberen Aufhängung zieht und am unteren Aufhängepunkt drückt? Es ist dazu hilfreich zu überlegen, was passieren würde, wenn man eine der beiden Aufhängungen löste.

Wenn Sie die oben genannten Punkte überprüft haben, dann haben Sie hoffentlich etwas Vertrauen gewonnen, dass das Programm tatsächlich Ergebnisse liefert, die mit den gemachten Modellannahmen verträglich sind.

6.2 Elastische Stabwerke

Bisher haben wir uns mit Stabwerken beschäftigt, die statisch bestimmt sind. In der Praxis hat man es allerdings häufig mit Konstruktionen zu tun, die statisch überbestimmt sind. Ein typisches Beispiel ist die in Abb. 6.7 dargestellte Regalkonstruktion. Ohne das Kreuz in der Mitte ist das Stabwerk unterbestimmt, was sich darin äußert, dass das Regal seitlich umkippen kann. Erst durch Einfügen eines Kreuzes, das in der Praxis häufig aus zwei Metallstangen besteht, wird das Regal stabil. Durch Abzählen der Knoten und der Stangen in Abb. 6.7 stellt man allerdings fest, dass das System nun überbestimmt ist. Wenn Sie versuchen, dieses System mithilfe des Programms 6.1 zu simulieren, erhalten Sie eine Fehlermeldung beim Lösen des linearen Gleichungssystems, weil die Matrix nicht quadratisch ist. Natürlich ist in der Realität dennoch die Kraft, die unter einem bestimmten Lastfall in den einzelnen Streben wirkt, eindeutig bestimmbar. Das liegt daran, dass sich reale Stäbe unter dem Einfluss einer Kraft dehnen oder stauchen lassen. Für relativ kleine Längenänderungen der Stäbe kann man in guter Näherung annehmen, dass die aufgewendete Kraft proportional zur relativen Längenänderung $\Delta l/l$ und proportional zur Querschnittsfläche A ist. Man bezeichnet diesen Zusammenhang als das **hookesche Gesetz:**[3]

$$F = EA\frac{\Delta l}{l} \tag{6.17}$$

---

[3] Das hookesche Gesetz hat einen begrenzten Gültigkeitsbereich. Wir gehen hier stets davon aus, dass man den Stab nicht plastisch verformt. Weiterhin berücksichtigen wir nicht, dass Stäbe bei einer zu großen Druckbelastung zum Abknicken neigen [3].

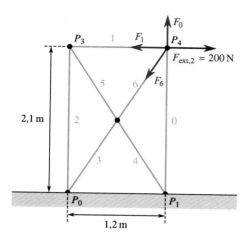

Abb. 6.8: Regalkonstruktion. *Die Linien 0, 1 und 2 stellen den Rahmen des Regals dar. Die Linien 3 bis 6 sollen das übliche Stabilisierungskreuz zeigen. Der Kreuzungspunkt P_4 soll exakt in der Mitte des Regals liegen.*

Dabei ist l die ursprüngliche Länge des Stabes und Δl die Längenänderung. Die Größe E bezeichnet das sogenannte **Elastizitätsmodul** des verwendeten Materials. Für einen Stab mit gegebenem Querschnittsprofil und Material ist also das Produkt EA die charakteristische Größe, die eine Aussage darüber macht, wie schwer sich der Stab dehnen oder stauchen lässt. Wir bezeichnen dieses Produkt als die **Steifigkeit** des Stabes

$$S = EA \qquad (6.18)$$

und erhalten damit für die Kraft, die benötigt wird, um eine Längenänderung Δl zu verursachen:

$$F = S\frac{\Delta l}{l} \qquad (6.19)$$

In den meisten praktischen Fällen ist die Ausgangskonfiguration der einzelnen Punkte für den Fall gegeben, in dem keine äußeren Kräfte auf die Punkte wirken. Damit ist die ursprüngliche Länge jedes Stabes bekannt. Wenn nun äußere Kräfte auf die Punkte einwirken, dann verschieben sich diese aus ihrer Ausgangslage. Dadurch werden die einzelnen Stäbe gedehnt oder gestaucht, und das führt aufgrund von Gleichung (6.19) zu zusätzlichen Kräften, die auf die einzelnen Knoten wirken. Gesucht ist nun also die Position aller Knoten, die dazu führt, dass sich die Kräfte in jedem Knoten zu null addieren.

Das Ziel ist wieder, ein Python-Programm zu entwickeln, das beliebige überbestimmte elastische Stabwerke simulieren kann. Wir wollen dies aber an einem ganz konkreten Beispiel tun, das in Abb. 6.8 dargestellt ist. Der Einfachheit halber nehmen wir an, dass nur auf den Knotenpunkt P_2 eine äußere Kraft wirkt. Stellen Sie sich unter diesem Stabwerk einen typischen Rahmen eines Regals vor, an dem ein Kreuz zur Stabilisierung angebracht worden ist. Wir untersuchen also, wie ein solches Regal auf eine seitliche Kraft reagiert. Die Schritte, die notwendig sind, um das Problem ganz allgemein im Computer zu lösen, sind völlig identisch zu den starren Stabwerken aus Abschn. 6.1.

1. Die Geometrie des Problems muss im Computer abgebildet werden.

2. Die Gleichungen, die aus dem Kräftegleichgewicht resultieren, müssen aufgestellt werden.

3. Diese Gleichungen müssen gelöst werden.

4. Das Ergebnis muss grafisch dargestellt werden.

Wir werden allerdings sehen, dass man zum Lösen der Gleichungen eine völlig andere Methode benutzen muss als für die starren Stabwerke. Wir importieren daher zu Beginn des Programms zusätzlich das Modul `scipy.optimize`, auf das wir später zurückkommen.

Darstellung der Geometrie

Um die Geometrie des Problems im Computer darzustellen, gehen wir völlig analog zu Abschn. 6.1 vor. Wir verwenden dabei die in Abb. 6.8 dargestellte Nummerierung der Stäbe und Punkte.

Programm 6.2: *Statik/stabwerk_elastisch.py*

```
17  punkte = np.array([[0, 0], [1.2, 0], [1.2, 2.1], [0, 2.1],
18                     [0.6, 1.05]])
21  indizes_stuetz = [0, 1]
25  staebe = np.array([[1, 2], [2, 3], [3, 0],
26                     [0, 4], [1, 4], [3, 4], [2, 4]])
```

Als zusätzliche Information müssen wir für jeden Stab nun allerdings noch eine Steifigkeit angeben. Nehmen wir einmal an, dass der Rahmen des Regals aus quadratischen Aluminiumstangen (Elastizitätsmodul $E = 70 \cdot 10^9 \, \text{N/m}^2$) mit einer Kantenlänge von 2,1 cm und einer Wandstärke von 1 mm besteht. Die Querschnittsfläche des Materials beträgt also $A = 8 \cdot 10^{-5} \, \text{m}^2$. Aus Gleichung (6.17) entnimmt man, dass nur das Produkt aus Elastizitätsmodul und Querschnittsfläche eine Rolle spielt. Für die Aluminiumstangen ergibt sich also $S = EA = 5{,}6 \cdot 10^6 \, \text{N}$. Für die Querverbindungen wollen wir annehmen, dass es sich um ein besonders billiges Produkt handelt. Es wurden kreisrunde Stäbe aus Kunststoff mit einem Elastizitätsmodul von $E = 10^9 \, \text{N/m}^2$ und einem Durchmesser von 3 mm verwendet. Daraus ergibt sich eine Steifigkeit von $S = 10^9 \, \text{N/m}^2 \cdot \pi \cdot (1{,}5 \, \text{mm})^2 = 7{,}1 \cdot 10^3 \, \text{N}$. Diese Werte speichern wir für jeden Stab separat in einem Array.

```
29  steifigkeiten = np.array([5.6e6, 5.6e6, 5.6e6,
30                           7.1e3, 7.1e3, 7.1e3, 7.1e3])
```

Völlig analog zum Programm 6.1 legen wir die äußeren Kräfte in einem Array ab.

```
35  F_ext = np.array([[0, 0], [0, 0], [200.0, 0], [0, 0], [0, 0]])
```

Anschließend definieren wir die Anzahl der Punkte, Stützpunkte etc. Der entsprechende Programmteil ist völlig identisch zum Programm 6.1

Aufstellen der Gleichungen für das Kräftegleichgewicht

Um die Gleichungen für ein Kräftegleichgewicht aufzustellen, müssen wir für ein deformiertes Stabwerk die Gesamtkraft auf jeden Knotenpunkt bestimmen. Dabei bezeichnen wir den Ortsvektor des Punktes P_i im deformierten Stabwerk mit $\vec{r}_i$ und im nichtdeformierten Stabwerk mit $\vec{r}_{0,i}$.

Wir berechnen zunächst die Gesamtkraft auf den Punkt P_2. Nach Abb. 6.8 greifen dort die Stäbe Nr. 0, Nr. 1 und Nr. 6 an. Wir müssen die in jedem dieser Stäbe wirkende Kraft mit dem zugehörigen Einheitsvektor in Richtung des Stabes multiplizieren. Um die Vorzeichenkonvention nach Abb. 6.5 einzuhalten, muss dieser Vektor stets vom betrachteten Punkt zum jeweils anderen Punkt des Stabes zeigen. Damit ergibt sich für die Gesamtkraft auf den Knotenpunkt P_2:

$$F_0 \frac{\vec{r}_1 - \vec{r}_2}{|\vec{r}_1 - \vec{r}_2|} + F_1 \frac{\vec{r}_3 - \vec{r}_2}{|\vec{r}_3 - \vec{r}_2|} + F_6 \frac{\vec{r}_4 - \vec{r}_2}{|\vec{r}_4 - \vec{r}_2|} + \vec{F}_{\text{ext},2} = \vec{F}_{\text{ges},2} \qquad (6.20)$$

Analog ergibt sich für den Punkt P_3

$$F_1 \frac{\vec{r}_2 - \vec{r}_3}{|\vec{r}_2 - \vec{r}_3|} + F_2 \frac{\vec{r}_0 - \vec{r}_3}{|\vec{r}_0 - \vec{r}_3|} + F_5 \frac{\vec{r}_4 - \vec{r}_3}{|\vec{r}_4 - \vec{r}_3|} + \vec{F}_{\text{ext},3} = \vec{F}_{\text{ges},3} \qquad (6.21)$$

und für den Punkt P_4:

$$F_3 \frac{\vec{r}_0 - \vec{r}_4}{|\vec{r}_0 - \vec{r}_4|} + F_4 \frac{\vec{r}_1 - \vec{r}_4}{|\vec{r}_1 - \vec{r}_4|} + F_5 \frac{\vec{r}_3 - \vec{r}_4}{|\vec{r}_3 - \vec{r}_4|} + F_6 \frac{\vec{r}_2 - \vec{r}_4}{|\vec{r}_2 - \vec{r}_4|} + \vec{F}_{\text{ext},4} = \vec{F}_{\text{ges},4} \qquad (6.22)$$

Die Stabkräfte $F_0 \dots F_6$ hängen aber ihrerseits von den Ortsvektoren der Punkte ab. Für die Stabkraft F_0, die den Punkt P_1 mit dem Punkt P_2 verbindet, ergibt sich nach Gleichung (6.19):

$$F_0 = S_0 \frac{\Delta l}{l} \quad \text{mit} \quad l = |\vec{r}_{0,1} - \vec{r}_{0,2}| \quad \text{und} \quad \Delta l = |\vec{r}_1 - \vec{r}_2| - l \qquad (6.23)$$

Völlig analog kann man die Kräfte für die anderen Stäbe aufschreiben. Setzt man die Gleichungen für die Stabkräfte in die Gleichungen (6.20) bis (6.22) ein und berücksichtigt, dass die Gesamtkraft $\vec{F}_{\text{ges}}$ auf jeden Knotenpunkt im statischen Fall null sein muss, so erhält man ein Gleichungssystem aus drei Vektorgleichungen. Die einzigen unbekannten Größen in diesem Gleichungssystem sind die drei Ortsvektoren der Knotenpunkte $\vec{r}_2$, $\vec{r}_3$ und $\vec{r}_4$. Leider ist dieses Gleichungssystem nichtlinear: Es enthält zum Beispiel Produkte der gesuchten Koordinaten, und die Koordinaten tauchen in Form der Beträge auch im Nenner und unter der Wurzel auf.

Um dieses Gleichungssystem in Python zu lösen, stellen wir zunächst eine Funktion auf, die für ein deformiertes Stabwerk, das durch die Ortsvektoren $\vec{r}_i$ der Knotenpunkte gegeben ist, die Gesamtkraft $\vec{F}_{\text{ges},i}$ auf jeden Punkt berechnet. Für die Knotenpunkte ist diese Kraft gerade durch die Gleichungen (6.20) bis (6.22) gegeben. In diesen Gleichungen tauchen genau die Einheitsvektoren auf, die wir bereits im Programm 6.1 mit der Funktion ev berechnet haben. Wir übernehmen diese Funktion daher unverändert in unser Programm. Anders als bei den starren Stabwerken benutzen wir nun das dritte Argument dieser Funktion, um die Koordinaten der Punkte zu übergeben, denn wir müssen ja die einzelnen Punkte verschieben, um eine Lösung des Kräftegleichgewichts zu bestimmen. Dazu benötigen wir die Einheitsvektoren, die sich auf die verschobenen Punkte beziehen.

Für die Berechnung der Stabkräfte nach Gleichung (6.23) benötigt man noch eine Funktion, die die Länge eines bestimmten Stabes berechnet. Auch hier übergeben wir das Array mit den Koordinaten der Punkte, damit wir dieselbe Funktion auch für die Bestimmung der ursprünglichen Länge verwenden können.

```
72  def laenge(i_stb, koord=punkte):
73      """Berechne die Länge eines Stabes.
74
75      Args:
76          i_stb (int):
77              Index des betrachteten Stabes.
78          koord (np.ndarray):
79              Koordinaten der Punkte (n_punkte × n_dim).
80
81      Returns:
82          float: Länge des Stabes.
83      """
84      i1, i2 = staebe[i_stb]
85      return np.linalg.norm(koord[i2] - koord[i1])
```

Um die Kraft zu berechnen, die ein bestimmter Stab ausübt, können wir nun Gleichung (6.23) direkt in eine Python-Funktion umsetzen.

```
88  def stabkraft(i_stb, koord):
89      """Berechne die Kraft in einem Stab.
90
91      Args:
92          i_stb (int):
93              Index des betrachteten Stabes.
94          koord (np.ndarray):
95              Koordinaten der Punkte (n_punkte × n_dim).
96
97      Returns:
98          float: Wert der Kraft in diesem Stab [N].
99      """
100     l0 = laenge(i_stb)
101     return steifigkeiten[i_stb] * (laenge(i_stb, koord) - l0) / l0
```

Damit können wir nun die Berechnung der Gesamtkraft auf jeden Punkt in einer recht übersichtlichen Funktion zusammenfassen. Die Funktion gibt ein Array zurück, das für jeden Punkt eine Zeile enthält. Die Spalten sind die Koordinatenrichtungen.

```
104 def gesamtkraft(koord):
105     """Berechne die Gesamtkräfte auf alle Punkte.
106
107     Args:
108         koord (np.ndarray):
109             Koordinaten der Punkte (n_punkte × n_dim).
110
111     Returns:
112         np.ndarray: Kraftvektoren [N] (n_punkte × n_dim).
113     """
```

Innerhalb der Funktion initialisieren wir das zu berechnende Array mit einer Kopie des Arrays der äußeren Kräfte.

```
115        F_ges = F_ext.copy()
```

Anschließend iterieren wir über alle Stäbe. Für jeden der beiden Punkte des betrachteten Stabes addieren wir dann die entsprechende Stabkraft zu der entsprechenden Zeile des Arrays der Gesamtkraft.

```
119        for i_stb, stb in enumerate(staebe):
120            for i_pkt in stb:
121                F_ges[i_pkt] += (stabkraft(i_stb, koord)
122                                 * ev(i_pkt, i_stb, koord))
123        return F_ges
```

Das Ergebnis der Funktion hat die gleiche Dimension wie das Array `F_ext`. In den Zeilen stehen die unterschiedlichen Punkte und in den Spalten die Komponenten der Kraftvektoren. Diese Funktion stellt also nicht nur die linken Seiten der Gleichungen (6.20) bis (6.22) dar, sondern gibt zusätzlich auch noch die jeweilige Gesamtkraft auf die Stützpunkte an, die durch die Befestigung dieser Punkte kompensiert werden muss.

Lösen des Gleichungssystems

Das Lösen des physikalischen Problems besteht nun also darin, die Positionen der Knoten so zu wählen, dass die Gesamtkraft auf jeden Knoten verschwindet. Man kann dies recht kurz mit einer Art Pseudocode[4] ausdrücken:

```
Suche neue Koordinaten koord für die Knotenpunkte, sodass
    gesamtkraft(koord)[indizes_knoten] == 0
ist.
```

Wie schon erwähnt wurde, hängt dabei die Gesamtkraft nichtlinear von der Position der Knoten ab. Wir müssen also die Nullstellen einer nichtlinearen, vektorwertigen Funktion finden. Dabei handelt es sich um ein durchaus schwieriges Problem. Damit ist gemeint, dass es kein allgemeingültiges Schema gibt, mit dem man jedes beliebige nichtlineare Gleichungssystem lösen kann.

Ein häufig verwendeter Ansatz, der auch für unser Problem gut geeignet ist, funktioniert folgendermaßen: Man berechnet die Gesamtkraft auf die Knoten für eine Anfangskonfiguration der Punkte. Im Allgemeinen ist das Ergebnis ungleich null. Anschließend variiert man jede einzelne Punktkoordinate ein kleines bisschen und erhält damit eine Information, in welche Richtung man die Punkte verschieben muss, um die Kräfte zu verkleinern. Nun verschiebt man die Punkte um eine geeignet gewählte Strecke in diese Richtung und beginnt von vorne. Mit etwas Glück nähert man sich auf diese Weise immer mehr der Lösung des Gleichungssystems an. Es gibt dabei allerdings keine Garantie, dass das Verfahren konvergiert. Es könnte zum Beispiel passieren, dass die Funktion ein lokales Minimum hat, in dem das Verfahren stecken bleiben kann.

Von diesem Verfahren gibt es einige Varianten, die sich im Wesentlichen dadurch unterscheiden, wie die Richtung und die Schrittweite festgelegt wird. Die Funktion `scipy.optimize.root` implementiert einige dieser Verfahren, und wir wollen mithilfe dieser Funktion eine Lösung des physikalischen Problems berechnen. Dazu müssen

---

[4] Ein Pseudocode ist eine Mischung aus Programmcode mit natürlicher Sprache und mathematischer Notation, der zur Veranschaulichung einer Aufgabe oder eines Algorithmus dient.

wir zunächst eine Funktion definieren, deren Nullstellen gesucht werden. Die Funktion
gesamtkraft ist dafür leider aus den folgenden Gründen nicht geeignet:

1. Das Argument koord der Funktion gesamtkraft enthält auch die Koordinaten
    der Stützpunkte, die nicht verändert werden dürfen.

2. Die Funktion gesamtkraft liefert auch die Kraft auf die Stützpunkte zurück.
    Die Kraft auf die Stützpunkte soll aber nicht null werden, da das die Kraft ist,
    die man am Ende benötigt, um das Stabwerk an Ort und Stelle zu halten.

3. Die Funktion scipy.optimize.root verlangt, dass die Funktion, deren Null-
    stellen man bestimmen möchte, ein 1-dimensionales Array als Argument entge-
    gennimmt und auch nur ein 1-dimensionales Array zurückgibt.

Wir definieren daher eine zusätzliche Funktion, die genau diese Bedingungen erfüllt.

```
126   def funktion_opti(x):
127       """Gib die Kräfte auf die Knotenpunkte als 1D-Array zurück.
128
129       Args:
130           x (np.ndarray):
131               1D-Array der Koordinaten der Knotenpunkte.
132
133       Returns:
134           np.ndarray: 1D-Array der Kräfte auf die Knotenpunkte.
135       """
```

Das Argument x enthält die Koordinaten aller Knotenpunkte als 1-dimensionales Array.
Wir kopieren nun das Array der ursprünglichen Punktpositionen und ersetzen die
Koordinaten der Knoten durch die Werte in x.

```
138       p = punkte.copy()
139       p[indizes_knoten] = x.reshape(n_knoten, n_dim)
```

Mit diesen Punktpositionen berechnen wir dann die Gesamtkraft.

```
142       F_ges = gesamtkraft(p)
```

Von der Gesamtkraft wählen wir nur die Kräfte auf die Knoten aus und geben das
Ergebnis als 1-dimensionales Array zurück.

```
146       F_knoten = F_ges[indizes_knoten]
147       return F_knoten.reshape(-1)
```

Nun können wir die Funktion scipy.optimize.root aufrufen. Als erstes Argument
wird die Funktion übergeben, deren Nullstellen bestimmt werden sollen, und als zweites Argument werden die Startwerte vorgegeben. Es ist überaus wichtig, der Nullstellensuche hier möglichst gute Startwerte mitzugeben, damit der Lösungsalgorithmus
konvergiert. Da wir davon ausgehen, dass sich unser Stabwerk nur wenig verformt,
probieren wir es mit den ursprünglichen Positionen der Knoten.

```
152   result = scipy.optimize.root(funktion_opti, punkte[indizes_knoten])
```

Das Ergebnis der Nullstellensuche wird der Variablen `result` zugewiesen. Es handelt sich dabei um ein Objekt mit einer Reihe von Attributen. Mit `result.message` erhält man eine Information über den Verlauf der Optimierung, `result.nfev` enthält die Anzahl der Aufrufe der zu optimierenden Funktion, und `result.x` erhält die optimierten Werte. Wir geben die Statusinformationen aus

```
153   print(result.message)
154   print(f'Die Funktion wurde {result.nfev}-mal ausgewertet.')
```

und erzeugen ein neues Array der Punktpositionen, das die optimierten Knotenpositionen enthält.

```
157   punkte_neu = punkte.copy()
158   punkte_neu[indizes_knoten] = result.x.reshape(n_knoten, n_dim)
```

Anschließend berechnen wir die Kräfte in jedem der einzelnen Stäbe.

```
161   F = np.zeros(n_staebe)
162   for i_stab in range(n_staebe):
163       F[i_stab] = stabkraft(i_stab, punkte_neu)
```

Bei der Berechnung der äußeren Kräfte für die Stützpunkte machen wir es uns besonders einfach, indem wir die Funktion `gesamtkraft` noch einmal verwenden. Die äußeren Kräfte müssen die Kräfte, die von den Stäben ausgeübt werden, kompensieren. Für die äußeren Kräfte der Stützpunkte können wir also gerade die negative Gesamtkraft aller dort angreifenden Stäbe benutzen.

```
166   F_ext[indizes_stuetz] = -gesamtkraft(punkte_neu)[indizes_stuetz]
```

Grafische Ausgabe der Ergebnisse

Für die grafische Ausgabe kann der Grafikteil vom Programm 6.1 für starre Stabwerke fast eins zu eins übernommen werden. Lediglich die Skalierung der Achsen muss etwas angepasst werden, damit das Regal und die Pfeile vollständig dargestellt werden, und beim Aufruf der Funktion ev müssen die Koordinaten der Punkte des deformierten Stabwerks übergeben werden. Das Ergebnis ist in Abb. 6.9 dargestellt.

Verifikation der Ergebnisse

Bei dem gerade entwickelten Programm ist eine Verifikation der Ergebnisse besonders wichtig. Wie bereits erwähnt wurde, kann es durchaus passieren, dass ein Löser für nichtlineare Gleichungssysteme vermeintliche Lösungen findet, die nicht korrekt sind.

Achtung!

Verlassen Sie sich niemals darauf, dass ein Ergebnis, das Sie durch das Lösen eines nichtlinearen Gleichungssystems erhalten haben, korrekt ist.

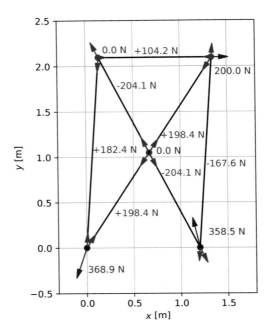

Abb. 6.9: Ergebnis der Simulation des elastischen Stabwerks. *Man erkennt, dass die einwirkende Kraft eine deutliche Deformation des Stabwerks verursacht hat. Dies liegt daran, dass die verwendeten Querverstrebungen viel zu schwach ausgelegt worden sind.*

Darüber hinaus ist unser Programm durchaus komplex geworden, und man kann ohne eine Verifikation nie sicher sein, dass man nicht einen Programmierfehler begangen hat.[5] Einige Vorschläge zur Verifikation des Programms finden Sie in den Aufgaben 6.2, 6.4 und 6.5.

6.3 Linearisierung kleiner Deformationen

Wenn Sie die Aufgabe 6.5 bereits bearbeitet haben, dann wird Ihnen aufgefallen sein, dass unser Programm ein Problem hat, wenn die Steifigkeit der äußeren Stangen des Regals zu groß wird. In diesem Fall werden die Kräfte in diesen Stangen schon bei extrem kleinen Verschiebungen der Punkte sehr groß. Dies hat zur Folge, dass die Lösungsroutine die Positionen der einzelnen Knotenpunkte auch in extrem kleinen Schritten variieren muss, um eine Lösung zu finden. In der Standardeinstellung scheitert der Löser daher bei zu steifen Stäben. Es gibt zwar einige Einstellungen, mit denen man dieses Problem umgehen kann, diese führen allerdings meistens dazu, dass die Laufzeit des Lösers sehr groß wird und dass man die Parameter des Lösers für das jeweilige konkrete Problem mit viel Erfahrung justieren muss.

Nun ist es in der Praxis häufig so, dass man gerade Probleme betrachtet, bei denen die Stäbe sehr steif sind. Man möchte eben *nicht*, dass eine Brückenkonstruktion

---

[5] Auch beim Schreiben dieses Buches hat es einige Anläufe gebraucht, bis das Programm korrekt funktioniert hat. Häufige Fehler bestehen zum Beispiel darin, dass Indizes vertauscht werden.

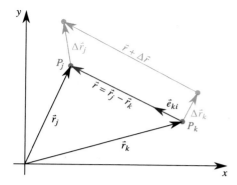

Abb. 6.10: Zur Bestimmung der Kraft auf einen Punkt. *Die Stange i verbindet die Punkte P_j und P_k. Wir betrachten die Situation, in der die Punkte P_k und P_j jeweils ein kleines Stück aus ihrer ursprünglichen Position verschoben sind.*

sich unter ihrer eigenen Last und der Last der Fahrzeuge wesentlich deformiert. Um solche Probleme effizient bearbeiten zu können, ist es hilfreich, die Gleichungen für das Kräftegleichgewicht zu **linearisieren**. Wir betrachten dazu einen einzelnen Kraftbeitrag zum Kräftegleichgewicht eines beliebigen Punktes P_k. Nehmen wir an, dass dieser Punkt mit einem anderen Punkt P_j über den i-ten Stab verbunden ist, wie in Abb. 6.10 dargestellt ist. Den Einheitsvektor, der vom betrachteten Punkt P_k aus entlang des Stabs i zeigt, bezeichnen wir wieder mit $\vec{e}_{ki}$, und der Vektor $\vec{r}$ ist der Verbindungsvektor der beiden Punkte:

$$\vec{e}_{ki} = \frac{\vec{r}_j - \vec{r}_k}{|\vec{r}_j - \vec{r}_k|} \qquad , \qquad \vec{r} = \vec{r}_j - \vec{r}_k \tag{6.24}$$

Wir wollen annehmen, dass die Ortsvektoren $\vec{r}_j$ und $\vec{r}_k$ die Position der Stabenden im entspannten Zustand beschreiben. Anschließend verschieben wir die Stabenden um eine kleine Strecke $\Delta\vec{r}_j$ bzw. $\Delta\vec{r}_k$. Wir können nun die im Stab wirkende Kraft F_i nach hookeschen Gesetz (6.19) bestimmen:

$$F_i = S_i \frac{\Delta l}{l} \qquad \text{mit} \qquad l = |\vec{r}| \qquad \text{und} \qquad \Delta l = |\vec{r} + \Delta\vec{r}| - l \tag{6.25}$$

Dabei ist S_i die Steifigkeit des entsprechenden Stabes.

Wir wollen nun eine Näherung für die Größe Δl für den Fall berechnen, dass die Änderung des Vektors $\vec{r}$ sehr klein ist. Dazu betrachten wir zunächst das Quadrat des Betrags von $\vec{r} + \Delta\vec{r}$, das man mit dem Skalarprodukt berechnen kann:

$$|\vec{r} + \Delta\vec{r}|^2 = (\vec{r} + \Delta\vec{r}) \cdot (\vec{r} + \Delta\vec{r}) = |\vec{r}|^2 + 2\vec{r} \cdot \Delta\vec{r} + |\Delta\vec{r}|^2 \approx |\vec{r}|^2 + 2\vec{r} \cdot \Delta\vec{r} \tag{6.26}$$

Im letzten Schritt haben wir benutzt, dass die Verschiebung klein sein soll, sodass man alle Terme, die quadratisch in $\Delta\vec{r}$ sind, vernachlässigen kann. Um den Betrag zu berechnen, muss die Wurzel gezogen werden. Dabei gilt für kleine Zahlen x die Näherung $\sqrt{1 + x} \approx 1 + x/2$, die man aus einer Taylor-Entwicklung erhält. Damit erhalten wir mit $l = |\vec{r}|$ und der Definition des Einheitsvektors nach Gleichung (6.24) die Näherung

$$|\vec{r} + \Delta\vec{r}| \approx \sqrt{l^2 + 2\vec{r} \cdot \Delta\vec{r}} = l\sqrt{1 + \frac{2}{l^2}\vec{r} \cdot \Delta\vec{r}} \approx l + \frac{1}{l}\vec{r} \cdot \Delta\vec{r} = l + \vec{e}_{ki} \cdot \Delta\vec{r} , \tag{6.27}$$

aus der wir direkt einen Ausdruck für die Längenänderung gewinnen:

$$\Delta l = |\vec{r} + \Delta\vec{r}| - l \approx \vec{e}_{ki} \cdot \Delta\vec{r} \tag{6.28}$$

Den Vektor der Kraft, die auf den Punkt P_k durch die Stange i ausgeübt wird, erhält man, indem man die Kraft nach Gleichung (6.25) mit dem Einheitsvektor $\vec{e}_{ki}$ multipliziert und die lineare Näherung für Δl einsetzt:[6]

$$\vec{F}_{ki} = \frac{S_i}{l}\, (\vec{e}_{ki} \cdot \Delta \vec{r})\, \vec{e}_{ki} \qquad (6.29)$$

Wenn wir ausnutzen, dass $\vec{e}_{ji} = -\vec{e}_{ki}$ ist, dann können wir dies mit $\Delta \vec{r} = \Delta \vec{r}_j - \Delta \vec{r}_k$ in der folgenden Form schreiben:

$$\vec{F}_{ki} = -\frac{S_i}{l}\Big((\vec{e}_{ji} \cdot \Delta \vec{r}_j)\vec{e}_{ki} + (\vec{e}_{ki} \cdot \Delta \vec{r}_k)\vec{e}_{ki} \Big) \qquad (6.30)$$

Wir betrachten die Form der beiden Terme mit den Einheitsvektoren in dieser Gleichung einmal genauer. Es handelt sich hier um das Skalarprodukt eines Vektors mit dem gesuchten Vektor. Dieses Skalarprodukt wird dann wieder mit einem Vektor multipliziert. Die beiden Terme in Gleichung (6.30) haben also die Form $(\vec{b} \cdot \vec{x})\vec{a}$, wobei $\vec{a}$ und $\vec{b}$ die Einheitsvektoren und $\vec{x}$ die gesuchte Verschiebung sind. Wir rechnen dieses Produkt einmal explizit aus, wobei wir annehmen, dass es sich um ein 3-dimensionales Problem handelt:

$$(\vec{b} \cdot \vec{x})\vec{a} = (b_1 x_1 + b_2 x_2 + b_3 x_3) \begin{pmatrix} a_1 \\ a_2 \\ a_3 \end{pmatrix} = \begin{pmatrix} a_1 b_1 x_1 + a_1 b_2 x_2 + a_1 b_3 x_3 \\ a_2 b_1 x_1 + a_2 b_2 x_2 + a_2 b_3 x_3 \\ a_3 b_1 x_1 + a_3 b_2 x_2 + a_3 b_3 x_3 \end{pmatrix} \qquad (6.31)$$

Die rechte Seite dieser Gleichung kann man wiederum als Multiplikation einer Matrix mit dem Vektor $\vec{x}$ auffassen:

$$(\vec{b} \cdot \vec{x})\vec{a} = \begin{pmatrix} a_1 b_1 & a_1 b_2 & a_1 b_3 \\ a_2 b_1 & a_2 b_2 & a_2 b_3 \\ a_3 b_1 & a_3 b_2 & a_3 b_3 \end{pmatrix} \cdot \begin{pmatrix} x_1 \\ x_2 \\ x_3 \end{pmatrix} \qquad (6.32)$$

In der Matrix werden die Komponenten der Vektoren $\vec{a}$ und $\vec{b}$ so kombiniert, dass in der i-ten Zeile jeweils die i-te Komponente von $\vec{a}$ steht und dass in der j-ten Spalte die j-te Komponente von $\vec{b}$ steht. Man bezeichnet diese Matrix als das **äußere Produkt**, als das **dyadische Produkt** oder auch als **Tensorprodukt** der beiden Vektoren, das wir mit dem Rechenzeichen $\otimes$ ausdrücken:

$$\vec{a} \otimes \vec{b} = \begin{pmatrix} a_1 b_1 & a_1 b_2 & a_1 b_3 \\ a_2 b_1 & a_2 b_2 & a_2 b_3 \\ a_3 b_1 & a_3 b_2 & a_3 b_3 \end{pmatrix} \qquad (6.33)$$

Es gilt damit:

$$(\vec{b} \cdot \vec{x})\vec{a} = (\vec{a} \otimes \vec{b}) \cdot \vec{x} \qquad (6.34)$$

Das äußere Produkt lässt sich in Python mit der Funktion `np.outer` berechnen, wie das folgende Beispiel zeigt:[7]

---

[6] Da die Größe Δl bereits linear von $\Delta \vec{r}$ abhängt, müssen wir beim Einheitsvektor keine weiteren Abhängigkeiten von $\Delta \vec{r}$ mehr betrachten. Wir können also einfach den Einheitsvektor *vor* der Verschiebung der Punkte verwenden.

[7] Anstelle von `c = np.outer(a, b)` kann man auch mit `c = a.reshape(-1, 1) * b` das erste Array in ein $N \times 1$-Array umwandeln und mit dem zweiten Array multiplizieren. Aufgrund des Broadcastings (siehe Abschn. 3.12) entsteht dabei ebenfalls ein 2-dimensionales Array, das dem Tensorprodukt entspricht.

```
>>> import numpy as np
>>> a = np.array([2, 3, 4])
>>> b = np.array([1, 10, 100])
>>> np.outer(a, b)
array([[  2,   20,  200],
       [  3,   30,  300],
       [  4,   40,  400]])
```

Gleichung (6.30) kann man mit dem Tensorprodukt also wie folgt umschreiben:

$$\vec{F}_{ki} = -\frac{S_i}{l}(\vec{e}_{ki} \otimes \vec{e}_{ji}) \cdot \Delta\vec{r}_j - \frac{S_i}{l}(\vec{e}_{ki} \otimes \vec{e}_{ki}) \cdot \Delta\vec{r}_k \qquad (6.35)$$

In dieser Gleichung tauchen zwei Terme auf: einmal die Kraft, die durch die Verschiebung des betrachteten Punktes P_k verursacht wird, und zum anderen die Kraft, die in der Verschiebung des anderen Punktes P_j begründet ist. Diese Darstellung der Kraft ermöglicht es uns, die Summe der Stabkräfte auf jeden Knotenpunkt mit einem linearen Gleichungssystem der Form

$$\begin{pmatrix} \hat{A}_{0,0} & \cdots\cdots & \hat{A}_{0,(K-1)} \\ \vdots & \ddots & \vdots \\ & & \ddots & \vdots \\ \hat{A}_{(K-1),0} & \cdots\cdots & \hat{A}_{(K-1),(K-1)} \end{pmatrix} \cdot \begin{pmatrix} \Delta\vec{r}_{k_0} \\ \Delta\vec{r}_{k_1} \\ \vdots \\ \Delta\vec{r}_{k_{K-1}} \end{pmatrix} = \begin{pmatrix} \vec{F}_{k_0} \\ \vec{F}_{k_1} \\ \vdots \\ \vec{F}_{k_{N-1}} \end{pmatrix} \qquad (6.36)$$

darzustellen, wobei K die Anzahl der Knotenpunkte angibt. Die Spaltenvektoren in dieser Gleichung sind dabei so zu verstehen, dass die einzelnen Komponenten der vektorwertigen Einträge untereinander geschrieben werden. Die Einträge der Matrix auf der linken Seite sind 2×2 bzw. 3×3 Blockmatrizen, je nachdem ob wir ein 2- oder ein 3-dimensionales Stabwerk betrachten. Die beiden Terme in Gleichung (6.35) entsprechen also jeweils einem Beitrag des i-ten Stabes zu den Blockmatrizen

$$\hat{A}_{nm}^{(i)} = -\frac{S_i}{l}\left(\vec{e}_{k_n\,i} \otimes \vec{e}_{j_m\,i}\right) , \qquad (6.37)$$

wobei k_n und j_m die Indizes der beiden Knoten sind, die vom Stab i verbunden werden.

Um die vollständige Matrix in Gleichung (6.36) aufzustellen, müssen wir also über alle Paare von Knotenpunkten und über alle Stäbe iterieren und jeweils einen Term nach Gleichung (6.37) an der richtigen Position zu der entsprechenden Blockmatrix addieren. Das funktioniert prinzipiell ähnlich, wie beim Aufstellen der Matrix für die starren Stabwerke in Abschn. 6.1.

In dem ganz konkreten Problem nach Abb. 6.8 gibt es drei Knotenpunkte P_2, P_3 und P_4, sodass sich die durch die Stäbe ausgeübten Kräfte wie folgt schreiben lassen:

$$\begin{pmatrix} \hat{A}_{00} & \hat{A}_{01} & \hat{A}_{02} \\ \hat{A}_{10} & \hat{A}_{11} & \hat{A}_{12} \\ \hat{A}_{20} & \hat{A}_{21} & \hat{A}_{22} \end{pmatrix} \cdot \begin{pmatrix} \Delta\vec{r}_2 \\ \Delta\vec{r}_3 \\ \Delta\vec{r}_4 \end{pmatrix} = \begin{pmatrix} \vec{F}_2 \\ \vec{F}_3 \\ \vec{F}_4 \end{pmatrix} \qquad (6.38)$$

Damit das System im statischen Gleichgewicht ist, müssen die Stabkräfte gerade die externen Kräfte kompensieren. Da es sich um ein 2-dimensionales Problem mit drei

Knotenpunkten handelt, erhalten wir die Verschiebungen der Knotenpunkte also aus
der Lösung des linearen Gleichungssystems mit einer 6×6-Matrix:

$$
\begin{pmatrix}
A_{00} & \cdots\cdots\cdots & A_{05} \\
\vdots & \ddots & \vdots \\
\vdots & & \vdots \\
\vdots & & \vdots \\
\vdots & \ddots & \vdots \\
A_{50} & \cdots\cdots\cdots & A_{55}
\end{pmatrix}
\cdot
\begin{pmatrix}
\Delta r_{2,x} \\
\Delta r_{2,y} \\
\Delta r_{3,x} \\
\Delta r_{3,y} \\
\Delta r_{4,x} \\
\Delta r_{4,y}
\end{pmatrix}
= -
\begin{pmatrix}
F_{\text{ext},2,x} \\
F_{\text{ext},2,y} \\
F_{\text{ext},3,x} \\
F_{\text{ext},3,y} \\
F_{\text{ext},4,x} \\
F_{\text{ext},4,y}
\end{pmatrix}
\tag{6.39}
$$

Um die Kräfte und Verschiebungen in dem linearisierten Modell zu berechnen,
müssen wir die Geometrie also ähnlich festlegen wie in den vorherigen Modellen.
Anschließend müssen wir die Matrix aus Gleichung (6.39) aufstellen und ein lineares
Gleichungssystem für die Verschiebungen der einzelnen Punkte lösen. Aus diesen
Verschiebungen können wir dann mit Gleichung (6.25) die Kräfte in den einzelnen
Stäben berechnen.

Das zugehörige Python-Programm ist in weiten Teilen identisch mit den bereits besprochenen Programmen. Dies betrifft insbesondere die Definition der Geometrie und
die Funktionen ev und laenge. Die Matrix auf der linken Seite von Gleichung (6.38)
nennen wir A und füllen diese zunächst mit Nullen. Ähnlich wie in Abschn. 6.1 definieren wir dieses nicht als ein 2-dimensionales Array sondern zunächst mit der Größe n_knoten × n_dim × n_knoten × n_dim, sodass wir mit der Blockmatrixstruktur
nach Gleichung (6.36) arbeiten können. Anschließend iterieren wir mit der Funktion
enumerate über alle Knotenpunkte, damit wir in jeder Schleife gleich die zusammen-
gehörigen Indizes n und k_n bzw. m und j_m erhalten:

Programm 6.3: *Statik/stabwerk_elastisch_lin.py*

```
88    A = np.zeros((n_knoten, n_dim, n_knoten, n_dim))
89    for n, k in enumerate(indizes_knoten):
90        for m, j in enumerate(indizes_knoten):
```

Innerhalb dieser beiden Schleifen iterieren wir über alle Stabindizes und berechnen
jeweils eine Blockmatrix nach Gleichung (6.37).

```
91        for i in range(n_staebe):
92            A[n, :, m, :] -= (steifigkeiten[i] / laenge(i)
93                        * np.outer(ev(k, i), ev(j, i)))
94    A = A.reshape((n_knoten * n_dim, n_knoten * n_dim))
```

Dabei ist es nicht schlimm, wenn der Knoten k oder der Knoten j überhaupt nicht zum
Stab i gehört, weil die Funktion ev in diesem Fall einen Nullvektor zurück liefert.[8]
Anschließend wandeln wir das Array A in ein gleichnamiges, 2-dimensionales Array
um. Dieses Array hat dann genau die Struktur der Matrix in Gleichung (6.39).

---

[8] Diese Schleifenstruktur ist nicht besonders effizient: Für ein Stabwerk mit K Knoten und S Stäben
benötigt man $S \cdot K^2$ Schleifendurchläufe. Man kann das Erstellen des Arrays A effizienter gestalten,
indem man zuerst über die Stäbe iteriert und dann nur die zu dem Stab gehörenden Knotenpunkte
betrachtet. In diesem Fall muss man aber etwas mehr Aufwand für die Bestimmung der Array-Indizes
n und m betreiben. Ich empfehle stets, solche Geschwindigkeitsoptimierungen erst durchzuführen,
wenn sich für die betrachteten Probleme tatsächlich ein Laufzeitproblem ergibt.

Um die Verschiebungen der Knotenpunkte für das linearisierte Problem zu berechnen, lösen wir nun das lineare Gleichungssystem (6.39) mit der entsprechenden NumPy-Funktion. Dabei müssen wir darauf achten, dass wir aus dem Array `F_ext` nur die Zeilen berücksichtigen, die zu den Knoten gehören.

```
97   dr = np.linalg.solve(A, -F_ext[indizes_knoten].reshape(-1))
98   dr = dr.reshape(n_knoten, n_dim)
```

Das Array `dr` enthält nun die Verschiebungen der Knotenpunkte. Für den weiteren Ablauf des Programms ist es praktisch, stattdessen ein Array `delta_r` zu haben, das die gleiche Größe wie das Array `punkte` hat und an den Stützstellen dementsprechend Nullen enthält.

```
105   delta_r = np.zeros((n_punkte, n_dim))
106   delta_r[indizes_knoten] = dr
```

Als Nächstes berechnen wir für jeden Stab die daraus resultierende Stabkraft nach Gleichung (6.25), wobei wir für Δl den linearisierten Ausdruck nach Gleichung (6.28) einsetzen und das Skalarprodukt mit dem Operator `@` berechnen. In der `for`-Schleife wird gleich zweimal eine Mehrfachzuweisung (Unpacking) durchgeführt: Die Variable `i_stab` enthält die Nummer des Stabes, und die Punktindizes werden den Variablen `j` und `k` zugewiesen.

```
109   F = np.zeros(n_staebe)
110   for i_stab, (j, k) in enumerate(staebe):
111       F[i_stab] = (steifigkeiten[i_stab] / laenge(i_stab)
112                    * ev(k, i_stab) @ (delta_r[j] - delta_r[k]))
```

Die Kräfte, die auf die Stützpunkte wirken, können wir nun genauso wie bei den starren Stabwerken berechnen.

```
115   for i_stuetz in indizes_stuetz:
116       for i_stab in range(n_staebe):
117           F_ext[i_stuetz] -= F[i_stab] * ev(i_stuetz, i_stab)
```

Im letzten Schritt berechnen wir die neue Position der einzelnen Punkte, indem wir die Verschiebungen zu den ursprünglichen Koordinaten addieren:

```
120   punkte_neu = punkte + delta_r
```

Der Rest des Programms ist identisch mit den bereits besprochenen Programmen für Stabwerke. Wenn Sie das Programm mit der gleichen Geometrie wie im vorherigen Abschnitt laufen lassen, dann erhalten Sie ein Bild, das Abb. 6.9 sehr ähnelt. Die Zahlenwerte unterscheiden sich aber nicht unwesentlich. Für die Diagonalverbindungen ergibt sich beispielsweise eine Kraft von $\pm 201{,}6\,\mathrm{N}$, während das nichtlinearisierte Programm $198{,}4\,\mathrm{N}$ für die gedehnten Diagonalstäbe und $-204{,}1\,\mathrm{N}$ für die gestauchten Diagonalstäbe berechnet. Das liegt daran, dass sich unser Stabwerk unter der wirkenden Kraft bereits erheblich verformt, sodass die lineare Näherung hier nicht mehr sehr genau ist.

Der Vorteil bei dem linearisierten Ansatz besteht darin, dass er auch bei sehr steifen Stabwerken funktioniert, während die exakte Rechnung dann häufig ein Konvergenz-

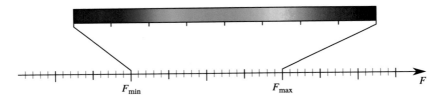

Abb. 6.11: Visualisierung von Zahlenwerten mit einer Farbtabelle. *Eine physikalische Größe F soll mit einer Farbtabelle visualisiert werden. Dazu legt man einen minimalen Wert F_{min} und einen maximalen Wert F_{max} fest, der auf die erste und die letzte Farbe der Tabelle abgebildet wird. Die Werte von F, die zwischen diesen beiden Grenzen liegen, werden linear auf die Einträge der Farbtabelle abgebildet.*

problem bei der Lösung des nichtlinearen Gleichungssystems hat. Ich möchte an dieser Stelle noch einmal darauf hinweisen, dass die Nichtlinearität des ursprünglichen Problems ein rein geometrischer Effekt ist. Auch in dem nichtlinearen Modell in Abschn. 6.2 haben wir angenommen, dass die Dehnung jedes Stabes linear von der auf ihn wirkenden Kraft abhängt.

6.4 Darstellung der Kräfte über eine Farbtabelle

Bisher haben wir die Kräfte in den einzelnen Stäben visualisiert, indem wir die entsprechenden Vektorpfeile in das Diagramm eingezeichnet und beschriftet haben. Sobald die Geometrie deutlich komplexer wird als bei dem relativ einfachen Beispiel in Abb. 6.9 hat man das Problem, dass die grafische Darstellung sehr unübersichtlich wird. Eine alternative Methode, um Zahlenwerte grafisch darzustellen, ist eine **Farbtabelle**. Bei einer Farbtabelle (engl. colormap) wird ein Zahlenbereich auf eine Farbpalette abgebildet, wie in Abb. 6.11 dargestellt ist. In Matplotlib sind einige Farbtabellen vordefiniert, die in der Dokumentation aufgelistet sind [4]. Für unsere Anwendung eignet sich die in Abb. 6.11 dargestellte Farbtabelle `jet` gut. Wenn man die beiden Grenzen symmetrisch zu null wählt, dann stellen wir kraftfreie Stäbe grün dar. Stäbe, die unter Zugspannung stehen, sind rot, und Stäbe, die unter Druckspannung stehen, sind blau dargestellt.

Glücklicherweise muss man sich nicht selbst um die korrekte lineare Zuordnung der Farben und das Erstellen der Farbtabelle kümmern, da Matplotlib entsprechende Funktionen bereitstellt. Wir demonstrieren dies an dem linearisierten Stabwerkmodell. Das vollständige Programm ist in weiten Teilen identisch zu dem Programm 6.3. Wir beschränken uns daher darauf, die Teile zu beschreiben, an denen etwas geändert werden muss.

Zunächst müssen wir das Modul `matplotlib.cm` für die Farbtabelle importieren. Statt eines Skalierungsfaktors für die Kraftpfeile müssen wir eine Maximalkraft festlegen.

Programm 6.4: *Statik/stabwerk_elastisch_lin_colormap.py*

```
13   import matplotlib.cm
14
15   # Lege die maximale Kraft für die Farbtabelle fest [N].
16   F_max = 300.0
```

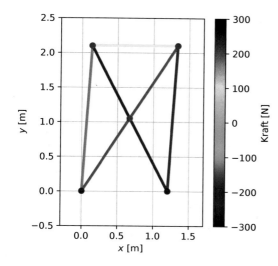

Abb. 6.12: Visualisierung von Stabkräften mit einer Farbtabelle. *Durch die Wahl der Farbtabelle kann man Zugkräfte (Gelb bis Rot) auf den ersten Blick von Druckkräften (Cyan bis Blau) unterscheiden.*

Nach der eigentlichen Berechnung erstellt man wie bisher eine Figure und eine Axes. Anschließend erzeugt man einen sogenannten Mapper, der die Zuordnung der Zahlenwerte zu den Farbwerten der Farbtabelle `mpl.cm.jet` vornimmt. Dem Mapper muss man außerdem noch mitteilen, dass der Wertebereich von `-F_max` bis `+F_max` auf diese Skala abgebildet werden soll. Dazu übergibt man ihm mit der Methode `set_array` ein Array, und die Methode `autoscale` wählt als Grenzen dann den minimalen und maximalen Wert dieses Arrays.

```
136  mapper = mpl.cm.ScalarMappable(cmap=mpl.cm.jet)
137  mapper.set_array([-F_max, F_max])
138  mapper.autoscale()
```

Sie sollten es sich zur Gewohnheit machen, bei jeder Grafik, in der Farbtabellen verwendet werden, einen beschrifteten Balken hinzuzufügen, der die Bedeutung der Farben darstellt. Dies erfolgt mit der folgenden Zeile:

```
141  fig.colorbar(mapper, label='Kraft [N]')
```

Beim Plotten der Stäbe muss man die entsprechende Farbe mithilfe des Mappers ermitteln und dem `plot`-Befehl diese Farbe übergeben. Es ist hilfreich, die Stäbe mit etwas dickeren Linien darzustellen, damit man die Farben besser erkennen kann.

```
145  for stab, kraft in zip(staebe, F):
146      ax.plot(punkte_neu[stab, 0], punkte_neu[stab, 1],
147              linewidth=3, color=mapper.to_rgba(kraft))
```

Das Ergebnis der Visualisierung ist in Abb. 6.12 dargestellt. Das Bild ist deutlich übersichtlicher als die Darstellung aus Abb. 6.9. Dafür lassen sich keine genauen Zahlenwerte der Kräfte mehr ablesen. Es hängt vom Anwendungsfall ab, welche Art der Darstellung angemessen ist. Insbesondere bei sehr komplexen Stabwerken möchte man oft gerne auf den ersten Blick sehen, welche Stäbe unter Umständen kritisch belastet werden, und dann ist die farbliche Darstellung vorzuziehen.

6.5 Dreidimensionale Stabwerke

Der Fall eines 3-dimensionalen Stabwerks kann im Prinzip genauso behandelt werden wie der 2-dimensionale Fall. Damit das Stabwerk statisch bestimmt ist, muss man nun allerdings drei Stützpunkte vorgeben. Jeder Knotenpunkt liefert drei Gleichungen, und aus diesem Grund muss es dreimal so viele Stäbe wie Knoten geben, damit das System statisch bestimmt ist. Der Berechnungsteil der Programme aus den vorherigen Abschnitten kann unverändert übernommen werden. Es muss lediglich der Darstellungsteil angepasst werden. Ein entsprechendes Beispielprogramm finden Sie in den Onlinematerialien.

Programm 6.5: `Statik/stabwerk_starr_3d.py`

```
1  """Kraftverteilung in einem 3-dimensionalen starren Stabwerk."""
```

6.6 Unterbestimmte Stabwerke

Viele physikalische Systeme sind statisch unterbestimmt. Solche Systeme zeichnen sich dadurch aus, dass sie sich auch dann bewegen können, wenn man annimmt, dass die einzelnen Stäbe starr sind. Dabei stellt sich heraus, dass es durchaus mehr als eine stabile Lage geben kann. Es hängt bei einem solchen System also von den Anfangsbedingungen ab, wie die Endkonfiguration aussieht, und man muss die Bewegung des Systems bis zu dieser Endkonfiguration betrachten. Genau genommen handelt es sich dann nicht mehr um ein statisches, sondern um ein dynamisches Problem. Wir werden solche Systeme in den Übungsaufgaben von Kap. 9 behandeln.

Zusammenfassung

Aufstellen von Kräftegleichgewichten: Für ein statisches System besagt die newtonsche Gleichung $\vec{F} = m\vec{a}$, dass die Gesamtkraft auf jeden Massenpunkt null sein muss. Für Massenpunkte, die mit idealisierten Stäben verbunden sind, ergeben sich daraus Gleichungssysteme, die zu lösen sind.

Statische Bestimmtheit: Diese Gleichungssysteme sind nicht immer eindeutig lösbar. Nur wenn die Anzahl der Stäbe eines ebenen Systems doppelt so groß ist wie die Anzahl der Knoten (bzw. dreimal so groß bei einem 3-dimensionalen System), kann die Position der Knoten durch die Länge der Stäbe eindeutig festgelegt sein.

Lösen von linearen Gleichungssystemen: Für statisch bestimmte Probleme haben wir die Kräftebilanz aufgestellt und ein lineares Gleichungssystem für die Kräfte in den einzelnen Stäben gegeben. Dieses Gleichungssystem wurde mit Python gelöst, indem wir die Koeffizientenmatrix des Gleichungssystems in ein 2-dimensionales Array geschrieben und die Funktion `np.linalg.solve` angewendet haben.

Hookesches Gesetz: Im nächsten Schritt haben wir statisch überbestimmte Systeme betrachtet, die in der Praxis häufig auftreten. Wir haben gesehen, dass man die

Gleichungen nur dann lösen kann, wenn man annimmt, dass sich die einzelnen Stäbe etwas dehnen und stauchen lassen. Der Zusammenhang zwischen der Dehnung und der einwirkenden Kraft wird für nicht zu große, elastische Verformungen des Stabes durch das hookesche Gesetz beschrieben.

Lösen von nichtlinearen Gleichungssystemen: Obwohl der Zusammenhang zwischen der Kraft und der Längenänderung eines Stabes nach dem hookeschen Gesetz linear ist, führt die Behandlung von statisch überbestimmten Systemen auf ein nichtlineares Gleichungssystem für die Positionen der Knotenpunkte. Dieses nichtlineare Gleichungssystem haben wir mit der Funktion scipy.optimize.root gelöst. In den Aufgaben zu diesem Kapitel wird deutlich, dass das Lösen dieser Gleichungssysteme nicht immer ganz einwandfrei funktioniert, insbesondere dann nicht, wenn einzelne Stäbe sehr steif sind.

Linearisierung von nichtlinearen Problemen: Um auch für sehr steife, statisch überbestimmte Systeme gute Ergebnisse zur erhalten, haben wir eine Modellnäherung durchgeführt, indem wir angenommen haben, dass die Deformationen der Stäbe stets viel kleiner sind als die Längen der Stäbe. Dadurch konnten wir die Gleichungen linearisieren. Bei dieser Linearisierung tauchte das Tensorprodukt von zwei Vektoren auf, das wir mit der Funktion np.outer berechnet haben. Durch diese Linearisierung haben wir eine robuste Lösung des Problems für den Fall kleiner Deformationen gewonnen.

Farbtabellen: Neben der klassischen Darstellung mit Vektorpfeilen und entsprechender Beschriftung hat sich die farbliche Kodierung der wirkenden Kräfte mittels einer entsprechenden Farbtabelle als günstig erwiesen.

Aufgaben

Aufgabe 6.1: Berechnen Sie mit dem Programm 6.1 für starre Stabwerke die Kräfte in den Sprossen des Kranauslegers, der in Abb. 6.13 dargestellt ist. Modifizieren Sie das Programm so, dass die Stabkräfte farbig dargestellt werden.

Aufgabe 6.2: Berechnen Sie mit dem Programm 6.2 für elastische Stabwerke die in Abb. 6.4 dargestellte Situation. Wählen Sie die Steifigkeit der Stäbe so, dass die Deformationen gering sind. Vergleichen Sie die Ergebnisse mit dem Ergebnis des Programms für die starren Stabwerke.

Aufgabe 6.3: Führen Sie den Vergleich aus Aufgabe 6.2 mit dem Programm 6.3 für die elastischen Stabwerke in linearer Näherung durch.

Aufgabe 6.4: Die in Abb. 6.9 dargestellte Deformation des Regals besteht im Wesentlichen aus einer Scherung des ursprünglichen Rechtecks um $13{,}8\,$cm in x-Richtung. Berechnen Sie mithilfe elementarer Geometrie, um welchen Betrag die Diagonalen durch diese Scherung kürzer bzw. länger geworden sind. Gehen Sie dabei davon aus, dass sich die beiden vertikalen Stäbe und der horizontale Stab aufgrund der großen Steifigkeit nicht in ihrer Länge verändert haben. Berechnen Sie daraus mithilfe der Steifigkeit von $S = 7{,}1 \cdot 10^3\,$N, wie groß die

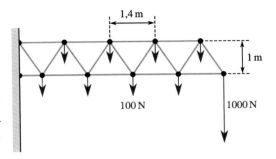

Abb. 6.13: Kranausleger. *Dieser Kran soll in Aufgabe 6.1 simuliert werden. In jedem Knotenpunkt wirkt eine Kraft von 100 N nach unten, die die Gewichtskraft der Stäbe darstellt. Am letzten Knotenpunkt greift eine Kraft von 1000 N an, die die Last am Kran berücksichtigt.*

Kräfte in den Diagonalverstrebungen sein müssen, und vergleichen Sie dies mit dem Ergebnis des Programms.

Aufgabe 6.5: Vergrößern Sie nacheinander in dem Programm für die elastischen Stabwerke die Steifigkeit der beiden vertikalen und des horizontalen Stabes um einen Faktor 10, 100 und 1000. Sind diese Ergebnisse noch plausibel? Beobachten Sie auch die Textausgabe des Programms!

Aufgabe 6.6: Berechnen Sie die Kraftverteilung in einer Brücke, wie sie in Abb. 6.3 dargestellt ist. Nehmen Sie an, dass die Brücke eine Breite von 20 m überspannt und dass die schrägen Stäbe genau in einem Winkel von 45° verlaufen. Die Stäbe sind massive quadratische Stangen mit einer Seitenlänge von 5 cm. Diese sind aus Stahl mit einem Elastizitätsmodul von $E = 210 \cdot 10^9$ N/m^2 und einer Dichte von $\rho = 7860$ kg/m^3 gefertigt. Nehmen Sie dabei an, dass in jedem Knotenpunkt gerade die halbe Gewichtskraft von jedem angrenzenden Stab wirkt.

Aufgabe 6.7: Nehmen Sie an, dass ein Fahrzeug mit einer Masse von 3000 kg langsam über die Brücke aus der vorherigen Aufgabe fährt. Verteilen Sie die Gewichtskraft des Fahrzeugs in geeigneter Weise anteilig auf die beiden benachbarten Knoten der Fahrbahn. Erzeugen Sie eine Animation der Kraftverteilung, während das Fahrzeug über die Brücke fährt. Es handelt sich hierbei um eine sogenannte quasistatische Näherung. Das Fahrzeug bewegt sich zwar, aber man nimmt für jeden Zeitpunkt trotzdem an, dass sich das Gesamtsystem in einem statischen Gleichgewicht befindet.

Literatur

[1]   Dinkler D. Grundlagen der Baustatik. Wiesbaden: Springer Vieweg, 2019. DOI:10.1007/978-3-658-23839-1.

[2]   Gross D u. a. Technische Mechanik 1. Statik. Berlin, Heidelberg: Springer Vieweg, 2019. DOI:10.1007/978-3-662-59157-4.

[3]   Gross D u. a. Technische Mechanik 2. Elastostatik. Berlin, Heidelberg: Springer Vieweg, 2021. DOI:10.1007/978-3-662-61862-2.

[4]   Matplotlib Colormap reference. https://matplotlib.org/stable/gallery/color/colormap_reference.html.

I have always wished for my computer to be as easy to use as my telephone; my wish has come true because I can no longer figure out how to use my telephone.

Bjarne Stroustrup

7

Dynamik des Massenpunkts

Das dynamische Verhalten eines Massenpunktes der Masse m, auf den eine Kraft $\vec{F}$ wirkt, wird durch das newtonsche Grundgesetz

$$\vec{F} = m\vec{a} \tag{7.1}$$

beschrieben, wobei $\vec{a}$ die Momentanbeschleunigung des Massenpunktes ist. In einfachen Fällen ist die Kraft, die auf den Körper wirkt, näherungsweise konstant. In diesem Fall ergibt sich aus Gleichung (7.1) eine konstante Beschleunigung, und man erhält durch zweimalige Integration den Ort $\vec{r}$ und die Geschwindigkeit $\vec{v}$ der Masse als Funktion der Zeit:

$$\vec{r}(t) = \vec{r}_0 + \vec{v}_0 t + \frac{1}{2}\vec{a}t^2 \qquad \text{für} \qquad \vec{a} = \text{konst.}$$
$$\vec{v}(t) = \vec{v}_0 + \vec{a}t \tag{7.2}$$

Dabei bezeichnet $\vec{r}_0$ den Ort der Masse zum Zeitpunkt $t = 0$ und $\vec{v}_0$ die Geschwindigkeit der Masse zum Zeitpunkt $t = 0$. Um ein konkretes Problem zu lösen, muss man also sowohl den Anfangsort als auch die Anfangsgeschwindigkeit kennen. Man nennt diese zwei Größen auch die **Anfangsbedingungen**, und die Frage nach der Bewegung der Masse bei bekannten Anfangsbedingungen bezeichnet man als ein **Anfangswertproblem** (engl. initial value problem).

In vielen Situationen hängt die Kraft allerdings von der aktuellen Position des Körpers ab. Die Kraft kann auch von der Geschwindigkeit des Körpers abhängen, oder die Kraft kann aufgrund eines sich zeitlich ändernden äußeren Umstandes explizit von der Zeit abhängen. Da die Beschleunigung $\vec{a}$ die zweite Ableitung des Ortsvektors $\vec{r}$ nach der Zeit ist, können wir das newtonsche Grundgesetz (7.1) daher in der Form

$$m\ddot{\vec{r}} = \vec{F}(\vec{r}, \dot{\vec{r}}, t) \tag{7.3}$$

schreiben, wobei wir in diesem Kapitel davon ausgehen, dass die Kraft $\vec{F}$ eine bekannte Funktion des Ortes, der Geschwindigkeit und der Zeit t ist. Leider ist es nur in wenigen Spezialfällen möglich, eine elementare Lösung für die Bewegungsgleichung (7.3) zu finden, sodass man für viele interessante Fälle darauf angewiesen ist, geeignete Näherungslösungen mithilfe des Computers zu berechnen. In diesem Kapitel werden wir an verschiedenen Beispielen derartige Näherungslösungen mit dem Computer finden und visualisieren.

© Springer-Verlag GmbH Deutschland, ein Teil von Springer Nature 2022
O. Natt, *Physik mit Python*, https://doi.org/10.1007/978-3-662-66454-4_7

7.1 Eindimensionale Bewegungen

Wir betrachten zunächst nur eindimensionale Bewegungen eines einzelnen Massenpunktes, für den das Kraftgesetz explizit bekannt ist. Dabei nehmen wir an, dass die Kraft von der Position x des Körpers, der Geschwindigkeit v und von der Zeit t abhängen kann. Die newtonsche Bewegungsgleichung lautet dann

$$ma = F(x, v, t) \,, \tag{7.4}$$

wobei x, v und a selbstverständlich von der Zeit t abhängen. Die Geschwindigkeit des Massenpunktes ist über die Ableitung des Ortes nach der Zeit definiert $v = \dot{x}$, und die Beschleunigung ist die Ableitung der Geschwindigkeit $a = \dot{v} = \ddot{x}$. Die Bewegungsgleichung (7.4) kann man daher in der Form

$$m\ddot{x} = F(x, \dot{x}, t) \tag{7.5}$$

schreiben. In Gleichung (7.5) taucht nicht nur die gesuchte Funktion $x(t)$, sondern auch deren Ableitung $\dot{x}(t)$ und deren zweite Ableitung $\ddot{x}(t)$ auf. Man nennt eine solche Gleichung eine **gewöhnliche Differentialgleichung**. Das Adjektiv »gewöhnlich« bezieht sich dabei darauf, dass nur gewöhnliche Ableitungen einer Funktion auftreten und keine partiellen Ableitungen. Man sagt, die Differentialgleichung ist von zweiter **Ordnung**, weil die höchste auftretende Ableitung eine zweite Ableitung ist. Weiterhin kann man die Gleichung (7.5) sehr einfach nach der höchsten Ableitung $\ddot{x}$ auflösen, indem man durch die Masse m teilt. Man nennt eine Differentialgleichung, die man direkt nach der höchsten Ableitung der gesuchten Größe auflösen kann, eine **explizite Differentialgleichung**. Gleichung (7.5) ist also eine explizite, gewöhnliche Differentialgleichung zweiter Ordnung.

Um eine solche Gleichung numerisch zu lösen, bietet sich ein Verfahren an, das wir schon bei der Behandlung der Hundekurve in Abschn. 5.2 kennengelernt haben. Wir gehen dabei davon aus, dass wir zu einem bestimmten Zeitpunkt t den Ort $x(t)$ und die Geschwindigkeit $v(t)$ kennen. Wir wollen nun die neue Geschwindigkeit und die neue Beschleunigung nach einer kurzen Zeitdauer Δt bestimmen. Für die Bestimmung des neuen Orts gehen wir davon aus, dass sich die Geschwindigkeit innerhalb dieses Zeitintervalls nur wenig geändert hat,

$$x(t + \Delta t) \approx x(t) + v(t)\Delta t \,, \tag{7.6}$$

und für die Bestimmung der neuen Geschwindigkeit gehen wir davon aus, dass sich die Beschleunigung innerhalb dieses Zeitintervalls ebenfalls nur wenig geändert hat:

$$v(t + \Delta t) \approx v(t) + a(t)\Delta t \tag{7.7}$$

Die Beschleunigung $a(t)$ erhält man aber direkt aus Gleichung (7.4), indem man durch m teilt. Damit wird Gleichung (7.7) zu

$$v(t + \Delta t) \approx v(t) + \frac{1}{m}F(x(t), v(t), t)\Delta t \,. \tag{7.8}$$

Die Gleichungen (7.6) und (7.8) werden nun iterativ angewendet. Ausgehend von Ort und Geschwindigkeit zum Zeitpunkt t berechnet man eine Näherung dieser Größen zum

Zeitpunkt $t + \Delta t$. Nochmaliges Anwenden der beiden Gleichungen liefert eine Näherung von Ort und Geschwindigkeit zum Zeitpunkt $t + 2\Delta t$ und so weiter. Dieses Vorgehen ist der einfachste Weg, mit dem man die numerische Lösung einer Differentialgleichung bestimmen kann. Er ist in der Literatur als **explizites Euler-Verfahren** bekannt.

Als ein einfaches Beispiel betrachten wir das Ausrollen eines Fahrzeuges auf einer glatten, ebenen Strecke. Wir wollen vereinfachend davon ausgehen, dass wir die Rollreibung vernachlässigen können und dass das Fahrzeug nur durch die Luftreibung gebremst wird. Weiterhin nehmen wir an, dass sich das Fahrzeug mit einer gegebenen Anfangsgeschwindigkeit v_0 in die positive x-Richtung bewegt. Für die Luftreibungskraft gilt für eine positive Geschwindigkeit v näherungsweise

$$F = -bv^2 \, , \tag{7.9}$$

wobei b eine Reibungskonstante ist. Das Beispiel ist für uns besonders interessant, weil es eine analytische Lösung[1] gibt, mit der wir unser Programm anschließend verifizieren können:

$$x(t) = \frac{m}{b} \ln\left(1 + \frac{v_0 b}{m} t\right) \quad \text{und} \quad v(t) = v_0 \left(1 + \frac{v_0 b}{m} t\right)^{-1} \tag{7.10}$$

Für unsere Rechnung wollen wir annehmen, dass das Fahrzeug eine Masse $m = 15\,\text{kg}$ und eine Anfangsgeschwindigkeit $v_0 = 10\,\text{m/s}$ besitzt. Die Reibungskonstante legen wir auf $b = 2{,}5\,\text{kg/m}$ fest.[2] Wir wollen die Bewegung des Fahrzeugs über einen Zeitraum von 20 s simulieren, wobei wir die Anfangsposition des Fahrzeugs auf $x_0 = 0$ setzen. Das Simulationsprogramm beginnt mit den Modulimporten und dem Festlegen der Simulationsparameter. Die Zeitschrittweite für die Simulation legen wir zunächst auf $\Delta t = 0{,}2\,\text{s}$ fest.

Programm 7.1: `Dynamik/ausrollen1.py`

```
 6  # Zeitdauer, die simuliert werden soll [s].
 7  t_max = 20
 8  # Zeitschrittweite [s].
 9  dt = 0.2
10  # Masse des Fahrzeugs [kg].
11  m = 15.0
12  # Reibungskoeffizient [kg / m].
13  b = 2.5
14  # Anfangsort [m].
15  x0 = 0
```

---

[1] Die angegebene Lösung erhält man durch Trennung der Variablen: Die Bewegungsgleichung lässt sich in der Form

$$\frac{\mathrm{d}v}{\mathrm{d}t} = -\frac{b}{m} v^2 \quad \Rightarrow \quad \frac{\mathrm{d}v}{v^2} = -\frac{b}{m} \, \mathrm{d}t$$

schreiben. Integration dieser Gleichung mit der Anfangsbedingung $v(0) = v_0$ liefert:

$$\frac{1}{v_0} - \frac{1}{v} = -\frac{b}{m} t \quad \Rightarrow \quad v = v_0 \left(1 + \frac{v_0 b}{m} t\right)^{-1}$$

Nochmalige Integration dieser mit der Anfangsbedingung $x(0) = 0$ liefert Gleichung (7.10).

[2] Um diese Bedingungen herzustellen, muss das Fahrzeug eine für die Fahrzeugmasse sehr große Frontfläche besitzen.

```
16  # Anfangsgeschwindigkeit [m/s].
17  v0 = 10.0
```

Um den nachfolgenden Code übersichtlich zu halten, definieren wir eine Funktion F, die die Gleichung für die Kraft darstellt. Damit das Programm auch für negative Geschwindigkeiten korrekt arbeitet, ist es hilfreich, anstelle von Gleichung (7.9) die Kraft in der Form

$$F = -bv\,|v| \tag{7.11}$$

darzustellen.

```
20  def F(v):
21      """Berechne die Kraft als Funktion der Geschwindigkeit v."""
22      return - b * v * np.abs(v)
```

Da wir bei dieser Simulation bereits wissen, wie viele Zeitschritte benötigt werden, bietet es sich an, direkt Arrays der entsprechenden Größe anzulegen.

```
26  t = np.arange(0, t_max, dt)
27  x = np.empty(t.size)
28  v = np.empty(t.size)
```

Den ersten Eintrag der Arrays für den Ort x und die Geschwindigkeit v initialisieren wir mit den Anfangsbedingungen.

```
31  x[0] = x0
32  v[0] = v0
```

Die eigentliche Simulationsschleife, die die Gleichungen (7.6) und (7.8) darstellen, ist damit sehr kurz und übersichtlich.

```
35  for i in range(t.size - 1):
36      x[i+1] = x[i] + v[i] * dt
37      v[i+1] = v[i] + F(v[i]) / m * dt
```

Zu guter Letzt plotten wir den Ort und die Geschwindigkeit als Funktion der Zeit und vergleichen das Simulationsergebnis mit der analytischen Lösung nach Gleichung (7.10). Dazu legen wir zunächst eine Figure an,

```
40  fig = plt.figure(figsize=(9, 4))
41  fig.set_tight_layout(True)
```

in der wir eine Axes für das Geschwindigkeits-Zeit-Diagramm erzeugen. In diese plotten wir das analytische Ergebnis sowie das Ergebnis mit dem Euler-Verfahren.

```
44  ax_geschw = fig.add_subplot(1, 2, 1)
45  ax_geschw.set_xlabel('$t$ [s]')
46  ax_geschw.set_ylabel('$v$ [m/s]')
47  ax_geschw.grid()
48  ax_geschw.plot(t, v0 / (1 + v0 * b / m * t),
49                 '-b', label='analytisch')
50  ax_geschw.plot(t, v, '.r', label='simuliert')
51  ax_geschw.legend()
```

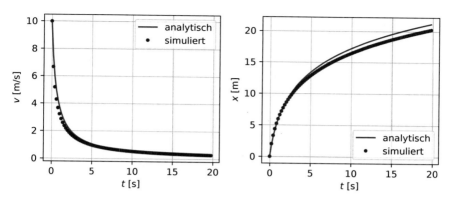

Abb. 7.1: Simulation des Ausrollens eines Fahrzeugs. *Die Abbildung zeigt die mit dem Euler-Verfahren bei einer Schrittweite von* $\Delta t = 0{,}2$ s *gefundene Lösung der Differentialgleichung und die analytische Lösung. Man erkennt eine deutliche Abweichung aufgrund des Diskretisierungsfehlers.*

Anschließend erzeugen wir eine zweite Axes für das Weg-Zeit-Diagramm und plotten auch hier beide Ergebnisse im Vergleich.

```
54  ax_ort = fig.add_subplot(1, 2, 2)
55  ax_ort.set_xlabel('$t$ [s]')
56  ax_ort.set_ylabel('$x$ [m]')
57  ax_ort.grid()
58  ax_ort.plot(t, m / b * np.log(1 + v0 * b / m * t),
59              '-b', label='analytisch')
60  ax_ort.plot(t, x, '.r', label='simuliert')
61  ax_ort.legend()
```

Die Ausgabe des Programms, die in Abb. 7.1 dargestellt ist, zeigt, dass die simulierte Lösung deutlich von der analytischen Lösung abweicht. Die Abweichung rührt daher, dass man in den Gleichungen (7.6) und (7.8) einen Fehler aufgrund der endlichen Zeitschrittweite einführt. Man bezeichnet diesen Fehler als den **Diskretisierungsfehler**. Sie können den Diskretisierungsfehler verringern, indem Sie die Zeitschrittweite dt verkleinern. Dabei vergrößern sich allerdings die Anzahl der Berechnungsschritte und der Speicherbedarf entsprechend. Falls man ein Problem hat, bei dem keine analytische Lösung zur Verfügung steht, geht man üblicherweise so vor, dass man die Zeitschrittweite sukzessiv verkleinert, bis sich am Ergebnis der Simulation im Rahmen einer vorgegebenen Genauigkeit nichts mehr ändert.

7.2 Reduktion der Ordnung

In der Bibliothek SciPy gibt es einige Funktionen, die das Lösen von Differentialgleichungen vereinfachen. Dabei muss man allerdings berücksichtigen, dass diese Funktionen für Differentialgleichungen erster Ordnung ausgelegt sind. Dies ist jedoch keine wesentliche Einschränkung, da man stets aus einer Differentialgleichung höherer

Ordnung ein äquivalentes System von Differentialgleichungen erster Ordnung erzeugen kann. Wir betrachten dazu die Differentialgleichung

$$m\ddot{x} = F(x, \dot{x}, t) \tag{7.12}$$

und führen einen neuen Vektor $\vec{u}$ ein. Die erste Komponente von $\vec{u}$ ist der Ort der Masse und die zweite Komponente die Geschwindigkeit. Man bezeichnet diesen Vektor als den **Zustandsvektor**:

$$\vec{u} = \begin{pmatrix} u_1 \\ u_2 \end{pmatrix} = \begin{pmatrix} x \\ \dot{x} \end{pmatrix} \tag{7.13}$$

Für die Zeitableitung des Zustandsvektors gilt:

$$\dot{\vec{u}} = \begin{pmatrix} \dot{x} \\ \ddot{x} \end{pmatrix} = \begin{pmatrix} \dot{x} \\ \frac{1}{m}F(x, \dot{x}, t) \end{pmatrix} = \begin{pmatrix} u_2 \\ \frac{1}{m}F(u_1, u_2, t) \end{pmatrix} \tag{7.14}$$

Die rechte Seite dieser Gleichung können wir als eine vektorwertige Funktion des Zustandsvektors und der Zeit auffassen. Durch Einführen des Zustandsvektors haben wir aus einer Differentialgleichung zweiter Ordnung für x also eine Differentialgleichung erster Ordnung für den Vektor $\vec{u}$ gewonnen:

$$\dot{\vec{u}} = \vec{f}(\vec{u}, t) \quad \text{mit} \quad \vec{f}(\vec{u}, t) = \begin{pmatrix} u_2 \\ \frac{1}{m}F(u_1, u_2, t) \end{pmatrix} \tag{7.15}$$

Das Euler-Verfahren für diese Differentialgleichung lässt sich durch die Näherungsformel

$$\vec{u}(t + \Delta t) \approx \vec{u}(t) + \vec{f}(\vec{u}(t), t)\Delta t \tag{7.16}$$

ausdrücken, die genau den Gleichungen (7.6) und (7.8) entspricht.

7.3 Runge-Kutta-Verfahren

Um die Gleichung (7.16) etwas besser zu verstehen, integrieren wir die Differentialgleichung (7.15) in dem Zeitintervall von t bis $t + \Delta t$:

$$\vec{u}(t + \Delta t) - \vec{u}(t) = \int\limits_{t}^{t+\Delta t} \vec{f}(\vec{u}(\tau), \tau)\,\mathrm{d}\tau \tag{7.17}$$

Beim Euler-Verfahren nimmt man an, dass die Funktion $\vec{f}$ innerhalb der Integrationsgrenzen näherungsweise konstant ist. Man benutzt also die Näherung

$$\int\limits_{t}^{t+\Delta t} \vec{f}(\vec{u}(\tau), \tau)\,\mathrm{d}\tau \approx \vec{f}(\vec{u}(t), t)\Delta t \tag{7.18}$$

für das Integral. Man kann die Genauigkeit des Verfahrens verbessern, indem man die Funktion $\vec{f}$ an geeigneten Zwischenschritten auswertet und durch ein Polynom ersetzt. Dieses Vorgehen führt auf die Klasse der sogenannten **Runge-Kutta-Verfahren**. Ein wichtiger Parameter eines solchen Verfahrens ist die sogenannte **Konsistenzordnung**.

Ein Verfahren hat die Konsistenzordnung n, wenn der Betrag des Fehlers, der innerhalb eines Zeitschrittes gemacht wird, kleiner als $C(\Delta t)^n$ ist, wobei C eine Konstante ist. Eine weitere Verbesserung des Verfahrens erhält man, wenn man in jedem Zeitschritt eine Fehlerabschätzung vornimmt und die Zeitschrittweite basierend auf einer angegebenen Fehlerschranke anpasst. Diese Fehlerabschätzung wird häufig so vorgenommen, dass man ein Runge-Kutta-Verfahren der Konsistenzordnung 5 wählt und das Ergebnis mit einem Runge-Kutta-Verfahren der Konsistenzordnung 4 vergleicht. Man spricht dann häufig von einem **Runge-Kutta-Verfahren der Ordnung 5(4)**. Diese Variante eignet sich für viele gewöhnliche Differentialgleichungen, die in der Physik auftreten. Es ist neben weiteren Verfahren in SciPy in der Funktion `scipy.integrate.solve_ivp` umgesetzt. Der Funktionsname rührt von der englischen Bezeichnung solve initial value problem her.

Wir wollen das Problem des Ausrollens eines Fahrzeuges, das wir im vorherigen Abschnitt mit dem Euler-Verfahren behandelt haben, nun mit dieser Bibliotheksfunktion lösen. Dazu müssen wir zu Beginn das Modul `scipy.integrate` importieren. Ansonsten ist der Beginn des Programms bis einschließlich der Definition der Kraftfunktion F nahezu identisch zum Programm 7.1. Lediglich auf die Angabe einer Zeitschrittweite kann hier verzichtet werden, da diese automatisch von der Schrittweitensteuerung bestimmt wird.

Die Differentialgleichung geben wir an, indem wir die Funktion $\vec{f}(\vec{u}, t)$ nach Gleichung (7.15) in Python programmieren. Wir nennen diese Funktion `dgl`. Es ist wichtig, dass diese Funktion genau zwei Argumente besitzt. Das erste Argument ist die Zeit t und das zweite Argument der Zustandsvektor u. Auch wenn, wie hier, die Funktion $\vec{f}$ gar nicht explizit von der Zeit abhängt, ist es dennoch notwendig, dass die Funktion `dgl` genau diese zwei Argumente hat.

Programm 7.2: Dynamik/ausrollen2.py

```
24  def dgl(t, u):
25      """Berechne die rechte Seite der Differentialgleichung."""
26      x, v = u
27      return np.array([v, F(v) / m])
```

In dieser Funktion wird der Zustandsvektor in seine Komponenten, den Ort x und die Geschwindigkeit v zerlegt. Anschließend wird der Ausdruck für die rechte Seite der Differentialgleichung nach Gleichung (7.14) ausgewertet und als Array zurückgegeben.

Um die Differentialgleichung zu lösen, legen wir als Nächstes den Zustandsvektor zum Zeitpunkt $t = 0$ fest

```
31  u0 = np.array([x0, v0])
```

und rufen anschließend die Funktion zur Lösung des Anfangswertproblems auf:

```
34  result = scipy.integrate.solve_ivp(dgl, [0, t_max], u0)
```

Das Ergebnis wird in der Variablen `result` gespeichert. Dabei handelt es sich um ein Objekt, das neben dem eigentlichen Simulationsergebnis eine Reihe von Statusinformationen bereitstellt. Das Attribut `result.message` enthält eine Information in englischer Sprache, die angibt, ob bei der Integration ein Fehler aufgetreten ist. Das Attribut `result.t` enthält ein 1-dimensionales Array der Zeitpunkte, zu denen die

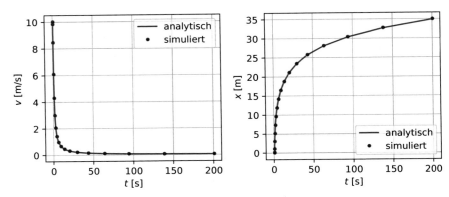

Abb. 7.2: Simulation des Ausrollens eines Fahrzeugs. *Die Abbildung zeigt die mit der Funktion* `scipy.integrate.solve_ivp` *gefundene Lösung der Differentialgleichung und die analytische Lösung.*

Lösung berechnet worden ist, und `result.y` ist ein 2-dimensionales Array, dessen Zeilen die Komponenten des Zustandsvektors sind und dessen Spalten die Zeitpunkte darstellen. Wir geben die Statusmeldung auf dem Bildschirm aus und benennen die Ergebnisse zur weiteren Verwendung entsprechend um. Dabei benutzen wir, dass man ein 2-dimensionales Array direkt in zwei Variablen entpacken kann, wie in Abschn. 3.11 erläutert wurde.

```
38  print(result.message)
39  t = result.t
40  x, v = result.y
```

Die grafische Ausgabe der Ergebnisse kann unverändert vom Programm 7.1 übernommen werden. Das Ergebnis des Programms in Abb. 7.2 zeigt, dass die Abweichung von der analytischen Lösung deutlich kleiner ist als bei der Lösung mit dem Euler-Verfahren, obwohl sehr viel größere Zeitschritte ausgewertet wurden. Im direkten Vergleich der Abb. 7.1 und 7.2 erkennt man, dass die Schrittweitensteuerung offensichtlich zu Beginn der Bewegung eine Schrittweite gewählt hat, die sogar kleiner war als die beim Euler-Verfahren. Im Verlauf der Bewegung wurde die Schrittweite dann entsprechend vergrößert. Es ist in manchen Fällen störend, dass die numerische Lösung der Differentialgleichung, wie sie in Abb. 7.2 dargestellt ist, nur an relativ wenigen Stützstellen explizit ausgegeben wird. Insbesondere, wenn man die Bewegung des Körpers animiert darstellen möchte, sollten die Zeitschritte einen konstanten Abstand voneinander haben, weil sonst die Geschwindigkeit der Animation im Laufe der Bewegung variiert. Dieses Problem lässt sich auf verschiedene Weisen lösen:

1. Man kann dem Algorithmus eine maximale Schrittweite vorgeben. Durch ein zusätzliches Argument `max_step=0.2` kann man beispielsweise erzwingen, dass die Zeitschritte nicht weiter als 0,2 s auseinanderliegen. Der Nachteil ist, dass sich die benötigte Rechenzeit unter Umständen stark vergrößert und es möglicherweise doch Zeitschritte gibt, die kürzer als 0,2 s sind.

2. Man kann dem Algorithmus mit der Option `t_eval` ein Array von expliziten Zeitschritten mitgeben, an denen die interpolierte Lösung ausgewertet werden soll. Wenn Sie zum Beispiel 1000 gleichverteilte Zeitpunkte ausgewertet haben möchten, dann können Sie dies mit

```
t = np.linspace(0, t_max, 1000)
result = scipy.integrate.solve_ivp(dgl, [0, t_max], u0,
                                   t_eval=t)
```

erreichen. Dieses Vorgehen hat zwei Nachteile: Zum einen erhält man die Lösung nur an den angegebenen Zeitpunkten selbst dann, wenn der Löser intern mit feineren Zeitschritten gearbeitet hat. Zum anderen kann man nicht mehr erkennen, welches die tatsächlich gewählten Stützstellen sind.

3. Die eleganteste Variante arbeitet mit der Option `dense_output=True`. Wenn Sie diese Option angeben, erhält das Ergebnis ein zusätzliches Attribut mit dem Namen `sol`. Dieses Objekt kann man wie eine Funktion verwenden, und es wertet die für die Lösung der Differentialgleichung verwendete Interpolation an den angegebenen Zeitpunkten aus. Dieses Vorgehen hat den Vorteil, dass man in der grafischen Ausgabe sowohl darstellen kann, welche Stützpunkte tatsächlich verwendet wurden, als auch eine glatte Kurve der Bewegung ausgeben kann.

Wir demonstrieren die dritte Variante an dem Problem des ausrollenden Fahrzeugs. Der Anfang des Programms ist identisch mit dem Programm 7.2. Danach rufen wir `solve_ivp` mit dem zusätzlichen Argument `dense_output=True` auf.

Programm 7.3: *Dynamik/ausrollen3.py*

```
37  result = scipy.integrate.solve_ivp(dgl, [0, t_max], u0,
38                                      dense_output=True)
```

Anschließend können wir auf die tatsächlich gewählten Zeitpunkte und die zugehörigen Funktionswerte wie gewohnt zugreifen:

```
43  t_stuetz = result.t
44  x_stuetz, v_stuetz = result.y
```

Zusätzlich haben wir jetzt die Möglichkeit, auf die vom Differentialgleichungslöser verwendeten Interpolationspolynome zuzugreifen. Um dies zu demonstrieren, erstellen wir ein fein aufgelöstes Array von Zeitpunkten

```
49  t_interp = np.linspace(0, t_max, 1000)
```

und wenden `result.sol` wie eine Funktion auf diese Zeitpunkte an. Es wird ein 2-dimensionales Array zurückgegeben, das wir in zwei entsprechende Variablen entpacken.

```
50  x_interp, v_interp = result.sol(t_interp)
```

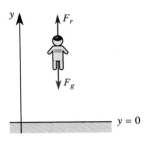

Abb. 7.3: Wahl der Koordinate für den Stratosphärensprung.
Für die Modellierung des Sprunges soll die y-Achse nach oben zeigen, und y = 0 soll der Erdoberfläche entsprechen. Die y-Koordinate gibt damit die Höhe über der Erdoberfläche an. Die Gewichtskraft ist somit negativ, und die Reibungskraft ist während des Falls positiv.

7.4 Freier Fall mit Luftreibung

Als ein Anwendungsbeispiel wollen wir den spektakulären Stratosphärensprung aus dem Jahr 2012 von Felix Baumgartner betrachten. Herr Baumgartner ist aus einer Höhe von ca. 39 km abgesprungen und hat dabei eine maximale Geschwindigkeit von 1358 km/h erreicht. Wir wollen insbesondere die Frage beantworten, wie es dazu kommen kann, dass bei einem Sprung aus großer Höhe eine Geschwindigkeit erreicht wird, die größer als die Schallgeschwindigkeit ist.

Dazu betrachten wir ein stark vereinfachtes physikalisches Modell, bei dem wir den Springer als einen Massenpunkt beschreiben und nur eine 1-dimensionale Bewegung betrachten. Die Koordinate y wählen wir, wie es in Abb. 7.3 dargestellt ist. Solange die Anfangshöhe des Springers sehr viel kleiner als der Erdradius ist, kann man davon ausgehen, dass die Schwerkraft F_g in guter Näherung konstant ist und durch

$$F_g = -mg \tag{7.19}$$

beschrieben wird. Über die Luftreibungskraft F_r wollen wir annehmen, dass sie sich in guter Näherung durch die Gleichung

$$|F_r| = \frac{1}{2} c_w \rho A v^2 \tag{7.20}$$

beschreiben lässt. Dabei ist ρ die Dichte der Luft, A ist die Stirnfläche des Körpers, also die Fläche der senkrechten Projektion in Bewegungsrichtung, und der dimensionslose c_w-Wert ist ein Zahlenwert, der von der Form des Körpers bestimmt wird. Um in unserer Simulation sicherzustellen, dass die Reibungskraft immer der Bewegung entgegengerichtet ist, ist es günstig, die Kraft in der Form

$$F_r = -\frac{1}{2} c_w \rho A |v| v \tag{7.21}$$

darzustellen. Für fallende Menschen ist bekannt, dass sie bei normaler Luftdichte von $\rho = 1{,}225 \, \text{kg/m}^3$ eine maximale Fallgeschwindigkeit von 200 km/h in Bauchlage und bis 300 km/h bei einem Kopfsprung erreichen können. Diese Endgeschwindigkeit wird erreicht, wenn die Gewichtskraft und die Luftreibungskraft sich gerade kompensieren. Durch Gleichsetzen der beiden Beträge nach Gleichung (7.19) und (7.20) ergibt sich die Gleichung

$$c_w A = \frac{2mg}{\rho v_{\max}^2} \,, \tag{7.22}$$

die für einen Menschen mit einer Masse von $m = 90 \, \text{kg}$ einen Wert von $c_w A = 0{,}21 \, \text{m}^2$ bei einem Kopfsprung und einen Wert von $c_w A = 0{,}47 \, \text{m}^2$ in Bauchlage ergibt.

Bei einem Sprung aus großer Höhe muss man weiterhin berücksichtigen, dass die Luftdichte mit der Höhe abnimmt. Häufig verwendet man hierfür die isotherme barometrische Höhenformel:

$$\rho(y) = \rho_0 e^{-y/h_s} \tag{7.23}$$

Dabei ist ρ_0 die Luftdichte am Erdboden und die Größe $h_s = 8400\,\text{m}$ wird als die Skalenhöhe bezeichnet, in der die Luftdichte auf den e-ten Teil der Luftdichte am Erdboden abgefallen ist.

Für die Simulation starten wir nach den Modulimporten mit der Definition der Parameter. Dabei nehmen wir an, dass der Springer in Bauchlage springt.

Programm 7.4: `Dynamik/stratosphaerensprung1.py`

```
11  # Masse des Körpers [kg].
12  m = 90.0
13  # Erdbeschleunigung [m/s²].
14  g = 9.81
15  # Produkt aus c_w-Wert und Stirnfläche [m²].
16  cwA = 0.47
17  # Anfangshöhe [m].
18  y0 = 39.045e3
19  # Anfangsgeschwindigkeit [m/s].
20  v0 = 0.0
21  # Luftdichte am Erdboden [kg/m³].
22  rho0 = 1.225
23  # Skalenhöhe der Erdatmosphäre [m].
24  hs = 8.4e3
```

Die Definition der Funktion für die Kraft setzt die Gleichungen (7.19), (7.21) und (7.23) um.

```
27  def F(y, v):
28      """Bestimme die auf den Springer wirkende Kraft.
29
30      Args:
31          y (float):
32              Aktuelle Höhe [m].
33          v (float):
34              Aktuelle Geschwindigkeit [m/s].
35
36      Returns:
37          float: Kraft [N].
38      """
39      Fg = -m * g
40      rho = rho0 * np.exp(-y / hs)
41      Fr = -0.5 * rho * cwA * v * np.abs(v)
42      return Fg + Fr
```

Die Funktion, die die rechte Seite der Differentialgleichung beschreibt, ist damit nahezu identisch zum vorherigen Beispiel, nur dass die Kraft neben der Geschwindigkeit auch noch vom Ort abhängt.

```
45   def dgl(t, u):
46       """Berechne die rechte Seite der Differentialgleichung."""
47       y, v = u
48       return np.array([v, F(y, v) / m])
```

Eine zusätzliche Schwierigkeit bei der Simulation des Sprungs rührt daher, dass wir vor der Simulation nicht genau wissen, wie lange es dauert, bis der Springer am Erdboden ankommt. Bei einer Simulation mit dem einfachen Euler-Verfahren könnten wir in jedem Simulationsschritt mit einer if-Anweisung überprüfen, ob die y-Koordinate noch größer als null ist. Um in der Funktion solve_ivp eine Abbruchbedingung festzulegen, müssen wir eine sogenannte **Ereignisfunktion** definieren. Diese Funktion bekommt als Argumente die Zeit t und den Zustandsvektor u übergeben und muss eine Gleitkommazahl zurückgeben. Das Ereignis wird bei einer Nullstelle dieser Funktion erkannt. Damit die Nullstellenbestimmung gut funktioniert, muss die Ereignisfunktion eine möglichst glatte Funktion des Zustandsvektors sein. In unserem Fall soll das Ereignis eintreffen, wenn die y-Koordinate null wird. Wir geben daher einfach die y-Koordinate zurück.

```
51   def aufprall(t, u):
52       """Ereignisfunktion: Detektiere das Erreichen des Erdbodens."""
53       y, v = u
54       return y
```

Als Nächstes legen wir fest, dass die Simulation beendet werden soll, wenn das Ereignis eintritt. Dazu fügen wir der Funktion aufprall ein Attribut mit dem Namen terminal hinzu, dem wir den Wert wahr (True) geben.

```
58   aufprall.terminal = True
```

Das eigentliche Lösen der Differentialgleichung verläuft nun sehr ähnlich wie im vorherigen Abschnitt. Wir legen den Zustandsvektor zum Zeitpunkt $t = 0$ fest

```
61   u0 = np.array([y0, v0])
```

und teilen dem Löser die Ereignisfunktion über das Argument events=aufprall von solve_ivp mit. Weiterhin verwenden wir das im vorherigen Abschnitt vorgestellte Vorgehen mit dense_output=True, um eine Interpolation des Simulationsergebnisses in fein gerasterten Zeitschritten zu erhalten.

```
64   result = scipy.integrate.solve_ivp(dgl, [0, np.inf], u0,
65                                      events=aufprall,
66                                      dense_output=True)
```

Für die grafische Ausgabe stellen wir die tatsächlich berechneten Stützpunkte mit Punkten dar und die interpolierte Lösung mit einer durchgezogenen Linie. Die Auswertung der interpolierten Lösung funktioniert genauso, wie im Programm 7.3. Die grafische Ausgabe ist sehr ähnlich zum Programm 7.1 und wir verzichten daher an dieser Stelle auf den Ausdruck des Programmcodes. Das Ergebnis der Simulation ist in Abb. 7.4 dargestellt. Sie können erkennen, dass der Springer während der ersten Sekunden des Falls nahezu mit der Erdbeschleunigung nach unten beschleunigt wird. Erst durch die zunehmend dichter werdende Atmosphäre setzt eine merkliche Brems-

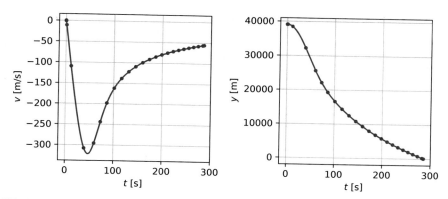

Abb. 7.4: Simulation eines freien Falls aus großer Höhe. *Die Punkte geben die vom Differentialgleichungslöser gewählten Stützstellen an. Die durchgezogene Linie ist die zugehörige Interpolation.*

wirkung ein. Nach ungefähr 50 s hat der Springer eine maximale Geschwindigkeit von 321 m/s erreicht. Danach wird er in der tieferen Atmosphäre abgebremst und nähert sich der Endgeschwindigkeit von 55 m/s an. Tatsächlich erreichte Herr Baumgartner eine Maximalgeschwindigkeit von 377 m/s.

7.5 Interpolation von Messwerten für Simulationen

Dem kritischen Leser mag aufgefallen sein, dass die im vorherigen Abschnitt verwendete barometrische Höhenformel nur eine grobe Näherung für den tatsächlichen Verlauf der Luftdichte als Funktion der Höhe sein kann. Die Gleichung (7.23) geht nämlich davon aus, dass die Temperatur der Luft sich mit der Höhe nicht ändert, und jedem, der einmal im Gebirge unterwegs war, ist die Tatsache bekannt, dass die Lufttemperatur mit steigender Höhe abnimmt.[3] In der Literatur findet man eine Gleichung, die unter der Annahme eines linearen Temperaturabfalls hergeleitet wird, aber auch diese Gleichung ist für Höhen von mehr als 25 km ungenau, da die Temperatur dort nicht mehr linear mit der Höhe abnimmt [1]. Solche Situationen tauchen in der Physik durchaus häufiger auf: Man hat eine Simulation, in die Daten eingehen, die aufgrund ihrer Komplexität schwer durch eine einzelne Gleichung beschrieben werden können.

Für unser konkretes Beispiel des Stratosphärensprungs findet man zum Beispiel in der Literatur Tabellen der Luftdichte in verschiedenen Höhen. Der für unser Beispiel relevante Bereich ist in Tab. 7.1 dargestellt. Um die numerische Lösung der Bewegungsgleichung des fallenden Körpers bestimmen zu können, müssen wir aber für beliebige Höhen einen Wert für die Luftdichte haben. Es bietet sich daher an, die Messwerte zu interpolieren. Für die Interpolation von Messdaten gibt es verschiedene Strategien.

Die einfachste Variante besteht darin, für die Luftdichte den jeweils nächstliegenden Messwert zu verwenden. Man bezeichnet die Interpolation dann als **Nächste-Nachbar-Interpolation** (engl. nearest neighbor). Diese Art der Interpolation erzeugt eine un-

---
[3] Im Mittel nimmt die Temperatur bis zu einer Höhe von ungefähr 20 km um ca. 6,5 K pro Kilometer Höhe ab. Danach steigt die Temperatur aufgrund der absorbierten Ultraviolettstrahlung wieder an.

Tab. 7.1: Messwerte der Luftdichte in Abhängigkeit von der Höhe. *Der Temperaturverlauf in der Erdatmosphäre ist aufgrund der vielfältigen beteiligten physikalischen Prozesse kompliziert. Demzufolge ist auch die Luftdichte keine einfach analytisch darstellbare Funktion. Die Messwerte sind aus [2] entnommen und stellen die sogenannte U.S.-Standard-Atmosphäre von 1976 dar.*

h [km]	ρ [kg/m^3]	h [km]	ρ [kg/m^3]	h [km]	ρ [kg/m^3]
0	1,225	6,00	0,660	15,00	0,195
1,00	1,112	7,00	0,590	20,06	0,0880
2,00	1,007	8,00	0,526	25,00	0,0401
3,00	0,909	9,00	0,467	32,16	0,0132
4,00	0,819	10,00	0,414	40,00	0,0040
5,00	0,736	11,02	0,364		

stetige Funktion, die im Allgemeinen genau in der Mitte zwischen zwei benachbarten Messwerten Sprungstellen hat. Um die Unstetigkeiten zu vermeiden, kann man auch jeweils benachbarte Messwerte durch Geraden verbinden. Man bezeichnet das Ergebnis dann als eine **lineare Interpolation**. Die lineare Interpolation ist stetig, allerdings weist die Funktion im Allgemeinen Knicke an den Messstellen auf und ist damit nicht differenzierbar. Sehr häufig verwendet man die **kubische Interpolation**. Bei dieser werden die Messwerte durch Polynome dritten Grades verbunden, die so gewählt werden, dass die Funktion an den Messstellen zweimal stetig differenzierbar ist. Für einen Ausschnitt der Messdaten aus Tab. 7.1 sind die drei Arten der Interpolation in Abb. 7.5 im Vergleich dargestellt.

Glücklicherweise muss man sich nicht selbst um die Berechnung der Geradenstücke oder der Polynome dritten Grades kümmern, da dies durch die Funktion `scipy.interpolate.interp1d` zur Verfügung gestellt wird.[4] Bevor wir diese Funktion für die Simulation des Stratosphärensprungs benutzen, demonstrieren wir an einem kurzen Beispiel die prinzipielle Verwendung:

```
>>> import numpy as np
>>> import scipy.interpolate
>>> x = np.array([0.0, 1.0, 2.0, 3.0, 4.0])
>>> y = np.array([0.0, 1.0, 4.0, 9.0, 16.0])
>>> interp = scipy.interpolate.interp1d(x, y, kind='cubic')
>>> x1 = np.linspace(0, 2, 4)
>>> interp(x1)
array([0.        , 0.44444444, 1.77777778, 4.        ])
```

Die Funktion `scipy.interpolate.interp1d` wird also mit den Messdaten als Argument aufgerufen und liefert ein Objekt zurück, das sich selbst wie eine Funktion verhält. Man kann diese Interpolationsfunktion also anschließend an beliebigen Zwischenstellen auswerten.

Wir wollen nun den Stratosphärensprung erneut simulieren, wobei wir nicht mehr die barometrische Höhenformel nach Gleichung (7.23) benutzen, sondern die Messdaten

---

[4] Der Name der Funktion endet auf 1d (»Eins-d«), weil diese Funktion nur 1-dimensionale Datensätze interpolieren kann.

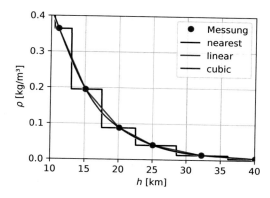

Abb. 7.5: Interpolation. *Gezeigt sind drei unterschiedliche Interpolationsmethoden. (Schwarz) Nächste-Nachbarn-Interpolation, (blau) lineare Interpolation und (rot) kubische Interpolation.*

aus Tab. 7.1. Nach dem Import der benötigten Module und der Definition der Parameter, die identisch zum Programm 7.4 ist und hier nicht noch einmal abgedruckt wird, legen wir die Messwerte aus Tab. 7.1 in zwei 1-dimensionalen Arrays ab.

Programm 7.5: `Dynamik/stratosphaerensprung2.py`

```
24  messwerte_h = 1e3 * np.array([0, 1, 2, 3, 4, 5, 6, 7, 8, 9, 10,
25                  11.02, 15, 20.06, 25, 32.16, 40])
26  messwerte_rho = np.array([1.225, 1.112, 1.007, 0.909, 0.819, 0.736,
27                  0.660, 0.590, 0.526, 0.467, 0.414, 0.364,
28                  0.195, 0.0880, 0.0401, 0.0132, 0.004])
```

Nun erzeugen wir eine kubische Interpolationsfunktion. Dabei ist ein wichtiger Punkt zu beachten: Aufgrund der Schrittweitensteuerung des Differentialgleichungslösers kann es dazu kommen, dass die rechte Seite der Differentialgleichung an Stellen ausgewertet wird, die in der Lösung gar nicht auftauchen. Insbesondere kann es passieren, dass die Luftdichte für eine Höhe ausgewertet wird, die größer als die Starthöhe oder kleiner als null ist. In diesem Fall liefert unsere Interpolationsfunktion einen Fehler, und das Programm wird beendet. Wir müssen also dafür sorgen, dass die Interpolationsfunktion auch für Höhen oberhalb von 40 km und für negative Höhen noch einen halbwegs sinnvollen Wert erzeugt. Durch Angabe des Arguments `fill_value='extrapolate'` kann man bewirken, dass die Funktion nicht nur interpoliert, sondern auch extrapoliert. Das ist aber gefährlich: Eine Extrapolation der Messwerte für Höhen größer als 40 km kann leicht zu einer negativen Luftdichte führen. Wir gehen daher einen anderen Weg und setzen die Interpolationsfunktion für Höhen größer als 40 km und kleiner konstant fort. Dazu muss man zuerst die Fehlermeldung bei Werten außerhalb des Messwertebereichs mit `bounds_error=False` ausschalten. Anschließend muss man mit dem Argument `fill_value` ein Tupel übergeben. Der erste Eintrag des Tupels wird für Werte unterhalb des kleinsten Messwerts (hier $h = 0$) benutzt, der zweite Eintrag für Werte oberhalb des größten Messwerts (hier $h = 40$ km).

```
31  fill = (messwerte_rho[0], messwerte_rho[-1])
32  rho = scipy.interpolate.interp1d(messwerte_h, messwerte_rho,
33                  kind='cubic', bounds_error=False,
34                  fill_value=fill)
```

In der Kraftfunktion können wir nun die Interpolationsfunktion rho anstelle der baro-
metrischen Höhenformel benutzen.

```
37  def F(y, v):
49      Fg = -m * g
50      Fr = -0.5 * rho(y) * cwA * v * np.abs(v)
51      return Fg + Fr
```

Der Rest des Programms ist identisch zu Programm 7.4. Wenn Sie das Programm
laufen lassen, werden Sie feststellen, dass die Unterschiede in der Luftdichte in großer
Höhe sich ganz wesentlich auf die erreichte Maximalgeschwindigkeit auswirken. Statt
einer Maximalgeschwindigkeit von 321 m/s wird jetzt eine Maximalgeschwindigkeit
von 378 m/s erreicht. Das Ergebnis liegt nun sehr dicht an der tatsächlich von Herrn
Baumgartner erreichten Höchstgeschwindigkeit von 377 m/s. Man muss allerdings berücksichtigen, dass bei unserer Simulation für die Eingangsdaten wie dem c_w-Wert, der
Stirnfläche von Herrn Baumgartner und seiner Masse nur grobe Schätzwerte verwendet
wurden, sodass Sie eine derartig gute Übereinstimmung eher als einen glücklichen
Zufall betrachten sollten.

7.6 Mehrdimensionale Bewegungen

Bei einer mehrdimensionalen Bewegung einer einzelnen Masse hängt der Vektor der
Kraft $\vec{F}$ im Allgemeinen vom Ortsvektor $\vec{r}$, vom Geschwindigkeitsvektor $\vec{v} = \dot{\vec{r}}$ und von
der Zeit t ab. Das newtonsche Aktionsprinzip (7.1) kann man damit in der Form

$$m\vec{a} = \vec{F}(\vec{r}, \dot{\vec{r}}, t) \tag{7.24}$$

darstellen. Analog zum 1-dimensionalen Fall handelt es sich hier um eine gewöhnliche
Differentialgleichung zweiter Ordnung, wobei die gesuchte Funktion $\vec{r}(t)$ nun eine
vektorwertige Funktion der Zeit ist. Um die Differentialgleichung auf eine Differentialgleichung erster Ordnung zu reduzieren, definieren wir auch hier einen Zustandsvektor
$\vec{u}$, der aus den Ortskomponenten und den Geschwindigkeitskomponenten besteht:

$$\vec{u} = \begin{pmatrix} \vec{r} \\ \vec{v} \end{pmatrix} \tag{7.25}$$

Die Schreibweise mit $\vec{r}$ und $\vec{v}$, die übereinander in einer runden Klammer stehen,
bedeutet, dass man beide Vektoren komponentenweise untereinander schreiben soll. Der
Vektor $\vec{u}$ besteht also aus den Komponenten $\vec{u} = (x, y, z, \dot{x}, \dot{y}, \dot{z})$. Für die Zeitableitung
dieses Zustandsvektors gilt:

$$\dot{\vec{u}} = \begin{pmatrix} \dot{\vec{r}} \\ \dot{\vec{v}} \end{pmatrix} = \begin{pmatrix} \vec{v} \\ \vec{a} \end{pmatrix} = \begin{pmatrix} \vec{v} \\ \frac{1}{m}\vec{F}(\vec{r}, \vec{v}, t) \end{pmatrix} \tag{7.26}$$

Ganz analog zum 1-dimensionalen Fall können wir mithilfe dieses Zustandsvektors die
Differentialgleichung also in der Form

$$\dot{\vec{u}} = \vec{f}(\vec{u}, t) \quad \text{mit} \quad \vec{f}(\vec{u}, t) = \begin{pmatrix} \vec{v} \\ \frac{1}{m}\vec{F}(\vec{r}, \vec{v}, t) \end{pmatrix} \tag{7.27}$$

darstellen und diese dann numerisch lösen.

7.7 Schiefer Wurf mit Luftreibung

Als Beispiel für die Simulation einer mehrdimensionalen Bewegung wollen wir den schiefen Wurf mit Luftreibung untersuchen. Wir betrachten dazu einen Tischtennisball. Dieser hat eine Masse $m = 2{,}7\,\mathrm{g}$ und einen Durchmesser von $40\,\mathrm{mm}$. Den Luftwiderstandsbeiwert nehmen wir mit $c_w = 0{,}45$ an. Wir betrachten einen missglückten Schmetterball, der aus eine Höhe von $1{,}1\,\mathrm{m}$ in einem Winkel von $40°$ mit einer Anfangsgeschwindigkeit von $v_0 = 20\,\mathrm{m/s}$ schräg nach oben gespielt wird. Die Koordinaten wählen wir analog zum schiefen Wurf in Abschn. 5.1 (siehe Abb. 5.1). Da die Luftreibungskraft immer der Geschwindigkeit entgegengerichtet ist, modellieren wir die Reibungskraft analog zu Gleichung (7.21) durch

$$\vec{F}_r = -\frac{1}{2}c_w\,\rho A\,|\vec{v}|\,\vec{v}\,. \tag{7.28}$$

Die Variation der Luftdichte mit der Flughöhe vernachlässigen wir.

Um die Bewegung des Tischtennisballs anschaulich darzustellen, wollen wir die Bewegung des Balls auf einem Plot der Bahnkurve animiert zeigen und die Momentangeschwindigkeit und -beschleunigung mit Vektorpfeilen visualisieren. Nach dem Import der benötigten Module legen wir für die Darstellung der Vektoren geeignete Skalierungsfaktoren fest (siehe Kap. 5).

Programm 7.6: Dynamik/schiefer_wurf_luftreibung.py

```
10  # Skalierungsfaktoren für den Geschwindigkeitsvektor [1/s]
11  # und Beschleunigungsvektor [1/s²].
12  scal_v = 0.1
13  scal_a = 0.1
```

Anschließend definieren wir die Parameter

```
15  # Masse des Körpers [kg].
16  m = 2.7e-3
17  # Produkt aus c_w-Wert und Stirnfläche [m²].
18  cwA = 0.45 * math.pi * 20e-3 ** 2
19  # Abwurfwinkel [rad].
20  alpha = math.radians(40.0)
21  # Abwurfhöhe [m].
22  h = 1.1
23  # Betrag der Abwurfgeschwindigkeit [m/s].
24  betrag_v0 = 20
25  # Erdbeschleunigung [m/s²].
26  g = 9.81
27  # Luftdichte [kg/m³].
28  rho = 1.225
```

und legen den Anfangsort und die Anfangsgeschwindigkeit in Form von 1-dimensionalen Arrays an. Da es sich um ein ebenes Problem handelt, haben diese Arrays jeweils nur zwei Einträge.

```
31  r0 = np.array([0, h])
32  v0 = betrag_v0 * np.array([math.cos(alpha), math.sin(alpha)])
```

Die Funktion, die den Vektor der Kraft zurückgibt, kann man nun in einer Form aufschreiben, die der üblichen physikalischen Notation sehr ähnlich ist.

```
35   def F(v):
36       """Berechne die Kraft als Funktion der Geschwindigkeit v."""
37       Fr = -0.5 * rho * cwA * np.linalg.norm(v) * v
38       Fg = m * g * np.array([0, -1])
39       return Fg + Fr
```

Die rechte Seite der Differentialgleichung lässt sich sehr einfach formulieren, wenn man die Funktionen np.split und np.concatenate benutzt. Die Funktion np.split teilt ein Array in eine gegebene Anzahl gleicher Teile auf. Die Funktion np.concatenate erzeugt aus einer Liste mit 1-dimensionalen Arrays ein neues 1-dimensionales Array durch Hintereinanderhängen (engl. concatenate für verketten). Auch hier ist der Programmcode so gestaltet, dass man die zugehörige Gleichung (7.27) unmittelbar wieder erkennt.

```
42   def dgl(t, u):
43       """Berechne die rechte Seite der Differentialgleichung."""
44       r, v = np.split(u, 2)
45       return np.concatenate([v, F(v) / m])
```

Ähnlich wie beim freien Fall benötigen wir eine Ereignisfunktion, die den Aufprall auf den Erdboden erkennt.

```
48   def aufprall(t, u):
49       """Ereignisfunktion: Detektiere das Erreichen des Erdbodens."""
50       r, v = np.split(u, 2)
51       return r[1]
```

Das Lösen der Differentialgleichung und die anschließende Interpolation verlaufen prinzipiell genauso wie für das 1-dimensionale Beispiel. Nachdem wir festgelegt haben, dass ein Vorzeichenwechsel der Ereignisfunktion die Simulation beenden soll,

```
55   aufprall.terminal = True
```

und den Zustandsvektor zum Zeitpunkt $t = 0$ definiert haben,

```
58   u0 = np.concatenate((r0, v0))
```

starten wir wie gewohnt den Differentialgleichungslöser:

```
61   result = scipy.integrate.solve_ivp(dgl, [0, np.inf], u0,
62                                      events=aufprall,
63                                      dense_output=True)
```

Auch hier wird mit result.y ein 2-dimensionales Array zurückgegeben, dessen Zeilen (erster Index) die Komponenten des Zustandsvektors sind und dessen Spalten (zweiter Index) die Zeitpunkte darstellen. Um den Zustandsvektor in den Orts- und den Geschwindigkeitsanteil aufzuteilen, benutzen wir wieder die Funktion np.split. Diese teilt das 2-dimensionale Array result.y entlang des ersten Index in zwei gleich große

Teile, so dass sich im ersten Teil die Komponenten der Ortsvektoren und im zweiten Teil die Komponenten der Geschwindigkeitsvektoren befinden.

```
64   t_stuetz = result.t
65   r_stuetz, v_stuetz = np.split(result.y, 2)
```

Bitte beachten Sie, dass die Indizes der Ortsvektoren gegenüber den Programmen in Kap. 5 vertauscht sind. Der erste Index gibt nun die Vektorkomponente an und der zweite Index den Zeitpunkt. Mit r_stuetz[0] erhält man also die *x*-Koordinate des Massenpunktes für alle berechneten Zeitpunkte, und mit r_stuetz[:, n] erhält man den Ortsvektor zum *n*-ten Zeitpunkt.

Bei der Berechnung der Interpolation auf ein feines Zeitraster gehen wir analog vor: Die Interpolationsfunktion result.sol wird mit dem Array der Zeitpunkte aufgerufen, das Ergebnis wird mit np.split entlang der ersten Arrayachse in zwei gleich große Teile zerschnitten, und diese werden den entsprechenden Variablen zugewiesen.

```
68   t_interp = np.linspace(0, np.max(t_stuetz), 1000)
69   r_interp, v_interp = np.split(result.sol(t_interp), 2)
```

Die Erzeugung der Figure und der Grafikobjekte orientiert sich stark an dem Programm 5.6 für die Animation der kreisförmigen Bewegung und wird hier nicht noch einmal wiederholt. Lediglich die Indizierung muss aufgrund der geänderten Rollen von Zeilen- und Spaltenindex angepasst werden. In der Funktion update weisen wir den interpolierten Zeitpunkt, den Ort und die Geschwindigkeit entsprechenden Variablen zu, damit der nachfolgende Code übersichtlicher wird.

```
106  def update(n):
107      """Aktualisiere die Grafik zum n-ten Zeitschritt."""
108      t = t_interp[n]
109      r = r_interp[:, n]
110      v = v_interp[:, n]
```

Anschließend bestimmen wir die Beschleunigung ohne weitere Näherung, indem wir die Kraftfunktion F für die momentane Geschwindigkeit auswerten,

```
113      a = F(v_interp[:, n]) / m
```

und setzen anschließend die aktuelle Position des Balles sowie die Anfangs- und Endpunkte der Geschwindigkeits- und Beschleunigungspfeile entsprechend, wobei wir den jeweiligen Skalierungsfaktor berücksichtigen müssen.

```
116      plot_ball.set_data(r)
119      pfeil_v.set_positions(r, r + scal_v * v)
120      pfeil_a.set_positions(r, r + scal_a * a)
```

Danach zeigen wir den aktuellen Zeitpunkt sowie den Betrag der Geschwindigkeit und der Beschleunigung mithilfe der vorbereiteten Textfelder an und geben ein Tupel mit den veränderten Grafikobjekten zurück.

```
123      text_t.set_text(f'$t$ = {t:.2f} s')
124      text_v.set_text(f'$v$ = {np.linalg.norm(v):.1f} m/s')
```

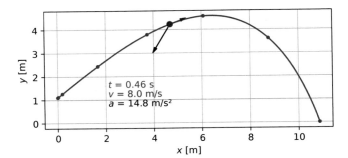

Abb. 7.6: Simulation des Fluges eines Tischtennisballs. *Die blauen Punkte kennzeichnen die Stützpunkte für die Lösung der Differentialgleichung. Der rote Punkt stellt die Bewegung des Balles dar. Der rote Pfeil gibt die Geschwindigkeit an (1 m $\widehat{=}$ 10 m/s). Der schwarze Pfeil gibt die Beschleunigung an (1 m $\widehat{=}$ 10 m/s^2).*

```
125    text_a.set_text(f'$a$ = {np.linalg.norm(a):.1f} m/s²')
126
127    return plot_ball, pfeil_v, pfeil_a, text_v, text_a, text_t
```

Das Ergebnis der Simulation ist in Abb. 7.6 dargestellt. Man kann daran deutlich erkennen, dass die Flugbahn nicht mehr, wie beim reibungsfreien Fall, spiegelsymmetrisch ist.

7.8 Schiefer Wurf mit Coriolis-Kraft

Bisher sind wir immer davon ausgegangen, dass wir die Bewegung eines Körpers in einem Inertialsystem beschreiben. In vielen praktischen Fällen wird ein Bezugssystem verwendet, das fest mit der Erdoberfläche verbunden ist. Da die Erde aber eine Eigenrotation aufweist, ist ein derartiges Bezugssystem streng genommen *kein* Inertialsystem, sondern vielmehr ein beschleunigtes Bezugssystem. Um die newtonschen Gesetze dennoch verwenden zu können, führt man zusätzliche **Trägheitskräfte** ein. Bei einem relativ zu einem Inertialsystem gleichförmig rotierenden Bezugssystem treten die **Zentrifugalkraft**

$$\vec{F}_z = -m\vec{\omega} \times (\vec{\omega} \times \vec{r}) \tag{7.29}$$

und die **Coriolis-Kraft**

$$\vec{F}_c = -2m\vec{\omega} \times \vec{v} \tag{7.30}$$

auf. Dabei ist m die Masse des betrachteten Objekts und $\vec{\omega}$ der Vektor der Winkelgeschwindigkeit, mit der das Bezugssystem rotiert. Der Ortsvektor $\vec{r}$ und der Geschwindigkeitsvektor $\vec{v}$ des Teilchens beziehen sich dabei auf das rotierende Bezugssystem. Es ist zu beachten, dass die Gleichung (7.29) nur gilt, wenn der Ursprung des Koordinatensystems auf der Drehachse des rotierenden Bezugssystems liegt. Der Vektor der Winkelgeschwindigkeit ist der Vektor, der in Richtung der Drehachse zeigt und dessen Betrag die gewöhnliche Winkelgeschwindigkeit darstellt. Für das Bezugssystem der Erde zeigt der Vektor entlang der Achse vom geografischen Südpol zum Nordpol, und

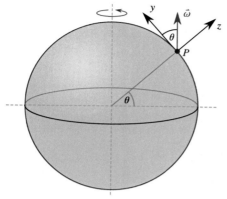

Abb. 7.7: Erdrotation und Vektor der Winkelgeschwindigkeit. *Für ein lokales Koordinatensystem an einem Punkt P mit der geografischen Breite θ steht der Vektor der Winkelgeschwindigkeit unter dem Winkel θ zur Nord-Richtung.*

der Betrag ergibt sich aus der Tatsache, dass die Erde sich innerhalb von 23 Stunden und 56 Minuten einmal um die eigene Achse dreht:[5]

$$\omega = \frac{2\pi}{23\,\text{h}\,56\,\text{min}} = 7{,}292 \cdot 10^{-5}\,\text{s}^{-1} \tag{7.31}$$

Bei einer Bewegung in der Nähe der Erdoberfläche kann man die Zentrifugalkraft im Allgemeinen vernachlässigen, da diese bereits in der effektiven Erdbeschleunigung von $9{,}81\,\text{m/s}^2$ berücksichtigt ist.

Um die Coriolis-Beschleunigung in unserer Simulation zu berücksichtigen, müssen wir zunächst die Orientierung des verwendeten Koordinatensystems festlegen. Wir wählen die Koordinaten so, dass die x-Achse nach Osten und die y-Achse nach Norden zeigt. Die z-Achse zeigt dann senkrecht nach oben. Die Orientierung des Vektors der Winkelgeschwindigkeit $\vec{\omega}$ an einem Ort der geografischen Breite θ ergibt sich gemäß Abb. 7.7 zu

$$\vec{\omega} = \omega\left(\cos(\theta)\vec{e}_y + \sin(\theta)\vec{e}_z\right). \tag{7.32}$$

Zur Vereinfachung gehen wir im Folgenden davon aus, dass sich die geografische Breite während der Bewegung des Gegenstandes nicht wesentlich ändert, sodass der Vektor der Winkelgeschwindigkeit während der Bewegung konstant ist. Weiterhin gehen wir davon aus, dass wir die Erdkrümmung entlang der Flugbahn vernachlässigen können, sodass die Erdoberfläche in guter Näherung durch $z = 0$ beschrieben wird.

Als Beispiel wollen wir einen Schuss mit einer altmodischen Kanone betrachten. Die Kanonenkugel ist kugelförmig mit einem Radius von $8{,}0\,\text{cm}$ und einer Masse von $14{,}5\,\text{kg}$. Die Kanonenkugel verlässt die Mündung in einer Höhe von $h = 10\,\text{m}$ über dem Erdboden unter einem Winkel von $\alpha = 42°$ zur Horizontalen mit einer Mündungsgeschwindigkeit von $v_0 = 150\,\text{m/s}$ in östlicher Richtung. Um dieses Problem zu lösen, müssen wir selbstverständlich 3-dimensional rechnen. Nach dem Import der Module, definieren wir die erforderlichen Größen.

---

[5] Diese Zeitspanne ist der sogenannte siderische Tag. Dieser ist etwas kürzer als die 24 Stunden des Sonnentages, weil man die Drehung der Erde um die Sonne noch zusätzlich berücksichtigen muss.

Programm 7.7: `Dynamik/kanone_coriolis.py`

```
 9   # Masse des Körpers [kg].
10   m = 14.5
11   # Produkt aus c_w-Wert und Stirnfläche [m²].
12   cwA = 0.45 * math.pi * 8e-2 ** 2
13   # Abschusswinkel [rad].
14   alpha = math.radians(42.0)
15   # Abschusshöhe [m].
16   h = 10.0
17   # Mündungsgeschwindigkeit [m/s].
18   betrag_v0 = 150.0
19   # Erdbeschleunigung [m/s²].
20   g = 9.81
21   # Luftdichte [kg/m³].
22   rho = 1.225
```

Anschließend definieren wir den Betrag der Winkelgeschwindigkeit der Erde gemäß Gleichung (7.31) und nehmen eine geografische Breite von $\theta = 49{,}4°$ an, die der Lage der Städte Nürnberg und Heidelberg entspricht.

```
23   # Breitengrad [rad].
24   theta = math.radians(49.4)
25   # Betrag der Winkelgeschwindigkeit der Erde [rad/s].
26   betrag_omega = 7.292e-5
```

Entsprechend dem von uns gewählten Koordinatensystem legen wir den Vektor der Anfangsgeschwindigkeit fest. An dieser Stelle geht ein, dass wir in östlicher Richtung schießen.

```
29   r0 = np.array([0, 0, h])
30   v0 = betrag_v0 * np.array([math.cos(alpha), 0, math.sin(alpha)])
```

Der Vektor der Winkelgeschwindigkeit wird mithilfe von Gleichung (7.32) berechnet.

```
33   omega = betrag_omega * np.array(
34       [0, math.cos(theta), math.sin(theta)])
```

Für die Kraftfunktion addieren wir die Reibungskraft nach Gleichung (7.28), die Gewichtskraft und die Coriolis-Kraft nach Gleichung (7.30), wobei wir für das Kreuzprodukt zweier Vektoren die Funktion `np.cross` benutzen.

```
37   def F(v):
38       """Berechne die Kraft als Funktion der Geschwindigkeit v."""
39       Fr = -0.5 * rho * cwA * np.linalg.norm(v) * v
40       Fg = m * g * np.array([0, 0, -1])
41       Fc = -2 * m * np.cross(omega, v)
42       return Fg + Fr + Fc
```

Die rechte Seite der Differentialgleichung, die durch die Funktion `dgl` dargestellt wird, kann unverändert von Programm 7.6 übernommen werden. Lediglich die Ereignisfunktion `aufprall` muss angepasst werden, damit sie das Eintreten der Bedingung $z = 0$ detektiert:

```
51  def aufprall(t, u):
52      """Ereignisfunktion: Detektiere das Erreichen des Erdbodens."""
53      r, v = np.split(u, 2)
54      return r[2]
```

Das anschließende Lösen der Differentialgleichung ist identisch zum Programm 7.6. Lediglich die grafische Darstellung muss angepasst werden, um den 3-dimensionalen Flug darzustellen. Da wir eine kleine Abweichung von der gewöhnlichen Bahnkurve ohne Coriolis-Kraft erwarten, bietet es sich an, auf eine Animation zu verzichten und stattdessen die Bahnkurve in einer Aufsicht (x-y-Ebene) und in einer Seitenansicht (x-z-Ebene) darzustellen. Bei der Aufsicht verzichten wir bewusst auf eine gleichartige Skalierung in beiden Koordinatenrichtungen, da sonst die Abweichung von der geraden Flugbahn kaum erkennbar ist. Wenn man beide Diagramme wie in Abb. 7.8 übereinander plottet, dann kann man eine gemeinsame x-Achse für beide Darstellungen verwenden. Dazu erzeugen wir zunächst das obere Diagramm mit der Seitenansicht. Bei diesem verzichten wir auf eine Beschriftung der x-Achse und verhindern mit dem Methodenaufruf `tick_params(labelbottom=False)` auch die sonstige Beschriftung dieser Achse mit Zahlenwerten.

```
79  ax_seite = fig.add_subplot(2, 1, 1)
80  ax_seite.tick_params(labelbottom=False)
81  ax_seite.set_ylabel('$z$ [m]')
82  ax_seite.set_aspect('equal')
83  ax_seite.grid()
84  ax_seite.plot(r_stuetz[0], r_stuetz[2], '.b')
85  ax_seite.plot(r_interp[0], r_interp[2], '-b')
```

Anschließend erzeugen wir das untere Diagramm mit der Aufsicht. Durch das zusätzliche Argument `sharex=ax_seite` sorgen wir dafür, dass die x-Achsen der beiden Koordinatensysteme immer genau gleich eingeteilt werden.

```
88  ax_aufsicht = fig.add_subplot(2, 1, 2, sharex=ax_seite)
89  ax_aufsicht.set_xlabel('$x$ [m]')
90  ax_aufsicht.set_ylabel('$y$ [m]')
91  ax_aufsicht.grid()
92  ax_aufsicht.plot(r_stuetz[0], r_stuetz[1], '.b')
93  ax_aufsicht.plot(r_interp[0], r_interp[1], '-b')
```

Das Ergebnis ist in Abb. 7.8 dargestellt. Man erkennt eine Abweichung der Flugbahn von ca. 1,3 m in Südrichtung bei einer Flugweite von 1434 m.

7.9 Planetenbahnen

Als letztes Beispiel für die Simulation der Dynamik eines einzelnen Massenpunktes wollen wir die Bahnbewegung der Erde um die Sonne betrachten. Dazu müssen wir die Gravitationskraft, die zwischen Sonne und Erde wirkt, berücksichtigen. Im Folgenden

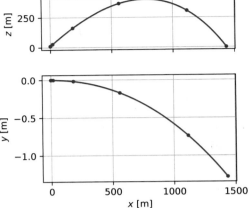

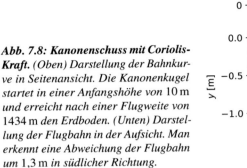

Abb. 7.8: Kanonenschuss mit Coriolis-Kraft. *(Oben) Darstellung der Bahnkurve in Seitenansicht. Die Kanonenkugel startet in einer Anfangshöhe von* 10 m *und erreicht nach einer Flugweite von* 1434 m *den Erdboden. (Unten) Darstellung der Flugbahn in der Aufsicht. Man erkennt eine Abweichung der Flugbahn um* 1,3 m *in südlicher Richtung.*

werden wir die Näherung verwenden, dass die Sonne fest im Koordinatenursprung ruht und auf die Erde eine Gravitationskraft

$$\vec{F} = -G\frac{mM}{|\vec{r}|^3}\vec{r} \tag{7.33}$$

ausübt.[6] Dabei ist $\vec{r}$ der Ortsvektor der Erde, m ist die Masse der Erde, M ist die Masse der Sonne, und die Konstante G ist die newtonsche Gravitationskonstante. Die Anfangsbedingungen lassen sich am einfachsten im sonnenfernsten Punkt, dem sogenannten **Aphel**, angeben. Dort beträgt der Abstand von Erde und Sonne $152{,}10 \cdot 10^9$ m. Die Momentangeschwindigkeit steht dort senkrecht auf dem Ortsvektor und hat einen Wert von 29,29 km/s. Um die grafische Darstellung übersichtlich zu gestalten, ist es sinnvoll, als Längenmaß eine **Astronomische Einheit** AE zu verwenden. Eine Astronomische Einheit ist definiert als 1 AE = $1{,}495\,978\,707 \cdot 10^{11}$ m und stellt die mittlere Entfernung zwischen Erde und Sonne dar.

Um die Bewegung der Erde mit den oben angegebenen Anfangsbedingungen zu simulieren und animiert darzustellen, gehen wir genauso vor wie bei den vorherigen Beispielen. Nach dem Import der benötigten Module definieren wir zunächst die Einheiten für einen Tag und ein Jahr und die Astronomische Einheit, damit die eigentliche Simulation wieder in den SI-Basiseinheiten stattfinden kann.

Programm 7.8: `Dynamik/planetenbahn1.py`

```
18  tag = 24 * 60 * 60
19  jahr = 365.25 * tag
20  AE = 1.495978707e11
```

Weiterhin definieren wir einen Skalierungsfaktor für die Geschwindigkeit und die Beschleunigung der Erde, die wir später als Vektorpfeile in der Animation darstellen werden.

---

[6] Gemäß des newtonschen Reaktionsprinzips übt auch die Erde eine Kraft auf die Sonne aus, und damit wird die Sonne ebenfalls beschleunigt. Da die Masse der Sonne aber wesentlich größer ist als die Masse der Erde, vernachlässigen wir diese Bewegung in diesem Kapitel zunächst. Wir gehen in Kap. 8 genauer darauf ein.

```
22  # Skalierungsfaktor für die Darstellung der Beschleunigung
23  # [AE / (m/s²)] und Geschwindigkeit [AE / (m/s)].
24  scal_a = 20
25  scal_v = 1e-5
```

Um das Simulationsergebnis direkt mit der Alltagserfahrung abgleichen zu können, wollen wir eine Zeitdauer von einem Jahr simulieren und die Erde in einer Zeitschrittweite von einem Tag animiert darstellen.

```
28  t_max = 1 * jahr
29  dt = 1 * tag
```

Als Nächstes legen wir die Anfangsbedingungen fest, wobei wir hier mit 2-dimensionalen Vektoren rechnen,

```
32  r0 = np.array([152.10e9, 0.0])
33  v0 = np.array([0.0, 29.29e3])
```

und wir definieren die Masse der Sonne sowie die Gravitationskonstante:

```
36  M = 1.9885e30
39  G = 6.6743e-11
```

Die Funktion für die rechte Seite der Differentialgleichung ergibt sich mit $\vec{F} = m\vec{a}$ direkt aus der newtonschen Gravitationskraft nach Gleichung (7.33). Die Masse m der Erde spielt für die Bewegung also keine Rolle. Das ist auch der Grund, warum wir hier darauf verzichten, eine separate Kraftfunktion zu definieren.

```
42  def dgl(t, u):
43      """Berechne die rechte Seite der Differentialgleichung."""
44      r, v = np.split(u, 2)
45      a = - G * M * r / np.linalg.norm(r) ** 3
46      return np.concatenate([v, a])
```

Die numerische Lösung der Differentialgleichung erfolgt wieder mit unserem Standardverfahren. Nachdem wir den Zustandsvektor zum Zeitpunkt $t = 0$ festgelegt haben,

```
50  u0 = np.concatenate((r0, v0))
```

rufen wir den Differentialgleichungslöser auf und erhalten das Ergebnis der Differentialgleichung an den vom Löser gewählten Stützstellen.

```
53  result = scipy.integrate.solve_ivp(dgl, [0, t_max], u0,
54                                     dense_output=True)
55  t_stuetz = result.t
56  r_stuetz, v_stuetz = np.split(result.y, 2)
```

Danach berechnen wir die Interpolation auf dem vorgegebenen Zeitraster, damit wir die Bewegung des Planeten gleichmäßig animiert darstellen können.

```
59  t_interp = np.arange(0, np.max(t_stuetz), dt)
60  r_interp, v_interp = np.split(result.sol(t_interp), 2)
```

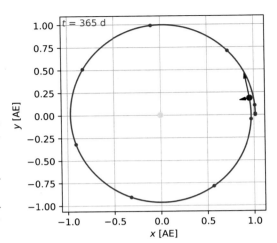

Abb. 7.9: Simulation der Erdumlaufbahn. *Die Abbildung zeigt die berechnete Lösung der Erdbahn. Der rote Pfeil gibt die Geschwindigkeit der Erde an (1 AE $\widehat{=}$ 100 km/s) und der schwarze Pfeil die Beschleunigung (1 AE $\widehat{=}$ 0,05 m/s^2). Man erkennt, dass die Lösung offensichtlich falsch ist, da die Erdbahn nicht geschlossen ist.*

Anschließend wird die Bahnkurve geplottet, und die verwendeten Stützstellen werden separat als kleine Punkte ausgegeben. Auf der Bahnkurve wird die Bewegung der Erde animiert dargestellt, wobei der Geschwindigkeits- und Beschleunigungsvektor mit angezeigt wird. Auf den vollständigen Abdruck des Grafikteils wird hier wieder verzichtet, da er in weiten Teilen den bereits diskutierten Programmen gleicht.

Die Funktion `update` ist der entsprechenden Funktion aus dem Programm 7.6 sehr ähnlich.

```
94   def update(n):
95       """Aktualisiere die Grafik zum n-ten Zeitschritt."""
```

Wir müssen leidlich die Berechnung der aktuellen Beschleunigung anpassen. Da wir keine separate Kraftfunktion definiert haben, können wir die Momentanbeschleunigung nicht wie im Programm 7.6 für den schiefen Wurf mit Luftreibung berechnen. Stattdessen erstellen wir den aktuellen Zustandsvektor, um anschließend die rechte Seite der Differentialgleichung auszuwerten. Das Ergebnis-Array wird mit `np.split` in zwei gleich große Hälften aufgeteilt und die zweite Hälfte, die den Beschleunigungsvektor enthält, wird ausgewählt.

```
101      u_punkt = dgl(t, np.concatenate([r, v]))
102      a = np.split(u_punkt, 2)[1]
```

Die nachfolgende Aktualisierung der Position des Planeten und der Pfeile wird hier nicht noch einmal diskutiert. Der einzige Unterschied zum Programm 7.6 besteht darin, dass die grafische Darstellung nicht in Metern, sondern in Astronomischen Einheiten erfolgt, sodass wir jeweils durch die entsprechende Konstante teilen müssen.

Das Ergebnis unserer Simulation, das in Abb. 7.9 dargestellt ist, ist leider unbefriedigend. Offenbar führt die numerische Lösung der Differentialgleichung hier einen signifikanten Fehler ein. Die Funktion `scipy.integrate.solve_ivp` bietet eine Reihe von optionalen Argumenten an, mit denen sich das Verhalten des Lösers beeinflussen lässt. In unserem Fall können wir dem Löser mit dem Argument `rtol=1e-9` eine

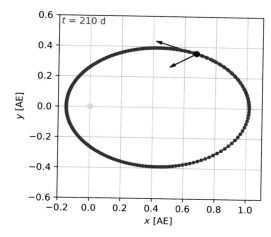

Abb. 7.10: Elliptische Bahn. *Die Geschwindigkeit der Erde im Aphel wurde auf v = 15 km/s gesetzt. Man erkennt, dass der Beschleunigungsvektor hier nicht mehr senkrecht auf der Bahnkurve steht. Der rote Pfeil gibt die Geschwindigkeit des Planeten an (1 AE ≅ 100 km/s) und der schwarze Pfeil die Beschleunigung (1 AE ≅ 0,05 m/s².*

sehr kleine relative Fehlerschranke auferlegen. Dies führt dazu, dass die Erdbahn nun augenscheinlich korrekt berechnet wird.

Programm 7.9: *Dynamik/planetenbahn2.py*

```
53  result = scipy.integrate.solve_ivp(dgl, [0, t_max], u0, rtol=1e-9,
54                                      dense_output=True)
```

Spielen Sie doch einmal mit den Bahnparametern der Erde. In Abb. 7.10 ist beispielsweise für die Bahngeschwindigkeit der Erde im Aphel ein Wert von $v = 15$ km/s gesetzt worden, der deutlich kleiner ist als die tatsächliche Bahngeschwindigkeit der Erde. Dies führt zu einer stark elliptischen Umlaufbahn. Sie können außerdem in Abb. 7.10 erkennen, dass der Differentialgleichungslöser in der Nähe der Sonne besonders viele Stützstellen gewählt hat. Das entsprechende Programm 7.10 finden Sie in den Onlinematerialien.

Programm 7.10: *Dynamik/planetenbahn3.py*

```
1  """Simulation einer stark elliptischen Planetenbahn."""
```

Zusammenfassung

Gewöhnliche Differentialgleichungen: Wir haben gesehen, dass sich viele mechanische Probleme durch eine gewöhnliche Differentialgleichung der Form

$$m\ddot{\vec{r}} = \vec{F}(\vec{r}, \dot{\vec{r}}, t) \tag{7.34}$$

beschreiben lassen. In den meisten Fällen sind die Anfangsgeschwindigkeit und der Anfangsort der Masse bekannt, und der Ort und die Geschwindigkeit zu einem späteren Zeitpunkt sind gesucht. Man bezeichnet ein derartiges Problem als ein Anfangswertproblem.

Reduktion der Ordnung: Die üblichen numerischen Lösungsverfahren für gewöhnliche Differentialgleichungen lösen nur Differentialgleichungen erster Ordnung. Wir haben daher die Bewegungsgleichung durch Einführen eines Zustandsvektors $\vec{u}$, der die Orts- und die Geschwindigkeitskomponenten des Körpers enthält, in eine Differentialgleichung erster Ordnung der Form

$$\dot{\vec{u}} = \vec{f}(\vec{u}, t) \qquad\qquad (7.35)$$

überführt.

Explizites Euler-Verfahren: Das einfachste Verfahren, um die numerische Lösung einer solchen Differentialgleichung zu bestimmen, ist das explizite Euler-Verfahren. Bei diesem nimmt man an, dass die rechte Seite von Gleichung (7.35) für ein kurzes Zeitintervall Δt näherungsweise konstant ist.

Diskretisierungsfehler: Wir haben an einem analytisch lösbaren Beispiel gesehen, dass die im Euler-Verfahren verwendete Näherung einen Fehler, den sogenannten Diskretisierungsfehler, einführt, der von der Zeitschrittweite Δt abhängt.

Runge-Kutta-Verfahren: Eine weitere Klasse von Lösungsverfahren sind die sogenannten Runge-Kutta-Verfahren. Eines der bekanntesten ist in der Funktion `scipy.integrate.solve_ivp` implementiert. An verschiedenen Beispielen wurde diskutiert, wie man diese Funktion effizient einsetzt. Eine ausführliche Diskussion der verschiedenen numerischen Lösungsverfahren findet man in Lehrbüchern über numerische Mathematik [3, 4].

Interpolation von Messwerten: In der Praxis kommt es häufiger vor, dass in eine Differentialgleichung Daten eingehen, die nur in Form von tabellierten Messwerten vorliegen. Wir haben am Beispiel des Stratosphärensprungs gesehen, wie man durch eine geeignete Interpolation mit solchen Daten bei der Lösung einer Differentialgleichung umgeht.

Bewegungen mit Luftreibung: Bewegungsvorgänge mit Luftreibung sind im Allgemeinen nicht oder nur sehr schwer analytisch handhabbar, und wir haben gezeigt, dass sich solche Vorgänge sehr gut mit den zuvor besprochenen Verfahren numerisch behandeln lassen.

Rotierende Bezugssysteme: In rotierenden Bezugssystemen treten die Zentrifugalkraft und die Coriolis-Kraft auf. Anhand eines praktischen Beispiels wurde demonstriert, wie man diese Kräfte in eine Simulation einbauen kann.

Newtonsches Gravitationsgesetz: Wir haben das newtonsche Gravitationsgesetz, das die Anziehung zweier Massen beschreibt, dafür verwendet, die Erdbahn zu simulieren. Dabei haben wir festgestellt, dass man sich nicht immer blind auf die Differentialgleichungslöser verlassen kann. In unserem Beispiel konnten wir die offensichtlich falsche Lösung durch Anpassen der Toleranzen des Lösers korrigieren.

Aufgaben

Aufgabe 7.1: Schreiben Sie ein Programm, das aus den Daten von Tab. 7.1 die Grafik 7.5 erzeugt. Benutzen Sie dabei die Funktion `scipy.iterpolate.interp1`.

Aufgabe 7.2: Schreiben Sie ein Programm, das die Bahnkurve eines schiefen Wurfes mit Luftreibung für unterschiedliche Abwurfwinkel darstellt.

Aufgabe 7.3: Schreiben Sie eine Funktion, die die Flugweite bei einem schiefen Wurf mit Luftreibung in Abhängigkeit von der Anfangshöhe, dem Abwurfwinkel, der Abwurfgeschwindigkeit und der sonstigen relevanten Parameter berechnet. Benutzen Sie diese Funktion, um für den Tischtennisball aus Programm 7.6 den optimalen Abwurfwinkel in Abhängigkeit von der Anfangsgeschwindigkeit darzustellen. Sie können dabei die Funktion `scipy.optimize.minimize_scalar` benutzen. Diese findet das Minimum einer skalaren Funktion. Informieren Sie sich in der Dokumentation zu SciPy, wie diese Funktion zu benutzen ist.

Aufgabe 7.4: Modifizieren Sie das Programm 7.7 so, dass es den freien Fall eines Körpers unter Vernachlässigung der Luftreibung simuliert. Betrachten Sie die beiden folgenden Fälle:

1. Der Gegenstand fällt ohne Anfangsgeschwindigkeit aus einer Höhe von 100 m herab.

2. Der Gegenstand wird vom Erdboden mit einer Anfangsgeschwindigkeit von 44,29 m/s senkrecht nach oben geschossen. Dabei steigt er auf eine Höhe von 100 m und fällt anschließend wieder herunter.

Berechnen Sie jeweils die Ablenkung des Körpers in Ost-West- und Nord-Süd-Richtung. Geben Sie eine anschauliche Erklärung dafür, warum der Gegenstand im zweiten Fall deutlich weiter nach Westen abgelenkt wird, als er im ersten Fall nach Osten abgelenkt wird.

Aufgabe 7.5: Ein Körper gleitet reibungsfrei auf einer rotierenden Scheibe. Der Vektor der Winkelgeschwindigkeit steht senkrecht auf der Scheibe, und die Scheibe rotiert einmal pro Sekunde um die eigene Achse. Simulieren Sie die Bewegung des Körpers im Bezugssystem der rotierenden Scheibe unter Berücksichtigung der Zentrifugal- und Coriolis-Kraft, und stellen Sie die Bahnkurve sowie die Bewegung des Körpers animiert dar.

Aufgabe 7.6: Der keplersche Flächensatz sagt aus, dass eine von der Sonne zum Planeten gezogene Linie (der sogenannte Fahrstrahl) in gleichen Zeiten gleich große Flächen überstreicht. Visualisieren Sie dieses Gesetz in einer Animation. Stellen Sie dazu die Bewegung des Planeten und die während einer vorgegebenen Zeitspanne überstrichene Fläche grafisch dar. Sie können dazu die Funktion `mpl.patches.Polygon` verwenden. Der Flächeninhalt kann mit der gaußschen Trapezformel berechnet werden (siehe Aufgabe 3.8).

Literatur

[1]   Roedel W und Wagner T. Physik unserer Umwelt: Die Atmosphäre. Berlin, Heidelberg: Springer
        Spektrum, 2017. DOI:10.1007/978-3-662-54258-3.

[2]   Kraus H. Die Atmosphäre der Erde. Eine Einführung in die Meteorologie. Berlin, Heidelberg:
        Springer, 2004. DOI:10.1007/3-540-35017-9.

[3]   Strehmel K, Weiner R und Podhaisky H. Numerik gewöhnlicher Differentialgleichungen. Nicht-
        steife, steife und differential-algebraische Gleichungen. Berlin, Heidelberg: Springer Spektrum,
        2012. DOI:10.1007/978-3-8348-2263-5.

[4]   Dahmen W und Reusken A. Numerik für Ingenieure und Naturwissenschaftler. Berlin, Heidel-
        berg: Springer, 2008. DOI:10.1007/978-3-540-76493-9.

Die Körper wären nicht schön, wenn sie sich nicht bewegten.

Johannes Kepler

8

Mehrteilchensysteme und Erhaltungssätze

Bei der Behandlung der Planetenbahn im Schwerefeld der Sonne hatten wir in Abschn. 7.9 gesehen, dass bei der numerischen Lösung von Differentialgleichungen erhebliche Fehler auftreten können. Der Fehler ist uns dort aber sofort aufgefallen, weil die Bahn der Erde um die Sonne in der Simulation nicht geschlossen war. Sobald mehrere Körper an einer Bewegung beteiligt sind, ist es oft nicht mehr ohne Weiteres ersichtlich, wenn ein solcher Fehler auftritt. Es stellt sich dann die Frage, ob es geeignete Größen gibt, die man während einer Simulation zusätzlich beobachten kann, um derartige Simulationsfehler aufzuspüren.

Aus den newtonschen Gesetzen folgt eine Reihe von **Erhaltungsgrößen**. Eine Erhaltungsgröße ist eine Größe, die sich im Laufe der Zeit nicht verändern kann. Man spricht daher auch von einer **Konstanten der Bewegung**. Für die Simulation von physikalischen Systemen sind Erhaltungsgrößen ein wichtiges Hilfsmittel. So kann man beispielsweise eine Erhaltungsgröße in jedem Zeitschritt der Simulation berechnen. Wenn die numerisch bestimmte Erhaltungsgröße sich dabei um mehr als eine vorgegebene Toleranz verändert, ist das ein klarer Hinweis darauf, dass die Simulation beispielsweise aufgrund von numerischen Fehlern ungenau ist. Erhaltungsgrößen können somit als ein Werkzeug der Verifikation von Simulationsmodellen betrachtet werden.

In vielen Fällen kann man Erhaltungsgrößen auch dazu benutzen, um eine Aussage über ein physikalisches System zu treffen, ohne dass man den genauen Ablauf eines bestimmten Vorgangs kennen muss. Wir werden am Beispiel von Stoßprozessen sehen, dass eine Simulation nicht immer auf der Grundlage von Differentialgleichungen erfolgen muss, sondern dass man auch beim Erstellen eines Simulationsmodells von Erhaltungsgrößen profitieren kann.

8.1 Erhaltungssätze

Eine wichtige Erhaltungsgröße der newtonschen Mechanik ist der **Impuls**. Für ein System aus vielen Teilchen, die wir mit einem Index i durchnummerieren, wird jedem Teilchen der Impuls $\vec{p}_i = m_i \vec{v}_i$ zugeordnet.

© Springer-Verlag GmbH Deutschland, ein Teil von Springer Nature 2022
O. Natt, *Physik mit Python*, https://doi.org/10.1007/978-3-662-66454-4_8

Impulserhaltungssatz

In einem abgeschlossenen System ist der Gesamtimpuls $\vec{p}$ konstant. Es gilt:

$$\vec{p} = \sum_i \vec{p}_i \quad \text{mit} \quad \vec{p}_i = m_i \vec{v}_i \tag{8.1}$$

Eine weitere Erhaltungsgröße ist der **Drehimpuls**. Der Drehimpuls eines Teilchens ergibt sich aus dem Kreuzprodukt des Ortsvektors mit dem Impuls.

Drehimpulserhaltungssatz

In einem abgeschlossenen System ist der Gesamtdrehimpuls $\vec{L}$ konstant. Es gilt:

$$\vec{L} = \sum_i \vec{L}_i \quad \text{mit} \quad \vec{L}_i = \vec{r}_i \times \vec{p}_i \tag{8.2}$$

Die dritte und bekannteste Erhaltungsgröße ist die **Energie**. Leider ist diese Erhaltungsgröße oft schwer zu berechnen, wenn beispielsweise Reibungskräfte im Spiel sind, da ein Teil der Energie durch die Reibungskräfte in Wärme umgewandelt wird. Die Situation ist deutlich einfacher, solange wir es nur mit **konservativen Kräften** zu tun haben. Eine konservative Kraft ist eine Kraft, bei der die Arbeit, die sie an einem Teilchen bei einer Bewegung von einem Punkt zu einem anderen verrichtet, unabhängig vom Weg zwischen diesen beiden Punkten ist. Für konservative Kräfte kann man eine **potenzielle Energie** definieren. Bei einer Bewegung von einem Punkt zu einem anderen wird dabei genau die Arbeit durch die Kraft verrichtet, die sich aus der Änderung der potenziellen Energie zwischen den beiden Punkten ergibt. Für die newtonsche Gravitationskraft nach Gleichung (7.33) ist dies der Fall. Hier können wir die potenzielle Energie der Masse m im Schwerefeld der Masse M durch

$$E_{\text{pot}} = -G \frac{mM}{|\Delta \vec{r}|} \tag{8.3}$$

ausdrücken, wobei $\Delta \vec{r}$ den Vektor bezeichnet, der die beiden Teilchenpositionen verbindet. Wenn wir es mit vielen Teilchen zu tun haben, dann wirkt auf jede einzelne Masse m_i die Gravitationskraft aller anderen Massen:

$$\vec{F}_i = \sum_{j \neq i} G \frac{m_i m_j}{|\vec{r}_j - \vec{r}_i|^3} (\vec{r}_j - \vec{r}_i) \tag{8.4}$$

Dabei stellt $\vec{r}_i$ den Ortsvektor des i-ten Teilchens dar. Die gesamte potenzielle Energie des Gravitationsfelds kann man dann als

$$E_{\text{pot}} = \sum_{i<j} -G \frac{m_i m_j}{|\vec{r}_j - \vec{r}_i|} \tag{8.5}$$

schreiben. Bitte beachten Sie, dass die Summe nur über Indizes $i < j$ läuft und nicht über alle Indizes $i \neq j$, da man die potenzielle Energie zwischen zwei Körpern nur jeweils einmal berücksichtigen darf.

Um die Energieerhaltung zur Verifikation eines Simulationsmodells verwenden zu können, muss man darüber hinaus noch die **kinetische Energie**

$$E_{kin} = \frac{1}{2} \sum_i m_i \vec{v}_i^2 \tag{8.6}$$

der einzelnen Teilchen berücksichtigen.[1]

> **Energieerhaltungssatz der Mechanik**
>
> Falls nur konservative Kräfte auftreten, dann ist die Summe aus kinetischer Energie E_{kin} und potenzieller Energie E_{pot} konstant:
>
> $$E = E_{kin} + E_{pot} = konst. \tag{8.7}$$

8.2 Bewegungen mehrerer Massen

In den bisherigen Beispielen hat sich immer nur ein Massenpunkt bewegt, und die Kraft, die auf diesen Massenpunkt wirkt, war als Funktion seines Ortes und seiner Geschwindigkeit gegeben. Häufig hat man es aber auch mit Bewegungen zu tun, bei denen mehrere Körper beteiligt sind, die gegenseitig Kräfte aufeinander ausüben. Der Einfachheit halber beschränken wir uns zunächst auf zwei Massenpunkte. Um die Bewegungsgleichung für den ersten Körper aufzustellen, muss man die Kraft auf diesen Körper kennen. Diese hängt im Allgemeinen nicht nur von der Position und Geschwindigkeit des Körpers, sondern auch von der Position und der Geschwindigkeit des anderen Körpers ab:

$$m_1 \ddot{\vec{r}}_1 = \vec{F}_1 (\vec{r}_1, \vec{r}_2, \dot{\vec{r}}_1, \dot{\vec{r}}_2, t) \tag{8.8}$$

Entsprechend kann man die Bewegungsgleichung für den zweiten Körper aufstellen:

$$m_2 \ddot{\vec{r}}_2 = \vec{F}_2 (\vec{r}_1, \vec{r}_2, \dot{\vec{r}}_1, \dot{\vec{r}}_2, t) \tag{8.9}$$

Bei den Gleichungen (8.8) und (8.9) handelt es sich um ein System gekoppelter Differentialgleichungen für die Ortsvektoren $\vec{r}_1$ und $\vec{r}_2$. Analog zum Vorgehen bei den mehrdimensionalen Bewegungen in Abschn. 7.6 führen wir einen Zustandsvektor $\vec{u}$ ein, der aus den Komponenten der Ortsvektoren und der Geschwindigkeiten besteht. Es wird sich als zweckmäßig erweisen, zunächst die Ortskomponenten beider Massenpunkte und anschließend die Geschwindigkeitskomponenten einzutragen:

$$\vec{u} = \begin{pmatrix} \vec{r}_1 \\ \vec{r}_2 \\ \vec{v}_1 \\ \vec{v}_2 \end{pmatrix} \tag{8.10}$$

---

[1] Aus Gründen der Übersichtlichkeit definieren wir das Quadrat eines Vektors $\vec{v}$ durch das Skalarprodukt des Vektors mit sich selbst. Es gilt also: $\vec{v}^2 = \vec{v} \cdot \vec{v} = |\vec{v}|^2$

Wir bilden nun die Zeitableitung des Zustandsvektors und ersetzen darin die zweiten Zeitableitungen der Ortsvektoren mithilfe der Bewegungsgleichungen (8.8) und (8.9):

$$\dot{\vec{u}} = \begin{pmatrix} \dot{\vec{v}}_1 \\ \dot{\vec{v}}_2 \\ \dot{\vec{r}}_1 \\ \dot{\vec{r}}_2 \end{pmatrix} = \begin{pmatrix} \vec{v}_1 \\ \vec{v}_2 \\ \frac{1}{m_1}\vec{F}_1(\vec{r}_1, \vec{r}_2, \vec{v}_1, \vec{v}_2, t) \\ \frac{1}{m_2}\vec{F}_2(\vec{r}_1, \vec{r}_2, \vec{v}_1, \vec{v}_2, t) \end{pmatrix} \tag{8.11}$$

Diese Gleichung können wir wieder als eine Differentialgleichung erster Ordnung für den Zustandsvektor $\vec{u}$ auffassen:

$$\dot{\vec{u}} = \vec{f}(\vec{u}, t) \qquad \text{mit} \qquad \vec{f}(\vec{u}, t) = \begin{pmatrix} \vec{v}_1 \\ \vec{v}_2 \\ \frac{1}{m_1}\vec{F}_1(\vec{r}_1, \vec{r}_2, \vec{v}_1, \vec{v}_2, t) \\ \frac{1}{m_2}\vec{F}_2(\vec{r}_1, \vec{r}_2, \vec{v}_1, \vec{v}_2, t) \end{pmatrix} \tag{8.12}$$

Ein derartiges Problem lässt sich demzufolge auch mit den gleichen Methoden lösen, die bereits bei der Bewegung eines einzelnen Körpers besprochen wurden. Das beschriebene Vorgehen kann man natürlich auch auf drei oder mehr Körper übertragen, indem man die entsprechenden Komponenten des Zustandsvektors ergänzt.

8.3 Doppelsternsysteme

Ein klassisches Mehrkörperproblem ist die Berechnung der Bahn von Himmelskörpern, bei denen nur die Gravitationskraft eine wesentliche Rolle spielt. Als Beispiel wollen wir zunächst einen einfachen Fall betrachten, bei dem sich nur zwei Körper bewegen, wie es beispielsweise bei einem Doppelsternsystem ohne Planeten der Fall ist. Auf den ersten Körper wirkt nach Gleichung (8.4) die Kraft

$$\vec{F}_1 = G\frac{m_1 m_2}{|\vec{r}_2 - \vec{r}_1|^3}(\vec{r}_2 - \vec{r}_1) \tag{8.13}$$

und auf den zweiten Körper die Kraft

$$\vec{F}_2 = G\frac{m_1 m_2}{|\vec{r}_2 - \vec{r}_1|^3}(\vec{r}_1 - \vec{r}_2) \, , \tag{8.14}$$

die nach dem newtonschen Reaktionsprinzip gleich groß und entgegengerichtet zur Kraft $\vec{F}_1$ ist.

Wir wollen ein Programm schreiben, das die Bewegung der beiden Körper animiert darstellt und die Erhaltungsgrößen als Funktion der Zeit plottet. Da die Bewegung in einer Ebene stattfindet, beschränken wir uns wieder auf 2-dimensionale Vektoren. Der Anfang des Programms ist nahezu identisch zum Programm 7.8 der Simulation des Kepler-Problems und wird deshalb hier übersprungen.

Der erste Stern soll eine Masse von näherungsweise einer Sonnenmasse haben, während der zweite Stern eine deutlich kleinere Masse von lediglich 0,2 Sonnenmassen hat.

Programm 8.1: `Mehrteilchen/doppelstern1.py`

```
23  m1 = 2.0e30
24  m2 = 4.0e29
```

Zum Zeitpunkt $t = 0$ soll der erste Körper im Koordinatenursprung ruhen. Der zweite Körper befindet sich in einem Abstand von einer Astronomischen Einheit vom ersten und bewegt sich mit einer Geschwindigkeit von 25 km/s senkrecht dazu.

```
27  r0_1 = AE * np.array([0.0, 0.0])
28  r0_2 = AE * np.array([0.0, 1.0])
31  v0_1 = np.array([0.0, 0.0])
32  v0_2 = np.array([25e3, 0.0])
```

Die rechte Seite der Differentialgleichung ergibt sich direkt aus $\vec{F}_1 = m_1\vec{a}_1$ bzw. $\vec{F}_2 = m_2\vec{a}_2$ zusammen mit dem Kraftgesetz nach Gleichung (8.13) und (8.14).

```
38  def dgl(t, u):
39      """Berechne die rechte Seite der Differentialgleichung."""
40      r1, r2, v1, v2 = np.split(u, 4)
41      a1 = G * m2 / np.linalg.norm(r2 - r1)**3 * (r2 - r1)
42      a2 = G * m1 / np.linalg.norm(r1 - r2)**3 * (r1 - r2)
43      return np.concatenate([v1, v2, a1, a2])
```

Die numerische Lösung der Differentialgleichung verläuft nach dem Standardschema, wobei wir mit `rtol=1e-9` eine sehr kleine Toleranz vorgeben. Um eine gleichmäßig schnelle Animation zu erhalten, geben wir die Zeitpunkte, zu denen die Lösung der Differentialgleichung ausgegeben wird, mit dem zusätzlichen Argument `t_eval` explizit an. Beachten Sie bitte, dass in den Ergebnis-Arrays die Zeilen die Vektorkomponenten und die Spalten die Zeitpunkte darstellen.

```
46  # Lege den Zustandsvektor zum Zeitpunkt t=0 fest.
47  u0 = np.concatenate((r0_1, r0_2, v0_1, v0_2))
48
49  # Löse die Bewegungsgleichung bis zum Zeitpunkt t_max.
50  result = scipy.integrate.solve_ivp(dgl, [0, t_max], u0, rtol=1e-9,
51                                     t_eval=np.arange(0, t_max, dt))
52  t = result.t
53  r1, r2, v1, v2 = np.split(result.y, 4)
```

Im nächsten Schritt berechnen wir für jeden Zeitpunkt die kinetische Energie. Um für jeden Zeitpunkt das Betragsquadrat der Geschwindigkeit zu bestimmen, muss man die quadrierten Arrays über die Zeilen (`axis=0`) summieren.

```
56  E_kin1 = 1/2 * m1 * np.sum(v1 ** 2, axis=0)
57  E_kin2 = 1/2 * m2 * np.sum(v2 ** 2, axis=0)
```

Analog berechnen wir die potentielle Energie nach Gleichung (8.5), wobei man die Norm der Vektoren auch wieder nur über die Zeilen des Arrays berechnen darf.

```
58  E_pot = - G * m1 * m2 / np.linalg.norm(r1 - r2, axis=0)
```

Der Vektor des Gesamtimpulses ergibt sich direkt aus Gleichung (8.1),

```
61  impuls = m1 * v1 + m2 * v2
```

und der Drehimpuls berechnet sich nach Gleichung (8.2) über das Kreuzprodukt aus dem Ort und dem Impuls. Dabei ist zu beachten, dass das Kreuzprodukt streng genommen nur für 3-dimensionale Vektoren definiert ist. Die Funktion np.cross erlaubt es aber auch, das Kreuzprodukt von 2-dimensionalen Arrays zu bilden, indem es für die dritte Komponente null einsetzt und als Ergebnis eine skalare Größe zurückgibt, die der z-Komponente des Drehimpulsvektors entspricht. Ähnlich wie bei der Berechnung der kinetischen Energie muss das Kreuzprodukt entlang der Zeilen (axis=0) gebildet werden, da die Spalten der Arrays die einzelnen Zeitpunkte darstellen.

```
64  drehimpuls = (m1 * np.cross(r1, v1, axis=0) +
65               m2 * np.cross(r2, v2, axis=0))
```

Im nächsten Schritt erzeugen wir eine Figure mit vier einzelnen Axes. In der ersten Axes ax_bahn wird die Bahnkurve animiert dargestellt, in der zweiten ax_energ die Energiebeiträge als Funktion der Zeit, in der dritten ax_drehimpuls der Drehimpuls als Funktion der Zeit und in der vierten ax_impuls die x- und y-Komponente des Impulses als Funktion der Zeit. Anschließend werden die Grafikelemente für die Animation erzeugt und die verschiedenen Plots dargestellt. Da dieser Teil nur bereits besprochene Teile enthält, wird er hier nicht mit abgedruckt.

Um die Plots für Energie, Impuls und Drehimpuls besser mit der Animation der Bahnkurve zu verknüpfen, möchten wir den jeweils aktuellen Zeitpunkt in den entsprechenden Auftragungen darstellen. Dazu erzeugen wir für jede der Auftragungen eine schwarze Linie, die in der update-Funktion der Animation dann an den entsprechenden Zeitpunkt gesetzt wird. Damit diese Linien die für die Plots gewählte y-Skalierung nicht beeinflussen, frieren wir für diese drei Achsen die Skalierung ein

```
130  ax_energ.set_ylim(auto=False)
131  ax_drehimpuls.set_ylim(auto=False)
132  ax_impuls.set_ylim(auto=False)
```

und erzeugen anschließend die entsprechenden Linien.

```
136  linie_t_energ, = ax_energ.plot([], [], '-k')
137  linie_t_drehimp, = ax_drehimpuls.plot([], [], '-k')
138  linie_t_impuls, = ax_impuls.plot([], [], '-k')
```

Die update-Funktion enthält viele bereits bekannte Elemente aus den Programmen 7.8 und 7.9, die wir an dieser Stelle überspringen.

```
141  def update(n):
142      """Aktualisiere die Grafik zum n-ten Zeitschritt."""
```

Neu ist der Teil, in dem wir die Position der schwarzen Linien für die aktuelle Zeit aktualisieren. Jede Linie besteht aus zwei Punkten, wobei die x-Positionen für beide Punkte gleich sind und durch den aktuellen Zeitpunkt gegeben sind, damit eine vertikale Linie entsteht.

```
157      x_pos = t[n] / tag
```

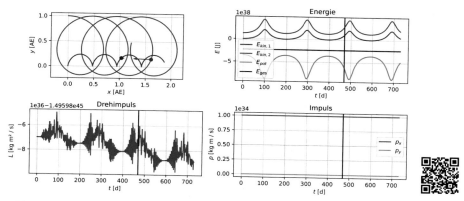

Abb. 8.1: Bewegung eines Doppelsternsystems. *Man erkennt, dass die Gesamtenergie, der Drehimpuls und der Impuls in guter Näherung konstant sind. Bitte beachten Sie beim Drehimpuls die Skala. Diese stellt eine Variation von* $5 \cdot 10^{36}$ *kg m² / s bei einem mittleren Wert von* $-1,5 \cdot 10^{45}$ *kg m² / s dar. Die relative Variation des Drehimpulses ist also mit einer Größenordnung von* $3 \cdot 10^{-9}$ *sehr klein.*

Damit wir den Code nicht für jede Linie wiederholen müssen, definieren wir eine Liste der Linien, über die wir mit einer `for`-Schleife iterieren.

```
158    linien = [linie_t_energ, linie_t_drehimp, linie_t_impuls]
159    for linie in linien:
```

Innerhalb der Schleife erhalten wir mit `linie.axes` die Axes, zu der die Linie gehört, und rufen mit der Methode `get_ylim()` die dargestellten Grenzen des Koordinatensystems auf, die wir für die y-Positionen der beiden Punkte der Linie einsetzen. Auf diese Weise erhalten wir eine vertikale Linie, die sich über den gesamten sichtbaren Bereich der y-Achse erstreckt.

```
160        linie.set_data([[x_pos, x_pos], linie.axes.get_ylim()])
```

Um alle veränderten Grafikobjekte zurückzugeben hängen wir die Liste der Linien und eine Liste der weiteren Grafikobjekte hintereinander und geben diese Liste zurück.[2]

```
162        return linien + [plot_stern1, plot_stern2, pfeil_a1, pfeil_a2]
```

Die Animation wird im Anschluss wie üblich angezeigt und gestartet. Das Ergebnis der Simulation ist in Abb. 8.1 dargestellt und mag vielleicht überraschen. Beide Himmelskörper bewegen sich auf einer Art Schleifenbahn. In der Darstellung der Energie erkennt man sehr gut, dass die kinetische und die potenzielle Energie stark schwanken, während die Gesamtenergie erhalten bleibt. Weiterhin erkennt man, dass auch der Drehimpuls und der Impuls in sehr guter Näherung konstant sind.

Die Ursache für diese Art der Bewegung liegt darin, dass der Gesamtimpuls des Systems nicht null ist, wie man in Abb. 8.1 rechts unten sehen kann. Um die Bewegung der beiden Körper besser verstehen zu können, ist es sinnvoll, ein Bezugssystem zu

---

[2] Es ist nicht schlimm, dass wir anstelle eines Tupels eine Liste zurückgeben. Wichtig ist nur, dass es sich um ein iterierbares Objekt handelt, das die Grafikelemente enthält.

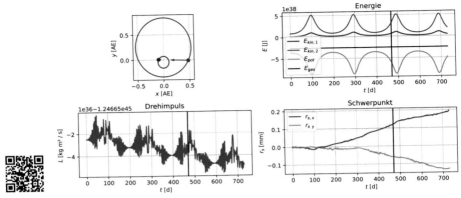

Abb. 8.2: *Bewegung eines Doppelsternsystems im Schwerpunktsystem. Im Schwerpunktsystem bewegen sich beide Körper auf Ellipsenbahnen um den gemeinsamen Schwerpunkt. Anstelle des Impulses ist unten rechts die Schwerpunktslage dargestellt. Bitte beachten Sie, dass die Variation des Schwerpunktes nur ein Zehntel Millimeter ist, während die Ausdehnung der Bahnkurven in der Größenordnung von 10^{11} m liegt.*

wählen, in dem der **Schwerpunkt** der beiden Körper ruht. Dieses System wird als das **Schwerpunktsystem** bezeichnet. Der Schwerpunkt $\vec{r}_s$ eines Systems von Massenpunkten berechnet sich aus der mit der Masse gewichteten Summe der einzelnen Ortsvektoren

$$\vec{r}_s = \frac{m_1 \vec{r}_1 + m_2 \vec{r}_2 + \dots}{m_1 + m_2 + \dots}, \qquad (8.15)$$

und die **Schwerpunktsgeschwindigkeit** $\vec{v}_s$ ergibt sich direkt aus der entsprechend gewichteten Summe der einzelnen Geschwindigkeiten:

$$\vec{v}_s = \frac{m_1 \vec{v}_1 + m_2 \vec{v}_2 + \dots}{m_1 + m_2 + \dots} \qquad (8.16)$$

Um das Doppelsternsystem im Schwerpunktsystem zu betrachten, müssen wir also die Schwerpunktsgeschwindigkeit und den Ortsvektor des Schwerpunkts berechnen und diese Größen von den entsprechenden Anfangsbedingungen abziehen.

Programm 8.2: `Mehrteilchen/doppelstern2.py`

```
39   schwerpunkt0 = (m1 * r0_1 + m2 * r0_2) / (m1 + m2)
40   schwerpunktsgeschwindigkeit0 = (m1 * v0_1 + m2 * v0_2) / (m1 + m2)
41   r0_1 -= schwerpunkt0
42   r0_2 -= schwerpunkt0
43   v0_1 -= schwerpunktsgeschwindigkeit0
44   v0_2 -= schwerpunktsgeschwindigkeit0
```

Anstelle des Impulses plotten wir nun die Schwerpunktskoordinaten als Funktion der Zeit. Das Ergebnis ist in Abb. 8.2 dargestellt. Die beiden Körper laufen nun auf ellipsenförmigen Bahnen, von denen jeweils ein Brennpunkt im Koordinatenursprung liegt. Man erkennt in der Auftragung der Schwerpunktskoordinaten, dass diese im Laufe der Zeit durchaus etwas driften. Allerdings ist die Größe immer noch vernachlässigbar klein: Es handelt sich um Bruchteile von Millimetern bei einer Ausdehnung der Bahnkurven, die in der Größenordnung von 100 Millionen Kilometern liegt.

8.4 Sonnensystem

Mit dem bisher verfolgten Ansatz lassen sich auch Systeme wie unser Sonnensystem simulieren, die aus vielen Körpern bestehen. Wenn wir das Programm 8.2 auf acht oder zehn Massenpunkte erweitern wollten, würde sich das Problem ergeben, dass man in der Funktion update die Kräfte jeweils einzeln aufschreiben muss. Ein solches Programm wäre sehr unhandlich in der Wartung, weil man mehrere Programmstellen abändern müsste, um beispielsweise einen Massenpunkt hinzuzufügen.

Wir wollen daher ein Programm schreiben, mit dem man die Bewegung von beliebig vielen Massenpunkten simulieren kann, die sich gegenseitig aufgrund der Gravitation anziehen. Dazu beginnen wir mit den Modulimporten. Da die Planetenbahnen nicht alle exakt in einer Ebene liegen, benötigen wir neben den üblichen Modulen noch mpl_toolkits.mplot3d für die 3-dimensionale Darstellung (siehe Abschn. 5.4). Außerdem importieren wir das Modul datetime der Python-Standardbibliothek, das eine bequeme Möglichkeit bietet, mit Datums- und Zeitangaben zu rechnen. Die Konstanten werden wieder analog zum Programm 7.8 definiert. Damit die Laufzeit des Programms nicht zu groß wird, simulieren wir zunächst nur eine Zeitdauer von fünf Jahren und geben das Ergebnis in Schritten von fünf Tagen aus.

Programm 8.3: *Mehrteilchen/sonnensystem.py*

```
17   t_max = 5 * jahr
18   dt = 5 * tag
```

Für die spätere grafische Darstellung ist es hilfreich, jedem Himmelskörper einen Namen für die Legende und eine Farbe in der Grafik zuzuweisen. Wir speichern diese Information in zwei Listen. Neben der Sonne und den acht Planeten haben wir noch zwei weitere interessante Objekte hinzugefügt: den Kometen »9P/Tempel 1«, der im Sommer 2005 von der Raumsonde »Deep Impact« untersucht wurde, und den im Jahr 2010 entdeckten Erdtrojaner »2010/TK7«.

```
21   namen = ['Sonne', 'Merkur', 'Venus', 'Erde', 'Mars', 'Jupiter',
22            'Saturn', 'Uranus', 'Neptun', 'Tempel 1', '2010TK7']
25   farben = ['gold', 'darkcyan', 'orange', 'blue', 'red', 'brown',
26            'olive', 'green', 'slateblue', 'black', 'gray']
```

Für eine möglichst genaue Simulation benötigen wir die Massen der einzelnen Körper und die Gravitationskonstante G. Um die Masse m eines Himmelskörpers zu bestimmen, leitet man das Produkt Gm aus Gravitationskonstante und Masse aus der Beobachtung der Bahn von Begleitern ab. Dieses Produkt ergibt sich für die Erde beispielsweise aus Beobachtungen der Umlaufbahn des Mondes. Da die Gravitationskonstante G nur auf fünf signifikante Stellen genau bekannt ist, unterliegt damit auch die Massenbestimmung der Himmelskörper der gleichen Unsicherheit, während das Produkt Gm für viele Himmelskörper wesentlich genauer bekannt ist. Wir definieren daher zunächst die Gravitationskonstante

```
29  G = 6.6743e-11
```

und drücken die Massen der Himmelskörper über das Produkt *Gm* aus. Eine gute
Quelle für astronomische Daten ist das »Horizons«-System des NASA Jet Propulsion
Laboratory [1]. Dort findet man das Produkt *Gm* für viele Himmelskörper. Für die
kleinen Kometen und Asteroiden, die keine Begleiter haben, ist die Massenbestimmung
auf diese Weise leider nicht möglich, sodass wir hier einen groben Schätzwert annehmen
müssen.

```
34  m = np.array([1.3271244004e+20, 2.2031868550e+13, 3.2485859200e+14,
35         3.9860043544e+14, 4.2828375214e+13, 1.2668653190e+17,
36         3.7931206234e+16, 5.7939512560e+15, 6.8350999700e+15,
37         7.2e13 * G, 3e8 * G]) / G
```

Die Anfangsbedingungen der einzelnen Körper kann man ebenfalls aus »Horizons«
entnehmen. Dazu muss man auf der Webseite als Ephemeridentyp eine Vektortabelle
auswählen und den Zeitpunkt eingeben. Man erhält die Positionen in einem kartesischen Koordinatensystem in Astronomischen Einheiten und die Geschwindigkeiten
in Astronomischen Einheiten pro Tag. Als Zeitpunkt wählen wir den 01.01.2022 um
0:00 Uhr Universalzeit. Damit wir später in der Animation des Sonnensystems eine
Datumsangabe einblenden können, speichern wir diesen Zeitpunkt in einem Objekt
vom Typ datetime.datetime.

```
41  datum_t0 = datetime.datetime(year=2022, month=1, day=1)
```

Anschließend speichern wir die Anfangspositionen und -geschwindigkeiten jeweils
in einem Array. Die Zeilen entsprechen den Himmelskörpern und die Spalten der
Koordinatenrichtung. Dabei rechnen wir gleich in die entsprechenden SI-Einheiten
um. Aus Platzgründen ist im Folgenden nur der jeweilige Anfang der Arrays r0 und v0
abgedruckt.

```
45  r0 = AE * np.array([
46      [-8.5808349915e-03, +3.3470429582e-03, +1.7309053212e-04],
47      [+3.5044731459e-01, -3.7407373056e-02, -3.6089929256e-02],
```

```
57  v0 = AE / tag * np.array([
58      [-3.3551917266e-06, -8.4435230812e-06, +1.4516419864e-07],
59      [-2.2707582290e-03, +2.9204389319e-02, +2.5953443972e-03],
```

Als Nächstes speichern wir die Anzahl der Himmelskörper und die Dimension des
Raumes in zwei Variablen zur späteren Verwendung

```
71  n_koerper, n_dim = r0.shape
```

und transformieren wieder in ein Schwerpunktsystem[3], indem wir jeweils die Schwerpunktskoordinaten bzw. die Komponenten der Schwerpunktsgeschwindigkeiten subtra-
hieren:

---

[3] Die Daten aus dem Horizons-System sind eigentlich schon in einem Schwerpunktsystem. Da wir aber
in der Simulation nicht alle Himmelskörper berücksichtigen, ist die Schwerpunktsgeschwindigkeit
aller betrachteten Himmelskörper leicht von null verschieden.

```
75    r0 -= m @ r0 / np.sum(m)
76    v0 -= m @ v0 / np.sum(m)
```

Bei der Berechnung des Schwerpunktes nach Gleichung (8.15) und der Schwerpunktsgeschwindigkeit nach Gleichung (8.16) haben wir eine Matrixmultiplikation benutzt.
Das Array `m` ist 1-dimensional. Durch das Broadcasting wird es aber automatisch in
ein `1×n_koerper`-Array umgewandelt. Das Array `r0` hat die Größe `n_koerper×n_dim`.
Die Matrixmultiplikation übernimmt dann die Aufgabe, die Komponenten des Ortsvektors mit der entsprechenden Masse zu multiplizieren und über alle Himmelskörper zu
summieren.

Wir müssen nun eine Funktion definieren, die die rechte Seite des Differentialgleichungssystems beschreibt. Der Zustandsvektor wird wie gewöhnlich in die Orte und
die Geschwindigkeiten zerlegt. Anschließend wandelt man das 1-dimensionale Array `r`
in ein `n_koerper×n_dim`-Array um und erzeugt ein Array für die Beschleunigungen
der gleichen Größe.

```
79    def dgl(t, u):
80        """Berechne die rechte Seite der Differentialgleichung."""
81        r, v = np.split(u, 2)
82        r = r.reshape(n_koerper, n_dim)
83        a = np.zeros((n_koerper, n_dim))
```

Die Beschleunigungen sind durch die Gleichung

$$\vec{a}_i = \sum_{j \neq i} G \frac{m_j}{\left| \vec{r}_j - \vec{r}_i \right|^3} \left(\vec{r}_j - \vec{r}_i \right) \tag{8.17}$$

gegeben, die sich direkt aus Gleichung (8.4) mit $\vec{F}_i = m_i \vec{a}_i$ ergibt. Eine Möglichkeit,
diese Gleichung umzusetzen, besteht aus den folgenden `for`-Schleifen:

```
for i in range(n_koerper):
    for j in range(n_koerper):
        if i != j:
            dr = r[j] - r[i]
            a[i] += G * m[j] / np.linalg.norm(dr) ** 3 * dr
```

Das oben beschriebene Vorgehen ist absolut korrekt, aber man kann die gleiche Aufgabe
etwas schneller erledigen. Im obigen Programmcode wird der Ausdruck

$$G \frac{\vec{r}_j - \vec{r}_i}{\left| \vec{r}_j - \vec{r}_i \right|^3} \tag{8.18}$$

für jede Kombination von i und j zweimal berechnet. Dabei unterscheiden sich beide
Werte nur um ein Vorzeichen. Außerdem ist die dreifach geschachtelte Einrückung
nicht sonderlich übersichtlich. Etwas eleganter und deutlich schneller ist das folgende
Vorgehen:

```
84        for i in range(n_koerper):
85            for j in range(i):
86                dr = r[j] - r[i]
```

```
87          gr = G / np.linalg.norm(dr) ** 3 * dr
88          a[i] += gr * m[j]
89          a[j] -= gr * m[i]
90      return np.concatenate([v, a.reshape(-1)])
```

Dadurch, dass die innere Schleife über `range(i)` iteriert, tauchen die identischen Indexpaare überhaupt nicht auf. Der Ausdruck (8.18) wird nur einmal für jedes Paar $i \neq j$ berechnet. Der entsprechende Beitrag zur Beschleunigung ergibt sich nun, indem man jeweils mit der anderen Masse multipliziert und das Vorzeichen anpasst.

Um das Differentialgleichungssystem zu lösen, gehen wir wie in den vorherigen Beispielen vor. Wir müssen bei der Definition des Zustandsvektors nur darauf achten, dass wir die Arrays `r0` und `v0` mit `reshape` in 1-dimensionale Arrays umwandeln

```
94  u0 = np.concatenate((r0.reshape(-1), v0.reshape(-1)))
```

und starten anschließend den Differentialgleichungslöser:

```
97  result = scipy.integrate.solve_ivp(dgl, [0, t_max], u0, rtol=1e-9,
98                                    t_eval=np.arange(0, t_max, dt))
99  t = result.t
100 r, v = np.split(result.y, 2)
```

Um die Ergebnisse besser handhabbar zu machen, wandeln wir r und v nun in 3-dimensionale Arrays um: Der erste Index ist der Himmelskörper, der zweite Index die Koordinatenrichtung und der dritte Index der Zeitschritt.

```
106 r = r.reshape(n_koerper, n_dim, -1)
107 v = v.reshape(n_koerper, n_dim, -1)
```

Wir wollen wieder die Erhaltungsgrößen als Funktion der Zeit zur Kontrolle grafisch darstellen. Dazu bestimmen wir zunächst die kinetische Energie, die man wieder mithilfe einer Matrixmultiplikation in einem Schritt für alle Zeitpunkte berechnen kann:

```
110 E_kin = 1/2 * m @ np.sum(v * v, axis=1)
```

Die potenzielle Energie wird gemäß Gleichung (8.5) über zwei geschachtelte `for`-Schleifen berechnet.

```
111 E_pot = np.zeros(t.size)
112 for i in range(n_koerper):
113     for j in range(i):
114         dr = np.linalg.norm(r[i] - r[j], axis=0)
115         E_pot -= G * m[i] * m[j] / dr
116 E = E_pot + E_kin
```

Bitte beachten Sie, dass wir in den `for`-Schleifen über die Himmelskörper iterieren. Das Array r ist 3-dimensional. Der erste Index gibt den Himmelskörper an. Der Ausdruck `r[i]` - `r[j]` ist also ein 2-dimensionales Array, dessen erster Index die Koordinatenrichtung und dessen zweiter Index die Zeitpunkte darstellt. Wir bilden in Zeile 114 die Norm über den ersten Index und erhalten ein 1-dimensionales Array dr, das den Abstand der beiden Himmelskörper für alle Zeitpunkte enthält.

Als Nächstes berechnen wir den Gesamtimpuls für alle Zeitpunkte. Dazu kann man wieder eine Matrixmultiplikation benutzen. Leider passen die Dimensionen der Arrays nicht richtig zusammen: Bei 11 Himmelskörpern und 500 Zeitpunkten hat das Array v die Dimension 11 × 3 × 500, und das Array m ist 1-dimensional mit 11 Einträgen. Die Matrixmultiplikation summiert aber immer über die letzte Dimension des ersten Arrays und die vorletzte Dimension des zweiten Arrays. Wir vertauschen daher die ersten beiden Dimensionen des Arrays v mit v.swapaxis(0, 1) und erhalten ein 3 × 11 × 500-Array. Nun kann man die Matrixmultiplikation des Arrays m mit diesem Array durchführen, um den Gesamtimpuls für alle Zeitpunkte auszurechnen. Das Ergebnis ist ein 3 × 500-Array.

```
119   impuls = m @ v.swapaxes(0, 1)
```

Analog berechnen wir den Schwerpunktsvektor und den Drehimpulsvektor:

```
122   schwerpunkt = m @ r.swapaxes(0, 1) / np.sum(m)
125   drehimpuls = m @ np.cross(r, v, axis=1).swapaxes(0, 1)
```

Der Teil zur grafischen Ausgabe der Ergebnisse wird hier nicht mit abgedruckt. Er enthält keine neuen Informationen und ist aufgrund der Vielzahl der auszugebenden Informationen recht umfangreich. Die Erhaltungsgrößen werden diesmal in einer separaten Figure ausgegeben, sodass man die animierte Darstellung der Planetenbewegung gut auf dem ganzen Bildschirm zeigen kann.

In der update-Funktion der Animation aktualisieren wir zuerst die Positionen der Himmelskörper, die wir vorher in der Liste plots_himmelskoerper gespeichert haben.

```
204   def update(n):
205       """Aktualisiere die Grafik zum n-ten Zeitschritt."""
206       for plot, ort in zip(plots_himmelskoerper, r):
207           plot.set_data_3d(ort[:, n] / AE)
```

Anschließend wollen wir das aktuelle Datum ausgeben und müssen dazu zu jedem Zeitpunkt t[n] das aktuelle Datum bestimmen. Das Modul datetime bietet eine komfortable Möglichkeit, mit Zeit und Datumsangaben zu rechnen. Dazu erzeugen wir ein Objekt vom Typ datetime.timedelta, das die Zeitdauer seit dem Beginn der Simulation angibt. Dieses Objekt kann man zu dem vorher festgelegten Zeitpunkt datum_t0 addieren und erhält ein neues Objekt vom Typ datetime.datetime, das das aktuelle Datum und die Uhrzeit repräsentiert. Das so erzeugte Objekt kann man mit geeigneten Formatierungsanweisungen als String ausgeben:

```
210       datum = datum_t0 + datetime.timedelta(seconds=t[n])
211       text_zeit.set_text(f'{t[n] / jahr:.2f} Jahre: {datum:%d.%m.%Y}')
```

Wenn Sie das Programm laufen lassen, werden Sie feststellen, dass die Simulation, je nach der Leistungsfähigkeit des verwendeten Rechners, schon einige Sekunden Zeit in Anspruch nimmt. Beim Erstellen eines Programms ist das unter Umständen lästig, wenn man interaktiv herumspielen möchte, um eine geeignete grafische Darstellung zu finden.

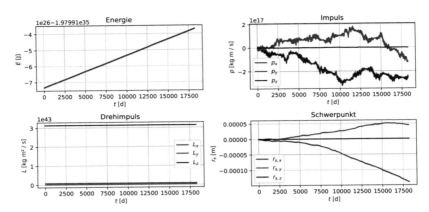

Abb. 8.3: Erhaltungsgrößen bei der Simulation des Sonnensystems. *Man erkennt eine leichte systematische Drift des Schwerpunktes und der Energie.*

Achtung!

Bei einem Simulationsprogramm, das eine erhebliche Zeit für die Berechnung in Anspruch nimmt, sollen Sie den Berechnungsteil und die Auswertung bzw. grafische Ausgabe trennen.

Um das zu erreichen, befreien wir das Programm 8.3 von allen Bestandteilen, die irgendetwas mit der grafischen Ausgabe zu tun haben. Die Simulationsdauer setzen wir auf 50 Jahre und die Zeitschrittweite auf eine Stunde. Das Programm endet dann mit der numerischen Lösung der Differentialgleichung und der Umformung der Arrays für die Orte und die Geschwindigkeiten. Als Nächstes müssen wir die Daten in geeigneter Weise auf der Festplatte des Computers speichern. Am einfachsten gelingt dies mit der Funktion `np.savez`, wie der folgende Codeausschnitt zeigt.

Programm 8.4: *Mehrteilchen/sonnensystem_sim.py*

```
107  np.savez('ephemeriden.npz',
108          G=G, AE=AE, namen=namen, m=m, t=t, r=r, v=v, dt=dt,
109          tag=tag, jahr=jahr, datum_t0=datum_t0.timestamp())
```

Das erste Argument ist der Dateiname, unter dem die Daten gespeichert werden. Die weiteren Argumente legen jeweils einen Namen fest, unter dem die jeweilige Variable in der Datei abgespeichert werden soll. In unserem Beispiel wählen wir jeweils den Namen, der gleichlautend mit dem Variablennamen ist. Bei dem in `datum_t0` gespeicherten Datum ist es hilfreich, dieses zunächst mit der Methode `timestamp` in einen sogenannten **Zeitstempel** umwandeln und diesen Zeitstempel abzuspeichern, bei dem es sich um eine einzelne Zahl handelt, in der die genaue Datums- und Zeitangabe geeignet kodiert ist.

Das Auswerteprogramm besteht aus der Berechnung der Erhaltungsgrößen und der entsprechenden grafischen Darstellung. Zu Beginn müssen wir die Daten aus der Datei `ephemeriden.npz` einlesen und entsprechenden Variablen zuweisen.

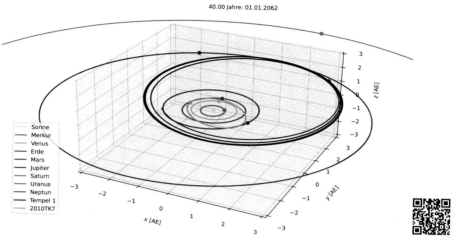

40.00 Jahre: 01.01.2062

Abb. 8.4: Grafische Darstellung der Bahnkurven im Sonnensystem. *Dargestellt ist die Stellung der Himmelskörper zum angegebenen Zeitpunkt. Deutlich zu erkennen ist die stark geneigte Bahn des Asteroiden »2010TK7« und die unregelmäßige Bahn des Kometen »9P/Tempel 1«. Die Animation wurde mit dem Programm 8.5 erzeugt und umfasst eine Simulationsdauer von 50 Jahren.*

Programm 8.5: `Mehrteilchen/sonnensystem_anim.py`

```
16   dat = np.load('ephemeriden.npz')
17   tag, jahr, AE, G = dat['tag'], dat['jahr'], dat['AE'], dat['G']
18   dt, namen = dat['dt'], dat['namen']
19   m, t, r, v = dat['m'], dat['t'], dat['r'],  dat['v']
20   datum_t0 = datetime.datetime.fromtimestamp(float(dat['datum_t0']))
```

Dabei erzeugen wir aus dem Zeitstempel der den Simulationsbeginn kennzeichnet wieder ein Objekt vom Typ `datetime.datetime`.

Der Rest des Programms entspricht im Wesentlichen dem Programm 8.3. Die Erhaltungsgrößen sind in Abb. 8.3 über einem Zeitraum von 50 Jahren geplottet. In Abb. 8.4 ist für den gleichen Datensatz die Stellung der Himmelskörper zu einem bestimmten Zeitpunkt dargestellt. Da man in der Gesamtenergie eine kleine, aber eindeutige Drift feststellt, muss man sich fragen, wie genau unsere Simulation eigentlich ist. Dazu gibt es verschiedene Möglichkeiten: Man könnte zum Beispiel alle Anfangsgeschwindigkeiten mit einem negativen Vorzeichen versehen und dann mit unserem Programm in der Zeit rückwärts rechnen. Das Ergebnis könnte man dann mit früheren astronomischen Beobachtungen abgleichen. Eine Alternative ist es, verschiedene Rechenmethoden miteinander zu vergleichen (siehe Aufgabe 8.3).

8.5 Elastische Stoßprozesse

Eine wichtige Anwendung für Erhaltungsgrößen in der Physik sind Stoßprozesse. Unter einem Stoß versteht man einen Vorgang, bei dem zwei oder mehr Körper für einen kurzen Zeitraum eine Kraft aufeinander ausüben. Wir wollen uns hier auf **elastische**

Stöße beschränken, bei denen sich die gesamte kinetische Energie nicht verändert. Es gibt viele interessante Anwendungsfälle, bei denen viele Teilchen in Stöße involviert sind. Insbesondere kann man mit solchen Stoßprozessen das Verhalten von Gasen verstehen, indem man die einzelnen Gasteilchen (Atome oder Moleküle) als harte Kugeln ansieht. Meistens ist man dabei am Verhalten des Systems nach einer langen Zeitdauer interessiert.

Um einen solchen Prozess zu simulieren, kann man im Prinzip ähnlich vorgehen wie bei der Simulation des Sonnensystems. Man muss dazu eine Kraft zwischen den einzelnen Stoßpartnern modellieren. Diese Kraft soll null sein, wenn sich die einzelnen Teilchen nicht berühren. Sobald die Teilchen sich berühren, nehmen wir eine Kraft an, die mit der Annäherung der Teilchen zunimmt. Wir testen diesen Ansatz zunächst einmal mit nur zwei Stoßpartnern. Von dem entsprechenden Programm 8.6 werden hier nur wenige Ausschnitte abgedruckt, da es in weiten Teilen mit dem Programm 8.1 identisch ist. Der wichtigste Teil ist die Funktion `dgl`.

Programm 8.6: *Mehrteilchen/stoss_dgl.py*

```
34  def dgl(t, u):
35      """Berechne die rechte Seite der Differentialgleichung."""
36      r1, r2, v1, v2 = np.split(u, 4)
```

In dieser berechnen wir zunächst den Abstand der beiden Kugelmittelpunkte

```
39      dr = np.linalg.norm(r1 - r2)
```

und daraus die Strecke `federweg`, die angibt, wie weit die Kugeln ineinander eingedrungen sind. Dazu ziehen wir von der Summe der beiden Radien den Abstand der Mittelpunkte ab. Mithilfe der Funktion `max` sorgen wir dafür, dass der Federweg null ist, wenn sich die Kugeln nicht berühren.

```
42      federweg = max(radius1 + radius2 - dr, 0)
```

Wir wollen nun annehmen, dass zwischen den Kugeln eine Kraft wirkt, die proportional zum Federweg ist.[4] Die Proportionalitätskonstante $D = 5 \cdot 10^3 \,\mathrm{N/m}$ wurde weiter vorne im Programm definiert.

```
45      F = D * federweg
```

Den Wert der Kraft müssen wir nun durch die entsprechende Masse teilen und mit einem Einheitsvektor, der vom Kugelmittelpunkt der jeweils anderen Masse in Richtung des Kugelmittelpunktes der betrachteten Masse zeigt, multiplizieren, um den jeweiligen Beschleunigungsvektor zu erhalten.

```
50      richtungsvektor = (r1 - r2) / dr
51      a1 = F / m1 * richtungsvektor
52      a2 = -F / m2 * richtungsvektor
```

---

[4] Die Annahme, dass die Kraft linear mit der Eindringtiefe steigt, ist streng genommen nicht ganz korrekt. Für kleine Eindringtiefen d ist die Kraft tatsächlich proportional zu $d^{3/2}$ [2]. Auf die genaue Form des Kraftgesetzes kommt es an dieser Stelle aber nicht an, sodass wir der Einfachheit halber ein lineares Kraftgesetz annehmen.

Anschließend führen wir die Geschwindigkeits- und Beschleunigungsvektoren zur Zeitableitung des Zustandsvektors zusammen.

```
55      return np.concatenate([v1, v2, a1, a2])
```

Die numerische Lösung wird wie gewohnt berechnet, wobei wir explizit vorgeben, dass die maximale Schrittweite, die der Löser wählt, nicht größer als die angegebene Zeitschrittweite dt sein darf.

```
62   result = scipy.integrate.solve_ivp(dgl, [0, t_max], u0,
63                          max_step=dt,
64                          t_eval=np.arange(0, t_max, dt))
```

Anschließend wird die kinetische Energie sowie der Gesamtimpuls vor und nach dem Stoßprozess berechnet und ausgegeben.

```
70   E_anfang = 1/2 * (m1 * np.sum(v1[:, 0] ** 2) +
71                     m2 * np.sum(v2[:, 0] ** 2))
72   E_ende = 1/2 * (m1 * np.sum(v1[:, -1] ** 2) +
73                   m2 * np.sum(v2[:, -1] ** 2))
74   p_anfang = m1 * v1[:, 0] + m2 * v2[:, 0]
75   p_ende = m1 * v1[:, -1] + m2 * v2[:, -1]
76
77   print('                    vorher      nachher')
78   print(f'Energie [J]:       {E_anfang:8.5f}  {E_ende:8.5f}')
79   print(f'Impuls x [kg m / s]: {p_anfang[0]:8.5f}   {p_ende[0]:8.5f}')
80   print(f'Impuls y [kg m / s]: {p_anfang[1]:8.5f}   {p_ende[1]:8.5f}')
```

In der animierten Darstellung wollen wir die Bahnkurven und die aktuelle Position der beiden Körper darstellen und legen, nachdem eine Figure und eine Axes erzeugt wurden, jeweils einen Plot für die Bahnkurve an.

```
93   plot_bahn1, = ax.plot([], [], '-r', zorder=4)
94   plot_bahn2, = ax.plot([], [], '-b', zorder=3)
```

Für die Positionen der beiden Körper können wir nun aber keinen Punktplot mehr verwenden, wie in den vorherigen Programmen, da die Ausdehnung der Körper wichtig ist. Stattdessen zeichnen wir jeweils einen ausgefüllten Kreis. Mit dem Argument visible=False sorgen wir dafür, dass die Kreise aber zunächst noch nicht dargestellt werden. Das ist notwendig, da in einigen Entwicklungsumgebungen, insbesondere in Spyder, automatisch der interaktive Modus von Matplotlib aktiviert wird. In Animationen kann es zu Darstellungsfehlern führen, wenn animierte Objekte bereits vor der Initialisierung der Animation dargestellt werden.

```
97   kreis1 = mpl.patches.Circle([0, 0], radius1, visible=False,
98                       color='red', zorder=4)
99   kreis2 = mpl.patches.Circle([0, 0], radius2, visible=False,
100                      color='blue', zorder=3)
```

Genau wie die Pfeile, die wir schon früher benutzt haben, müssen wir die Kreise explizit zur Axes hinzufügen.

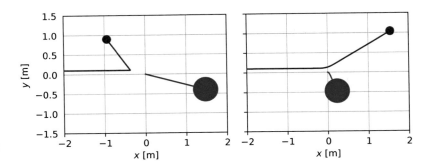

Abb. 8.5: Simulation eines Stoßes. *Eine Masse (rot) trifft von links kommend auf eine ruhende Masse (blau). Die Kraft zwischen den Massen wird über eine elastische Wechselwirkung modelliert. (Links) Die Federkonstante wurde auf $D = 5 \cdot 10^3$ N/m gesetzt. (Rechts) Die Federkonstante wurde mit $D = 5$ N/m deutlich kleiner gewählt.*

```
101   ax.add_patch(kreis1)
102   ax.add_patch(kreis2)
```

In der `update`-Funktion der Animation setzen wir den Mittelpunkt beider Kreise dann auf die jeweils aktuelle Position und sorgen dafür, dass die Kreise jetzt auch sichtbar sind.

```
105   def update(n):
106       """Aktualisiere die Grafik zum n-ten Zeitschritt."""
108       kreis1.set_center(r1[:, n])
109       kreis2.set_center(r2[:, n])
110       kreis1.set_visible(True)
111       kreis2.set_visible(True)
```

Danach aktualisieren wir die Daten der Bahnkurven bis zum aktuellen Zeitpunkt

```
114       plot_bahn1.set_data(r1[0, :n + 1], r1[1, :n + 1])
115       plot_bahn2.set_data(r2[0, :n + 1], r2[1, :n + 1])
116       return kreis1, kreis2, plot_bahn1, plot_bahn2
```

und erzeugen anschließend mit den üblichen Funktionsaufrufen die Animation.

Die Anfangsbedingungen wurden zu Beginn des Programms so gewählt, dass einer der beiden Körper ruht, während der andere sich mit einer gegebenen Geschwindigkeit auf diesen zu bewegt. In Abb. 8.5 ist die Bahn der beiden Körper für zwei unterschiedliche Werte der Federkonstanten dargestellt. Man erkennt, dass die Bahnen sich stark unterscheiden.[5] Den Grenzfall einer harten Kugel erreicht man nur für große Federkonstanten. Während die Ausgabe des Programms 8.6 auf den ersten Blick gut und richtig aussieht, offenbaren sich bei genauerer Betrachtung doch einige Probleme:

1. Im Aufruf der Funktion `solve_ivp` muss ein zusätzliches Argument `max_step` angegeben werden, das die maximale Zeitschrittweite vorgibt. Probieren Sie einmal aus, was mit dem Programm passiert, wenn man dies weglässt: Die rote

---

[5] Das ist nicht verwunderlich, denn in der Teilchenphysik werden solche Stöße ja gerade dazu benutzt, um Informationen über die zwischen den Teilchen wirkenden Kräfte zu gewinnen.

Kugel fliegt einfach durch die blaue Kugel hindurch. Das liegt daran, dass der Löser zu Beginn große Schritte wählt, da keine Kräfte wirken, und es kann dann leicht passieren, dass der Löser den kurzen Zeitabschnitt, in dem die Kraft zwischen den Körpern wirkt, komplett verpasst.

2. Wie ist die Federkonstante D zu wählen, wenn man harte Kugeln simulieren will? Betrachten Sie dazu einmal die Textausgabe des Programms 8.6 und erhöhen Sie die Federkonstante. Sie erkennen: Je größer die Federkonstante ist, desto näher ist die Situation an der harten Kugel, aber gleichzeitig wird der Fehler in der Energie immer größer. Dies liegt daran, dass der Löser mit der abrupt einsetzenden Kraft sehr schlecht zurechtkommt. Es handelt sich hierbei um ein sogenanntes **steifes Problem**, bei dem es Vorgänge gibt, die sich auf unterschiedlichen Zeitskalen abspielen: Der eigentliche Stoß erfolgt auf sehr kurzen Zeitskalen, während die Bewegung der Körper vor und nach dem Stoß sehr gleichmäßig, also auf einer großen Zeitskala vor sich geht.

3. Im Begleitmaterial zu diesem Buch finden Sie ein Programm, in dem die Stöße zwischen einer frei vorgegebenen Anzahl von Teilchen simuliert werden.

Programm 8.7: *Mehrteilchen/mehrteilchenstoss_dgl.py*

```
1  """Simulation von Stößen über Differentialgleichungen."""
```

In diesem Programm wird eine frei vorgegebene Anzahl von Teilchen mit zufällig gewählter, unterschiedlicher Masse, Position, Geschwindigkeit und Radius in einem quadratischen Feld positioniert.

Probieren Sie einmal aus, das Programm für eine unterschiedliche Anzahl von Teilchen laufen zu lassen. Sie werden feststellen, dass die Laufzeit ungefähr proportional mit dem Quadrat der Teilchenzahl ansteigt. Wenn das Programm für zehn Teilchen eine Rechenzeit von zwei Sekunden benötigt, dann sind das für 1000 Teilchen schon mehr als fünf Stunden. Das liegt daran, dass in jedem Zeitschritt die Wechselwirkungskraft von jedem Teilchen mit jedem anderen berechnet werden muss. Wenn es sich um N Teilchen handelt, sind das also $N(N-1)$ Kräfte.

Um ein Modell mit harten Kugeln zu simulieren, ist es daher sinnvoll, von dem Differentialgleichungsansatz wegzugehen. In Abschn. 8.6 werden wir zunächst den Stoß von zwei harten Kugeln betrachten und animiert darstellen. Davon ausgehend werden wir dann in Abschn. 8.7 eine große Anzahl solcher harten Kugeln in einem Behälter betrachten. Anschließend benutzen wir dieses Modell, um das Verhalten von Gasen zu simulieren.

8.6 Stoß zweier harter Kugeln

Die grundlegende Idee bei der Simulation eines Stoßes zweier harter Kugeln besteht darin, dass man den eigentlichen Stoßvorgang mithilfe des Energie- und Impulserhaltungssatzes analytisch beschreiben kann. Ebenso kann man den Zeitpunkt der Kollision analytisch berechnen. Die eigentliche Simulation besteht also darin, die analytischen

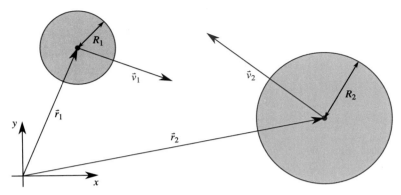

Abb. 8.6: Schräger Stoß zweier Kugeln. *Dargestellt sind zwei Kugeln vor dem Zusammentreffen. Zum Zeitpunkt t = 0 befindet sich die Kugel 1 (rot) mit dem Radius R_1 am Ort $\vec{r}_1$, und die Kugel 2 (blau) mit dem Radius R_2 befindet sich am Ort $\vec{r}_2$. Die beiden Kugeln bewegen sich mit den Geschwindigkeiten $\vec{v}_1$ bzw. $\vec{v}_2$.*

Rechnungen in einer möglichst allgemeingültigen Form aufzuschreiben und die Bewegung der beiden Stoßpartner vor und nach dem Stoß durch eine gleichförmige Bewegung zu beschreiben. Wir gehen dabei von zwei harten Kugeln mit gegebenen Radien R_1 und R_2 aus, die sich zum Zeitpunkt $t = 0$ an den Orten $\vec{r}_1$ und $\vec{r}_2$ befinden und sich, wie in Abb. 8.6 dargestellt, mit den konstanten Geschwindigkeiten $\vec{v}_1$ und $\vec{v}_2$ reibungsfrei aufeinander zu bewegen. Dabei beziehen sich die Ortsvektoren jeweils auf den Kugelmittelpunkt.

Für die Simulation beschränken wir uns auf den 2-dimensionalen Fall, um die grafische Darstellung einfach zu halten. Sie können sich jedoch leicht davon überzeugen, dass der eigentliche Simulationsteil genauso für den 3-dimensionalen Fall verwendbar ist. Wir beginnen mit der Definition der erforderlichen Parameter und Anfangsbedingungen, die der Situation in Abb. 8.5 entsprechen.

Programm 8.8: `Mehrteilchen/stoss.py`

```
 8  # Simulationszeit und Zeitschrittweite [s].
 9  t_max = 8
10  dt = 0.02
11  # Massen der beiden Teilchen [kg].
12  m1 = 1.0
13  m2 = 2.0
14  # Radien der beiden Teilchen [m].
15  radius1 = 0.1
16  radius2 = 0.3
17  # Anfangspositionen [m].
18  r0_1 = np.array([-2.0, 0.1])
19  r0_2 = np.array([0.0, 0.0])
20  # Anfangsgeschwindigkeiten [m/s].
21  v1 = np.array([1.0, 0.0])
22  v2 = np.array([0.0, 0.0])
```

Bevor wir mit der Simulation starten, müssen wir zunächst einmal feststellen, ob sich die Kugeln überhaupt treffen und wenn ja, zu welchem Zeitpunkt dies geschieht.

Zeitpunkt der Kollision

Wenn sich die Kugeln zum Zeitpunkt $t = 0$ an den Orten $\vec{r}_1$ bzw. $\vec{r}_2$ befinden, dann sind sie bei einer gleichförmigen Bewegung zu einem späteren Zeitpunkt t an den Orten $\vec{r}_1 + t\vec{v}_1$ bzw. $\vec{r}_2 + t\vec{v}_2$. Die Kugeln kollidieren, wenn der Abstand der beiden Kugelmittelpunkte genauso groß ist wie die Summe der Radien. Daraus ergibt sich die Gleichung:

$$|(\vec{r}_1 + t\vec{v}_1) - (\vec{r}_2 + t\vec{v}_2)|^2 = (R_1 + R_2)^2 \tag{8.19}$$

Das Betragsquadrat auf der linken Seite schreiben wir als Skalarprodukt des Vektors mit sich selbst und formen dieses mit der zweiten binomischen Formel um:

$$(\vec{r}_1 - \vec{r}_2)^2 + 2t(\vec{v}_1 - \vec{v}_2) \cdot (\vec{r}_1 - \vec{r}_2) + t^2(\vec{v}_1 - \vec{v}_2)^2 = (R_1 + R_2)^2 \tag{8.20}$$

Nachdem man durch $(\vec{v}_1 - \vec{v}_2)^2$ geteilt hat, kann man dies als eine quadratische Gleichung der Form

$$t^2 + 2at + b = 0 \tag{8.21}$$

mit

$$a = \frac{(\vec{v}_1 - \vec{v}_2) \cdot (\vec{r}_1 - \vec{r}_2)}{(\vec{v}_1 - \vec{v}_2)^2} \quad \text{und} \quad b = \frac{(\vec{r}_1 - \vec{r}_2)^2 - (R_1 + R_2)^2}{(\vec{v}_1 - \vec{v}_2)^2} \tag{8.22}$$

aufschreiben. Wenn diese Gleichung keine Lösung hat, dann treffen sich die beiden Kugeln nicht. Hat diese Gleichung genau eine Lösung, dann berühren sich die Kugeln streifend. Wenn die Kugeln im eigentlichen Sinne aufeinanderstoßen, dann hat die Gleichung zwei Lösungen, von denen nur die Lösung mit dem kleineren Wert von t relevant ist. Die zweite Lösung würde die Situation beschreiben, bei der sich die Kugeln durchdrungen haben und anschließend gerade wieder mit ihren Oberflächen berühren. Der Berührungszeitpunkt ergibt sich als Lösung der Gleichung (8.21) zu

$$t = -a - \sqrt{D} \quad \text{mit} \quad D = a^2 - b, \tag{8.23}$$

falls die Diskriminante D nicht negativ ist. Diese Lösung setzen wir in einer Python-Funktion um. Der Docstring zu dieser Funktion wird aus Platzgründen hier nicht mit abgedruckt.

```
25   def koll_teilchen(r1, r2, v1, v2):
```

In dieser Funktion berechnen wir zur Abkürzung der nachfolgenden Formeln zunächst die Differenzen der Orts- bzw. Geschwindigkeitsvektoren

```
43       dr = r1 - r2
44       dv = v1 - v2
```

und wenden anschließend die Gleichungen (8.22) und (8.23) an:

Rechnen mit speziellen Gleitkommazahlen

Die meisten Funktionen aus dem Modul `math` liefern einen Fehler, wenn eine ungültige mathematische Operation, wie beispielsweise das Teilen durch null, oder das Ziehen der Quadratwurzel aus einer negativen Zahl durchgeführt wird. NumPy verhält sich bei ungültigen Rechenoperationen normalerweise völlig anders, wie das folgende Beispiel zeigt:

```
>>> import numpy as np
>>> a = np.array([1.0, -1.0, 0.0, 2.0])
>>> b = np.array([0.0, 0.0, 0.0, 1.0])
>>> a / b
array([ inf, -inf,  nan,   2.])
```

Wenn Sie diesen Code ausführen, erkennen Sie, dass zwei Warnungen ausgegeben werden. Dennoch wird der Programmablauf fortgesetzt. Im Ergebnis der Division erkennen Sie die Werte $+\infty$ (`inf`) als Ergebnis der Division einer positiven Zahl durch null und $-\infty$ (`-inf`) als Ergebnis einer negativen Zahl durch null. Die dritte Division »null durch null« ergibt als Ergebnis eine Zahl NaN (`nan`). NaN ist die Abkürzung für not a number und stellt eine nichtdefinierte Zahl dar. Mit diesen speziellen Gleitkommazahlen ($\pm\infty$ und NaN) kann man auch weiter rechnen, wobei sich die entsprechenden Definitionen meist intuitiv erschließen: Jede Rechenoperation, an der irgendwie ein NaN beteiligt ist, liefert wieder ein NaN. Die Summe einer endlichen Zahl mit $\pm\infty$ liefert wieder $\pm\infty$. Die Summe von $+\infty$ und $-\infty$ ergibt NaN. Diese speziellen Zahlen kann man auch vergleichen: $+\infty$ ist größer als jede endliche Zahl, und $-\infty$ ist kleiner als jede endliche Zahl. NaN ist ungleich jeder anderen Zahl. Um zu überprüfen, ob eine Zahl endlich ist oder nicht, gibt es eine Reihe von Funktionen in NumPy, wie beispielsweise `np.isnan`, `np.isfinite` und `np.isinf`.

```
50      a = (dv @ dr) / (dv @ dv)
51      b = (dr @ dr - (radius1 + radius2) ** 2) / (dv @ dv)
52      D = a**2 - b
53      t = -a - np.sqrt(D)
54      return t
```

Sie haben sich vielleicht gewundert, warum wir in dieser Funktion nicht überprüfen, ob die Diskriminante positiv und ob der Vektor `dv = v1 - v2` von null verschieden ist. Wenn Sie das Programm 8.8 einmal laufen lassen und bewusst eine dieser Bedingungen herbeiführen, indem Sie zum Beispiel beide Geschwindigkeiten gleich setzen oder so wählen, dass sich die beiden Körper nicht treffen, dann verhält sich das Programm dennoch völlig korrekt. Sie erhalten lediglich eine Warnmeldung über ungültige Werte, wie im Kasten »Rechnen mit speziellen Gleitkommazahlen« beschrieben wird.

Geschwindigkeit nach dem Stoß

Nachdem wir den Zeitpunkt der Kollision berechnet haben, müssen wir die Geschwindigkeiten der Kugeln nach dem Stoß festlegen. Dazu betrachten wir zunächst nur den

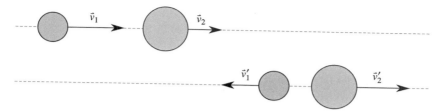

Abb. 8.7: Zentraler Stoß zweier Kugeln. *Dargestellt sind zwei Kugeln (oben) vor und (unten) nach dem Zusammentreffen.*

zentralen elastischen Stoß zweier Kugeln, wie er in Abb. 8.7 dargestellt ist. Da die Bewegung beim zentralen Stoß nur in einer Richtung stattfindet, bezeichnen wir mit v_1 und v_2 die Komponenten des Geschwindigkeitsvektors in dieser Richtung vor dem Stoß, und v_1' bzw. v_2' sind die Geschwindigkeiten nach dem Stoß.

Bei einem elastischen Stoß ist sowohl der Impuls erhalten als auch die kinetische Energie. Die Impulserhaltung führt zu der Gleichung

$$m_1 v_1 + m_2 v_2 = m_1 v_1' + m_2 v_2' \,, \tag{8.24}$$

und aus der Erhaltung der kinetischen Energie ergibt sich:

$$\frac{1}{2} m_1 v_1^2 + \frac{1}{2} m_2 v_2^2 = \frac{1}{2} m_1 (v_1')^2 + \frac{1}{2} m_2 (v_2')^2 \tag{8.25}$$

Die Gleichungen (8.24) und (8.25) bilden ein Gleichungssystem, das man mit einer zugegebenermaßen etwas mühseligen Rechnung nach v_1' und v_2' auflösen kann:

$$v_1' = \frac{2m_2 v_2 + (m_1 - m_2)v_1}{m_1 + m_2} \qquad ; \qquad v_2' = \frac{2m_1 v_1 + (m_2 - m_1)v_2}{m_1 + m_2} \tag{8.26}$$

Wenn man die Schwerpunktsgeschwindigkeit v_sp mit

$$v_\text{sp} = \frac{m_1 v_1 + m_2 v_2}{m_1 + m_2} \tag{8.27}$$

einführt, kann man die beiden Gleichungen (8.26) in der folgenden Form aufschreiben:

$$\begin{aligned} v_1' &= v_1 + \Delta v_1 \qquad \text{mit} \qquad \Delta v_1 = 2 \left(v_\text{sp} - v_1 \right) \\ v_2' &= v_2 + \Delta v_2 \qquad \text{mit} \qquad \Delta v_2 = 2 \left(v_\text{sp} - v_2 \right) \end{aligned} \tag{8.28}$$

Unser Programm soll aber nicht nur zentrale Stöße darstellen, sondern auch beliebige schiefe Stöße, bei denen die Bewegung vor und nach dem Stoß nicht mehr nur entlang einer Achse erfolgt. Ein solcher **schräger Stoß** ist in Abb. 8.8 dargestellt. Wir wollen nun annehmen, dass die beiden Kugeln beliebig glatt sind, sodass beim Stoß keine der Kugeln in eine Eigenrotation versetzt wird. In diesem Fall kann man davon ausgehen, dass die Geschwindigkeitskomponenten $\vec{v}_{1,\text{t}}$ und $\vec{v}_{2,\text{t}}$ der Kugeln, die tangential zur Berührebene der Kugeln stehen, während des Stoßes nicht verändert werden. Die Geschwindigkeitskomponenten $\vec{v}_{1,\text{s}}$ und $\vec{v}_{2,\text{s}}$, die senkrecht zur Berührebene stehen, werden gemäß Gleichung (8.28) in die entsprechenden Geschwindigkeitskomponenten nach dem Stoß überführt.

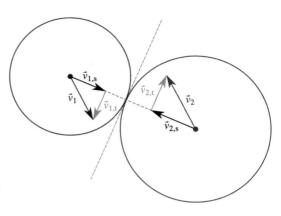

Abb. 8.8: Schräger Stoß zweier Kugeln. *Dargestellt sind zwei Kugeln im Moment des Zusammentreffens, die sich vor dem Stoß mit den Geschwindigkeiten $\vec{v}_1$ und $\vec{v}_2$ (rot bzw. blau) bewegen. Jede Geschwindigkeit kann in eine Tangentialkomponente $\vec{v}_{1,t}$ bzw. $\vec{v}_{2,t}$ (hellblau) und in eine senkrechte Komponente $\vec{v}_{1,s}$ bzw. $\vec{v}_{2,s}$ (schwarz) zerlegt werden.*

Damit ergibt sich ein Rezept, wie man einen beliebigen schrägen Stoß behandeln kann: Man definiert völlig analog zu Gleichung (8.27) den Vektor Schwerpunktsgeschwindigkeit über

$$\vec{v}_{\mathrm{sp}} = \frac{m_1 \vec{v}_1 + m_2 \vec{v}_2}{m_1 + m_2} \qquad (8.29)$$

und berücksichtigt in Gleichung (8.28) nur die Komponente der Geschwindigkeitsänderung, die in Richtung des Verbindungsvektors der beiden Kugelmittelpunkte zeigt. Dazu führen wir einen entsprechenden Richtungsvektor

$$\vec{e}_r = \frac{\vec{r}_1 - \vec{r}_2}{|\vec{r}_1 - \vec{r}_2|} \qquad (8.30)$$

ein, wobei $\vec{r}_1$ und $\vec{r}_2$ die Ortsvektoren der Kugelmittelpunkte bezeichnen. Anschließend berücksichtigen wir bei den Geschwindigkeitsänderungen nur die Komponenten in Richtung dieses Einheitsvektors, die sich jeweils über das Skalarprodukt mit dem Einheitsvektor bestimmen lassen:

$$\Delta v_1 = 2 \left(\vec{v}_{\mathrm{sp}} - \vec{v}_1 \right) \cdot \vec{e}_r \qquad ; \qquad \Delta v_2 = 2 \left(\vec{v}_{\mathrm{sp}} - \vec{v}_2 \right) \cdot \vec{e}_r \qquad (8.31)$$

Um die Geschwindigkeiten nach dem Stoß zu bestimmen, müssen wir die Geschwindigkeitsänderungen mit dem Richtungsvektor multiplizieren und zur jeweils ursprünglichen Geschwindigkeit addieren:

$$\vec{v}_1' = \vec{v}_1 + \Delta v_1 \vec{e}_r \qquad ; \qquad \vec{v}_2' = \vec{v}_2 + \Delta v_2 \vec{e}_r \qquad (8.32)$$

Die Gleichungen (8.29) bis (8.32) erfüllen also genau die Vorgabe: Geschwindigkeitskomponenten, die in Richtung von $\vec{e}_r$ zeigen, verhalten sich genauso, wie in der Gleichung (8.28) für den zentralen Stoß und die Geschwindigkeitskomponenten, die senkrecht zu $\vec{e}_r$ stehen, werden nicht verändert. Diese Gleichungen setzen wir in eine Python-Funktion um, die die Geschwindigkeiten nach dem Stoß zurückgibt. In dieser berechnen wir erst den Vektor der Schwerpunktsgeschwindigkeit.

```
57    def stoss_teilchen(m1, m2, r1, r2, v1, v2):
79        v_schwerpunkt = (m1 * v1 + m2 * v2) / (m1 + m2)
```

Anschließend definieren wir den Einheitsvektor in Richtung der Verbindungslinien

```
82    richtung = (r1 - r2) / np.linalg.norm(r1 - r2)
```

und setzen damit die Gleichung (8.31) bis (8.32) um.

```
85    v1_neu = v1 + 2 * (v_schwerpunkt - v1) @ richtung * richtung
86    v2_neu = v2 + 2 * (v_schwerpunkt - v2) @ richtung * richtung
87    return v1_neu, v2_neu
```

Bitte beachten Sie, dass das Skalarprodukt aus Gleichung (8.31) mit dem Operator @ ausgedrückt wird, während das Produkt des Skalars mit dem Einheitsvektor in Gleichung (8.32) durch den Operator * dargestellt wird.

Ablauf der Simulation

Bevor wir mit der Simulation beginnen, berechnen wir zur späteren Verifikation die kinetische Energie und den Impuls vor dem Stoß.

```
91    E_anfang = 1 / 2 * m1 * v1 @ v1 + 1 / 2 * m2 * v2 @ v2
92    p_anfang = m1 * v1 + m2 * v2
```

Anschließend legen wir Arrays an, in denen das Simulationsergebnis gespeichert wird. Wir verzichten an dieser Stelle darauf, die Geschwindigkeit zu jedem einzelnen Zeitpunkt zu speichern, da sich die Geschwindigkeiten ohnehin nur im Moment des Stoßes ändern.

```
95    t = np.arange(0, t_max, dt)
96    r1 = np.empty((t.size, r0_1.size))
97    r2 = np.empty((t.size, r0_2.size))
```

Wir kopieren den Anfangsort in die erste Zeile der Ergebnis-Arrays

```
100   r1[0] = r0_1
101   r2[0] = r0_2
```

und berechnen den Zeitpunkt der Kollision der beiden Kugeln mithilfe der vorher definierten Funktion.

```
104   t_kollision = koll_teilchen(r1[0], r2[0], v1, v2)
```

Nun starten wir die Schleife, die über alle anzuzeigenden Zeitpunkte iteriert. Da wir die Anfangsbedingungen schon in die erste Zeile der Ergebnis-Arrays kopiert haben, beginnen wir mit dem Index 1. Zu Beginn jedes Schleifendurchlaufs kopieren wir die Positionen aus dem vorherigen Zeitschritt, weil das die nachfolgenden Rechnungen etwas vereinfacht.

```
107   for i in range(1, t.size):
109       r1[i] = r1[i - 1]
110       r2[i] = r2[i - 1]
```

Als Nächstes überprüfen wir, ob innerhalb des aktuellen Zeitschritts die Kollision stattfindet. Das ist dann der Fall, wenn der Kollisionszeitpunkt zwischen t[i - 1] und t[i] liegt.

```
113      if t[i - 1] < t_kollision <= t[i]:
```

Wenn innerhalb dieses Zeitschritts eine Kollision stattfindet, bewegen wir die Teilchen bis zu diesem Kollisionszeitpunkt weiter,

```
115          r1[i] += v1 * (t_kollision - t[i - 1])
116          r2[i] += v2 * (t_kollision - t[i - 1])
```

berechnen mit der Funktion `stoss_teilchen` die neuen Geschwindigkeiten nach dem Stoß

```
119          v1, v2 = stoss_teilchen(m1, m2, r1[i], r2[i], v1, v2)
```

und bewegen anschließend beide Teilchen mit der neuen Geschwindigkeit bis zum Ende des Zeitschritts weiter.

```
122          r1[i] += v1 * (t[i] - t_kollision)
123          r2[i] += v2 * (t[i] - t_kollision)
```

Falls innerhalb des aktuellen Zeitschritts keine Kollision stattfindet, bewegen wir jedes Teilchen mit der aktuellen Geschwindigkeit für die Dauer des Zeitschritts vorwärts.

```
124      else:
126          r1[i] += v1 * dt
127          r2[i] += v2 * dt
```

Nach Beendigung der Schleife berechnen wir die kinetische Energie und den Impuls

```
130  E_ende = 1 / 2 * m1 * v1 @ v1 + 1 / 2 * m2 * v2 @ v2
131  p_ende = m1 * v1 + m2 * v2
```

und geben die Werte vor und nach dem Stoß in Form einer kleinen Tabelle aus.

```
134  print('                        vorher      nachher')
135  print(f'Energie [J]:         {E_anfang:8.5f}   {E_ende:8.5f}')
136  print(f'Impuls x [kg m / s]: {p_anfang[0]:8.5f}   {p_ende[0]:8.5f}')
137  print(f'Impuls y [kg m / s]: {p_anfang[1]:8.5f}   {p_ende[1]:8.5f}')
```

Es folgt die animierte Darstellung der beiden Kugeln, die hier nicht mit abgedruckt ist. Das Ergebnis ist nahezu identisch zum Ergebnis des Programms 8.6 bei Verwendung einer hohen Federkonstante (siehe Abb. 8.5). Weiterhin erkennt man, dass Energie und Impuls wie erwartet vor und nach dem Stoßprozess exakt gleich sind.

8.7 Stoß vieler harter Kugeln

Wir wollen nun unser Programm auf einen Stoß vieler harter Kugeln erweitern, die in einem vorgegebenen Volumen gefangen sind, und eine Situation simulieren, die an die Spiele Billard oder Air-Hockey erinnert. Dabei sollen die einzelnen Teilchen beliebige unterschiedliche Radien und Massen haben dürfen. Für den ersten Test werden wir allerdings nur wenige Teilchen betrachten, deren Massen und Radien identisch

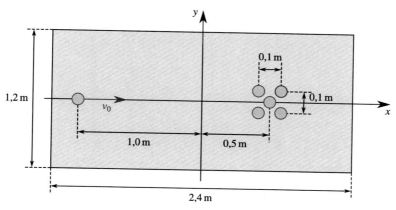

Abb. 8.9: Mehrteilchenstoß. *Dargestellt ist die Geometrie der Berandung und die Größe und Anfangspositionen der Kugeln für die Simulation eines Stoßprozesses mehrerer Kugeln. Die Maße des Feldes sowie die Masse und der Radius der Teilchen entsprechen näherungsweise den Größen beim Poolbillard.*

sind. Wir beginnen wie üblich mit dem Import der benötigten Module und legen die Simulationsdauer und die angezeigte Zeitschrittweite fest.

Programm 8.9: *Mehrteilchen/mehrteilchenstoss.py*

```
 9   t_max = 100
10   dt = 0.005
```

Als Nächstes müssen wir die Anfangsposition der Teilchen festlegen. Um die grafische Ausgabe einfach zu halten, beschränken wir uns auf zwei Raumdimensionen. Es sollen sich sechs identische Teilchen auf einem rechteckigen Feld, wie es in Abb. 8.9 dargestellt ist, bewegen können. Die Anfangspositionen der Teilchen speichern wir in einem 6×2-Array,

```
13   r0 = np.array([[-1.0, 0.0],  [0.5, 0.0],  [0.45, -0.05],
14                   [0.45, 0.05], [0.55, -0.05], [0.55, 0.05]])
```

und wir speichern die Anzahl der Teilchen und die Dimension des Raumes in zwei Variablen:

```
17   n_teilchen, n_dim = r0.shape
```

Die Anfangsgeschwindigkeiten setzen wir alle auf null. Nur das erste Teilchen soll sich mit einer Geschwindigkeit von 3 m/s nach rechts bewegen.

```
20   v0 = np.zeros((n_teilchen, n_dim))
21   v0[0] = np.array([3.0, 0.0])
```

Die Radien der einzelnen Teilchen legen wir auf 3 cm fest. Da wir mit dem gleichen Programm später auch unterschiedlich große Teilchen simulieren möchten, legen wir jetzt schon ein Array an, das den Radius für jede einzelne Kugel enthält.

```
24   radien = 0.03 * np.ones(n_teilchen)
```

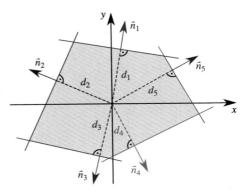

Abb. 8.10: Konvexes Polygon. *Die Teilchen in der Stoßsimulation sollen auf die Innenfläche eines konvexen Polygons (graue Fläche) beschränkt werden. Jede Wand wird durch einen nach außen gerichteten Normalenvektor $\vec{n}_i$ und den Abstand d_i vom Koordinatenursprung dargestellt.*

Analog verfahren wir mit den Massen, die wir auf 200 g festlegen.

```
27   m = 0.2 * np.ones(n_teilchen)
```

Auch wenn die Geometrie der Begrenzung in Abb. 8.9 sehr einfach ist, wollen wir unser Programm etwas allgemeiner gestalten, indem wir als Begrenzung beliebige konvexe Polyeder (bzw. Polygone im 2-dimensionalen Fall) zulassen. Dabei bedeutet konvex, dass die Begrenzung keine Einbuchtungen hat. Der Bewegungsraum der Teilchen wird also durch Ebenen (bzw. Geraden) eingeschränkt. Eine besonders elegante Darstellung von Ebenen ist durch die **hessesche Normalform** gegeben, bei der man für jede Ebene (bzw. Gerade) einen Normalenvektor und den Abstand vom Koordinatenursprung angibt. In Abb. 8.10 ist eine etwas aufwendigere Begrenzung dargestellt, die aus fünf Ebenen (Geraden) besteht. Es ist wichtig, darauf zu achten, dass die Normalenvektoren normiert sind und stets nach außen zeigen, wie sich später herausstellen wird. Für die Geometrie aus Abb. 8.9 legen wir die Abstände und Normalenvektoren wie folgt fest. Die ersten beiden Elemente legen die Begrenzungen bei $x = \pm 1{,}2$ m fest und die folgenden Elemente die Begrenzungen bei $y = \pm 0{,}6$ m.

```
31   wandabstaende = np.array([1.2, 1.2, 0.6, 0.6])
32   wandnormalen = np.array([[-1.0, 0], [1.0, 0], [0, -1.0], [0, 1.0]])
```

Weiterhin legen wir eine Toleranz fest, die relevant wird, wenn zwei Teilchen gleichzeitig kollidieren. Wir werden darauf später zurückkommen.

```
36   delta_t_min = 1e-9
```

Analog zum einfachen Stoß zweier Teilchen wollen wir für jeden Simulationszeitschritt der Dauer dt die Ortsvektoren der Teilchen speichern. Abweichend vom Stoß zweier Teilchen wollen wir hier aber auch die Geschwindigkeitsvektoren der einzelnen Teilchen speichern. Wir werden später sehen, dass man daraus interessante Schlussfolgerungen ziehen kann. Wir legen dazu entsprechende 3-dimensionale Arrays an. Die erste Dimension gibt die einzelnen Zeitschritte an, die zweite Dimension die einzelnen Teilchen, und die dritte Dimension ist die Koordinatenrichtung. Gleichzeitig speichern wir den Anfangszustand im ersten Zeitschritt.

```
39   t = np.arange(0, t_max, dt)
40   r = np.empty((t.size, n_teilchen, n_dim))
```

```
41   v = np.empty((t.size, n_teilchen, n_dim))
42   r[0] = r0
43   v[0] = v0
```

Zeitpunkt der Kollision zweier Teilchen

Ähnlich wie beim Programm 8.8 für den Stoß zweier Teilchen müssen wir nun eine Funktion definieren, die den nächsten Zeitpunkt einer Kollision zweier Teilchen berechnet (siehe Seite 201). Wir wollen also die Orts- und Geschwindigkeitsvektoren der Teilchen zu einem bestimmten Zeitpunkt übergeben und als Ergebnis erhalten, wie lange es bis zur nächsten Kollision dauert und welche der Teilchen beteiligt sind.

```
46   def koll_teilchen(r, v):
47       """Bestimme die nächste stattfindende Teilchenkollision.
48
49       Args:
50           r (np.ndarray):
51               Ortsvektoren der Teilchen (n_teilchen × n_dim).
52           v (np.ndarray):
53               Geschwindigkeitsvektoren (n_teilchen × n_dim).
54
55       Returns:
56           tuple[float, list[tuple[int, int]]]:
57               - Die Zeitdauer bis zur nächsten Kollision oder inf,
58                 falls keine Teilchen mehr kollidieren.
59               - Eine Liste der zugehörigen Kollisionspartner.
60                 Jeder Listeneintrag enthält zwei Teilchenindizes.
61       """
```

Im ersten Schritt möchten wir die Lösung der quadratischen Gleichung (8.23) mit a und b nach Gleichung (8.22) für alle denkbaren Teilchenpaarungen berechnen. Wir wollen also ein n_teilchen×n_teilchen Array t bestimmen, sodass t[i, j] angibt, nach welcher Zeitdauer Teilchen i mit Teilchen j kollidiert. Dazu berechnen wir die paarweisen Differenzen aller Orts- und Geschwindigkeitsvektoren. Um geschachtelte for-Schleifen zu vermeiden, blähen wir die n_teilchen×n_dim-Arrays für die Orts- und Geschwindigkeitsvektoren künstlich auf, indem wir mit reshape eine Dimension der Größe eins hinzufügen.[6] Wenn man von diesem Array das ursprüngliche Array abzieht, entsteht aufgrund des Broadcasting-Mechanismus ein n_teilchen×n_teilchen×n_dim-Array, das die paarweisen Differenzen enthält. Bitte machen Sie sich mithilfe der Broadcasting-Regeln nach Abschn. 3.12 klar, warum das funktioniert.

```
66       dr = r.reshape(n_teilchen, 1, n_dim) - r
67       dv = v.reshape(n_teilchen, 1, n_dim) - v
```

Als Nächstes erstellen wir ein Array dv_quadrat, dass die paarweisen Betragsquadrate der Geschwindigkeitsdifferenzen enthält, die in Gleichung (8.22) im Nenner auftauchen.

---

[6] Eine Alternative zu r.reshape(n_teilchen, 1, n_dim) besteht in einer Indizierung mit dem speziellen None-Objekt. Den reshape-Befehl kann man durch r[:, None, :] ersetzen.

```
71          dv_quadrat = np.sum(dv * dv, axis=2)
```

Für dieses Array gilt also `dv_quadrat[i, j]` $= (\vec{v}_i - \vec{v}_j)^2$. Als weitere Abkürzung definieren wir ein Array `radiensummen`:

```
75          radiensummen = radien + radien.reshape(n_teilchen, 1)
```

Für dieses Array gilt somit `radiensummen[i, j]` $= R_i + R_j$. Die verbleibenden Terme in Gleichung (8.22) drücken wir auf ähnliche Weise aus und berechnen damit a und b für alle denkbaren Teilchenpaarungen:

```
81          a = np.sum(dv * dr, axis=2) / dv_quadrat
82          b = (np.sum(dr * dr, axis=2) - radiensummen ** 2) / dv_quadrat
```

Daraus ergibt sich dann nach Gleichung (8.23) die gesuchte Lösung für die Zeitpunkte.

```
83          D = a**2 - b
84          t = -a - np.sqrt(D)
```

Als Ergebnis erhalten wir ein `n_teilchen`×`n_teilchen`-Array, Jeder Eintrag des Arrays gibt die Zeitdauer an, bis zwei Teilchen miteinander kollidieren, oder er enthält NaN, wenn die Teilchen nicht kollidieren.

Vielleicht ist Ihnen aufgefallen, dass man sich mehr als die Hälfte der Arbeit im Prinzip sparen könnte: Man kann darauf verzichten, die quadratische Gleichung auch für die Paarung eines Teilchens mit sich selbst zu lösen. Außerdem kann man sich die Berechnung der Paarung *j-i* sparen, wenn man die Paarung *i-j* schon berechnet hat. Alternativ müsste man die einzelnen Werte mithilfe zweier geschachtelter `for`-Schleifen berechnen. Das ist aber in den meisten Fällen deutlich langsamer, obwohl man sich eine Reihe Berechnungen spart.

Aus dem Array `t` wollen wir nun die kleinste positive Zeit heraussuchen. Dazu setzen wir alle Einträge, die kleiner oder gleich null sind, auf NaN und verwenden anschließend die Funktion `np.nanmin`, die das kleinste Element des Arrays zurückliefert, wobei NaN-Einträge übersprungen werden.

```
87          t[t <= 0] = np.nan
88          t_min = np.nanmin(t)
```

Nun suchen wir mit der Funktion `np.where` alle Indizes, bei denen eine Kollision zum Zeitpunkt `t_min` stattfindet. Um Rundungsfehler auszugleichen, wird dabei überprüft, ob der Betrag der Differenz kleiner als die Toleranz `delta_t_min` ist.

```
91          teilchen1, teilchen2 = np.where(np.abs(t - t_min) < delta_t_min)
```

Für die Handhabbarkeit der Funktion ist es später vorteilhaft, wenn anstelle von zwei getrennten Listen mit Teilchenindizes nur eine Liste zurückgegeben wird. Diese Liste soll dann jeweils die Paare von Teilchen enthalten, die zu dem entsprechenden Zeitpunkt kollidieren. Wir verwenden dazu die bereits bekannte Funktion `zip`, um solche Paare zu bilden, und wandeln das Ergebnis in eine Liste um.

```
94          partner = list(zip(teilchen1, teilchen2))
```

Da in dem Array t alle Kollisionen doppelt auftauchen, berücksichtigen wir nur die erste Hälfte der Indizes.

```
97    partner = partner[:len(partner) // 2]
```

Anschließend ersetzen wir im Ergebnis die Zeit NaN durch unendlich, da dies die Vergleiche im Hauptprogramm vereinfacht, und geben den Zeitpunkt sowie die Liste der zugehörigen Kollisionspartner zurück.

```
100    if np.isnan(t_min):
101        t_min = np.inf
104    return t_min, partner
```

Damit ist die Berechnung der Kollisionszeitpunkte für die Teilchen untereinander abgeschlossen. Die Funktion gibt für gegebene Positionen und Geschwindigkeiten den nächsten Zeitpunkt und eine Liste mit Paarungen von Kollisionspartnern zurück.

Geschwindigkeiten nach einer Teilchenkollision

Die Funktion stoss_teilchen zur Berechnung der Geschwindigkeiten nach einem Stoß zweier Teilchen übernehmen wir unverändert vom Programm 8.8.

Zeitpunkt einer Wandkollision

Neben den Teilchen-Teilchen-Kollisionen müssen wir auch noch die Kollision von Teilchen mit einer Wand berücksichtigen. Ähnlich wie bei der Teilchen-Teilchen-Kollision möchten wir eine Funktion definieren, die uns ausgehend von den aktuellen Teilchenpositionen r und -geschwindigkeiten v die Zeit bis zur nächsten Kollision und die beteiligten Partner zurückgibt. Die Daten für die Wände werden nicht übergeben, da sie sich im Programmverlauf nicht verändern.

```
107    def koll_wand(r, v):
108        """Bestimme die nächste stattfindende Wandkollision.
109
110        Args:
111            r (np.ndarray):
112                Ortsvektoren der Teilchen (n_teilchen × n_dim).
113            v (np.ndarray):
114                Geschwindigkeitsvektoren (n_teilchen × n_dim).
115
116        Returns:
117            tuple[float, list[tuple[int, int]]]:
118                - Die Zeitdauer bis zur nächsten Kollision oder inf,
119                  falls keine Kollisionen mehr stattfinden.
120                - Eine Liste der zugehörigen Kollisionspartner.
121                  Jeder Listeneintrag enthält den Teilchenindex und
122                  den entsprechenden Wandindex.
123        """
```

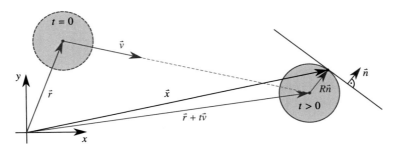

Abb. 8.11: Stoß einer Kugel mit einer Ebene. *Die blaue Kugel berührt die rote Ebene in dem Moment, wenn der Mittelpunkt einen senkrechten Abstand zur Ebene hat, der genau dem Radius der Kugel entspricht.*

Da wir die Wände in der hesseschen Normalform mit dem Normalenvektor $\vec{n}$ und dem Abstand d gegeben haben, gilt für jeden Punkt $\vec{x}$, der auf der Wand liegt, die Beziehung

$$\vec{n} \cdot \vec{x} = d \,. \tag{8.33}$$

Für ein bestimmtes Teilchen mit Radius R, das sich an einem Ort $\vec{r}$ mit der Geschwindigkeit $\vec{v}$ befindet, suchen wir also die Zeit t, zu dem das Teilchen die durch Gleichung (8.33) beschriebene Ebene gerade berührt. Aus Abb. 8.11 entnimmt man, dass das genau dann der Fall ist, wenn der Vektor

$$\vec{x} = \vec{r} + t\vec{v} + R\vec{n} \tag{8.34}$$

auf der Ebene liegt. Setzt man diesen Vektor $\vec{x}$ in die Ebenengleichung (8.33) ein, so erhält man mit $\vec{n} \cdot \vec{n} = 1$ die Gleichung

$$\vec{n} \cdot \vec{r} + t\vec{n} \cdot \vec{v} + R = d \,, \tag{8.35}$$

die man direkt nach t umstellen kann:

$$t = \frac{d - R - \vec{n} \cdot \vec{r}}{\vec{n} \cdot \vec{v}} \tag{8.36}$$

Diese Gleichung kann man nun direkt in Python umsetzen und in einem Schritt die Zeitpunkte aller denkbaren Teilchen-Wand-Kollisionen bestimmen, wobei wir der Übersichtlichkeit halber den Zähler z in dieser Gleichung zunächst getrennt berechnen.

```
127    z = wandabstaende - radien.reshape(-1, 1) - r @ wandnormalen.T
128    t = z / (v @ wandnormalen.T)
```

Bei komplizierten Ausdrücken mit Matrixmultiplikationen und mehrfacher Anwendung des Broadcastings ist es oft hilfreich, sich die Dimensionen der einzelnen Größen wie folgt grafisch zu veranschaulichen, wobei wir von vier Wänden ausgehen:

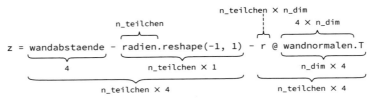

Die Variable z enthält also ein n_teilchen × 4-Array. Völlig analog ergibt sich für den Ausdruck v @ wandnormalen.T ebenfalls ein Array der gleichen Größe, sodass sich bei der Dimension ein entsprechend großes Array t ergibt. In diesem Array ist der Zeitpunkt für die Kollision jedes Teilchens mit jeder Wand gespeichert.

Von all diesen Zeitpunkten für Teilchen-Wand-Kollisionen ignorieren wir alle nicht positiven Zeiten, denn wir suchen ja nur nach zukünftigen Kollisionen.

```
131      t[t <= 0] = np.nan
```

Als Nächstes ignorieren wir alle gefundenen Zeitpunkte, bei denen sich das Teilchen mit einer Geschwindigkeit bewegt, die dem Normalenvektor der Wand entgegengerichtet ist, bei denen ein Teilchen also quasi von außen durch die Wand hineinfliegt. Eigentlich dürfte so etwas gar nicht vorkommen, aber aufgrund von Rundungsfehlern kann es passieren, dass ein Teilchen sich leicht außerhalb einer Wand befindet.

```
138      t[(v @ wandnormalen.T) < 0] = np.nan
```

Danach suchen wir den kleinsten Zeitpunkt, der nicht NaN ist.

```
141      t_min = np.nanmin(t)
```

Falls es keinen solchen Zeitpunkt mehr gibt, setzen wir die Zeit auf unendlich, um weitere Fallunterscheidungen zu vermeiden.

```
144      if np.isnan(t_min):
145          t_min = np.inf
```

Als Letztes suchen wir aus dem Array der Zeitpunkte mit der Funktion np.where alle Paare von Indizes heraus, die Paarungen von Teilchen mit Wänden angeben, bei denen es bis innerhalb der angegebenen Toleranz um den Zeitpunkt t_min zu einer Kollision kommt. Anschließend erzeugen wir daraus ähnlich wie bei der Funktion für die Teilchen-Teilchen-Kollision eine Liste von Tupeln und geben diese zusammen mit dem berechneten Zeitpunkt zurück.

```
148      teilchen, wand = np.where(np.abs(t - t_min) < delta_t_min)
149      partner = list(zip(teilchen, wand))
152      return t_min, partner
```

Geschwindigkeiten nach einer Wandkollision

Um die Geschwindigkeit nach einer Kollision eines Teilchens mit einer Wand zu berechnen, gehen wir davon aus, dass keine Reibungskräfte auftreten, die das Teilchen in Rotation versetzen können. In diesem Fall bleibt der Anteil der Teilchengeschwindigkeit, der parallel zur Wand gerichtet ist, erhalten, und der Geschwindigkeitsanteil senkrecht zur Wand ändert sein Vorzeichen. Den senkrechten Geschwindigkeitsanteil kann man mit dem Normalenvektor $\vec{n}$ der Wand wie folgt bestimmen:

$$\vec{v}_\perp = (\vec{v} \cdot \vec{n})\vec{n} \tag{8.37}$$

Um die Richtung dieses Anteils umzukehren, ziehen wir das Doppelte dieses Vektors von der ursprünglichen Geschwindigkeit ab und erhalten für die Geschwindigkeit nach dem Stoß:

$$\vec{v}' = \vec{v} - 2\vec{v}_\perp = \vec{v} - 2(\vec{v} \cdot \vec{n})\vec{n} \qquad (8.38)$$

Diese Gleichung kann man direkt in einer Python-Funktion implementieren:

```
188  def stoss_wand(v, wandnormale):
200      return v - 2 * v @ wandnormale * wandnormale
```

Simulationsschleife

Nachdem wir die Funktionen für die Erkennung der möglichen Kollisionen und die Geschwindigkeiten nach den Stößen erstellt haben, können wir mit der eigentlichen Simulation beginnen. Wir berechnen zunächst die Zeitdauern bis zur ersten Kollision.

```
205  dt_teil, stosspartner_teilchen = koll_teilchen(r[0], v[0])
206  dt_wand, stosspartner_wand = koll_wand(r[0], v[0])
207  dt_koll = min(dt_teil, dt_wand)
```

Anschließend starten wir eine for-Schleife, die über alle zu berechnenden Zeitpunkte iteriert, wobei wir als Erstes die Orts- und Geschwindigkeitsvektoren aus dem vorherigen Zeitschritt kopieren.

```
210  for i in range(1, t.size):
212      r[i] = r[i - 1]
213      v[i] = v[i - 1]
```

Innerhalb jedes Zeitschrittes können im Prinzip beliebig viele Kollisionen stattfinden. Wir definieren daher eine Hilfsvariable t1, in der wir speichern, wie viel der gesamten Zeitschrittdauer dt bereits abgearbeitet wurde.

```
216      t1 = 0
```

Anschließend starten wir eine neue while-Schleife, die so lange ausgeführt wird, wie innerhalb des Zeitschritts dt noch weitere Kollisionen stattfinden.

```
219      while t1 + dt_koll <= dt:
```

Zu Beginn jedes Schleifendurchlaufs werden alle Teilchen bis zum nächsten Kollisionszeitpunkt vorwärts bewegt.

```
221          r[i] += v[i] * dt_koll
```

Nun überprüfen wir, ob als Nächstes eine Teilchen-Teilchen-Kollision stattfindet, und führen nacheinander alle Kollisionen durch, die zu diesem Zeitpunkt stattfinden. Dazu berechnen wir die jeweils neue Geschwindigkeit mit der zuvor definierten Funktion.

```
224          if dt_teil <= dt_wand:
225              for teilch1, teilch2 in stosspartner_teilchen:
226                  v_neu = stoss_teilchen(m[teilch1], m[teilch2],
227                                          r[i, teilch1], r[i, teilch2],
228                                          v[i, teilch1], v[i, teilch2])
```

```
229          v[i, teilch1], v[i, teilch2] = v_neu
```

Analog verfahren wir für die Teilchen-Wand-Kollisionen:

```
232          if dt_wand <= dt_teil:
233              for teilchen, wand in stosspartner_wand:
234                  v[i, teilchen] = stoss_wand(v[i, teilchen],
235                                   wandnormalen[wand])
```

Nachdem die Kollisionen durchgeführt worden sind, müssen wir uns merken, dass in diesem Zeitschritt eine Zeitdauer `dt_koll` abgearbeitet wurde.

```
239          t1 += dt_koll
```

Anschließend müssen die Zeitpunkte für die weiteren Kollisionen neu bestimmt werden, da sich die Geschwindigkeiten der Teilchen geändert haben.

```
243          dt_teil, stosspartner_teilchen = koll_teilchen(r[i], v[i])
244          dt_wand, stosspartner_wand = koll_wand(r[i], v[i])
245          dt_koll = min(dt_teil, dt_wand)
```

Damit ist die `while`-Schleife abgeschlossen, und wir können zum nächsten Zeitschritt gehen. Dazu bewegen wir alle Teilchen um die verbleibende Zeit vorwärts. Eine Neuberechnung der Kollisionszeitpunkte und -partner ist nicht notwendig. Wir müssen lediglich die verbleibende Zeitdauer bis zur nächsten Kollision anpassen.

```
251          r[i] += v[i] * (dt - t1)
252          dt_koll -= dt - t1
```

Später werden wir diesen Programmteil auch für eine sehr viel größere Teilchenanzahl verwenden. Da die Simulation abhängig von der Leistungsfähigkeit Ihres Rechners dann einige Zeit in Anspruch nehmen kann, geben wir am Ende jedes Durchlaufs der `for`-Schleife über die Zeitpunkte eine Meldung zum Fortschritt der Berechnung aus.

```
255          print(f'Zeitschritt {i + 1} von {t.size}')
```

Die grafische Ausgabe besteht wieder nur aus Standardelementen, die bereits ausführlich diskutiert worden sind. In Abb. 8.12 ist die Position der Teilchen vor und kurz nach dem Stoß dargestellt. Es ist eine interessante Bemerkung, dass die Verteilung der Teilchen in Abb. 8.12 nicht spiegelsymmetrisch bezüglich der x-Achse ist, obwohl die Anfangskonfiguration völlig symmetrisch ist. Wenn Sie das Programm laufen lassen und die Animation eventuell verlangsamt betrachten, indem Sie die Zeitschrittweite `dt` verkleinern, werden Sie feststellen, dass die Asymmetrie bereits beim ersten Stoß eingeführt wird, bei dem die von links kommende Kugel gleichzeitig zwei Partner berührt.

Um genauer zu verstehen, was in dem Programm passiert, ist es hilfreich, einen **Debugger** zu benutzen. Ein Debugger ist eine Software, die dabei hilft, Fehler in einem Programm aufzuspüren. Dazu können sogenannte **Haltepunkte** (engl. breakpoints) definiert werden, an denen die Programmausführung angehalten wird, sodass man beispielsweise die Werte von Variablen ansehen kann. Ein solcher Debugger ist im Programm Spyder (siehe Abschn. 2.15) bereits enthalten. Starten Sie bitte das Programm

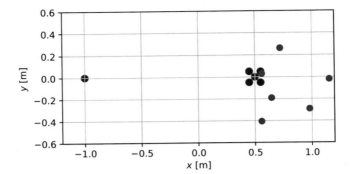

Abb. 8.12: Stoß mehrerer Kugeln. *Eine von links kommende Kugel trifft auf eine Anordnung von fünf ruhenden Kugeln. Die roten Kreise stellen die Anfangspositionen der sechs Teilchen dar. Die blauen Kreise repräsentieren die Positionen der Teilchen zum Zeitpunkt t = 1,00 s nach dem Stoß.*

Spyder[7] und öffnen Sie die Datei mit dem Programm 8.9. Am Bildschirmrand erkennen Sie die fortlaufenden Zeilennummern. Wenn Sie neben einer Zeilennummer mit der Maus klicken, legen Sie einen Haltepunkt fest, der als roter Punkt dargestellt ist. Erstellen Sie bitte einen Haltepunkt in der Zeile 207, in der die Variable dt_koll definiert wird. Sie können das Programm nun über den Menüpunkt »Debuggen« im Menü »Debuggen« starten. Das Programm wird daraufhin ausgeführt und hält in der Zeile mit dem Haltepunkt an. Auf der rechten Seite können Sie sich im »Variablenmanager« die Werte der definierten Variablen ansehen (und auch verändern). Wenn Sie sich den Wert der Variablen dt_teil ansehen, dann erfahren Sie, dass die erste Kollision nach 0,472 s stattfindet. Schauen Sie sich nun den Wert der Variablen stosspartner_teilchen an. Diese enthält die Werte [(0, 2), (0, 3)]. Es finden also zwei Kollisionen zu diesem Zeitpunkt statt: die Kollision von Teilchen 0 mit Teilchen 2 und die Kollision von Teilchen 0 mit Teilchen 3. Sie können nun mit dem Menüpunkt »Schritt« im Menü »Debug« das Programm weiter schrittweise ausführen lassen. Leider ist eine ganze Reihe Simulationsschritte auszuführen, bis es zur Kollision kommt. Setzen Sie daher einen zweiten Haltepunkt in der Zeile 225 mit der for-Schleife mit den Laufvariablen teilch1 und teilch2. Fahren Sie anschließend mit dem Menüpunkt »Fortsetzen« im Menü »Debug« mit der Programmausführung weiter fort. Wenn das Programm am Haltepunkt anhält, gehen Sie mit »Schritt« weiter schrittweise durch das Programm und beobachten dabei die Variablen teilch1 und teilch2. Es wird zunächst die Kollision der Teilchen 0 und 2 durchgeführt. Dabei verändert sich selbstverständlich die Geschwindigkeit des Teilchens 0. Mit dieser neuen Geschwindigkeit wird jetzt die Kollision zwischen den Teilchen 0 und 3 durchgeführt. Das ist die Ursache dafür, dass die Teilchen 0, 2 und 3 sich nach dieser Kollision nicht mehr symmetrisch zur *x*-Achse bewegen.

---

[7] Die Verwendung des Debuggers funktioniert in den meisten Entwicklungsumgebungen ähnlich. Falls Sie anstelle von Spyder eine andere Entwicklungsumgebung wie beispielsweise Visual Studio Code oder PyCharm verwenden, informieren Sie sich bitte im Handbuch zu Ihrer Entwicklungsumgebung über die Benutzung des Debuggers und folgen Sie den beschriebenen Schritten sinngemäß.

Es bleibt die Frage, ob das oben analysierte Verhalten physikalisch korrekt ist. Dazu nehmen wir an, wir würden genau die im Programm dargestellte Situation in einem Experiment nachstellen. Das kann man beispielsweise auf einem Luftkissentisch machen, wie er für das Spiel Air-Hockey verwendet wird. Wenn Sie dieses Experiment durchführen, wird es nie zu einem Stoß kommen, bei dem wirklich drei Körper gleichzeitig beteiligt sind. Aufgrund der endlichen Genauigkeit, mit der man die Körper positioniert, trifft die stoßende Kugel entweder leicht oberhalb oder leicht unterhalb der *x*-Achse auf die anderen beiden, und das führt zwangsläufig dazu, dass einer der beiden Stöße zuerst stattfindet. Insofern bildet unser Programm also die Realität im Rahmen der Modellannahmen korrekt ab.

8.8 Modell eines Gases

Wir können unser Stoßprogramm dazu verwenden, das Verhalten von Gasen zu verstehen. Ein einfaches Modell eines Gases besteht aus harten Kugeln, die sich reibungsfrei in einem vorgegebenen Volumen bewegen können. Wir wollen mit einem Programm untersuchen, wie sich im Laufe der Zeit die Geschwindigkeitsverteilung dieser Teilchen entwickelt. Dazu soll ein Histogramm dieser Geschwindigkeitsverteilung animiert dargestellt werden. Da das zugehörige Programm in weiten Teilen identisch mit dem Programm 8.9 ist, diskutieren wir hier nur einzelne Ausschnitte. Wir bleiben bei einem 2-dimensionalen Modell und simulieren nun 200 identische Teilchen.

Programm 8.10: `Mehrteilchen/gas_maxwell.py`

```
9   n_teilchen = 200
```

Diese Teilchen sollen sich in einem quadratischen Kasten der Kantenlänge 4 m befinden.

```
17  wandabstaende = np.array([2.0, 2.0, 2.0, 2.0])
18  wandnormalen = np.array([[0, -1.0], [0, 1.0], [-1.0, 0], [1.0, 0]])
```

Die Teilchen positionieren wir zufällig, wobei wir in einem Abstand von 10 cm zu den Wänden keine Teilchen platzieren. Es kann damit prinzipiell vorkommen, dass die Anfangspositionen der Teilchen so gewählt werden, dass die Teilchen sich überlappen, was aber für den weiteren Ablauf des Programms kein ernsthaftes Problem darstellt.

```
25  r0 = 1.9 * (2 * np.random.rand(n_teilchen, n_dim) - 1)
```

Die Geschwindigkeiten wählen wir so, dass die Richtung zufällig ist und jedes Teilchen einen Geschwindigkeitsbetrag von 1 m/s hat.

```
28  v0 = -0.5 + np.random.rand(n_teilchen, n_dim)
29  v0 /= np.linalg.norm(v0, axis=1).reshape(-1, 1)
```

Die Radien und Massen der Teilchen wählen wir für alle Teilchen gleich.

```
32  radien = 0.05 * np.ones(n_teilchen)
35  m = np.ones(n_teilchen)
```

Für das Histogramm der Geschwindigkeitsverteilung definieren wir Variablen für die Skalierung und die Anzahl der Balken: Wir wollen den Geschwindigkeitsbereich von

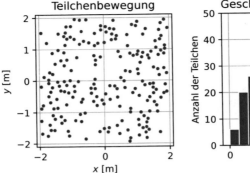
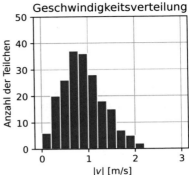

Abb. 8.13: Geschwindigkeitsverteilung im Teilchenmodell eines Gases. *Zu Beginn der Simulation haben alle Teilchen eine Geschwindigkeit von 1 m/s. Durch die Stöße bildet sich schon nach kurzer Zeit die rechts dargestellte Verteilungsfunktion aus, bei der sowohl sehr kleine als auch sehr große Geschwindigkeiten nur selten vorkommen.*

null bis `v_max` in `n_bins` Gruppen einteilen und die y-Achse soll den Bereich von null bis `n_max` Teilchen abdecken.

```
40   v_max = 3.0
41   n_max = 50
42   n_bins = 15
```

Den eigentlichen Berechnungsteil können wir unverändert vom Programm 8.9 übernehmen.

Um das Histogramm für die Geschwindigkeitsverteilung zu animieren, definieren wir neben dem Axes-Objekt `ax_teilchen` für die Darstellung der Teilchenbewegung eine zweite Axes `ax_hist` für die Darstellung des Histogramms. Da wir das Histogramm animieren wollen, erzeugen wir mit der Methode `hist` dieser Axes ein zunächst leeres Histogramm, bei dem wir aber bereits die Anzahl der Gruppen und den Wertebereich des Histogramms festlegen. Diese Methode gibt drei Objekte zurück (siehe Abschn. 4.3). Die ersten beiden Rückgabewerte dieser Methode sind die Histogrammwerte und die Grenzen der Gruppen. Diese Werte sind für das leere Histogramm irrelevant. Der dritte und letzte Rückgabewert ist ein spezielles Objekt, das eine Sammlung der einzelnen Rechtecke darstellt, über die iteriert werden kann. Diese Sammlung der Grafikobjekte weisen wir der Variablen `plot_bars` zu.

```
297   plot_bars = ax_hist.hist([], bins=n_bins, range=[0, v_max],
298                             edgecolor='white')[-1]
```

Innerhalb der `update`-Funktion der Animation müssen wir die Positionen der einzelnen Teilchen aktualisieren, was wir an dieser Stelle überspringen. Danach aktualisieren wir das Histogramm. Dazu erzeugen wir neue Histogrammdaten mit der Funktion `np.histogram`

```
301   def update(n):
309       hist_werte, kanten = np.histogram(np.linalg.norm(v[n], axis=1),
310                             bins=n_bins, range=[0, v_max])
```

und passen die Höhe der Histogrammbalken an:

```
313    for bar, wert in zip(plot_bars, hist_werte):
314        bar.set_height(wert)
```

Ein typisches Ergebnis dieses Programms ist in Abb. 8.13 dargestellt. Obwohl wir mit relativ wenigen Teilchen simulieren, entspricht das Ergebnis im Wesentlichen der maxwellschen Geschwindigkeitsverteilung, die sich im Grenzfall unendlich vieler Teilchen ergibt (siehe Kap. 5 in [3]).[8] Obwohl anfangs alle Teilchen eine Geschwindigkeit von 1 m/s hatten, erkennt man in der Simulation, dass es stets einige wenige Teilchen gibt, die eine wesentlich höhere Geschwindigkeit besitzen.

8.9 Gleichverteilungssatz der statistischen Physik

Im vorherigen Abschnitt haben wir ein Gas modelliert, indem wir angenommen haben, dass sich viele identische Teilchen frei in einem vorgegebenen Volumen bewegen können und durch Stöße Energie und Impuls untereinander austauschen. Als Ergebnis haben wir eine charakteristische Form der Geschwindigkeitsverteilung erhalten. Wir wollen im Folgenden untersuchen, wie sich die Situation ändert, wenn wir unterschiedliche Teilchensorten betrachten. Dazu ändern wir das Programm 8.10 ab, indem für die Teilchen zufällige Radien zwischen 0,01 m und 0,05 m und zufällige Massen zwischen 0,01 kg und 1,0 kg gewählt werden.

Programm 8.11: *Mehrteilchen/gas_gleichverteilung.py*

```
33    radien = 0.01 + 0.04 * np.random.rand(n_teilchen)
36    m = 0.01 + 0.99 * np.random.rand(n_teilchen)
```

Damit wir die Teilchen in der grafischen Darstellung besser unterscheiden können, ordnen wir jeder Teilchenmasse eine Farbe zu, indem wir einen geeigneten Mapper erzeugen. Bei der Erstellung der Kreise wählen wir dann jeweils die der Masse entsprechende Farbe aus. Das funktioniert prinzipiell genauso wie bei der Darstellung der Stabkräfte bei den Stabwerken in Abschn. 6.4.

Anstelle der Geschwindigkeitsverteilung plotten wir nun die kinetische Energie als Funktion der Teilchenmassen. Dazu berechnen wir nach der eigentlichen Simulation die kinetische Energie für alle betrachteten Zeitpunkte. Die Zeilen des Arrays E_kin stellen die Zeitpunkte dar und die Spalten die einzelnen Teilchen.

```
266   E_kin = 1 / 2 * m * np.sum(v ** 2, axis=2)
```

Nachdem wir mit den üblichen Befehlen das entsprechende Axes-Objekt erzeugt haben, plotten wir die kinetische Energie zum Zeitpunkt $t = 0$.

```
306   plot_energie, = ax_energie.plot([], [], 'o')
```

Für die Interpretation des Diagramms ist es hilfreich, eine Ausgleichsgerade durch diese Punkte zu legen. Wir legen hier zunächst nur den zugehörigen Linienplot an, da die

---

[8] Für ein 3-dimensionales Gas ist die Maxwell-Verteilung durch $P(v) = cv^2 \exp\left(-\frac{mv^2}{2k_B T}\right)$ gegeben, wobei T die absolute Temperatur, k_B die Boltzmann-Konstante und c eine Normierungskonstante ist. Im 2-dimensionalen Fall muss man den Vorfaktor cv^2 durch cv ersetzen.

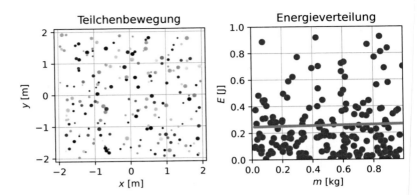

Abb. 8.14: Energieverteilung in einem Gas mit unterschiedlichen Teilchensorten. *Während zu Beginn der Simulation die massereichen Teilchen aufgrund der gewählten Anfangsbedingungen eine höhere kinetische Energie haben, kommt es durch die Stöße zwischen den Teilchen zu einer Gleichverteilung der Energie. Das führt dazu, dass sich die leichteren Teilchen (blau) im Mittel schneller bewegen als die massereichen Teilchen (rot).*

eigentliche Berechnung der Ausgleichsgeraden in der `update`-Funktion der Animation stattfindet.

```
309    plot_gerade, = ax_energie.plot([], [], '-', linewidth=3)
```

In der `update`-Funktion für die Animation werden die Teilchenpositionen aktualisiert und die Energieverteilung neu dargestellt, was wir an dieser Stelle überspringen. Anschließend muss die Ausgleichsgerade neu berechnet werden. Im Prinzip könnte man dazu genauso wie in Abschn. 4.5 vorgehen. Bei einer einfachen Ausgleichsgerade ist es jedoch einfacher, stattdessen ein Polynom ersten Grades anzufitten. Dazu gibt es eine fertige Funktion in NumPy:

```
323        steigung, yabschnitt = np.polyfit(m, E_kin[n], 1)
324        plot_gerade.set_data(m, yabschnitt + steigung * m)
```

Setzen Sie in dem Programm bitte zunächst einmal die Simulationsdauer auf einen sehr kleinen Wert von `t_max = 0.01`, sodass nur ein Zeitschritt dargestellt wird. Sie erkennen dann die unterschiedlichen bunten Kreise für die Teilchen. In der Auftragung der kinetischen Energie wird eine Gerade mit einer Steigung von 0,5 J/kg dargestellt. Das liegt daran, dass am Anfang alle Teilchen die Geschwindigkeit 1 m/s haben. Setzen Sie nun die Simulationsdauer wieder auf `t_max = 10` und starten Sie das Programm erneut. Sie erhalten eine Animation, die ungefähr aussehen sollte, wie in Abb. 8.14 dargestellt. In der Animation erkennt man deutlich, wie die anfängliche Energieverteilung, bei der die massereichen Teilchen viel Energie besitzen, zu einer Gleichverteilung übergeht. Dieses Verhalten spiegelt den Gleichverteilungssatz der statistischen Physik wider. Dieser sagt aus, dass im thermischen Gleichgewicht jeder Freiheitsgrad eines Systems die gleiche mittlere Energie besitzt. Die Masse oder sonstige Eigenschaften der Teilchen spielen dabei keine Rolle. Die leichten Teilchen haben somit im Mittel eine höhere Geschwindigkeit im Vergleich zu den schweren Teilchen.

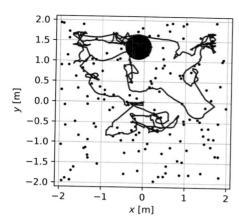

Abb. 8.15: Brownsche Molekularbewegung. *Die Abbildung zeigt die Bewegung eines großen massereichen Teilchens (rot) durch die Stöße von kleineren Teilchen (blau). Die rote Kurve zeigt die Trajektorie des schweren Teilchens.*

8.10 Brownsche Bewegung

Im Jahr 1827 beobachtete der Botaniker Robert Brown unter dem Mikroskop, dass sich kleine Pollenkörner, die im Wasser schweben, unregelmäßig und teilweise ruckartig bewegen. Albert Einstein und Marian Smoluchowski lieferten in den Jahren 1905 und 1906 die Erklärung für diesen Effekt, der dadurch hervorgerufen wird, dass die Pollenkörner unregelmäßig von den Molekülen des Wassers angestoßen werden.

Durch geringfügige Modifikationen können wir diese Art der Bewegung mit unserer Gassimulation behandeln. Dazu erzeugen wir ein großes, massereiches Teilchen, das ein Pollenkorn darstellt. Dieses Teilchen befindet sich zu Beginn der Simulation ohne Anfangsgeschwindigkeit im Koordinatenursprung. Die restlichen, kleineren Teilchen stellen die Gasteilchen dar. Wir positionieren diese so, dass sie sich auf einem Ring mit einem Innenradius von 0,5 m und einem Außenradius von 1,9 m befinden und wir später das Pollenkörnchen in die Mitte setzen können. Dies gelingt am einfachsten, indem man den Abstand ρ vom Koordinatenursprung und den Winkel φ mit Zufallszahlen auswürfelt. Die Koordinaten der Teilchen erhält man dann über $x = \rho \cos(\varphi)$ und $y = \rho \sin(\varphi)$.

Programm 8.12: `Mehrteilchen/gas_brownsche_bewegung.py`

```
26   rho = 0.5 + 1.4 * np.random.rand(n_teilchen)
27   phi = 2 * np.pi * np.random.rand(n_teilchen)
28   r0 = (rho * np.array([np.cos(phi), np.sin(phi)])).T
```

Für die Geschwindigkeitskomponenten wählen wir zufällige Werte im Bereich ± 1 m/s, die Masse setzen wir für alle Teilchen auf 0,1 kg, und alle Teilchen erhalten einen Radius von 2 cm.

```
32   v0 = 2 * (-0.5 + np.random.rand(n_teilchen, n_dim))
35   radien = 0.02 * np.ones(n_teilchen)
38   m = 0.1 * np.ones(n_teilchen)
```

Nachdem alle Parameter der Gasteilchen festgelegt worden sind, überschreiben wir die Werte für das Teilchen mit dem Index null. Dieses Teilchen soll das Pollenkörnchen repräsentieren, das wesentlich schwerer und größer als die Gasteilchen ist.

```
41  r0[0] = 0
42  v0[0] = 0
43  radien[0] = 0.3
44  m[0] = 1.0
```

In der Animation stellen wir neben der Position aller Teilchen auch die Trajektorie des Schwerpunktes des großen Teilchens dar. Abb. 8.15 zeigt die typische unregelmäßige und ruckartige Bewegung des Teilchens.

Zusammenfassung

Bewegungsgleichungen: Wir haben gesehen, dass sich ein mechanisches Problem, bei dem N Teilchen durch Kräfte aufeinander einwirken, durch ein System von Differentialgleichungen der Form

$$m_i \ddot{\vec{r}}_i = \vec{F}_1(\vec{r}_1, \ldots, \vec{r}_N, \dot{\vec{r}}_1, \ldots \dot{\vec{r}}_N, t) \qquad \text{für} \qquad i = 1 \ldots N \qquad (8.39)$$

beschreiben lässt.

Zustandsvektoren: Ganz analog zu den Problemen mit nur einem bewegten Teilchen können wir auch ein solches Differentialgleichungssystem in ein System erster Ordnung der Form

$$\dot{\vec{u}} = \vec{f}(\vec{u}, t) \qquad (8.40)$$

überführen, indem wir den Zustandsvektor

$$\vec{u} = (\vec{r}_1, \ldots \vec{r}_N, \dot{\vec{r}}_1, \ldots \dot{\vec{r}}_N) \qquad (8.41)$$

einführen. Damit können wir die Differentialgleichungssysteme für viele Teilchen mit denselben Lösungsroutinen behandeln wie die Ein-Teilchen-Systeme.

Erhaltungsgrößen: In abgeschlossenen Systemen sind der Impuls und der Drehimpuls erhalten. Wenn wir darüber hinaus nur konservative Kräfte betrachten, ist auch die Summe aus potenzieller und kinetischer Energie erhalten. Wir haben diese Erhaltungsgrößen dazu benutzt, um die Simulation der Bewegung von Himmelskörpern zu verifizieren.

Stoßprozesse: Bei dem Versuch, den Stoß von zwei harten Kugeln mithilfe des Differentialgleichungsansatzes zu beschreiben, sind wir auf das Problem gestoßen, dass man für diesen Ansatz den Kugeln immer eine endliche Härte geben muss, die wir über eine Art Federkonstante beschrieben haben. Bei einer zu großen Federkonstante haben wir gesehen, dass die numerischen Fehler des Differentialgleichungslösers groß wurden, bei einer zu kleinen Federkonstante haben sich die Kugeln stark durchdrungen. Ein möglicher Ausweg besteht darin, den eigentlichen Stoß analytisch zu beschreiben. Die Simulation besteht dann aus dem hintereinander Ausführen von Stößen und geradlinig-gleichförmigen Bewegungsvorgängen.

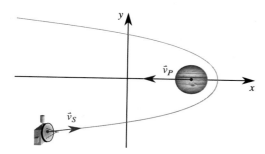

Abb. 8.16: Swing-by-Manöver. *Auf der skizzierten Bahn kann die Raumsonde ihre Geschwindigkeit ohne zusätzlichen Treibstoffverbrauch erhöhen (siehe Aufgabe 8.1).*

Modell eines Gases: Eine Anwendung für unser Stoßmodell besteht darin, dass man das Verhalten eines Gases über die Bewegung von vielen Teilchen beschreiben kann. Wir haben gesehen, dass ein solches Modell die Geschwindigkeits- und Energieverteilung in einem Gas- oder einem Gasgemisch korrekt beschreibt. Weiterhin konnten wir zeigen, dass das Modell auch die brownsche Molekularbewegung qualitativ richtig wiedergibt.

Aufgaben

Aufgabe 8.1: Das Swing-by-Manöver ist eine Methode der Raumfahrt, bei der ein Raumfahrzeug durch geeignetes Umfliegen eines Planeten beschleunigt oder abgebremst wird. Der Übersichtlichkeit halber beschränken wir uns auf ein Zweikörperproblem in der Ebene. Ein Planet (Jupiter) fliegt mit einer Geschwindigkeit von $v_P = 13\,\text{km/s}$ in die negative x-Richtung. Leicht schräg, aus der negativen x-Richtung, nähert sich eine Raumsonde mit einer Geschwindigkeit von $v_S = 9\,\text{km/s}$. Modifizieren Sie das Programm 8.2 für das Doppelsternsystem entsprechend. Wählen Sie die Anfangsposition und Flugrichtung der Raumsonde so, dass die Flugbahn ähnlich aussieht wie in Abb. 8.16. Wie groß ist die maximale Endgeschwindigkeit, die die Raumsonde unter optimalen Bedingungen erreichen kann?

Aufgabe 8.2: Bestimmen Sie mithilfe der Simulationsdaten des Programms 8.4 die nächsten Zeitpunkte, zu denen der Komet »9P/Tempel 1« der Erde bzw. der Sonne am nächsten ist. Erstellen Sie dazu eine Auftragung des Abstandes zwischen Erde und Komet bzw. zwischen Sonne und Komet als Funktion der Zeit.

Aufgabe 8.3: Lesen Sie aus der Horizons-Datenbank [1] die Positionen der im Programm 8.4 betrachteten Himmelskörper zum 01.01.2042, also nach 20 Jahren Simulationszeit ab. Vergleichen Sie die Positionen aus dieser Datenbank mit der Berechnung des Programms 8.4, indem Sie beide Positionen grafisch darstellen.

Aufgabe 8.4: Für drei identische Massen, die sich wechselseitig aufgrund der Gravitation anziehen, gibt es eine Lösung der Bewegungsgleichungen, bei der die Massen in Form eines gleichseitigen Dreiecks angeordnet sind und sich auf einer gemeinsamen Kreisbahn bewegen. Bestimmen Sie mithilfe einer analytischen Rechnung, welche Anfangsgeschwindigkeit die Massen bei einem gegebenen Anfangsabstand dafür haben müssen. Modifizieren Sie danach das Programm 8.3

Abb. 8.17: Achtförmige Bahnkurve. *Bei geeignet gewählten Anfangsbedingungen können sich drei identische Massen auf einer achtförmigen Kurve bewegen (siehe Aufgabe 8.5). Bei vorgegebener Masse m und dem Abstand d sind solche Anfangsbedingungen durch die Geschwindigkeit* $v = 1{,}27\sqrt{Gm/d}$ *und einen Winkel von* $\alpha = 56{,}9°$ *gegeben* [6].

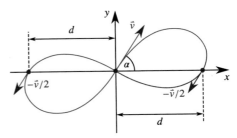

so, dass eine solche Bewegung von drei Körpern animiert dargestellt wird. Beschränken Sie sich dabei auf ein 2-dimensionales Problem. Beobachten Sie die Bewegung über einen längeren Zeitraum. Sie werden feststellen, dass die Lösung nicht stabil ist. Kleine Störungen schaukeln sich im Laufe der Zeit auf, sodass das System in einen Doppelstern und einen einzelnen Stern zerfällt.

Aufgabe 8.5: Eine erstaunliche Lösung der Bewegungsgleichungen für drei identische Massen unter dem Einfluss der gegenseitigen Gravitation besteht darin, dass sich alle drei Massen auf einer achtförmigen Kurve bewegen. Diese Bahn wurde im Jahr 1993 entdeckt, und es wurde mit verschiedenen Methoden nachgewiesen, dass diese Bahn sogar stabil ist [4, 5]. Modifizieren Sie das Programm 8.3 so, dass eine solche Bewegung von drei Körpern animiert dargestellt wird. Beschränken Sie sich dabei auf ein 2-dimensionales Problem, und wählen Sie die Anfangsbedingungen wie in Abb. 8.17.

Aufgabe 8.6: Modifizieren Sie das Programm 8.10 so, dass Sie die mittlere Normalkraft auf die Wände berechnen können. Dazu müssen Sie für ein gegebenes Zeitintervall bei jedem Stoß mit einer Wand den Impulsübertrag auf die Wand aufaddieren und durch die Länge des Zeitintervalls teilen. Lassen Sie diese Simulation für unterschiedliche Anfangsgeschwindigkeiten der Teilchen laufen, und zeigen Sie, dass die Kraft näherungsweise linear mit der mittleren kinetischen Energie steigt.

Literatur

[1]   Horizons System. Jet Propulsion Laboratory, California Institute of Technology. https://ssd.jpl.nasa.gov/horizons.

[2]   Popov VL. Kontaktmechanik und Reibung. Berlin, Heidelberg: Springer Vieweg, 2015. DOI:10.1007/978-3-662-45975-1.

[3]   Meschede D. Gerthsen Physik. Berlin, Heidelberg: Springer Spektrum, 2015. DOI:10.1007/978-3-662-45977-5.

[4]   Moore C. Braids in Classical Gravity. *Physical Review Letters*, 70(24): 3675–3679, 1993. DOI:10.1103/PhysRevLett.70.3675.

[5]   Chenciner A und Montgomery R. A remarkable periodic solution of the three-body problem in the case of equal masses. *Annals of Mathematics*, 152(3): 881–901, 2000. DOI:10.2307/2661357.

[6]   Šuvakov M und Dmitrašinović V. A guide to hunting periodic three-body orbits. *American Journal of Physics*, 82(6): 609–619, 2014. DOI:10.1119/1.4867608.

Die Erfahrung wächst durch fortschreitende Anpassung der Gedanken an die Tatsachen.

Ernst Mach

9

Zwangsbedingungen

Bisher haben wir uns mit Mehrteilchensystemen beschäftigt, die durch die newtonschen Bewegungsgleichungen

$$m_i \ddot{\vec{r}}_i = \vec{F}_i \tag{9.1}$$

vollständig beschrieben worden sind. Dabei sind wir stets davon ausgegangen, dass sich die Kraft $\vec{F}_i$ auf das i-te Teilchen durch eine bekannte Funktion der Teilchenkoordinaten und -geschwindigkeiten darstellen lässt. Leider zeigt sich, dass diese Herangehensweise für viele praktische Probleme nicht ganz unproblematisch ist. Wir betrachten dazu das bekannte Beispiel des ebenen Pendels, bei dem ein Körper der Masse m an einem Faden oder einer dünnen Stange der Länge l so aufgehängt ist, dass er unter dem Einfluss der Gewichtskraft in einer Ebene pendeln kann. Wir wollen im Folgenden annehmen, dass man die Masse der Stange sowie die Reibungskräfte vernachlässigen kann.

Wenn Sie schon einmal geklettert sind, dann kennen Sie die Tatsache, dass sich ein reales Seil unter der Einwirkung einer Kraft stets etwas dehnen lässt. Eine mögliche Modellierung eines Fadenpendels besteht also darin, den Faden durch eine gedachte Feder der Federkonstante D zu ersetzen, wie es in Abb. 9.1 links dargestellt ist. Die Kraft auf die Masse m kann man dann durch die Gleichung

$$\vec{F}(\vec{r}) = \vec{F}_g - D\left(|\vec{r}| - l\right) \frac{\vec{r}}{|\vec{r}|} \tag{9.2}$$

beschreiben, wobei wir für die Federkraft das hookesche Gesetz angenommen haben. Wir haben damit ein System, das sich mit den bisher betrachteten Methoden simulieren lässt. Für einige Anwendungen, bei denen die Dehnung des Fadens nicht vernachlässigbar klein ist, mag die Beschreibung der Kraft nach Gleichung (9.2) durchaus gut sein. Häufig möchte man aber eine Situation betrachten, bei der man einen sehr steifen Faden hat. Setzt man nun die Federkonstante D auf einen großen Wert, so stellt man fest, dass die numerische Lösung der Gleichungen nur noch mit extrem kleinen Zeitschrittweiten befriedigende Ergebnisse liefert. Die Ursache für dieses Problem ist darin zu sehen, dass es zu einer Schwingung entlang der radialen Richtung kommt, die mit einer sehr hohen Frequenz stattfindet. Auf ein ähnliches Problem sind wir bereits in Abschn. 8.5 bei der Behandlung von elastischen Stößen gestoßen, als wir versucht haben, den Stoß von harten Kugeln auf eine ähnliche Weise zu simulieren.

© Springer-Verlag GmbH Deutschland, ein Teil von Springer Nature 2022
O. Natt, *Physik mit Python*, https://doi.org/10.1007/978-3-662-66454-4_9

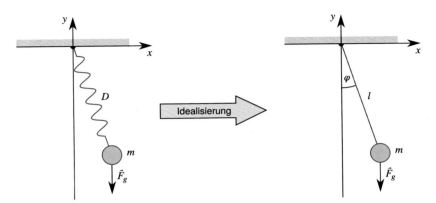

Abb. 9.1: Modellierung eines ebenen Pendels. *Ein ebenes Fadenpendel kann durch eine Masse m beschrieben werden, die an einer Feder der Federkonstanten D aufgehängt ist. Die Federkonstante beschreibt dabei die Tatsache, dass sich der Faden unter dem Einfluss einer Kraft dehnen kann. Eine weitere Idealisierung besteht darin, den Faden als unendlich steif zu betrachten, sodass er eine konstante Länge l besitzt.*

Wenn man allerdings ein Problem vorliegen hat, bei dem man von vornherein weiß, dass man die Dehnung des Fadens vernachlässigen kann, dann ist es sinnvoll, diese Dehnung auch gar nicht erst zu berechnen. Stattdessen führt man eine weitere Idealisierung durch, indem man annimmt, dass die Länge l des Fadens eine fest vorgegebene Konstante ist, wie in Abb. 9.1 rechts dargestellt ist. Der Faden zwingt die Masse auf eine Bahn, die stets einen Abstand l vom Koordinatenursprung hat. Man sagt deshalb auch, dass der Faden eine **Zwangsbedingung** darstellt. Die Kraft, die der Faden auf die Pendelmasse ausübt, nennt man aus dem gleichen Grund eine **Zwangskraft**.

9.1 Verallgemeinerte Koordinaten

Eine Möglichkeit, die Bewegung des Pendels mit einem steifen Faden zu beschreiben, besteht darin, dass man geeignete Koordinaten einführt, die man als **verallgemeinerte Koordinaten** oder auch als **Minimalkoordinaten** bezeichnet. Man spricht von einem Satz verallgemeinerter Koordinaten, wenn man Größen gefunden hat, die die Position aller Massen eindeutig beschreiben und dabei die Zwangsbedingungen stets erfüllen. Für das ebene Pendel nach Abb. 9.1 rechts kann man erkennen, dass der Winkel φ eine solche verallgemeinerte Koordinate ist, da er bei gegebener Pendellänge l die Position der Masse vollständig beschreibt. Die Position der Masse ergibt sich direkt über die Gleichung

$$\vec{r} = -l\cos(\varphi)\vec{e}_y + l\sin(\varphi)\vec{e}_x \qquad (9.3)$$

aus dem Winkel φ. Um die Bewegung des Körpers zu beschreiben, benötigen wir also nun nur noch eine Differentialgleichung für den Winkel φ und nicht mehr zwei Differentialgleichungen für die x- und y-Koordinate.

Ein besonders eleganter Weg, die Bewegungsgleichungen für die verallgemeinerten Koordinaten zu gewinnen, besteht im Aufstellen einer sogenannten Lagrange-Funktion und den Lagrange-Gleichungen zweiter Art. Da dieser Weg in den einführenden Bü-

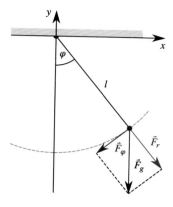

Abb. 9.2: Kräftezerlegung beim ebenen Pendel. *Die an den Pendelkörper angreifende Gewichtskraft kann in eine radiale Komponente F_r und eine tangentiale Komponente F_φ zerlegt werden.*

chern zur theoretischen Mechanik [1–3] ausführlich behandelt wird, verzichten wir hier auf eine detaillierte Darstellung. Es ist zum weiteren Verständnis dieses Kapitels auch nicht notwendig, mit dem Lagrange-Formalismus vertraut zu sein.

Wenn man das ebene Pendel im Rahmen der newtonschen Mechanik behandeln möchte, so kann man die Gewichtskraft in eine radiale und eine tangentiale Komponente zerlegen, wie in Abb. 9.2 dargestellt ist. Die tangentiale Komponente der Gewichtskraft ergibt sich zu

$$F_\varphi = -F_g \sin(\varphi) = -mg \sin(\varphi) \,, \tag{9.4}$$

wobei das negative Vorzeichen anzeigt, dass die Kraft in Richtung kleiner werdender Winkel φ wirkt. Die tangentiale Komponente der Beschleunigung des Massenpunktes ergibt sich aus dem Produkt der zweiten Zeitableitung des Winkels φ, also der Winkelbeschleunigung, und dem Radius l der Kreisbahn:

$$a_\varphi = l\ddot{\varphi} \tag{9.5}$$

Die newtonsche Bewegungsgleichung für die tangentiale Bewegung lautet demnach

$$ml\ddot{\varphi} = -mg \sin(\varphi) \tag{9.6}$$

bzw. nachdem man durch die Masse m und die Pendellänge l geteilt hat:

$$\ddot{\varphi} = -\frac{g}{l} \sin(\varphi) \tag{9.7}$$

Dies ist eine gewöhnliche Differentialgleichung zweiter Ordnung, die sich mit den bereits diskutierten Methoden numerisch lösen lässt.

Leider stellt sich heraus, dass das zuvor beschriebene Vorgehen schon bei einem System mit zwei Massen, wie dem in Abb. 9.3 dargestellten Doppelpendel, recht unübersichtlich wird. Während man mithilfe des Lagrange-Formalismus die Bewegungsgleichungen noch mit überschaubarem Aufwand herleiten kann [1–3], wird dieses Vorgehen bei noch mehr Massen schnell unübersichtlich, und es erfordert einen gewissen algebraischen Aufwand, bis man die Bewegungsgleichung erhält.

Auch wenn die Bewegungsgleichungen, die man aus dem Lagrange-Formalismus erhält, hervorragend für die Simulation des entsprechenden physikalischen Systems geeignet sind, so ist doch der Aufwand, um die Bewegungsgleichungen aufzustellen,

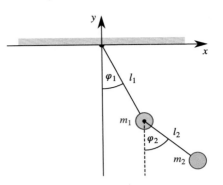

Abb. 9.3: Das Doppelpendel. *Die Masse m_1 ist pendelnd an einer Stange der Länge l_1 aufgehängt. An der Pendelmasse m_1 ist ein weiteres Pendel angehängt. Wenn die Pendel nur in der x-y-Ebene pendeln können, kann man mit einer geeigneten Konstruktion sicherstellen, dass sich das untere Pendel überschlagen kann, ohne mit der anderen Pendelstange zu kollidieren.*

relativ hoch. Wir möchten im Laufe dieses Kapitels ein möglichst flexibles Simulationsprogramm schreiben, mit dem man beliebige Systeme mit mehreren Massen, die bestimmten Zwangsbedingungen unterworfen sind, simulieren kann. Dabei stellt sich heraus, dass es für Systeme aus vielen Teilchen nicht einfach ist, automatisch einen geeigneten Satz von verallgemeinerten Koordinaten zu finden und die entsprechenden Bewegungsgleichungen aufzustellen. Wir werden daher die Bewegungsgleichungen in kartesischen Koordinaten aufschreiben und die Zwangskräfte, die die mechanischen Verbindungen auf die Massen ausüben, separat berücksichtigen.

9.2 Pendel mit Zwangskraft

Bevor wir recht allgemeine Systeme mit mehreren Massen und mehreren Zwangsbedingungen betrachten, veranschaulichen wir uns das prinzipielle Vorgehen zunächst einmal am einfachen ebenen Pendel.

Um die newtonsche Bewegungsgleichung aufzustellen, müssen wir die Kräfte beschreiben, die auf die Masse wirken. Wie in Abb. 9.4 dargestellt ist, wirken auf die Masse zwei Kräfte: die Gewichtskraft $\vec{F}_g$ und die Zwangskraft $\vec{F}_z$, die durch die Stange ausgeübt wird. Von Letzterer nehmen wir an, dass sie stets in Richtung der Stange zeigt. Da der Aufhängepunkt der Masse im Koordinatenursprung liegt, zeigt diese Kraft also immer in die entgegengesetzte Richtung des Ortsvektors $\vec{r}$ des Massenpunktes:

$$\vec{F}_z = F_z \vec{e}_r \quad \text{mit} \quad \vec{e}_r = \frac{\vec{r}}{|\vec{r}|} \quad \text{und} \quad F_z \le 0 \qquad (9.8)$$

Die newtonsche Bewegungsgleichung lautet also

$$m\ddot{\vec{r}} = \vec{F}_g + F_z \vec{e}_r \,, \qquad (9.9)$$

wobei die Stärke der Zwangskraft F_z von der aktuellen Bewegung des Körpers abhängt. Diese Kraft muss stets so groß sein, dass sich der Abstand des Körpers vom Aufhängepunkt nicht verändert. Der Körper wird also durch die Stange dazu gezwungen, einen konstanten Abstand vom Koordinatenursprung einzuhalten. Die Bewegung des Körpers ist der Zwangsbedingung

$$|\vec{r}| = l \qquad (9.10)$$

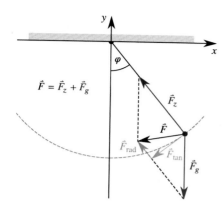

Abb. 9.4: Zwangskraft beim ebenen Pendel. *Auf die Pendelmasse wirkt die Gewichtskraft $\vec{F}_g$ nach unten und die durch die Pendelstange ausgeübte Zwangskraft $\vec{F}_z$ in Richtung der Pendelstange. Beide Kräfte ergeben zusammen die resultierende Kraft $\vec{F}$, die sich in eine Tangentialkraft $\vec{F}_{tan}$ und eine Radialkraft $\vec{F}_{rad}$ zerlegen lässt. Die Radialkraft stellt dabei die Zentripetalkraft der Bewegung entlang der Kreisbahn dar.*

unterworfen. Zum praktischen Rechnen und für die spätere Verallgemeinerung ist es günstig, die Zwangsbedingung in der Form

$$h(\vec{r}) = 0 \qquad \text{mit} \qquad h(\vec{r}) = \vec{r}^2 - l^2 \tag{9.11}$$

aufzuschreiben. Eine Zwangsbedingung, die man in der Form $h(\vec{r}) = 0$ formulieren kann, bezeichnet man auch als eine **holonome Zwangsbedingung**. Eine nichtholonome Zwangsbedingung wäre beispielsweise eine Zwangsbedingung, in der auch die Geschwindigkeit vorkommt, oder eine Zwangsbedingung, die sich nur als eine Ungleichung formulieren lässt.

Wir beschreiben das Pendel nun also durch zwei Gleichungen: zum einen durch die Differentialgleichung (9.9) für den Ortsvektor $\vec{r}$, die jedoch eine zusätzliche unbekannte Größe F_z enthält, und zum anderen durch die Zwangsbedingung (9.11). Um ein solches System zu lösen, kann man die Funktion h zweimal nach der Zeit ableiten. Dabei muss man berücksichtigen, dass für die Ableitung des Skalarproduktes die Produktregel für die Ableitung angewendet werden muss und dass die Ableitung von l^2 verschwindet, da die Länge des Pendels eine konstante Größe ist. Weiterhin muss man die Kettenregel für die Differentiation anwenden, da der Ortsvektor $\vec{r}(t)$ ebenfalls eine Funktion der Zeit ist. Man erhält damit die folgenden Ableitungen:

$$\dot{h} = \frac{\mathrm{d}}{\mathrm{d}t} h\left(\vec{r}(t)\right) = 2\vec{r} \cdot \dot{\vec{r}} \tag{9.12}$$

$$\ddot{h} = \frac{\mathrm{d}^2}{\mathrm{d}t^2} h\left(\vec{r}(t)\right) = 2\left(\dot{\vec{r}}^2 + \vec{r} \cdot \ddot{\vec{r}}\right) \tag{9.13}$$

Da nach Gleichung (9.11) die Größe $h\left(\vec{r}(t)\right)$ während der gesamten Bewegung identisch gleich null ist, muss auch die zweite Zeitableitung gleich null sein. Daraus folgt direkt die Beziehung

$$\dot{\vec{r}}^2 + \vec{r} \cdot \ddot{\vec{r}} = 0 \,. \tag{9.14}$$

Wir stellen nun die Bewegungsgleichung (9.9) nach $\ddot{\vec{r}}$ um und setzen dies in Gleichung (9.14) ein:

$$\dot{\vec{r}}^2 + \frac{1}{m}\vec{r} \cdot \left(\vec{F}_g + F_z \vec{e}_r\right) = 0 \tag{9.15}$$

Daraus erhält man nach einigen Umformungen eine Gleichung für die gesuchte Zwangs-kraft:

$$F_z = -\frac{m\ddot{\vec{r}}^2 + \vec{F}_g \cdot \vec{r}}{\vec{r} \cdot \vec{e}_r} \tag{9.16}$$

Die beiden Anteile der Zwangskraft lassen sich physikalisch gut interpretieren: Im Nenner steht das Skalarprodukt $\vec{r} \cdot \vec{e}_r$. Mit der Definition des Einheitsvektors nach Gleichung (9.8) ergibt sich dafür $\vec{r} \cdot \vec{e}_r = \vec{r} \cdot \vec{r}/|\vec{r}| = |\vec{r}| = l$. Der erste Term auf der rechten Seite von (9.16) ist also gerade die Zentripetalkraft mv^2/l. Der zweite Term lässt sich in der Form $\vec{F}_g \cdot \vec{e}_r$ schreiben. Dies ist die Komponente der Gewichtskraft, die in Richtung der Stange zeigt. Die Stange muss also die Zentripetalkraft für die Kreis-bewegung aufbringen und die Komponente der Gewichtskraft in Richtung der Stange kompensieren. Der Vektor der Zwangskraft ergibt sich daraus nach Gleichung (9.8):

$$\vec{F}_z = F_z \vec{e}_r = -\frac{m\ddot{\vec{r}}^2 + \vec{F}_g \cdot \vec{r}}{\vec{r} \cdot \vec{e}_r} \vec{e}_r = -\left(m\ddot{\vec{r}}^2 + \vec{F}_g \cdot \vec{r}\right)\frac{\vec{r}}{\vec{r}^2} \tag{9.17}$$

Wir wollen nun versuchen, das Pendel mithilfe der Bewegungsgleichung (9.9) und der Gleichung für die Zwangskraft (9.17) zu simulieren und animiert darzustellen. Da sich viele Aspekte der bereits diskutierten Programme wiederholen, sind im Folgenden nur einige Ausschnitte des vollständigen Programms wiedergegeben. Nach den üblichen Modulimporten definieren wir die relevanten Parameter und legen den Anfangsort und die Anfangsgeschwindigkeit fest, wobei wir hier nur den Fall betrachten, dass der Pen-delkörper ohne Anfangsgeschwindigkeit bei einer vorgegebenen Anfangsauslenkung startet.

Programm 9.1: `Zwangsbedingungen/pendel.py`

```
10  # Simulationszeit und Zeitschrittweite [s].
11  t_max = 20
12  dt = 0.02
13  # Masse des Körpers [kg].
14  m = 1.0
15  # Länge des Pendels [m].
16  L = 0.7
17  # Anfangsauslenkung [rad].
18  phi0 = math.radians(20.0)
19  # Erdbeschleunigung [m/s²].
20  g = 9.81
21  # Anfangsort [m] und Anfangsgeschwindigkeit [m/s].
22  r0 = L * np.array([math.sin(phi0), -math.cos(phi0)])
23  v0 = np.array([0, 0])
```

Die Gewichtskraft soll in $-y$-Richtung zeigen.

```
26  F_g = m * g * np.array([0, -1])
```

Die rechte Seite der Differentialgleichung wird wieder durch eine Funktion `dgl` darge-stellt, in der wir zuerst den Zustandsvektor in den Orts- und Geschwindigkeitsanteil zerlegen.

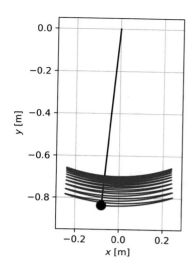

Abb. 9.5: Simulation eines ebenen Pendels. *Die Simulation des ebenen mathematischen Pendels mit dem Programm 9.1 führt zu einem unphysikalischen Verhalten: Während der Pendelbewegung wird die Stange des Pendels immer länger.*

```
29  def dgl(t, u):
30      """Berechne die rechte Seite der Differentialgleichung."""
31      r, v = np.split(u, 2)
```

Anschließend berechnen wir die Zwangskraft nach Gleichung (9.17),

```
34      F_zwang = - (m * v @ v + F_g @ r) * r / (r @ r)
```

bestimmen die daraus zusammen mit der Gewichtskraft folgende Beschleunigung

```
37      a = (F_zwang + F_g) / m
```

und setzen die Geschwindigkeit und die Beschleunigung zur Zeitableitung des Zustandsvektors zusammen.

```
39      return np.concatenate([v, a])
```

Um die Differentialgleichung zu lösen, wird der Zustandsvektor u0 zum Zeitpunkt $t = 0$ festgelegt,

```
43  u0 = np.concatenate((r0, v0))
```

und der Löser mit dem üblichen Funktionsaufruf gestartet. Dabei lassen wir das Ergebnis gleich auf die Zeitschrittweite dt interpolieren.

```
46  result = scipy.integrate.solve_ivp(dgl, [0, t_max], u0,
47                                     t_eval=np.arange(0, t_max, dt))
```

Anschließend stellen wir die Bahnkurve zusammen mit einer Animation des Pendels dar. Das Ergebnis unseres Programms ist in Abb. 9.5 gezeigt. Leider entspricht das Ergebnis nicht unserer Erwartung und ist offensichtlich fehlerhaft. Während der Bewegung wandert die Pendelmasse immer weiter nach unten, was im Widerspruch zu der Zwangsbedingung $|\vec{r}| = l$ steht.

Die Ursache dieses sonderbaren Verhaltens kann man wie folgt verstehen: Wir sind von der Zwangsbedingung (9.11) ausgegangen, die die Länge der Pendelstange festlegt. In die Berechnung der Zwangskraft ist aber lediglich die zweimal nach der Zeit abgeleitete Zwangsbedingung (9.14) eingegangen. Diese Gleichung erzwingt, dass die Beschleunigung in Richtung der Pendelstange gerade die erforderliche Zentripetalbeschleunigung ergibt. Wenn sich nun im Laufe der numerischen Integration durch die zeitliche Diskretisierung ein Fehler ergibt, der zu einer Geschwindigkeit in radialer Richtung führt, so wird dieser Fehler durch die differenzierte Zwangsbedingung nicht mehr korrigiert. Auf diese Weise kann nach vielen Zeitschritten der Fehler für den Abstand des Pendelkörpers vom Aufhängepunkt beliebig groß werden.

Es gibt unterschiedliche Möglichkeiten, diesen Fehler zu vermeiden. Die einfachste besteht darin, die Zeitschrittweite zu verringern, um den Diskretisierungsfehler zu verkleinern. Dies können Sie in unserem Beispiel mit dem Argument `max_step=0.02` erreichen. Dieses Argument bewirkt, dass der Löser keine Schrittweiten verwendet, die größer als $\Delta t = 0{,}02\,\mathrm{s}$ sind.

```
46  result = scipy.integrate.solve_ivp(dgl, [0, T], u0,
47                                      max_step=0.02,
48                                      t_eval=np.arange(0, T, dt))
```

Probieren Sie bitte einmal, das Programm 9.1 auf diese Weise abzuändern. Sie werden feststellen, dass die Pendellänge in der Simulation nun in guter Näherung konstant ist.

9.3 Baumgarte-Stabilisierung

Bei Fragestellungen der modernen Robotik besteht häufig die Aufgabe, vorauszuberechnen, wie sich ein Roboterarm unter dem Einfluss von Motorkräften bewegen wird. Die erforderliche Lösung der Differentialgleichungen muss dabei naturgemäß in Echtzeit erfolgen. Wir wollen im Folgenden ein Verfahren betrachten, mit dem man die Differentialgleichung für unser Pendelproblem lösen kann, ohne explizit sehr kleine Schrittweiten zu wählen.

Das Pendel des vorherigen Abschnitts wurde durch die Differentialgleichung

$$\ddot{\vec{r}} = \frac{1}{m}\left(\vec{F}_g + F_z \vec{e}_r\right) \tag{9.18}$$

beschrieben. Zusätzlich war die Zwangsbedingung nach Gleichung (9.11) vorgegeben, die wir hier noch einmal wiederholen:

$$h(\vec{r}) = 0 \qquad \text{mit} \qquad h(\vec{r}) = \vec{r}^2 - l^2 \tag{9.19}$$

Die Gleichungen (9.18) und (9.19) bilden ein Gleichungssystem, das aus einer Differentialgleichung und einer algebraischen Gleichung besteht. Man bezeichnet ein solches System als ein **differential-algebraisches Gleichungssystem** oder kurz **DAE** (engl. differential-algebraic system of equations). Um das Gleichungssystem zu lösen, haben wir im vorherigen Abschnitt die Zwangsbedingung zweimal differenziert und damit die Gleichung

$$\ddot{h} = 0 \tag{9.20}$$

erhalten, in der die zweite Ableitung von $\vec{r}$ auftauchte (siehe Gleichung (9.13)). Durch Einsetzen der Gleichung (9.18) in diese Bedingung haben wir eine reine Differentialgleichung für $\vec{r}$ bekommen. Das Problem bei der numerischen Lösung bestand nun darin, dass das System nach kurzer Zeit die ursprüngliche Zwangsbedingung $h = 0$ nicht mehr erfüllt, da wir in der numerischen Lösung nur eine Zwangsbedingung für die Beschleunigung berücksichtigen. Diesen Effekt bezeichnet man als **Drift** der Lösung.

Um diese Drift zu verhindern, kann man die Differentialgleichung modifizieren, sodass zusätzliche Korrekturkräfte auftreten, sobald die numerische Lösung die Zwangsbedingung verletzt. Dazu gibt es verschiedene Methoden. Die einfachste und bekannteste ist die sogenannte **Baumgarte-Stabilisierung** [4, 5]. Die Grundidee besteht darin, dass man die Bedingung $\ddot{h} = 0$ durch

$$\ddot{h} + 2\alpha\dot{h} + \beta^2 h = 0 \tag{9.21}$$

ersetzt, wobei α und β zwei Parameter sind, die geeignet gewählt werden müssen. Der Faktor 2 vor dem Parameter α ist eine Konvention. Durch das Quadrat bei dem Parameter β stellt man sicher, dass beide Parameter die Dimension einer inversen Zeit haben. Die zusätzlichen Terme erzwingen, dass die Lösung nicht nur die zweite Zeitableitung der Zwangsbedingung konstant gleich null lässt, sondern dass auch die erste Ableitung und die Zwangsbedingung selbst berücksichtigt werden. Anstelle einer formalen Begründung von Gleichung (9.21) wollen wir uns anschauen, welche Konsequenzen diese Veränderung für die Zwangskraft F_z in unserem konkreten Beispiel hat. Die Zeitableitungen von h haben wir in den Gleichungen (9.12) und (9.13) bereits berechnet:

$$h = \vec{r}^2 - l^2 \tag{9.22}$$

$$\dot{h} = 2\vec{r} \cdot \dot{\vec{r}} \tag{9.23}$$

$$\ddot{h} = 2\dot{\vec{r}}^2 + 2\vec{r} \cdot \ddot{\vec{r}} \tag{9.24}$$

Setzen wir diese in die Gleichung (9.21) ein, so erhält man nach wenigen Umformungen:

$$2\vec{r} \cdot \ddot{\vec{r}} = -2\dot{\vec{r}}^2 - 4\alpha\vec{r} \cdot \dot{\vec{r}} - \beta^2\left(\vec{r}^2 - l^2\right) \tag{9.25}$$

Jetzt setzen wir die Differentialgleichung (9.18) in diese Gleichung ein und erhalten wieder nach einigen Umformungen einen Ausdruck für den Betrag der Zwangskraft:

$$F_z\vec{e}_r \cdot \vec{r} = -m\dot{\vec{r}}^2 - \vec{F}_g \cdot \vec{r} - 2m\alpha\vec{r} \cdot \dot{\vec{r}} - \frac{m\beta^2}{2}\left(\vec{r}^2 - l^2\right) \tag{9.26}$$

Der Vektor der Zwangskraft ergibt sich daraus analog zur Rechnung in Gleichung (9.17). Wir erhalten mit der Baumgarte-Stabilisierung nun:

$$\vec{F}_z = F_z\vec{e}_r = -\left(m\dot{\vec{r}}^2 + \vec{F}_g \cdot \vec{r}\right)\frac{\vec{r}}{\vec{r}^2} + \left(-2m\alpha\vec{r} \cdot \dot{\vec{r}} - \frac{m\beta^2}{2}\left(\vec{r}^2 - l^2\right)\right)\frac{\vec{r}}{\vec{r}^2} \tag{9.27}$$

Vergleicht man diesen Ausdruck mit der Gleichung (9.17), so erkennt man, dass zwei zusätzliche Terme für Kräfte hinzugekommen sind, die in Richtung der Pendelstange wirken. Sie sollten diese Beiträge nicht als reale physikalische Kraft verstehen. Es handelt sich hier lediglich um eine mathematische Konstruktion, die die Lösung der

Gleichung unempfindlich gegenüber numerischen Fehlern macht. Um zu verstehen, warum diese Terme die Lösung stabilisieren, ist es dennoch hilfreich, sich zu überlegen, wie man sie als physikalische Kraft interpretieren kann.

Zunächst einmal halten wir fest, dass die beiden zusätzlichen Terme die korrekte Lösung der Differentialgleichung ohne Baumgarte-Stabilisierung nicht verändern. Für die exakte Lösung gilt nämlich aufgrund der Zwangsbedingung nach Gleichung (9.12) $\vec{r} \cdot \dot{\vec{r}} = 0$, und die Zwangsbedingung selbst sagt aus, dass $\vec{r}^2 - l^2 = 0$ ist.

Was bewirken die beiden Zusatzterme nun, wenn die numerische Lösung von der exakten Lösung so abweicht, dass die Zwangsbedingung verletzt wird? Dazu betrachten wir zunächst den Kraftterm

$$-2m\alpha(\vec{r} \cdot \dot{\vec{r}})\frac{\vec{r}}{\vec{r}^2} = -2m\alpha(\dot{\vec{r}} \cdot \vec{e}_r)\vec{e}_r. \tag{9.28}$$

Das Skalarprodukt $\dot{\vec{r}} \cdot \vec{e}_r$ berechnet die Komponente der Geschwindigkeit in Richtung der Pendelstange, die mit dem Einheitsvektor in Richtung der Pendelstange multipliziert wird. Durch das negative Vorzeichen erhalten wir also eine Kraft zum Aufhängepunkt hin, sobald der Pendelkörper eine Geschwindigkeitskomponente hat, die vom Aufhängepunkt weg zeigt und umgekehrt.

Um den zweiten Zusatzterm

$$-\frac{m\beta^2}{2}(\vec{r}^2 - l^2)\frac{\vec{r}}{\vec{r}^2} \tag{9.29}$$

zu verstehen, nehmen wir zunächst an, dass sich der Massenpunkt durch die numerische Drift etwas zu weit vom Aufhängepunkt entfernt hat. In diesem Fall ist $\vec{r}^2 - l^2$ positiv, und wir erhalten durch das negative Vorzeichen eine Kraft, die radial zum Aufhängepunkt hin zeigt. Entsprechend erhalten wir eine nach außen zeigende Kraft, wenn der Massenpunkt sich dem Aufhängepunkt angenähert hat.

Es bleibt noch die Frage offen, wie die Parameter α und β bestimmt werden können. Leider gibt es hierfür keine allgemeingültige Antwort. Generell gilt: Je größer man diese Parameter wählt, desto genauer wird die Zwangsbedingung eingehalten. Je größer man diese Parameter allerdings wählt, desto größer werden die Korrekturkräfte, und das führt im Allgemeinen dazu, dass der Differentialgleichungslöser eine sehr kleine Schrittweite wählen muss. In der Praxis setzt man oft beide Parameter gleich groß an

$$\alpha = \beta \tag{9.30}$$

und spielt am verbliebenen Parameter so lange herum, bis man einen guten Kompromiss zwischen der Genauigkeit, mit der die Zwangsbedingung erfüllt ist, und der Rechenzeit erhält.

Die Simulation unseres Pendels mit Baumgarte-Stabilisierung ist in weiten Teilen identisch mit dem Programm 9.1. Zu Beginn definieren wir die beiden Parameter α und β.

Programm 9.2: *Zwangsbedingungen/pendel_baumstab.py*

```
25  beta = alpha = 10.0
```

In der Funktion `dgl` müssen wir lediglich die zusätzlichen Kraftterme nach Gleichung (9.27) bei der Berechnung der Kraft berücksichtigen. Der Übersichtlichkeit halber werden diese Terme in einer separaten Variable `F_korr` gespeichert.

```
31  def dgl(t, u):
32      """Berechne die rechte Seite der Differentialgleichung."""
33      r, v = np.split(u, 2)
34
35      # Berechne die Zwangskraft.
36      F_zwang = - (m * v @ v + F_g @ r) * r / (r @ r)
37
38      # Berechne die stabilisierenden Korrekturkräfte.
39      F_korr = - 2 * m * alpha * (r @ v) * r / (r @ r)
40      F_korr -= 0.5 * m * beta ** 2 * (r @ r - L**2) * r / (r @ r)
41
42      # Berechne den Vektor der Beschleunigung.
43      a = (F_zwang + F_g + F_korr) / m
44
45      return np.concatenate([v, a])
```

Wenn Sie dieses Programm laufen lassen, werden Sie feststellen, dass das Pendel sich nun ohne sichtbaren Drifteffekt bewegt.

9.4 Verallgemeinerung der Zwangsbedingungen

Bei der Bewegung des einfachen Pendels haben wir eine Masse betrachtet, deren Bewegung einer Zwangsbedingung unterworfen ist. Da wir in den nachfolgenden Abschnitten auch Situationen betrachten wollen, bei denen sich mehrere Massen bewegen und wir mehrere Zwangsbedingungen haben, ist es hilfreich, das Vorgehen, das beim einfachen Pendel erfolgreich war, etwas stärker zu formalisieren. Insbesondere wollen wir anstelle der ganz konkreten Funktion $h(\vec{r}) = \vec{r}^2 - l^2$ nun beliebige Zwangsbedingungen der Form

$$h(\vec{r}) = 0 \tag{9.31}$$

betrachten. Dazu schreiben wir die newtonsche Bewegungsgleichung in der Form

$$m\ddot{\vec{r}} = \vec{F}_{\text{ext}} + \vec{F}_z \tag{9.32}$$

auf, wobei $\vec{F}_{\text{ext}}$ eine von außen wirkende Kraft und $\vec{F}_z$ die Zwangskraft ist. Bei dem Pendel des vorangegangenen Abschnitts war die von außen wirkende Kraft die Schwerkraft, und die Zwangskraft war die Kraft, die die Pendelstange ausgeübt hat.

Bei dem Pendel hatten wir als Nächstes die Richtung der Zwangskraft festgelegt, indem wir von der physikalischen Anschauung ausgegangen sind und gesagt haben, dass die Zwangskraft nur in Richtung der Pendelstange wirken kann. Doch wie legt man die Richtung der Zwangskraft für eine beliebige Funktion $h(\vec{r})$ fest? Dazu gehen wir nochmal zurück zur ganz konkreten Zwangsbedingung des Pendels

$$h(\vec{r}) = \vec{r}^2 - l^2 \tag{9.33}$$

und berechnen den **Gradienten** der Funktion h, also den Vektor, der aus den Ableitungen der Funktion nach den einzelnen Koordinaten besteht:

$$\text{grad}(h) = \frac{\partial h}{\partial \vec{r}} = \begin{pmatrix} \frac{\partial h}{\partial x} \\ \frac{\partial h}{\partial y} \\ \frac{\partial h}{\partial z} \end{pmatrix} = \begin{pmatrix} 2x \\ 2y \\ 2z \end{pmatrix} = 2\vec{r} \tag{9.34}$$

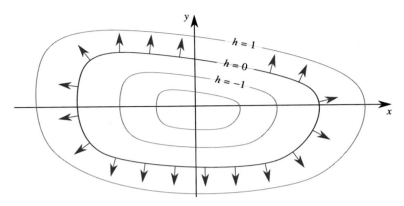

Abb. 9.6: Gradient einer Funktion. *Eine Funktion $h(x, y)$ kann man in Form von Höhenlinien darstellen. Jede Linie gibt die Punkte in der x-y-Ebene an, auf denen die Funktion h einen konstanten Wert hat. Die rote Linie, auf der $h(x, y) = 0$ ist, entspricht unserer Zwangsbedingung. Der Gradient, der durch die blauen Pfeile dargestellt ist, gibt die Richtung des steilsten Anstiegs der Funktion h wieder. Man erkennt, dass diese Pfeile senkrecht auf der entsprechenden Höhenlinie stehen.*

Dieser Vektor zeigt genau in Richtung der Pendelstange, also in Richtung der Zwangskraft. Die Beobachtung, dass der Gradient der Funktion h die Richtung der Zwangskraft angibt, kann man ganz allgemein wie folgt verstehen: Der Gradient gibt die Richtung des steilsten Anstiegs der Funktion an. Die Zwangsbedingung legt aber fest, dass die Masse sich auf einer Bahn bewegt, für die die Funktion h konstant ist. Damit steht der Gradient also immer senkrecht auf der durch die Zwangsbedingung festgelegten Bahn der Masse, wie in Abb. 9.6 veranschaulicht ist.

Richtung einer Zwangskraft

Für eine Zwangsbedingung der Form $h(\vec{r}) = 0$ gibt der Gradient

$$\text{grad}(h) = \frac{\partial h}{\partial \vec{r}} \qquad (9.35)$$

die Richtung der Zwangskraft an. Die Zwangskraft lässt sich daher in der Form

$$\vec{F}_z = \lambda \frac{\partial h}{\partial \vec{r}} \qquad (9.36)$$

aufschreiben, wobei λ eine zunächst unbekannte, zeitabhängige Größe ist.

Wenn wir diese Zwangskraft in die Bewegungsgleichung (9.32) einfügen, erhalten wir die Gleichung:

$$m\ddot{\vec{r}} = \vec{F}_{\text{ext}} + \lambda \frac{\partial h}{\partial \vec{r}} \qquad (9.37)$$

Wir haben nun das Problem, diese Differentialgleichung zu lösen, wobei λ ebenfalls eine unbekannte Größe darstellt. Dabei kann man im Prinzip genauso vorgehen, wie wir das in Abschn. 9.2 bereits getan haben. Wir differenzieren die Zwangsbedingung

$h(\vec{r}) = 0$ nach der Zeit, wobei wir berücksichtigen müssen, dass die Koordinaten selbst von der Zeit abhängen. Mit der Kettenregel ergibt sich:

$$\dot{h} = \sum_{i=1}^{3} \frac{\partial h}{\partial x_i} \dot{x}_i = \frac{\partial h}{\partial \vec{r}} \cdot \dot{\vec{r}} = 0 \tag{9.38}$$

Wenn wir diese Gleichung nochmal nach der Zeit differenzieren, müssen wir die Ketten- und die Produktregel berücksichtigen:

$$\ddot{h} = \sum_{i,j=1}^{3} \frac{\partial^2 h}{\partial x_i \partial x_j} \dot{x}_i \dot{x}_j + \sum_{i=1}^{3} \frac{\partial h}{\partial x_i} \ddot{x}_i = 0 \tag{9.39}$$

In der ersten Summe tauchen die zweiten Ableitungen der Funktion h auf, die man in der **Hesse-Matrix** $\widehat{H}$ zusammenfasst:

$$\widehat{H} = \begin{pmatrix} \frac{\partial^2 h}{\partial x \partial x} & \frac{\partial^2 h}{\partial x \partial y} & \frac{\partial^2 h}{\partial x \partial z} \\ \frac{\partial^2 h}{\partial y \partial x} & \frac{\partial^2 h}{\partial y \partial y} & \frac{\partial^2 h}{\partial y \partial z} \\ \frac{\partial^2 h}{\partial z \partial x} & \frac{\partial^2 h}{\partial z \partial y} & \frac{\partial^2 h}{\partial z \partial z} \end{pmatrix} \tag{9.40}$$

Mit dieser Hesse-Matrix kann man die Gleichung (9.39) in der kompakten Form

$$\ddot{h} = \dot{\vec{r}} \cdot \left(\widehat{H} \cdot \dot{\vec{r}} \right) + \frac{\partial h}{\partial \vec{r}} \cdot \ddot{\vec{r}} = 0 \tag{9.41}$$

schreiben.[1] Wir teilen nun die Bewegungsgleichung (9.37) durch m und erhalten einen Ausdruck für $\ddot{\vec{r}}$. Diesen setzen wir dann in die Gleichung (9.41) ein:

$$\dot{\vec{r}} \cdot \left(\widehat{H} \cdot \dot{\vec{r}} \right) + \frac{1}{m} \frac{\partial h}{\partial \vec{r}} \cdot \left(\vec{F}_{\text{ext}} + \lambda \frac{\partial h}{\partial \vec{r}} \right) = 0 \tag{9.42}$$

Diese Gleichung stellt die Bedingung $\ddot{h} = 0$ dar. Für die Baumgarte-Stabilisierung ersetzen wir diese Gleichung durch $\ddot{h} + 2\alpha \dot{h} + \beta^2 h = 0$ und erhalten mit $\dot{h}$ nach Gleichung (9.38):

$$\dot{\vec{r}} \cdot \left(\widehat{H} \cdot \dot{\vec{r}} \right) + \frac{1}{m} \frac{\partial h}{\partial \vec{r}} \cdot \left(\vec{F}_{\text{ext}} + \lambda \frac{\partial h}{\partial \vec{r}} \right) + 2\alpha \frac{\partial h}{\partial \vec{r}} \cdot \dot{\vec{r}} + \beta^2 h = 0 \tag{9.43}$$

Die Gleichung kann man nach λ auflösen und in die Bewegungsgleichung (9.37) einsetzen. Damit erhält man ein System von gekoppelten Differentialgleichungen für

---

[1] Bitte beachten Sie den Term $\dot{\vec{r}} \cdot (\widehat{H} \cdot \dot{\vec{r}})$. Der Punkt in der Klammer kennzeichnet die Anwendung der Matrix $\widehat{H}$ auf den Vektor $\dot{\vec{r}}$, während der Punkt außerhalb der Klammer das Skalarprodukt zweier Vektoren darstellt. Häufig wird dieser Ausdruck in der Form $\dot{\vec{r}}^{\top} \cdot \widehat{H} \cdot \dot{\vec{r}}$ geschrieben. Dabei fasst man den Vektor $\dot{\vec{r}}$ als Spaltenvektor auf, und $\dot{\vec{r}}^{\top}$ ist der zugehörige Zeilenvektor. In diesem Buch wird die erste Schreibweise verwendet, weil sie näher an der Notation ist, die wir auch in Python verwenden. Da wir in Python Vektoren als 1-dimensionale Arrays darstellen, bewirkt der @-Operator jeweils die richtige Operation, je nachdem, ob der Operator zwischen zwei Vektoren oder zwischen einer Matrix und einem Vektor steht. In der Programmiersprache MATLAB® gibt es zum Beispiel keine 1-dimensionalen Arrays. Dort werden Vektoren immer als $1 \times N$- oder $N \times 1$-Matrizen dargestellt, sodass dort meist die Schreibweise mit dem transponierten Vektor verwendet wird.

die Koordinaten des Teilchens, in dem der Parameter λ nicht mehr vorkommt. Dazu schreiben wir Gleichung (9.43) in der Form

$$A\lambda = B\,, \tag{9.44}$$

wobei wir die gesamte Komplexität der Gleichung in den beiden Abkürzungen A und B versteckt haben:

$$A = \frac{1}{m}\frac{\partial h}{\partial \vec{r}} \cdot \frac{\partial h}{\partial \vec{r}} \tag{9.45}$$

$$B = -\dot{\vec{r}} \cdot \left(\widehat{H} \cdot \dot{\vec{r}}\right) - \frac{1}{m}\frac{\partial h}{\partial \vec{r}} \cdot \vec{F}_{\text{ext}} - 2\alpha \frac{\partial h}{\partial \vec{r}} \cdot \dot{\vec{r}} - \beta^2 h \tag{9.46}$$

Um die nachfolgenden Abschnitte besser zu verstehen, schauen wir uns zunächst einmal an, wie man diesen Ansatz in einer Simulation des einfachen ebenen Pendels umsetzen kann. Dazu betrachten wir die Zwangsbedingung

$$h(\vec{r}) = \vec{r}^2 - l^2 = x^2 + y^2 - l^2\,. \tag{9.47}$$

Den Gradienten dieser Zwangsbedingung haben wir schon in Gleichung (9.34) bestimmt. Da wir hier nur ein zweidimensionales System betrachten, können wir diesen in der Form

$$\text{grad}(h) = \begin{pmatrix} \frac{\partial h}{\partial x} \\ \frac{\partial h}{\partial y} \end{pmatrix} = \begin{pmatrix} 2x \\ 2y \end{pmatrix} = 2\vec{r} \tag{9.48}$$

schreiben. Für die Hesse-Matrix müssen wir nun die Komponenten des Gradienten erneut nach den Koordinaten ableiten:

$$\widehat{H} = \begin{pmatrix} 2 & 0 \\ 0 & 2 \end{pmatrix} \tag{9.49}$$

Das zugehörige Python-Programm ist weitgehend identisch mit dem Programm 9.2. Wir müssen lediglich die Zwangsbedingungen und deren Ableitungen in drei Funktionen formulieren. Die Zwangsbedingung ist durch die Funktion h nach Gleichung (9.47) gegeben.

Programm 9.3: *Zwangsbedingungen/pendel_baumstab2.py*

```
35   def h(r):
36       """Zwangsbedingung."""
37       return r @ r - L ** 2
```

Den Gradienten können wir direkt in der Form von Gleichung (9.48) aufschreiben,

```
40   def grad_h(r):
41       """Gradient der Zwangsbedingung: g[i] = dh / dx_i."""
42       return 2 * r
```

und die Hesse-Matrix übernehmen wir aus Gleichung (9.49). Eigentlich hätte man für die Hesse-Matrix auch eine Konstante definieren können. Damit man das Programm später einfacher auf andere Zwangsbedingungen erweitern kann, ist es aber hilfreich, auch hier eine Funktion zu definieren.

```
45  def hesse_h(r):
46      """Hesse-Matrix: H[i, j] = d²h / (dx_i dx_j)."""
47      return np.array([[2.0, 0.0], [0.0, 2.0]])
```

In der Funktion für die rechte Seite der Differentialgleichung setzen wir die Gleichungen (9.45) bis (9.46) um und berechnen anschließend mithilfe von Gleichung (9.44) die Größe λ. Da der Bezeichner `lambda` in Python ein Schlüsselwort ist, weichen wir hier und im Folgenden stets auf den Variablennamen `lam` für die Größe λ aus.

```
50  def dgl(t, u):
51      """Berechne die rechte Seite der Differentialgleichung."""
52      r, v = np.split(u, 2)
53
54      # Berechne lambda.
55      grad = grad_h(r)
56      hesse = hesse_h(r)
57      A = grad @ grad / m
58      B = (- v @ hesse @ v - grad @ F_g / m
59          - 2 * alpha * grad @ v - beta ** 2 * h(r))
60      lam = B / A
```

Anschließend bestimmen wir die Zwangskraft nach Gleichung (9.36) und berechnen damit die Gesamtbeschleunigung, um anschließend die Zeitableitung des Zustandsvektors zurückzugeben.

```
63      F_zwang = lam * grad
64      a = (F_zwang + F_g) / m
66      return np.concatenate([v, a])
```

Die Ausgabe des Programms ist völlig identisch zu der des Programms 9.2. Wie bereits gesagt wurde, ist das Ziel dieses Abschnitts nicht, eine andere oder bessere Simulation für das einfache Pendel zu entwickeln, sondern eine Herangehensweise, die sich besser auf andere Probleme anpassen lässt.

Vielleicht haben Sie sich gefragt, ob es wirklich notwendig ist, dass man neben der Funktion h separat die Funktionen `grad_h` und `hesse_h` definieren muss, die ja lediglich die ersten und zweiten Ableitungen von h darstellen. Man könnte beispielsweise versuchen, die Funktionen `grad_h` und `hesse_h` durch eine numerische Differentiation von h zu erhalten. Dies bringt den Nachteil mit sich, dass man einen zusätzlichen numerischen Fehler einführt, und man muss die Schrittweite für den Differenzenquotienten sehr sorgfältig wählen. Alternativ könnte man versuchen, die Ableitung in Python direkt symbolisch zu berechnen. Dafür würde sich die Bibliothek SymPy [6] eignen, auf die wir in diesem Buch leider nicht weiter eingehen können. Unser Ansatz hat aber einen wichtigen Vorteil: In Abschn. 9.5 werden wir zunächst ein System mit drei Massen behandeln, und in Aufgabe 9.4 sollen Sie das Programm dann auf beliebige Stabwerke erweitern. Sie werden beim Lösen dieser Aufgabe feststellen, dass man die drei Funktionen h, `grad_h` und `hesse_h` relativ direkt aus der geometrischen Beschreibung des Problems erzeugen kann. Dabei hilft Ihnen die einfache Struktur der Ableitungen. Bevor Sie sich mit dieser Aufgabe beschäftigen, sollten wir uns zunächst

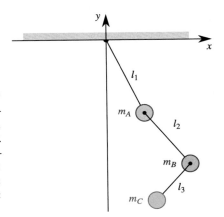

Abb. 9.7: Das Dreifachpendel. *Die Masse m_A ist pendelnd an einer Stange aufgehängt. An der Pendelmasse m_A ist ein weiteres Pendel angehängt, an dem sich wiederum ein drittes Pendel befindet. Wenn die Pendel nur in der x-y-Ebene pendeln können, kann man mit einer geeigneten Konstruktion sicherstellen, dass die Pendel sich überschlagen können, ohne mit den anderen Pendelstangen zu kollidieren.*

einmal ein System mit wenigen Massen anschauen, bei dem diese allgemeine Struktur der Zwangsbedingungen und ihrer Ableitungen deutlicher wird.

9.5 Chaotische Mehrfachpendel

Wir wollen im Folgenden Probleme betrachten, bei denen sich mehrere Teilchen bewegen und auch mehrere Zwangsbedingungen vorliegen. Ein Beispiel ist das Dreifachpendel, das in Abb. 9.7 dargestellt ist. Streng genommen funktioniert dieses Pendel nur dann, wenn man die Pendelbewegung auf eine Ebene einschränkt, da sonst die Pendelstangen bei Überschlägen der unteren Pendel miteinander kollidieren können. Für die allgemeine Betrachtung wollen wir dennoch den 3-dimensionalen Fall annehmen, auch wenn wir später nur den 2-dimensionalen Fall simulieren werden. Unser Ziel ist es, ein Programm zu schreiben, das das Dreifachpendel simulieren kann und sich mit relativ wenig Aufwand auch für die Simulation anderer Mehrfachpendel anpassen lässt.

Im Allgemeinen haben wir ein Problem, das aus N Teilchen mit R Zwangsbedingungen besteht. In unserem konkreten Fall handelt es sich um $N = 3$ Teilchen. Die Zwangsbedingungen sagen aus, dass die Längen der Pendelstangen vorgegeben sind. Da wir drei Pendelstangen haben, benötigen wir auch $R = 3$ Zwangsbedingungen, die wir wieder als Nullstellen von jeweils einer Funktion darstellen:

$$h_1(\vec{r}_1, \ldots, \vec{r}_3) = \vec{r}_1^{\,2} - l_1^2 \tag{9.50}$$

$$h_2(\vec{r}_1, \ldots, \vec{r}_3) = (\vec{r}_1 - \vec{r}_2)^2 - l_2^2 \tag{9.51}$$

$$h_3(\vec{r}_1, \ldots, \vec{r}_3) = (\vec{r}_2 - \vec{r}_3)^2 - l_3^2 \tag{9.52}$$

In die newtonschen Bewegungsgleichungen müssen wir nun wieder die Zwangskräfte einbauen. Dabei ist zu beachten, dass zum Beispiel auf die Masse m_A und m_B in Abb. 9.7 jeweils zwei Zwangskräfte wirken. Eine naheliegende Verallgemeinerung der Gleichung (9.37) auf diese Situation ist durch

$$m_i \ddot{\vec{r}}_i = \vec{F}_i + \lambda_1 \frac{\partial h_1}{\partial \vec{r}_i} + \lambda_2 \frac{\partial h_2}{\partial \vec{r}_i} + \lambda_3 \frac{\partial h_3}{\partial \vec{r}_i} \qquad \text{mit} \qquad i = 1 \ldots N \tag{9.53}$$

gegeben. Die Kraft $\vec{F}_i$ ist die äußere Kraft auf die i-te Masse, und es gibt für jede Zwangsbedingung eine Zwangskraft. Für jede dieser Zwangskräfte haben wir einen

Parameter λ_1, λ_2 und λ_3, der die Größe der jeweiligen Kraft festlegt. Die Ableitungen stellen wieder sicher, dass die Zwangskraft in die richtige Richtung zeigt. Gleichzeitig ist auch sichergestellt, dass zum Beispiel die Stange mit der Länge l_C keine direkte Zwangskraft auf die Masse m_A ausüben kann, denn die Koordinaten dieser Masse tauchen in der entsprechenden Zwangsbedingung (9.52) nicht auf. Die Gleichung (9.53) können wir etwas kompakter in der Form

$$m_i \ddot{\vec{r}}_i = \vec{F}_i + \sum_{a=1}^{R} \lambda_a \frac{\partial h_a}{\partial \vec{r}_i} \tag{9.54}$$

schreiben. Für die weitere Behandlung der Bewegungsgleichungen ist es hilfreich, einige Konventionen zu treffen:

- Wir betrachten N Teilchen in drei Dimensionen und haben demzufolge $3N$ Teilchenkoordinaten.

- Diese Teilchenkoordinaten bezeichnen wir mit x_i und nummerieren sie fortlaufend durch. Der Ortsvektor des ersten Teilchens ist also durch $\vec{r}_1 = (x_1, x_2, x_3)$ gegeben, der des zweiten Teilchens ist durch $\vec{r}_2 = (x_4, x_5, x_6)$ gegeben und so weiter.

- Analog bezeichnen wir die Komponenten der äußeren Kräfte mit F_i. Auf das erste Teilchen wirkt also die äußere Kraft $\vec{F}_1 = (F_1, F_2, F_3)$, auf das zweite Teilchen wirkt die Kraft $\vec{F}_2 = (F_4, F_5, F_6)$ und so weiter.

- Jeder Koordinatenrichtung x_i wird die Masse des entsprechenden Teilchens zugeordnet. Im Beispiel des Dreifachpendels nach Abb. 9.7 setzen wir $m_1 = m_2 = m_3 = m_A$, $m_4 = m_5 = m_6 = m_B$ und $m_7 = m_8 = m_9 = m_C$.

Mit dieser Konvention kann man die Bewegungsgleichung (9.54) in der Form

$$m_i \ddot{x}_i = F_i + \sum_{a=1}^{R} \lambda_a \frac{\partial h_a}{\partial x_i} \qquad \text{für} \qquad i = 1 \ldots 3N \tag{9.55}$$

schreiben. Es handelt sich wieder um ein System von Differentialgleichungen, in denen aber noch die unbekannten Parameter λ_a auftauchen. Um diese Parameter zu eliminieren, gehen wir genauso vor wie im vorangegangenen Abschnitt und differenzieren die Funktion h_a zweimal nach der Zeit:

$$\dot{h}_a = \sum_{i=1}^{3N} \frac{\partial h_a}{\partial x_i} \dot{x}_i \tag{9.56}$$

$$\ddot{h}_a = \sum_{i,j=1}^{3N} \frac{\partial^2 h_a}{\partial x_i \partial x_j} \dot{x}_i \dot{x}_j + \sum_{i=1}^{3N} \frac{\partial h_a}{\partial x_i} \ddot{x}_i \tag{9.57}$$

Wir setzen nun wieder die Beschleunigung nach Gleichung (9.55) in die zweimal differenzierte Zwangsbedingung $\ddot{h}_a = 0$ ein. Dabei müssen wir den Summationsindex a in Gleichung (9.55) allerdings umbenennen und erhalten:

$$\sum_{i,j=1}^{3N} \frac{\partial^2 h_a}{\partial x_i \partial x_j} \dot{x}_i \dot{x}_j + \sum_{i=1}^{3N} \frac{\partial h_a}{\partial x_i} \left(\frac{F_i}{m_i} + \sum_{b=1}^{R} \lambda_b \frac{1}{m_i} \frac{\partial h_b}{\partial x_i} \right) = 0 \tag{9.58}$$

Auch hier berücksichtigen wir wieder die Baumgarte-Stabilisierung und ergänzen auf der linken Seite die Terme $2\alpha\dot{h}_a + \beta^2 h_a$. Wir erhalten damit die folgende Gleichung:

$$\sum_{i,j=1}^{3N} \frac{\partial^2 h_a}{\partial x_i \partial x_j} \dot{x}_i \dot{x}_j + \sum_{i=1}^{3N} \frac{\partial h_a}{\partial x_i} \left(\frac{F_i}{m_i} + 2\alpha\dot{x}_i + \sum_{b=1}^{R} \lambda_b \frac{1}{m_i} \frac{\partial h_b}{\partial x_i} \right) + \beta^2 h_a = 0 \qquad (9.59)$$

Um bei dieser Gleichung etwas den Überblick zu bewahren, führen wir – analog zum vorangegangenen Abschnitt – zwei Abkürzungen ein:

$$A_{ab} = \sum_{i=1}^{3N} \frac{1}{m_i} \frac{\partial h_a}{\partial x_i} \frac{\partial h_b}{\partial x_i} \qquad (9.60)$$

$$B_a = - \sum_{i,j=1}^{3N} \frac{\partial^2 h_a}{\partial x_i \partial x_j} \dot{x}_i \dot{x}_j - \sum_{i=1}^{3N} \frac{\partial h_a}{\partial x_i} \left(\frac{F_i}{m_i} + 2\alpha\dot{x}_i \right) - \beta^2 h_a \qquad (9.61)$$

Damit lässt sich Gleichung (9.59) in der Form

$$\sum_{b=1}^{R} A_{ab} \lambda_b = B_a \qquad (9.62)$$

schreiben. Die linke Seite dieser Gleichung stellt aber gerade die Matrixmultiplikation einer Matrix $\widehat{A}$ mit den Einträgen A_{ab} mit dem Vektor $\vec{\lambda}$ dar. Es handelt sich also um ein lineares Gleichungssystem, das wir mit Python lösen können. Wenn wir die so gefundenen Werte für $\vec{\lambda}$ in die Bewegungsgleichung (9.55) einsetzen, erhalten wir ein Differentialgleichungssystem, das wir mit den üblichen Methoden lösen können.

Wir wollen das oben beschriebene Verfahren nun auf das Dreifachpendel nach Abb. 9.7 anwenden. Nach den üblichen Modulimporten legen wir die Simulationsparameter fest

Programm 9.4: *Zwangsbedingungen/dreifachpendel.py*

```
11  t_max = 10
12  dt = 0.002
```

und definieren anschließend die Massen der drei Pendelkörper und die Längen der Pendelstangen.

```
13  # Massen der Pendelkörpers [kg].
14  m1 = 1.0
15  m2 = 1.0
16  m3 = 1.0
17  # Längen der Pendelstangen [m].
18  l1 = 0.6
19  l2 = 0.3
20  l3 = 0.15
```

Danach legen wir die Erdbeschleunigung g sowie die beiden Parameter α und β für die Baumgarte-Stabilisierung fest:

```
21  # Betrag der Erdbeschleunigung [m/s²].
22  g = 9.81
23  # Parameter für die Baumgarte-Stabilisierung [1/s].
24  beta = alpha = 10.0
```

Als Nächstes definieren wir den Anfangsort der drei Teilchen. Wir lenken dazu die obere Pendelstange um 130° aus ihrer Ruhelage aus, und die unteren beiden Pendelstangen sollen gerade nach unten hängen.

```
27   phi1 = math.radians(130.0)
28   phi2 = math.radians(0.0)
29   phi3 = math.radians(0.0)
```

Mithilfe dieser drei Winkel berechnen wir nun die Ortsvektoren der drei Massenpunkte:

```
32   r01 = l1 * np.array([math.sin(phi1), -math.cos(phi1)])
33   r02 = r01 + l2 * np.array([math.sin(phi2), -math.cos(phi2)])
34   r03 = r02 + l3 * np.array([math.sin(phi3), -math.cos(phi3)])
```

Diese drei Ortsvektoren fassen wir in einem 1-dimensionalen Array zusammen. Das Array r0 enthält somit die fortlaufend durchnummerierten Teilchenkoordinaten x_i.

```
37   r0 = np.concatenate((r01, r02, r03))
```

Der besseren Lesbarkeit halber legen wir nun die Dimension, die Anzahl der beteiligten Massen und die Anzahl der Zwangsbedingungen fest. Dabei müssen wir bei der Bestimmung der Teilchenanzahl darauf achten, dass wir eine ganzzahlige Division mit dem Operator `//` verwenden, damit die Variable `n_teilchen` vom Typ `int` ist.

```
40   n_dim = len(r01)
41   n_teilchen = len(r0) // n_dim
42   n_zwangsbed = n_teilchen
```

Die Anfangsgeschwindigkeiten der einzelnen Teilchen setzen wir alle auf null. Auch hier erzeugen wir ein Array der Geschwindigkeitskomponenten aller Teilchen.

```
45   v0 = np.zeros(n_teilchen * n_dim)
```

Um die Bewegungsgleichungen in der Form (9.55) aufzustellen, benötigen wir noch den Vektor, der jeder Teilchenkoordinate die entsprechende Masse zuordnet. Diesen Vektor erstellen wir an dieser Stelle von Hand:

```
48   m = np.array([m1, m1, m2, m2, m3, m3])
```

Analog definieren wir den Vektor der äußeren Kraftkomponenten, die durch die Gewichtskraft der jeweiligen Masse gegeben sind.

```
51   F_g = m * np.array([0, -g, 0, -g, 0, -g])
```

In den Gleichungen (9.60) bis (9.62) tauchen die Zwangsbedingungen und die entsprechenden Ableitungen auf. Wir definieren daher drei Funktionen, die diese Ableitungen bereitstellen, und beginnen mit der Funktion, die die Zwangsbedingungen bereitstellt.

```
54   def h(r):
55       """Zwangsbedingungen."""
```

Die Funktion soll ein Array mit drei Einträgen der Funktionswerte der drei Zwangsbedingungen zurückgeben. Um die Zwangsbedingungen übersichtlich in der Form (9.50) bis (9.52) aufzuschreiben, wandeln wir das Array r in ein `n_teilchen×n_dim`-Array um, sodass wir mit `r[i]` die Komponenten des Ortsvektors des *i*-ten Teilchens erhalten.

```
56      r = r.reshape(n_teilchen, n_dim)
```

Anschließend berechnen wir die paarweisen Differenzen der Ortsvektoren und implementieren damit direkt die Gleichungen (9.50) bis (9.52).

```
57      d1 = r[0]
58      d2 = r[1] - r[0]
59      d3 = r[2] - r[1]
60      return np.array([d1@d1 - l1**2, d2@d2 - l2**2, d3@d3 - l3**2])
```

Als Nächstes implementieren wir eine Funktion, die die Ableitungen der Zwangsbedingung nach den einzelnen Koordinaten liefert. Als Ergebnis soll ein 2-dimensionales Array g zurückgegeben werden:

$$g[a, i] = \frac{\partial h_a}{\partial x_i} \tag{9.63}$$

Die Ableitungen der Funktion h_1 bis h_3 nach den einzelnen Ortsvektoren lauten:

$$\frac{\partial h_1}{\partial \vec{r}_1} = 2\vec{r}_1 \qquad \frac{\partial h_1}{\partial \vec{r}_2} = 0 \qquad \frac{\partial h_1}{\partial \vec{r}_3} = 0$$

$$\frac{\partial h_2}{\partial \vec{r}_1} = 2\left(\vec{r}_1 - \vec{r}_2\right) \quad \frac{\partial h_2}{\partial \vec{r}_2} = 2\left(\vec{r}_2 - \vec{r}_1\right) \quad \frac{\partial h_2}{\partial \vec{r}_3} = 0 \tag{9.64}$$

$$\frac{\partial h_3}{\partial \vec{r}_1} = 0 \qquad \frac{\partial h_3}{\partial \vec{r}_2} = 2\left(\vec{r}_2 - \vec{r}_3\right) \quad \frac{\partial h_3}{\partial \vec{r}_3} = 2\left(\vec{r}_3 - \vec{r}_2\right)$$

In dieser Form kann man die Ableitungen sehr übersichtlich in Python aufschreiben. Wir zerlegen das Array der Teilchenkoordinaten, wie bei der vorherigen Funktion, in die Ortsvektoren. Anschließend erzeugen wir zunächst aber ein 3-dimensionales Array g, das mit Nullen initialisiert ist.

```
63  def grad_h(r):
64      """Gradient der Zwangsbed.: g[a, i] = dh_a / dx_i."""
65      r = r.reshape(n_teilchen, n_dim)
66      g = np.zeros((n_zwangsbed, n_teilchen, n_dim))
```

Wenn wir das Array g nur mit zwei Indizes als `g[a, i]` ansprechen, dann erhalten wir ein Array mit `n_dim` Elementen, das gerade den Vektor $\partial h_a / \partial \vec{r}_i$ enthalten soll. Auf diese Art können wir die Gleichungen (9.64) unmittelbar in Python umsetzen.

```
68      # Erste Zwangsbedingung.
69      g[0, 0] = 2 * r[0]
70
71      # Zweite Zwangsbedingung.
72      g[1, 0] = 2 * (r[0] - r[1])
73      g[1, 1] = 2 * (r[1] - r[0])
74
75      # Dritte Zwangsbedingung.
76      g[2, 1] = 2 * (r[1] - r[2])
77      g[2, 2] = 2 * (r[2] - r[1])
```

Bei der Rückgabe des Array g wandeln wir dieses in ein 2-dimensionales Array um, sodass sich genau das nach Gleichung (9.63) erwünschte Verhalten ergibt.

```
79    return g.reshape(n_zwangsbed, n_teilchen * n_dim)
```

Analog erstellen wir eine Funktion, die die zweiten Ableitungen der Zwangsbedingungen liefert. Als Ergebnis soll ein 3-dimensionales Array h zurückgegeben werden:

$$h[a, i, j] = \frac{\partial^2 h_a}{\partial x_i \partial x_j} \qquad (9.65)$$

Wenn man sich die ersten Ableitungen nach Gleichung (9.64) ansieht, so erkennt man, dass als Ergebnis der zweiten Ableitungen immer nur die Zahlen $+2$, -2 oder 0 auftreten können. Besonders elegant ist es, das Array h zunächst als 4-dimensionales Array anzulegen, da man dann an den entsprechenden Einträgen nur Vielfache der n_dim×n_dim-Einheitsmatrix eintragen muss.

```
82   def hesse_h(r):
83       """Hesse-Matrix: H[a, i, j] =  d²h_a / (dx_i dx_j)."""
84       h = np.zeros((n_zwangsbed,
85                     n_teilchen, n_dim, n_teilchen, n_dim))
86
87       # Erstelle eine n_dim × n_dim - Einheitsmatrix.
88       E = np.eye(n_dim)
89
90       # Erste Zwangsbedingung.
91       h[0, 0, :, 0, :] = 2 * E
92
93       # Zweite Zwangsbedingung.
94       h[1, 0, :, 0, :] = 2 * E
95       h[1, 0, :, 1, :] = -2 * E
96       h[1, 1, :, 0, :] = -2 * E
97       h[1, 1, :, 1, :] = 2 * E
98
99       # Dritte Zwangsbedingung.
100      h[2, 1, :, 1, :] = 2 * E
101      h[2, 1, :, 2, :] = -2 * E
102      h[2, 2, :, 1, :] = -2 * E
103      h[2, 2, :, 2, :] = 2 * E
104
105      return h.reshape(n_zwangsbed,
106                       n_teilchen * n_dim, n_teilchen * n_dim)
```

Wir können nun die rechte Seite des Differentialgleichungssystems in Python formulieren. Dazu zerlegen wir den Zustandsvektor wieder in die Orts- und Geschwindigkeitskomponenten.

```
109  def dgl(t, u):
110      """Berechne die rechte Seite der Differentialgleichung."""
111      r, v = np.split(u, 2)
```

Anschließend berechnen wir die Matrix $\widehat{A}$ nach Gleichung (9.60) und Vektor $\vec{B}$ nach Gleichung (9.61).

```
114        grad = grad_h(r)
115        hesse = hesse_h(r)
116        A = grad / m @ grad.T
117        B = (- v @ hesse @ v - grad @ (F_g / m)
118             - 2 * alpha * grad @ v - beta ** 2 * h(r))
```

Bitte beachten Sie an dieser Stelle, dass die Variable m im Gegensatz zu Programm 9.3 nun ein 1-dimensionales Array und die Variable grad ein 2-dimensionales Array ist. Die Operatoren / und @ sind in der Operatorrangfolge von Python gleichwertig, sodass der Ausdruck grad / m @ grad.T von links nach rechts ausgewertet wird. Er ist also gleichbedeutend mit (grad / m) @ grad.T. Die Variable m ist ein 1-dimensionales Array mit 6 Einträgen und bei grad handelt es sich um ein 3×6-Array. Damit ist (grad / m) ebenfalls ein 3×6-Array und die Matrixmultiplikation mit dem 6×3-Array grad.T liefert die gewünschte Summation nach Gleichung (9.60). Dementsprechend muss in dem Ausdruck grad @ (F_g / m) bei der Berechnung des Vektors $\vec{B}$ eine Klammer gesetzt werden, weil grad @ F_g / m nach dem Broadcasting-Regeln kein gültiger Ausdruck ist.[2]

Die Größen λ_a berechnen wir nun, indem wir das lineare Gleichungssystem (9.62) lösen.

```
119        lam = np.linalg.solve(A, B)
```

Die Komponenten der Beschleunigung ergeben sich direkt nach Gleichung (9.55), und wir setzen die Zeitableitung des Zustandsvektors wieder aus den Geschwindigkeits- und Beschleunigungskomponenten zusammen.

```
123        a = (F_g + lam @ grad) / m
125        return np.concatenate([v, a])
```

Die numerische Integration der Bewegungsgleichungen erfolgt nach dem üblichen Schema, wobei wir mit rtol=1e-6 eine relativ enge Toleranz vorgeben.

```
129    u0 = np.concatenate((r0, v0))
132    result = scipy.integrate.solve_ivp(dgl, [0, t_max], u0, rtol=1e-6,
133                                       t_eval=np.arange(0, t_max, dt))
```

Die grafische Ausgabe beinhaltet im Vergleich zu den in den vorherigen Kapiteln diskutierten Programmen keine neuen Elemente und wird hier nicht mit abgedruckt. Ein typisches Ergebnis ist in Abb. 9.8 dargestellt. Zur Kontrolle berechnen wir die tatsächlichen Abstände der Massen voneinander und die Gesamtenergie und geben das Ergebnis in einer kleinen Tabelle aus:

```
           minimal          maximal
    l1: 0.5999998 m     0.6000003 m
    l2: 0.2999997 m     0.3000005 m
```

---

[2] Anstelle von grad / m @ grad.T hätte man auch 1 / m * grad @ grad.T verwenden können und anstelle von grad @ (F_g / m) den gleichwertigen Ausdruck grad / m @ F_g oder
1 / m * grad @ F_g.

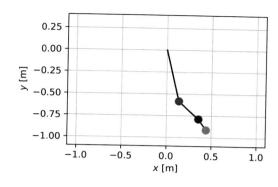

Abb. 9.8: Simulation des Dreifachpendels. *Bei geeignet gewählten Anfangsauslenkungen führen die Pendelkörper eine unregelmäßige, chaotische Bewegung aus, deren genauer Zeitverlauf sehr empfindlich von den Anfangsbedingungen abhängt.*

```
l3: 0.1499988 m    0.1500015 m
 E: 3.9913816 J    3.9929156 J
```

Sie können erkennen, dass die Pendellängen minimale Variationen aufweisen. Weiterhin erkennt man eine leichte Variation der Gesamtenergie. Bitte verändern Sie einmal das Argument `rtol` von `scipy.integrate.solve_ivp`. Sie können beobachten, dass dieser Parameter die Genauigkeit der Simulation wesentlich beeinflusst.

Wenn Sie das Programm 9.4 laufen lassen und die Bewegung beobachten oder das entsprechende Video zu Abb. 9.8 anschauen, so werden Sie sicher feststellen, dass die Pendelkörper eine sehr unregelmäßige Bewegung ausführen. Tatsächlich handelt es sich hierbei um eine sogenannte **chaotische Bewegung**. Man spricht von einer chaotischen Bewegung, wenn das System selbst auf geringste Änderungen der Anfangsbedingungen so reagiert, dass es nach einer gewissen Zeit zu einem völlig anderen Verhalten des Systems kommt. Dieser Aspekt der Mehrfachpendel wird in Aufgabe 9.2 genauer untersucht.

9.6 Zwangsbedingungen mit Ungleichungen

In der Praxis tauchen häufig nichtholonome Zwangsbedingungen auf, die sich in Form einer Ungleichung formulieren lassen. Wenn Sie beispielsweise das ebene Pendel experimentell realisieren wollen, so wird man im einfachsten Fall keine starre Stange verwenden, sondern einen Faden. Je nach gewählten Anfangsbedingungen kann dieser Faden während der Bewegung durchhängen. In diesem Fall könnte man die Zwangsbedingung in der Form $h(\vec{r}) = \vec{r}^2 - l^2 \leq 0$ formulieren. Die Bewegung des Pendelkörpers ist also nicht auf eine Kreisbahn, sondern auf eine Kreisscheibe eingeschränkt, wobei die Anfangsbedingungen meistens so gestaltet sind, dass sie die Zwangsbedingung mit dem Gleichheitszeichen erfüllen.

Um ein solches Fadenpendel zu simulieren, kann man wie folgt vorgehen: Man nimmt erst einmal an, dass die Zwangsbedingung in der Form $h(\vec{r}) = 0$ vorliegt. Während der Lösung der Differentialgleichung muss man nun das Vorzeichen des Parameters λ beobachten. Man darf die Zwangskraft nur dann berücksichtigen, wenn diese tatsächlich nach innen wirkt. Die Simulation eines solchen Fadenpendels soll in Aufgabe 9.7 in Angriff genommen werden. Bevor Sie diese Aufgabe bearbeiten, betrachten wir ein weiteres Beispiel für ein System mit einer Zwangsbedingung in Form einer Ungleichung.

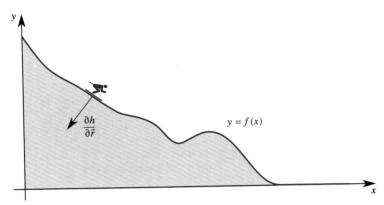

Abb. 9.9: Modellierung eines Skihangs. *Die Oberfläche des Skihangs wird durch die Funktion f(x) beschrieben. Der Gradient der Zwangsbedingung nach Gleichung (9.66) ist ein Vektor, der senkrecht auf dem Skihang steht und in den Skihang hinein zeigt.*

Wir wollen einen Massenpunkt betrachten, der auf einem unregelmäßig geformten Hang heruntergleitet. Stellen Sie sich darunter vielleicht einen Skifahrer vor, wie er in Abb. 9.9 dargestellt ist. Der Einfachheit halber betrachten wir nur eine Bewegung in der x-y-Ebene. Der Hang sei durch eine Funktion $y = f(x)$ gegeben. Wir nehmen zunächst einmal an, dass sich der Massenpunkt nicht von dem Hang lösen kann. In diesem Fall können wir die Zwangsbedingung in der Form

$$h(\vec{r}) = f(x) - y = 0 \qquad (9.66)$$

schreiben. Für den Gradienten der Funktion h erhalten wir

$$\frac{\partial h}{\partial \vec{r}} = \begin{pmatrix} f'(x) \\ -1 \end{pmatrix}. \qquad (9.67)$$

Dieser Vektor zeigt immer senkrecht in den Skihang hinein (siehe Abb. 9.9). Für die Hesse-Matrix $\widehat{H}$ ergibt sich durch erneutes Ableiten:

$$\widehat{H} = \begin{pmatrix} \frac{\partial^2 h}{\partial x \partial x} & \frac{\partial^2 h}{\partial x \partial y} \\ \frac{\partial^2 h}{\partial y \partial x} & \frac{\partial^2 h}{\partial y \partial y} \end{pmatrix} = \begin{pmatrix} f''(x) & 0 \\ 0 & 0 \end{pmatrix} \qquad (9.68)$$

Da in der Hesse-Matrix die zweite Ableitung der Funktion f auftaucht, müssen wir den Skihang also durch eine Funktion modellieren, die zweimal differenzierbar ist, um die Bewegung des Skifahrers zu simulieren. Insbesondere können wir den Skihang also beispielsweise nicht durch stückweise lineare Funktionen beschreiben. Das kann man auch physikalisch verstehen: Wenn man den Hang abschnittsweise durch Geradenstücke beschreibt, dann würde sich der Vektor der Geschwindigkeit des Skifahrers an den Stoßstellen sprunghaft ändern. Die Beschleunigung wäre an diesen Stellen also unendlich groß.

Modellierung eines Skihangs

Es ist im Allgemeinen schwer, eine beliebig geformte Kurve durch eine algebraische Funktion zu beschreiben. Der wahrscheinlich einfachste Ansatz besteht darin, eine

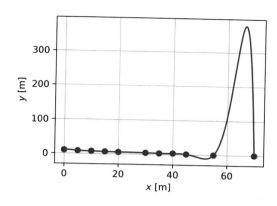

Abb. 9.10: Darstellung des Skihangs durch ein Polynom. *Ein Polynom zehnten Grades ist offensichtlich ungeeignet, um den Skihang zu modellieren.*

Wertetabelle des Höhenprofils zu erstellen und an diese Wertetabelle ein Polynom anzufitten. Wir probieren diesen Ansatz einmal aus und erstellen dazu zunächst die Wertetabelle. Wir geben hierfür geeignete Koordinatenpaare vor, die eine Form darstellen, die in etwa dem Profil aus Abb. 9.9 entspricht. Dabei wählen wir einen sehr kurzen Skihang mit einer horizontalen Länge von 70 m und einem Höhenunterschied von 10 m, was einem mittleren Gefälle von 14 % entspricht.

Programm 9.5: *Zwangsbedingungen/skihang_polynom.py*

```
 7   x_hang = np.array([0.0, 5.0, 10.0, 15.0, 20.0, 30.0, 35.0,
 8                      40.0, 45.0, 55.0, 70.0])
 9   y_hang = np.array([10.0, 8.0, 7.0, 6.0, 5.0, 4.0, 3.0,
10                      3.5, 1.5, 0.02, 0.0])
```

Um an diese Daten ein Polynom anzufitten, gibt es in NumPy eine fertige Funktion np.polyfit, die ein Array mit den Koeffizienten des Polynoms zurückgibt. Wenn wir sicherstellen wollen, dass das Polynom exakt durch die vorgegebenen Punkte verläuft, dann müssen wir bei den elf vorgegebenen Punkten ein Polynom zehnten Grades anfitten.

```
13   polynom = np.polyfit(x_hang, y_hang, 10)
```

Anschließend werten wir dieses Polynom auf einem fein gerasterten Array von x-Werten aus. Auch hierfür gibt es eine vorgefertigte Funktion in NumPy.

```
17   x_polynom = np.linspace(x_hang[0], x_hang[-1], 500)
18   y_polynom = np.polyval(polynom, x_polynom)
```

Anschließend plotten wir die Stützstellen und den Graphen des Polynoms. Das Ergebnis ist in Abb. 9.10 dargestellt und offensichtlich unbrauchbar. Das Polynom verläuft zwar durch alle vorgegebenen Punkte, aber zwischen den Punkten gibt es zum Teil sehr große Überschwinger. Wenn man den Grad des Polynoms reduziert, werden die Überschwinger weniger stark, dafür läuft die Kurve aber nicht mehr durch alle vorgegebenen Punkte.

Wir müssen also die Aufgabe lösen, eine hinreichend glatte Funktion zu finden, die durch alle vorgegebenen Stützpunkte läuft und zwischen den Stützpunkten möglichst wenig gekrümmt ist. Dieses Problem wird durch **kubische Splines** gelöst. Unter einem kubischen Spline versteht man eine Menge von abschnittsweise definierten Polynomen dritten Grades. Die Koeffizienten der Polynome werden so gewählt, dass diese durch eine vorgegebene Menge von Punkten laufen. Weiterhin fordert man, dass die Polynome an den Grenzen der einzelnen Abschnitte sowohl in ihren Funktionswerten als auch in der ersten und zweiten Ableitung übereinstimmen, sodass sich insgesamt eine zweimal stetig differenzierbare Funktion ergibt. Wir testen diesen Ansatz wieder mit einem kurzen Python-Programm und beginnen mit den üblichen Modulimporten, bei denen wir auch das Modul `scipy.interpolate` mit importieren.

Nach der Definition der Stützstellen, die wir hier nicht noch einmal wiederholen, legen wir mit der Funktion `scipy.interpolate.CubicSpline` nun kubische Splines durch diese Punkte.

Programm 9.6: *Zwangsbedingungen/skihang.py*

```
14  hangfunktion = scipy.interpolate.CubicSpline(x_hang, y_hang,
15                                               bc_type='natural')
```

Das Argument `bc_type='natural'` bewirkt, dass die zweite Ableitung der Splines an den beiden Randpunkten gleich null ist. Dies ist vorteilhaft, weil dadurch der Hang für $x < 0$ und $x > 70$ m linear fortgesetzt wird. Das zurückgegebene Objekt `hangfunktion` enthält nun die Koeffizienten der einzelnen Polynome und die jeweiligen Definitionsbereiche. Wie diese Daten in dem Objekt gespeichert sind, muss uns an dieser Stelle gar nicht interessieren, da man das Objekt `hangfunktion` wie eine gewöhnliche Python-Funktion verwenden kann.

Mithilfe der Methode `derivative` kann man nun Ableitungen dieser Funktion berechnen. Das so zurückgegebene Objekt `d_hangfunktion` lässt sich ebenfalls wie eine gewöhnliche Python-Funktion verwenden.

```
18  d_hangfunktion = hangfunktion.derivative(1)
```

Als Nächstes erzeugen wir ein Array von x-Koordinaten, an denen wir die kubischen Splines auswerten wollen.

```
22  x_plot = np.linspace(x_hang[0], x_hang[-1], 500)
```

Nachdem wir mit den üblichen Befehlen eine Figure und eine Axes `ax_ort` erzeugt haben, plotten wir die gegebenen Punkte und die dazugehörige Interpolation.

```
34  ax_ort.plot(x_hang, y_hang, 'ob')
35  ax_ort.plot(x_plot, hangfunktion(x_plot), '-b')
```

Zusätzlich wollen wir die lokale Steigung der Stecke darstellen. Da der Streckenverlauf und die Steigung unterschiedliche Einheiten haben, ist es hilfreich, eine zweite y-Achse im gleichen Koordinatensystem zu erzeugen. Dies gelingt mit der Methode `twinx()` des ursprünglichen Axes-Objektes. Diese Methode erzeuge ein neues Axes-Objekt mit einer zweiten y-Achse. In dieses Axes-Objekt plotten wir nun die Ableitung der Funktion.

```
39  ax_steigung = ax_ort.twinx()
40  ax_steigung.set_ylabel('Steigung [%]', color='red')
41  ax_steigung.tick_params(axis='y', labelcolor='red')
```

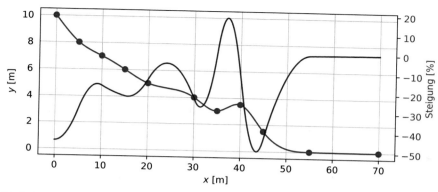

Abb. 9.11: Darstellung des Skihangs durch kubische Splines. *Mithilfe der kubischen Splines erhält man ein Modell des Skihangs ohne Überschwinger. Die blaue Kurve zeigt das Profil des Skihangs, und die rote Kurve gibt die lokale Steigung in % an. Die blauen Punkte repräsentieren die vorgegebenen Stützpunkte.*

```
42  ax_steigung.plot(x_plot, 100 * d_hangfunktion(x_plot), '-r')
```

Das Ergebnis ist in Abb. 9.11 dargestellt. Sie können erkennen, dass der Skihang ein maximales Gefälle von ca. 50 % besitzt. Die Kurve gibt die Form des Skihangs augenscheinlich gut wieder, hat keine wesentlichen Überschwinger und geht genau durch die vorgegebenen Punkte. Wenn man sich den Skihang nach Abb. 9.11 ansieht, so kann man sich gut vorstellen, dass ein Skifahrer beim Befahren dieses Skihangs in der Nähe der Stelle $x = 40$ m in einen Sprung übergeht.

Simulation der Skiabfahrt

Um die Bewegung des Skifahrers zu simulieren, kopieren wir die Definition der Stützstellen aus dem Programm 9.6. Weiterhin legen wir die relevanten Parameter fest.

Programm 9.7: *Zwangsbedingungen/skifahrt.py*

```
16  # Zeitschrittweite für die Animation [s].
17  dt = 0.01
18  # Masse des Skifahrers [kg].
19  m = 90.0
20  # Erdbeschleunigung [m/s²].
21  g = 9.81
22  # Luftdichte [kg/m³].
23  rho = 1.3
24  # Produkt aus cw-Wert und Frontfläche [m²].
25  cwA = 0.47
26  # Gleitreibungskoeffizient.
27  mu = 0.02
28  # Parameter für die Baumgarte-Stabilisierung [1/s].
29  beta = alpha = 20.0
```

Darüber hinaus definieren wir noch einen Parameter, der eine Toleranz für die maximale Abweichung des Skifahrers in vertikaler Richtung vom Kurvenverlauf des Skihangs angibt. Wir gehen später genauer auf die Bedeutung dieses Parameters ein.

```
33   toleranz_y = 0.001
```

Den Vektor der Gewichtskraft lassen wir in $-y$-Richtung zeigen.

```
36   F_g = m * g * np.array([0, -1])
```

Wir wollen die Situation betrachten, dass der Skifahrer ohne Anfangsgeschwindigkeit vom ersten angegebenen Stützpunkt des Hanges startet.

```
39   r0 = np.array([x_hang[0], y_hang[0]])
40   v0 = np.array([0, 0])
```

Da wir für die Berechnung des Gradienten nach Gleichung (9.67) und der Hesse-Matrix nach Gleichung (9.68) die ersten beiden Ableitungen der Funktion f benötigen, erzeugen wir nun die kubischen Splines sowie deren erste und zweite Ableitung. An dieser Stelle ist es wichtig, dass wir mit `bc_type='natural'` dafür sorgen, dass die Krümmung der Kurve an den beiden Randpunkten verschwindet. Andernfalls kann es passieren, dass die Steigung am ersten Stützpunkt null wird, sodass der Skifahrer nicht losfährt.

```
44   hangfunktion = scipy.interpolate.CubicSpline(x_hang, y_hang,
45                                                 bc_type='natural')
46   d_hangfunktion = hangfunktion.derivative(1)
47   d2_hangfunktion = hangfunktion.derivative(2)
```

Die Zwangsbedingung wird durch die Funktion h ausgedrückt:

```
50   def h(r):
51       """Zwangsbedingung."""
52       x, y = r
53       return hangfunktion(x) - y
```

Den Gradienten der Zwangsbedingung haben wir in Gleichung (9.67) bereits berechnet:

```
56   def grad_h(r):
57       """Gradient der Zwangsbedingung: g[i] = dh / dx_i."""
58       x, y = r
59       return np.array([d_hangfunktion(x), -1])
```

Analog setzen wir die Hesse-Matrix nach Gleichung (9.68) um:

```
62   def hesse_h(r):
63       """Hesse-Matrix: H[i, j] = d²h / (dx_i dx_j)."""
64       x, y = r
65       return np.array([[d2_hangfunktion(x), 0], [0, 0]])
```

Um die Funktion für die rechte Seite der Differentialgleichung etwas übersichtlicher zu halten, definieren wir zunächst eine Funktion, die aus der aktuellen Position und Geschwindigkeit des Skifahrers die Zwangskraft berechnet. Da es sich nur um eine

Zwangsbedingung handelt, gehen wir dazu genauso vor wie bei der Behandlung des Pendels in Abschn. 9.4.

```python
68  def zwangskraft(r, v):
69      """Berechne den Vektor der Zwangskraft."""
71      grad = grad_h(r)
72      hesse = hesse_h(r)
73      A = grad @ grad / m
74      B = (- v @ hesse @ v - grad @ F_g / m
75          - 2 * alpha * grad @ v - beta ** 2 * h(r))
76      lam = B / A
```

Um den Vektor der Zwangskraft bei einer holonomen Zwangsbedingung zu berechnen, müsste man jetzt λ mit dem Gradienten $\partial h / \partial \vec{r}$ multiplizieren. Dieser Gradient zeigt gemäß Abb. 9.9 aber in den Skihang hinein. Ein negatives λ bedeutet also, dass der Skihang den Skifahrer nach oben drückt. Das ist gewissermaßen der Normalfall. Ein positives λ würde einer Kraft entsprechen, die den Skifahrer zum Skihang hin zieht, wenn der Skifahrer eigentlich vom Hang abheben würde. Wir müssen also positive Werte von λ ignorieren.

```python
80      lam = min(lam, 0)
```

Falls sich der Skifahrer bereits vom Hang gelöst hat und sich gerade in einer Flugphase befindet, müssen wir die Zwangskraft ebenfalls ignorieren. Wir benötigen also eine Bedingung, die angibt, ob sich der Skifahrer oberhalb des Hanges befindet. Die naheliegende Idee, diese Bedingung in der Form `r[1] > f(r[0])` zu formulieren, führt leider zu keinem befriedigenden Ergebnis, wie wir in Aufgabe 9.8 sehen werden. Aufgrund von numerischen Fehlern fährt der Skifahrer nie exakt auf der Hangoberfläche, sondern befindet sich stets etwas ober- oder unterhalb. Wenn man nun die Zwangskraft immer dann ausschaltet, wenn der Skifahrer ein kleines bisschen oberhalb der Hangoberfläche ist, führt dies zu einem instabilen Verhalten des Differentialgleichungslösers. Wir modifizieren die Bedingung daher so, dass die Zwangskraft erst dann abgeschaltet wird, wenn sich der Skifahrer mehr als `toleranz_y` oberhalb des Hanges befindet.

```python
84      if r[1] > hangfunktion(r[0]) + toleranz_y:
85          lam = 0
```

Wir berechnen nun die Zwangskraft nach Gleichung (9.36), indem wir λ mit dem Gradienten der Zwangsbedingung multiplizieren.

```python
88      return lam * grad
```

Um die Bewegungsgleichung zu lösen, definieren wir eine Funktion für die rechte Seite des Differentialgleichungssystems.

```python
91  def dgl(t, u):
92      """Berechne die rechte Seite der Differentialgleichung."""
93      r, v = np.split(u, 2)
```

In dieser berechnen wir zunächst die Zwangskraft, die gerade die Normalkraft ist, die wir auch für die Berechnung der Gleitreibungskraft benötigen.

```
96      F_N = zwangskraft(r, v)
```

Die Gleitreibungskraft $\vec{F}_r$ ist proportional zur Normalkraft $\vec{F}_N$ und der Geschwindigkeit entgegengerichtet. Sie lässt sich also über die Gleichung

$$\vec{F}_r = -\mu \left|\vec{F}_N\right| \frac{\vec{v}}{|\vec{v}|} \qquad (9.69)$$

beschreiben, wobei μ der Gleitreibungskoeffizient ist, der weiter vorne im Programm definiert wurde. Diese Gleichung können wir direkt in Python umsetzen, wobei wir den Fall $\vec{v} = 0$ separat behandeln müssen, um einen Fehler beim Teilen durch null zu vermeiden.

```
99      if np.linalg.norm(v) > 0:
100         F_r = -mu * np.linalg.norm(F_N) * v / np.linalg.norm(v)
101     else:
102         F_r = 0.0
```

Die Gleichung für die Luftwiderstandskraft (7.21) haben wir bereits beim freien Fall aus großer Höhe in Kap. 7 kennengelernt:

```
105     F_luft = -0.5 * rho * cwA * v * np.linalg.norm(v)
```

Wir erhalten die aktuelle Beschleunigung, indem wir die Kraftvektoren addieren und durch die Masse teilen. Den konstanten Vektor $\vec{F}_g$ der Gewichtskraft hatten wir schon zu Beginn des Programms definiert.

```
109     a = (F_g + F_luft + F_r + F_N) / m
```

Nun müssen wir uns die Frage stellen, was passiert, wenn der Skifahrer nach einer Flugphase wieder auf den Hang trifft. Wenn man hierfür keine weiteren Vorkehrungen trifft, dann wirken nach dem Auftreffen des Skifahrers die Zwangskräfte und die zusätzlichen Korrekturterme der Baumgarte-Stabilisierung, die den Skifahrer wieder auf die Oberfläche des Hangs bringen. Er wird allerdings – abhängig von der Wahl des Korrekturparameters α – mehr oder weniger tief in den Hang eindringen. Um diesen Effekt zu verringern, überprüfen wir, ob der Skifahrer sich mehr als `toleranz_y` unterhalb der Hangoberfläche befindet und ob die Bewegungsrichtung des Skifahrers eine Komponente hat, die in den Hang hineinzeigt. Dies ist der Fall, wenn die Bedingung

$$\vec{v} \cdot \frac{\partial h}{\partial \vec{r}} > 0 \qquad (9.70)$$

erfüllt ist. In diesem Fall setzen wir die Komponente der Geschwindigkeit, die senkrecht zum Hang steht, sofort auf null. Bitte beachten Sie dabei, dass der Gradient im Allgemeinen nicht normiert ist.

```
114     grad = grad_h(r)
115     if (r[1] < hangfunktion(r[0]) - toleranz_y) and (grad @ v > 0):
116         v -= (grad @ v) * grad / (grad @ grad)
```

Wir geben nun wie üblich die Ableitung des Zustandsvektors zurück.

```
118     return np.concatenate([v, a])
```

Da wir vor der Simulation nicht wissen, wie lange die Abfahrt dauert, benutzen wir wieder Ereignisfunktionen. Die erste Ereignisfunktion bricht die Simulation ab, wenn der Skifahrer das Ziel erreicht hat, also den letzten Stützpunkt des Hanges passiert.

```
121    def ziel_erreicht(t, u):
122        """Ereignisfunktion: Detektiere das Erreichen des Ziels."""
123        r, v = np.split(u, 2)
124        return r[0] - x_hang[-1]
```

Wenn man mit den Stützstellen des Hanges herumspielt, kann es leicht passieren, dass der Skifahrer das Ziel nie erreicht, weil er zwischendurch stehenbleibt und zurückrutscht. Auch hierfür definieren wir eine Ereignisfunktion:

```
127    def stehen_geblieben(t, u):
128        """Ereignisfunktion: Detektiere das Anhalten des Skifahrers."""
129        r, v = np.split(u, 2)
130        return v[0]
```

Beide Ereignisse sollen die Simulation beenden. Eine Nullstelle der Geschwindigkeit in x-Richtung darf aber nur beim Wechsel vom positiven zum negativen Vorzeichen zum Abbruch der Simulation führen, weil die Simulation sonst direkt am Start ebenfalls abgebrochen wird.

```
137    ziel_erreicht.terminal = True
138    stehen_geblieben.terminal = True
139    stehen_geblieben.direction = -1
```

Die eigentliche Berechnung der Lösung besteht aus den bereits bekannten Bausteinen. Die einzige Neuerung ist, dass wir dem Differentialgleichungslöser nun zwei Ereignisfunktionen übergeben.

```
145    result = scipy.integrate.solve_ivp(dgl, [0, np.inf], u0,
146                                       rtol=1e-5,
147                                       events=[ziel_erreicht,
148                                               stehen_geblieben],
149                                       dense_output=True)
```

Für die Auswertung der Skifahrt ist es noch interessant, den Betrag der Zwangskraft zu kennen, da dies die Kraft ist, die auch die Beine des Skifahrers aushalten müssen. Der einfachste Weg ist hier, eine for-Schleife zu benutzen.

```
156    F_zwang = np.zeros(t.size)
157    for i in range(t.size):
158        F_zwang[i] = np.linalg.norm(zwangskraft(r[:, i], v[:, i]))
```

Anschließend werden einige Kenndaten der Skifahrt ausgegeben und das Ergebnis in Form einer Animation grafisch dargestellt. In Abb. 9.12 erkennen Sie, dass der Skifahrer kurz vor der leichten Anhöhe bei $x = 40\,\text{m}$ in einen Sprung übergeht.

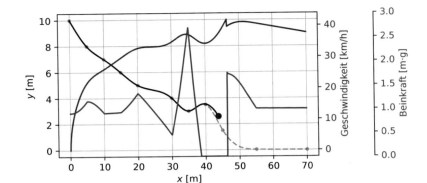

Abb. 9.12: Simulation einer Skiabfahrt. *Der rote Punkt kennzeichnet die aktuelle Position des Skifahrers. Die grau gestrichelte Kurve stellt das vorgegebene Profil des Hanges dar, wobei die grauen Punkte die vorgegebenen Stützpunkte kennzeichnen. Die rote Kurve ist der Betrag der Geschwindigkeit und die blaue Kurve die Beinkraft, die der Skifahrer aufbringen muss. Diese ist in Vielfachen der Gewichtskraft angegeben.*

Verifikation des Ergebnisses

Wir wollen dieses Beispiel wieder dafür nutzen, eine Verifikation unseres Programms durchzuführen, und werden dafür einige Überlegungen anstellen, um zu überprüfen, ob die Ergebnisse stimmig sind.

Dazu betrachten wir zunächst die Kraft, die auf die Beine des Skifahrers wirkt (siehe Abb. 9.12). Während des Sprungs ist die Beinkraft des Skifahrers gleich null, und auf dem horizontalen Stück am Ende der Strecke ist sie gerade die Gewichtskraft. Beides entspricht dem, was man aufgrund der Physik erwarten würde. Direkt am Start ist die Beinkraft dagegen etwas geringer. Wenn man das Programm laufen lässt und den entsprechenden Ausschnitt der Grafik mit der Maus vergrößert, so kann man ablesen, dass die Beinkraft hier das 0,91-Fache der Gewichtskraft beträgt. Da der Skifahrer am Start ohne Anfangsgeschwindigkeit losfährt, können wir die Beinkraft analytisch über den Kosinus des Steigungswinkels ausrechnen. Nach Abb. 9.11 hat der Hang am Startpunkt ein Gefälle von 45 %. Damit ergibt sich eine Normalkraft von $\cos(\arctan(0{,}45))mg = 0{,}91mg$, was mit der Simulation übereinstimmt.

In Abb. 9.12 erkennt man, dass die Beinkraft an den Stellen, an denen die Funktion f konvex ist, besonders groß ist. Dies wird an der Stelle $x = 35\,\text{m}$ am deutlichsten, wo der Skifahrer fast das Dreifache seiner Gewichtskraft aufbringen muss. Auch hier kann man überprüfen, ob dieses Ergebnis mit den anderen Größen der Simulation konsistent ist. Dazu schätzen wir den Krümmungsradius des Skihangs im Punkt $x = 35\,\text{m}$ ab. Für den Krümmungsradius r eines Funktionsgraphen gilt:

$$r = \frac{\left|1 + f'(x)\right|^{3/2}}{f''(x)} \tag{9.71}$$

Da die Funktion f im betrachteten Punkt ein Minimum hat, ist $f'(x) = 0$. Den Wert der zweiten Ableitung erhält man am einfachsten, wenn man im Programm an einer geeigneten Stelle den Befehl `print(d2_hangfunktion(35))` hinzufügt, der einen Wert von $0{,}16\,\text{m}^{-1}$ ausgibt. Der Krümmungsradius liegt damit bei $r = 6{,}3\,\text{m}$. Der

Skifahrer hat an dieser Stelle eine Geschwindigkeit von ca. 39 km/h, also von ungefähr 10,8 m/s. Wir können nun die Zentripetalbeschleunigung ausrechnen:

$$a_z = \frac{v^2}{r} = \frac{(10{,}8 \,\text{m/s})^2}{6{,}3 \,\text{m}} = 18{,}5 \,\text{m/s}^2 \qquad (9.72)$$

Diese Beschleunigung entspricht in etwa der doppelten Erdbeschleunigung. Da der Skifahrer auch noch seine Gewichtskraft kompensieren muss, ergibt sich eine Beinkraft, die – in Übereinstimmung mit der Simulation – ungefähr der dreifachen Gewichtskraft des Skifahrers entspricht.

Das Ergebnis für die Endgeschwindigkeit kann man sinnvoll nur dann überprüfen, wenn man die Reibung und den Geschwindigkeitsverlust beim Aufprall nach dem Sprung vernachlässigt. Setzen Sie dazu im Programm die Luftreibung und den Gleitreibungskoeffizienten auf null und verschieben Sie den Stützpunkt bei $x = 40$ m um einen Meter nach unten, sodass der Skifahrer nicht mehr springt. Die Endgeschwindigkeit muss sich nun aufgrund der Energieerhaltung aus $v = \sqrt{2gh}$ ergeben, was bei einem Höhenunterschied von 10 m einer Endgeschwindigkeit von 50,4 km/h entspricht.

Die Ergebnisse des Programms scheinen also durchaus plausibel. Ich möchte allerdings darauf hinweisen, dass man sich stets darüber bewusst sein muss, dass ein Simulationsprogramm nur solche Daten liefern kann, die auch irgendwie im Modell abgebildet werden. Dazu betrachten wir in Abb. 9.12 die Stelle bei $x \approx 47$ m, an der der Skifahrer nach seinem Sprung wieder auf der Piste aufkommt. In unserem Modell kommt es hier zu einer Unstetigkeit in der Geschwindigkeit. Das liegt daran, dass das Auftreffen auf den Skihang modelliert wurde, indem die senkrecht auf den Hang stehende Geschwindigkeitskomponente auf null gesetzt wird. Die zugehörigen Beschleunigungskräfte können von der Funktion Zwangskraft also überhaupt nicht erfasst werden. Wenn man die Zeitschrittweite verkleinert, erkennt man, dass dann zwar an dieser Stelle eine Spitze in der Beinkraft auftritt, aber diese Kraft ist nur ein Teil der tatsächlich notwendigen Beinkraft, weil diese Kraft nur dadurch verursacht wird, dass der Skifahrer in der Simulation doch leicht in den Hang eindringt und man dann die entsprechenden Korrekturkräfte der Baumgarte-Stabilisierung beobachtet. In der Realität federt der Skifahrer in einer solchen Situation natürlich mit den Beinen den Sprung ab. Um das zu simulieren, müsste man allerdings ein viel aufwendigeres Modell erstellen, das auch die Biomechanik des Skifahrers berücksichtigt.

9.7 Zeitabhängige Zwangsbedingungen

Gelegentlich tauchen Situationen auf, bei denen Zwangsbedingungen explizit von der Zeit abhängig sind. Stellen Sie sich beispielsweise ein Pendel vor, dessen Aufhängepunkt periodisch auf und ab bewegt wird. Um eine solche Zwangsbedingung zu behandeln, müssen wir einen Schritt zurück gehen: Bei der Herleitung der Bewegungsgleichungen in Abschn. 9.5 haben wir die Zeitableitung der Zwangsbedingung h_a berechnet. Nun müssen wir beim Bilden der Ableitung die explizite Zeitabhängigkeit mit berücksichtigen. Die Gleichung (9.56) ist somit durch

$$\dot{h}_a = \sum_{i=1}^{3N} \frac{\partial h_a}{\partial x_i} \dot{x}_i + \frac{\partial h_a}{\partial t} \qquad (9.73)$$

zu ersetzen, und für die zweite Ableitung ergibt sich anstelle von Gleichung (9.57) der Ausdruck

$$\ddot{h}_a = \sum_{i,j=1}^{3N} \frac{\partial^2 h_a}{\partial x_i \partial x_j} \dot{x}_i \dot{x}_j + \sum_{i=1}^{3N} \frac{\partial h_a}{\partial x_i} \ddot{x}_i + \sum_{i=1}^{3N} \frac{\partial^2 h_a}{\partial t \partial x_i} \dot{x}_i + \frac{\partial^2 h_a}{\partial t^2} \, . \qquad (9.74)$$

Dementsprechend müssen die entsprechenden Terme auch in Gleichung (9.61) ergänzt werden:

$$
\begin{aligned}
B_a = & -\sum_{i,j=1}^{3N} \frac{\partial^2 h_a}{\partial x_i \partial x_j} \dot{x}_i \dot{x}_j - \sum_{i=1}^{3N} \frac{\partial h_a}{\partial x_i} \left(\frac{F_i}{m_i} + 2\alpha \dot{x}_i \right) - \beta^2 h_a \\
& - 2\alpha \frac{\partial h_a}{\partial t} - \sum_{i=1}^{3N} \frac{\partial^2 h_a}{\partial t \partial x_i} \dot{x}_i - \frac{\partial^2 h_a}{\partial t^2}
\end{aligned}
\qquad (9.75)
$$

Die Matrix $\widehat{A}$ nach Gleichung (9.60) bleibt unverändert, und die Parameter λ_a lassen sich genauso wie für die zeitunabhängigen Zwangsbedingungen aus dem Gleichungssystem (9.62) berechnen. Es ist eine gewisse Fleißaufgabe, die entsprechenden Terme in ein Simulationsprogramm einzubauen. Ein entsprechendes Beispiel ist in Aufgabe 9.6 gegeben.

Zusammenfassung

Zwangsbedingungen: Wir haben diskutiert, dass man viele praktische mechanische Probleme so modellieren kann, dass die Bewegungen der Massen zusätzlichen Bedingungen unterworfen sind. Um solch ein System zu beschreiben, kann man entweder geeignete Koordinaten (Minimalkoordinaten) einführen, oder man muss zusätzliche Zwangskräfte berücksichtigen.

Holonome Zwangsbedingungen: Eine besonders wichtige Form von Zwangsbedingungen sind holonome Zwangsbedingungen, die sich als Gleichungen der Form

$$h(\vec{r}_1, \dots \vec{r}_N) = 0 \qquad (9.76)$$

beschreiben lassen.

Zwangskräfte: Für holonome Zwangsbedingungen kann man die Zwangskraft stets als Vielfaches des Gradienten der Zwangsbedingung schreiben. Für die Zwangskraft auf die i-te Masse gilt also:

$$\vec{F}_{z,i} = \lambda_i \frac{\partial h}{\partial \vec{r}_i} \qquad (9.77)$$

Differential-algebraische Gleichungssysteme: Wenn man Zwangsbedingungen in den Bewegungsgleichungen berücksichtigt, erhält man ein Gleichungssystem, das sowohl aus Differentialgleichungen als auch aus algebraischen Gleichungen besteht. Wir haben diskutiert, wie man aus diesem durch zweimaliges Differenzieren der Zwangsbedingungen ein System gewöhnlicher Differentialgleichungen erhält.

Drift: Bei der numerischen Lösung dieses Gleichungssystems für das einfache ebene Pendel haben wir einen Drifteffekt beobachtet, der dazu führt, dass die numerische Lösung die Zwangsbedingungen im Laufe der Zeit immer stärker verletzt.

Baumgarte-Stabilisierung: Um diesen Drifteffekt zu vermeiden, haben wir zusätzliche Terme in die Bewegungsgleichungen eingefügt, die nur dann wirksam werden, wenn die numerische Lösung die Zwangsbedingungen verletzt. Diese zusätzlichen Terme bewirken, dass numerische Drifteffekte wieder korrigiert werden.

Chaotische Pendel: Anschließend haben wir diese Erkenntnisse auf ein Dreifachpendel angewendet, das wir mit relativ geringem algebraischem Aufwand simulieren konnten.

Zwangsbedingungen mit Ungleichungen: Neben holonomen Zwangsbedingungen tauchen in der Praxis häufig Zwangsbedingungen in Form von Ungleichungen auf. Am Beispiel einer Skiabfahrt wurde diskutiert, wie man solche Zwangsbedingungen in einer Simulation behandeln kann.

Kubische Splines: Bei der Modellierung des Skihangs sind wir auf das Problem gestoßen, das Profil des Hangs durch eine zweimal differenzierbare Funktion zu beschreiben. Gleichzeitig wollten wir die Form des Hanges aber durch eine Reihe von frei wählbaren Stützpunkten vorgeben. Wir haben gesehen, dass das Anfitten eines entsprechenden Polynoms hierfür kein brauchbares Ergebnis liefert. Stattdessen konnten wir das Problem mit kubischen Splines lösen, für die es in der SciPy-Bibliothek vorgefertigte Funktionen gibt.

Aufgaben

Aufgabe 9.1: Simulieren Sie ein sphärisches Pendel. Unter einem sphärischen Pendel versteht man ein Pendel, das in zwei Richtungen pendeln kann. Wählen Sie die Anfangsbedingungen so, dass der Pendelkörper nicht nur eine Anfangsauslenkung besitzt, sondern zusätzlich eine Anfangsgeschwindigkeit, die senkrecht zur Auslenkung gerichtet ist. Sie werden feststellen, dass sich der Körper nicht auf einer ellipsenförmigen Bahn bewegt, wie Sie vielleicht intuitiv vermuten würden. Vielmehr beschreibt der Körper eine rosettenförmige Bahn, wie in Abb. 9.13 dargestellt ist.

Aufgabe 9.2: Betrachten Sie das Dreifachpendel, das mit dem Programm 9.4 simuliert wird. Führen Sie die Simulation mit zwei leicht unterschiedlichen Anfangsauslenkungen des oberen Pendels durch und vergleichen Sie die beiden Zeitverläufe. Dazu ist es hilfreich, beide Dreifachpendel im gleichen Koordinatensystem animiert darzustellen.

Aufgabe 9.3: Erweitern Sie das Programm 9.4 für das Dreifachpendel, sodass ein Vierfachpendel simuliert wird.

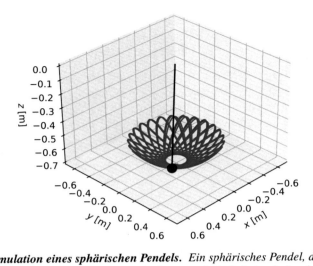

Abb. 9.13: Simulation eines sphärischen Pendels. *Ein sphärisches Pendel, das neben einer reinen Anfangsauslenkung auch noch eine Anfangsgeschwindigkeit erhalten hat, die quer zur Anfangsauslenkung steht, beschreibt im Allgemeinen rosettenförmige Bahnen. Nur für sehr kleine Auslenkungen ergeben sich näherungsweise elliptische Bahnen (siehe Aufgabe 9.1).*

Aufgabe 9.4: Schreiben Sie ein Programm, das die Bewegung von beliebig vielen Massen, die durch starre, masselose Stäbe verbunden sind, im Schwerefeld der Erde simuliert. Orientieren Sie sich für die Festlegung der Anfangsgeometrie und der Stäbe an den Konzepten, die in Kap. 6 für statische Stabwerke entwickelt wurden, und versuchen Sie, die Funktionen für die Zwangsbedingungen und deren Ableitungen aus dem Programm 9.4 entsprechend zu verallgemeinern. Testen Sie Ihr Programm mit den folgenden Anfangspositionen: $\vec{r}_0 = (0;0)$, $\vec{r}_1 = (0;-0,5\,\mathrm{m})$, $\vec{r}_2 = (0,5\,\mathrm{m};-0,5\,\mathrm{m})$, $\vec{r}_3 = (1,0\,\mathrm{m};-0,5\,\mathrm{m})$, $\vec{r}_4 = (1,5\,\mathrm{m};-0,5\,\mathrm{m})$, $\vec{r}_5 = (2,0\,\mathrm{m};-0,5\,\mathrm{m})$, $\vec{r}_6 = (2,0\,\mathrm{m};0)$. Die Punkte $\vec{r}_0$ und $\vec{r}_6$ sind dabei fixiert, und alle Körper sollen die gleiche Masse haben. Jeder Massenpunkt ist mit dem jeweils nachfolgenden Massenpunkt durch eine Stange der Länge 0,5 m verbunden. Es handelt sich also um eine an zwei Punkten aufgehängte Kette.

Aufgabe 9.5: Erweitern Sie Ihr Programm aus Aufgabe 9.4 so, dass Sie eine Reibungskraft hinzufügen, die proportional zur Geschwindigkeit der Massen ist. Wählen Sie die Proportionalitätskonstante und die Simulationszeit so, dass das System am Ende nahezu in Ruhe ist. Zeigen Sie, dass die so erhaltene Gleichgewichtssituation der sogenannten Kettenlinie entspricht, wenn die Kette aus sehr vielen Gliedern besteht. Dazu ist es hilfreich, die Anzahl der Massen so zu erhöhen, dass die Gesamtlänge der Kette konstant bleibt. Die Kettenlinie wird durch die folgende Funktion beschrieben:

$$y(x) = a\cosh\left(\frac{x - x_0}{a}\right) + h \tag{9.78}$$

Dabei ist x_0 die x-Position des tiefsten Punktes der Kette. Der Parameter a muss so gewählt werden, dass sich die vorgegebene Kettenlänge ergibt, und anschließend muss h so gewählt werden, dass die Kurve durch die beiden Aufhängepunkte verläuft.

Aufgabe 9.6: Zu hohen Feiertagen wird in der Kathedrale von Santiago de Compostela der berühmte Botafumeiro durch das Querschiff geschwenkt. Es handelt sich dabei um ein Weihrauchfass, das an einem Seil von der Decke hängt und dadurch in Bewegung gesetzt wird, dass das Aufhängeseil durch sechs Männer periodisch verkürzt wird. Es ist zunächst erstaunlich, dass man auf diese Art ein Pendel in Bewegung versetzen kann. Beschreiben Sie dieses System durch einen Massenpunkt m, der an einer masselosen Stange der Länge l aufgehängt ist und nur in einer Ebene schwingen kann. Nehmen Sie für die Länge der Stange eine harmonische Anregung der Form

$$l(t) = l_0 + l_1 \cos(\omega t)$$

an und formulieren Sie die Zwangsbedingung in der Form

$$h(\vec{r}, t) = \vec{r}^2 - (l(t))^2 = 0 . \tag{9.79}$$

Simulieren Sie das Verhalten des Systems mit $l_0 = 30$ m und $l_1 = 1$ m. Zeigen Sie, dass es für

$$\omega = 2\sqrt{\frac{g}{l_0}} \tag{9.80}$$

zu einem Anwachsen der Amplitude kommt, wenn Sie das Pendel am Anfang um einen kleinen Winkel auslenken.

Aufgabe 9.7: Simulieren Sie ein ebenes Fadenpendel, bei dem der Pendelkörper nicht an einer starren Stange, sondern an einem flexiblen Faden befestigt ist. Es gilt also die Zwangsbedingung $|\vec{r}| \leq l$, wobei l die Länge des Fadens ist. Gehen Sie dazu am besten von Programm 9.3 aus und modifizieren Sie dieses entsprechend. Betrachten Sie Fälle, bei denen der Pendelkörper im untersten Punkt mit einer vorgegebenen Anfangsgeschwindigkeit in horizontaler Richtung startet. Wie muss die Anfangsgeschwindigkeit gewählt werden, damit der Faden zwischenzeitlich nicht durchhängt?

Aufgabe 9.8: Ersetzen Sie im Programm 9.7 in der Funktion zur Berechnung der Zwangskraft die Bedingung

```
92      if r[1] > hangfunktion(r[0]) + toleranz_y:
93          lam = 0
```

durch die eigentlich naheliegendere Bedingung.

```
92      if r[1] > hangfunktion(r[0]):
93          lam = 0
```

Ändert sich das Ergebnis signifikant? Wie verändert sich die Rechenzeit? Beobachten Sie dazu auch die in der Programmausgabe angegebene Anzahl der Funktionsaufrufe der Funktion `dgl`.

Literatur

[1]   Fließbach T. Mechanik. Lehrbuch zur Theoretischen Physik I. Berlin, Heidelberg: Springer Spektrum, 2020. DOI:10.1007/978-3-662-61603-1.

[2]   Kuypers F. Klassische Mechanik. Weinheim: Wiley-VCH, 2016.

[3]   Nolting W. Grundkurs Theoretische Physik 2. Analytische Mechanik. Berlin, Heidelberg: Springer Spektrum, 2014. DOI:10.1007/978-3-642-41980-5.

[4]   Hairer E und Wanner G. Solving Ordinary Differential Equations II. Stiff and Differential-Algebraic Problems. Berlin: Springer, 1996. DOI:10.1007/978-3-642-05221-7.

[5]   Strehmel K, Weiner R und Podhaisky H. Numerik gewöhnlicher Differentialgleichungen. Nichtsteife, steife und differential-algebraische Gleichungen. Berlin, Heidelberg: Springer Spektrum, 2012. DOI:10.1007/978-3-8348-2263-5.

[6]   Welcome to SymPy's documentation. SymPy Development Team. https://docs.sympy.org.

If we look in an issue of the Physical Review, say that of January 1, 1962, will we find a resonance curve? Every issue has a resonance curve!

Richard P. Feynman

10

Schwingungen

Schwingungen begleiten uns im Alltag wörtlich auf Schritt und Tritt: In jeder Uhr findet eine Schwingung statt, die zur Zeitmessung verwendet wird. Das fängt bei dem Pendel der altmodischen Pendeluhr an und endet nicht bei der modernen Quarzuhr, in der ein kleines Quarzplättchen mechanische Schwingungen vollführt. Der Prozessor Ihres Smartphones erhält seinen elektrischen Takt ebenfalls von einem solchen Schwingquarz. Wenn wir sprechen, schwingen die Stimmlippen in unserem Kehlkopf und verursachen so den primären Schall, der unsere Stimme formt. Mechanische Konstruktionen und Bauwerke können ebenfalls in Schwingungen geraten, wenn eine äußere Kraft auf sie einwirkt, was in vielen Fällen unerwünscht ist. Auch in elektronischen Systemen finden Schwingungen statt. Hier ändert sich nicht eine mechanische Auslenkung als Funktion der Zeit, sondern eine elektrische Spannung oder ein elektrischer Strom.

Sehr viele Phänomene, die bei schwingenden Systemen auftreten, kann man exemplarisch an einfachen mechanischen Systemen studieren. In den einführenden Physikbüchern wird sich dabei meist auf lineare Systeme beschränkt, die zu **harmonischen Schwingungen** führen. Eine Schwingung bezeichnet man als harmonisch, wenn sie sich durch eine reine Sinus- oder Kosinusfunktion beschreiben lässt. Die Auslenkung $x(t)$ bei einer harmonischen Schwingung lässt sich durch

$$x(t) = \hat{x}\cos(\omega t + \varphi) \qquad \text{mit} \qquad \omega = 2\pi f \qquad (10.1)$$

beschreiben. Dabei bezeichnet $\hat{x}$ die **Amplitude** der Schwingung, φ ist der **Phasenwinkel** und ω die **Kreisfrequenz** der Schwingung, die mit der **Frequenz** f über den Faktor 2π verknüpft ist.

Für die Beschränkung auf harmonische Schwingungen gibt es zwei Gründe: Zum einen lassen sich solche linearen Systeme gut analytisch behandeln, und zum anderen lassen sich viele nichtlineare Systeme für hinreichend kleine Auslenkungen gut durch entsprechende lineare Systeme annähern. Für die Behandlung von schwingungsfähigen Systemen mit dem Computer bieten sich zwei Aspekte besonders an: Wir können die Effekte der linearen Schwingungsphysik visualisieren und zum Teil auch hörbar machen, um damit ein intuitiveres Verständnis dieser Phänomene zu gewinnen. Darüber hinaus bieten uns die in diesem Buch bereits besprochenen Verfahren die Möglichkeit, auch nichtlineare Schwingungen zu untersuchen.

© Springer-Verlag GmbH Deutschland, ein Teil von Springer Nature 2022
O. Natt, *Physik mit Python*, https://doi.org/10.1007/978-3-662-66454-4_10

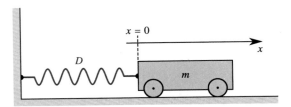

Abb. 10.1: *Federpendel.* *Ein Wagen der Masse m wird an einer Feder mit der Federkonstanten D angehängt. Die Koordinate x beschreibt die Auslenkung des Wagens aus seiner Ruhelage.*

10.1 Theorie des linearen Federpendels

Das Masse-Feder-Pendel ist vermutlich das einfachste schwingungsfähige System. Wir betrachten eine Masse m, die an einer Feder der Federkonstanten D befestigt ist und sich nur in der x-Richtung bewegen kann, wie in Abb. 10.1 dargestellt ist. Wenn sich die Masse m zu einem bestimmten Zeitpunkt am Ort x befindet, dann ist die Federkraft nach dem hookeschen Gesetz durch

$$F = -Dx \tag{10.2}$$

gegeben. Weiterhin wollen wir annehmen, dass noch eine Reibungskraft F_R wirkt, die proportional zur Geschwindigkeit v ist:

$$F_R = -bv \tag{10.3}$$

Die newtonsche Bewegungsgleichung für die Masse lautet also:

$$m\ddot{x} = -Dx - bv \tag{10.4}$$

Diese Differentialgleichung lässt sich analytisch lösen. Für die Details der Rechnung möchte ich an dieser Stelle auf die entsprechenden einführenden Physikbücher verweisen. Üblicherweise führt man den **Abklingkoeffizienten** δ und die **Eigenkreisfrequenz** ω_0 durch

$$\delta = \frac{b}{2m} \quad \text{und} \quad \omega_0 = \sqrt{\frac{D}{m}} \tag{10.5}$$

ein. Für hinreichend kleine Werte der Reibungskonstante b definiert man die Kreisfrequenz der gedämpften Schwingung durch

$$\omega_d = \sqrt{\omega_0^2 - \delta^2} \quad \text{für} \quad \delta < \omega_0 \tag{10.6}$$

und kann damit die Lösung in der Form

$$x(t) = Ae^{-\delta t}\cos(\omega_d t + \varphi) \tag{10.7}$$

darstellen. Der Amplitudenfaktor A und der Phasenwinkel φ hängen dabei von den Anfangsbedingungen ab. Die Gleichung (10.7) ist nur für $\delta < \omega_0$ eine Lösung der Differentialgleichung und beschreibt eine exponentiell abklingende Schwingung. Diesen Fall bezeichnet man als den **Schwingfall**. Für $\delta \geq \omega_0$ ergeben sich Lösungen, die man als den **aperiodischen Grenzfall** bzw. als **Kriechfall** bezeichnet.

10.2 Darstellung von Resonanzkurven

Wir wollen nun annehmen, dass wir die Wand, an der die Feder in Abb. 10.1 befestigt ist, während der Bewegung des Wagens um eine Strecke $x_a(t)$ aus ihrer ursprünglichen Position verschieben. Auf diese Weise können wir das System zu Schwingungen **anregen**. In diesem Fall muss man in der Federkraft nach Gleichung (10.2) die Dehnung x der Feder durch $x - x_a$ ersetzen und erhält damit die Differentialgleichung

$$m\ddot{x} = -D(x - x_a(t)) - bv \tag{10.8}$$

für die Bewegung des Wagens. Wir wollen im Folgenden annehmen, dass die Anregung selbst eine harmonische Schwingung der Form

$$x_a(t) = \hat{x}_a \cos(\omega t) \tag{10.9}$$

ist, wobei $\hat{x}_a$ die Amplitude der Anregung und ω die Kreisfrequenz der Anregung bezeichnet. Die experimentelle Erfahrung zeigt, dass sich nach längerer Zeit eine Bewegung einstellt, bei der der Wagen ebenfalls eine harmonische Bewegung mit der Kreisfrequenz ω vollführt. Für die mathematische Behandlung ist es nun einfacher, statt der reellen Größen komplexwertige Größen zu betrachten. Diese wählen wir so, dass die physikalisch relevante Größe jeweils dem Realteil der entsprechenden komplexen Zahl entspricht. Anstelle der Anregung nach Gleichung (10.9) schreiben wir

$$x_a(t) = \hat{x}_a e^{i\omega t} , \tag{10.10}$$

wobei i die imaginäre Einheit bezeichnet. Weiterhin wählen wir für die Bewegung im eingeschwungenen Zustand den Ansatz

$$x(t) = \hat{x} e^{i\omega t} . \tag{10.11}$$

Die Zeitableitungen lassen sich mit der einfachen Ableitungsregel für die Exponentialfunktion bestimmen:

$$\dot{x}(t) = \hat{x} i\omega e^{i\omega t} \tag{10.12}$$

$$\ddot{x}(t) = -\hat{x} \omega^2 e^{i\omega t} \tag{10.13}$$

Wir setzen nun (10.10) bis (10.13) in die Differentialgleichung (10.8) und erhalten nach Division durch $e^{i\omega t}$ die Gleichung

$$-m\omega^2 \hat{x} = -D(\hat{x} - \hat{x}_a) - ib\omega\hat{x} . \tag{10.14}$$

Dies ist eine einfache algebraische Gleichung für $\hat{x}$, die man direkt nach der unbekannten Amplitude umstellen kann:

$$\hat{x} = \frac{D\hat{x}_a}{-m\omega^2 + D + ib\omega} \tag{10.15}$$

Wenn man auf der rechten Seite im Zähler und im Nenner durch die Masse m teilt und die Definitionen von δ und ω_0 nach Gleichung (10.5) benutzt, kann man diese Gleichung auch in der folgenden Form darstellen:

$$\hat{x} = \hat{x}_a \frac{\omega_0^2}{\omega_0^2 - \omega^2 + 2i\delta\omega} \tag{10.16}$$

In den meisten Lehrbüchern wird nun der Bruch auf der rechten Seite in den Betrag und die Phase der komplexen Zahl aufgeteilt. Für die Behandlung mit dem Computer ist das aber überhaupt nicht notwendig, da NumPy wunderbar mit komplexen Zahlen rechnen kann. Um die übliche Darstellung der Resonanzkurven zu erhalten, die in vielen Lehrbüchern zu sehen ist, wollen wir also den Betrag und die komplexe Phase von $\hat{x}$ für verschiedene Werte des Abklingkoeffizienten δ plotten. Dazu importieren wir die benötigten Module. Die Eigenkreisfrequenz legen wir auf $\omega_0 = 1\,\mathrm{s}^{-1}$ fest, und wir definieren ein Array mit verschiedenen Werten für den Abklingkoeffizienten δ.

Programm 10.1: _Schwingungen/resonanz_analytisch.py_

```
6   # Eigenkreisfrequenz des Systems [1/s].
7   omega0 = 1.0
8   # Abklingkoeffizienten [1/s].
9   abklingkoeffizienten = np.array([0, 0.1, 0.2, 0.4, 0.8, 1.6, 3.2])
```

Es wird sich herausstellen, dass es günstig ist, die Achse für die Kreisfrequenz logarithmisch einzuteilen. Damit die gewählten Stützpunkte in der Grafik gleichmäßig verteilt liegen, müssen die Werte für die Anregungskreisfrequenz ω ebenfalls logarithmisch gewählt werden:

```
10  # Anregungsfrequenzen [Hz].
11  omegas = np.logspace(-1, 1, 500)
```

Die Funktion `np.logscale` wählt nun 500 Werte im Zahlenbereich von 10^{-1} bis 10^1, sodass aufeinanderfolgende Zahlen jeweils im gleichen Verhältnis zueinander stehen und damit auf einer logarithmischen Skala jeweils gleiche Abstände zueinander haben. Das anschließende Erzeugen einer Figure und zweier Axes mit einer logarithmischen x-Achse und der entsprechenden Beschriftung wird hier aus Platzgründen nicht mit abgedruckt. Anschließend müssen wir für jeden Wert aus dem Array `abklingkoeffizienten` die Gleichung (10.16) auswerten, wobei wir für $\hat{x}_a$ den Wert eins ansetzen. Diese Gleichung können wir direkt in Python formulieren, wobei wir für die imaginäre Einheit das Symbol `1j` verwenden. Den Betrag der komplexen Zahl bestimmen wir mit der Funktion `np.abs` und den Phasenwinkel im Bogenmaß mit der Funktion `np.angle`.[1]

```
34  for delta in abklingkoeffizienten:
35      x = omega0 ** 2 / (
36          omega0 ** 2 - omegas ** 2 + 2 * 1j * delta * omegas)
37      labeltext = f'$\\delta$={delta/omega0:.1f}'
38      ax_amplitude.plot(omegas / omega0, np.abs(x), label=labeltext)
39      ax_phase.plot(omegas / omega0, -np.angle(x), label=labeltext)
```

Weiterhin legen wir für jeden Linienplot einen Legendeneintrag in der Axes für den Amplitudeplot an.

```
42  ax_amplitude.legend()
```

---

[1] Für den Phasenwinkel einer erzwungenen Schwingung verwendet man meistens die Konvention $x(t) = \hat{x}\cos(\omega t - \varphi)$ anstelle von $x(t) = \hat{x}\cos(\omega t + \varphi)$, da dann der Winkel φ angibt, um wie viel die Schwingung der Anregung nacheilt. Um dieser üblichen Konvention zu folgen, muss man den negativen Phasenwinkel der komplexen Zahl verwenden.

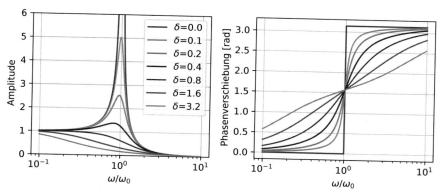

Abb. 10.2: Resonanzkurven des linearen Masse-Feder-Schwingers. *(Links) Je größer der Abklingkoeffizient δ ist, desto flacher wird die Amplitudenresonanzkurve und desto kleiner wird die Resonanzfrequenz, bei der die Amplitude der Schwingung maximal ist. Bei starker Dämpfung verschwindet die Resonanz vollständig. Der Abklingkoeffizient δ ist in der Legende jeweils als Vielfaches der Eigenkreisfrequenz ω_0 angegeben. (Rechts) Es ist bemerkenswert, dass unabhängig von der Dämpfung alle Phasenverläufe bei der Eigenkreisfrequenz ω_0 eine Phasenverschiebung von 90° bzw. $\pi/2$ aufweisen.*

Die Ausgabe unseres Programms ist in Abb. 10.2 dargestellt. In vielen Physikbüchern finden sich ähnliche Darstellungen. Versuchen Sie bitte einmal, die Frequenzachse linear darzustellen. Versuchen Sie auch einmal die, Amplitudenachse logarithmisch aufzutragen, und machen Sie sich mit den Vor- und Nachteilen der unterschiedlichen Skalierungen vertraut.

10.3 Visualisierung einer Feder

Der einfachste experimentelle Aufbau zur Demonstration einer erzwungenen Schwingung besteht darin, dass man an eine Schraubenfeder ein Massestück hängt und das andere Ende der Schraubenfeder mit der Hand periodisch auf und ab bewegt. Auch wenn dieser Aufbau eine Reihe von Unzulänglichkeiten aufweist, so besticht er gegenüber komplexeren Versuchsaufbauten wie dem pohlschen Resonator durch seine Anschaulichkeit. Wir wollen daher in Abschn. 10.4 ein Python-Programm schreiben, das diesen einfachen Versuchsaufbau simuliert und animiert darstellt.

Um das eigentliche Simulationsprogramm übersichtlich zu halten, beginnen wir zunächst einmal damit, wie man eine Schraubenfeder ansprechend visualisieren kann. Das Ziel ist also, eine Funktion zu programmieren, die sich um die gesamte Darstellung der Feder kümmert, sodass wir uns später bei der Erstellung des Simulationsprogramms nicht mehr mit diesem Detail beschäftigen müssen.

Dazu tragen wir zunächst in einer Skizze der Schraubenfeder die wesentlichen Kenngrößen ein, wie in Abb. 10.3 dargestellt ist. Das Modell der Schraubenfeder soll so beschaffen sein, dass die Gesamtlänge des Drahtes sich beim Dehnen der Feder nicht verändert. Die in Abb. 10.3 angegebene Länge l_0 ist die Länge der Feder im entspannten Zustand, und r_0 ist der Radius im entspannten Zustand. Wenn die Feder gedehnt wird, muss der Radius demnach kleiner werden.

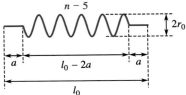

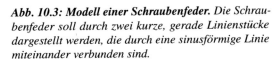

Abb. 10.3: Modell einer Schraubenfeder. *Die Schraubenfeder soll durch zwei kurze, gerade Linienstücke dargestellt werden, die durch eine sinusförmige Linie miteinander verbunden sind.*

Wir beginnen wieder mit dem Import der benötigten Module und definieren zunächst einmal den Kopf der Funktion, die wir `data` nennen. Im Docstring geben wir die genaue Bedeutung der Argumente an. Wir benutzten hier die Möglichkeit, Vorgabewerte für die Funktionsargumente zu setzen. Wenn die Funktion beispielsweise ohne Angabe der Windungszahl `n_wdg` aufgerufen wird, so werden automatisch fünf Windungen angenommen.

Programm 10.2: `Schwingungen/schraubenfeder.py`

```
 8  def data(start, ende, n_wdg=5, l0=0, a=0.1, r0=0.2, n_punkte=300):
 9      """Berechne die Daten für die Darstellung einer Schraubenfeder.
10
11      Args:
12          start (np.ndarray):
13              Koordinaten des Anfangspunktes.
14          ende (np.ndarray):
15              Koordinaten des Endpunktes.
16          n_wdg (int):
17              Anzahl der Windungen.
18          l0 (float):
19              Ruhelänge der Feder inkl. der geraden Verbindungsstücke.
20              Bei positiver Ruhelänge wird der Radius der Feder
21              automatisch so angepasst, dass die Drahtlänge der
22              Feder konstant bleibt.
23          a (float):
24              Länge der Geraden am Anfang und Ende der Feder.
25          r0 (float):
26              Radius der Feder bei der Ruhelänge.
27          n_punkte (int):
28              Anzahl der zu berechnenden Punkte.
29
30      Returns:
31          np.ndarray: Datenpunkte (2 × n_punkte).
32      """
```

Auch wenn die Feder 2-dimensional dargestellt wird, so ist sie dennoch ein 3-dimensionales Objekt. Um die Länge d des Drahtes der Schraubenbahn zu bestimmen, kann man diese in Gedanken abrollen, wie in Abb. 10.4 dargestellt ist. Nach dem Satz des Pythagoras gilt für die Länge d damit:

$$d^2 = (l_0 - 2a)^2 + (2\pi n r_0)^2 \tag{10.17}$$

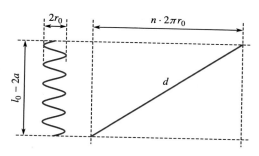

Abb. 10.4: Drahtlänge einer Schraubenfeder. *Um die Länge d des Drahtes einer Schraubenfeder mit n Windungen zu bestimmen, kann man die Schraubenfeder gedanklich in der Ebene abrollen. Beim Abrollen wird der Umfang der Schraube n-mal zurückgelegt.*

Wenn die Feder nun ihre Länge ändert, so gilt für die neue Länge l und den neuen Radius r ebenfalls:

$$d^2 = (l - 2a)^2 + (2\pi n r)^2 \tag{10.18}$$

Da sich die Drahtlänge d nicht ändern soll, ergibt sich für den neuen Radius daraus:

$$r = \frac{1}{2\pi n}\sqrt{d^2 - (l - 2a)^2} \tag{10.19}$$

Wir setzen die Gleichungen (10.17) und (10.19) in Python um und berechnen den aktuellen Radius der Feder. Dazu bestimmen wir zuerst die aktuelle Gesamtlänge l der Feder.

```
34    laenge = np.linalg.norm(ende - start)
```

Für den Fall, dass die Feder so weit gedehnt wird, dass der Ausdruck unter der Wurzel in Gleichung (10.19) negativ wird, soll die Feder nur noch als eine gerade Linie ($r = 0$) dargestellt werden. Falls für die Ruhelänge der Feder keine positive Zahl angegeben wird, soll keine Anpassung des Radius erfolgen.

```
38    if l0 > 0:
39        d_quad = (l0 - 2 * a) ** 2 + (2 * np.pi * n_wdg * r0) ** 2
40        if d_quad > (laenge - 2 * a) ** 2:
41            umfang = math.sqrt(d_quad - (laenge - 2 * a) ** 2)
42            radius = umfang / (2 * np.pi * n_wdg)
43        else:
44            radius = 0
45    else:
46        radius = r0
```

Anschließend legen wir ein 2-dimensionales Array für das Ergebnis der Funktion `data` an. Das Array ist hier bewusst als ein `n_punkte×2`-Array angelegt worden, obwohl als Ergebnis ein `2×n_punkte`-Array zurückgegeben werden soll, weil das die nachfolgende Indizierung übersichtlicher macht.

```
49    punkte = np.empty((n_punkte, 2))
```

Die erste und die letzte Zeile ergeben sich aus dem Start- und dem Endpunkt der Feder.

```
52    punkte[0] = start
53    punkte[-1] = ende
```

Um die restlichen Punkte der Feder zu bestimmen, ist es hilfreich, zunächst zwei Einheitsvektoren zu bestimmen. Der erste Einheitsvektor zeigt vom Start- zum Endpunkt der Feder.

```
56      richtung_feder = (ende - start) / laenge
```

Den zweiten Einheitsvektor, der senkrecht dazu stehen soll, konstruieren wir durch Vertauschen der Komponenten und Umkehren eines der Vorzeichen.

```
59      richtung_quer = np.array([richtung_feder[1],
60                                -richtung_feder[0]])
```

Wir müssen nun noch `n_punkte-2` Punkte der Feder berechnen. Dazu legen wir ein Array s mit der entsprechenden Anzahl von Werten an, die gleichmäßig zwischen null und eins verteilt liegen. Um das Broadcasting auszunutzen, wandeln wir dieses in einen Spaltenvektor um.

```
63      s = np.linspace(0, 1, n_punkte - 2)
64      s = s.reshape(-1, 1)
```

Die mathematische Beschreibung der Kurve für die Schraubenfeder ist jetzt sehr einfach: Wir definieren eine x-Koordinate entlang der Federachse und eine y-Koordinate quer dazu. In x-Richtung starten wir an der Stelle $x = a$ und gehen bis zur Stelle $x = l - a$. In y-Richtung stellen wir n Sinusschwingungen mit der Amplitude r dar.

```
67      x = a + s * (laenge - 2 * a)
68      y = radius * np.sin(n_wdg * 2 * np.pi * s)
```

Um die einzelnen Punkte zu berechnen, müssen wir nun die x-Werte mit dem Einheitsvektor in Richtung der Feder multiplizieren und die y-Werte mit dem Einheitsvektor quer zur Feder.

```
69      punkte[1:-1] = (start + x * richtung_feder + y * richtung_quer)
```

Als Ergebnis geben wir das transponierte Array zurück. Das hat den Vorteil, dass man das Ergebnis direkt als Argument der Methode `set_data` eines Linienplots verwenden kann.

```
71      return punkte.T
```

Damit ist die Funktion `data` fertig. Bevor wir diese in Abschn. 10.4 benutzen, wollen wir die Darstellung der Feder an einem ganz einfachen Beispiel testen.

```
78  if __name__ == '__main__':
79
80      # Erzeuge die Daten für die Schraubenfeder.
81      startpunkt = np.array([-1.0, 0.0])
82      endpunkt = np.array([0.5, 3.0])
83      dat = data(startpunkt, endpunkt, l0=2, n_wdg=8)
84
85      # Erzeuge eine Figure und ein Axes-Objekt.
86      fig = plt.figure()
```

```
87    ax = fig.add_subplot(1, 1, 1)
88    ax.set_aspect('equal')
89
90    # Stelle die Schraubenfeder mit einem Linienplot dar.
91    plot, = ax.plot(dat[0], dat[1], 'k-', linewidth=2)
92    plt.show()
```

Wenn Sie das Programm laufen lassen, dann wird eine Feder auf dem Bildschirm dargestellt.

Sie fragen sich sicher, warum der Code zum Testen der Funktion `data` in einer `if`-Bedingung steht. Vielleicht haben Sie auch schon ausprobiert, dass das Programm genauso funktioniert, wenn man die `if`-Bedingung einfach weglässt und die nachfolgenden Zeilen nicht einrückt. Um das zu verstehen, muss man wissen, dass jede Datei mit Python-Befehlen in Python als ein **Modul** bezeichnet wird. Wir haben bereits eine Vielzahl von Modulen kennengelernt, indem wir Module mit einer `import`-Anweisung importiert haben. In dem Moment, in dem ein Modul importiert wird, werden einige spezielle Variablen definiert, und anschließend werden die Anweisungen des Moduls von Python ausgeführt. Eine dieser speziellen Variablen ist `__name__`. Wenn ein Modul importiert wird, enthält `__name__` den Namen des Moduls, also den Dateinamen ohne die Endung `.py`. Wenn ein Modul aber direkt von Python ausgeführt wird, dann enthält `__name__` den String `'__main__'`. Die `if`-Anweisung sorgt also dafür, dass der Code zum Testen der Funktion `data` nur dann ausgeführt wird, wenn das Programm direkt in Python gestartet wird, nicht jedoch wenn die Datei als Modul importiert wird.

Wir können das recht einfach ausprobieren: Wenn Sie eine Python-Shell im gleichen Verzeichnis starten, in dem sich die Datei `schraubenfeder.py` befindet, dann können Sie auf die Funktion `data` wie folgt zugreifen:

```
1    >>> import numpy as np
2    >>> import schraubenfeder
3    >>> r0 = np.array([0.0, 0.0])
4    >>> r1 = np.array([1.1, 1.1])
5    >>> x = schraubenfeder.data(r0, r1)
6    >>> x.shape
7    (2, 300)
```

Dabei wird der Programmteil in der `if`-Bedingung nicht ausgeführt. Sie erkennen das daran, dass sich kein Grafikfenster öffnet, in dem die Feder dargestellt wird.

10.4 Simulation des Federpendels

Wir wollen nun ein Masse-Feder-Pendel mit Anregung simulieren und insbesondere auch den Einschwingvorgang darstellen, der bei den Überlegungen in Abschn. 10.2 ausgeklammert worden ist. Dazu betrachten wir das Federpendel im Schwerefeld der Erde, das in Abb. 10.5 dargestellt ist. Die Differentialgleichung unterscheidet sich nur geringfügig von der Differentialgleichung (10.4) des einfachen Masse-Feder-Schwingers ohne Schwerkraft. Wir müssen bei der Federkraft berücksichtigen, dass die Strecke,

---

Module in Python

In Python ist ein Modul eine Datei mit Python-Befehlen, deren Dateiname auf `.py` endet. Wenn ein Modul mit einer `import`-Anweisung importiert wird, so werden die Python-Befehle des Moduls ausgeführt. Innerhalb des Moduls kann man mit `if __name__ == '__main__'` überprüfen, ob das Modul als Programm ausgeführt wird oder als Modul importiert worden ist.

Um ein Modul zu importieren, durchsucht Python nacheinander die folgenden Verzeichnisse nach der entsprechenden Datei und verwendet das erste Modul, das gefunden wird. Zuerst wird im aktuellen Arbeitsverzeichnis gesucht. Danach werden der Reihe nach alle Verzeichnisse durchsucht, die in der Umgebungsvariablen `PYTHONPATH` aufgelistet sind. Zuletzt wird in einer Liste von Standardverzeichnissen gesucht, die von der jeweiligen Installation abhängen. Sie können sich die Reihenfolge dieser Verzeichnisse mit den folgenden Python-Befehlen anzeigen lassen.

```
import sys
print(sys.path)
```

---

um die die Feder gedehnt wird, sich aus $y_a - l_0 - y$ ergibt, und wir müssen zusätzlich noch die Schwerkraft hinzufügen. Damit erhalten wir die Differentialgleichung

$$m\ddot{y} = D(y_a - l_0 - y) - bv - mg \tag{10.20}$$

für das Masse-Feder-System im Schwerefeld. Wenn der Aufhängepunkt y_a fest ist, dann ergibt sich für die Gleichgewichtsposition y_{gg} der Masse

$$y_{gg} = y_a - l_0 - \frac{mg}{D}, \tag{10.21}$$

da die Gewichtskraft die Feder gerade um die Strecke mg/D gedehnt hat.

Für die Simulation importieren wir neben den üblichen Modulen noch das Modul `schraubenfeder`, das wir im letzten Abschnitt entwickelt haben. Achten Sie bitte darauf, dass sich die Datei `schraubenfeder.py` im gleichen Verzeichnis befindet wie die Datei `einschwingvorgang.py`.

Programm 10.3: `Schwingungen/einschwingvorgang.py`

```
8  import schraubenfeder
```

Anschließend legen wir die benötigten Simulationsparameter fest. Wir wählen die Masse $m = 0,1\,\mathrm{kg}$ und die Federkonstante $D = 2,5\,\mathrm{N/m}$ so, dass sich eine Eigenkreisfrequenz von $\omega_0 = \sqrt{D/m} = 5,0\,\mathrm{s}^{-1}$ ergibt. Den Reibungskoeffizienten legen wir mit $b = 0,05\,\mathrm{kg/s}$ so fest, dass sich ein Abklingkoeffizient von $\delta = b/2m = 0,25\,\mathrm{s}^{-1}$ ergibt. Die entspannte Länge der Feder setzen wir auf $l_0 = 0,3\,\mathrm{m}$ und die Anregungskreisfrequenz auf $\omega = 6,0\,\mathrm{s}^{-1}$, also etwas größer als die Eigenkreisfrequenz ω_0. Die Amplitude der Anregung setzen wir auf $0,1\,\mathrm{m}$. Der zugehörige Programmcode, der die Werte den entsprechenden Variablen zuweist, ist hier nicht mit abgedruckt. Die Anfangsbedingungen wählen wir nach Gleichung (10.21) so, dass sich das Pendel für den Fall, dass der Aufhängepunkt bei $y_a = 0$ ruht, im Gleichgewicht befindet.

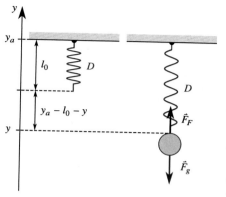

Abb. 10.5: Federpendel. *Eine Masse m wird an einer Feder mit der Federkonstanten D aufgehängt. (Links) Ohne Belastung durch die Gewichtskraft hat die Feder eine gewisse Anfangslänge l_0. (Rechts) Durch die Gewichtskraft wird die Feder gedehnt und übt eine entgegengerichtete Federkraft auf die Masse aus.*

```
28  # Anfangsposition der Masse = Gleichgewichtsposition [m].
29  y0 = -l0 - m * g / D
30  # Anfangsgeschwindigkeit [m/s].
31  v0 = 0.0
```

Der besseren Übersichtlichkeit halber definieren wir eine Funktion, die die sinusförmige Bewegung des Aufhängepunktes beschreibt.

```
34  def y_a(t):
35      """Auslenkung des Aufhängepunktes als Funktion der Zeit."""
36      return amplitude * np.sin(omega * t)
```

Die Funktion für die rechte Seite der Differentialgleichung ergibt sich nun direkt aus Gleichung (10.20).

```
39  def dgl(t, u):
40      """Berechne die rechte Seite der Differentialgleichung."""
41      y, v = np.split(u, 2)
42      F = D * (y_a(t) - l0 - y) - m * g - b * v
43      return np.concatenate([v, F / m])
```

Das numerische Lösen der Differentialgleichung erfolgt wieder mit dem Standardverfahren und wird hier nicht mit abgedruckt. Stattdessen wollen wir uns den Programmteil für die grafische Darstellung etwas genauer anschauen, der das Ergebnis wie in Abb. 10.6 erzeugt.

Für die Darstellung benötigen wir zwei Axes nebeneinander, die aber unterschiedlich breit sein sollen. Dazu erstellen wir zunächst eine Figure und erzeugen ein sogenanntes GridSpec-Objekt. Ein GridSpec-Objekt verwaltet gewissermaßen die Position und Größe von in einem Raster angeordneten Achsen. Wir legen fest, dass wir ein 1 × 2-Gitter erstellen wollen und dass die zweite Spalte fünfmal so breit sein soll wie die erste Spalte.

```
56  fig = plt.figure(figsize=(9, 4))
57  fig.set_tight_layout(True)
58  gridspec = fig.add_gridspec(1, 2, width_ratios=[1, 5])
```

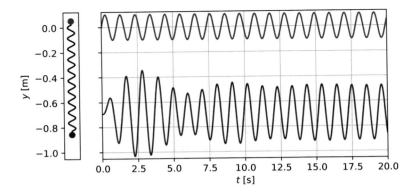

Abb. 10.6: Einschwingvorgang. *(Links) Animierte Darstellung des Masse-Feder-Pendels. Der blaue Punkt stellt die Aufhängung dar, und der rote Punkt ist die bewegliche Masse. (Rechts) Weg-Zeit-Diagramm der Aufhängung und der bewegten Masse.*

Um nun eine Axes zu erstellen, muss man die Methode `fig.add_subplot` aufrufen und als Argument das entsprechend indizierte GridSpec-Objekt übergeben. Für die Darstellung des Masse-Feder-Pendels schalten wir die Markierungen auf der x-Achse aus, da das Pendel in dieser Richtung ohnehin sehr schmal ist.

```
61  ax_anim = fig.add_subplot(gridspec[0, 0])
62  ax_anim.set_ylabel('$y$ [m]')
63  ax_anim.set_aspect('equal')
64  ax_anim.set_xlim(-2 * r0, 2 * r0)
65  ax_anim.set_xticks([])
```

Danach erzeugen wir eine zweite Axes. Das zusätzliche Argument `sharey=ax_anim` sorgt dafür, dass die Einteilung der y-Achse identisch zu der Einteilung der y-Achse der Animation ist. Weiterhin schalten wir für diese Axes die Achsenbeschriftung auf der linken Seite aus, da diese identisch mit der Beschriftung der Axes `ax_anim` ist.

```
68  ax_zeitverlauf = fig.add_subplot(gridspec[0, 1], sharey=ax_anim)
69  ax_zeitverlauf.grid()
70  ax_zeitverlauf.set_xlabel('$t$ [s]')
71  ax_zeitverlauf.tick_params(labelleft=False)
72  ax_zeitverlauf.set_xlim(0, t_max)
73  ax_zeitverlauf.set_ylim(np.min(y) - 0.2 * amplitude,
74                          np.max(y_a(t) + 0.2 * amplitude))
```

Anschließend werden die Grafikelemente erzeugt

```
79  plot_aufhaengung, = ax_anim.plot([], [], 'bo', zorder=5)
80  plot_feder, = ax_anim.plot([], [], 'k-', zorder=4)
81  plot_masse, = ax_anim.plot([], [], 'ro', zorder=5)
82  plot_auslenkung_masse, = ax_zeitverlauf.plot([], [], 'r-')
83  plot_auslenkung_aufhg, = ax_zeitverlauf.plot([], [], '-b')
```

und eine `update`-Funktion definiert, die für die Aktualisierung während der Animation sorgt.

```
86  def update(n):
87      """Aktualisiere die Grafik zum n-ten Zeitschritt."""
```

Nachdem auf die übliche Weise die Plots aktualisiert worden sind, verwenden wir nun die Funktion `schraubenfeder.data`, die wir im vorherigen Abschnitt entwickelt haben, um die Schraubenfeder darzustellen.

```
 97      startpunkt = np.array([0, y_a(t[n])])
 98      endpunkt = np.array([0, y[n]])
 99      plotdaten = schraubenfeder.data(startpunkt, endpunkt,
100                          n_wdg=10, r0=r0, a=r0, l0=l0)
101      plot_feder.set_data(plotdaten)
```

Das Programm endet wie üblich mit dem Erzeugen des Animationsobjekts und der Anzeige des Plots.

In Abb. 10.6 erkennen Sie, dass es am Anfang zunächst zu einer scheinbar regellosen Variation der Amplitude kommt. Nach einigen Schwingungen hat das System einen Zustand erreicht, in dem sich die Amplitude nicht mehr ändert. Man sagt, dass das System **eingeschwungen** ist. Wir wollen zur Verifikation überprüfen, ob die Amplitude im eingeschwungenen Zustand mit der Vorhersage der analytischen Lösung nach Gleichung (10.16) übereinstimmt:

$$
\begin{aligned}
\hat{y} &= A \frac{\omega_0^2}{\omega_0^2 - \omega^2 + 2\mathrm{i}\delta\omega} = 0{,}1\,\mathrm{m} \cdot \frac{25\,\mathrm{s}^{-2}}{25\,\mathrm{s}^{-2} - 36\,\mathrm{s}^{-2} + 2 \cdot \mathrm{i} \cdot 0{,}25\,\mathrm{s}^{-1} \cdot 6\,\mathrm{s}^{-1}} \\
&= 0{,}1\,\mathrm{m} \cdot \frac{25}{-11 + 3\mathrm{i}} \quad \Longrightarrow \quad |\hat{y}| = \frac{2{,}5\,\mathrm{m}}{\sqrt{11^2 + 3^2}} = 0{,}22\,\mathrm{m}
\end{aligned}
\tag{10.22}
$$

Wenn Sie das Programm laufen lassen und in die Grafik hineinzoomen, können Sie sich leicht davon überzeugen, dass die Amplitude der roten Kurve nach dem Einschwingvorgang in guter Näherung diesem Wert entspricht.

10.5 Hörbarmachen von Schwingungen

Bisher haben wir Schwingungsvorgänge nur visualisiert, also unserem Auge zugänglich gemacht, indem wir den zeitlichen Verlauf animiert oder in Form eines Weg-Zeit-Diagramms dargestellt haben. Wir wollen uns im Folgenden etwas damit beschäftigen, wie man Schwingungsvorgänge mit Python auch hörbar machen kann.

Bevor wir damit starten, müssen wir verstehen, wie der Sound-Chip eines Computers überhaupt Töne verarbeitet. Der Sound-Chip nimmt die Daten mit einer festen **Abtastrate** entgegen. Diese muss aufgrund des Abtasttheorems mindestens doppelt so groß sein wie die höchste Frequenz, die übertragen werden soll [1]. Die Daten können dabei in unterschiedlichen Formaten vorliegen. Meistens handelt es sich jedoch um ganze 16-Bit-Zahlen. Seit im Jahr 1981 die CompactDisc eingeführt wurde, hat sich eine Abtastfrequenz von 44,1 kHz als Standard etabliert, den nahezu jeder Sound-Chip beherrscht.

Installation von sounddevice

Das Paket sounddevice gehört bei den meisten Python-Distributionen nicht zum Standardinstallationsumfang.

- Wenn Sie die Python-Distribution Anaconda verwenden, dann können Sie zur Installation des Pakets in einem Anaconda-Prompt den Befehl conda install -c conda-forge python-sounddevice eingeben.

- Wenn Sie unter Linux das mit dem System mitgelieferte Python verwenden, dann sollten Sie in der Paketverwaltung Ihres Linux-Systems nach einem Paket mit dem Namens python-sounddevice suchen.

- Als dritte Möglichkeit können Sie in der Eingabeaufforderung, von der Sie normalerweise Python starten, den Befehl pip install sounddevice eingeben. Die ersten beiden Varianten haben aber den Vorteil, dass sounddevice zusammen mit den anderen Paketen automatisch aktualisiert wird.

Wenn Sie sounddevice nicht installieren können oder wollen, dann besteht auch die Möglichkeit, die jeweiligen Befehle aus den entsprechenden Programmen zu löschen oder auszukommentieren. Alle hier vorgestellten Programme schreiben die Audioausgabe zusätzlich in eine Wave-Datei unter dem Namen output.wav.

Um Töne in Python zu erzeugen, gibt es verschiedene Möglichkeiten: Zum einen kann man mit Funktionen aus der Bibliothek SciPy eine Wave-Datei mit der Dateiendung .wav erzeugen, die man mit den üblichen Wiedergabeprogrammen für Musikdateien abspielen kann. Alternativ kann man unter Python mit dem Paket sounddevice Töne direkt abspielen.[2] Um die folgenden Programme benutzen zu können, müssen Sie zunächst sounddevice installieren (siehe Kasten).

Wir wollen im Folgenden eine einfache gedämpfte Schwingung, die der Differentialgleichung

$$m\ddot{x} = -Dx - bv \qquad (10.23)$$

genügt, simulieren und hörbar machen. Dazu importieren wir neben den bereits bekannten Modulen zusätzlich die Module scipy.io.wavfile zur Ausgabe einer Wave-Datei und das Modul sounddevice zur direkten Audio-Ausgabe. Anschließend legen wir die Simulationsdauer fest und setzen die Abtastrate auf den Wert von 44,1 kHz.

Programm 10.4: *Schwingungen/gedaempfte_schwingung.py*

```
 9  # Zeitdauer der Simulation [s].
10  t_max = 3.0
11  # Abtastrate für die Tonwiedergabe [1/s].
12  abtastrate = 44100
```

Die Federkonstante D und die schwingende Masse m wählen wir so, dass sich eine Eigenfrequenz von 440 Hz ergibt, die dem Kammerton a entspricht, der von den üblichen

---

[2] Neben sounddevice gibt es noch einige andere Bibliotheken, die die Ausgabe von Tönen ermöglichen. Der Vorteil von sounddevice ist, dass es besonders einfach zu benutzen ist.

Stimmgabeln erzeugt wird. Den Reibungskoeffizienten b wählen wir so, dass sich nach Gleichung (10.5) ein Abklingkoeffizient von $\delta = 2{,}5\,\mathrm{s}^{-1}$ ergibt. Das bedeutet, dass die Schwingung nach 0,4 s auf den e-ten Teil der Anfangsamplitude abgeklungen ist. Als Anfangsbedingungen wählen wir eine reine Auslenkung von 1 mm.

```
13   # Federkonstante [N/m].
14   D = 7643.02
15   # Masse [kg].
16   m = 1e-3
17   # Reibungskoeffizient [kg/s].
18   b = 0.005
19   # Anfangsauslenkung [m].
20   x0 = 1e-3
21   # Anfangsgeschwindigkeit [m/s].
22   v0 = 0
```

Anschließend lösen wir die Differentialgleichung (10.23) mit dem bereits bekannten Verfahren, das wir hier nicht noch einmal mit abdrucken. Beim Aufruf der Funktion `scipy.integrate.solve_ivp` ist lediglich darauf zu achten, dass wir die Lösung der Differentialgleichung an genau den Zeitpunkten auswerten, die der vorgegebenen Abtastrate entsprechen.

```
37   t = np.arange(0, t_max, 1 / abtastrate)
38   result = scipy.integrate.solve_ivp(dgl, [0, t_max], u0, t_eval=t)
39   x, v = result.y
```

Wir erhalten somit ein Array `t` mit den entsprechenden Zeitpunkten und ein Array `x` mit den zugehörigen Auslenkungen.

Um aus den simulierten Daten eine Audiodatei zu erzeugen, muss man die Daten in das passende Format umwandeln. Das gebräuchlichste Format für Wave-Dateien, das nahezu alle Abspielprogramme handhaben können, sind 16-Bit-Ganzzahlen. Wir skalieren das Array `x` also zunächst so um, dass alle Zahlen im Wertebereich der 16-Bit-Ganzzahlen von $-32\,768$ bis $32\,767$ liegen, und wandeln das Array dann in den entsprechenden Datentyp um.

```
44   audiodaten = np.int16(x / np.max(np.abs(x)) * 32767)
```

Die eigentliche Audioausgabe ist jetzt denkbar einfach. Um die Wave-Datei zu schreiben, rufen wir die entsprechende Funktion von SciPy auf.

```
47   scipy.io.wavfile.write('output.wav', abtastrate, audiodaten)
```

Um die direkte Audioausgabe zur erhalten, rufen wir die Funktion `sounddevice.play` auf. Das Argument `blocking=True` bewirkt, dass die Funktion wartet, bis die Audioausgabe beendet ist.

```
50   sounddevice.play(audiodaten, abtastrate, blocking=True)
```

Zusätzlich wollen wir den Zeitverlauf der Auslenkung auch grafisch darstellen. Dabei muss man beachten, dass es in diesem Zeitverlauf zwei Vorgänge gibt, die sich auf unterschiedlichen Zeitskalen abspielen: Die eigentliche Schwingung hat eine Frequenz von 440 Hz, spielt sich also auf einer Zeitskala von ca. 2,3 ms ab, während der Abklingvorgang auf einer Zeitskala von 0,4 s stattfindet. Um beiden Zeitskalen gerecht zu werden, stellen wir zunächst den gesamten Zeitverlauf des Signals dar.

```
54  fig = plt.figure()
55  fig.set_tight_layout(True)
56  ax = fig.add_subplot(1, 1, 1)
57  ax.set_xlabel('$t$ [s]')
58  ax.set_ylabel('$x$ [mm]')
59  ax.plot(t, 1e3 * x)
```

Nun erzeugen wir in der gleichen Figure eine zweite Axes. Am einfachsten gelingt dies mit der Methode `ax.inset_axes`. In der nachfolgenden Zeile erzeugen wir eine zweite Axes, deren untere linke Ecke an der Position (0,55; 0,67) im Axes-Koordinatensystem (siehe Abschn. 3.18) liegt und die in diesem Koordinatensystem die Breite 0,4 und die Höhe 0,25 hat.

```
62  ax_inset = ax.inset_axes([0.55, 0.67, 0.4, 0.25])
```

Anschließend plotten wir in diese Axes den Zeitverlauf der Bewegung noch einmal, wobei wir nur einen kleinen Ausschnitt des Datensatzes anzeigen lassen, sodass im Gegensatz zum ersten Plot nun die einzelnen Schwingungen aufgelöst werden.

```
63  ax_inset.set_xlabel('$t$ [s]')
64  ax_inset.set_ylabel('$x$ [mm]')
65  ax_inset.set_xlim(0.5, 0.52)
66  ax_inset.set_ylim(-0.4, 0.4)
67  ax_inset.plot(t, 1e3 * x)
```

Das Ergebnis ist in Abb. 10.7 dargestellt. Der zweite Plot stellt also eine Ausschnittvergrößerung des ersten Plots dar.

10.6 Nichtlineare Schwingungen

Bei dem im vorherigen Abschnitt diskutierten Masse-Feder-Schwinger hätte man prinzipiell auf die numerische Lösung der Differentialgleichung (10.23) verzichten können, da eine analytische Lösung dieser Differentialgleichung existiert, die durch Gleichung (10.7) gegeben ist (siehe Aufgabe 10.1). Die Differentialgleichung (10.23) stellt für viele reale schwingungsfähige Systeme eine gute Näherung dar, solange die maximale Auslenkung hinreichend klein ist. Bei größeren Auslenkungen gibt es in der Praxis eine Reihe Abweichungen von dieser einfachen Situation. Diese Abweichungen rühren zum einen daher, dass die Reibungskraft im Allgemeinen nicht proportional zur Geschwindigkeit ist. Dies ist beispielsweise bei Festkörperreibung oder bei turbulenten Strömungen der Fall. Zum anderen ist die Rückstellkraft nicht immer streng proportional zur Auslenkung. Das bekannteste Beispiel ist das ebene Pendel, das durch die Differentialgleichung

$$\ddot{\varphi} = -\frac{g}{l} \sin(\varphi) \tag{10.24}$$

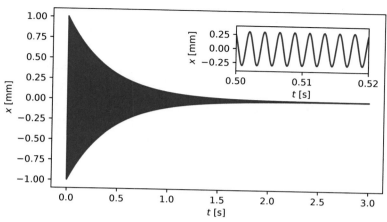

Abb. 10.7: Gedämpfte Schwingung. *Dargestellt ist eine gedämpfte Schwingung mit einer Eigenfrequenz von* 440 Hz *und einem Abklingkoeffizienten von* $\delta = 2{,}5\,\text{s}^{-1}$. *Um trotz der unterschiedlichen Zeitskalen der Schwingung und des Abklingvorgangs beide Prozesse darzustellen, wurde eine Ausschnittvergrößerung hinzugefügt. Über den QR-Code können Sie sich das entsprechende Audiosignal anhören.*

beschrieben wird (siehe Kap. 9). Hier ist die Rückstellkraft proportional zum Sinus der Auslenkung. Leider hat das ebene Pendel zusätzlich noch die unangenehme Eigenschaft, dass es sich überschlagen kann. Wir diskutieren daher ein etwas einfacheres Beispiel, nämlich das gedämpfte Masse-Feder-Pendel mit einer progressiven Feder. Unter einer **progressiven Feder** versteht man eine Feder, bei der die Kraft überproportional mit der Auslenkung ansteigt, wie in Abb. 10.8 dargestellt ist. Derartige Federn werden beispielsweise für die Federung von Fahrzeugen eingesetzt. Für reale Federkonstruktionen kann die **Federkennlinie**, die die Federkraft als Funktion der Auslenkung beschreibt, eine komplizierte Funktion sein. Wir wollen uns hier auf ein einfaches Modellsystem beschränken, an dem wir die grundsätzlichen Effekte von nichtlinearen Federn diskutieren können. Bei einer nichtlinearen Feder kann man nicht mehr von einer Federkonstanten sprechen. Als Ersatz definieren wir die momentane **Federhärte** oder **Federrate** über

$$D(x) = -\frac{\mathrm{d}F}{\mathrm{d}x}, \tag{10.25}$$

wobei F die Federkraft und x die Auslenkung der Feder ist. Wir wollen nun eine sehr stark nichtlineare Feder annehmen, bei der die anfängliche Federhärte D_0 bei einer Dehnung in beiden Richtungen exponentiell zunimmt:

$$D(x) = D_0 \mathrm{e}^{|x|/\alpha} \tag{10.26}$$

Dabei bezeichnet α die Länge, bei der die Federkonstante auf das e-Fache angewachsen ist. Nach Gleichung (10.25) ergibt sich die Federkraft nun durch die Integration von D:

$$F_{\text{nonlin}}(x) = -\int_0^x D(\xi)\,\mathrm{d}\xi = -D_0\alpha\left(\mathrm{e}^{|x|/\alpha} - 1\right)\mathrm{sgn}(x) \tag{10.27}$$

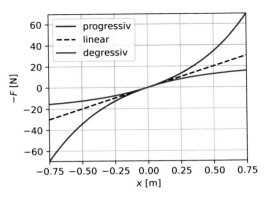

Abb. 10.8: Federkennlinien. *Die Federkraft steigt bei der progressiven Feder überproportional mit der Auslenkung an. Bei der degressiven Feder steigt die Federkraft unterproportional mit der Auslenkung an. Die dargestellten Kennlinien entsprechen der Gleichung (10.27) mit* $D = 40\,\mathrm{N/m}$ *und* $\alpha = \pm 0{,}5\,\mathrm{m}$.

Die Funktion sgn ist dabei die Vorzeichenfunktion (lat. signum), die für positive Argumente den Wert +1, für negative Argumente den Wert −1 und für null den Wert 0 annimmt. Sie können diese Kennlinie als eine Verallgemeinerung des hookeschen Gesetzes auffassen: Für kleine Auslenkungen $|x| \ll \alpha$ kann man die Exponentialfunktion durch die ersten beiden Terme der Taylor-Entwicklung annähern ($e^x \approx 1 + x$) und erhält damit für kleine Auslenkungen das hookesche Gesetz mit der Federhärte D_0:

$$F_{\mathrm{nonlin}}(x) \approx -D_0\,\alpha \left(1 + \frac{|x|}{\alpha} - 1\right) \mathrm{sgn}(x) = -D_0 x \qquad \text{für} \qquad |x| \ll \alpha \qquad (10.28)$$

Das Gegenteil einer progressiven Feder, nämlich eine Feder, bei der die Federkraft unterproportional mit der Auslenkung zunimmt, bezeichnet man als **degressive Feder**. Wir können Gleichung (10.27) auch als ein Modell für eine degressive Feder verwenden, indem man der Länge α einen negativen Wert zuweist. Nach Gleichung (10.26) bedeutet dies, dass die Federhärte mit der Auslenkung exponentiell abnimmt. In Abb. 10.8 ist die Kennlinie einer progressiven, einer linearen und einer degressiven Feder dargestellt.

Um eine gedämpfte Schwingung mit einer progressiven Feder zu simulieren, müssen wir im Programm 10.4 lediglich die Federkraft durch die Gleichung (10.27) ersetzen. Bei der Implementierung dieser Gleichung ist nützlich, dass es in NumPy die Funktion `np.expm1` gibt, die die Funktion $e^x - 1$ implementiert.[3] Die Vorzeichenfunktion kann in NumPy mit `np.sign` berechnet werden. Aufgrund dieser marginalen Änderung wird das fertige Programm hier nicht mit abgedruckt.

Programm 10.5: *Schwingungen/gedaempfte_schwingung_progressiv.py*

```
1  """Gedämpfte Schwingung mit einer progressiven Feder."""
```

Die Parameter müssen so angepasst werden, dass der Ton für den gesamten Zeitverlauf im hörbaren Bereich liegt. In Abb. 10.9 ist das Ergebnis für $D_0 = 400\,\mathrm{N/m}$, $\alpha = 5\,\mathrm{mm}$, $m = 1\,\mathrm{g}$ und $b = 0{,}01\,\mathrm{kg/s}$ bei einer Anfangsauslenkung von $x_0 = 20\,\mathrm{mm}$ dargestellt. Bitte beachten Sie, dass aufgrund der nichtlinearen Federkennlinie das Ergebnis wesentlich von der Anfangsauslenkung abhängt. Sie können deutlich erkennen, dass die Frequenz der Schwingung mit kleiner werdender Amplitude geringer wird.

---

[3] Es gibt ähnliche Funktionen auch in anderen Programmiersprachen. Der Grund für die Einführung dieser Funktion ist darin zu sehen, dass sich die Funktion $e^x - 1$ numerisch besser berechnen lässt, als zunächst e^x auszuwerten und dann die Zahl 1 abzuziehen.

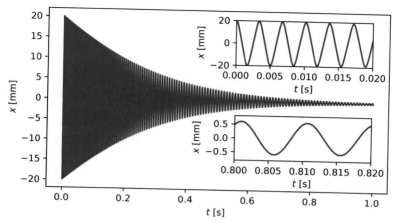

Abb. 10.9: Gedämpfte Schwingung bei einer progressiven Feder. *Da die Feder mit größer werdender Amplitude steifer wird, kommt es zu einer Frequenzänderung während des Abklingvorgangs. Weiterhin erkennt man bei großen Amplituden eine deutliche Abweichung von der Sinusform.*

Wenn man einen geübten Blick hat, kann man auch erkennen, dass die Form der Schwingung zu Beginn deutlich von der Sinusform abweicht.

10.7 Fourier-Analysen

Häufig interessiert man sich bei einer gegebenen Schwingung dafür, welche Frequenzen in dem Signal enthalten sind. Die Menge der in einem Signal enthaltenen Frequenzen und der zugehörigen Intensitäten bezeichnet man auch als das **Frequenzspektrum** eines Signals. Bei der nichtlinearen Schwingung des vorangegangenen Abschnitts möchte man zum Beispiel untersuchen, ob alle Anteile des Signals im hörbaren Bereich von ca. 16 Hz bis 20 kHz liegen. Dazu eignet sich die sogenannte **diskrete Fourier-Transformation**. Betrachten wir ein Zeitsignal $x(t)$, das wir an N Zeitpunkten mit dem Abstand Δt abgetastet haben. Die Werte zu dem Zeitpunkt $t_m = m\Delta t$ bezeichnen wir als x_m:

$$x_m = x(t_m) \quad \text{mit} \quad t_m = m\Delta t \quad \text{für} \quad m = 0 \dots (N-1) \quad (10.29)$$

Die diskrete Fourier-Transformation bestimmt nun N neue Werte $\tilde{x}_n$, sodass sich die Werte des Zeitsignals x_m als gewichtete Summe von komplexen Exponentialfunktionen schreiben lassen:

$$x_m = \frac{1}{N} \sum_{n=0}^{N-1} \tilde{x}_n e^{i2\pi nm/N} \quad (10.30)$$

Bevor wir uns mit der Berechnung der $\tilde{x}_n$ beschäftigen,[4] wollen wir verstehen, was die einzelnen Terme dieser Summe physikalisch bedeuten. Dazu schreiben wir die Summe in Gleichung (10.30) mithilfe von t_m nach Gleichung (10.29) um und erhalten:

$$x_m = \frac{1}{N} \sum_{n=0}^{N-1} \tilde{x}_n e^{i\omega_n t_m} \quad \text{mit} \quad \omega_n = \frac{2\pi n}{N\Delta t} \tag{10.31}$$

Für den ersten Summanden mit $n = 0$ ist $\omega_0 = 0$. Es handelt sich also um einen konstanten Beitrag des Zeitsignals. Der zweite Summand mit $n = 1$ ist eine komplexe Exponentialfunktion, die von $m = 0$ bis $m = N$ gerade eine Periode beschreibt. Es handelt sich also um einen Signalanteil mit der Frequenz $f_1 = \omega_1/(2\pi) = 1/(N\Delta t)$. Ganz allgemein kann man den n-ten Summanden also als einen Signalanteil mit der Kreisfrequenz ω_n auffassen. In der Gleichung für ω_n steht im Nenner das Produkt $N\Delta t$. Dies ist gerade die Zeitdauer T des betrachteten Signals. Für den Abstand $\Delta\omega$ zweier benachbarter Kreisfrequenzen gilt also

$$\Delta\omega = \frac{2\pi}{N\Delta t} = \frac{2\pi}{T}, \tag{10.32}$$

und damit erhält man eine einfache Aussage über das Frequenzauflösungsvermögen einer Fourier-Transformation:

Frequenzauflösung einer diskreten Fourier-Transformation

Der Abstand Δf der Frequenzen in einer diskreten Fourier-Transformation ist der Kehrwert der Zeitdauer T des betrachteten Signals:

$$\Delta f = \frac{1}{T} \tag{10.33}$$

Die oben beschriebene Zuordnung der einzelnen Terme in Gleichung (10.31) zu den Frequenzen ist aber nicht die einzig mögliche Interpretation. Das sieht man am einfachsten, wenn man den Exponentialterm des letzten Summanden mit $n = N - 1$ betrachtet:

$$\begin{aligned} e^{i\omega_{N-1}t_m} &= e^{i\frac{2\pi(N-1)}{N\Delta t}t_m} = e^{i\frac{2\pi}{\Delta t}t_m - i\frac{2\pi}{N\Delta t}t_m} \\ &= e^{i2\pi m - i\frac{2\pi}{N\Delta t}t_m} = e^{-i\frac{2\pi}{N\Delta t}t_m} = e^{-i\omega_1 t_m} \end{aligned} \tag{10.34}$$

Da die komplexe Exponentialfunktion periodisch mit der 2π ist und wir das Signal nur an diskreten Zeitpunkten kennen, ist es prinzipiell unmöglich zu unterscheiden, ob wir einen Signalanteil mit der Kreisfrequenz ω_{N-1} haben oder einen Signalanteil mit der negativen Kreisfrequenz $-\omega_1$. Völlig analog kann man den Signalanteil mit der Kreisfrequenz ω_{N-2} auch als einen Signalanteil mit der negativen Kreisfrequenz

---

[4] Man kann zeigen, dass sich die Werte der Fourier-Transformation $\tilde{x}_n$ wie folgt berechnen lassen:

$$\tilde{x}_n = \sum_{m=0}^{N-1} x_m e^{-i2\pi nm/N}$$

Diese Gleichung unterscheidet sich von Gleichung (10.29) nur durch die Vertauschung $\tilde{x}_n \leftrightarrow x_m$, das Minuszeichen im Exponenten und den Faktor $1/N$.

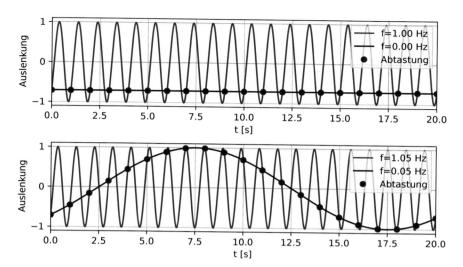

Abb. 10.10: Aliasing. *(Oben) Ein Signal der Frequenz* 1 Hz *(blau) wird mit einer Abtastfrequenz von* 1 Hz *abgetastet. Das abgetastete Signal (rot) ist nicht von einem konstanten Signal der Frequenz* 0 Hz *(schwarz) unterscheidbar. (Unten) Ein Signal der Frequenz* 1,05 Hz *ist nach Abtastung mit einer Abtastfrequenz von* 1 Hz *nicht von einem Signal der Frequenz* 0,05 Hz *unterscheidbar.*

$-\omega_2$ interpretieren. Man bezeichnet diese Uneindeutigkeit der Frequenzzuordnung als **Aliasing**. Etwas verallgemeinert kann man den als Abtasttheorem bekannten Satz festhalten, der in Abb. 10.10 veranschaulicht wird.

Abtasttheorem (1. Teil)

Wenn man ein Zeitsignal mit Zeitabständen Δt abtastet, dann kann man in dem abgetasteten Signal keine Frequenzen unterscheiden, die sich um ganzzahlige Vielfache der Abtastfrequenz $f = 1/\Delta t$ unterscheiden.

In der praktischen Anwendung muss man sicherstellen, dass in dem abgetasteten Signal keine Signalanteile vorkommen, die eine Frequenz haben, die größer als die halbe Abtastfrequenz f ist, weil man dann jeden Summanden in Gleichung (10.31) eindeutig einer Frequenz im Bereich $-f/2$ bis $+f/2$ zuordnen kann. Daraus ergibt sich der zweite Teil des Abtasttheorems.

Abtasttheorem (2. Teil)

Um beim Abtasten eines Zeitsignals Mehrdeutigkeiten bei der Frequenzzuordnung (Aliasing) zu vermeiden, muss die Abtastfrequenz doppelt so hoch sein wie die höchste Frequenz, die im Zeitsignal vorkommt.

Das Abtasttheorem ist auch der Grund, warum man Audiosignale häufig mit einer Frequenz von $f = 44{,}1$ kHz abtastet. Diese Frequenz ist nämlich etwas höher als das Doppelte der höchsten Frequenz, die das menschliche Ohr wahrnehmen kann.

Wenn man nun eine diskrete Fourier-Transformation eines Signals, das an N Zeit-punkten mit einer Abtastfrequenz f abgetastet wurde, durchführt, so erhält man N neue Werte $\tilde{x}_n$. Die ersten $N/2$-Werte interpretiert man als die Frequenzkomponenten von 0 bis $f/2$ und die zweiten $N/2$-Werte als negative Frequenzkomponenten beginnend bei $-f/2$. An dieser Stelle muss man etwas aufpassen und darauf achten, ob N eine gerade oder eine ungerade Zahl ist. Wir kommen weiter unten noch einmal darauf zurück.

Um uns die Bedeutung der negativen Frequenzkomponenten zu veranschaulichen, führen wir eine diskrete Fourier-Transformation einer reinen Sinusschwingung durch. Dazu legen wir zunächst die Abtastrate und den Zeitbereich fest.

Programm 10.6: *Schwingungen/fft_sinus.py*

```
6   # Zeitdauer des Signals [s] und Abtastrate [1/s].
7   t_max = 0.2
8   abtastrate = 44100
```

Nach den vorangegangenen Überlegungen ergibt sich die maximale Frequenz in der diskreten Fouriertransformation aus der halben Abtastrate zu $f_{max} = 22{,}05$ kHz, und der Abstand zweier Punkte auf der Frequenzachse ergibt sich nach Gleichung (10.33) aus dem Kehrwert der Länge des Signals im Zeitbereich zu $\Delta f = 1/(0{,}2\,\text{s}) = 5$ Hz. Weiterhin definieren wir eine Variable für die Signalfrequenz. Später wollen wir nur die für uns interessanten Frequenzen im Bereich ± 1 kHz plotten und legen daher auch dafür vorab eine entsprechende Variable an.

```
9    # Signalfrequenz [Hz]
10   f_signal = 500.0
11   # Im Plot dargestellter Frequenzbereich [Hz].
12   frequenzbereich_plot = [-1000, 1000]
```

Danach erzeugen wir ein entsprechendes Array mit den Zeitpunkten und werten eine Sinusfunktion mit der angegebenen Signalfrequenz an diesen Zeitpunkten aus.

```
15   t = np.arange(0, t_max, 1 / abtastrate)
16   x = np.sin(2 * np.pi * f_signal * t)
```

Anschließend führen wir eine diskrete Fourier-Transformation durch. In NumPy ist ein sehr effizienter Algorithmus implementiert, der als **schnelle Fourier-Transformation** (engl. **fast fourier transform**) oder kurz als **FFT** bezeichnet wird. Der Aufruf der entsprechenden Funktion ist denkbar einfach. Wir teilen das Ergebnis an dieser Stelle gleich durch die Anzahl der Datenpunkte, da dies die Interpretation des Ergebnisses erleichtert.

```
19   x_ft = np.fft.fft(x) / x.size
```

Als Nächstes müssen wir die Indizes des Ergebnis-Arrays den Frequenzen zuordnen. Glücklicherweise gibt es in NumPy bereits eine fertige Funktion, die diese Zuordnung vornimmt und auch die Fallunterscheidung für eine gerade bzw. ungerade Anzahl von Datenpunkten berücksichtigt:

```
22   frequenzen = np.fft.fftfreq(x.size, d=1/abtastrate)
```

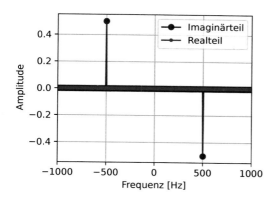

Abb. 10.11: Spektrum einer harmonischen Schwingung. *Dargestellt ist die diskrete Fourier-Transformation einer reinen Sinusschwingung mit einer Frequenz von 500 Hz. Man erkennt, dass das Ergebnis rein imaginär ist und nur einen Anteil bei den Frequenzen ±500 Hz hat.*

Wie oben bereits erwähnt wurde, sind die Frequenzen leider nicht in aufsteigender Reihenfolge sortiert, sondern es kommen erst die positiven Frequenzkomponenten und anschließend die negativen Frequenzkomponenten. Dies ist insbesondere für die grafische Darstellung unpraktisch. Auch hier gibt es in NumPy eine vorgefertigte Funktion, die die Frequenzen richtig sortiert.

```
25  frequenzen = np.fft.fftshift(frequenzen)
26  x_ft = np.fft.fftshift(x_ft)
```

Anschließend plotten wir den Real- und den Imaginärteil des Arrays x_ft, wobei wir uns auf den zuvor festgelegten Frequenzbereich beschränken. Das Ergebnis ist in Abb. 10.11 dargestellt und lässt sich wie folgt verstehen: Nach der eulerschen Formel kann man die komplexe Exponentialfunktion mithilfe der Sinus- und Kosinusfunktion wie folgt darstellen:

$$e^{i\varphi} = \cos(\varphi) + i\sin(\varphi) \tag{10.35}$$

Damit kann man umgekehrt den Sinus durch zwei komplexe Exponentialfunktionen ausdrücken:

$$\sin(\omega t) = \frac{1}{2i}\left(e^{i\omega t} - e^{-i\omega t}\right) \tag{10.36}$$

Wegen $1/i = -i$ folgt daraus unmittelbar:

$$\sin(\omega t) = \frac{i}{2}e^{-i\omega t} + \frac{-i}{2}e^{i\omega t} \tag{10.37}$$

Die beiden Terme auf der rechten Seite erklären genau das Ergebnis aus Abb. 10.11: Wir haben einen Beitrag bei der Kreisfrequenz $-\omega$ mit dem Vorfaktor 0,5i und einen Beitrag bei der Kreisfrequenz $+\omega$ mit dem Vorfaktor $-0,5$i.

Als Nächstes wollen wir das Spektrum einer gedämpften Schwingung der Form

$$x(t) = Ae^{-\delta t}\sin(\omega t) \tag{10.38}$$

untersuchen. Dazu muss man in Programm 10.6 nur die Zeile für die Berechnung des Signals abändern, indem wir zusätzlich einen Abklingkoeffizienten definieren

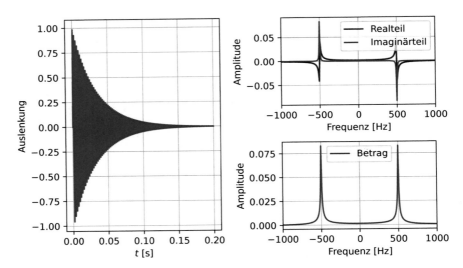

Abb. 10.12: *Fourier-Transformation einer gedämpften Sinusschwingung. Dargestellt ist die diskrete Fourier-Transformation einer gedämpften Sinusschwingung mit einer Frequenz von 500 Hz und einem Abklingkoeffizienten von* $\delta = 30\,\mathrm{s}^{-1}$. *Man erkennt, dass die Spitzen bei* $\pm 500\,\mathrm{Hz}$ *gegenüber der reinen Sinusschwingung deutlich verbreitert sind.*

Programm 10.7: `Schwingungen/fft_sinus_gedaempft.py`

```
 9  # Signalfrequenz [Hz] und Abklingkoeffizient [1/s]
10  f_signal = 500.0
11  delta = 30.0
```

und die Berechnung des Signals entsprechend anpassen:

```
16  t = np.arange(0, t_max, 1 / abtastrate)
17  x = np.sin(2 * np.pi * f_signal * t) * np.exp(-delta * t)
```

Um eine Darstellung wie in Abb. 10.12 zu erreichen, benutzen wir wieder ein GridSpec-Objekt, mit dem wir zunächst ein 2×2-Raster vorgeben.

```
30  fig = plt.figure(figsize=(10, 5))
31  fig.set_tight_layout(True)
32  gridspec = fig.add_gridspec(2, 2)
```

Die Axes für die Darstellung des Zeitsignals erzeugen wir nun wie folgt:

```
35  ax_zeitverlauf = fig.add_subplot(gridspec[:, 0])
```

Dies bewirkt, dass sich die Axes über die gesamte erste Spalte des 2×2-Rasters erstreckt. Anschließend erzeugen wir eine Axes für die Darstellung des Real- und Imaginärteils der Fourier-Transformierten

```
43  ax_freq = fig.add_subplot(gridspec[0, 1])
```

und eine Axes für die Darstellung des Betrags der Fourier-Transformierten:

```
54  ax_freq_abs = fig.add_subplot(gridspec[1, 1])
```

Die einzelnen Plots können nun mit den üblichen Befehlen innerhalb der jeweiligen
Axes erzeugt werden.

Wenn Sie den Abklingkoeffizienten in diesem Programm verändern, dann können
Sie eine interessante Beobachtung machen: Je größer der Abklingkoeffizient ist, des-
to schneller klingt das Zeitsignal ab und das Spektrum wird dabei breiter. Dieser
Zusammenhang gilt ganz allgemein und wird als **Frequenz-Zeit-Unschärfe** bezeich-
net: Je kürzer ein Signal im Zeitbereich ist, desto breiter ist sein Frequenzspektrum.
Die Frequenz-Zeit-Unschärfe ist uns bereits bei der Frequenzauflösung der diskreten
Fourier-Transformation nach Gleichung (10.33) begegnet: Je länger das aufgenommene
Signal ist, desto genauer können wir die Frequenzen auflösen.

10.8 Spektralanalyse von Audiosignalen

In nahezu jedem Notebook-Computer ist heute ein Mikrofon eingebaut, und bei den
meisten Desktop-PCs gibt es einen Anschluss, an den ein externes Mikrofon angeschlos-
sen werden kann. Häufig sind bereits im Monitor ein Mikrofon und ein Lautsprecher
integriert. Für das folgende Programm müssen Sie zunächst sicherstellen, dass Ihr
Computer über ein Mikrofon verfügt und dieses auch eingeschaltet ist. Machen Sie
sich bitte auch damit vertraut, wie Sie die Eingangsempfindlichkeit des Mikrofons
einstellen. In den meisten Fällen geschieht dies über die Lautstärkeeinstellungen des Betriebssystems. Wir wollen im Folgenden kontinuierlich Audiodaten mit dem Mikrofon
aufzeichnen. Von diesen Daten soll jeweils ein kurzer Zeitabschnitt auf dem Bildschirm
zusammen mit der entsprechenden Fourier-Transformierten dargestellt werden. Auf
diese Art können Sie sehen, welche Frequenzen in den aufgenommenen Geräuschen
enthalten sind.

Wir beginnen nach den üblichen Modulimporten damit, die Zeitdauer für das Auf-
nahmefenster und die Abtastrate festzulegen. Die Zeitdauer wählen wir mit 0,5 s so,
dass wir einen guten Kompromiss zwischen Geschwindigkeit der Anzeige und der
Frequenzauflösung erhalten. Nach Gleichung (10.33) ergibt sich mit dieser Zeitdauer
eine Frequenzauflösung von $\Delta f = 2\,\text{Hz}$.

Programm 10.8: *Schwingungen/spektrumanalysator.py*

```
 9  # Länge des Zeitfensters [s] und Abtastrate [1/s].
10  t_max = 0.5
11  abtastrate = 44100
```

Wir legen wieder den darzustellenden Frequenzbereich fest, wobei wir uns auf einen
interessanten Bereich von hörbaren Frequenzen im Bereich von 100 Hz bis 10 kHz
beschränken, und definieren den Bereich von darzustellenden Amplituden:

```
15  frequenzbereich_plot_ft = [100, 10000]
16  amplitudenbereich_plot_ft = [0, 0.03]
```

Anschließend erzeugen wir ein Array mit den entsprechenden Zeitpunkten

```
19  t = np.arange(0, t_max, 1 / abtastrate)
```

und berechnen daraus die Frequenzen, die in der Fourier-Transformierten enthalten
sind.

```
22  frequenzen = np.fft.fftfreq(t.size, d=1 / abtastrate)
23  frequenzen = np.fft.fftshift(frequenzen)
```

Als Nächstes erzeugen wir mit den üblichen Funktionen zwei Axes für das Zeitsignal und
für das Spektrum und bereiten die zugehörigen Linienplots `plot_zeit` und `plot_freq`
vor. Den zugehörigen Code überspringen wir an dieser Stelle.

Bevor wir das Programm weiter diskutieren, müssen wir uns darüber klar werden,
dass unser Vorhaben mit der kleinen Schwierigkeit verbunden ist, dass wir zwei zeitlich
unabhängig voneinander laufende Vorgänge haben: Zum einen ist das die Audioaufnahme. Diese funktioniert intern so, dass der Sound-Chip des Computers die Daten mit
der vorgegebenen Abtastfrequenz aufnimmt und in einem Puffer speichert. Zu einem
bestimmten Zeitpunkt ist der Puffer voll und die Daten müssen verarbeitet werden.
Zum anderen müssen wir in regelmäßigen Abständen die Grafik aktualisieren. Das
Aktualisieren der Grafik geschieht typischerweise einige zehn Mal pro Sekunde. Die
Daten vom Sound-Chip müssen aber typischerweise viel häufiger ausgelesen werden.

Wir erzeugen zunächst ein Array `audiodaten`. Dieses soll das Zeitsignal enthalten,
das bei der nächsten Aktualisierung der Grafik dargestellt wird.

```
49  audiodaten = np.zeros(t.size)
```

Als Nächstes definieren wir eine Funktion, die später immer dann aufgerufen wird,
wenn Audiodaten zur Verarbeitung anstehen. Die Argumente dieser Funktion sind
durch das Modul `sounddevice` vorgegeben: Das erste Argument `indata` enthält die
zu verarbeitenden Daten, das zweite Argument `frames` die Anzahl der Datenpunkte.
Bei `indata` handelt es sich um ein 2-dimensionales Array. Der erste Index enthält
die einzelnen Zeitpunkte, und der zweite Index nummeriert die Kanäle. Bei einer
Stereoaufnahme gibt es beispielsweise zwei Kanäle. Da wir eine Monoaufnahme
durchführen werden, betrachten wir im Folgenden stets nur den ersten Kanal. Die
weiteren Argumente enthalten zusätzliche Statusinformationen. Normalerweise kann
eine Funktion keine Variablen verändern, die außerhalb der Funktion definiert worden
sind. Wir umgehen das, indem wir innerhalb der Funktion die Variable `audiodaten`
mit dem Schlüsselwort `global` als **globale Variable** markieren. Dies bewirkt, dass wir
innerhalb der Funktion diese Variable verändern können.

```
52  def audio_callback(indata, frames, time, status):
53      """Verarbeite die neu verfügbaren Audiodaten."""
54      global audiodaten
```

Falls das Argument `status` eine Meldung enthält, geben wir diese auf dem Bildschirm
aus.[5]

```
57      if status:
58          print(status)
```

---

[5] Der Ausdruck in der `if`-Bedingung erscheint sonderbar, da es sich hierbei auf den ersten Blick nicht
um einen booleschen Ausdruck handelt. In Abschn. 2.14 wurde besprochen, wie solche Bedingungen
in Python behandelt werden. Die Bedingung hinter `if status` wird demnach ausgeführt, wenn der
String `status` nicht leer ist.

Nun müssen wir die Audiodaten verarbeiten. Wenn wir weniger neue Daten haben, als in das Array `audiodaten` hineinpassen, so verschieben wir das Array um die Anzahl der Datenpunkte nach links und schreiben die neuen Daten in die freigewordenen Einträge am Ende des Arrays. Wenn wir mehr neue Daten haben, dann kopieren wir die neuesten verfügbaren Daten in das Array und ignorieren den Rest. Damit enthält `audiodaten` immer die aktuellen Audiodaten.

```
61    if frames < audiodaten.size:
62        audiodaten[:] = np.roll(audiodaten, -frames)
63        audiodaten[-frames:] = indata[:, 0]
64    else:
65        audiodaten[:] = indata[-audiodaten.size:, 0]
```

Die Funktion zum Aktualisieren der Grafikausgabe ist nahezu selbsterklärend. Wir berechnen die Fourier-Transformierte des Zeitsignals und aktualisieren beide Plots, wobei wir nur den Betrag der Fourier-Transformierten darstellen.

```
68  def update(frame):
69      """Aktualisiere die Grafik zum n-ten Zeitschritt."""
70      # Aktualisiere den Plot des Zeitsignals.
71      plot_zeit.set_data(t, audiodaten)
72
73      # Aktualisiere die Fourier-Transformierte.
74      ft = np.fft.fft(audiodaten) / audiodaten.size
75      ft = np.fft.fftshift(ft)
76      plot_freq.set_data(frequenzen, np.abs(ft))
77
78      return plot_zeit, plot_freq
```

Im Anschluss erstellen wir, wie bereits gewohnt, das Animationsobjekt.

```
82  ani = mpl.animation.FuncAnimation(fig, update,
83                                    interval=30, blit=True)
```

Als Nächstes erstellen wir einen sogenannten **Eingabestrom**. Dabei handelt es sich um ein spezielles Objekt, das sich um den gesamten Vorgang der Audioaufnahme kümmert. Hier übergeben wir die Abtastrate und legen mit `channels=1` fest, dass wir eine Monoaufnahme wünschen. Weiterhin legen wir fest, dass die vorher definierte Funktion `audio_callback` aufgerufen werden soll, sobald Audiodaten verarbeitet werden müssen. Das Vorgehen sieht nun im Prinzip so aus: Wir erstellen den Eingabestrom

```
stream = sounddevice.InputStream(rate, channels=1,
                                 callback=audio_callback)
```

und starten die Audioaufnahme.

```
stream.start()
```

Ab jetzt wird die Funktion `audio_callback` immer wieder aufgerufen, sobald Daten verarbeitet werden müssen. Als Nächstes starten wir die Animation.

```
plt.show(block=True)
```

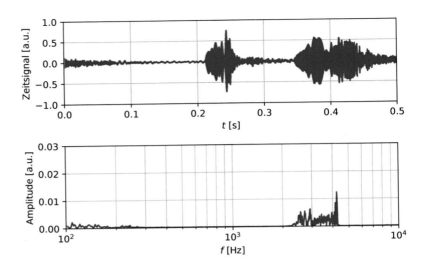

Abb. 10.13: *Spektrum eines Audiosignals.* *(Oben) Ein mit dem Mikrofon des Rechners aufge-
nommenes Audiosignal. (Unten) Der Betrag der zugehörigen Fourier-Transformierten.*

Das zusätzliche Argument `block=True` bewirkt, dass das Programm auf jeden Fall an
dieser Stelle wartet, bis das Grafikfenster geschlossen wurde, bevor die nachfolgenden
Befehle ausgeführt werden.[6] Ab jetzt wird in regelmäßigen Zeitabständen die Funktion
`update` aufgerufen, die die Grafikausgabe aktualisiert.

Sobald das Grafikfenster geschlossen wurde und die Programmausführung fortgesetzt
wird, müssen wir den Datenstrom anhalten und schließen.

```
stream.stop()
stream.close()
```

Das obige Vorgehen ist typisch für Ein- und Ausgaberoutinen. Zuerst muss ein
Datenstrom geöffnet werden, dann wird etwas damit gemacht, und am Ende sind
einige Aufräumarbeiten zu erledigen. In größeren Programmen passiert es immer
wieder, dass vergessen wird, die Aufräumarbeiten zu erledigen, sodass im Laufe der
Zeit immer mehr Ressourcen des Computers verbraucht werden. Da die Funktion
`sounddevice.InputStream` einen sogenannten **Context-Manager** zurückgibt, bietet
Python hier eine interessante Alternative mit dem Schlüsselwort `with` an (siehe Kasten).
Zu Beginn des Blocks, der mit `with` eingeleitet wird, wird der Aufnahmestrom gestartet.
Anschließend wird der Block ausgeführt, und beim Verlassen des Blocks werden die
notwendigen Aufräumarbeiten erledigt.

```
86   with sounddevice.InputStream(abtastrate, channels=1,
87                                 callback=audio_callback):
88       plt.show(block=True)
```

---

[6] Wenn man das Programm in einer Python-Shell startet, ist das eigentlich das normale Verhalten.
Wenn man das Programm dagegen beispielsweise aus der Entwicklungsumgebung Spyder in einer
IPython-Shell startet, wird automatisch der interaktive Modus von Matplotlib aktiviert. Das würde
ohne das Argument `block=True` dazu führen, dass die Audioaufnahme unmittelbar nach dem
Öffnen des Grafikfensters wieder beendet wird.

Context-Manager und das Schlüsselwort `with`

Das Schlüsselwort `with` arbeitet mit sogenannten **Contex-Managern** zusammen. Die häufigste Anwendung besteht in Ein- und Ausgabeoperationen. Ein Context-Manager ist ein Objekt, das zwei spezielle Methoden besitzt. Die Methode `__enter__` führt alle notwendigen Vorarbeiten durch. Anschließend kann man mit dem entsprechenden Objekt arbeiten. Die Methode `__exit__` führt am Ende alle notwendigen Aufräumarbeiten durch. Die Syntax des Schlüsselwortes sieht wie folgt aus:

```
with ... as name:
    Block, in dem mit der Ressource name gearbeitet wird.
```

Dabei muss ... einen Context-Manager zurückgeben. Dieser wird der Variablen name zugeordnet, die nur in dem nachfolgenden Block existiert. Bevor dieser Block ausgeführt wird, werden die in der Methode `name.__enter__` definierten Vorarbeiten erledigt. Wenn der Block verlassen wird, dann wird automatisch die Methode `name.__exit__` aufgerufen, um die Aufräumarbeiten zu erledigen. Wenn man in dem Anweisungsblock nicht explizit auf den Context-Manager zugreifen muss, dann kann man den Teil `as name` auch weglassen.

Eine typische Abbildung des Programms ist in Abb. 10.13 dargestellt. Es ist durchaus interessant, mit dem Programm ein wenig herumzuspielen und verschiedene Geräusche zu untersuchen. Falls Sie ein Musikinstrument spielen, können Sie auch dies einmal anschauen. Achten Sie dabei darauf, dass die Eingabe nicht übersteuert. Sie erkennen das Übersteuern daran, dass die Kurve des Zeitsignals die Grenzen bei $\pm 1{,}0$ berührt. Passen Sie dann bitte die Empfindlichkeit des Mikrofons in den Lautstärkeeinstellungen Ihres Betriebssystems entsprechend an.

10.9 Amplituden und Frequenzmodulation

Für die Übertragung von Nachrichten werden häufig Signale auf Trägerschwingungen moduliert, wobei dazu heutzutage meistens digitale Übertragungsverfahren verwendet werden. In der Frühzeit der Radiotechnik hat beim Lang- und Mittelwellenempfang die Amplitudenmodulation eine wichtige Rolle gespielt. Während diese in ihrer Grundform nahezu vollständig verschwunden ist, spielt die Frequenzmodulation auch heute noch eine wichtige Rolle beim UKW-Radio. Obwohl beide Modulationsverfahren in ihrer Reinform für die technischen Anwendungen der Datenübertragung immer weniger verwendet werden, kann man an ihnen dennoch wichtige grundlegende Eigenschaften von Modulationsverfahren diskutieren. Darüber hinaus werden frequenzmodulierte Signale häufig zur experimentellen Untersuchung von Resonanzkurven verwendet. Bevor wir darauf in Abschn. 10.10 genauer eingehen, wollen wir beide Modulationsarten im Folgenden etwas genauer betrachten und insbesondere diskutieren, wie man entsprechende Signalformen mit dem Computer erzeugt.

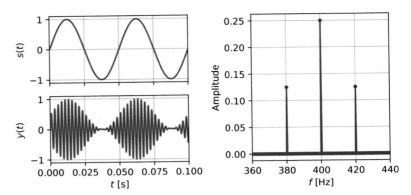

Abb. 10.14: Amplitudenmodulation. *(Links oben) Das Nutzsignal mit einer Frequenz von 20 Hz. (Links unten) Der amplitudenmodulierte Träger mit einer Trägerfrequenz von 400 Hz. (Rechts) Das resultierende Amplitudenspektrum.*

Bei der **Amplitudenmodulation** wird die Amplitude einer Trägerschwingung mit der Kreisfrequenz ω_0 mit dem zu übertragenden Signal $s(t)$ verändert. Das amplitudenmodulierte Signal $y(t)$ kann man dann in der Form

$$y(t) = \frac{\hat{y}}{2}(1 + s(t))\cos(\omega_0 t) \tag{10.39}$$

schreiben, wobei darauf zu achten ist, dass das Signal $s(t)$ stets im Wertebereich von -1 bis $+1$ liegt.

Die Gleichung (10.39) lässt sich sehr einfach in Python umsetzen. Das zugehörige Programm, das das Signal, die Amplitudenmodulation und das Frequenzspektrum plottet und die Amplitudenmodulation hörbar macht, wird hier nicht mit abgedruckt, da es keine neuen Programmiertechniken enthält.

Programm 10.9: *Schwingungen/amplitudenmodulation.py*

```
1    """Amplitudenmodulierte Sinusschwingung."""
```

Interessant ist das Ergebnis in Abb. 10.14. Man erkennt, dass es zwei Seitenbänder gibt, die jeweils einen Frequenzabstand der Signalfrequenz von der Trägerfrequenz haben. Um ein Signal der Frequenz 20 Hz mit Amplitudenmodulation zu übertragen, benötigt man also ein Frequenzband der Breite 40 Hz. Das Frequenzband ist somit doppelt so breit wie die zu übertragende Signalfrequenz. Weiterhin erkennt man, dass die Seitenbänder nur die halbe Amplitude des Trägers haben. Die Energie einer Schwingung ist proportional zum Quadrat der Amplitude, und eigentlich steckt die gesamte Information schon in einem der beiden Seitenbänder. Von der gesamten Energie wird also nur ein Anteil von

$$\eta = \frac{\left(\frac{1}{2}\right)^2}{\left(\frac{1}{2}\right)^2 + 1^2 + \left(\frac{1}{2}\right)^2} = \frac{1}{6} = 16{,}7\,\% \tag{10.40}$$

in das Nutzsignal gesteckt. Die Amplitudenmodulation hat also eine schlechte Energieeffizienz und benötigt bei einem gegebenen Signal eine hohe Frequenzbandbreite.

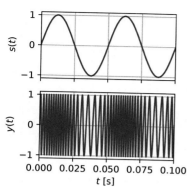
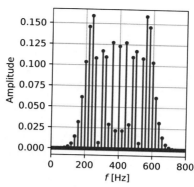

Abb. 10.15: Frequenzmodulation. *(Links oben) Das Nutzsignal mit einer Frequenz von 20 Hz. (Links unten) Der frequenzmodulierte Träger. Die Trägerfrequenz beträgt 400 Hz, der Frequenzhub beträgt 200 Hz. Die Frequenz des Trägers schwankt somit periodisch zwischen 200 Hz und 600 Hz. (Rechts) Das resultierende Amplitudenspektrum.*

Unter anderem aus diesen beiden Gründen wird die Amplitudenmodulation heute nicht mehr für Funkübertragungen verwendet.

Während bei der Amplitudenmodulation die Amplitude mit dem Signalverlauf variiert wird, wird bei der **Frequenzmodulation** die Frequenz verändert. Wir betrachten dazu die Funktion

$$y(t) = \hat{y}\sin(\varphi(t)) \,, \tag{10.41}$$

die den frequenzmodulierten Träger darstellen soll. Die momentane Kreisfrequenz ω definieren wir über die Zeitableitung des Phasenwinkels $\varphi(t)$:

$$\omega = \frac{\mathrm{d}\varphi}{\mathrm{d}t} \tag{10.42}$$

Umgekehrt können wir damit die Phase über das Integral der Kreisfrequenz ausdrücken:

$$\varphi(t) = \int_0^t \omega(\tau)\,\mathrm{d}\tau \tag{10.43}$$

Bei der Frequenzmodulation möchten wir, dass die Kreisfrequenz ω um eine mittlere Kreisfrequenz ω_0 schwankt, wobei die Frequenzänderung proportional zum Signal $s(t)$ ist:

$$\omega = \omega_0 + \omega_h s(t) \tag{10.44}$$

Wenn das Signal $s(t)$ im Wertebereich von -1 bis $+1$ liegt, dann bezeichnet man ω_h als den **Kreisfrequenzhub**. Für den Phasenwinkel $\varphi(t)$ gilt somit:

$$\varphi(t) = \omega_0 t + \omega_h \int_0^t s(\tau)\,\mathrm{d}\tau \tag{10.45}$$

Wir wollen nun analog zur Amplitudenmodulation mit einem Python-Programm
eine einfache Frequenzmodulation untersuchen. Dazu wählen wir ein sinusförmiges
Signal:

$$s(t) = \sin(\omega_m t) \tag{10.46}$$

Mit Gleichung (10.45) erhalten wir damit für den Phasenwinkel:

$$\varphi(t) = \omega_0 t + \frac{\omega_h}{\omega_m}(1 - \cos(\omega_m t)) \tag{10.47}$$

Diesen kann man nun direkt in (10.41) einsetzen und die Funktion auswerten. Auch
hier verzichten wir auf den vollständigen Ausdruck des Programms.

Programm 10.10: *Schwingungen/frequenzmodulation.py*

```
1   """Frequenzmodulierte Sinusschwingung."""
```

In Abb. 10.15 ist das Ergebnis dargestellt. Damit man die Frequenzunterschiede mit
bloßem Auge erkennen kann, wurde ein relativ großer Frequenzhub gewählt. In dem
Spektrum gibt es eine Vielzahl von Linien, deren Abstand jeweils der Signalfrequenz
von 20 Hz entspricht, und das Frequenzspektrum ist deutlich breiter als bei der Amplitudenmodulation. Für die Rundfunkübertragung hat sich die Frequenzmodulation
im UKW-Bereich dennoch über Jahrzehnte bewährt, da sie sehr robust gegenüber
Störungen ist. Eine ausführliche Diskussion dieser Modulationsarten findet man in den
einschlägigen Büchern über Schwingungslehre [1, 2] und in Büchern über Nachrichtentechnik [3].

10.10 Resonanzkurven nichtlinearer Systeme

Neben der Nachrichtenübertragung werden frequenzmodulierte Signale auch häufig
zur experimentellen Untersuchung von Resonanzkurven verwendet. Dabei wird das zu
untersuchende System mit einem frequenzmodulierten Signal angeregt, wobei darauf zu
achten ist, dass die Änderung der Frequenz so langsam geschieht, dass sich das System
zu jedem Zeitpunkt in einem eingeschwungenen Zustand befindet. Während das System
in dieser Art angeregt wird, misst man kontinuierlich die Amplitude der erzwungenen
Schwingung und trägt diese gegenüber der Momentanfrequenz der Anregung auf.

Wir werden sehen, dass dieses Verfahren zur Messung von Resonanzkurven bei
nichtlinearen Schwingern zu einem als **Hysterese** bezeichneten Effekt führt: Die Resonanzkurve unterscheidet sich, je nachdem, ob man die Frequenzen in aufsteigender
oder in absteigender Richtung durchläuft. Vielleicht haben Sie einen derartigen Effekt
schon einmal im Alltag beobachtet: Besonders an älteren Fahrzeugen werden oft bei
bestimmten Motordrehzahlen Teile der Karosserie oder des Interieurs zum Schwingen
angeregt, was zu einem störenden »Klappern« führt. Wenn die Motordrehzahl langsam steigt, weil das Fahrzeug beschleunigt, wird das Klappern zunächst stärker und
hört irgendwann plötzlich auf. Wenn man das Fahrzeug wieder verlangsamt, setzt das
Klappern oft bei einer deutlich niedrigeren Motordrehzahl wieder ein. Um eine solche
Hysterese zu demonstrieren, simulieren wir eine Zeitdauer von 60 s eines nichtlinearen
Schwingers.

Programm 10.11: `Schwingungen/resonanz_hysterese1.py`

```
8  t_max = 60
```

Die Nichtlinearität stellen wir wieder über eine progressive Feder dar. Die Modellparameter entsprechen denen des Programms 10.5. Lediglich der Reibungskoeffizient wurde um einen Faktor 10 erhöht, sodass das System schneller einschwingt.

```
9   # Anfängliche Federhärte [N/m].
10  D0 = 400.0
11  # Masse [kg].
12  m = 1e-3
13  # Reibungskoeffizient [kg/s].
14  b = 0.1
15  # Konstante für den nichtlinearen Term [m].
16  alpha = 5e-3
```

Die Anregungsamplitude wählen wir mit 1 mm deutlich kleiner als die Konstante für den nichtlinearen Anteil der Federkennlinie.

```
18  amplitude = 1e-3
```

Die Kreisfrequenz der Anregung soll zwischen $400\,\mathrm{s}^{-1}$ und $1400\,\mathrm{s}^{-1}$ variieren.

```
20  omega_min = 400
21  omega_max = 1400
```

Aus der minimalen und maximalen Kreisfrequenz berechnen wir die Mittenkreisfrequenz und den Kreisfrequenzhub für die Frequenzmodulation.

```
24  omega_0 = (omega_max + omega_min) / 2
25  omega_hub = (omega_max - omega_min) / 2
```

Die Modulation soll so gestaltet sein, dass während der gesamten Simulationsdauer die Anregungsfrequenz zweimal von der niedrigsten zur höchsten Frequenz und wieder zurück läuft.

```
28  omega_mod = 2 * 2 * np.pi / t_max
```

Aus Gründen der Anschaulichkeit wollen wir mit der niedrigsten Kreisfrequenz beginnen. Abweichend zu Gleichung (10.46) setzen wir für die Signalfunktion statt eines Sinus einen negativen Kosinus an. Für die momentane Kreisfrequenz der Anregung ergibt sich damit nach Gleichung (10.44) die folgende Funktion:

```
31  def omega_a(t):
32      """Anregungskreisfrequenz als Funktion der Zeit."""
33      return omega_0 - omega_hub * np.cos(omega_mod * t)
```

Wir starten also für $t = 0$ bei der Kreisfrequenz $\omega_0 - \omega_h = \omega_{\min}$. Der Phasenwinkel φ ergibt sich damit nach Gleichung (10.43) durch Integration der Kreisfrequenz.

```
36  def x_a(t):
37      """Anregungsfunktion."""
```

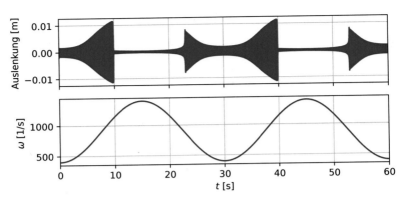

Abb. 10.16: Frequenzmodulierte Anregung eines nichtlinearen Schwingers. *(Oben) Dargestellt ist die Auslenkung als Funktion der Zeit bei einer gegebenen Anregungsamplitude. (Unten)
Die momentane Frequenz der Anregung als Funktion der Zeit. Man erkennt, dass sich das Verhalten des Systems in den aufsteigenden Frequenzbereichen (t = 0 ... 15 s bzw. t = 30 s ... 45 s)
von dem Verhalten in den absteigenden Frequenzbereichen (t = 15 s ... 30 s bzw. t = 45 s ... 60 s)
deutlich unterscheidet.*

```
38      phi = omega_0 * t - (omega_hub / omega_mod
39                           * np.sin(omega_mod * t))
40      return amplitude * np.sin(phi)
```

Für die Federkraft setzen wir das progressive Federmodell nach Gleichung (10.27) an.

```
43  def Federkraft(x):
44      """Berechne die Federkraft."""
45      return -D0 * alpha * np.expm1(np.abs(x)/alpha) * np.sign(x)
```

Die Anregung dieses Masse-Feder-Schwingers soll auch hier wieder so erfolgen, dass
der Aufhängepunkt bewegt wird. Damit ergibt sich die rechte Seite der Differentialgleichung direkt aus der Feder- und der Reibungskraft.

```
48  def dgl(t, u):
49      """Berechne die rechte Seite der Differentialgleichung."""
50      x, v = np.split(u, 2)
51      F = Federkraft(x - x_a(t)) - b * v
52      return np.concatenate([v, F / m])
```

Anschließend wird die Differentialgleichung mit den üblichen Funktionsaufrufen numerisch gelöst. Die grafische Darstellung in Abb. 10.16 lässt zwar die Hysterese erkennen,
aber es wäre schöner, wenn man stattdessen eine Auftragung hätte, die eher einer
klassischen Resonanzkurve wie in Abb. 10.2 entspricht. Im Prinzip könnte man dazu
aus der numerischen Lösung des Programms 10.11 direkt die jeweiligen Maxima und
Minima suchen. Dazu müsste man aber vorab dafür sorgen, dass die Zeitschrittweite
so klein ist, dass man die tatsächlichen Extrema auch mit hinreichender Genauigkeit
bestimmen kann. Etwas eleganter kann man dieses Problem direkt bei der numerischen
Lösung der Differentialgleichung mit einer Ereignisfunktion behandeln.

Abgesehen von zwei Modulimporten ist das folgende Programm bis einschließlich der Definition der rechten Seite der Differentialgleichung zunächst identisch mit dem Programm 10.11. Wir definieren nun eine Ereignisfunktion und erinnern uns, dass das Ereignis immer bei den Nulldurchgängen dieser Funktion stattfindet. Da wir die Geschwindigkeit zurückgeben, wird das Ereignis also immer bei den lokalen Extrempunkten ausgelöst.

Programm 10.12: *Schwingungen/resonanz_hysterese2.py*

```
57  def umkehrpunkt(t, u):
58      """Ereignisfunktion: Detektiere die Extrema der Schwingung."""
59      y, v = u
60      return v
```

Für diese Ereignisfunktion definieren wir weder das Attribut `terminal` noch das Attribut `direction`, sodass sowohl Minima als auch Maxima der Auslenkung gefunden werden und die Integration nicht beim ersten Ereignis beendet wird. Anschließend starten wir die numerische Integration, wobei wir das Argument `dense_output=True` hinzufügen (siehe Abschn. 7.3).

```
67  result = scipy.integrate.solve_ivp(dgl, [0, t_max], u0, rtol=1e-4,
68                          events=umkehrpunkt,
69                          dense_output=True)
```

Als Nächstes lesen wir aus dem Ergebnis all die Zeitpunkte heraus, an denen das Ereignis eingetreten ist. Da man dem Löser auch mehrere Ereignisfunktionen übergeben kann, wählen wir mit dem Index `[0]` die Zeitpunkte der ersten Ereignisfunktion aus.

```
72  t = result.t_events[0]
```

Nun werten wir die interpolierte Lösung an genau diesen Zeitpunkten aus und bestimmen jeweils den Betrag der Auslenkung.

```
75  x, v = result.sol(t)
76  x = np.abs(x)
```

Damit haben wir also die Amplitude der Schwingung zu den jeweiligen Zeitpunkten bestimmt und können nun den Zeitpunkten die jeweiligen Anregungskreisfrequenzen zuordnen.

```
79  omega = omega_a(t)
```

In der grafischen Darstellung muss man jetzt nur noch die Werte aus `x` über den Werten aus dem Array `omega` auftragen. Zur besseren Veranschaulichung stellen wir den Vorgang in Abb. 10.17 animiert dar.

Den Effekt der Hysterese kann man ganz anschaulich verstehen. Bei kleinen Anregungsfrequenzen ist die Amplitude der Schwingung zunächst klein, und der nichtlineare Anteil der Federkraft macht sich kaum bemerkbar. Bei größer werdender Frequenz wird die Amplitude entsprechend der gewöhnlichen Resonanzkurve größer. Dadurch wird die Feder aber im Mittel steifer, was zu einer größer werdenden Resonanzfrequenz führt. Beim Erhöhen der Anregungsfrequenz schiebt man die Resonanz also gewissermaßen vor sich her. Sobald man bei der Frequenzerhöhung die Resonanzfrequenz

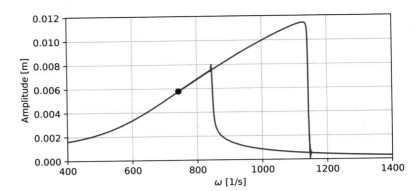

Abb. 10.17: Hysterese einer nichtlinearen Resonanzkurve. *Bei langsamer Erhöhung der Anregungsfrequenz folgt die Amplitude der oberen Kurve. Wenn die Anregungsfrequenz von großen Werten kommend abnimmt, folgt die Amplitude der unteren Kurve.*

einmal überschritten hat, findet der umgekehrte Vorgang statt. Die Amplitude wird kleiner, dadurch wird die Feder im Mittel weicher, und die Resonanzfrequenz sinkt ab, wodurch die Amplitude noch kleiner wird. Dadurch kommt es zu dem steilen Abfall der Amplitude oberhalb einer bestimmten Anregungsfrequenz.

Wenn man die Anregungsfrequenzen von hohen Frequenzen abfallend durchläuft, findet ein entgegengesetzter Effekt statt: Je kleiner die Frequenz wird, desto größer wird die Amplitude der Schwingung, wodurch die Resonanzfrequenz größer wird. Hier läuft also die Resonanzfrequenz gewissermaßen auf die Anregungsfrequenz zu, sodass es zu einem sehr plötzlichen Anstieg der Amplitude kommt.

In einem gewissen Frequenzbereich gibt es somit zwei stabile Schwingungszustände des Systems, deren Amplituden sich deutlich voneinander unterscheiden, und es hängt von den Anfangsbedingungen ab, welcher dieser beiden Schwingungszustände auftritt. Kommen wir noch einmal auf das einführende Beispiel mit dem Klappern im Auto zurück. Manchmal lässt sich das Problem zeitweise durch einen beherzten Schlag mit der flachen Hand auf das Armaturenbrett lösen. Tatsächlich kann so ein Schlag bewirken, dass man von einem Schwingungszustand mit hoher Amplitude auf den entsprechenden Schwingungszustand mit niedriger Amplitude springt. Beim nächsten Brems- oder Beschleunigungsvorgang muss man diesen Handschlag dann aber oft wiederholen.

10.11 Gekoppelte Schwingungen und Eigenmoden

Bei der Konstruktion von technischen Geräten ist es oft wichtig zu wissen, ob bestimmte Teile des Geräts in mechanische Schwingungen versetzt werden können und bei welchen Frequenzen diese Schwingungen stattfinden. Als einleitendes Beispiel betrachten wir zwei identische, reibungsfreie Masse-Feder-Pendel, die durch eine zusätzliche Kopplungsfeder mit einer anderen Federkonstante D_k miteinander verbunden sind, wie in Abb. 10.18 dargestellt ist. Wenn wir mit x_1 und x_2 die jeweilige Auslenkung der Masse aus der Ruhelage bezeichnen, dann kann man die Differentialgleichungen für die Bewegung sehr einfach aufstellen. Man muss lediglich berücksichtigen, dass die von der

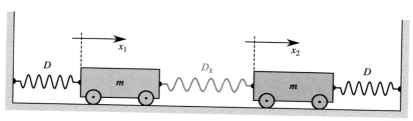

Abb. 10.18: Federpendel. *Zwei identische Masse-Feder-Pendel werden über eine zusätzliche Feder (grün) miteinander gekoppelt.*

mittleren Feder ausgeübte Kraft proportional zur Differenz der beiden Auslenkungen ist:

$$m\ddot{x}_1 = -Dx_1 - D_k(x_1 - x_2)$$
$$m\ddot{x}_2 = -Dx_2 - D_k(x_2 - x_1)$$

(10.48)

Bevor wir uns mit der Berechnung von Eigenschwingungen und Eigenfrequenzen auseinandersetzen, simulieren wir zunächst einmal diese Differentialgleichungen. Das entsprechende Programm ist nur aus bereits ausführlich diskutierten Bausteinen zusammengesetzt, sodass wir hier nur die Funktion für die rechte Seite der Differentialgleichung angeben, die nahezu selbsterklärend ist.

Programm 10.13: Schwingungen/gekoppelte_schwinger.py

```
31  def dgl(t, u):
32      """Berechne die rechte Seite der Differentialgleichung."""
33      x1, x2, v1, v2 = u
34      F1 = -D * x1 - D_k * (x1 - x2)
35      F2 = -D * x2 - D_k * (x2 - x1)
36      return np.array([v1, v2, F1 / m, F2 / m])
```

Abb. 10.19 zeigt ein typisches Ergebnis. Die Federkonstante der mittleren Feder wurde dabei wesentlich geringer gewählt als die Federkonstante der äußeren Federn. Wenn Sie mit dem Programm etwas herumspielen, werden Sie feststellen, dass das Verhalten des Systems stark von den Anfangsbedingungen abhängt: Wenn beide Massen am Anfang genau gleich weit ausgelenkt werden, dann kommt es zu einer einfachen Schwingung, bei der die mittlere Feder gar keine Rolle spielt, da sich ihre Länge im Verlauf der Bewegung nicht ändert. Wenn man beide Massen genau gleich weit, aber entgegengesetzt auslenkt, dann kommt es zu einer einfachen Schwingung, die aber mit einer etwas höheren Frequenz erfolgt. Wenn man, wie in Abb. 10.19 gezeigt, nur eine der beiden Massen auslenkt, dann beobachtet man eine **Schwebung**, bei der die Amplitude der Schwingungen der einzelnen Massen periodisch variiert. Man kann sich die Schwingung, bei der anfangs nur eine der beiden Massen ausgelenkt ist, als eine Überlagerung der gleichgerichteten und der entgegengerichteten Schwingung vorstellen. Bei der Schwebung sind also zwei unterschiedliche Frequenzen beteiligt. Im Gegensatz dazu gibt es bei den beiden zuvor beschriebenen Schwingungszuständen nur eine einzige Frequenz. Man bezeichnet diese Schwingungszustände, die nur eine Frequenzkomponente enthalten, als **Eigenschwingungen**, **Eigenmoden** oder auch als **Normalschwingungen** eines Systems und die jeweils dazu gehörende Frequenz

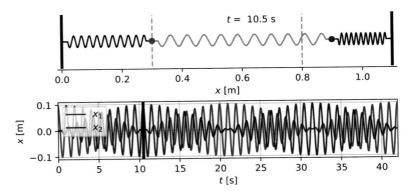

Abb. 10.19: *Simulation zweier gekoppelter Schwinger.* *(Oben) Animierte Darstellung der gekoppelten Masse-Feder-Schwinger. Die grau gestrichelten Linien geben die Ruhelage der beiden Massen an. (Unten) Zeitverlauf der Auslenkung aus der Ruhelage. Der schwarze Balken gibt den momentan in der Animation dargestellten Zeitpunkt an. Zum Zeitpunkt $t = 0$ wurde die linke Masse (blau) um 0,1 m aus der Ruhelage ausgelenkt.*

als die **Eigenfrequenz.** Die beiden Eigenmoden unseres Systems sind in Abb. 10.20 dargestellt.

Unser Ziel ist es, die möglichen Eigenmoden und Eigenfrequenzen auch für komplexe Systeme zu bestimmen. Um das prinzipielle Vorgehen zu verstehen, ist es günstig, zunächst einmal mit dem relativ einfachen Differentialgleichungssystem (10.48) zu beginnen. Wir teilen beide Gleichungen durch die Masse m und führen die Abkürzungen

$$\omega_0 = \sqrt{\frac{D}{m}} \quad \text{und} \quad \omega_k = \sqrt{\frac{D_k}{m}} \tag{10.49}$$

ein. Damit ergibt sich:

$$\begin{aligned} \ddot{x}_1 &= -\omega_0^2 x_1 - \omega_k^2 (x_1 - x_2) \\ \ddot{x}_2 &= -\omega_0^2 x_2 - \omega_k^2 (x_2 - x_1) \end{aligned} \tag{10.50}$$

Dieses Differentialgleichungssystem stellen wir nun als eine Differentialgleichung für den Vektor

$$\vec{x} = \begin{pmatrix} x_1 \\ x_2 \end{pmatrix} \tag{10.51}$$

dar. Dabei können wir die rechte Seite durch eine Matrixmultiplikation ausdrücken und erhalten:

$$\ddot{\vec{x}} + \widehat{\Lambda} \cdot \vec{x} = 0 \quad \text{mit} \quad \widehat{\Lambda} = \begin{pmatrix} \omega_0^2 + \omega_k^2 & -\omega_k^2 \\ -\omega_k^2 & \omega_0^2 + \omega_k^2 \end{pmatrix} \tag{10.52}$$

Um eine Eigenmode zu bestimmen, müssen wir eine Anfangsauslenkung $\vec{x}_0$ bei verschwindender Anfangsgeschwindigkeit so wählen, dass die Matrix $\widehat{\Lambda}$ die Komponenten dieser Anfangsauslenkung relativ zueinander nicht verändert. Wir suchen also einen Vektor $\vec{x}_0$, für den die Matrixmultiplikation mit $\widehat{\Lambda}$ genauso wirkt wie die Multiplikation mit einer Zahl λ:

$$\widehat{\Lambda} \cdot \vec{x}_0 = \lambda \vec{x}_0 \tag{10.53}$$

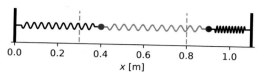

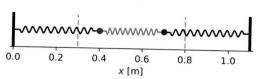

Abb. 10.20: Eigenmoden. *Im Bild sind die Anfangsauslenkungen der beiden Eigenmoden der gekoppelten Masse-Feder-Schwinger dargestellt. Die untere Eigenmode hat eine etwas größere Schwingungsfrequenz.*

Die Aufgabe, bei gegebener Matrix $\widehat{\Lambda}$ die Vektoren $\vec{x}_0$ und die zugehörigen Zahlen λ zu bestimmen, für die Gleichung (10.53) erfüllt ist, bezeichnet man in der linearen Algebra als ein **Eigenwertproblem** [4, 5]. Wenn Sie sich bereits einmal mit Eigenwertproblemen beschäftigt haben, sollte es Ihnen nicht schwerfallen, die Eigenwerte λ und Eigenvektoren $\vec{x}_0$ zu bestimmen. Es ist üblich, die Eigenvektoren stets zu normieren, sodass sie einen Betrag von eins haben. Für die Matrix $\widehat{\Lambda}$ nach Gleichung (10.52) ergibt sich:

$$\lambda_1 = \omega_0^2 \qquad\qquad \vec{x}_{0,1} = \left(\frac{1}{\sqrt{2}}, \frac{1}{\sqrt{2}}\right) \qquad (10.54)$$

$$\lambda_2 = \omega_0^2 + 2\omega_k^2 \qquad\qquad \vec{x}_{0,2} = \left(\frac{1}{\sqrt{2}}, \frac{-1}{\sqrt{2}}\right) \qquad (10.55)$$

Bei einer Anfangsauslenkung $\vec{x}_{0,1}$ verhält sich das Differentialgleichungssystem (10.52) also genauso wie

$$\ddot{\vec{x}} + \lambda_1 \vec{x} = 0 , \qquad (10.56)$$

und diese Gleichung beschreibt gerade eine harmonische Schwingung mit der Kreisfrequenz $\omega_1 = \sqrt{\lambda_1}$. Völlig analog erhalten wir für die Anfangsauslenkung $\vec{x}_{0,2}$ eine harmonische Schwingung mit der Kreisfrequenz $\omega_2 = \sqrt{\lambda_2}$. Wir haben damit also die Eigenmoden- und Eigenkreisfrequenzen dieses Systems bestimmt:

$$\omega_1 = \omega_0 \qquad\qquad \vec{x}_{0,1} = \left(\frac{1}{\sqrt{2}}, \frac{1}{\sqrt{2}}\right) \qquad (10.57)$$

$$\omega_2 = \sqrt{\omega_0^2 + 2\omega_k^2} \qquad\qquad \vec{x}_{0,2} = \left(\frac{1}{\sqrt{2}}, \frac{-1}{\sqrt{2}}\right) \qquad (10.58)$$

Das Ergebnis ist auch physikalisch plausibel: Für die Eigenmode $\vec{x}_{0,1}$ wird die mittlere Feder während der Bewegung weder gedehnt noch gestaucht. Die Schwingungsfrequenz sollte also genauso groß sein wie ohne diese zusätzliche Feder. Für die Eigenmode $\vec{x}_{0,2}$ wirkt die mittlere Feder jeweils um die doppelte Auslenkung der einzelnen Massen gedehnt und gestaucht. Dies sollte sich also so auswirken, als wären die äußeren Federn um den Betrag $2D_k$ steifer. Eine kurze Rechnung bestätigt dies:

$$\omega_2 = \sqrt{\omega_0^2 + 2\omega_k^2} = \sqrt{\frac{D}{m} + 2\frac{D_k}{m}} = \sqrt{\frac{D + 2D_k}{m}} \qquad (10.59)$$

Das folgende Programm zeigt, wie man mit NumPy die Eigenwerte und -vektoren einer quadratischen Matrix numerisch bestimmt. Dazu definieren wir ein 2-dimensionales Array, das die gleiche Form wie in Gleichung (10.52) hat, wobei wir für ω_0 und ω_k konkrete Zahlenwerte einsetzen:

Programm 10.14: *Schwingungen/eigenwert.py*

```
6   omega_0 = 1.0
7   omega_k = 0.1
8   matrix = np.array([[omega_0 ** 2 + omega_k ** 2, -omega_k ** 2],
9                      [-omega_k ** 2, omega_0 ** 2 + omega_k ** 2]])
```

Anschließend wenden wir die Funktion `np.linalg.eig` an, die die Eigenwerte und Eigenvektoren numerisch bestimmt.

```
12  eigenwerte, eigenvektoren = np.linalg.eig(matrix)
```

Die zurückgegebenen Eigenvektoren sind in einem 2-dimensionalen Array abgelegt, dessen Spalte die Nummer des Eigenvektors angibt. Der i-te Eigenvektor ist also durch `eigenvektoren[:, i]` gegeben. Damit die Funktion `zip` die Eigenwerte und Eigenvektoren richtig zuordnet, muss man das Array der Eigenvektoren also transponieren:

```
17  for eigenwert, eigenvekt in zip(eigenwerte, eigenvektoren.T):
18      print(f'Eigenwert {eigenwert:5f}: '
19            f'Eigenvektor ({eigenvekt[0]: .3}, {eigenvekt[1]: .3})')
```

Bevor wir zu einem etwas komplexeren Anwendungsbeispiel kommen, fassen wir noch einmal zusammen:

Bestimmung von Eigenmoden und -frequenzen (Modalanalyse)

Um die Eigenmoden und -frequenzen eines Systems von gekoppelten Massen zu bestimmen, muss man die Bewegungsgleichungen ohne Reibungskräfte linearisieren und in der Form

$$\frac{d^2}{dt^2} \Delta \vec{r} + \widehat{\Lambda} \cdot \Delta \vec{r} = 0 \tag{10.60}$$

darstellen, wobei $\Delta \vec{r}$ der Vektor ist, der die Auslenkung aller beteiligten Massen aus der Gleichgewichtslage beschreibt. Die Eigenkreisfrequenzen ergeben sich aus den Quadratwurzeln der Eigenwerte der Matrix $\widehat{\Lambda}$ und die Eigenmoden aus den Eigenvektoren von $\widehat{\Lambda}$.

Als Beispiel wollen wir die Eigenschwingungen der Regalkonstruktion berechnen und visualisieren, die wir bereits in Kap. 6 als statisches Problem kennengelernt haben (siehe Abb. 6.8). In Abschn. 6.3 hatten wir die Kräfte, die durch die elastischen Stangen auf die einzelnen Punkte wirken, bereits linearisiert und eine Matrix $\widehat{A}$ aufgestellt, die für eine Verschiebung $\Delta \vec{r}$ diese Kräfte durch

$$\vec{F} = \widehat{A} \cdot \Delta \vec{r} \tag{10.61}$$

ausdrückt (siehe Gleichungen (6.36) und (6.38)). Der Vektor $\Delta \vec{r}$ ist dabei der Vektor, der die Auslenkungen aller beteiligten Massen beinhaltet. Die Bewegungsgleichung für $\Delta \vec{r}$ kann man daher in der Form

$$\widehat{M} \cdot \frac{d^2}{dt^2} \Delta \vec{r} = \widehat{A} \cdot \Delta \vec{r} \tag{10.62}$$

aufschreiben. Dabei ist $\widehat{M}$ eine Diagonalmatrix. Das i-te Diagonalelement enthält die Masse, die zur i-ten Koordinate gehört. Da die Massen alle ungleich null sind, kann man $\widehat{M}$ invertieren und erhält damit die Bewegungsgleichung in der Form

$$\frac{\mathrm{d}^2}{\mathrm{d}t^2}\Delta\vec{r} + \widehat{\Lambda}\cdot\Delta\vec{r} = 0 \quad \text{mit} \quad \widehat{\Lambda} = -\widehat{M}^{-1}\cdot\widehat{A}. \tag{10.63}$$

Um die Eigenschwingungen dieses Regals zu bestimmen, können wir viele Teile des Programms 6.3 übernehmen. Wir beginnen mit den Modulimporten und übernehmen die gesamte Definition der Geometrie. Der Einfachheit halber wollen wir das System nun ohne äußere Kräfte betrachten und entfernen daher die zugehörige Definition aus dem Programm. Stattdessen spielen nun die Massen der einzelnen Punkte eine wichtige Rolle für die Schwingungen. Wir definieren daher ein Array der Massen der Knotenpunkte in kg.

Programm 10.15: *Schwingungen/eigenmoden_stabwerk.py*
```
25  knotenmassen = np.array([5.0, 5.0, 1.0])
```

In unserem Beispiel sollen die beiden oberen Punkte des Regals also eine Masse von 5 kg haben, und der Kreuzungspunkt der beiden Querverstrebungen hat eine wesentlich geringere Masse von 1 kg. Da wir später die Eigenmoden animiert darstellen wollen, müssen wir eine Amplitude für diese Schwingung festlegen. Diese Amplitude kann im Prinzip völlig frei gewählt werden. Sie sollte allerdings so groß sein, dass man die Bewegung der einzelnen Knotenpunkte gut erkennen kann.

```
28  amplitude = 0.3
```

Um die Eigenmoden zu berechnen, wollen wir die Bewegungsgleichung in der Form (10.60) darstellen und verwenden dazu die Matrix $\widehat{\Lambda}$ nach Gleichung (10.63). Die Matrix $\widehat{A}$ wird in dem Programm 6.3 bereits berechnet. Wir müssen nun ein Array m erzeugen, das für jede Koordinate die zugehörige Masse enthält. Dazu wenden wir die Funktion np.repeat an, um jedes Element des Arrays knotenmassen n_dim-mal zu wiederholen.

```
92  massen = np.repeat(knotenmassen, n_dim)
```

Eigentlich müsste man nach Gleichung (10.63) nun aus m eine Diagonalmatrix erzeugen und $\widehat{A}$ von links mit der Inversen multiplizieren. Dies ist aber gleichbedeutend damit, dass man jede Zeile von $\widehat{A}$ durch die entsprechende Masse teilt:

```
95  Lambda = -A / massen.reshape(-1, 1)
```

Die Bestimmung der Eigenwerte und -vektoren kann jetzt in einer Zeile erledigt werden.

```
98  eigenwerte, eigenvektoren = np.linalg.eig(Lambda)
```

Die Eigenschaften der Matrix $\widehat{\Lambda}$ sind prinzipiell so, dass nur reelle, nichtnegative Eigenwerte auftreten sollten (siehe Aufgabe 10.10). Trotzdem kann es bei der numerischen Behandlung vorkommen, dass kleine imaginäre Anteile auftreten. In diesem Fall wird eine Warnung ausgegeben und im weiteren Programmverlauf nur der Realteil betrachtet. Hierbei hilft uns die Funktion np.any, die genau dann True ergibt, wenn mindestens ein Element des Arguments True ist.

```
101  if np.any(np.iscomplex(eigenwerte)):
102      print('Achtung: Einige Eigenwerte sind komplex.')
103      print('Der Imaginärteil wird ignoriert')
104      eigenwerte = np.real(eigenwerte)
105      eigenvektoren = np.real(eigenvektoren)
```

Falls aufgrund von Rundungsfehlern ein Eigenwert einen negativen Realteil haben sollte, setzen wir diesen ebenfalls auf null.

```
108  eigenwerte[eigenwerte < 0] = 0
```

Für eine übersichtliche Darstellung sortieren wir die Eigenwerte- und -vektoren nun nach aufsteigenden Eigenwerten. Hier bietet sich die Funktion np.argsort an, die ein Array von Indizes zurückgibt, die das Argument in aufsteigender Reihenfolge sortieren.

```
111  indizes_sortiere_eigenwerte = np.argsort(eigenwerte)
112  eigenwerte = eigenwerte[indizes_sortiere_eigenwerte]
113  eigenvektoren = eigenvektoren[:, indizes_sortiere_eigenwerte]
```

Anschließend berechnen wir die Frequenzen, die zu den Eigenwerten gehören.

```
116  eigenfrequenzen = np.sqrt(eigenwerte) / (2 * np.pi)
```

Wir haben nun die Aufgabe, die Eigenmoden ansprechend darzustellen. Das Ziel ist eine Darstellung wie in Abb. 10.21. Wir erzeugen eine Figure fig und legen anschließend fest, wie viele Moden dargestellt werden sollen. Im vorliegenden Fall verwenden wir einfach alle Moden.

```
123  n_moden = eigenfrequenzen.size
```

Als Nächstes legen wir ein Raster fest, in dem diese Moden dargestellt werden sollen. Das Raster soll möglichst quadratisch sein und eher mehr Spalten als Zeilen enthalten, damit es gut auf den Computerbildschirm passt. Die Zeilenanzahl berechnen wir aus der abgerundeten Quadratwurzel der Modenanzahl,[7] und die Spaltenanzahl ergibt sich aus der ganzzahligen Division der Modenanzahl durch die Spaltenanzahl. Wenn die Modenanzahl nicht gerade eine Quadratzahl ist, ist das resultierende Produkt nun immer zu klein. Darum erhöhen wir die Spaltenanzahl so lange, bis alle Moden dargestellt werden können.

```
126  n_zeilen = int(np.sqrt(n_moden))
127  n_spalten = n_moden // n_zeilen
128  while n_zeilen * n_spalten < n_moden:
129      n_spalten += 1
```

Bei der grafischen Darstellung müssen wir nun jedem Grafikobjekt, das später in der Animation verändert werden soll, einen Namen geben. Da es sich nun um recht viele

---

[7] Streng genommen ist der Ansatz nicht ganz korrekt: Aufgrund der begrenzten Genauigkeit von Gleitkommazahlen kann man nicht sicher sein, dass int(np.sqrt(n)) wirklich die größte ganze Zahl ist, deren Quadrat kleiner oder gleich n ist. Das ist aber hier unproblematisch, da es nur zu einem etwas anderen Verhältnis von Zeilen zu Spalten führen würde.

Objekte handelt, müssen wir diese geeignet organisieren. Wir erzeugen zunächst eine leere Liste.

```
132  plots = []
```

Anschließend iterieren wir über alle Moden und erzeugen jeweils eine eigene Axes.

```
135  for mode in range(n_moden):
136      ax = fig.add_subplot(n_zeilen, n_spalten, mode + 1)
137      ax.set_title(f'$f_{{{mode+1}}}$={eigenfrequenzen[mode]:.1f} Hz')
138      ax.set_xlim(-0.3, 1.5)
139      ax.set_ylim(-0.5, 2.5)
140      ax.set_aspect('equal')
141      ax.axis('off')
```

Für jede Mode erzeugen wir ein Dictionary, das wir an die Liste `plots` anhängen.

```
145      plot_objekte = {}
146      plots.append(plot_objekte)
```

In diesem Dictionary können wir nun die einzelnen Grafikobjekte speichern. Wir müssen dabei nur die Objekte berücksichtigen, die später in der Animation auch bewegt werden. Von dem entsprechenden Grafikteil werden hier aber nur ausgewählte Zeilen abgedruckt. Wir können nun zum Beispiel mit dem Befehl

```
149      plot_objekte['knoten'], = ax.plot([], [], 'bo', zorder=5)
```

das Grafikobjekt für die Darstellung der Knotenpunkte unter dem Schlüssel `'knoten'` in dem Dictionary speichern.

Nachdem wir auf diese Art alle Grafikbestandteile erzeugt haben, legen wir ein Array von Zeitpunkten für die Animation fest. Wir wollen dabei jeweils eine volle Schwingung darstellen, und zwar unabhängig davon, mit welcher Frequenz die Eigenschwingung tatsächlich erfolgt. Daher wählen wir 60 Punkte im Zahlenbereich von 0 bis 2π, sodass eine Schwingung zwei Sekunden dauert, wenn die Animation mit 30 Bildern pro Sekunde abgespielt wird.

```
171  t = np.radians(np.arange(0, 360, 6))
```

In der Funktion `update` müssen wir nun über die Moden iterieren

```
174  def update(n):
175      """Aktualisiere die Grafik zum n-ten Zeitschritt."""
176      for mode in range(n_moden):
```

und für jede Mode den entsprechenden Eigenvektor bestimmen, den wir in ein geeignetes 2-dimensionales Array umwandeln.

```
180          ev = eigenvektoren[:, mode].reshape(n_knoten, n_dim)
```

Die aktuelle Position der Punkte berechnen wir nun, indem wir diesen Eigenvektor sinusförmig mit der Zeit größer und kleiner werden lassen und zur Position der Knotenpunkte addieren.

$f_1=1.9$ Hz $f_2=12.2$ Hz $f_3=21.2$ Hz

$f_4=116.3$ Hz $f_5=116.3$ Hz $f_6=217.5$ Hz

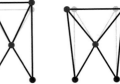

Abb. 10.21: Eigenmoden des Stabwerks.
Dargestellt ist die jeweilige Mode bei maximaler Auslenkung. Im Hintergrund ist die Ausgangslage der Knoten (hellblau) und Stäbe (hellgrau) gezeigt.

```
183    p = punkte.copy()
184    p[indizes_knoten] += amplitude * np.sin(t[n]) * ev
```

Wir müssen nun die Grafikobjekte aktualisieren, indem wir mit `plots[mode]` auf das Dictionary zugreifen, das die Grafikobjekte für die aktuelle Mode enthält und dann mit `['knoten']` aus diesem Dictionary das Element mit dem Schlüssel `'knoten'` auswählen.

```
187    plots[mode]['knoten'].set_data(p[indizes_knoten].T)
```

Analog aktualisieren wir die Darstellung der Stäbe, wobei man berücksichtigen muss, dass der Eintrag `'staebe'` in dem Dictionary eine Liste der entsprechenden Linienplots enthält.

```
190    for linie, stab in zip(plots[mode]['staebe'], staebe):
191        linie.set_data(p[stab, 0], p[stab, 1])
```

Damit ist die `for`-Schleife über die einzelnen Moden beendet. Im letzten Schritt müssen wir noch eine Liste erzeugen, die die neu zu zeichnenden Grafikelemente enthält, und diese zurückgeben. Dabei muss man beachten, dass es sich bei `p['knoten']` um ein einzelnes Grafikobjekt handelt, das man mit der Methode `append` zur Liste hinzufügen kann. Bei `p['staebe']` handelt es sich dagegen um eine Liste von Objekten. Diese soll an die Liste `geaendert` angehängt werden, wozu man den Operator + verwenden kann.

```
194    geaendert = []
195    for p in plots:
196        geaendert.append(p['knoten'])
197        geaendert += p['staebe']
198    return geaendert
```

Die Erzeugung des Animationsobjekts und das Anzeigen der Grafik erfolgt mit den üblichen Befehlen, die hier nicht mehr abgedruckt werden. Das Ergebnis ist in

Abb. 10.21 dargestellt. Sie können erkennen, dass es sechs Eigenmoden gibt, die mit unterschiedlichen Frequenzen schwingen. Da es sich um ein ebenes Stabwerk mit drei Knotenpunkten handelt, hat das System aber auch nur sechs Freiheitsgrade. Man kann folglich jede beliebige Anfangsauslenkung der Knotenpunkte als Überlagerung der sechs Eigenmoden darstellen. Bei einer beliebigen Anfangsauslenkung wird also im Allgemeinen eine Schwingung erfolgen, die verschiedene Komponenten dieser Eigenschwingungen enthält.

Wir haben bereits bei der Diskussion dieses Stabwerks in Abschn. 6.2 diskutiert, dass die Querverstrebungen ein Schwachpunkt der Konstruktion sind. Dies sieht man auch an den Eigenfrequenzen: Die erste Mode, die eine seitliche Scherung des Regals beschreibt, hat mit Abstand die kleinste Schwingungsfrequenz $f_1 = 1{,}9\,\text{Hz}$.

Auf den ersten Blick sieht es so aus, als gäbe es zwei Schwingungsmoden f_4 und f_5 mit der gleichen Eigenfrequenz. Wenn Sie sich die Schwingungsfrequenzen einmal mit mehr Dezimalstellen anzeigen lassen, werden Sie jedoch feststellen, dass sich die Frequenzen doch etwas unterscheiden (siehe Aufgabe 10.11). In Fällen, in denen zwei oder mehr Moden mit exakt der gleichen Eigenfrequenz auftreten, spricht man von einer **Entartung**. Der **Entartungsgrad** gibt dann die Anzahl der Moden mit der entsprechenden Frequenz an. In vielen Fällen resultiert die Entartung aus einer Symmetrie des Problems. Ein Beispiel für ein System mit entarteten Eigenschwingungen finden Sie in Aufgabe 10.14.

Ein weiterer wichtiger Fall sind Eigenmoden, deren Frequenz exakt null ist. Bei diesen Eigenmoden handelt es sich im Allgemeinen nicht um Schwingungen. Ein typischer Fall ist ein frei im Raum schwebendes Molekül, bei dem die Starrkörperbewegung des Moleküls natürlich keine Schwingung darstellt. Ein solcher Fall wird in Aufgabe 10.12 genauer untersucht. Darüber hinaus kann es auch Freiheitsgrade geben, die zwar eine Schwingung vollführen können, weil es eine entsprechende Rückstellkraft gibt, bei denen die Kraft aber keinen linearen Anteil in der Auslenkung besitzt. Ein solcher Fall wird ebenfalls in Aufgabe 10.14 diskutiert.

Zusammenfassung

Harmonische Schwingungen: Wir haben die Theorie des linearen Masse-Feder-Systems dargestellt und gezeigt, wie sich durch die Benutzung von komplexen Zahlen in NumPy die Resonanzkurve eines solchen Systems besonders einfach darstellen lässt.

Python-Module: Um den Masse-Feder-Schwinger zu visualisieren, haben wir ein entsprechendes Python-Modul entwickelt. Mit dieser Modularisierung waren wir in der Lage, die entsprechende Funktion in unterschiedlichen Programmen wieder zu verwenden.

Einschwingvorgänge: Das Python-Modul zur Darstellung einer Feder wurde anschließend verwendet, um den Einschwingvorgang einer erzwungenen Schwingung zu visualisieren.

Nichtlineare Schwingungen: Anhand eines einfachen Modells einer progressiven Feder haben wir gesehen, wie sich nichtlineare Schwingungen von den harmonischen Schwingungen unterscheiden. Insbesondere konnte man erkennen, dass die Schwingungsfrequenz bei nichtlinearen Systemen im Allgemeinen von der Amplitude abhängt und dass der Schwingungsverlauf nicht mehr sinusförmig erfolgt.

Audioein- und -ausgabe: Mit der Bibliothek `sounddevice` haben wir Schwingungsvorgänge hörbar gemacht und Töne mithilfe eines Mikrofons aufgenommen und digital verarbeitet.

Context-Manager: Bei der Behandlung der Audioaufnahme sind wir dem Schlüsselwort `with` begegnet. Dieses Schlüsselwort wird mit sogenannten Context-Managern benutzt, um vor bzw. nach der Verwendung einer Ressource die notwendigen Vorarbeiten zu erledigen und am Ende aufzuräumen.

Fourier-Analyse: Wir haben gelernt, wie man durch eine Fourier-Transformation das Frequenzspektrum eines Signals bestimmt.

Abtasttheorem: Dabei ist uns das wichtige Abtasttheorem begegnet. Um Aliasing-Effekte zu vermeiden, muss die Abtastfrequenz mindestens doppelt so hoch sein wie die größte im Signal auftretende Frequenz.

Modulationsverfahren: Die Fourier-Transformation haben wir anschließend dazu benutzt, das Frequenzspektrum von amplituden- und frequenzmodulierten Signalen zu untersuchen.

Hysterese: Mithilfe eines frequenzmodulierten Signals haben wir einen typischen Messprozess für eine Resonanzkurve simuliert. Dabei haben wir ein nichtlineares System betrachtet und festgestellt, dass es zu einer Hysterese kommt und das System, abhängig von den Anfangsbedingungen, bei einer gegebenen Anregung unter Umständen zwei unterschiedliche Schwingungszustände einnehmen kann.

Modalanalyse: Bei der Betrachtung von schwingfähigen Systemen mit mehreren Massen gibt es verschiedene Eigenschwingungen mit unterschiedlichen Frequenzen. Die Berechnung dieser Eigenschwingungen bezeichnet man als Modalanalyse. Um diese Modalanalyse durchzuführen, haben wir das System linearisiert und sind auf ein Eigenwertproblem gestoßen.

Eigenwertprobleme: Dieses Eigenwertproblem haben wir mit NumPy numerisch gelöst.

Aufgaben

Aufgabe 10.1: Ändern Sie das Programm 10.4 so ab, dass anstelle der numerischen Lösung die analytische Lösung nach Gleichung (10.7) benutzt wird. Überlegen Sie dazu, wie man die Parameter A und φ aus den Anfangsbedingungen $x(0)$ und $v(0)$ bestimmen kann.

Aufgabe 10.2: Schreiben Sie ein Python-Programm, das die Kennlinien einer linearen, einer progressiven und einer degressiven Feder wie in Abb. 10.8 darstellt.

Aufgabe 10.3: Schreiben Sie ein Programm, das eine Darstellung des Aliasing-Effekts ähnlich wie in Abb. 10.10 erzeugt.

Aufgabe 10.4: Scheiben Sie ein Programm, das das Frequenzspektrum der nichtlinearen Schwingung aus Abschn. 10.6 darstellt.

Aufgabe 10.5: Wenn man zwei sinusförmige Schwingungen mit leicht unterschiedlichen Kreisfrequenzen $\omega_1 \geq \omega_2$ überlagert, so erhält man eine sogenannte Schwebung. Bei dieser Schwebung handelt es sich um eine sinusförmige Schwingung mit der Frequenz $\omega_0 = (\omega_1 + \omega_2)/2$, deren Amplitude mit der Schwebungsfrequenz $\omega_s = \omega_1 - \omega_2$ ebenfalls sinusförmig variiert. Diese Schwebungskurve ist auf den ersten Blick einer Amplitudenmodulation ähnlich. Stellen Sie eine solche Schwebung zusammen mit einer entsprechenden Amplitudenmodulation grafisch dar. Worin besteht der Unterschied?

Aufgabe 10.6: Verifizieren Sie das Programm 10.12, indem Sie die Resonanzkurve eines linearen Masse-Feder-Schwingers simulieren und mit der analytischen Lösung nach Programm 10.1 vergleichen.

Aufgabe 10.7: Wenden Sie das Programm 10.12 auf eine degressive Feder an.

Aufgabe 10.8: Ein mathematisches Pendel der Länge l im Schwerefeld der Erde wird durch die Differentialgleichung

$$\ddot{\varphi} + \frac{g}{l} \sin(\varphi) = 0 \tag{10.64}$$

beschrieben (siehe Gleichung (9.7) auf Seite 227). Lösen Sie diese Differentialgleichung numerisch und benutzen Sie eine Ereignisfunktion, um die Schwingungsdauer als Funktion des maximalen Auslenkwinkels φ_0 zu plotten.

Aufgabe 10.9: Aus der Energieerhaltung kann man die Schwingungsdauer T des mathematischen Pendels als Funktion der Anfangsauslenkung bestimmen:

$$T = \sqrt{\frac{2l}{g}} \int_{-\varphi_0}^{\varphi_0} \frac{\mathrm{d}\varphi}{\sqrt{\cos(\varphi) - \cos(\varphi_0)}} \tag{10.65}$$

Werten Sie dieses Integral für verschiedene Maximalauslenkungen φ_0 numerisch aus und vergleichen Sie das Ergebnis mit Ihrem Ergebnis von Aufgabe 10.8, indem Sie die relative Abweichung der beiden Ergebnisse voneinander darstellen. Welches der beiden Ergebnisse ist genauer?

Aufgabe 10.10: Zeigen Sie, dass die Matrix $\widehat{\Lambda}$ nach Gleichung (10.63) nur reelle, nichtnegative Eigenwerte haben kann. Argumentieren Sie dazu physikalisch, warum der Realteil der Eigenwerte nicht negativ sein kann. Beweisen Sie anschließend, dass die Eigenwerte alle reell sein müssen, indem Sie die spezielle Form der Matrizen $\widehat{A}$ und $\widehat{M}$ berücksichtigen. Hinweis: Sie können den Satz benutzen, dass für beliebige quadratische Matrizen $\widehat{A}$ und $\widehat{B}$ die Produkte $\widehat{A} \cdot \widehat{B}$ und $\widehat{B} \cdot \widehat{A}$ stets die gleichen Eigenwerte haben.

Aufgabe 10.11: Erhöhen Sie im Programm 10.15 bitte schrittweise die Steifigkeit der Querverstrebungen. Wie ändern sich dadurch die Eigenfrequenzen? Beobachten Sie bitte insbesondere die beiden in der Ausgangssituation fast entarteten Schwingungszustände.

Aufgabe 10.12: Im Rahmen der klassischen Mechanik kann man die Schwingungsmoden eines CO_2-Moleküls näherungsweise berechnen. Betrachten Sie dazu eine lineare Kette von drei Massen (16 u – 12 u – 16 u), die durch gedachte Federn mit einer Federhärte von 1500 N/m verbunden sind, und modifizieren Sie das Programm 10.15 entsprechend. Welche Bedeutung haben die Eigenmoden mit einer Frequenz von null?

Aufgabe 10.13: Wie sehen die Schwingungsmoden eines Wassermoleküls aus? Gehen Sie genauso wie in Aufgabe 10.12 vor und benutzen Sie die Massen 1 u – 16 u – 1 u. Berücksichtigen Sie weiterhin, dass das Wassermolekül nicht gestreckt ist, sondern einen Bindungswinkel von 104,5° aufweist. Nehmen Sie für die H–O-Bindung eine Federhärte von 700 N/m an und berücksichtigen Sie eine zusätzliche Feder zwischen den beiden Wasserstoffatomen mit einer Federhärte von 350 N/m.

Aufgabe 10.14: Berechnen Sie die Eigenmoden und Eigenfrequenzen eines Systems aus sechs identischen Punktmassen, die auf einem Ring angeordnet sind. Jede Masse soll durch Federn mit ihren beiden nächsten Nachbarn verbunden sein. Alle Federn sollen die gleiche Federhärte haben.

Aufgabe 10.15: Berechnen Sie die Eigenmoden und Eigenfrequenzen der Brücke aus Aufgabe 6.6. Verteilen Sie dazu die Masse der Stäbe jeweils zur Hälfte auf die angrenzenden Knoten. Stellen Sie die ersten zwölf Eigenmoden animiert dar.

Literatur

[1] Guicking D. Schwingungen. Theorie und Anwendungen in Mechanik, Akustik, Elektrik und Optik. Wiesbaden: Springer Vieweg, 2016. DOI:10.1007/978-3-658-14136-3.

[2] Meyer E und Guicking D. Schwingungslehre. Braunschweig: Vieweg, 1974. DOI:10.1007/978-3-322-91085-1.

[3] Werner M. Nachrichtentechnik. Eine Einführung für alle Studiengänge. Wiesbaden: Springer Vieweg, 2017. DOI:10.1007/978-3-8348-9097-9.

[4] Stry Y und Rainer S. Mathematik Kompakt für Ingenieure und Informatiker. Berlin, Heidelberg: Springer Vieweg, 2013. DOI:10.1007/978-3-642-24327-1.

[5] Papula L. Mathematik für Ingenieure und Naturwissenschaftler Band 2. Wiesbaden: Springer Vieweg, 2015. DOI:10.1007/978-3-658-07790-7.

I insist upon the view that »all is waves«.

Erwin Schrödinger

11

Wellen

Unter einer Welle verstehen wir ganz allgemein eine sich räumlich ausbreitende Veränderung mindestens einer physikalischen Größe. Das bekannteste Beispiel ist sicherlich die Wasserwelle: In einem Becken mit Wasser stellt sich ohne äußere Störung nach einiger Zeit ein Gleichgewichtszustand ein, bei dem die Wasseroberfläche nahezu eben ist. Wenn man die Wasseroberfläche an einer Stelle mit dem Finger berührt, so entspricht dies einer Störung des Gleichgewichtszustands. Diese Störung breitet sich daraufhin in Form von kreisförmigen Wellen aus. Die relevante physikalische Größe ist hierbei die vertikale Auslenkung der Wasseroberfläche. Völlig analog kann man beispielsweise Seilwellen auf einem gespannten Seil betrachten. Hier ist die seitliche Auslenkung des Seils eine sich ausbreitende physikalische Größe. Bei Schallwellen breitet sich eine Störung des Drucks aus und bei elektromagnetischen Wellen eine Störung des elektrischen und magnetischen Feldes.

Ähnlich wie bei den Schwingungen handelt es sich bei Wellen um ein Phänomen, das in vielen Teilgebieten der Physik auftritt, und wir können auch hier allgemeine Eigenschaften anhand von mechanischen Wellen diskutieren. In vielen Fällen kann man zumindest näherungsweise die Ausbreitung einer Welle durch die **Wellengleichung** beschreiben, die sich für eine 1-dimensionale Wellenausbreitung in der Form

$$\frac{1}{c^2} \frac{\partial^2 u}{\partial t^2} - \frac{\partial^2 u}{\partial x^2} = 0 \qquad (11.1)$$

schreiben lässt. Dabei ist u die sich ausbreitende physikalische Größe, die sowohl vom Ort x als auch von der Zeit t abhängt. Die Größe c bezeichnet die **Phasengeschwindigkeit**, mit der sich eine Störung räumlich ausbreitet.[1] In den einführenden Lehrbüchern wird diese Wellengleichung meist für **Seilwellen** auf einem gespannten Seil abgeleitet, bei denen sich eine Phasengeschwindigkeit von

$$c_{\text{seil}} = \sqrt{\frac{F_{\text{sp}}}{\mu}} \qquad (11.2)$$

ergibt. Dabei ist F_{sp} die Kraft, mit der das Seil gespannt ist, und μ ist die **Massenbelegung** des Seils, also dessen Masse pro Seillänge. Ein ebenfalls häufig verwendetes

---

[1] In einigen Lehrbüchern wird statt c die Bezeichnung v_{phase} verwendet und c ausschließlich für die Lichtgeschwindigkeit gebraucht. In diesem Buch wird die Phasengeschwindigkeit einer Welle stets mit c bezeichnet, ganz gleich, um welche Art von Welle es sich handelt.

© Springer-Verlag GmbH Deutschland, ein Teil von Springer Nature 2022
O. Natt, *Physik mit Python*, https://doi.org/10.1007/978-3-662-66454-4_11

Beispiel sind **Druckwellen** in einem dünnen Stab. Hier ergibt sich die Phasengeschwindigkeit aus dem Elastizitätsmodul E und der Dichte ρ des Stabmaterials:

$$c_{\text{stab}} = \sqrt{\frac{E}{\rho}} \qquad (11.3)$$

Allen Wellen, die sich durch Gleichung (11.1) beschreiben lassen, ist gemeinsam, dass jede Störung der Form

$$u(x,t) = f(x \pm ct) \qquad (11.4)$$

eine Lösung der Wellengleichung ist, wobei f eine beliebige, zweimal stetig differenzierbare Funktion sein kann. Die Lösung mit dem Pluszeichen beschreibt dabei eine Welle, die sich in die negative x-Richtung bewegt, und die Lösung mit dem Minuszeichen eine Welle, die sich in die positive x-Richtung ausbreitet. Die Form der Störung ändert sich also während der Ausbreitung bei einer solchen Welle nicht, und man sagt, die Wellenausbreitung sei **dispersionsfrei**.

Eine weitere Eigenschaft der Wellengleichung (11.1) besteht darin, dass es sich um eine lineare Gleichung handelt. Wenn man zwei Lösungen $u_1(x,t)$ und $u_2(x,t)$ der Wellengleichung hat, so ist automatisch auch die Summe $u(x,t) = u_1(x,t) + u_2(x,t)$ eine Lösung der Wellengleichung. Man bezeichnet diese Eigenschaft als das **Superpositionsprinzip**. Die Überlagerung von zwei Wellen, die sich durch die Gleichung (11.1) beschreiben lassen, kann man also einfach durch die Summe der beiden Teilwellen darstellen.

Besonders häufig betrachtet man den Fall, dass eine Störung am Ort $x = 0$ durch eine harmonische Schwingung hervorgerufen wird. In diesem Fall kann man die Lösung der Wellengleichung durch eine **harmonische Welle** der Form

$$u(x,t) = \hat{u} \cos(kx \pm \omega t + \varphi_0) \qquad (11.5)$$

beschreiben.[2] Dabei bezeichnet $\hat{u}$ die Amplitude der Welle, ω die Kreisfrequenz und φ_0 die Nullphase. Die Größe k bezeichnet man als die **(Kreis-)Wellenzahl**. Diese hängt mit der **Wellenlänge** λ über

$$k = \frac{2\pi}{\lambda} \qquad (11.6)$$

zusammen. Da die Ausbreitungsgeschwindigkeit der Welle durch die Wellengleichung vorgegeben ist, sind die Kreisfrequenz ω und die Wellenzahl k nicht unabhängig voneinander. Beide Größen werden über die Beziehung

$$c = \frac{\omega}{k} \qquad (11.7)$$

miteinander verknüpft. Mit der Definition der Kreisfrequenz $\omega = 2\pi f$ ergibt sich damit und aus Gleichung (11.6) direkt der Zusammenhang zwischen Wellenlänge λ und Frequenz f:

$$c = \lambda f \qquad (11.8)$$

---

[2] Anstelle von $\cos(kx \pm \omega t)$ kann man genauso gut $\cos(\omega t \pm kx)$ zur Beschreibung der Welle verwenden oder die Kosinus- durch eine Sinusfunktion ersetzen. Durch eine geeignete Wahl des Phasenwinkels φ_0 kann man diese unterschiedlichen Beschreibungen stets ineinander überführen.

Bei der Ausbreitung einer harmonischen Welle wird Energie transportiert. Die **Intensität** I einer Welle ist die mittlere Leistung pro Flächeneinheit. Da die Energie einer Schwingung proportional zum Quadrat der Amplitude ist, ist auch die Intensität einer harmonischen Welle proportional zum Quadrat der Amplitude:

$$I \propto \hat{u}^2 \tag{11.9}$$

Für eine Welle, die sich kreisförmig um eine Quelle ausbreitet, muss die Intensität aufgrund des proportional mit dem Radius anwachsenden Kreisumfangs antiproportional zum Radius abnehmen, und die Amplitude nimmt daher mit der Wurzel des Abstandes r ab:

$$\text{kreisförmige Welle:} \quad I \propto \frac{1}{r} \quad ; \quad \hat{u} \propto \frac{1}{\sqrt{r}} \tag{11.10}$$

Für eine Welle, die sich im 3-dimensionalen Raum kugelförmig um eine Quelle ausbreitet, muss dementsprechend die Intensität aufgrund der mit dem Radius quadratisch ansteigenden Kugeloberfläche auch quadratisch mit Radius abfallen:

$$\text{kugelförmige Welle:} \quad I \propto \frac{1}{r^2} \quad ; \quad \hat{u} \propto \frac{1}{r} \tag{11.11}$$

Wir werden auf diesen Zusammenhang bei der Simulation des Doppler-Effekts und bei der Interferenz von Wellen zurückkommen.

11.1 Transversal- und Longitudinalwellen

Eine harmonische Welle kann man gut veranschaulichen, indem man eine Kette von Massenelementen betrachtet, die durch gedachte Federn miteinander verbunden sind. Die relevante physikalische Größe bei einer solchen Welle ist die Auslenkung der einzelnen Massen aus ihrer Ruhelage. Dabei kann man zwei Fälle unterscheiden: Die Auslenkung der Massen kann senkrecht zur Ausbreitungsrichtung der Welle erfolgen. Man spricht dann von einer **Transversalwelle**. Ein typisches Beispiel einer Transversalwelle sind die Wellen, die sich auf einem gespannten Seil ausbreiten. Die Welle pflanzt sich entlang des Seiles fort, während die Auslenkung quer zum Seil erfolgt. Wenn die Auslenkung der Massen dagegen in der gleichen Richtung wie die Wellenausbreitung erfolgt, dann spricht man von einer **Longitudinalwelle**. Dies ist zum Beispiel bei Schallwellen der Fall.

Wir wollen hier zunächst nicht die Bewegung der einzelnen Massen simulieren, sondern lediglich eine harmonische Welle der Form (11.5) als Transversal- und als Longitudinalwelle darstellen. Dazu legen wir nach den üblichen Modulimporten eine Zeitschrittweite, die Anzahl der Massen und die Länge der Kette fest. Dabei wählen wir eine ungerade Anzahl von Teilchen, weil wir später die Masse, die genau in der Mitte des dargestellten Bereichs liegt, farblich hervorheben wollen.

Programm 11.1: `Wellen/trans_long.py`

```
 8  # Zeitschrittweite [s].
 9  dt = 0.005
10  # Anzahl der dargestellten Teilchen.
11  n_teilchen = 51
12  # Kettenlänge [m].
13  kettenlaenge = 20
```

Anschließend legen wir die Amplitude, die Frequenz und die Phasengeschwindigkeit der Welle fest.

```
14  # Amplitude A [m] und Frequenz f [Hz] der Welle.
15  amplitude = 0.8
16  frequenz = 1.0
17  # Ausbreitungsgeschwindigkeit der Welle [m/s].
18  c = 10.0
```

Aus diesen Angaben berechnen wir nun die Kreisfrequenz und die Wellenzahl.

```
21  omega = 2 * np.pi * frequenz
22  k = omega / c
```

Um den mittleren Massenpunkt farblich hervorzuheben, bestimmen wir den zugehörigen Index, wobei wir mit dem Operator // eine ganzzahlige Division ausführen.

```
25  index_mark = n_teilchen // 2
```

Die einzelnen Massen sollen in der Ruhelage gleichmäßig über die gesamte Kettenlänge verteilt sein.

```
28  x = np.linspace(0, kettenlaenge, n_teilchen)
```

Anschließend erzeugen wir eine Figure `fig` und zwei Axes-Objekte `ax_trans` und `ax_long` für die Darstellung der Wellen. Den zugehörigen Programmteil überspringen wir an dieser Stelle.

Die entsprechenden Grafikobjekte erstellen wir mit den üblichen Plotbefehlen. Dabei legen wir die `zorder` so fest, dass die Ruhelage aller Massenpunkte im Hintergrund dargestellt wird und die Ruhelage des markierten Massenpunktes in einer Ebene davor.

```
50  ax_trans.plot(x, 0 * x, '.', color='lightblue', zorder=4)
51  ax_long.plot(x, 0 * x, '.', color='lightblue', zorder=4)
52  ax_trans.plot([x[index_mark]], [0], '.', color='pink', zorder=5)
53  ax_long.plot([x[index_mark]], [0], '.', color='pink', zorder=5)
```

Für die bewegte Darstellung der Massenpunkte gehen wir analog vor. Die `zorder` legen wir jetzt aber so fest, dass die Grafikelemente jeweils in einer Ebene vor der Ruhelage dargestellt werden:

```
58  plot_trans, = ax_trans.plot([], [], 'o', color='blue', zorder=6)
59  plot_long, = ax_long.plot([], [], 'o', color='blue', zorder=6)
60  plot_trans_mark, = ax_trans.plot([], [],
61                                    'o', color='red', zorder=7)
62  plot_long_mark, = ax_long.plot([], [],
63                                    'o', color='red', zorder=7)
```

In der `update`-Funktion für die Animation legen wir den aktuellen Zeitpunkt mithilfe der Zeitschrittweite `dt` fest und berechnen die Wellenfunktion nach Gleichung (11.5), wobei wir uns für die in positive x-Richtung laufende Welle entscheiden.

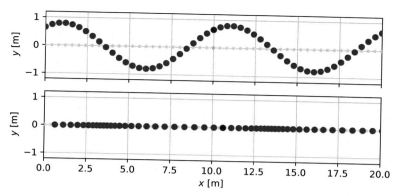

Abb. 11.1: Transversal- und Longitudinalwelle. *(Oben) Animierte Darstellung einer Transversalwelle, (unten) eine entsprechende Darstellung einer Longitudinalwelle. Die Ruhelage der Massenpunkte ist hellblau bzw. hellrot gekennzeichnet. Zur besseren Orientierung ist ein Massenpunkt rot hervorgehoben worden.*

```
66   def update(n):
67       """Aktualisiere die Grafik zum n-ten Zeitschritt."""
70       t = dt * n
71       u = amplitude * np.cos(k * x - omega * t)
```

Die Wellenausbreitung erfolgt also in x-Richtung, und für die Transversalwelle legen wir daher die Auslenkung in y-Richtung fest:

```
74       plot_trans.set_data(x, u)
```

Dementsprechend müssen wir für die Longitudinalwelle die Auslenkung zu der Ruhelage in x-Richtung addieren.

```
75       plot_long.set_data(x + u, 0 * u)
```

Analog aktualisieren wir die Position der beiden rot markierten Punkte und geben anschließend die veränderten Grafikobjekte zurück.

```
78       plot_trans_mark.set_data(x[index_mark], u[index_mark])
79       plot_long_mark.set_data(x[index_mark] + u[index_mark], 0)
80
81       return plot_long, plot_trans, plot_long_mark, plot_trans_mark
```

Das Anzeigen und Starten der Animation geschieht mit den üblichen Befehlen. Das Ergebnis ist in Abb. 11.1 dargestellt. Wenn Sie sich die zugehörige Animation anschauen, können Sie daran einige wichtige physikalische Zusammenhänge ablesen:

1. Wenn Sie die Bewegung des roten Punktes verfolgen, dann erkennen Sie, dass sich während einer Schwingungsperiode dieses Punktes die Welle gerade eine Wellenlänge vorwärts bewegt.

2. Bei keiner der beiden Wellen wird Materie transportiert. Jeder Massenpunkt schwingt um seine Ruhelage hin und her.

3. Bei der Longitudinalwelle kann man erkennen, dass die größte und kleinste Dichte von Massenpunkten dann vorliegt, wenn die Auslenkung an dieser Stelle gerade einen Nulldurchgang hat. Betrachten Sie dazu am besten den rot markierten Punkt der Longitudinalwelle, dessen Ruhelage genau bei $x = 10$ m liegt. Bei einer Schallwelle sind Druck und Dichte zueinander proportional. Die Beobachtung entspricht damit direkt der Aussage, dass bei einer Schallwelle die Auslenkung und der Druck um 90° phasenverschoben sind.

11.2 Masse-Feder-Kette

Wir haben bereits im letzten Abschnitt eine lineare Anordnung von Massen zur Veranschaulichung der Wellenausbreitung benutzt. Wir wollen nun einen Schritt weiter gehen und die Ausbreitung einer Störung auf einer solchen Kette von Massen simulieren. Dazu betrachten wir eine Kette aus identischen Teilchen der Masse m, die durch Federn der Federkonstante D miteinander verbunden sind. Im entspannten Zustand soll der Abstand zweier Teilchen l_0 betragen, wie in Abb. 11.2 dargestellt ist. Anschließend wird die Kette so gespannt, dass sich der Abstand der Massen in der Gleichgewichtslage auf l erhöht. Dazu ist die Spannkraft

$$F_{sp} = D(l - l_0) \tag{11.12}$$

erforderlich.

Wir wollen nun die Bewegung der Teilchen in dieser Kette simulieren, wenn wir das rechte Ende festhalten und die Masse am linken Ende so bewegen, dass eine wellenförmige Störung entsteht. Dazu definieren wir zunächst die Simulationsdauer, die Zeitschrittweite und die Anzahl der Raumdimensionen.

Programm 11.2: `Wellen/masse_feder_kette.py`

```
 9  # Simulationszeit und Zeitschrittweite [s].
10  t_max = 10.0
11  dt = 0.01
12  # Dimension des Raumes.
13  n_dim = 2
```

Anschließend legen wir neben der Anzahl der Massen die übrigen Parameter fest. Die Anzahl `n_teilchen` der Massen bezeichnet dabei die Anzahl der Massen ohne die zusätzliche Masse ganz links, die wir zum Anregen der Welle bewegen.

```
14  # Anzahl der Teilchen ohne das anregende Teilchen ganz links.
15  n_teilchen = 70
16  # Federkonstante [N/m].
17  D = 100
18  # Masse [kg].
19  m = 0.05
20  # Länge der ungespannten Federn [m].
21  federlaenge = 0.05
22  # Abstand benachbarter Massen in der Ruhelage [m].
23  abstand = 0.15
```

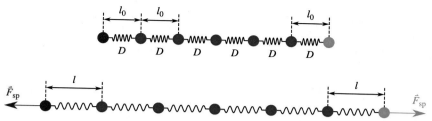

Abb. 11.2: Masse-Feder-Kette. *(Oben) Die entspannte Masse-Feder-Kette. (Unten) Durch eine Spannkraft $\vec{F}_{sp}$ wird die Kette gedehnt. Am linken Ende (rot) wird eine Welle angeregt. Das rechte Ende (hellblau) wird festgehalten.*

Auf unserer Kette können wir sowohl longitudinale als auch transversale Wellen anregen. Wir legen für jede dieser beiden Wellen die entsprechende Amplitude fest, wobei wir relativ kleine Amplituden wählen und beide Wellenarten anregen.

```
24  # Amplitude der longitudinalen und transversalen Anregung [m].
25  A_long = 0.01
26  A_tran = 0.01
```

Die Massen sollen in der Ruhelage auf der x-Achse jeweils in dem angegebenen Abstand voneinander sitzen. Die Masse, mit der wir die Welle anregen, soll sich zunächst im Koordinatenursprung befinden. Wir starten daher mit der ersten Masse an der Position $x = $ abstand. Das Array r0 enthält also die Ortsvektoren der einzelnen Massen in der Ruhelage mit Ausnahme der Masse ganz links.

```
28  # Lege die Ruhelage der Teilchen auf der x-Achse fest.
29  r0 = np.zeros((n_teilchen, n_dim))
30  r0[:, 0] = np.linspace(abstand, n_teilchen * abstand, n_teilchen)
```

Als Nächstes definieren wir eine Funktion, die den zeitlichen Verlauf der Anregung festlegt. Diese Funktion soll für einen Zeitpunkt t den Ortsvektor der anregenden Masse zurückgeben. Die erste Komponente entspricht also einer longitudinalen Anregung und die zweite Komponente einer transversalen Anregung. Als einfaches Beispiel wählen wir hier eine gaußförmige Anregung, die zum Zeitpunkt t0 ihr Maximum erreicht.

```
33  def anregung(t, t0=0.5, delta_t=0.2):
34      """Ortsvektor der anregenden Masse zum Zeitpunkt t."""
35      pos = np.array([A_long * np.exp(-((t - t0) / delta_t) ** 2),
36                      A_tran * np.exp(-((t - t0) / delta_t) ** 2)])
37      return pos
```

Um die Formulierung der rechten Seite des Differentialgleichungssystems übersichtlich zu halten, definieren wir eine Funktion, die die Federkraft auf die Masse am Ort r1 angibt, die durch die Feder ausgeübt wird, die die Orte r1 und r2 verbindet. Dazu müssen wir nach dem hookeschen Gesetz die Federkonstante D mit der aktuellen Längenänderung und mit dem Einheitsvektor in Richtung der Feder multiplizieren.

```
40  def federkraft(r1, r2):
41      """Kraft auf die Masse am Ort r1 durch die Masse am Ort r2."""
```

```
42      abstand = np.linalg.norm(r2 - r1)
43      einheitsvektor = (r2 - r1) / abstand
44      return D * (abstand - federlaenge) * einheitsvektor
```

Die Funktion, die die rechte Seite des Differentialgleichungssystems beschreibt, lässt sich nun relativ übersichtlich formulieren. Wir zerlegen dazu den Zustandsvektor wieder in den Orts- und Geschwindigkeitsanteil und wandeln den Ortsanteil in ein Array der Größe n_teilchen×n_dim um. Anschließend erzeugen wir ein entsprechend großes, mit Nullen gefülltes Array für die Beschleunigung jeder Masse.

```
47  def dgl(t, u):
48      """Berechne die rechte Seite der Differentialgleichung."""
49      r, v = np.split(u, 2)
50      r = r.reshape(n_teilchen, n_dim)
51      a = np.zeros((n_teilchen, n_dim))
```

Wir berechnen nun die Beschleunigung, die sich für die Massen aufgrund der jeweils von links angreifenden Feder ergibt. Dabei sparen wir die Masse ganz links aus, die wir später separat behandeln.

```
54      for i in range(1, n_teilchen):
55          a[i] += federkraft(r[i], r[i-1]) / m
```

Analog berücksichtigen wir anschließend für jede Masse die Beschleunigung durch die Federkraft der von rechts angreifenden Feder, wobei wir die Masse ganz rechts zunächst auslassen.

```
58      for i in range(n_teilchen - 1):
59          a[i] += federkraft(r[i], r[i+1]) / m
```

Die Masse ganz links erhält eine Beschleunigung durch die Bewegung des anregenden Teilchens.

```
62      a[0] += federkraft(r[0], anregung(t)) / m
```

Die Beschleunigung der letzten Masse setzen wir stets auf null, da wir diese Masse von außen festhalten wollen.

```
65      a[-1] = 0
```

Anschließend geben wir die Zeitableitung des Zustandsvektors, die aus den Geschwindigkeits- und Beschleunigungskomponenten besteht, zurück.

```
67      return np.concatenate([v, a.reshape(-1)])
```

Die numerische Lösung der Differentialgleichungen und die grafische Ausgabe erfolgen nach dem bereits mehrfach diskutierten Schema. Das Ergebnis ist in Abb. 11.3 dargestellt. Anhand des einfachen Modells der Masse-Feder-Kette kann man eine Reihe wichtiger Eigenschaften beobachten:

- Die Longitudinalwelle breitet sich auf der Kette schneller aus als die Transversalwelle.

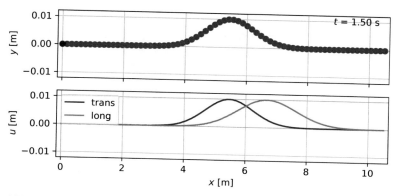

Abb. 11.3: Transversal- und Longitudinalwelle auf einer Masse-Feder-Kette. *(Oben) Animierte Darstellung der einzelnen Massen. (Unten) Momentanauslenkung der Transversal- und der Longitudinalkomponente als Funktion des Ortes.*

- An den **festen Enden** werden die Wellen reflektiert, wobei sich das Vorzeichen der Auslenkung umkehrt. Man sagt auch, dass die Welle mit einem **Phasensprung** von 180° reflektiert wird.

- An einem **losen Ende** werden die Wellen ebenfalls reflektiert, dann allerdings ohne Phasensprung. In den Aufgaben 11.3 und 11.4 werden entsprechende Simulationen dazu erstellt.

- Wenn man die Simulation über einen längeren Zeitraum laufen lässt, indem man die Simulationsdauer beispielsweise auf 50 s erhöht, so stellt man fest, dass die Wellenberge sich langsam in der Form ändern und zerfließen. Man nennt diesen Effekt die **Dispersion** eines Wellenpakets. Dieser Effekt tritt in der Masse-Feder-Kette dann auf, wenn der Abstand der einzelnen Massen nicht mehr vernachlässigbar klein gegenüber der Breite eines Wellenbergs ist. Dies soll in Aufgabe 11.1 genauer betrachtet werden.

- Sobald man die Amplitude der Transversalwelle zu groß macht, spielen nichtlineare Effekte, die durch die Geometrie verursacht werden, eine Rolle. Wir haben diese Art der Nichtlinearität bereits in Kap. 6 bei der Behandlung von elastischen Stabwerken diskutiert. In Aufgabe 11.2 soll dieser Effekt untersucht werden. Man kann dann beispielsweise beobachten, dass es zur Kopplung zwischen Transversal- und Longitudinalwellen kommt.

Ich möchte an dieser Stelle ausdrücklich darauf hinweisen, dass die letzten beiden Punkte nicht per se eine Schwäche des Modells der Masse-Feder-Kette darstellen. Vielmehr ist es so, dass man in der Wellengleichung (11.1) von einer kontinuierlichen Massenverteilung ausgeht und somit eine Näherung macht, die nur für den Fall gültig ist, dass die Wellenlängen so groß sind, dass die atomare Struktur der Materie vernachlässigt werden kann.

Achtung!

Für mechanische Wellen stellt die Wellengleichung (11.1) und die daraus folgende Ausbreitung einer Störung nach Gleichung (11.4) nur dann eine gute Beschreibung dar, wenn die kürzeste auftretende Wellenlänge sehr viel größer ist als der Abstand der Materieteilchen im Medium und wenn die maximale Auslenkung so klein ist, dass nichtlineare Effekte vernachlässigt werden können.

In den Parametern, die wir für unsere Masse-Feder-Kette gewählt haben, wurde bereits darauf geachtet, dass diese beiden Bedingungen näherungsweise erfüllt sind. Wir wollen daher die bekannten analytischen Ergebnisse für die Ausbreitungsgeschwindigkeiten von Wellen benutzen, um unser Modell zu verifizieren. Dazu überprüfen wir zunächst die Ausbreitungsgeschwindigkeit der Transversalwelle.

Im Grunde genommen handelt es sich um eine Seilwelle, für die die Ausbreitungsgeschwindigkeit nach Gleichung (11.2) berechnet werden kann. Für die Spannkraft setzen wir (11.12) ein. Mit den Zahlenwerten $D = 100\,\mathrm{N/m}$, $l_0 = 5\,\mathrm{cm}$, $l = 15\,\mathrm{cm}$ und $m = 50\,\mathrm{g}$ ergibt sich:

$$c_{\text{trans}} = \sqrt{\frac{F_{\text{sp}}}{m/l}} = \sqrt{\frac{D(l - l_0)l}{m}} \approx 5{,}5\,\mathrm{m/s} \tag{11.13}$$

Dieses Ergebnis stimmt gut mit der Simulation überein. Da die Anregung zum Zeitpunkt $t = 0{,}5\,\mathrm{s}$ ihr Maximum erreicht, sollte das Maximum der Transversalwelle zum Zeitpunkt $t = 1{,}5\,\mathrm{s}$ am Ort $x = 5{,}5\,\mathrm{m}$ liegen (siehe Abb. 11.3).

Analog überprüfen wir die Ausbreitungsgeschwindigkeit der Longitudinalwelle. Nach Gleichung (11.3) benötigen wir dafür die Dichte ρ und das Elastizitätsmodul E. Wir wollen annehmen, dass die Teilchen in der Kette eine Querschnittsfläche A haben, dann können wir die Dichte der Teilchenkette durch

$$\rho = \frac{m}{lA} \tag{11.14}$$

ausdrücken. Die Federkonstante eines Stabes ergibt sich aus dem hookeschen Gesetz (siehe Gleichung (6.17) in Abschn. 6.2):

$$D = \frac{EA}{l} \tag{11.15}$$

Damit erhalten wir für die Ausbreitungsgeschwindigkeit:

$$c_{\text{long}} = \sqrt{\frac{E}{\rho}} = \sqrt{\frac{Dl^2}{m}} \approx 6{,}7\,\mathrm{m/s} \tag{11.16}$$

Dieser Wert stimmt ebenfalls gut mit dem Simulationsergebnis nach Abb. 11.3 überein.

Auch wenn das Modell einer Welle, die durch die Wellengleichung (11.1) beschrieben wird, gewisse Grenzen hat, werden wir uns in den folgenden Abschnitten zunächst auf dieses lineare, kontinuierliche Wellenmodell beschränken, in dem das Superpositionsprinzip gilt und sich die Form der Welle während der Ausbreitung nicht verändert. Dafür gibt es zwei Gründe: Zum einen stößt die Simulation von einzelnen Massenteilchen aufgrund der schieren Anzahl der Teilchen schnell an ihre Grenzen und zum anderen ist dieses Modell eine sehr gute Näherung, solange die Wellenlänge der Wellen viel größer ist als die Abstände der Materieteilchen voneinander. Diese Bedingung ist in vielen praktischen Anwendungen erfüllt. So liegt der typische Abstand zweier Atome in Metallen in der Größenordnung 500 pm, und die mittlere freie Weglänge der Moleküle in Luft bei Standardbedingungen liegt bei rund 70 pm.

11.3 Stehende Wellen

Stehende Wellen treten auf, wenn zwei gegenläufige Wellen gleicher Frequenz und gleicher Amplitude überlagert werden. Das kann beispielsweise passieren, wenn eine Welle auf ein Hindernis trifft und dort reflektiert wird.

In unserer Animation wollen wir eine sinusförmige Welle von links starten lassen und eine weitere sinusförmige Welle von rechts, wobei wir das Programm so gestalten wollen, dass wir auch die Wellen mit unterschiedlicher Frequenz und Amplitude untersuchen können. Wir legen zunächst neben der Zeitschrittweite den dargestellten Ortsbereich fest.

Programm 11.3: `Wellen/stehende_welle.py`

```
8   # Zeitschrittweite [s].
9   dt = 0.01
10  # Dargestellter Bereich von x=-x_max bis x=x_max [m].
11  x_max = 20.0
```

Anschließend definieren wir für jede der beiden Wellen die Amplitude sowie die Frequenz und legen die Ausbreitungsgeschwindigkeit fest. Die Amplituden geben wir hier in beliebigen Einheiten (engl. arbitrary units) an, da wir uns für diese Animation nicht festlegen wollen, um welche Art von Welle es sich handelt.

```
13  # Amplitude [a.u.] und Frequenz [Hz] der Welle von links.
14  A_links = 1.0
15  f_links = 1.0
16  # Amplitude [a.u.] und Frequenz [Hz] der Welle von rechts.
17  A_rechts = 1.0
18  f_rechts = 1.0
19  # Ausbreitungsgeschwindigkeit der Welle [m/s].
20  c = 10.0
```

Anschließend berechnen wir damit die Kreisfrequenz und die Wellenzahl der einzelnen Wellen und legen ein Array x von Werten im Bereich $-x_{max}$ bis $+x_{max}$ an. Die zugehörigen Programmzeilen und den Code zum Erzeugen der drei Linienplots überspringen wir an dieser Stelle.

In der `update`-Funktion der Animation berechnen wir zunächst den aktuellen Zeitpunkt.

```
53  def update(n):
54      """Aktualisiere die Grafik zum n-ten Zeitschritt."""
56      t = dt * n
```

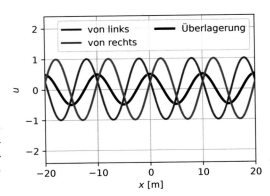

Abb. 11.4: Stehende Welle. *Dargestellt ist (schwarz) die Überlagerung einer (rot) von links einlaufenden und einer (blau) von rechts einlaufenden Welle. Es ergibt sich eine stehende Welle.*

Danach müssen wir die Wellenfunktion der von links einlaufenden Welle berechnen. Dabei wollen wir, dass diese Welle zum Zeitpunkt $t = 0$ am Ort $x = -x_{max}$ startet. Wir definieren die Phase dieser Welle über den Ausdruck:

```
59      phi_links = omega_links * t - k_links * (x + x_max)
```

Zum Zeitpunkt $t = 0$ beträgt die Phase am Ort $x = -x_{max}$ also null und wächst für größere Zeiten an. Ein negativer Phasenwinkel bedeutet somit, dass die Welle diesen Ort zu diesem Zeitpunkt noch gar nicht erreicht hat. Wir beschreiben die Momentanauslenkung unserer Welle also, indem wir eine Sinusfunktion auf das Array mit den Phasenwinkeln anwenden und anschließend alle Auslenkungen, bei denen die Phase negativ ist, auf null setzen:

```
60      u_links = A_links * np.sin(phi_links)
61      u_links[phi_links < 0] = 0
```

Völlig analog gehen wir mit der von rechts einlaufenden Welle um:

```
64      phi_rechts = omega_rechts * t + k_rechts * (x - x_max)
65      u_rechts = A_rechts * np.sin(phi_rechts)
66      u_rechts[phi_rechts < 0] = 0
```

Anschließend aktualisieren wir die Darstellungen der beiden Wellen.

```
69      plot_welle_links.set_data(x, u_links)
70      plot_welle_rechts.set_data(x, u_rechts)
```

Die stehende Welle ergibt sich durch Addition der beiden Teilwellen.

```
73      plot_summe.set_data(x, u_links + u_rechts)
```

Der Rest des Programms folgt dem üblichen Schema und ist hier nicht mit abgedruckt. Das Ergebnis der Animation ist in Abb. 11.4 dargestellt. In der Animation kann man deutlich erkennen, dass der Abstand der Wellenknoten voneinander bei den gewählten Parametern 5 m beträgt. Dies ist gerade die Hälfte der Wellenlänge der beiden überlagerten Wellen. Während man diese Tatsache natürlich auch mit einer elementaren analytischen Rechnung nachweisen kann, bietet unser Programm darüber hinaus die Möglichkeit zu betrachten, was bei unterschiedlicher Amplitude oder leicht unterschiedlicher Frequenz der beiden Teilwellen passiert. Dies soll in den Aufgaben 11.5 und 11.6 untersucht werden.

11.4 Interferenz

Unter Interferenz versteht man die Änderung der Amplitude bei der Überlagerung von mehreren Wellen. Wie wir sehen werden, können zeitlich stabile Interferenzmuster nur dann auftreten, wenn die beteiligten Wellen eine feste Phasenbeziehung zueinander aufweisen. Man nennt solche Wellen dann **kohärent**. Dieser Fall ist insbesondere gegeben, wenn beide Wellen exakt die gleiche Frequenz haben. Weiterhin müssen die Wellen in der Lage sein, sich gegenseitig zu verstärken oder auszulöschen. Bei Longitudinalwellen ist dies immer der Fall, während bei Transversalwellen nur dann Interferenzeffekte auftreten können, wenn die Schwingung beider Wellen in der gleichen Schwingungsebene stattfindet.

Wir wollen im Folgenden ein Programm schreiben, das das Wellenfeld einer beliebigen Anzahl von punktförmigen Quellen in einer Ebene simuliert. Ein entsprechendes physikalisches Experiment wird häufig in Vorlesungen mithilfe einer flachen, mit Wasser gefüllten Wanne vorgeführt. In diese Wanne tauchen an verschiedenen Stellen kleine Nadeln ein, die periodisch auf und ab bewegt werden und als nahezu punktförmige Quellen für Wasserwellen angesehen werden können.

Der Einfachheit halber betrachten wir Wellen einer Frequenz von 1 Hz und nehmen eine Ausbreitungsgeschwindigkeit von 1 m/s an, sodass sich eine Wellenlänge von 1 m ergibt. Außerdem geben wir für die Animation eine kleine Zeitschrittweite vor.

Programm 11.4: *Wellen/interferenz_animiert.py*

```
 8  # Zeitschrittweite [s].
 9  dt = 0.02
10  # Frequenz der Quelle [Hz].
11  f = 1.0
12  # Ausbreitungsgeschwindigkeit der Welle [m/s].
13  c = 1.0
```

Anschließend legen wir für jede Quelle eine Amplitude, eine Phasenlage und den Ort fest. Im folgenden Beispiel werden zwei identische Quellen definiert, die einen Abstand von sechs Wellenlängen voneinander haben.

```
14  # Lege die Amplitude [a.u.] jeder Quelle in einem Array ab.
15  amplituden = np.array([1.0, 1.0])
16  # Lege die Phase jeder Quelle in einem Array ab [rad].
17  phasen = np.radians(np.array([0, 0]))
18  # Lege die Position jeder Quelle in einem n × 2 - Array ab [m].
19  positionen = np.array([[-3.0, 0], [3.0, 0]])
```

Um die Wellenfunktion der von den Quellen ausgehenden Wellen auszuwerten, erzeugen wir je ein Array für die x- und die y-Koordinaten. Wir wählen hier einen Bereich von jeweils -10 m bis 10 m.

```
21  xy_max = 10.0
```

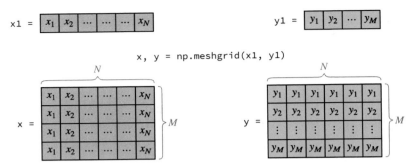

Abb. 11.5: Wirkungsweise von np.meshgrid. *Aus zwei 1-dimensionalen Arrays x1 und y1 werden zwei 2-dimensionale Arrays x und y erzeugt. Beide Arrays sind gleich groß und haben so viele Spalten, wie es Elemente in x1 gibt, und so viele Zeilen, wie es Elemente in y1 gibt.*

Diesen Bereich wollen wir jeweils mit 500 Punkten abtasten.

```
23  n_punkte = 500
```

Anschließend erzeugen wir jeweils ein entsprechendes 1-dimensionales Array für die *x*- und *y*-Koordinaten.

```
27  x_lin = np.linspace(-xy_max, xy_max, n_punkte)
28  y_lin = np.linspace(-xy_max, xy_max, n_punkte)
```

Für die Auswertung der Wellenfunktion müssen wir jetzt jedes Element von x_lin mit jedem Element von y_lin kombinieren und ein 2-dimensionales Gitter aufspannen. Um das zu bewerkstelligen, ist die Funktion np.meshgrid sehr hilfreich, deren Wirkungsweise in Abb. 11.5 dargestellt ist. Der Aufruf

```
29  x, y = np.meshgrid(x_lin, y_lin)
```

erzeugt aus den zwei 1-dimensionalen Arrays x_lin und y_lin zwei n_punkte × n_punkte-Arrays x und y. Das Array x enthält die *x*-Koordinate jedes Gitterpunktes und das Array y die *y*-Koordinate jedes Gitterpunktes.

Damit die spätere Auswertung der Wellenfunktionen übersichtlich bleibt, berechnen wir vorab die Kreisfrequenz und die Wellenzahl.

```
32  omega = 2 * np.pi * f
33  k = omega / c
```

Anschließend erzeugen wir wie üblich eine Figure und eine Axes. Um das Wellenfeld zu visualisieren, wählen wir eine Farbkodierung und erzeugen dazu ein Bild mit dem Befehl ax.imshow.

```
43  image = ax.imshow(0 * x, origin='lower',
44                    extent=(np.min(x_lin), np.max(x_lin),
45                            np.min(y_lin), np.max(y_lin)),
46                    cmap='jet', clim=(-2, 2),
47                    interpolation='bicubic')
```

Das erste Argument der Funktion ist das 2-dimensionale Array, das dargestellt werden soll. Da wir das Bild in der `update`-Funktion der Animation aktualisieren, übergeben wir hier nur eine Nullmatrix. Das Argument `origin='lower'` sorgt dafür, dass die positive *y*-Achse nach oben zeigt.[3] Als Nächstes müssen wir mit dem Argument `extent` ein Tupel von vier Zahlen übergeben, die den Bereich auf der *x*- und *y*-Achse angeben, der durch das Bild dargestellt wird. Um die Werte der Auslenkung des Wellenfeldes jeweils einer Farbe zuzuordnen, verwenden wir die Farbtabelle `'jet'`, die wir bereits in Kap. 6 kennengelernt haben. Das Argument `clim=(-2, 2)` legt fest, dass der Wertebereich von −2 bis +2 linear auf die Farbtabelle abgebildet wird. Je nach der Auflösung Ihres Bildschirms kann es sein, dass das Bild größer als n_punkte × n_punkte Bildschirmpixel ist. In diesem Fall soll das Bild kubisch interpoliert werden, was durch das Argument `interpolation='bicubic'` bewirkt wird. Zur besseren Orientierung erzeugen wir einen Farbbalken.

```
50    fig.colorbar(image, label='Auslenkung [a.u.]')
```

In der `update`-Funktion der Animation bestimmen wir zunächst den aktuellen Zeitpunkt

```
53    def update(n):
54        """Aktualisiere die Grafik zum n-ten Zeitschritt."""
56        t = dt * n
```

und legen ein mit Nullen initialisiertes Array an, das das Wellenfeld aufnehmen soll.

```
59        u = np.zeros(x.shape)
```

Wir müssen nun über alle Sender iterieren. Dabei entpacken wir jedes Element aus dem Array `positionen` gleich in die beiden Variablen `x0` und `y0`.

```
62        for A, (x0, y0), phi0 in zip(amplituden, positionen, phasen):
```

Innerhalb der Schleife berechnen wir nun den Abstand des Senders von jedem einzelnen Gitterpunkt.

```
63            r = np.sqrt((x - x0) ** 2 + (y - y0) ** 2)
```

Für die Wellenfunktion des Senders wählen wir den Ansatz

$$u(r, t) = \frac{A}{\sqrt{r}} \sin(\omega t - kr + \varphi_0) \,, \tag{11.17}$$

wobei wir berücksichtigt haben, dass nach Gleichung (11.10) die Amplitude der Welle mit dem Kehrwert der Wurzel des Abstandes vom Sender abfällt.

```
64            u_sender = A * np.sin(omega * t - k * r + phi0) / np.sqrt(r)
```

Da die Wellenaussendung erst zum Zeitpunkt $t = 0$ am Ort $r = 0$ beginnen soll, setzen wir analog zum Vorgehen bei den stehenden Wellen wieder alle Werte auf null, für die $\omega t - kr < 0$ ist. Anschließend addieren wir das Wellenfeld dieses Senders zu dem gesamten Wellenfeld u.

---

[3] Im Bereich der Computergrafik verwendet man oft Koordinatensysteme, bei denen die *y*-Achse nach unten zeigt. Das ist im mathematisch-naturwissenschaftlichen Umfeld aber unüblich.

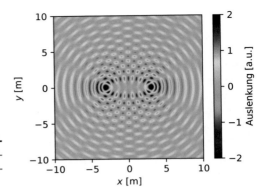

Abb. 11.6: Interferenz zweier Kreiswellen. *Dargestellt ist die momentane Auslenkung der Überlagerung zweier kreisförmiger Wellen.*

```
65          u_sender[omega * t - k * r < 0] = 0
66          u += u_sender
```

Nachdem wir über alle Sender iteriert haben, aktualisieren wir die Daten des Bildes und geben das Grafikobjekt zurück.

```
69      image.set_data(u)
70      return image,
```

Das Ergebnis des Programms ist in Abb. 11.6 dargestellt. Man erkennt, dass sich zwischen den beiden Sendern eine stehende Welle ausbildet. Im Außenbereich gibt es Richtungen, in denen die beiden Sender konstruktiv interferieren – hier ist die Amplitude besonders groß –, und es gibt Richtungen, in denen die beiden Sender destruktiv interferieren – hier ist die Amplitude der resultierenden Welle besonders klein.

11.5 Komplexe Amplituden

Bei der Überlagerung von Wellen ist man oft gar nicht am exakten zeitlichen Verlauf der Welle interessiert, sondern möchte lediglich wissen, wie groß die Amplitude bzw. die Intensität der Welle als Funktion des Ortes ist. Diese Information kann zwar im Prinzip aus der Darstellung nach Abb. 11.6 abgelesen werden, es ist aber aufwendig, zunächst an jedem Ort den Minimal- und Maximalwert des Zeitverlaufs zu bestimmen, nur um die Amplitude zu erhalten.

Die Berechnung der Amplitude kann wesentlich vereinfacht werden, indem wir annehmen, dass sich die Wellen der einzelnen Sender bereits komplett über das betrachtete Raumgebiet ausgebreitet haben. Wir können dann jede einzelne Welle als den Realteil einer komplexen Wellenfunktion

$$u_n(\vec{r}, t) = \frac{A_n}{\sqrt{|\vec{r} - \vec{r}_n|}} e^{i(k|\vec{r} - \vec{r}_n| - \omega t)} \tag{11.18}$$

darstellen. Dabei ist A_n die **komplexe Amplitude** des n-ten Senders. Es handelt sich um eine komplexe Zahl, deren Betrag die Amplitude ist und deren Argument den Phasenwinkel angibt. Der Vektor $\vec{r}_n$ ist der Ortsvektor des entsprechenden Senders.

Das Gesamtwellenfeld erhält man durch Addition der Teilwellen. Dabei kann man den zeitabhängigen Anteil $e^{-i\omega t}$ ausklammern:

$$u(\vec{r}, t) = \sum_n u_n(\vec{r}, t) = e^{-i\omega t} \sum_n \frac{A_n}{\sqrt{|\vec{r} - \vec{r}_n|}} e^{ik|\vec{r} - \vec{r}_n|} \qquad (11.19)$$

Wenn man die rechte Seite dieser Gleichung an einem festen Ort $\vec{r}$ betrachtet, so handelt es sich um die komplexe Darstellung einer Schwingung der Kreisfrequenz ω, deren komplexe Amplitude durch

$$A = \sum_n \frac{A_n}{\sqrt{|\vec{r} - \vec{r}_n|}} e^{ik|\vec{r} - \vec{r}_n|} \qquad (11.20)$$

gegeben ist. Die Berechnung dieser Amplitude A ist nun ein komplett zeitunabhängiges Problem, da die komplette Zeitabhängigkeit in dem Term $e^{-i\omega t}$ in Gleichung (11.19) enthalten ist.

Um diese Amplitude als Funktion des Ortes grafisch darzustellen, gehen wir ähnlich vor wie in Abschn. 11.4. Anstelle der Kreisfrequenz und der Phasengeschwindigkeit müssen wir nun lediglich die Wellenlänge angeben,

Programm 11.5: `Wellen/interferenz_statisch.py`

```
8   # Wellenlänge der ausgestrahlten Wellen [m].
9   wellenlaenge = 1.0
```

aus der wir die Wellenzahl k berechnen können.

```
28  k = 2 * np.pi / wellenlaenge
```

Die Definition der Position, der Amplitude und der Phase der einzelnen Sender wählen wir genauso wie im Programm 11.4. Ebenso übernehmen wir die Erzeugung des Gitters mit der Funktion `np.meshgrid`, das aus den Variablen x und y besteht, unverändert aus diesem Programm.

Um die Amplitude des Gesamtwellenfeldes zu bestimmen, legen wir zunächst ein entsprechendes, mit Nullen gefülltes Array an. Wir legen an dieser Stelle bereits fest, dass wir in dem Array komplexe Zahlen speichern wollen.

```
32  u = np.zeros(x.shape, dtype=complex)
```

Anschließend werten wir die Summe nach Gleichung (11.20) aus, wobei wir ähnlich vorgehen wie im Programm 11.4.

```
35  for A, (x0, y0), phi0 in zip(amplituden, positionen, phasen):
36      r = np.sqrt((x - x0) ** 2 + (y - y0) ** 2)
37      u += A * np.exp(1j * (k * r + phi0)) / np.sqrt(r)
```

Um die Intensitätsverteilung darzustellen, benutzen wir wieder die Funktion `ax.imshow` und stellen diesmal das Betragsquadrat der Amplitude dar, das nach Gleichung (11.9) proportional zur Intensität ist. Da die Intensität über mehrere Größenordnungen variiert, wählen wir eine logarithmische Farbskala im Bereich von 0,01 bis 10 und benutzen die Farbtabelle `'inferno'`, die eine Farbverteilung hat, die visuell als sehr gleichmäßig wahrgenommen wird [1].

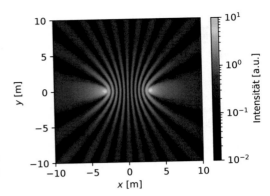

Abb. 11.7: Interferenz von zwei Kreis- *wellen. Dargestellt ist die Intensität mit einer logarithmischen Farbskala.*

```
47    image = ax.imshow(np.abs(u) ** 2, origin='lower',
48                      extent=(np.min(x_lin), np.max(x_lin),
49                      np.min(y_lin), np.max(y_lin)),
50                      norm=mpl.colors.LogNorm(vmin=0.01, vmax=10),
51                      cmap='inferno', interpolation='bicubic')
```

Die Ausgabe des Programms ist in Abb. 11.7 dargestellt. Man kann deutlich die hyperbelförmigen Bereiche der maximalen und minimalen Intensität beobachten.

In den meisten Physikbüchern wird das Problem der Interferenz von zwei punktförmigen Sendern im **Fernfeld** betrachtet. Vom Fernfeld wird gesprochen, wenn der Abstand des Beobachters sowohl wesentlich größer als der Abstand der Sender voneinander als auch wesentlich größer als die Wellenlänge ist. In diesem Fall kann man die Intensität durch eine einfache analytische Gleichung ausdrücken, mit der man das Ergebnis dieses Programms verifizieren kann (siehe Aufgabe 11.7).

11.6 Huygenssches Prinzip: Beugung am Spalt

Das huygenssche Prinzip ist eine Vorstellung, die von Christiaan Huygens um das Jahr 1678 entwickelt worden ist.

Huygenssches Prinzip

Jeder Punkt einer Welle kann als Ausgangspunkt einer neuen kugelförmigen Elementarwelle aufgefasst werden. Diese Elementarwellen besitzen die gleiche Frequenz wie die ursprüngliche Welle und breiten sich mit derselben Phasengeschwindigkeit aus. Die Überlagerung aller Elementarwellen ergibt die weiterlaufende Welle.

Mithilfe des huygensschen Prinzips kann der Effekt der **Beugung** von Wellen an Hindernissen verstanden werden. Von Beugung spricht man, wenn eine Welle hinter einem Hindernis in Raumbereiche vordringt, die auf einem geradlinigen Weg eigentlich nicht erreicht werden können. In vielen einführenden Physikbüchern wird die Beugung an geometrisch einfachen Hindernissen diskutiert, wobei sich meist auf das Fernfeld beschränkt wird. Dies bedeutet hier, dass der Abstand des Beobachters vom Hindernis viel größer ist als der Bereich des Hindernisses, der für die Welle durchlässig ist. Der

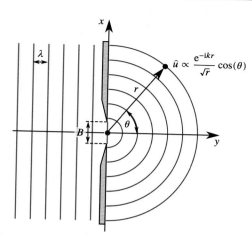

Abb. 11.8: Huygenssches Prinzip. *Auf einen Spalt der Breite B fallen (blau) von links ebene Wellen ein. Von jedem Punkt des Spalts gehen (rot) kreisförmige Elementarwellen aus.*

Grund für diese Einschränkung ist, dass das Fernfeld für viele praktische Beugungsprobleme relevant ist und dass man im Fernfeld einige Näherungen machen kann, die die Probleme einer analytischen Behandlung zugänglich machen.

Wir werden im Folgenden sehen, dass man bei der numerischen Behandlung von Beugungsphänomenen nicht unbedingt auf diese Näherungen angewiesen ist. Als einfaches Beispiel betrachten wir dazu einen Spalt, wie er in Abb. 11.8 dargestellt ist. An jedem Punkt des Spalts startet eine kreisförmige Elementarwelle. An einem Punkt hinter der Blende, der einen Abstand r vom Ausgangspunkt der Elementarwelle hat und unter einem Winkel θ zur Blendennormalen steht, hat diese Elementarwelle die komplexe Amplitude

$$\hat{u} \propto \frac{\mathrm{e}^{\mathrm{i}kr}}{\sqrt{r}}\cos(\theta) \; . \tag{11.21}$$

Der Faktor $\cos(\theta)$ wird als **Neigungsfaktor** bezeichnet. Für viele praktische Anwendungen kann dieser Faktor gleich eins gesetzt werden, wenn man lediglich kleine Winkel relativ zur Flächennormalen betrachtet. Eine ausführliche Diskussion des Neigungsfaktors ist in vielen Lehrbüchern über theoretische Elektrodynamik [2–4] und Optik [5] bei der Diskussion des kirchhoffschen Beugungsintegrals zu finden.[4]

Um die Intensitätsverteilung hinter einem Spalt zu berechnen, modifizieren wir das Programm 11.5, indem wir eine große Anzahl von Elementarwellen in dem Spalt starten lassen.

Programm 11.6: `Wellen/spaltbeugung.py`

```
 8  # Wellenlänge [m].
 9  wellenlaenge = 1.0
10  # Anzahl der Elementarwellen.
11  n_wellen = 100
12  # Spaltbreite [m].
13  spaltbreite = 10
```

---

[4] Statt des Faktors $\cos(\theta)$ taucht in der Literatur häufig ein Faktor $\frac{1}{2}(\cos(\theta) + \cos(\theta'))$ auf, wobei θ' den Winkel kennzeichnet, aus dem die Welle von links einläuft. Wir wollen hier annehmen, dass die Blende so gestaltet ist, dass die Amplitude auf der Oberfläche der Blende verschwindet, was bei Schallwellen eine gute Annahme ist. In diesem Fall muss man den Faktor $\cos(\theta)$ verwenden [3].

Die Positionen der Quellen verteilen wir gleichmäßig innerhalb des Spaltes, der auf der *x*-Achse liegt:

```
16   positionen = np.zeros((n_wellen, 2))
17   positionen[:, 0] = np.linspace(-spaltbreite / 2, spaltbreite / 2,
18                                   n_wellen)
```

Jeder Elementarwelle geben wir die gleiche Phase,

```
21   phasen = np.zeros(n_wellen)
```

und jede Elementarwelle soll einen Teil des Spalts repräsentieren, dessen Breite sich aus der Gesamtbreite des Spalts geteilt durch die Anzahl der Elementarwellen ergibt. Wir wählen daher die Amplitude jeder Elementarwelle proportional zu dieser Breite, wobei wir den gemeinsamen Faktor auf eins setzen.

```
24   amplituden = spaltbreite / n_wellen * np.ones(n_wellen)
```

Das Gitter, auf dem die Amplituden berechnet werden, legen wir ähnlich fest, wie in Programm 11.4. In *x*-Richtung wollen wir einen Bereich betrachten, der symmetrisch um den Spalt liegt. In *y*-Richtung ergeben nur positive Werte einen Sinn, da eine Auswertung der Elementarwellen direkt an ihrer Quelle problematisch ist. Wir starten daher bei einem kleinen Wert von *y*, den wir als Vielfaches der Spaltbreite angeben.

```
30   x_lin = np.linspace(-6 * spaltbreite, 6 * spaltbreite, 500)
31   y_lin = np.linspace(0.1 * spaltbreite, 12 * spaltbreite, 500)
32   x, y = np.meshgrid(x_lin, y_lin)
```

Bei der Überlagerung der einzelnen Elementarwellen müssen wir nun, abweichend vom Programm 11.5, den Neigungsfaktor berücksichtigen. Für diesen gilt

$$\cos(\theta) = \frac{y - y_0}{r} \, , \tag{11.22}$$

wobei y_0 die *y*-Position des Spalts darstellt, an dem die Elementarwelle startet.

```
39   for A, (x0, y0), phi0 in zip(amplituden, positionen, phasen):
40       r = np.sqrt((x - x0) ** 2 + (y - y0) ** 2)
41       cos_theta = (y - y0) / r
42       u += A * np.exp(1j * (k * r + phi0)) / np.sqrt(r) * cos_theta
```

Das Ergebnis des Programms ist in Abb. 11.9 dargestellt. Am oberen Rand des Bildes, also in großem Abstand vom Spalt, kann man das typische Spaltbeugungsmuster beobachten, das in vielen einführenden Physikbüchern diskutiert wird (siehe Aufgabe 11.8). In der Nähe des Spalts treten einige weitere interessante Effekte auf. Bemerkenswert ist insbesondere die Tatsache, dass die größte Intensität nicht direkt in der Mitte hinter dem Spalt zu finden ist, sondern dass in einigem Abstand vom Spalt entfernt eine Art Brennpunkt auftritt. Es handelt sich hier nicht etwa um einen numerischen Fehler, sondern der Effekt wurde mit unterschiedlichen Methoden theoretisch vorhergesagt und experimentell bestätigt [6, 7].

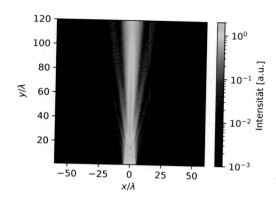

Abb. 11.9: Beugung an einem Spalt.
Der Spalt hat eine Breite von $B = 10\lambda$.
Es ist bemerkenswert, dass es in einem
Abstand von ca. 35λ hinter dem Spalt
zu einer Intensitätsüberhöhung kommt.

11.7 Brechung

Im letzten Abschnitt haben wir uns mit Beugungsphänomenen beschäftigt, die meist dann wichtig werden, wenn die Größe von Hindernissen in einer ähnlichen Größenordnung wie die Wellenlänge der betrachteten Wellen liegt. In vielen alltäglichen Situationen kann man Wellen dagegen auch gut mit der **Strahlnäherung** beschreiben. Das Modell des Strahls wird besonders häufig für die Beschreibung der Ausbreitung von Lichtwellen angewendet, da man es aufgrund der kurzen Wellenlänge des sichtbaren Lichts von ca. 380 nm bis 750 nm oft mit Hindernissen zu tun hat, die sehr viel größer als die Wellenlänge sind, und daher Beugungseffekte oft vernachlässigt werden können. In der Strahlnäherung betrachtet man ebene Wellen, die sich geradlinig gleichförmig ausbreiten. Unter einem **Strahl** versteht man dabei eine Linie, die in Ausbreitungsrichtung der entsprechenden Welle verläuft und damit stets senkrecht auf den Wellenbergen steht.

Der Effekt der **Brechung** einer Welle tritt immer dann auf, wenn eine Welle auf eine Grenzfläche trifft und die Ausbreitungsgeschwindigkeiten der Welle vor und hinter der Grenzfläche unterschiedlich groß sind. Typische Beispiele sind der Übergang von Schallwellen von Luft in Wasser oder der Übergang von Lichtwellen von Luft in Glas. Während die Schallgeschwindigkeit in Luft bei ca. 340 m/s liegt, ist diese in Wasser mit ca. 1500 m/s wesentlich höher. Die Ausbreitungsgeschwindigkeit von Licht in Luft ist mit ca. $3 \cdot 10^8$ m/s nahezu genauso groß wie die Vakuumlichtgeschwindigkeit. In Gläsern breitet sich Licht dagegen wesentlich langsamer aus. Je nach der genauen Zusammensetzung des Glases liegt der Brechungsindex typischerweise zwischen 1,5 und 1,9. Unter dem **Brechungsindex** versteht man dabei das Verhältnis der Vakuumlichtgeschwindigkeit c_0 zur Lichtgeschwindigkeit im Medium:

$$n = \frac{c_0}{c_{\text{Medium}}} \tag{11.23}$$

Beim Übergang einer Welle von einem Medium mit einer Phasengeschwindigkeit c_1 in ein Medium mit einer Phasengeschwindigkeit c_2, die in Abb. 11.10 skizziert ist, kommt es im Allgemeinen zu einer teilweisen Reflexion der Welle, wobei das **Reflexionsgesetz**

$$\alpha = \alpha' \tag{11.24}$$

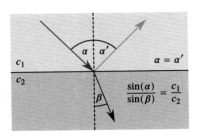

Abb. 11.10: Brechungsgesetz. *Ein (blau) einfallender Strahl trifft auf eine Grenzfläche, an der sich die Phasengeschwindigkeit von c_1 auf c_2 ändert. Ein Teil des Strahls (hellblau) wird nach dem Reflexionsgesetz reflektiert. Ein anderer Teil des Strahls (rot) wird nach dem snelliusschen Brechungsgesetz abgelenkt.*

gilt. Der andere Teil der Welle geht in das zweite Medium über und wird dabei abgelenkt, wobei für die beiden Winkel zum Lot das **snelliussche Brechungsgesetz** gilt:

$$\frac{\sin(\alpha)}{\sin(\beta)} = \frac{c_1}{c_2} = \frac{n_2}{n_1} \tag{11.25}$$

Sowohl das Reflexionsgesetz als auch das Brechungsgesetz lassen sich mit dem huygensschen Prinzip erklären, wie in Abb. 11.11 dargestellt ist: Die von oben links einfallenden Strahlen sollen die Strahlen einer ebenen Welle repräsentieren. Die Spitze der Strahlen bildet eine gemeinsame Wellenfront. Sobald ein Strahl auf die Grenzfläche trifft, breitet sich in jeder der beiden Halbebenen eine halbkreisförmige Elementarwelle aus. Diese Elementarwellen bilden eine gemeinsame Wellenfront. Aufgrund der unterschiedlichen Ausbreitungsgeschwindigkeiten bewegt sich diese Wellenfront in der unteren Halbebene in einer anderen Richtung als die einfallende Welle. Die Ausbreitungsrichtungen der Wellen entsprechen genau dem Reflexionsgesetz (11.24) und dem Brechungsgesetz (11.25).

Das Programm zur Erzeugung der Abb. 11.11 und der zugehörigen Animation wird hier nicht ausführlich diskutiert, da nur auf bereits bekannte Verfahren zurückgegriffen wird.

Programm 11.7: `Wellen/brechung_huygens.py`

```
1  """Brechung und Reflexion nach dem huygensschen Prinzip."""
```

Unabhängig vom huygensschen Prinzip kann man das snelliussche Brechungsgesetz auch im Modell der ebenen Wellen verstehen. Um die Ausbreitung einer ebenen Welle zu beschreiben, ist das Konzept des **Wellenzahlvektors** $\vec{k}$ sehr hilfreich. Der Vektor $\vec{k}$ soll in die Ausbreitungsrichtung der Welle zeigen, und der Betrag des Vektors ist die bereits bekannte Wellenzahl k. Eine ebene Welle lässt sich damit in der Form

$$u(\vec{r}, t) = \hat{u}\cos(\vec{k} \cdot \vec{r} - \omega t) \tag{11.26}$$

beschreiben, wobei im Argument der Kosinusfunktion das Skalarprodukt des Wellenzahlvektors mit dem Ortsvektor $\vec{r}$ auftaucht.

Wir wollen nun die gleiche Situation wie in Abb. 11.11 mit ebenen Wellen animiert darstellen. Wir legen dazu eine Zeitschrittweite `dt`, die Frequenz `f` und die beiden Ausbreitungsgeschwindigkeiten `c1` und `c2` fest, deren Verhältnis wir genau wie im Programm 11.7 wählen. Anschließend setzen wir den Einfallswinkel auf 50° und legen den dargestellten Ortsbereich und die Anzahl der Punkte in x- und y-Richtung fest.

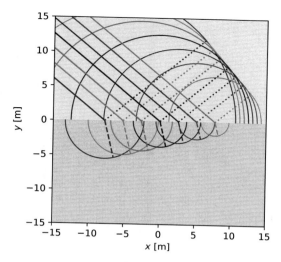

Abb. 11.11: Brechungsgesetz. *In der oberen Halbebene ist die Ausbreitungsgeschwindigkeit der Wellen größer als in der unteren. Die von der Wellenfront ausgehenden Elementarwellen breiten sich daher in jedem der beiden Bereiche halbkreisförmig aus. Die gestrichelten Linien stellen die nach dem Reflexionsgesetz erwartete Ausbreitungsrichtung dar, die gestrichelten Linien die nach dem Brechungsgesetz.*

Programm 11.8: `Wellen/brechung_wellenbild.py`

```
 8  # Zeitschrittweite [s].
 9  dt = 0.02
10  # Frequenz der Sender [Hz].
11  f = 0.25
12  # Ausbreitungsgeschwindigkeit der Welle [m/s].
13  c1 = 5.0
14  c2 = 1.5
15  # Einfallswinkel [rad].
16  alpha = np.radians(50)
17  # Dargestellter Bereich in x- und y-Richtung: -xy_max bis +xy_max.
18  xy_max = 15.0
19  # Anzahl der Punkte in jeder Koordinatenrichtung.
20  n_punkte = 500
```

Den dargestellten Bereich und ein entsprechendes 2-dimensionales Koordinatengitter erzeugen wir völlig analog zu Programm 11.4 mit der Funktion `np.meshgrid`.

```
24  x_lin = np.linspace(-xy_max, xy_max, n_punkte)
25  y_lin = np.linspace(-xy_max, xy_max, n_punkte)
26  x, y = np.meshgrid(x_lin, y_lin)
```

Damit wir später für die Auswertung der Wellenfunktionen das Skalarprodukt $\vec{k} \cdot \vec{r}$ für jeden Ortsvektor des Gitters bilden können, ist es günstig, die x- und y-Koordinaten in einem Array der Größe $n \times n \times 2$ zusammenzufassen, wobei n die Anzahl der Abtastpunkte in x- bzw. y-Richtung bezeichnet. Das gelingt am einfachsten mit der Funktion `np.stack`.

```
30  r = np.stack((x, y), axis=2)
```

Anschließend berechnen wir den Austrittswinkel mit den Brechungsgesetz

```
33  beta = np.arcsin(np.sin(alpha) * c2 / c1)
```

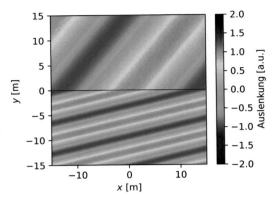

Abb. 11.12: Brechung im Wellenbild.
Die Ausbreitungsgeschwindigkeit der
ebenen Welle ist in der unteren Halb-
ebene kleiner als in der oberen. Da die
Frequenz in beiden Fällen gleich ist,
ist die Wellenlänge im unteren Bereich
kürzer.

und bestimmen die beiden Wellenzahlvektoren, deren Richtung gerade dem Winkel α bzw. β entsprechen.

```
36   omega = 2 * np.pi * f
37   k1 = omega / c1 * np.array([np.sin(alpha), -np.cos(alpha)])
38   k2 = omega / c2 * np.array([np.sin(beta), -np.cos(beta)])
```

Anschließend erzeugen wir analog zum Programm 11.4 eine Figure, eine Axes und ein Objekt image zur Darstellung der Wellenfunktion. Innerhalb der update-Funktion bestimmen wir zunächst den aktuellen Zeitpunkt.

```
63   def update(n):
64       """Aktualisiere die Grafik zum n-ten Zeitschritt."""
66       t = dt * n
```

Danach werten wir die beiden Wellenfunktionen in jeweils einer Zeile für alle Punkte des Gitters aus. Es ist dabei wichtig, dass man das Skalarprodukt in der Form r @ k schreibt, weil der letzte Index von r mit der Anzahl der Elemente von k übereinstimmt.

```
69       u1 = np.cos(r @ k1 - omega * t)
70       u2 = np.cos(r @ k2 - omega * t)
```

Aus den beiden Arrays mit den Wellenfeldern erzeugen wir nun ein neues Array, das in der oberen Halbebene die Wellenfunktion u_1 darstellt und in der unteren Halbebene die Wellenfunktion u_2.

```
74       u = u1
75       u[y < 0] = u2[y < 0]
```

Das aus beiden Wellen zusammengesetzte Wellenfeld wird dann als neuer Datensatz für das Bild verwendet.

```
78       image.set_data(u)
```

Das Erzeugen der Animation und die Anzeige der Grafik erfolgt mit den üblichen Befehlen. Das Ergebnis des Programms ist in Abb. 11.12 dargestellt. Bitte beachten Sie, dass wir bei dieser Animation das Brechungsgesetz vorausgesetzt haben. Es ist allerdings

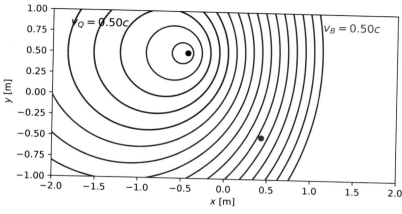

Abb. 11.13: Entstehung des Doppler-Effekts. *Die Quelle (schwarz) bewegt sich mit der Geschwindigkeit v_Q nach rechts, während sich der Beobachter (blau) mit der Geschwindigkeit v_B nach links bewegt. Die Quelle sendet (rot) kreisförmige Wellen einer bestimmten Frequenz aus. Der Beobachter blinkt jeweils kurz rot auf, wenn er von einer Welle getroffen wird.*

eine interessante Beobachtung, dass der Winkel, der sich aus dem Brechungsgesetz ergibt, gerade so groß ist, dass die beiden Wellen in der unteren und oberen Halbebene stetig aneinander passen. Man kann umgekehrt das Brechungsgesetz auch unter der Annahme einer solchen **Stetigkeitsbedingung** herleiten.

11.8 Doppler-Effekt und machscher Kegel

Wenn Sie an einer Straße stehen und das Geräusch eines vorbeifahrenden Autos hören, können Sie den Doppler-Effekt sehr gut beobachten: Während das Auto sich nähert, wird der Ton langsam lauter. Im Moment, wo das Auto vorbeifährt und der Ton am lautesten ist, sinkt die Tonhöhe rasch ab. Anschließend wird das Geräusch bei nahezu gleichbleibender Tonhöhe wieder leiser, je weiter sich das Auto entfernt hat. Die Tatsache, dass eine Bewegung des Autos (oder des Beobachters) eine Frequenzänderung bewirkt, bezeichnet man als den **Doppler-Effekt**.

Bei Wellen, die sich in einem Medium ausbreiten wie zum Beispiel Schall- oder Wasserwellen, muss man unterscheiden, ob sich die Quelle der Wellen oder der Beobachter bewegt. Es kommt also nicht nur auf die Relativbewegung von Quelle und Beobachter an, sondern auf die Bewegung der Quelle relativ zum Ausbreitungsmedium sowie auf die Bewegung des Beobachters relativ zum Ausbreitungsmedium. Für eine animierte Darstellung des Doppler-Effekts wollen wir annehmen, dass das Medium in der Darstellung ruht und sich sowohl die Quelle als auch der Beobachter bewegen können.

Bevor wir das Programm diskutieren, schauen wir uns zunächst einmal das gewünschte Ergebnis an, das in Abb. 11.13 dargestellt ist. In der Animation erkennt man, dass der Beobachter während der Annäherung an die Quelle die Wellen mit einer höheren Frequenz wahrnimmt als die Quelle sie aussendet. Dafür gibt es zwei Gründe: Zum einen ist der Abstand der Wellenfronten in Bewegungsrichtung vor der Quelle verkürzt.

Dies ist der Effekt, der durch die Bewegung der Quelle hervorgerufen wird. Zum anderen bewegt sich der Beobachter auf die Wellenfronten zu. Für den Beobachter scheinen sich die Wellenfronten also mit einer höheren Geschwindigkeit zu bewegen. Dies ist der Effekt, der durch die Bewegung des Beobachters hervorgerufen wird.

Von dem Programm 11.9, das die gerade diskutierte Animation erzeugt, besprechen wir wieder nur ausgewählte Teile. Nach dem Import der Module definieren wir eine Zeitschrittweite `dt`, die Frequenz `f_Q`, mit der die Quelle Wellenzüge aussendet, sowie die Ausbreitungsgeschwindigkeit `c`.

Programm 11.9: `Wellen/dopplereffekt.py`

```
 8  # Zeitschrittweite [s].
 9  dt = 0.005
10  # Frequenz, mit der die Wellenzüge ausgesendet werden [Hz].
11  f_Q = 5.0
12  # Ausbreitungsgeschwindigkeit der Welle [m/s].
13  c = 1.0
```

Anschließend legen wir den Startort von Quelle und Beobachter als Arrays mit je zwei Elementen fest

```
15  startort_Q = np.array([-2.0, 0.5])
16  startort_B = np.array([2.0, -0.5])
```

und definieren deren Geschwindigkeitsvektoren.

```
18  v_Q = np.array([0.5, 0])
19  v_B = np.array([-0.5, 0])
```

Danach erzeugen wir eine Figure und eine Axes sowie zwei Textfelder zur Anzeige des Betrags der Geschwindigkeiten. Die Quelle stellen wir durch einen ausgefüllten Kreis dar, den wir zunächst wieder unsichtbar machen:

```
42  kreis_quelle = mpl.patches.Circle((0, 0), radius=0.03,
43                                    visible=False, color='black',
44                                    fill=True, zorder=4)
45  ax.add_patch(kreis_quelle)
```

Analog erzeugen wir einen Kreis mit dem Bezeichner `kreis_beobachter` für den Beobachter und eine leere Liste, in der wir später die Kreise speichern, die die Wellenzüge darstellen sollen.

```
52  kreise = []
```

Die gesamte Logik des Programms steckt in der `update`-Funktion, in der wir wieder zunächst die aktuelle Zeit bestimmen.

```
55  def update(n):
56      """Aktualisiere die Grafik zum n-ten Zeitschritt."""
58      t = dt * n
```

Anschließend berechnen wir die aktuelle Position von Quelle und Beobachter, wobei wir von einer geradlinig-gleichförmigen Bewegung ausgehen, und setzen den Mittelpunkt der zugehörigen Kreise an die entsprechende Position.[5]

```
61    kreis_quelle.center = startort_Q + v_Q * t
62    kreis_beobachter.center = startort_B + v_B * t
63    kreis_quelle.set_visible(True)
64    kreis_beobachter.set_visible(True)
```

Als Nächstes müssen wir überprüfen, ob es an der Zeit ist, einen neuen Wellenzug auszusenden. Das ist der Fall, wenn es noch überhaupt keinen Kreis gibt oder wenn seit dem letzten Aussenden des Wellenzugs mehr als eine Periodendauer vergangen ist. Im ersten Fall ist die Liste `kreise` leer, und eine leere Liste wird als `False` interpretiert. Die Bedingung `not kreise` ist also erfüllt, wenn die Liste leer ist.

```
69    if not kreise or t >= kreise[-1].startzeit + 1 / f_Q:
70        kreis = mpl.patches.Circle(kreis_quelle.center, radius=0,
71                                   color='red', linewidth=1.5,
72                                   fill=False, zorder=3)
```

Für die Überprüfung des zweiten Falls müssen wir uns für jeden Kreis den Zeitpunkt merken, zu dem dieser Kreis von der Quelle ausgesendet wurde. Eine sehr elegante Möglichkeit besteht in Python darin, dem Objekt einfach ein zusätzliches Attribut `startzeit` hinzuzufügen.

```
73        kreis.startzeit = t
```

Anschließend hängen wir den Kreis an die Liste `kreise` an und stellen ihn dar.

```
74        kreise.append(kreis)
75        ax.add_patch(kreis)
```

Nachdem wir auf diese Art neue Kreise erzeugt haben, müssen wir dafür sorgen, dass sich die Wellen ausbreiten. Daher setzen wir für jeden bereits vorhandenen Kreis den Radius neu.

```
78    for kreis in kreise:
79        kreis.radius = (t - kreis.startzeit) * c
```

Wir müssen nun noch den Beobachter rot aufblinken lassen, wenn er von einer Welle getroffen wird. Dazu färben wir den Beobachter zunächst blau und überprüfen nacheinander, ob er gerade von einem der Wellenzüge getroffen wird.

```
82    kreis_beobachter.set_color('blue')
83    for kreis in kreise:
84        d = np.linalg.norm(kreis.center - kreis_beobachter.center)
85        if abs(d - kreis.radius) < kreis_beobachter.radius:
86            kreis_beobachter.set_color('red')
```

---

[5] Einige Grafikobjekte bieten die Möglichkeit, auf bestimmte Eigenschaften über Attribute zuzugreifen. Die Zuweisung `kreis_quelle.center = x` bewirkt zum Beispiel das Gleiche wie `kreis_quelle.set_center(x)`. Ich persönlich finde die Schreibweise mit der Zuweisung in den meisten Fällen übersichtlicher.

Ganz analog lassen wir die Quelle immer beim Aussenden eines Wellenzuges kurz aufblinken, was wir an dieser Stelle überspringen. Die update-Funktion endet mit der Rückgabe aller Grafikobjekte, die neu gezeichnet werden müssen. Diese fassen wir hier in einer Liste zusammen.

```
95    return kreise + [kreis_quelle, kreis_beobachter]
```

Die mit dem Programm 11.9 erzeugte Animation 11.13 ist eine sehr anschauliche Visualisierung des Doppler-Effekts. Wenn Sie in dem Programm die Geschwindigkeit der Quelle auf einen Wert erhöhen, der größer als die Ausbreitungsgeschwindigkeit der Wellen ist, so lässt sich auf recht einfache Art auch die Entstehung des **machschen Kegels** demonstrieren (siehe Aufgabe 11.10).

Der machsche Kegel wird gelegentlich mit dem Überschallknall von Flugzeugen in Verbindung gebracht. Ich möchte an dieser Stelle darauf hinweisen, dass das hier vorgestellte Modell nur für sehr schlanke Flugobjekte die Form des machschen Kegels korrekt wiedergibt. Die Ursache ist darin zu sehen, dass ein ausgedehntes Objekt bei hohen Geschwindigkeiten die Luft stark komprimiert und sich diese stark komprimierte Druckwelle mit einer anderen Geschwindigkeit ausbreitet als die normale Schallgeschwindigkeit [8].

11.9 Hörbarmachen des Doppler-Effekts

Wir haben uns bereits in Kap. 10 damit beschäftigt, Schwingungsvorgänge hörbar zu machen. Da das bekannteste Beispiel für den Doppler-Effekt das vorbeifahrende Auto ist, wollen wir im Folgenden ein Programm entwickeln, das diesen Effekt nicht nur grafisch darstellt, wie im vorherigen Abschnitt, sondern auch hörbar macht. Wir verwenden dazu wieder das Modul sounddevice.

Um den Doppler-Effekt hörbar zu machen, legen wir eine Simulationsdauer und eine Abtastrate für das Audiosignal fest.

Programm 11.10: *Wellen/dopplereffekt_audio.py*

```
 9    # Simulationsdauer [s] und Abtastrate [1/s].
10    t_max = 10.0
11    abtastrate = 44100
```

Die restlichen Parameter definieren wir ähnlich wie im Programm 11.9. Damit das Geräusch einer alltäglichen Situation entspricht, wollen wir annehmen, dass die Quelle mit einer Geschwindigkeit von $30\,\mathrm{m/s}$ in einem Abstand von $10\,\mathrm{m}$ einen ruhenden Beobachter passiert. Als Frequenz der ausgesendeten Wellen nehmen wir $f_Q = 300\,\mathrm{Hz}$ an, und für die Ausbreitungsgeschwindigkeit wählen wir mit $c = 340\,\mathrm{m/s}$ den Wert der Schallgeschwindigkeit in Luft. Die Situation entspricht damit einem schnell fahrenden Auto auf einer gut ausgebauten Landstraße, das an einem Beobachter, der am Straßenrand steht, vorbeifährt.

Um die spätere Simulation übersichtlich zu halten, definieren wir zunächst eine Funktion, die das von der Quelle ausgesendete Zeitsignal beschreibt. Wir definieren das Signal so, dass für $t > 0$ ein sinusförmiges Signal ausgesendet wird.

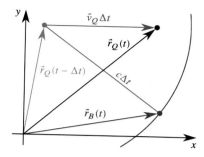

Abb. 11.14: Doppler-Effekt. *Zum Zeitpunkt t trifft am Ort des Beobachters $\vec{r}_B(t)$ ein Wellenzug auf (roter Kreis). Dieser Wellenzug wurde von der Quelle zum Zeitpunkt $t - \Delta t$ ausgesendet, als sich diese am Ort $\vec{r}_Q(t - \Delta t)$ befunden hat.*

```
27    def signal_quelle(t):
28        """Ausgesendetes Signal als Funktion der Zeit."""
29        signal = np.sin(2 * np.pi * f_Q * t)
30        signal[t < 0] = 0.0
31        return signal
```

Um zu einem bestimmten Zeitpunkt t zu bestimmen, welches Signal beim Beobachter ankommt, müssen wir die Laufzeit des Signals und die Bewegung der Quelle berücksichtigen. In Abb. 11.14 ist die Situation für einen bestimmten Zeitpunkt dargestellt. Aus der Abbildung entnimmt man direkt die Beziehung

$$c\Delta t = \left| \vec{r}_B(t) - \vec{r}_Q(t - \Delta t) \right| . \tag{11.27}$$

Wir setzen nun voraus, dass sich die Quelle geradlinig gleichförmig bewegt, sodass die Gleichung

$$\vec{r}_Q(t - \Delta t) = \vec{r}_Q(t) - \vec{v}_Q \Delta t \tag{11.28}$$

gilt. Um die Gleichung übersichtlicher zu halten, benutzen wir die Abkürzung

$$\vec{r} = \vec{r}_B(t) - \vec{r}_Q(t) . \tag{11.29}$$

Wir setzen nun (11.28) und (11.29) in die Gleichung (11.27) ein und quadrieren beide Seiten der Gleichung:

$$c^2 \Delta t^2 = \left(\vec{r} + \vec{v}_Q \Delta t \right)^2 \tag{11.30}$$

Nach einigen Umformungen erhält man daraus eine quadratische Gleichung für die Laufzeit Δt:

$$\Delta t^2 - 2a\Delta t - b = 0 \tag{11.31}$$

mit

$$a = \frac{\vec{v}_Q \cdot \vec{r}}{c^2 - \vec{v}_Q^2} \quad \text{und} \quad b = \frac{\vec{r}^2}{c^2 - \vec{v}_Q^2} \tag{11.32}$$

Diese Gleichung hat im Allgemeinen zwei Lösungen, wobei nur die positiven, reellen Lösungen für unser Problem relevant sind:

$$\Delta t = a \pm \sqrt{a^2 + b} \tag{11.33}$$

Mithilfe der Laufzeit Δt können wir jetzt relativ einfach berechnen, welches Signal zum Zeitpunkt t beim Beobachter ankommt. Dazu erzeugen wir zunächst ein Array, das alle Zeitpunkte enthält, zu denen wir das Signal berechnen wollen, und legen ein mit Nullen gefülltes Array für das beim Beobachter ankommende Signal an:

```
36   t = np.arange(0, t_max, 1 / abtastrate)
37   signal_beob = np.zeros(t.size)
```

Als Nächstes berechnen wir für jeden Zeitpunkt die Position der Quelle und des Empfängers, wobei wir für beide eine geradlinig gleichförmige Bewegung voraussetzen:

```
41   r_Q = startort_Q + v_Q * t.reshape(-1, 1)
42   r_B = startort_B + v_B * t.reshape(-1, 1)
```

Nach Gleichung (11.29) führen wir auch hier ein Array ein, das die jeweilige Differenz der Ortsvektoren von Beobachter und Quelle enthält:

```
50   r = r_B - r_Q
```

Die drei Arrays r_Q, r_B und r sind jeweils 2-dimensionale $n \times 2$-Arrays, wobei n die Anzahl der Zeitpunkte bezeichnet, während v_Q ein 1-dimensionales Array mit zwei Elementen ist. Um die Skalarprodukte in den Ausdrücken a und b nach Gleichung (11.32) auszuwerten, kann man die Produkte elementweise berechnen und muss anschließend über die Spalten summieren:

```
51   a = np.sum(v_Q * r, axis=1) / (c ** 2 - v_Q @ v_Q)
52   b = np.sum(r ** 2, axis=1) / (c ** 2 - v_Q @ v_Q)
```

Gemäß Gleichung (11.33) berechnen wir nun die beiden möglichen Lösungen für Δt. Wir verzichten hier auf jegliche Fallunterscheidung, da die Elemente, bei denen der Ausdruck unter der Wurzel negativ wird, automatisch mit dem Wert NaN gefüllt werden.

```
56   dt1 = a + np.sqrt(a ** 2 + b)
57   dt2 = a - np.sqrt(a ** 2 + b)
```

Es kann in der Tat passieren, dass es zwei positive, reelle Lösungen für Δt gibt. Dieser Fall wird in Aufgabe 11.11 diskutiert. Genauso kann es passieren, dass zu einem bestimmten Zeitpunkt gar keine Welle den Beobachter trifft. An dieser Stelle hilft uns, dass wir das Array signal_beob mit Nullen initialisiert haben. Wir erzeugen zuerst ein boolesches Array, das überall dort True enthält, wo die Lösung dt1 positiv ist.

```
61   idx1 = dt1 > 0
```

Anschließend werten wir das Signal an diesen Zeitpunkten aus und weisen es den entsprechenden Elementen des Arrays y zu. Wir gehen dabei davon aus, dass sich das Signal kugelförmig um die Quelle ausdehnt, auch wenn wir die Bewegung nur 2-dimensional beschreiben und berücksichtigen, dass die Amplitude des Signals nach Gleichung (11.11) mit dem Kehrwert des Abstandes abfällt. Wichtig ist hierbei, dass wir nicht den momentanen Abstand von Quelle und Beobachter verwenden dürfen, sondern stattdessen den Radius verwenden müssen, um den sich die Welle seit ihrer Aussendung ausgebreitet hat. Nach Abb. 11.14 müssen wir also durch $c\Delta t$ teilen.

```
62   abstand = c * dt1[idx1]
63   signal_beob[idx1] = signal_quelle(t[idx1] - dt1[idx1]) / abstand
```

Analog gehen wir für die zweite Lösung vor, wobei wir nun das Signal addieren.

```
65   idx2 = dt2 > 0
66   abstand = c * dt2[idx2]
67   signal_beob[idx2] += signal_quelle(t[idx2] - dt2[idx2]) / abstand
```

Damit die Audioausgabe nicht übersteuert, normieren wir das Signal anschließend so, dass alle Werte im Wertebereich von −1 bis +1 liegen. Da es prinzipiell vorkommen kann, dass während der Simulation überhaupt keine Welle den Beobachter getroffen hat, fangen wir diesen Fehler ab. Wenn wir das nicht machen, enthält `signal_beob` am Ende lauter NaN-Einträge, was bei der Audioausgabe unangenehme Töne erzeugt.

```
70   if np.max(np.abs(signal_beob)) > 0:
71       signal_beob = signal_beob / np.max(np.abs(signal_beob))
```

Wir wollen nun das so berechnete Signal als Ton ausgeben und gleichzeitig die Bewegung von Quelle und Beobachter darstellen. Dabei haben wir es mit einem ähnlichen Problem zu tun wie bei der Spektralanalyse von mit dem Mikrofon aufgenommenen Audiosignalen in Abschn. 10.8.

Nachdem wir die benötigten Grafikobjekte erzeugt haben, definieren wir eine Funktion, die immer aufgerufen wird, wenn neue Audiodaten ausgegeben werden müssen. Vorher definieren wir noch eine Variable, die angibt, bei welchem Index des Arrays `signal_beob` die Ausgabe des nächsten Audioblocks starten soll.

```
89   audio_index = 0
```

Innerhalb der Funktion `audio_callback` definieren wir diese Variable als eine globale Variable, damit wir den Wert innerhalb der Funktion verändern können.

```
92   def audio_callback(outdata, frames, time, status):
93       """Stelle neue Audiodaten zur Ausgabe bereit."""
94       global audio_index
```

Das Argument `frames` gibt die Anzahl der Datenpunkte an, die in dem Array `outdata` erwartet werden. Um die Daten für die Audioausgabe zur Verfügung zu stellen, wählen wir beginnend vom Index `audio_index` so viele Elemente aus, wie durch die Variable `frames` angegeben sind.

```
103      audiodaten = signal_beob[audio_index: audio_index + frames]
```

Am Ende der Audioausgabe kann es passieren, dass nicht mehr genügend Daten im Array y vorhanden sind. Es kommt dann beim Indizieren eines Array-Ausschnitts aber nicht zu einer Fehlermeldung, sondern das Array `dat` enthält in diesem Fall einfach weniger Datenpunkte.

Wir kopieren diese Daten nun in die erste Spalte des Arrays `outdata`.

```
106      outdata[:audiodaten.size, 0] = audiodaten
```

Falls nicht mehr genügend Daten zur Verfügung standen, um das gesamte Array `outdata` zu füllen, müssen wir am Ende Nullen ergänzen.

```
109      outdata[audiodaten.size:, 0] = 0.0
```

Bevor wir die Funktion `audio_callback` verlassen, müssen wir den Zähler für den aktuellen Index noch um die Anzahl der Datenpunkte erhöhen.

```
112        audio_index += audiodaten.size
```

Als Nächstes definieren wir die `update`-Funktion für die Animation der Bewegung von Beobachter und Quelle. Diese Funktion bekommt wie immer die Nummer des Bildes übergeben, das dargestellt werden soll.

```
115    def update(n):
116        """Aktualisiere die Grafik zum n-ten Zeitschritt."""
```

An dieser Stelle kommt die Synchronisation von Bild und Ton ins Spiel. Da es von der Geschwindigkeit des Rechners abhängt, wie viele Bilder wirklich pro Sekunde auf dem Bildschirm dargestellt werden, können wir diese Bildnummer nicht benutzen, um die aktuelle Position der Quelle und des Beobachters festzulegen. Wir ignorieren diesen Wert also und benutzen stattdessen den Index `audio_index`. In nahezu jedem Fall wird die Funktion `audio_callback` nämlich wesentlich häufiger aufgerufen als die Funktion `update`,[6] sodass wir mit diesem Index die beiden Punkte immer an die Position setzen können, die gerade (nahezu) synchron mit der Audioausgabe ist. Wir müssen lediglich den Fall abfangen, dass `audio_index` zu groß ist.

```
121        n = min(audio_index, t.size - 1)
```

Anschließend setzen wir den Sender und den Empfänger an die entsprechende Stelle. Anders als im vorherigen Abschnitt haben wir die beiden Grafikobjekte durch zwei Punktplots erzeugt, sodass wir die Methode `set_data` verwenden können, um die Position festzulegen.

```
124        plot_quelle.set_data(r_Q[n])
125        plot_beobachter.set_data(r_B[n])
```

Wir beenden die Funktion `update` wie üblich mit der Rückgabe der neu darzustellenden Grafikobjekte.

```
127        return plot_quelle, plot_beobachter
```

Um die Audioausgabe und die Animation zu starten, erzeugen wir zunächst einen Ausgabestrom

```
131    audiostream = sounddevice.OutputStream(abtastrate, channels=1,
132                                           callback=audio_callback)
```

und ein Animationsobjekt.

```
135    ani = mpl.animation.FuncAnimation(fig, update,
136                                      interval=30, blit=True)
```

---

[6] Sie können das überprüfen, indem Sie am Anfang der Funktion jeweils einen `print`-Befehl hinzu-fügen.

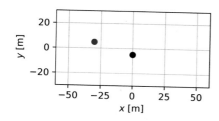

Abb. 11.15: Doppler-Effekt. *Ein Fahrzeug (blau) fährt an einem Beobachter (schwarz) vorbei. Über den QR-Code können Sie sich die zugehörige Audiodatei anhören.*

Anschließend starten wir die Audioausgabe und unmittelbar darauf die Animation. Wenn wir das Grafikfenster schließen, kümmert sich der Content-Manager automatisch darum, dass auch der Ausgabestrom geschlossen wird.

```
139  with audiostream:
140      plt.show(block=True)
```

Das Ergebnis unserer Simulation ist in Abb. 11.15 dargestellt. In dem zugehörigen Onlinevideo ist auch die Audiospur enthalten, die dem typischen Geräusch eines vorbeifahrenden Fahrzeugs verblüffend ähnlich ist.

Vielleicht möchten Sie statt der direkten Ausgabe aus Python lieber eine Videodatei mit Bild- und Tonspur erzeugen, wie sie auch im Onlinematerial zur Abb. 11.15 enthalten ist. Dazu bietet Matplotlib leider keine direkten Funktionen an. Da intern aber die Erzeugung der Videodateien ohnehin von dem Programm FFmpeg übernommen wird, kann man mit einigen Tricks dennoch eine synchrone Bild- und Tonausgabe in einer Videodatei erzielen. Das Programm 11.11 demonstriert dieses Vorgehen. Wir verzichten aber darauf, das Programm hier zu diskutieren, da es ausführlich mit Kommentaren im Programmcode dokumentiert ist.

Programm 11.11: `Wellen/dopplereffekt_videodatei.py`

```
1  """Doppler-Effekt. Erzeugen einer Videodatei mit Audiospur."""
```

Bitte beachten Sie, dass dieses Programm darauf angewiesen ist, dass Sie FFmpeg auf Ihrem Rechner installiert haben (siehe Kasten auf Seite 75).

11.10 Dispersion und Gruppengeschwindigkeit

Bisher haben wir Situationen betrachtet, bei denen die Phasengeschwindigkeit einer Welle nicht von deren Frequenz bzw. Wellenlänge abhängt. Tatsächlich ist es aber so, dass in vielen physikalischen Systemen, in denen sich Wellen ausbreiten, die Ausbreitungsgeschwindigkeit von der Wellenlänge abhängt. Ein Beispiel hierfür ist die Wellenlängenabhängigkeit der Ausbreitungsgeschwindigkeit von Licht in optischen Gläsern, die man ausnutzt, wenn man an einem Prisma weißes Licht in seine Spektralfarben zerlegt. Die Abhängigkeit der Phasengeschwindigkeit von der Wellenlänge bezeichnet man als **Dispersion**. Während bei dispersionsfreien Medien die einfache Beziehung

$$\omega = ck \qquad (11.34)$$

mit einer konstanten Phasengeschwindigkeit c gilt, hat man im Allgemeinen eine **Dispersionsrelation** der Form

$$\omega = \omega(k) \qquad \text{bzw.} \quad c = c(k) \tag{11.35}$$

vorliegen, wobei k der Betrag des Wellenzahlvektors $\vec{k}$ ist. In einem solchen Fall definiert man neben der Phasengeschwindigkeit c noch die sogenannte **Gruppengeschwindigkeit**:

$$\text{Phasengeschwindigkeit:} \qquad c = \frac{\omega}{k} \tag{11.36}$$

$$\text{Gruppengeschwindigkeit:} \qquad c_{gr} = \frac{d\omega}{dk} \tag{11.37}$$

Die Gruppengeschwindigkeit spielt eine wichtige Rolle, wenn man die Überlagerung von mehreren Wellen mit benachbarten Werten der Wellenzahl betrachtet. Man bezeichnet eine solche Überlagerung als ein **Wellenpaket** und kann unter recht allgemeinen Voraussetzungen zeigen, dass sich die Einhüllende eines solchen Wellenpakets mit der Gruppengeschwindigkeit ausbreitet [2, 4].

Am einfachsten ist der Effekt der Gruppengeschwindigkeit an der Überlagerung zweier Wellen mit leicht unterschiedlichen Wellenlängen zu demonstrieren:

Programm 11.12: `Wellen/gruppengeschwindigkeit.py`

```
16  # Wellenlängen der beiden Wellen [m].
17  wellenlaenge1 = 0.95
18  wellenlaenge2 = 1.05
```

Wir nehmen an, dass sich diese beiden Wellen mit leicht unterschiedlichen Phasengeschwindigkeiten c_1 bzw. c_2 ausbreiten,

```
19  # Phasengeschwindigkeit der beiden Wellen [m/s].
20  c1 = 0.975
21  c2 = 1.025
```

und berechnen daraus die Wellenzahlen und die entsprechenden Kreisfrequenzen:

```
24  k1 = 2 * np.pi / wellenlaenge1
25  k2 = 2 * np.pi / wellenlaenge2
26  omega1 = c1 * k1
27  omega2 = c2 * k2
```

Wir bestimmen nun die Gruppengeschwindigkeit, indem wir Gleichung (11.37) durch den Differenzenquotienten annähern,

```
30  c_gr = (omega1 - omega2) / (k1 - k2)
```

und definieren eine mittlere Phasengeschwindigkeit.

```
33  c_ph = (c1 + c2) / 2
```

In unserem Beispiel ist die mittlere Phasengeschwindigkeit $c_{ph} = 1\,\text{m/s}$. Wenn man die Gruppengeschwindigkeit von Hand ausrechnen möchte, dann gelingt dies am besten

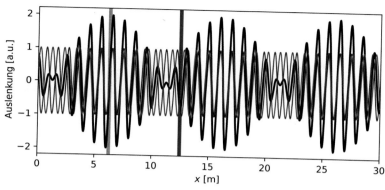

Abb. 11.16: Phasen- und Gruppengeschwindigkeit. *Zwei Wellen (rot und blau) mit leicht unterschiedlicher Wellenlänge breiten sich in einem dispersiven Medium aus. Die Einhüllende der entstehenden Schwebung bewegt sich mit der hier deutlich niedrigeren Gruppengeschwindigkeit. Der graue Balken bewegt sich mit der Gruppengeschwindigkeit, der violette Balken mit der mittleren Phasengeschwindigkeit.*

mit der **rayleighschen Beziehung**, die sich aus Gleichung (11.36) und (11.37) mithilfe der Produkt- und Kettenregel ergibt:

$$c_{gr} = \frac{d\omega}{dk} = \frac{d}{dk}ck = c + k\frac{dc}{dk} = c - \lambda\frac{dc}{d\lambda} \tag{11.38}$$

Wenn man dabei die Ableitung wieder mit dem Differenzenquotienten annähert, ergibt sich in unserem Beispiel eine Gruppengeschwindigkeit von

$$c_{gr} = 1\,\text{m/s} - 1\,\text{m}\frac{1{,}025\,\text{m/s} - 0{,}975\,\text{m/s}}{1{,}05\,\text{m} - 0{,}95\,\text{m}} = 0{,}5\,\text{m/s}\,. \tag{11.39}$$

Die Gruppengeschwindigkeit ist hier also kleiner als die Phasengeschwindigkeit, und man spricht daher von **normaler Dispersion**. Der Fall, dass die Gruppengeschwindigkeit größer als die Phasengeschwindigkeit ist, wird als **anomale Dispersion** bezeichnet.

In unserem Programm stellen wir anschließend die beiden Wellenfunktionen

$$u_1(x, t) = \cos(k_1 x - \omega_1 t) \tag{11.40}$$
$$u_2(x, t) = \cos(k_2 x - \omega_2 t) \tag{11.41}$$

sowie deren Summe animiert dar und zeichnen zusätzlich zwei Balken ein, die sich mit der mittleren Phasengeschwindigkeit bzw. der Gruppengeschwindigkeit nach rechts bewegen. Den zugehörigen Programmcode überspringen wir hier.

Das Ergebnis des Programms ist in Abb. 11.16 dargestellt. Durch die unterschiedliche Wellenlänge der beiden Wellen kommt es zu einer Schwebung. Da sich die beiden Teilwellen aber mit unterschiedlicher Geschwindigkeit bewegen, verschieben sich die Stellen, an denen sich die Wellen gegenseitig auslöschen, bzw. verstärken, relativ zu den einzelnen Teilwellen. Anhand der Animation können Sie erkennen, dass sich die Einhüllende der Schwebung tatsächlich mit der Gruppengeschwindigkeit bewegt, während sich die Teilwellen mit der Phasengeschwindigkeit bewegen. Wenn man ein Signal mithilfe einer Welle übertragen möchte, so ist die Geschwindigkeit, mit der sich das Signal bewegt, also durch die Gruppengeschwindigkeit gegeben, die hier deutlich niedriger ist als die Phasengeschwindigkeit.

11.11 Zerfließen eines Wellenpakets

Abgesehen von der im vorherigen Abschnitt diskutierten Verminderung der Signalgeschwindigkeit hat die Dispersion aber noch weitreichendere Folgen für die Übertragung von Signalen, wie uns die folgende Simulation zeigen wird. Wir betrachten dazu ein Signal, das einen kurzen Wellenzug darstellen soll, der gaußförmig moduliert ist. Zum Zeitpunkt $t = 0$ soll die Welle also die Form

$$u_0(x) = \mathrm{e}^{-\left(\frac{x-x_0}{b}\right)^2} \mathrm{e}^{\mathrm{i}k_0 x} \qquad (11.42)$$

haben, wobei wir die komplexe Darstellung der Welle gewählt haben. Dabei ist b ein Maß für die Breite der gaußförmigen Kurve, x_0 ist die Lage des Maximums, und k_0 ist die Wellenzahl der Trägerwelle.

Wir wollen nun bestimmen, wie sich dieses Signal in einem dispersiven Medium ausbreitet, von dem wir die Dispersionsrelation $c(k)$ kennen. Dazu tasten wir die Funktion $u_0(x)$ an N Stützstellen im Abstand Δx ab:

$$u_m = u(x_m) \qquad \text{mit} \qquad x_m = m\Delta x \qquad \text{für} \qquad m = 0 \ldots (N-1) \qquad (11.43)$$

Völlig analog zur Fourier-Analyse eines Zeitsignals (siehe Abschn. 10.7) können wir die Werte u_m durch eine gewichtete Summe von komplexen Exponentialfunktionen schreiben:

$$u_m = \frac{1}{N} \sum_{n=0}^{N-1} \tilde{u}_n \mathrm{e}^{\mathrm{i}k_n x_m} \qquad \text{mit} \qquad k_n = \frac{2\pi n}{N\Delta x} \qquad (11.44)$$

Beachten Sie bitte die Ähnlichkeit der Gleichungen (11.43) und (11.44) mit den Gleichungen (10.29) und (10.31). Auch hier muss wieder eine Fourier-Transformation durchgeführt werden, um die Komponenten $\tilde{u}_n$ zu bestimmen, nur dass die Variable nun x statt t heißt und statt der Kreisfrequenz ω die Wellenzahl k auftaucht.

Die Darstellung der diskretisierten Welle nach Gleichung (11.44) stellt die Welle zu einem Zeitpunkt $t = 0$ dar. Wir sind damit aber auch in der Lage, direkt auszurechnen, wie die Welle nach einer Zeit t aussieht. Da sich jede einzelne Welle der Wellenzahl k_n mit der Phasengeschwindigkeit $c(k_n)$ ausbreitet, können wir diese Ausbreitung direkt in der komplexen Exponentialfunktion berücksichtigen:

$$u_m(t) = \frac{1}{N} \sum_{n=0}^{N-1} \tilde{u}_n \mathrm{e}^{\mathrm{i}(k_n x_m - \omega_n t)} \qquad \text{mit} \qquad \omega_n = c(k_n)k_n \qquad (11.45)$$

Diese Gleichung können wir auch etwas anders interpretieren:

$$u_m(t) = \frac{1}{N} \sum_{n=0}^{N-1} \tilde{u}_n(t) \mathrm{e}^{\mathrm{i}k_n x_m} \qquad \text{mit} \qquad \tilde{u}_n(t) = \tilde{u}_n \mathrm{e}^{-\mathrm{i}\omega_n t} \qquad (11.46)$$

Sie lässt sich sehr einfach im Computer umsetzen: Wir müssen die Welle zum Zeitpunkt $t = 0$ abtasten und Fourier-transformieren, um die Werte $\tilde{u}_n$ zu bestimmen. Jede Komponente der Fourier-Transformierten wird dann mit dem Faktor $\mathrm{e}^{-\mathrm{i}\omega t}$ multipliziert, um die Fourier-Komponenten $\tilde{u}_n(t)$ zu einem späteren Zeitpunkt zu erhalten. Anschließend müssen wir alle Wellen wieder überlagern, also eine inverse Fourier-Transformation ausführen.

Um das Verhalten eines Signals der Form (11.42) zu untersuchen, erzeugen wir ein Array von x-Werten und von Zeitpunkten, wobei die Schrittweiten und Bereiche vorab definiert wurden.

Programm 11.13: `Wellen/dispersion_gauss.py`

```
28  x = np.arange(0, x_max, dx)
29  t = np.arange(0, t_max, dt)
```

Wir werten die Funktion (11.42) nun an den Orten im Array x aus, wobei auch hier die Konstanten vorab definiert wurden.

```
32  u0 = np.exp(-((x - x0) / b) ** 2) * np.exp(1j * k0 * x)
```

Anschließend führen wir die Fourier-Transformation aus

```
35  u_ft = np.fft.fft(u0)
```

und berechnen die zugehörigen Wellenzahlen:

```
38  k = 2 * np.pi * np.fft.fftfreq(x.size, d=dx)
```

Wir müssen nun eine Dispersionsrelation festlegen. Der Einfachheit halber nehmen wir an, dass bei der Wellenzahl k_0 eine fest vorgegebene Phasengeschwindigkeit c_0 vorliegt und dass die Phasengeschwindigkeit linear vom Betrag der Wellenzahl abhängt:

$$c(k) = c_0 + \Delta c \frac{|k| - k_0}{k_0} \tag{11.47}$$

Damit die Proportionalitätskonstante Δc ebenfalls die Dimension einer Geschwindigkeit hat, wurde in Gleichung (11.47) noch durch k_0 geteilt. Um die Bedeutung von Δc zu erkennen, rechnen wir mit der Rayleigh-Beziehung (11.38) die Gruppengeschwindigkeit bei der Wellenzahl k_0 aus:

$$c_{\mathrm{gr}} = \left[c(k) + k \frac{dc}{dk} \right]_{k=k_0} = c_0 + \Delta c \tag{11.48}$$

Um eine normale Dispersion zu simulieren, müssen wir Δc also negativ wählen. In unserem Programm wählen wir $c_0 = 10\,\mathrm{m/s}$ und $\Delta c = -5\,\mathrm{m/s}$, sodass wir eine Gruppengeschwindigkeit erhalten, die halb so groß wie die Phasengeschwindigkeit ist. Anschließend setzen wir Gleichung (11.47) um, indem wir für jeden Wert von k die zugehörige Phasengeschwindigkeit berechnen.

```
41  c = c0 + delta_c * (np.abs(k) - k0) / k0
```

Bei der Definition der Kreisfrequenz der einzelnen Komponenten müssen wir vorsichtig sein. Die Momentaufnahme der Welle zum Zeitpunkt $t = 0$ nach Gleichung (11.42) legt nämlich nicht fest, in welche Richtung sich die Welle bewegt. Um sich das zu veranschaulichen, stellen Sie sich bitte eine Saite vor, die Sie zu einem bestimmten Zeitpunkt in der Mitte gaußförmig auslenken. Wenn Sie die Seite nun loslassen, so wird sich jeweils eine Welle in beide Richtungen ausbreiten. In unserem Fall soll die Gleichung (11.42) aber die Momentaufnahme einer sich nach rechts ausbreitenden Welle darstellen. Wir müssen also dafür sorgen, dass sich alle Komponenten nach

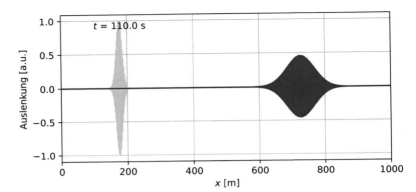

Abb. 11.17: Zerfließen eines Wellenpakets. *Zum Zeitpunkt t = 0 startet ein gaußförmiges Wellenpaket (hellblau). Aufgrund der Dispersion verändert sich die Form des Wellenpakets (blau), während es sich mit der Gruppengeschwindigkeit nach rechts ausbreitet.*

rechts ausbreiten. Das ist am einfachsten zu realisieren, indem wir für die negativen Wellenzahlen eine positive Kreisfrequenz und für die positiven Wellenzahlen eine negative Kreisfrequenz festlegen.

```
44   omega = c * k
```

Das Erzeugen der entsprechenden Grafikelemente für die Animation überspringen wir an dieser Stelle wieder und betrachten den wesentlichen Teil der update-Funktion, in dem wir die Gleichung (11.46) umsetzen: Jedes Element der Fourier-Transformierten wird mit $e^{-i\omega t}$ multipliziert, und anschließend wird die inverse Fourier-Transformation ausgeführt. Zur Darstellung der Welle betrachten wir nur den Realteil.

```
65   def update(n):
66       """Aktualisiere die Grafik zum n-ten Zeitschritt."""
68       u = np.fft.ifft(u_ft * np.exp(-1j * omega * t[n]))
69       plot_welle.set_data(x, np.real(u))
```

In der Animation wird nur die erste Hälfte der berechneten x-Werte grafisch dargestellt. Da die diskrete Fourier-Transformierte immer nur periodische Signale erzeugt, kommt es dazu, dass ein Signal, das den Wertebereich der x-Achse nach rechts verlässt, von links wieder erscheint. Da dies natürlich nicht der physikalischen Realität entspricht, wurde der x-Bereich entsprechend groß gewählt, sodass während der simulierten Zeitdauer das Signal nicht nach rechts aus dem Wertebereich herauswandert.

In Abb. 11.17 ist das Ergebnis der Simulation dargestellt. Man erkennt, dass sich das Wellenpaket mit der Gruppengeschwindigkeit von 5 m/s nach rechts bewegt. Gleichzeitig kommt es aber dazu, dass das Paket gewissermaßen zerfließt: Es wird breiter und nimmt dafür in der Höhe ab. Dieser Effekt ist in der Nachrichtentechnik sehr störend, wenn man ein Signal beispielsweise über Glasfaserleitungen überträgt. Da der Brechungsindex des Glases von der Wellenlänge des Lichts abhängt, hat man hier ein dispersives Medium vorliegen. Ein Signal, das anfangs aus wohldefinierten Pulsen besteht, zerfließt während der Ausbreitung. Nach einer gewissen Entfernung sind die einzelnen Pulse so weit zerflossen, dass sie nicht mehr sauber zu trennen sind. Bevor das geschieht, muss man daher das Signal in einem sogenannten Repeater neu aufbereiten.

Zusammenfassung

Harmonische Wellen: Wir haben die grundlegenden Eigenschaften von Wellen diskutiert und die harmonische Welle als einen Spezialfall kennengelernt, bei dem die Auslenkung an jedem Ort eine harmonische Schwingung darstellt.

Transversal- und Longitudinalwelle: Anhand einer einfachen Animation haben wir den Unterschied zwischen diesen beiden Wellenarten visualisiert. Bei der Longitudinalwelle konnten wir einige grundlegende Eigenschaften wie die Phasenverschiebung zwischen Auslenkung und Dichte erkennen.

Masse-Feder-Kette: Die Masse-Feder-Kette ist ein einfaches mechanisches Modell, an dem man sowohl die Ausbreitung von Longitudinal- als auch von Transversalwellen studieren kann.

Reflexion von Wellen: Dieses Modell zeigt, dass es an einem festen Ende zu einer Reflexion der Welle mit einem Phasensprung von 180° kommt. Analog kann man an einem offenen Ende eine Reflexion ohne Phasensprung beobachten.

Dispersion: Weiterhin konnten wir an der Masse-Feder-Kette beobachten, dass es bei kurzen Wellenlängen zu einer Veränderung der Form der Welle im Verlauf der Ausbreitung durch die Dispersion kommt.

Stehende Wellen: Ausgehend vom Superpositionsprinzip haben wir stehende Wellen durch die Überlagerung von zwei Wellen mit gleicher Frequenz und Amplitude, die aufeinander zulaufen, erzeugt.

Interferenz: Auf eine ähnliche Weise konnten wir die Überlagerung zweier (oder mehrerer) kreisförmiger Wellen untersuchen und haben gesehen, dass es bestimmte Richtungen gibt, unter denen sich diese Wellen verstärken bzw. abschwächen.

Farbkarten: Um das Wellenfeld dieser Überlagerung zu visualisieren, haben wir eine Farbkarte verwendet. Bei der Darstellung der Intensitätsverteilung hat sich eine logarithmische Farbskala als geeignet erwiesen.

Meshgrid: Um die Wellenfunktion auf einem 2-dimensionalen Gitter auszuwerten, haben wir mithilfe der Funktion `np.meshgrid` zunächst ein derartiges Gitter erzeugt und konnten dann die entsprechenden Funktionen in einem Schritt für alle Punkte des Gitters auswerten.

Komplexe Darstellung von Wellen: Die Darstellung von harmonischen Wellen durch komplexe Exponentialfunktionen hat es uns erlaubt, auf besonders einfache Weise die Amplitudenverteilung der Interferenz zweier Sender darzustellen.

Beugung: Am Beispiel des Spalts haben wir die Beugung von Wellen mithilfe des huygensschen Prinzips erklärt und waren in der Lage, Beugungseffekte sowohl im Fern- als auch im Nahfeld des Spalts zu berechnen.

Brechung: Auch die Brechung von Wellen konnten wir mit dem huygensschen Prinzip erklären und visualisieren.

Doppler-Effekt: Anhand einer einfachen Animation konnten wir den Doppler-Effekt verstehen und die Frequenzverschiebung berechnen, während sich eine Quelle an einem Beobachter vorbei bewegt.

Synchrone Ton- und Bildausgabe: Dabei mussten wir die Animation der Quelle und des Beobachters mit der Tonausgabe synchronisieren.

Dispersion und Gruppengeschwindigkeit: Wir haben gesehen, dass der Effekt der Dispersion dazu führt, dass sich Wellenpakete mit einer anderen Geschwindigkeit als der Phasengeschwindigkeit ausbreiten. Diese haben wir als Gruppengeschwindigkeit bezeichnet. Außerdem haben wir gezeigt, dass die Dispersion im Allgemeinen dazu führt, dass sich Wellenpakete während der Ausbreitung in ihrer Form verändern.

Aufgaben

Aufgabe 11.1: Verändern Sie das Programm 11.2 für die Masse-Feder-Kette so, dass nur eine Longitudinalwelle angeregt wird. Was passiert, wenn Sie die Dauer des Anregungspulses verkürzen? Was passiert, wenn Sie die Amplitude der Anregung erhöhen?

Aufgabe 11.2: Verändern Sie das Programm 11.2 nun so, dass ausschließlich eine Transversalwelle angeregt wird. Was passiert nun, wenn Sie die Amplitude der Anregung erhöhen?

Aufgabe 11.3: Bisher wurde die Masse-Feder-Kette immer mit einem festen Ende betrachtet. Modifizieren Sie das Programm 11.2 so, dass Sie ein loses Ende simulieren können, bei dem sich die letzte Masse frei in y-Richtung bewegen kann. Wie verändert sich dadurch die Reflexion einer Transversalwelle an diesem Ende?

Aufgabe 11.4: Verändern Sie das Programm 11.2 nun so, dass Sie auch die Reflexion der Longitudinalwelle an einem offenen Ende beobachten können. Warum kann man nun keine Transversalwellen mehr simulieren?

Aufgabe 11.5: Untersuchen Sie mithilfe des Programms 11.3 Situationen, bei denen die von rechts einlaufende Welle eine etwas kleinere Amplitude hat als die von links einlaufende Welle.

Aufgabe 11.6: Untersuchen Sie mithilfe des Programms 11.3 Situationen, bei denen die von rechts einlaufende Welle eine leicht andere Frequenz hat als die von links einlaufende Welle.

Aufgabe 11.7: Für die Interferenz zweier gleichphasiger Quellen, die einen Abstand D voneinander haben, kann man die Intensität im Fernfeld mithilfe der Gleichung

$$I(\alpha) = 4I_0 \cos^2\left(\frac{\pi D \sin(\alpha)}{\lambda}\right) \tag{11.49}$$

berechnen. Dabei ist I_0 die Intensität, die eine einzelne Quelle am betrachteten Ort verursachen würde, und α ist der Winkel relativ zu einer Normalen auf der Verbindungslinie der beiden Quellen. Überprüfen Sie das Programm 11.5 anhand dieser Fernfeldformel.

Aufgabe 11.8: In vielen einführenden Physikbüchern wird die Intensitätsverteilung im Fernfeld hinter einem Spalt behandelt und eine Gleichung für die Intensitätsverteilung in Abhängigkeit vom Beugungswinkel α hergeleitet. Für einen Spalt der Breite B und eine Welle der Wellenlänge λ gilt demnach im Fernfeld die folgende Beziehung für die Intensität I:

$$I(\alpha) = I_0 \, \mathrm{sinc}\left(\frac{B\sin(\alpha)}{\lambda}\right) \quad \text{mit} \quad \mathrm{sinc}(x) = \frac{\sin(\pi x)}{\pi x} \qquad (11.50)$$

Überprüfen Sie das Ergebnis des Programms 11.6 für große Abstände vom Spalt anhand dieser Fernfeldformel.

Aufgabe 11.9: Im Programm 11.7 wurde die Brechung von Wellen mithilfe des huygensschen Prinzips erklärt. Es ist interessant, dass man mit diesem Prinzip auch den Effekt der Totalreflexion erklären kann. Totalreflexion tritt auf, wenn eine Welle von einem Medium mit niedriger Ausbreitungsgeschwindigkeit c_1 in ein Medium mit hoher Ausbreitungsgeschwindigkeit c_2 übergeht und der Einfallswinkel größer als der Grenzwinkel α_{grenz} ist, der durch die folgende Gleichung gegeben ist:

$$\alpha_{\mathrm{grenz}} = \arcsin\left(\frac{c_1}{c_2}\right) \qquad (11.51)$$

Modifizieren Sie das Programm 11.7 so, dass eine Situation vorliegt, bei der Totalreflexion auftritt. Überlegen Sie, warum es hinter der Grenzfläche zu keiner Wellenausbreitung kommen kann. Erklären Sie den Effekt der Totalreflexion auch mithilfe der Animation, die mit dem Programm 11.8 erzeugt wird.

Aufgabe 11.10: Simulieren Sie mithilfe des Programms 11.9 eine Situation, bei der sich die Quelle mit einer größeren Geschwindigkeit als die Ausbreitungsgeschwindigkeit der Welle bewegt. Vergleichen Sie Ihr Ergebnis mit der folgenden Gleichung für den Öffnungswinkel φ des machschen Kegels:

$$\sin\left(\frac{\varphi}{2}\right) = \frac{c}{v_Q} \qquad (11.52)$$

Aufgabe 11.11: In welchen Fällen kann es zwei positive reelle Lösungen für die Gleichung (11.31) geben, die bei der Simulation des Doppler-Effekts auftritt? Stellen Sie eine derartige Situation im Programm 11.9 her und erklären Sie die Bedeutung der zwei Lösungen.

Aufgabe 11.12: Ergänzen Sie das Programm 11.10 für die Simulation des Geräusches beim Doppler-Effekt so, dass ähnlich wie in Abb. 11.13 auch die Wellenzüge grafisch dargestellt werden.

Aufgabe 11.13: Wenn sich beim Doppler-Effekt Quelle und Beobachter mit der Geschwindigkeit v_Q bzw. v_B direkt aufeinander zu bewegen oder sich direkt voneinander entfernen, so gilt für die beobachtete Frequenz f_B die Gleichung

$$f_B = f_Q \frac{c \pm v_B}{c \mp v_Q} \, , \qquad (11.53)$$

wobei f_Q die Frequenz ist, die von der Quelle ausgesendet wird. Das obere Vorzeichen gilt jeweils für den Annäherungsfall, das untere für die Bewegung voneinander weg. Überprüfen Sie das Ergebnis von Programm 11.10 anhand dieser Gleichung. Hinweis: Benutzen Sie zusätzlich das Programm 10.8.

Aufgabe 11.14: In Aufgabe 11.1 haben wir bereits gesehen, dass es bei einer kurzwelligen Störung auf der Masse-Feder-Kette während der Ausbreitung zu einer Formveränderung kommt. Die Masse-Feder-Kette wird als einfaches Kristallmodell häufig in der Festkörperphysik behandelt. Dort werden die longitudinalen Gitterschwingungen oft als Phononen bezeichnet und die Dispersionsrelation auf einer solchen Kette abgeleitet [9]:

$$\omega(k) = 2\sqrt{\frac{D}{m}} \left| \sin\left(\frac{kl}{2}\right) \right| \qquad (11.54)$$

Die Bezeichnungen wurden hier wie in Abb. 11.2 gewählt. Bauen Sie diese Dispersionsrelation in das Programm 11.13 ein und berechnen Sie die Formänderung eines gaußförmigen Impulses während der Ausbreitung.

Aufgabe 11.15: Vergleichen Sie das Ergebnis der Aufgabe 11.14 mit einer Simulation der Masse-Feder-Kette. Geben Sie dazu in beiden Simulationen möglichst vergleichbare Bedingungen vor.

Literatur

[1]   Choosing Colormaps in Matplotlib. https://matplotlib.org/stable/tutorials/colors/colormaps.html.

[2]   Fließbach T. Elektrodynamik. Lehrbuch zur Theoretischen Physik II. Berlin, Heidelberg: Springer Spektrum, 2022. DOI:10.1007/978-3-662-64889-6.

[3]   Jackson JD, Müller KW und Witte C. Klassische Elektrodynamik. Berlin: De Gruyter, 2014. DOI:10.1515/9783110334470.

[4]   Nolting W. Grundkurs Theoretische Physik 3. Elektrodynamik. Berlin, Heidelberg: Springer Spektrum, 2013. DOI:10.1007/978-3-642-37905-5.

[5]   Born M und Wolf E. Principles of optics. Cambridge: Cambridge Univ. Press, 2019. DOI:10.1017/9781108769914.

[6]   Vitrant G u. a. Obstructive micro diffracting structures as an alternative to plasmonics nano slits for making efficient microlenses. *Optics Express*, 20(24): 26542–26547, 2012. DOI:10.1364/OE.20.026542.

[7]   Gonçalves MR u. a. Single-slit focusing and its representations. *Applied Physics B*, 123(121), 2017. DOI:10.1007/s00340-017-6675-1.

[8]   Maccoll JW. The Conical Shock Wave Formed by a Cone Moving at a High Speed. *Proceedings of the Royal Society of London. Series A*, 159(898): 459–472, 1937. DOI:10.1098/rspa.1937.0083.

[9]   Fließbach T und Walliser H. Arbeitsbuch zur theoretischen Physik. Repetitorium und Übungsbuch. Heidelberg: Spektrum Akademischer Verlag, 2020. DOI:10.1007/978-3-662-62181-3.

Man muss die Dinge so einfach wie möglich machen. Aber nicht einfacher.

Albert Einstein

12

Grafische Benutzeroberflächen

Gelegentlich möchte man in einer Simulation die Parameter interaktiv verändern, um den Einfluss auf das Simulationsergebnis unmittelbar beobachten zu können. Dazu ist es günstig, eine grafische Benutzeroberfläche zu erstellen. Unter einer **grafischen Benutzeroberfläche**, die nach der englischen Bezeichnung graphical user interface oft kurz als **GUI** bezeichnet wird, versteht man die Steuerung eines Anwendungsprogramms mithilfe grafischer Symbole und Steuerelemente. Die Steuerelemente werden häufig als **Widgets** bezeichnet. Das Wort Widget ist ein Kunstwort, das sich aus den englischen Wörtern window und gadget zusammensetzt. Viele dieser Widgets sind Ihnen sicher aus der Bedienung der üblichen Anwendungsprogramme auf Ihrem Computer bekannt, da sie in ähnlicher Form immer wieder auftauchen. Einige typische Vertreter sind in Tab. 12.1 dargestellt. Je nach der verwendeten Plattform (z.B. Windows, MacOS, Linux mit KDE oder Linux mit Gnome) unterscheidet sich das Aussehen dieser Widgets zum Teil deutlich, während die grundlegende Funktion aber auf jeder Plattform ähnlich ist.

In Python gibt es verschiedene Bibliotheken, mit denen man grafische Benutzeroberflächen erstellen kann. Die einfachste Variante besteht in der Verwendung des Moduls `tkinter`, das zur Standardbibliothek von Python gehört. Darüber hinaus gibt es einige weitere sogenannte **GUI-Toolkits**, die sich zur Erstellung von grafischen Benutzeroberflächen eignen [1]. Das Modul `tkinter` hat den Nachteil, dass es nicht sehr viele Typen von Widgets zur Verfügung stellt. Zudem unterscheidet sich die grafische Gestaltung der Widgets oft von der üblichen Konvention der verwendeten Plattform.

Eine sehr mächtige GUI-Bibliothek ist **Qt** [2], für die es eine Anbindung an Python gibt. Die Bibliothek Qt bietet gegenüber dem Modul `tkinter` den Vorteil, dass sich die Widgets auf jeder Plattform sehr gut in das Erscheinungsbild des Desktops einfügen und man einen großen Gestaltungsspielraum bei der Erstellung von Benutzeroberflächen hat. Darüber hinaus ist der Einarbeitungsaufwand für einfache Benutzeroberflächen auch nicht wesentlich größer als bei der Verwendung von `tkinter`.

Die Anbindung von Qt an die Programmiersprache Python wird durch das Paket **PyQt** [3] bereitgestellt. Darüber hinaus gibt es mit **PySide2** [4] noch ein alternatives Paket, das die gleiche Funktionalität zur Verfügung stellt, intern aber einen anderen Ansatz verwendet. Das Paket PySide2 ist wesentlich neuer als PyQt und wird direkt von der Qt Company entwickelt. Da PyQt in der Standardinstallation der Python-Distribution Anaconda bereits enthalten ist, verwenden wir im Folgenden dieses Paket.

© Springer-Verlag GmbH Deutschland, ein Teil von Springer Nature 2022
O. Natt, *Physik mit Python*, https://doi.org/10.1007/978-3-662-66454-4_12

Tab. 12.1: Häufig verwendete Widgets. *Dargestellt sind einige der am häufigsten in grafischen Benutzeroberflächen verwendeten Steuerelemente (Widgets).*

Bezeichnung	Aussehen	Funktion
Push Button	OK	Auslösen einer Aktion
Check Box	✓ Automatik aktivieren.	Eine Option anwählen oder abwählen
Radio Button	Entweder das, oder dieses, oder jenes.	Auswahl einer von mehreren Optionen. Die Bezeichnung »Radio Button« rührt von den Tasten zur Wahl des Senders an altmodischen Rundfunkempfängern her
Combo Box	Auswahl ▾	Auswahl einer von mehreren Optionen aus einem Menü
Line Edit	Texteingabe	Eingabe eines einzeiligen Textes
Spin Box	25 ▲▼	Auswahl einer Zahl aus einem festen Zahlenbereich mit einer vorgegebenen Schrittweite
Slider	▬▬◻▬▬▬	Auswahl einer ganzen Zahl aus einem festen Zahlenbereich

Programme, die für PyQt geschrieben sind, lassen sich aber mit relativ geringem Aufwand auf PySide2 anpassen.

12.1 Objektorientierte Programmierung

Die Programmierung grafischer Benutzeroberflächen benutzt in besonderem Maß die Konzepte der objektorientierten Programmierung. Da wir diesen Aspekt von Python bisher ausgeklammert haben, werden wir im Folgenden die wichtigsten Grundkonzepte anhand weniger kurzer Beispiele besprechen.

Installation von Qt

Wenn Sie die Python-Distribution Anaconda verwenden, dann ist PyQt in der Standardinstallation bereits enthalten und Sie müssen nichts weiter installieren.

Wenn Sie unter Linux das mit dem System mitgelieferte Python verwenden, dann sollten Sie in der Paketverwaltung Ihres Linux-Systems nach einem Paket mit dem Namen `python-pyqt5` bzw. `python3-pyqt5` suchen.

Wenn Sie das erste Mal mit der objektorientierten Programmierung in Kontakt kommen, werden Sie vielleicht bei den kommenden Abschnitten das eine oder andere Mal das Gefühl haben, dass dies alles recht umständlich sei. Ich kann das gut nachvollziehen: Die objektorientierte Programmierung ist ein Werkzeug, das dazu dient, mit großen und extrem komplexen Programmen und Schnittstellen umzugehen. Die Vorteile dieser Herangehensweise zeigen sich demzufolge auch erst bei komplexen Programmen und weniger bei den einführenden Beispielen. Eine GUI-Bibliothek wie Qt ist dagegen eine Sammlung von Programmteilen und Schnittstellen mit so großer Komplexität, dass der objektorientierte Zugang fast zwingend notwendig erscheint.

Ein wichtiger Aspekt der objektorientierten Programmierung besteht darin, dass die Daten und die Funktionen, die mit den Daten arbeiten, zusammengehören. Wir betrachten dazu das folgende Beispiel:

```
>>> a = [3, 7, 4, 2, 1, 5, 6]
>>> type(a)
<class 'list'>
>>> a.index(1)
4
```

Wir haben ein Objekt erzeugt, nämlich die Liste a, die der Klasse list angehört. Dieses Objekt besitzt eine Methode index, die zurückgibt, an welchem Index innerhalb der Liste das Argument der Methode vorkommt. Der Vorteil dieser Herangehensweise ist, dass man sich bei der Implementierung der Methode index auf die interne Datenstruktur der Liste verlassen kann, ohne dass diese nach außen sichtbar sein muss. Für die Verwendung von Objekten der Klasse list, ist dagegen völlig irrelevant, wie die Liste intern aufgebaut ist. Das obige Beispiel funktioniert völlig analog, wenn man mit

```
>>> a = (3, 7, 4, 2, 1, 5, 6)
```

statt einer Liste ein Tupel erzeugt, da auch in der Klasse tuple eine Methode mit dem Namen index existiert. Auch hier muss man nicht wissen, wie die Klasse tuple intern aufgebaut ist, wenn man die Methode index verweden möchte.

Es liegen also zwei unterschiedliche Methoden vor: die Methode index der Klasse list und die gleichnamige Methode der Klasse tuple. In einer nichtobjektorientierten Programmierung würde es stattdessen nur *eine* Funktion index geben, der man als erstes Argument die Liste oder das Tupel übergibt, und als zweites Argument den zu suchenden Eintrag. Damit diese Funktion für beide Datentypen funktioniert, müssen beim Programmieren der Funktion index auch beide Datentypen berücksichtigt werden, und dazu muss unter Umständen auch bekannt sein, wie die Daten intern aufgebaut sind, damit die Suche möglichst effizient erfolgt.

Das Ziel der objektorientierten Programmierung ist, die Komplexität der Objekte vor dem Benutzer der Objekte zu verbergen und stattdessen klar definierte Schnittstellen zur Verfügung zu stellen. Dies geschieht, indem Klassen definiert werden. In einer Klasse wird festgelegt, wie die Daten intern aufgebaut sind und welche Funktionen (Methoden) zur Verfügung gestellt werden.

12.2 Definition von Klassen

Wie wollen uns im Folgenden damit beschäftigen, wie man in Python eine Klasse, also einen neuen Datentyp, selbst definiert. Als Beispiel betrachten wir dazu die Simulation unseres Sonnensystems in Abschn. 8.4. Dort hatten wir für die Himmelskörper Listen bzw. Arrays angelegt, in denen die Eigenschaften (Name, Darstellungsfarbe, Masse, Anfangsort, Anfangsgeschwindigkeit) der Himmelskörper gespeichert waren. Wäre es nicht eleganter, wenn wir für jeden Himmelskörper *ein* Objekt hätten, in dem die entsprechenden Eigenschaften gespeichert sind? Genau dafür kann man eine neue Klasse definieren.

In dem folgenden Programm definieren wir eine Klasse mit dem Namen `Koerper` mithilfe des Schlüsselwortes `class` und eines Doppelpunkts. Danach folgt ein eingerückter Block, in dem wir die neue Klasse dokumentieren[1] und später mehrere Methoden definieren werden.

Programm 12.1: `GUI/klasse1.py`

```
 4  class Koerper:
 5      """Ein Himmelskörper.
 6
 7      Args:
 8          name (str):
 9              Name des Himmelskörpers.
10          masse (float):
11              Masse des Himmelskörpers [kg].
12      """
```

Die erste Methode einer Klasse sollte immer die Methode mit dem Namen `__init__` sein. Diese Methode wird intern von Python aufgerufen, wenn ein neues Objekt erzeugt wird. Das erste Argument der Methode sollte immer den Namen `self` haben. Danach folgen zwei zusätzliche Argumente für den Namen des Himmelskörpers und eine Zahl, die die Masse in kg angibt. Das Argument `self`, das man beim Aufrufen der Methode nicht angeben darf, wird von Python automatisch eingesetzt und enthält eine Referenz auf das entsprechende Objekt vom Typ `Koerper`. Innerhalb der Funktion weisen wir nun zunächst die Argumente entsprechenden Attributen des Objekts `self` zu. Dabei dokumentieren wir jedes Attribut mit einem eigenen Docstring. Das erscheint hier vielleicht redundant, ist aber bei komplizierteren Klassendefinitionen durchaus hilfreich.

```
14      def __init__(self, name, masse):
15          self.name = name
16          """str: Der Name des Himmelskörpers."""
17          self.masse = masse
18          """float: Die Masse des Himmelskörpers [kg]."""
```

---

[1] Es gibt unterschiedliche Konventionen, eine Klasse zu dokumentieren. Häufig wird in dem Docstring der Klasse nur eine Beschreibung der Klasse dargestellt und für die Methode `__init__` ein zusätzlicher Docstring erstellt. In diesem Buch werden stattdessen die Argumente von `__init__` direkt in der Klassendefinition dokumentiert und dafür kein separater Docstring für `__init__` vorgesehen. Nach meiner Erfahrung gewährleistet dies die größtmögliche Kompatibilität mit den unterschiedlichen Python-Entwicklungsumgebungen.

Damit ist die Definition einer besonders einfachen Klasse bereits abgeschlossen. Wir wollen die Klasse in einem Python-Prompt testen. Dazu muss sich die Datei `klasse1.py` im aktuellen Arbeitsverzeichnis befinden, sodass wir die Klasse mit

```
>>> from klasse1 import Koerper
```

importieren können. Um nun ein Objekt der entsprechenden Klasse zu erzeugen, muss man den Namen der Klasse wie eine Funktion aufrufen. Als Argumente muss man die notwendigen Argumente der Methode `__init__` ohne das erste Argument `self` angeben. Die folgenden Zeilen erzeugen ein Objekt `k` vom Typ `Koerper`.

```
>>> from klasse1 import Koerper
>>> k = Koerper('Jupiter', 1.89813e27)
```

Anschließend kann man auf die Attribute des Objekts zugreifen, indem man das Attribut mit einem Punkt hinter das Objekt schreibt:

```
>>> print(k.name)
Jupiter
>>> print(k.masse)
1.89813e+27
```

Wir wollen die Klasse `Koerper` nun mit weiteren Methoden ausstatten, die wir in der Klassendefinition ergänzen. Wir beginnen mit der Methode `erdmassen`, die die Masse als Vielfaches der Erdmasse zurückgibt. Diese Methode hat nur das obligatorische Argument `self`, sodass man diese Methode ohne Argumente aufrufen muss. Innerhalb der Methode wird auf Attribut `masse` zugegriffen und diese durch den Zahlenwert der Erdmasse geteilt.

```
20    def erdmassen(self):
21        """Berechne die Masse in Vielfachen der Erdmasse."""
22        return self.masse / 5.9722e24
```

Die zweite Methode, die wir neu definieren wollen, hat mit `__str__` einen speziellen Namen. Es gibt eine Reihe von solchen Namen, die alle mit zwei Unterstrichen beginnen und enden. Die zugehörigen Methoden werden als **special methods** bezeichnet. Häufig werden diese Methoden auch »dunder methods«[2], »magic methods« oder »hooks« genannt. Diese Methoden erlauben es, bestimmte Operationen mit Objekten zu definieren. So wird beispielsweise die Methode `__add__` aufgerufen, wenn man versucht, zwei Objekte der Klasse mit dem Operator + zu addieren. Die Methode `__str__` wird aufgerufen, wenn man versucht, das Objekt in einen String zu konvertieren. Dies passiert beispielsweise, wenn man das Objekt mit der Funktion `print` ausgibt. Wir definieren die Methode wie folgt:

```
24    def __str__(self):
25        """Erzeuge eine Beschreibung des Körpers als String."""
26        return f'Körper {self.name}: m = {self.masse} kg'
```

---

[2] Das Wort »dunder« ist ein Kunstwort, das von der englischen Bezeichnung double underscore für die doppelten Unterstriche abgeleitet ist.

Anschließend testen wir unsere Klasse mit den folgenden Zeilen. Mithilfe der `if`-Bedingung bewirken wir, dass die folgenden Zeilen nur ausgeführt werden, wenn wir das Modul `klasse1` direkt in Python starten (siehe Kasten auf Seite 272).

```
29  if __name__ == '__main__':
30      planet = Koerper('Jupiter', 1.89813e27)
31      print(planet.name)
32      print(planet.masse)
33
34      print(planet)
35      print(f'Der Planet {planet.name} hat eine Masse von '
36            f'{planet.erdmassen():.1f} Erdmassen')
```

12.3 Vererbung

Ein wesentliches Anliegen der objektorientierten Programmierung ist es, Code möglichst gut wiederverwendbar zu machen. Ein Hilfsmittel dazu ist die **Vererbung**. Von Vererbung spricht man, wenn aus einer existierenden Klasse, die man in diesem Zusammenhang als **Basisklasse** bezeichnet, eine neue Klasse abgeleitet wird. Bei der neuen Klasse handelt es sich oft um eine Erweiterung der Funktionalität oder um eine Spezialisierung. Wir demonstrieren dies an unserer Klasse `Koerper` aus dem Programm 12.1.

Nehmen wir an, dass wir neben allgemeinen Himmelskörpern auch spezielle Himmelskörper (Planeten) beschreiben wollen, die näherungsweise kugelförmig sind. In diesem Fall möchten wir vielleicht eine neue Klasse `Planet` erstellen, die sich fast genauso verhält wie die Klasse `Koerper`. Die neue Klasse soll aber noch ein Attribut `radius` erhalten. Dazu importieren wir zunächst die Klasse `Koerper` aus dem Modul `klasse1`. Es ist dabei wichtig, dass sich die Datei `klasse1.py` im gleichen Verzeichnis wie die Datei `klasse2.py` befindet.

Programm 12.2: GUI/klasse2.py

```
3  import math
4  from klasse1 import Koerper
```

Anschließend definieren wir eine neue Klasse `Planet`. Dabei geben wir in runden Klammern den Namen der Basisklasse an. Die neue Klasse erbt nun die gesamte Funktionalität von der Klasse `Koerper`.

```
7  class Planet(Koerper):
```

Als Nächstes definieren wir die Methode `__init__`, die nun neben `self` drei Argumente erwartet. Damit wir den Code aus der Definition der Klasse `Koerper` nicht wiederholen müssen, rufen wir nun mithilfe der Funktion `super()` die Methode `__init__` der Basisklasse auf, die die Attribute `name` und `masse` festlegt und definieren anschließend das neue Attribut `radius`.

```
19    def __init__(self, name, masse, radius):
20        super().__init__(name, masse)
21        self.radius = radius
22        """float: Der Radius des Planeten [m]."""
```

Wir können nun weiter Methoden zu der Klasse `Planet` hinzufügen, die nahezu selbsterklärend sind:

```
24    def volumen(self):
25        """Berechne das Volumen des Planeten."""
26        return 4 / 3 * math.pi * self.radius ** 3
27
28    def dichte(self):
29        """Berechne die Dichte des Planeten."""
30        return self.masse / self.volumen()
```

Die nachfolgenden Zeilen demonstrieren die Verwendung der Klasse `Planet`.

```
33    if __name__ == '__main__':
34        jupiter = Planet('Jupiter', 1.89813e27,  6.9911e7)
35        rho = jupiter.dichte()
36        print(jupiter)
37        print(f'Dichte: {rho/1e3:.2f} g/cm³')
```

Die Ausgabe des Programms sieht wie folgt aus:

```
Körper Jupiter: m = 1.89813e+27 kg
Dichte: 1.33 g/cm³
```

Durch die Vererbung waren wir in der Lage, eine neue Klasse `Planet` zu erzeugen, die sich ähnlich verhält wie die Klasse `Koerper`, aber eine zusätzliche Funktionalität mitbringt. Dabei mussten wir nur die Dinge neu implementieren, die auch wirklich hinzugekommen sind oder sich geändert haben.

12.4 Überschreiben von Methoden

Vom Überschreiben einer Methode spricht man in der objektorientierten Programmierung, wenn man in einer Klasse eine Methode implementiert, die bereits in der Basisklasse vorhanden ist. Wir demonstrieren dies wieder an einem Beispiel, in dem wir eine neue Klasse `Planet2` definieren, die wir von `Planet` ableiten:

Programm 12.3: *GUI/klasse3.py*

```
3    from klasse2 import Planet
6    class Planet2(Planet):
9        def __str__(self):
10           """Gib eine Beschreibung des Planeten als String zurück."""
11           return f'{self.name}: m = {self.erdmassen():.2f} Erdmassen'
```

Wir haben in dieser neuen Klasse die Methode `__str__` definiert, die aber schon in der Basisklasse vorhanden war. Die neue Methode ersetzt (überschreibt) damit die alte

Methode aus der Basisklasse. Alle anderen Funktionalitäten der Klasse `Planet` werden unverändert übernommen, wie das folgende Beispiel zeigt:

```
14   if __name__ == '__main__':
15       planet = Planet2('Jupiter', 1.89813e27,  6.9911e7)
16       print(planet)
```

Die Ausgabe des Programms sieht wie folgt aus:

```
Jupiter: m = 317.83 Erdmassen
```

Beachten Sie, dass bei der Ausgabe von `planet` nun die Methode `__str__` der Klasse `Planet2` benutzt wird und nicht mehr die ursprünglich in der Klasse `Koerper` definierte Methode mit dem gleichen Namen.

12.5 Erzeugen einer Benutzeroberfläche mit PyQt

Bevor wir eine Benutzeroberfläche für eine physikalische Simulation umsetzen, schauen wir uns zunächst einmal ein ganz kurzes GUI-Programm mit PyQt an, das keinerlei Funktionalität implementiert. Wir importieren dazu zunächst ein Modul aus PyQt.

Programm 12.4: `GUI/leere_gui.py`

```
3   from PyQt5 import QtWidgets
```

Danach erzeugen wir ein Objekt app. Dieses Objekt erwartet eine Liste mit zusätzlichen Argumenten, die wir hier aber nicht benötigen. Wir übergeben daher eine leere Liste. Das Objekt app ist für die Verwaltung des Informationsflusses zwischen den verschiedenen grafischen Objekten zuständig. Weiterhin erzeugen wir ein Objekt window. Dieses Objekt ist dafür zuständig, ein Fenster auf dem Bildschirm dazustellen.

```
6   app = QtWidgets.QApplication([])
7   window = QtWidgets.QMainWindow()
```

In den nächsten beiden Zeilen wird die Methode show des Objekts window aufgerufen. Anschließend wird die Methode exec_ des Objekts app aufgerufen. Solange noch irgendwelche grafischen Elemente existieren, führt diese Methode eine sogenannte **Ereigniswarteschlange** (engl. **event queue**) aus, die dafür sorgt, dass das Programm auf Benutzereingaben reagieren kann.

```
10   window.show()
11   app.exec_()
```

Obwohl das Programm nur aus fünf Zeilen besteht, kann es erstaunlich viel: Man kann das Fenster zum Beispiel auf dem Bildschirm verschieben oder seine Größe verändern. Wenn man das Fenster schließt, wird das Programm beendet.

Abb. 12.1: Benutzeroberfläche des Würfelprogramms. *Das Label zur Anzeige des Würfelergebnisses wird im Qt Designer zunächst mit einem leeren String belegt.*

12.6 Design einer Benutzeroberfläche

Die meisten Benutzeroberflächen bestehen aus einer Reihe von Standardsteuerelementen, die geeignet in einem Fenster angeordnet werden müssen. Es ist eine recht mühsame Angelegenheit, eine Benutzeroberfläche von Hand in Form von Programmcode zu programmieren. Glücklicherweise ist das in den meisten Fällen auch gar nicht notwendig, da es Programme gibt, die Ihnen diese eher stupide Codeerzeugung abnehmen.

Für Qt gibt es das Programm »Qt Designer«, das Sie aus einem Anaconda-Prompt mit dem Befehl `designer` starten können. Wenn Sie das Programm starten, erscheint ein Dialog, mit dem Sie eine neue Benutzeroberfläche erstellen können. Wählen Sie hier den Punkt »Main Window« aus und klicken Sie auf »Neu von Vorlage«. Das Programm erstellt nun ein neues Fenster mit dem Namen »Main Window«. Auf der linken Bildschirmseite sehen Sie eine Auswahlliste mit verschiedenen Steuerelementen.

Im Prinzip könnten Sie nun diese Steuerelemente frei auf der Fläche des Fensters positionieren, indem Sie diese mit der Maus von der Auswahlliste in das Fenster schieben. Ich rate davon allerdings ab: Wenn Sie ein Programm schreiben wollen, das Sie auch an andere Personen weitergeben wollen, müssen Sie darauf achten, dass auf einem anderen Computer die Steuerelemente vielleicht eine andere Größe haben, weil die Bildschirmauflösung anders ist oder weil der Benutzer in den Einstellungen des Betriebssystems vielleicht größere Schriftarten gewählt hat.[3] Vielleicht sind Ihnen auch schon solche schlecht programmierten Benutzeroberflächen begegnet, bei denen dann Teile der Beschriftung oder der Steuerelemente nicht zugänglich waren.

Als Alternative zu dieser **absoluten Positionierung** gibt es in Qt eine Reihe von Behältern (engl. container), die man beliebig ineinanderschachteln kann. In jedem Container legt man eine Anordnung (engl. layout) der einzelnen Elemente fest. Das **Layout** sorgt dafür, dass für die einzelnen Steuerelemente auch so viel Platz zur Verfügung steht, wie diese gerade benötigen. In unserem ersten Beispiel werden wir nur ein »vertikales Layout« erzeugen, das die Steuerelemente vertikal untereinandersetzt. Im nächsten Beispiel in Abschn. 12.10 werden wir mehrere unterschiedliche Layouts ineinanderschachteln, um komplexere Anordnungen zu realisieren.

Wir starten mit einem ganz einfachen Anwendungsbeispiel. Wir möchten eine grafische Benutzeroberfläche erzeugen, die auf Knopfdruck eine Zufallszahl zwischen eins und sechs ausgibt und somit als Spielwürfel verwendet werden kann. Das fertige Programm soll wie in Abb. 12.1 dargestellt aussehen.

Starten Sie nun bitte das Programm `designer` und erstellen Sie, wie oben beschrieben, ein neues »Main Window«.

---

[3] Das Problem kann schon dann auftreten, wenn Sie das Programm auf einem Notebook-Computer vorführen und diesen an einen Beamer anschließen, da Beamer oft eine geringere Auflösung besitzen als die Notebook-Bildschirme.

- Ziehen Sie ein Element vom Typ »Push Button« aus der Kategorie »Buttons« aus der Auswahlliste am linken Bildschirmrand in das Fenster und legen Sie diesen in der oberen Hälfte des Fensters ab.

- Ziehen Sie nun ein Element vom Typ »Label« aus der Kategorie »Display Widgets« in das Fenster und legen Sie dieses in der unteren Bildschirmhälfte ab.

- Klicken Sie nun mit der rechten Maustaste in einen leeren Bereich des Fensters und wählen Sie unter »Layout« den Punkt »Objekte senkrecht anordnen«. Der Button sollte nun die gesamte Fensterbreite einnehmen, und das Label mit der Beschriftung »TextLabel« sollte darunter positioniert sein.

- Damit wir uns im Programm auf die Elemente der Benutzeroberfläche beziehen können, ist es sinnvoll, diesen geeignete Bezeichner zu geben. Dazu klicken Sie bitte mit der rechten Maustaste auf den PushButton und wählen Sie den Punkt »Objektnamen ändern«. Geben Sie dort bitte `button_wuerfeln` ein. Ändern Sie auf die gleiche Weise den Namen des Labels in `label_anzeige`.

- Das Ergebnis des Würfelns soll in einer großen Schrift dargestellt werden. Klicken Sie auf das Label. Auf der rechten Seite des Programms gibt es ein Fenster mit dem Titel »Eigenschaften«. Blättern Sie dort etwas nach unten. Sie finden unter dem Punkt »QWidget« verschiedene Einstellungen. Klappen Sie den Punkt »font« durch Klicken auf den kleinen Pfeil aus und geben Sie bei »Punktgröße« einen Wert von »36« ein.

- Das Ergebnis des Würfelns soll zentriert angezeigt werden. Klappen Sie dazu etwas weiter unten unter »QLabel« den Punkt »alignment« aus. Wählen sie nun unter »Horizontal« den Punkt »Horizontal zentrieren« aus. Der Text »TextLabel« sollte nun mittig erscheinen.

- Wir wollen nun noch den Button beschriften. Dazu klicken Sie mit der rechten Maustaste auf den Button und wählen den Menüpunkt »Text ändern«. Geben Sie hier bitte den Text »Würfeln!« ein.

- Ändern Sie auf die gleiche Weise den Text des Labels auf einen leeren String, indem Sie den vorgegebenen Text »TextLabel« löschen.

- Als Letztes legen wir den Titel des Fensters fest. Wählen Sie dazu im rechten Fensterbereich unter »Objektanzeige« den Punkt »MainWindow« aus. Im Fenster »Eigenschaften« finden Sie nun den Punkt »windowTitle«. Geben Sie hier den Text »Spielwürfel« ein.

- Sie können nun im Menü »Formular« den Punkt »Vorschau« auswählen. Es erscheint ein neues Fenster, in dem Sie den GUI-Entwurf testen können.

- Speichern Sie die soeben erstellte Benutzeroberfläche nun unter dem Dateinamen `wuerfel_gui.ui`.

Bei der gerade erzeugten Datei handelt es sich um eine XML-Datei, die Sie auch mit einem Texteditor ansehen können. In dieser sind die Eigenschaften der GUI-Elemente und ihre relative Anordnung zueinander festgelegt. Der exakte Aufbau dieser XML-Datei ist hier nicht weiter von Interesse, da diese automatisiert vom Qt Designer erstellt wird.

Programm 12.5: *GUI/wuerfel_gui.ui*

```
1  <?xml version="1.0" encoding="UTF-8"?>
2  <ui version="4.0">
3   <class>MainWindow</class>
4   <widget class="QMainWindow" name="MainWindow">
```

12.7 Implementierung der Benutzeroberfläche

Um die Benutzeroberfläche nun in einem Python-Programm verwenden zu können, wandeln wir die `.ui`-Datei in einen Python-Code um. Öffnen Sie dazu den Anaconda-Prompt und wechseln Sie mit dem Befehl `cd` in das Verzeichnis, in dem sich die Datei `wuerfel_gui.ui` befindet. Geben Sie anschließend den folgenden Befehl ein:[4]

```
pyuic5 wuerfel_gui.ui -o wuerfel_gui.py
```

Sie haben damit eine neue Datei mit Python-Code erzeugt, den Sie sich in einem Texteditor anschauen können. Nach einigen Kommentarzeilen und den notwendigen Modulimporten, wird in diesem Python-Code eine Klasse `Ui_MainWindow` mit einer Methode `setupUi` definiert. In der Methode `setupUi` werden für die verschiedenen Widgets entsprechende Python-Objekte erzeugt, und ihre Bezeichner und Eigenschaften werden so gesetzt, wie wir es mit dem Qt Designer definiert haben. Da der Code relativ umfangreich ist, wird im Folgenden nur ein kleiner Teil davon abgedruckt.

Programm 12.6: *GUI/wuerfel_gui.py*

```
11  class Ui_MainWindow(object):
12      def setupUi(self, MainWindow):
13          MainWindow.setObjectName("MainWindow")
14          MainWindow.resize(287, 240)
```

Bisher haben wir einen Python-Code erzeugt, der eine Klasse mit einer Methode definiert, die in der Lage ist, die Benutzeroberfläche darzustellen. Für das fertige Würfelprogramm müssen wir ein Python-Programm schreiben, das die folgenden Aufgaben hat:

1. Die Benutzeroberfläche, die wir im Qt Designer entworfen haben, muss angezeigt werden.

2. Wenn man auf den Knopf »Würfeln!« drückt, muss eine Zufallszahl gewürfelt werden.

3. Die gewürfelte Zufallszahl soll angezeigt werden.

---

[4] Die Abkürzung »uic« in `pyuic5` steht für engl. user interface compiler.

Die Grundidee, um das zu bewerkstelligen, ist im Rahmen der objektorientierten Programmierung sehr einfach: Die Klasse `PyQt5.QtWidgets.QMainWindow` stellt bereits ein leeres Fenster dar. Wir leiten von dieser Klasse nun also eine neue Klasse ab und müssen uns nur noch um die zusätzliche Funktionalität kümmern, die über das reine Darstellen des Fensters hinausgeht. Wir importieren dazu zunächst das Modul `random` zur Erzeugung von Zufallszahlen sowie das Modul `QtWidgets` von PyQt.

Programm 12.7: *GUI/wuerfel_mit_pyuic.py*

```
11  import random
12  from PyQt5 import QtWidgets
```

Als Nächstes importieren wir die Klasse `UI_MainWindow` aus dem Python-Modul, das wir mit `pyuic5` aus der `.ui`-Datei erzeugt haben:

```
15  from wuerfel_gui import Ui_MainWindow
```

Die eigentliche Programmlogik steckt in einer neu zu definierenden Klasse, die wir `MainWindow` nennen. Diese soll sowohl die Funktionalität der Klasse `QMainWindow` besitzen als auch die Methoden der Klasse `Ui_MainWindow`. Wir leiten die neue Klasse daher von beiden Basisklassen ab.

```
19  class MainWindow(QtWidgets.QMainWindow, Ui_MainWindow):
20      """Hauptfenster der Anwendung."""
```

Bevor wir uns mit der Implementierung dieser Klasse beschäftigen, schauen wir uns den Rest des Hauptprogramms an. Dieser entspricht weitgehend dem Programm 12.4. Der einzige Unterschied ist, dass das Objekt `window` jetzt eine Instanz der abgeleiteten Klasse `MainWindow` ist.

```
42  app = QtWidgets.QApplication([])
43  window = MainWindow()
46  window.show()
47  app.exec()
```

Kommen wir zurück zur Implementierung der Benutzeroberfläche. Diese spielt sich nun komplett in der Klasse `MainWindow` ab. In der Methode `__init__` wird zunächst die Basisklasse initialisiert. Dabei wird die Methode `__init__` der ersten Basisklasse, in diesem Fall also von `QMainWindow`, aufgerufen.[5]

```
19  class MainWindow(QtWidgets.QMainWindow, Ui_MainWindow):
20      """Hauptfenster der Anwendung."""
21
22      def __init__(self):
23          super().__init__()
```

Anschließend führen wir die Methode `setupUI` aus, die wir von der zweiten Basisklasse geerbt haben. Dabei wird für jedes Element der GUI ein entsprechendes Python-Objekt erzeugt. Diese Objekte werden alle dem Objekt `self` als Attribute hinzugefügt. Die

---

[5] Sollte in die Methode `__init__` in der ersten Basisklasse nicht existieren würde als Nächstes versucht, die entsprechende Methode der zweiten Basisklasse aufzurufen.

Bezeichner werden dabei genauso gewählt wie die Namen, die wir im Programm Qt Designer vergeben haben.

```
24        self.setupUi(self)
```

Wenn der Benutzer auf der Oberfläche eine Aktion ausführt, soll unser Programm darauf reagieren. Dazu gibt es in Qt das Konzept von **Signalen** (engl. signals) und **Slots**. Immer wenn der Benutzer mit einem Bedienelement interagiert, wird von dem Bedienelement ein Signal ausgelöst. Damit das Signal etwas Bestimmtes bewirkt, muss es mit einem Slot verbunden werden. Ein Slot ist also der Empfänger eines Signals, wobei es sich meist um eine gewöhnliche Python-Funktion handelt, die aufgerufen wird, wenn das Signal ausgelöst wird.

In unserem einfachen Programm haben wir nur ein Bedienelement, nämlich den Knopf zum Auslösen eines neuen Würfelns. Prinzipiell könnte man bei einem Mausklick auf den Knopf ein neues Würfeln auslösen. Das würde allerdings dazu führen, dass man nur schwer erkennen kann, ob auch wirklich neu gewürfelt wurde, wenn zweimal hintereinander die gleiche Zahl als Ergebnis erscheint. Wir wollen daher stattdessen erreichen, dass beim Drücken des Knopfes das Würfelergebnis gelöscht wird und erst beim Loslassen neu gewürfelt wird. Dazu verbinden wir das Signal `pressed` des Knopfes `button_wuerfeln` mit der Methode `loeschen`, und das Signal `released` verbinden wir mit der Methode `wuerfeln`. Diese Verbindungen stellt man mit dem folgenden Code her:

```
28        self.button_wuerfeln.pressed.connect(self.loeschen)
29        self.button_wuerfeln.released.connect(self.wuerfeln)
```

Wir haben damit bewirkt, dass automatisch die entsprechende Methode aufgerufen wird, wenn die dazugehörige Aktion auf der Benutzeroberfläche ausgeführt wird. Es stört an dieser Stelle nicht, dass die jeweilige Methode noch gar nicht existiert, denn die gesamte Funktion `__init__` wird ja erst aufgerufen, wenn das Fenster erzeugt wird.

Wir müssen nun noch die beiden Methoden definieren, damit unser Programm korrekt funktioniert. Die Implementierung der Methoden `loeschen` ist denkbar einfach. Der Text des Labels wird auf einen leeren String gesetzt:

```
31    def loeschen(self):
32        """Lösche die Anzeige des Würfels."""
33        self.label_anzeige.setText('')
```

In der Methode `wuerfeln` wird eine Zufallszahl zwischen eins und sechs gewürfelt, und diese Zahl wird als Anzeigetext verwendet.

```
35    def wuerfeln(self):
36        """Würfle eine Zahl zwischen 1 und 6 und zeige diese an."""
37        zahl = random.randint(1, 6)
38        self.label_anzeige.setText(f'{zahl}')
```

Damit ist unser Programm fertig. Beachten Sie bitte, dass sich die beiden Dateien `wuerfel_mit_pyuic.py` und `wuerfel_gui.py` im gleichen Verzeichnis auf Ihrem Rechner befinden müssen, wenn Sie das Programm starten möchten.

12.8 Direkte Verwendung einer .ui-Datei mit PyQt

Vielleicht haben Sie sich die Frage gestellt, ob es wirklich notwendig ist, die mit dem Qt Designer erstellte .ui-Datei zuerst in einen Python-Code zu konvertieren. Tatsächlich bietet PyQt die Möglichkeit an, die .ui-Datei ohne vorherige Umwandlung in einem Python-Programm zu verwenden. Dazu müssen wir das Programm 12.7 nur geringfügig abwandeln, indem wir zunächst die Funktion loadUiType aus dem Modul PyQt5.uic importierten. Anschließend benutzen wir diese Funktion, um die .ui-Datei einzulesen:

Programm 12.8: `GUI/wuerfel_mit_loadui.py`

```
 9   from PyQt5.uic import loadUiType
10
11   # Lade das mit dem Qt Designer erstellte Benutzerinterface.
12   Ui_MainWindow = loadUiType('wuerfel_gui.ui')[0]
```

Die Funktion loadUiType wertet die eingelesene XML-Datei aus und erzeugt im Speicher des Computers einen temporären Python-Code, der ausgeführt wird, um die zugehörige Klasse zu erzeugen. Zurückgegeben wird ein Tupel, das aus dieser Klasse (in diesem Fall Ui_MainWindow) und der in unserem Fall nicht weiter benötigten Basisklasse (in diesem Fall QtWidgets.QMainWindow) besteht. Völlig analog zum Programm 12.7 definieren wir nun die Klasse MainWindow:

```
16   class MainWindow(QtWidgets.QMainWindow, Ui_MainWindow):
17       """Hauptfenster der Anwendung."""
```

Der Rest dieses Programms ist völlig identisch zum Programm 12.7 und wird hier deswegen nicht abgedruckt.

12.9 Vorteile von pyuic gegenüber loadUiType

Auf den ersten Blick erscheint das Vorgehen mit der Funktion loadUiType einfacher zu sein, da man sich den zusätzlichen Übersetzungsschritt mit dem Befehl pyuic5 spart und sich somit Änderungen, die Sie mit dem Qt Designer an der .ui-Datei durchführen, unmittelbar auf das Python-Programm auswirken. Man erkauft sich dies allerdings mit einigen kleinen Nachteilen:

- Bei der Verwendung der Funktion loadUiType muss die .ui-Datei bei jedem Start des Python-Programms übersetzt werden. Daher startet das Programm geringfügig langsamer, als wenn man die Datei einmalig vorab übersetzt.

- Viele Python-Entwicklungsumgebungen (wie z.B. Spyder) interpretieren den übersetzten Python-Code der importierten Module und können daher Hilfestellungen, wie zum Beispiel Code-Vervollständigung anbieten. Dies ist insbesondere für die Namen der GUI-Elemente hilfreich. Da die Entwicklungsumgebungen aber im Allgemeinen nicht in der Lage sind, die .ui-Dateien zu interpretieren, muss man auf einige Komfort-Funktionen dieser Programme verzichten, wenn man mit der Funktion loadUiType arbeitet.

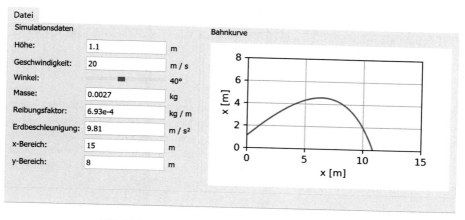

Abb. 12.2: Benutzeroberfläche für den schiefen Wurf.

- Es ist oftmals hilfreich für das eigene Verständnis, wenn man die Möglichkeit hat, sich den erzeugten Python-Code direkt im Texteditor anzusehen.

Ich persönlich bevorzuge bei eigenen Programmierprojekten das Vorgehen mit dem Befehl `pyuic5`, da ich die Code-Vervollständigung in Entwicklungsumgebungen wie Spyder als eine große Hilfe empfinde. Im weiteren Verlauf dieses Kapitels werden wir der Einfachheit halber allerdings die Variante mit `loadUiType` verwenden. Es ist letztendlich eine Frage der persönlichen Vorlieben. Wenn Sie möchten, können Sie natürlich die folgenden Programme auch für die Verwendung von `pyuic5` umschreiben. Es müssen jeweils lediglich zwei Zeilen im Python-Code geändert werden.

12.10 Benutzeroberfläche für den schiefen Wurf

Wir wollen nun ein etwas aufwendigeres Anwendungsbeispiel besprechen und eine Benutzeroberfläche für die Simulation des schiefen Wurfes mit Luftreibung (siehe Abschn. 7.7) programmieren. Die fertige Benutzeroberfläche ist in Abb. 12.2 dargestellt. Auf der linken Seite erfolgt die Eingabe der Simulationsparameter, und rechts wird die berechnete Bahnkurve dargestellt. Die vertikale Trennlinie zwischen dem Eingabebereich und dem Plotbereich kann mit der Maus verschoben werden. Starten Sie nun bitte das Programm `designer` und erstellen Sie ein neues »Main Window«.

- Ziehen Sie nacheinander zwei Elemente von Typ »Group Box« aus der Auswahlliste am linken Bildschirmrand in das Fenster und legen Sie diese nebeneinander ab. Die genaue Position ist nicht relevant. Ziehen Sie die Elemente mit der Maus etwas größer. Das vereinfacht die nachfolgenden Schritte. Jede der beiden Group Boxen hat einen Titel. Durch einen Doppelklick mit der Maus auf den Titel können Sie diesen bearbeiten. Nennen Sie das linke Feld »Simulationsdaten« und die rechte Group Box »Bahnkurve«.

- Positionieren Sie jetzt in der Group Box »Simulationsdaten« acht Elemente vom Typ »Label« auf der linken Seite untereinander. Daneben positionieren

Sie untereinander in der gleichen Box zwei Elemente vom Typ »Line Edit«, einen »Horizontal Slider« und fünf weitere Elemente »Line Edit«. Rechts davon sollten sie acht weitere »Label« setzen. Das sollte schon ungefähr aussehen wie in Abb. 12.2. Sie müssen sich aber keine Mühe damit geben, die Elemente exakt zu positionieren.

- Klicken Sie nun mit der rechten Maustaste in einen leeren Bereich der Group Box »Simulationsdaten«. Es erscheint ein Menü, in dem Sie unter »Layout« den Punkt »Objekte tabellarisch anordnen« auswählen. Die einzelnen Elemente sollten nun sauber in einem Raster angeordnet sein. Falls einige Elemente nicht in den richtigen Zeilen oder Spalten sitzen, können Sie dies durch Verschieben mit der Maus korrigieren.

- Als Nächstes beschriften Sie bitte die einzelnen Labels wie in Abb. 12.2, indem Sie jeweils mit der Maus doppelt daraufklicken und den entsprechenden Text eingeben. Geben Sie auch in den Texteingabefeldern (Line Edit) die vorein-gestellten Parameter ein. Achten Sie bitte darauf, dass Sie den Dezimalpunkt anstelle des Dezimalkommas verwenden.

- Bei dem Schieberegler für den Abwurfwinkel müssen wir noch festlegen, wel-cher Zahlenbereich von dem Schieberegler erfasst wird. Klicken Sie dazu den Schieberegler an. Auf der rechten Seite des Programms gibt es ein Fenster mit dem Titel »Eigenschaften«. Blättern Sie dort etwas nach unten. Sie finden unter dem Punkt »QAbstractSlider« verschiedene Einstellungen. Setzen Sie »minimum« auf 0, »maximum« auf 90 und »sliderPosition« auf 40.

- Wählen Sie nun die Group Box »Simulationsdaten« aus. Achten Sie darauf, dass Sie auch wirklich die Group Box auswählen und nicht ein darin enthaltenes Element. Halten Sie nun die Taste Strg auf der Tastatur gedrückt und klicken Sie auch die Group Box »Bahnkurve« an, sodass beide Group Boxen markiert sind. Klicken Sie nun mit der rechten Maustaste und wählen Sie in dem Menü unter »Layout« den Punkt »Objekte waagrecht um Splitter anordnen«. Dadurch wird um die beiden Group Boxen ein sogenannter Splitter gelegt, sodass man die horizontale Platzaufteilung später mit der Maus verändern kann.

- Klicken Sie nun mit der rechten Maustaste in einen leeren Bereich des Fensters und wählen Sie unter »Layout« den Punkt »Objekte senkrecht anordnen«. Die beiden Group Boxen sollten nun den Bereich des Fensters fast vollständig füllen.

- Um uns im Programm auf die Objekte beziehen zu können, geben wir diesen wieder geeignete Bezeichner. Dazu klicken Sie bitte mit der rechten Maustas-te auf das erste Eingabefeld für die Abwurfhöhe und wählen Sie den Punkt »Objektnamen ändern«. Geben Sie dort bitte `edit_h` ein. Verfahren Sie mit den anderen Textfeldern genauso und geben Sie diesen die folgenden Namen: `edit_v`, `edit_m`, `edit_cwArho`, `edit_g`, `edit_xmax` und `edit_ymax`. Auf die gleiche Weise geben Sie dem Schieberegler für den Abwurfwinkel bitte den Namen `slider_alpha`. Geben Sie dem Label rechts von dem Slider für die Winkelangabe bitte den Namen `label_alpha`.

- Damit wir später in die Group Box »Bahnkurve« unseren Plot einfügen können, müssen wir dieser ebenfalls einen Namen geben. Das geht genauso wie bei den Eingabefeldern. Nennen Sie diese Box `box_plot`.

- Als Nächstes müssen wir ein Layout für die Group Box »Bahnkurve« festlegen. Dazu benötigen wir einen kleinen Trick, da man im Qt Designer ein Layout erst festlegen kann, wenn mindestens ein Steuerelement enthalten ist. Ziehen Sie dazu bitte einen »Push Button« in die Group Box »Bahnkurve«. Klicken Sie anschließend mit der rechten Maustaste in einen leeren Bereich der Group Box und wählen Sie unter »Layout« den Punkt »Objekte senkrecht anordnen«. Danach klicken Sie mit der rechten Maustaste auf den gerade eingefügten »Push Button« und löschen Sie diesen wieder.

- Anschließend erstellen wir die Menüleiste. Ganz oben in dem Fenster steht bereits ein Eintrag »Geben Sie Text ein«. Klicken Sie dort doppelt mit der Maus und geben Sie »Datei« ein. Es öffnet sich daraufhin ein Menü. Erstellen Sie auf die gleiche Art und Weise dort einen Menüpunkt »Beenden«. Der Menüpunkt erhält dabei automatisch den Bezeichner `actionBeenden`.

- Wir wollen nun erreichen, dass der Menüpunkt »Beenden« auch tatsächlich das Fenster schließt. Prinzipiell könnte man die Verbindung des entsprechenden Signals mit einer Funktion, die das Fenster schließt, von Hand programmieren. Da das Schließen eines Fensters aber bereits ein vordefinierter Slot der Klasse `QMainWindow` ist, können wir diese Verbindung auch direkt im Qt Designer herstellen: Im rechten Bereich des Programms Qt Designer finden Sie ein Fenster mit dem Titel »Signale und Slots«. Erzeugen Sie zunächst mit dem grünen +-Zeichen eine neue Zeile in der Tabelle. Klicken Sie danach bitte doppelt auf das erste Feld »<Sender>«. Es erscheint eine Auswahlliste, aus der Sie bitte `actionBeenden` auswählen. Auf die gleiche Art wählen Sie in der Spalte »Signal« den Punkt `triggered()`. Als Empfänger wählen Sie `MainWindow`, und als Slot wählen Sie `close()`. Damit bewirken Sie, dass das Betätigen (engl. trigger für auslösen) des Menüpunkts `actionBeenden` die Methode `close` des Hauptfensters aufruft und damit das Fenster schließt.

- Sie können nun im Menü »Formular« den Punkt »Vorschau« auswählen. Es erscheint ein neues Fenster, in dem Sie den GUI-Entwurf testen können. Dieser hat noch zwei unschöne Eigenschaften: Zum einen ist die linke Group Box »Simulationsdaten« viel zu groß, und zum anderen werden die Eingabefelder unschön auseinandergezogen, wenn man das Fenster vertikal vergrößert. Schließen Sie dieses Fenster wieder. Sie können dazu bereits den Menüpunkt »Beenden« im Menü »Datei« verwenden.

- Das Problem mit den auseinandergezogenen Textfeldern kann man lösen, indem man in der Group Box »Simulationsdaten« unterhalb der Eingabefelder ein Element vom Typ »Vertical Spacer« einfügt. Dabei handelt es sich um ein nicht sichtbares Steuerelement, das den verbleibenden vertikalen Raum ausfüllt, sodass die restlichen Elemente am oberen Rand der Group Box sitzen.

- Um die Group Box »Bahnkurve« größer zu machen, klicken Sie bitte mit der linken Maustaste auf diese Group Box. Im rechten Fensterbereich finden Sie unter

»Eigenschaften« einen Punkt »sizePolicy«. Klicken Sie bitte auf den kleinen Pfeil links von diesem Punkt, um die zugehörigen Unterpunkte aufzuklappen, und wählen Sie bei »Horizontaler Einstellung« den Punkt »Expanding« aus. Geben Sie bei »Horizontaler Dehnungsfaktor« die Zahl 1 ein.

- Als Letztes legen wir den Titel des Fensters fest. Wählen Sie dazu im rechten Fensterbereich unter »Objektanzeige« den Punkt »MainWindow« aus. Im Fenster »Eigenschaften« finden Sie nun den Punkt »windowTitle«. Geben Sie hier den Text »Schiefer Wurf« ein.

- Um der Benutzeroberfläche den letzten Schliff zu geben, können Sie im Menü »Bearbeiten« den Punkt »Tabulatorreihenfolge bearbeiten« auswählen. Sie bekommen nun angezeigt, in welcher Reihenfolge man durch die Eingabefelder springt, wenn man bei der Bedienung des fertigen Programms die Taste TAB drückt. Sie können diese Reihenfolge festlegen, indem Sie die durchnummerierten Felder, die nun erscheinen, in der richtigen Reihenfolge anklicken. Sie verlassen diesen Bearbeitungsmodus indem Sie die Escape-Taste drücken.

- Speichern Sie die grafische Benutzeroberfläche nun unter dem Dateinamen `schiefer_wurf_gui.ui`.

Bei der soeben erzeugten Datei handelt es sich wieder um eine XML-Datei, die aber nun wesentlich größer ist als die Datei, die wir im Abschnitt 12.6 erzeugt haben.

Programm 12.9: *GUI/schiefer_wurf_gui.ui*

```
1  <?xml version="1.0" encoding="UTF-8"?>
2  <ui version="4.0">
3   <class>MainWindow</class>
4   <widget class="QMainWindow" name="MainWindow">
```

Die vollständige Datei können Sie auf der Webseite zum Buch ansehen und herunterladen. Schauen Sie sich die Datei bitte einmal an. Sie können dort gut die Schachtelung der verschiedenen Layout-Element erkennen.

12.11 Implementierung der Benutzeroberfläche

Um die soeben erstellte Benutzeroberfläche in einem Python-Programm zu implementieren, gehen wir prinzipiell ähnlich vor wie bei dem Programm für den Würfel in Abschn. 12.7. Wir beginnen mit dem Import der benötigten Module von Matplotlib. Dabei darf man das Modul `matplotlib.pyplot` nicht importieren, da dies zu Problemen in der Zusammenarbeit mit Qt führen kann. Das liegt daran, dass das Modul `pyplot` eine eigene Ereigniswarteschlange einrichtet, die mit der Ereigniswarteschlange von Qt in die Quere kommen kann.

Achtung!

Verwenden Sie in einem Programm, das mit PyQt eine Benutzeroberfläche erzeugt, nie das Modul `matplotlib.pyplot`.

Stattdessen importieren wir explizit ein Modul, das ein Interface zur Qt-Bibliothek herstellt, und das Modul `figure`, auf das wir später zurückkommen.

Programm 12.10: `GUI/schiefer_wurf.py`

```
4  import matplotlib as mpl
5  import matplotlib.backends.backend_qt5agg
6  import matplotlib.figure
```

Danach importieren wir die benötigten Module des Pakets PyQt5

```
9   from PyQt5 import QtWidgets
10  from PyQt5.uic import loadUiType
```

und anschließend die Module, die wir für die Simulation benötigen.

```
13  import math
14  import numpy as np
15  import scipy.integrate
```

Nun laden wir zunächst die `.ui`-Datei mit

```
18  Ui_MainWindow = loadUiType('schiefer_wurf_gui.ui')[0]
```

und definieren anschließend die neue Klasse `MainWindow`, die wir völlig analog zum Programm 12.7 sowohl von `QMainWindow` als auch von `UI_MainWindow` ableiten:

```
21  class MainWindow(QtWidgets.QMainWindow, Ui_MainWindow):
22      """Hauptfenster der Anwendung."""
23
24      def __init__(self):
25          super().__init__()
26          self.setupUi(self)
```

Als Nächstes definieren wir innerhalb der Methode `__init__` ein Attribut, das später auf `False` gesetzt wird, wenn auf der Oberfläche eine ungültige Eingabe vorgenommen wird.

```
28      self.eingabe_okay = True
29      """bool: Statusvariable (False, bei einer Fehleingabe)."""
```

Danach erstellen wir eine Figure. Dazu verwenden wir aber nicht, wie bei unseren bisherigen Simulationen, die Funktion `plt.figure`, sondern wir erzeugen direkt ein Objekt der Klasse Figure.

```
30      self.fig = mpl.figure.Figure()
31      """Figure: Figure für den Plot der Bahnkurve."""
```

Anschließend erzeugen wir eine Axes

```
32      self.ax = self.fig.add_subplot(1, 1, 1)
33      """Axes: Axes für den Plot der Bahnkurve."""
```

und nehmen die üblichen Einstellungen vor.

```
36    self.fig.set_tight_layout(True)
37    self.ax.set_xlabel('$x$ [m]')
38    self.ax.set_ylabel('$y$ [m]')
39    self.ax.set_aspect('equal')
40    self.ax.grid()
```

Wir wollen nun die Figure zur Benutzeroberfläche darstellen. Dazu müssen wir ihr zuerst eine passende Zeichenfläche zuordnen, die mit Qt kompatibel ist.

```
43    mpl.backends.backend_qt5agg.FigureCanvasQTAgg(self.fig)
```

Diese Zeichenfläche fügen wir jetzt zu unserer Benutzeroberfläche hinzu. Dazu greifen wird mit `self.box_plot` auf die rechte der beiden Group-Boxen zu. Die Methode `layout()` dieses Objekts gibt ein weiteres Objekt zurück. In diesem Fall ist das ein Objekt vom Typ `QVBoxLayout`, da wir im Qt Designer als Layout »Objekte senkrecht anordnen« gewählt hatten. Zu diesem Objekt fügen wir jetzt mit der Methode `addWidget` die Zeichenebene der Figure hinzu.

```
44    self.box_plot.layout().addWidget(self.fig.canvas)
```

Anschließend erzeugen wir einen Linienplot für die Darstellung der Bahnkurve, den wir aber zunächst leer lassen:

```
47    self.plot_bahn, = self.ax.plot([], [])
48    """matplotlib.lines.Line2D: Plot der Bahnkurve."""
```

Wir müssen nun die Signale der Bedienelemente mit den zugehörigen Slots verbinden und beginnen mit dem Schieberegler `slider_alpha` für den Winkel. Immer wenn der Zahlenwert des Schiebereglers verändert wird, soll der Zahlenwert des Winkels in dem Label `label_alpha` angepasst werden. Das Signal des Schiebereglers hat die Bezeichnung `valueChanged`. Dieses Signal soll mit der Methode `winkelanzeige` verbunden werden, die wir später implementieren werden.

```
53    self.slider_alpha.valueChanged.connect(self.winkelanzeige)
```

Auf die gleiche Art stellen wir jetzt sicher, dass eine neue Simulation gestartet wird, wenn ein Wert innerhalb der Eingabefelder oder des Schiebereglers verändert wird, indem wir die entsprechenden Signale mit einer Methode `simulation` verbinden. Das passende Signal der Eingabefelder hat die Bezeichnung `editingFinished`. Beachten Sie bitte, dass wir das Signal des Schiebereglers ebenfalls mit der Methode `simulation` verbinden, obwohl es schon mit der Methode `winkelanzeige` verbunden ist. Das ist für Qt aber kein Problem: Es werden dann einfach nacheinander beide Methoden aufgerufen, wenn das Signal ausgelöst wird.

```
57    self.slider_alpha.valueChanged.connect(self.simulation)
58    self.edit_h.editingFinished.connect(self.simulation)
59    self.edit_v.editingFinished.connect(self.simulation)
60    self.edit_m.editingFinished.connect(self.simulation)
61    self.edit_cwArho.editingFinished.connect(self.simulation)
62    self.edit_g.editingFinished.connect(self.simulation)
63    self.edit_xmax.editingFinished.connect(self.simulation)
```

```
64          self.edit_ymax.editingFinished.connect(self.simulation)
```

Damit sind wir schon fast am Ende der Methode `__init__` angelangt. Im letzten Schritt rufen wir einmal die beiden Methoden `winkelanzeige` und `simulation` auf, damit direkt nach dem Starten des Programms auch bereits eine Bahnkurve angezeigt wird.

```
67          self.winkelanzeige()
68          self.simulation()
```

Als Nächstes müssen wir die Methode `winkelanzeige` implementiertem. Diese Methode soll den Zahlenwert aus dem Schieberegler `slider_alpha` auslesen und als formatierten Text in das Label `label_alpha` schreiben. Der Code ist nahezu selbsterklärend.

```
70      def winkelanzeige(self):
71          """Aktualisiere das Feld für die Winkelangabe."""
72          alpha = self.slider_alpha.value()
73          self.label_alpha.setText(f'{alpha}°')
```

Innerhalb der Methode `simulation` müssen wir aus mehreren Textfeldern jeweils die Eingabe auslesen und als Gleitkommazahl interpretieren. Dabei kann es vorkommen, dass der Benutzer etwas eingibt, was sich einfach nicht als Gleitkommazahl interpretieren lässt. Da wir die gleiche Funktionalität für mehrere Eingabefelder benötigen, schreiben wir eine neue Methode `eingabe_float`. Diese Methode bekommt als Argument das Texteingabefeld übergeben und soll die Gleitkommazahl zurückgeben. Prinzipiell könnte man diese Methode wie folgt implementieren:

```
def eingabe_float(self, field):
    value = float(field.text())
    return value
```

Das würde aber dazu führen, dass das Programm komplett abgebrochen wird, wenn man im Textfeld einen Text eingibt, der nicht in eine Gleitkommazahl umgewandelt werden kann.

Für das Folgende ist es wichtig zu wissen, dass in Python jeder Fehler einen Datentyp hat. Probieren Sie zum Beispiel einmal in einer Python-Shell die folgende Eingabe aus:

```
>>> float('keine Zahl')
Traceback (most recent call last):
  File "<stdin>", line 1, in <module>
ValueError: could not convert string to float: 'keine Zahl'
```

Der Fehler, den wir gerade erzeugt haben, hat den Typ `ValueError`. Es gibt in Python eine sehr elegante Methode, auf das Auftreten von bestimmten Fehlern zu reagieren. Wir betrachten dazu die folgende Implementierung der Methode `eingabe_float`:

```
75      def eingabe_float(self, field):
76          """Lies eine Gleitkommazahl aus einem Textfeld aus."""
77          try:
78              value = float(field.text())
79          except ValueError:
```

```
80              self.eingabe_okay = False
81              field.setStyleSheet("background: pink")
82              self.statusbar.showMessage('Fehlerhafte Eingabe!')
83          else:
84              field.setStyleSheet("")
85              return value
```

Python versucht den Anweisungsblock, der mit dem Schlüsselwort `try` eingeleitet wird, auszuführen. Wenn innerhalb dieses Blocks ein Fehler vom Typ `ValueError` auftritt, dann wird der Anweisungsblock hinter `except` ausgeführt. Für unsere Anwendung bedeutet dies, dass im Fehlerfall das Attribut `eingabe_okay` auf `False` gesetzt und das Eingabefeld mit einem hellroten Hintergrund versehen wird.[6] Außerdem wird in der Statuszeile eine Fehlermeldung ausgegeben. Das Objekt mit dem Namen `statusbar` wird vom Qt Designer beim Erstellen eines neuen Fensters zusammen mit der Menüleiste automatisch erzeugt. Wenn im `try`-Block kein Fehler aufgetreten ist, wird der `else`-Block ausgeführt, in welchem das Standardaussehen des Eingabefeldes wiederhergestellt und die aus dem Feld ausgelesene Gleitkommazahl zurückgegeben wird.

Wir kommen nun zum Kern unserer kleinen GUI-Anwendung, nämlich der eigentlichen Simulation, die in der Methode `simulation` implementiert ist. Zu Beginn setzen wir das Attribut `eingabe_okay` auf `True`.

```
87      def simulation(self):
88          """Starte eine Simulation mit neuen Parametern."""
90          self.eingabe_okay = True
```

Danach fragen wir nacheinander alle Eingabefelder ab. Tritt dabei ein Fehler auf, wird das entsprechende Feld rot umrahmt und `eingabe_okay` wird auf `False` gesetzt.

```
93          hoehe = self.eingabe_float(self.edit_h)
94          geschw = self.eingabe_float(self.edit_v)
95          m = self.eingabe_float(self.edit_m)
96          cwArho = self.eingabe_float(self.edit_cwArho)
97          g = self.eingabe_float(self.edit_g)
98          xmax = self.eingabe_float(self.edit_xmax)
99          ymax = self.eingabe_float(self.edit_ymax)
100         alpha = math.radians(self.slider_alpha.value())
```

Wenn in irgendeiner der Eingaben ein Fehler aufgetreten ist, können wir keine Simulation durchführen und beenden die Ausführung der Methode.

```
103         if not self.eingabe_okay:
104             return
```

Nun folgt der eigentliche Simulationsteil, der nahezu unverändert aus dem Programm 7.6 übernommen werden kann. Beachten Sie dabei, dass die für die Lösung der Differentialgleichung benötigte Funktion `dgl` und die Ereignisfunktion `aufprall`

---

[6] In Qt werden sogenannte »Style Sheets« verwendet, um das Erscheinungsbild von grafischen Elementen zu beeinflussen. Diese Style Sheets haben eine große Ähnlichkeit zu den Style Sheets, die zur Gestaltung von HTML-Seiten verwendet werden. Eine ausführliche Erklärung finden Sie in der Dokumentation zu Qt [5].

Fehlerbehandlung mit `try` und `except`

Python bietet mit den Schlüsselwörtern `try`, `except`, `else` und `finally` ein umfassendes Werkzeug zur Fehlerbehandlung. Die Syntax ist unten dargestellt. Dabei muss es zu einem `try`-Block immer mindestens einen `except`-Block geben. Alle weiteren Blöcke sind optional.

```
try:
    Block, in dem eventuell ein Fehler auftreten könnte.
except Fehlertyp:
    Block, der abgearbeitet wird, wenn ein Fehler vom Typ
    Fehlertyp aufgetreten ist.
else:
    Block, der nur ausgeführt wird, wenn der try-Block ohne
    Fehler ausgeführt wurde.
finally:
    Block, der auf jeden Fall ausgeführt wird, selbst dann,
    wenn in der Fehlerbehandlung ein weiterer Fehler
    aufgetreten ist.
```

Hinter dem Schlüsselwort `except` können Sie in runden Klammern auch eine Liste von Fehlertypen angeben, wenn Sie mehrere Fehler in einem `except`-Block behandeln möchten. Sie können auch mehrere `except`-Blöcke für unterschiedliche Fehlertypen erstellen. Ein `except`-Block, bei dem kein Fehlertyp angegeben wird, behandelt alle bisher unbehandelten Fehler.

Bei einer Fehlerbehandlung sollten Sie immer darauf achten, dass Sie möglichst spezifisch auf Fehler reagieren. Der `try`-Block sollte möglichst wenig Code enthalten, und der `except`-Block sollte nur auf den Fehler reagieren, den Sie auch tatsächlich erwarten.

innerhalb der Methode `simulation` definiert werden. Da wir diesen Code ausführlich in Abschn. 7.7 besprochen haben, überspringen wir ihn hier.

Zu guter Letzt müssen wir die Darstellung des Plots aktualisieren.

```
141     self.plot_bahn.set_data(r[0], r[1])
142     self.ax.set_xlim(0, xmax)
143     self.ax.set_ylim(0, ymax)
```

Außerdem müssen wir dafür sorgen, dass der Inhalt der Zeichenfläche neu gezeichnet wird.

```
146     self.fig.canvas.draw()
```

Eine eventuell noch vorhandene Fehlermeldung in der Statuszeile löschen wir nun.

```
149     self.statusbar.clearMessage()
```

Damit ist unser kleines Programm (fast) fertig. Ich habe das Wort »fast« bewusst in Klammern gesetzt, da unser Programm leicht zum Abstürzen gebracht werden kann. Dies passiert zum Beispiel, wenn Sie eine negative Zahl für die Erdbeschleunigung auf der grafischen Benutzeroberfläche eingeben, da dann der Gegenstand nie den Erdboden erreicht. Bitte beachten Sie, dass dabei an keiner Stelle des Programms eine Fehlermeldung ausgegeben wird. Die Simulation läuft einfach beliebig lange, und solange die Methode `simulation` nicht beendet ist, können von der Benutzeroberfläche auch keine weiteren Ereignisse verarbeitet werden. In unserem Fall könnte man das Problem im Prinzip lösen, indem man alle denkbaren Fehleingaben abfängt. Das ist aber bei komplexeren Simulationen gar keine so einfache Aufgabe.

Eine andere Möglichkeit besteht darin, mit sogenannten **Threads** zu arbeiten. Ein Thread ist ein Teil eines Programms, der parallel zu dem Rest des Programms verarbeitet wird. Threads erlauben, dass die Benutzeroberfläche weiter auf Eingaben reagieren kann, während beispielsweise eine Berechnung läuft. Eine gute Einführung in das Arbeiten mit Threads finden Sie in vielen Programmierhandbüchern zu Python [6, 7]. Das Buch von Fitzpatric [8] behandelt insbesondere das Arbeiten mit Threads im Zusammenhang mit Qt grafischen Benutzeroberflächen.

12.12 Generatoren

In Abschn. 12.13 werden wir diskutieren, wie innerhalb einer grafischen Benutzeroberfläche eine Animation dargestellt werden kann. Dabei ergibt sich die Schwierigkeit, dass man bei der Erstellung eines Animationsobjekts schon festlegen muss, wie viele Bilder dargestellt werden sollen. Das kann sich in einem Programm mit grafischer Benutzeroberfläche aber zwischenzeitlich ändern, wenn der Benutzer entsprechende Einstellungen verändert. Eine besonders elegante Möglichkeit, dieses Problem zu lösen, besteht in der Verwendung eines sogenannten **Generators**. Generatoren sind spezielle iterierbare Objekte, das heißt, man kann zum Beispiel mit einer `for`-Schleife über diese Objekte iterieren.

Die einfachste Variante eines Generators ist in dem folgenden Beispiel demonstriert, das die Zahlen 3, 7 und 5 ausgibt. Dazu wird zunächst ein Generator g definiert. Die Definition sieht genauso aus wie die Definition einer gewöhnlichen Funktion, nur dass das Schlüsselwort `yield` in der Funktion auftaucht.

Programm 12.11: `GUI/generator.py`

```
4   def generator():
5       """Generiere die Folge 3, 7, 5."""
6       yield 3
7       yield 7
8       yield 5
```

Der Aufruf von g erzeugt ein Generatorobjekt, über das man mit einer `for`-Schleife iterieren kann.

```
11  for k in generator():
12      print(k)
```

Während der Iteration wird der Code von g bis zur ersten `yield`-Anweisung ausgeführt, und die durch `yield` zurückgegebene Zahl wird der Variablen k zugewiesen. Die Ausführung von g wird nun angehalten und der Rumpf der `for`-Schleife ausgeführt. In der nächsten Iteration wird g nun direkt hinter der ersten `yield`-Anweisung fortgesetzt und bis zur nächsten `yield`-Anweisung ausgeführt und so weiter. Die Iteration endet, wenn die Ausführung am Ende von g angekommen ist oder wenn g mit einer `return`-Anweisung beendet wird.

Mit Generatoren kann man sehr effizient Schleifen programmieren. Das folgende Beispiel erzeugt einen Generator, mit dem man über Quadratzahlen iterieren kann.

Programm 12.12: *GUI/quadratzahlen.py*

```
4   def quadratzahlen(n):
5       """Erzeuge alle Quadratzahlen kleiner n."""
6       i = 1
7       while i**2 < n:
8           yield i**2
9           i += 1
```

Die folgende Schleife zeigt die Anwendung des Generators, indem alle Quadratzahlen kleiner als 100 ausgegeben werden. vorherigen Beispiel.

```
13  for k in quadratzahlen(100):
14      print(k)
```

Sie erkennen an diesem Beispiel, dass die Variablen, die innerhalb des Generators definiert worden sind, ihren Zustand zwischen zwei `yield`-Anweisungen beibehalten.

12.13 Animationen in GUIs

Viele der in diesem Buch vorgestellten Simulationen haben eine animierte Darstellung erzeugt, und vielleicht möchten Sie auch für eine solche Animation eine grafische Benutzeroberfläche erstellen. Natürlich ist auch das mit Qt möglich. Das folgende Programm demonstriert eine Animation in einer Benutzeroberfläche wieder am Beispiel des schiefen Wurfes. Neben der Trajektorie soll nun auch die Bewegung des Gegenstands grafisch dargestellt werden. Die wesentliche Schwierigkeit bei einem solchen Programm besteht darin, dass der Benutzer jederzeit die Simulationsparameter ändern kann – auch wenn gerade die Animation abgespielt wird. In diesem Fall soll eine neue Simulation durchgeführt werden und die Animation von vorne starten. Wir müssen daher in der Lage sein, die Animation anzuhalten und auf das erste Bild zurückzusetzen.

Um die Animation umzusetzen, müssen wir zunächst in der Definitionsdatei für die Benutzeroberfläche zwei Buttons zum Starten und Anhalten der Animation hinzufügen.

Programm 12.13: *GUI/schiefer_wurf_animation_gui.ui*

```
1   <?xml version="1.0" encoding="UTF-8"?>
2   <ui version="4.0">
3    <class>MainWindow</class>
4    <widget class="QMainWindow" name="MainWindow">
```

Das Programm ist in weiten Teilen dem Programm 12.10 sehr ähnlich, sodass wir hier nur einige wenige Punkte des Programms besprechen.

Innerhalb der Methode `__init__` der Klasse `Mainwindow` definieren wir zwei Attribute. Eines gibt an, ob die Animation gerade läuft oder durch Drücken des Stopp-Knopfes angehalten wurde. Das Zweite gibt die aktuelle Bildnummer an.

Programm 12.14: *GUI/schiefer_wurf_animation.py*

```
32      self.animation_laeuft = False
33      """bool: Statusvariable (True, wenn die Animation läuft)"""
34      self.bildnummer = 0
35      """int: Nummer des Bildes, das aktuell dargestellt wird."""
```

Weiterhin erzeugen wir dort das Animationsobjekt, dem wir nicht eine feste Bildanzahl mitgeben, sondern den Generator self.frames().

```
76      self.anim = mpl.animation.FuncAnimation(
77          self.fig, self.update_anim, frames=self.frames(),
78          interval=30, blit=True)
79      """FuncAnimation: Matplotlib-Animationsobjekt."""
```

Außerdem verbinden wir den Start- und Stopp-Knopf jeweils mit einer entsprechenden Methode.

```
102     self.button_start.clicked.connect(self.start_animation)
103     self.button_stop.clicked.connect(self.stop_animation)
```

Der Generator zur Erzeugung der Bildnummern wird als Methode von Mainwindow definiert. Diese besteht aus einer Endlosschleife, die jeweils die aktuelle Bildnummer zurückgibt und diese anschließend erhöht, wobei sichergestellt werden muss, dass die Bildnummer stets kleiner als die Anzahl der simulierten Zeitpunkte ist. Dazu wird die Bildnummer am Ende der Animation wieder auf null gesetzt, sodass die Animation von vorne startet.

```
197     def frames(self):
203         while True:
204             yield self.bildnummer
205             if self.animation_laeuft:
206                 self.bildnummer += 1
207             if self.bildnummer >= self.t.size:
208                 self.bildnummer = 0
```

Wir müssen nun noch die beiden Methoden definieren, die aufgerufen werden, wenn der Start- bzw. der Stopp-Knopf gedrückt werden. Zum Start der Animation wird das Attribut animation_laeuft gesetzt. Außerdem muss dem Animationsobjekt noch mitgeteilt werden, das es starten möge.

```
122     def start_animation(self):
123         """Starte die Animation."""
124         self.animation_laeuft = True
125         self.anim.event_source.start()
```

Zum Anhalten der Animation setzen wir das entsprechende Attribut auf False und die Bildnummer auf null zurück.

```
127     def stop_animation(self):
128         """Halte die Animation an."""
129         self.animation_laeuft = False
130         self.bildnummer = 0
```

Ab jetzt liefert der Generator `frames` bis auf Weiteres immer die gleiche Bildnummer null zurück.

Die eigentliche Simulationsmethode `simulation` wird etwas abgewandelt, sodass die Ergebnisse nicht in lokalen Variablen, sondern in zwei Attributen `t` für die Zeitpunkte und `r` für die Ortsvektoren gespeichert werden. In der `update`-Funktion für die Animation aktualisieren wir auf die gewohnte Weise die Grafikobjekte:

```
210    def update_anim(self, n):
211        """Aktualisiere die Grafik zum n-ten Zeitschritt."""
212        self.plot_punkt.set_data(self.r[0, n], self.r[1, n])
213        self.text_zeit.set_text(f'$t$ = {self.t[n]:.2f} s')
214
215        return self.plot_punkt, self.plot_bahn, self.text_zeit
```

Damit ist das Programm zur animierten Darstellung des schiefen Wurfes mit einer grafischen Benutzeroberfläche auch im Wesentlichen fertig.

Versuchen Sie doch einmal, eine der vielen in diesem Buch besprochenen Animationen selbst mit einer grafischen Benutzeroberfläche zu versehen. Ich empfehle Ihnen dazu, sich zunächst möglichst nahe an der Struktur des hier vorgestellten Programms zu orientieren, bevor Sie sich an größeren Änderungen versuchen.

Zusammenfassung

Objektorientierte Programmierung: Da die Programmierung grafischer Benutzeroberflächen relativ komplex ist, wird meist eine objektorientierte Programmierung verwendet. Wir haben die grundlegenden Aspekte der objektorientierten Programmierung kennengelernt und insbesondere gesehen, wie man in Python eigene Klassen erstellt.

Vererbung: Beim Erstellen eigener Klassen ist die Vererbung ein wichtiges Hilfsmittel. Dabei werden neue Klassen von einer Basisklasse abgeleitet. Auf diese Weise kann man die Funktionalität von bereits bestehenden Klassen weiterverwenden und erweitern.

Benutzeroberflächen mit Qt: Wir haben die Entwicklung einer grafischen Benutzeroberfläche zunächst an einer kleinen Applikation für einen Würfel und anschließend am Beispiel der Simulation des schiefen Wurfs mit Luftreibung besprochen und dabei die Bibliothek Qt kennengelernt.

Qt Designer: Die entsprechenden Benutzeroberflächen haben wir nicht im eigentlichen Sinne programmiert, sondern mithilfe des Programms Qt Designer grafisch erstellt. Dabei haben wir verschiedene Arten von Layouts benutzt. Im Gegensatz zu einer absoluten Positionierung der Steuerelemente erlauben es die Layouts, dass eine Benutzeroberfläche unabhängig von der Bildschirmauflösung gut funktioniert.

PyQt: Die Module des Pakets `PyQt5` bilden die Schnittstelle zwischen Python und der Bibliothek Qt. Wir haben gesehen, wie man eine mit dem Qt Designer erstellte Benutzeroberfläche in ein Python-Programm einbindet. Dabei haben wir uns auf einige wesentliche Punkte beschränkt. Für eine tiefergehende Einleitung möchte ich an dieser Stelle auf die Dokumentationen von PyQt [9] und Qt [10] verweisen. Darüber hinaus gibt es gute Tutorials, die auf den Seiten der Python-Foundation verlinkt sind [11].

Signale und Slots: Wir haben gelernt, dass die Steuerelemente einer Benutzeroberfläche in Qt sogenannte Signale aussenden, die man mit eigenen Python-Funktionen verbinden kann, sodass das Programm auf Benutzereingaben reagieren kann.

Fehlerbehandlung: Beim Verarbeiten von Benutzereingaben kann es zu Fehlern kommen, die normalerweise zu einem sofortigen Programmabbruch führen würden. Wir haben gelernt, wie man die Schlüsselworte `try` und `except` benutzt, um innerhalb eines Python-Programms angemessen auf solche Fehler zu reagieren.

Generatoren: Zur Darstellung einer Animation in einer GUI-Anwendung haben wir einen Generator verwendet. Generatoren sind spezielle iterierbare Objekte, mit denen man auf sehr elegante Weise Schleifen programmieren kann.

Literatur

[1]   GUI Programming in Python. Python Software Foundation. https://wiki.python.org/moin/GuiProgramming.

[2]   Qt | Cross-platform software development for embedded & desktop. The Qt Company. https://www.qt.io.

[3]   What is PyQt? Riverbank Computing. https://www.riverbankcomputing.com/software/pyqt/intro.

[4]   Design GUI with Python. The Qt Company. https://www.qt.io/qt-for-python.

[5]   Qt Style Sheets Reference. The Qt Company. https://doc.qt.io/qt-5/stylesheet-reference.html.

[6]   Ernesti J. Python 3: Das umfassende Handbuch. Bonn: Rheinwerk Verlag, 2020.

[7]   Kaminski S. Python 3. Berlin, Boston: De Gruyter Oldenbourg, 2016. DOI:10.1515/9783110473650.

[8]   Fitzpatric M. Create Simple GUI Applications with Python & Qt5. Victoria: Ruboss, 2019. https://leanpub.com/create-simple-gui-applications.

[9]   PyQt5 Reference Guide. Riverbank Computing. https://www.riverbankcomputing.com/static/Docs/PyQt5.

[10]   Qt Documentation. The Qt Company. https://doc.qt.io.

[11]   Getting Started with PyQt. Python Software Foundation. https://wiki.python.org/moin/PyQt/Tutorials.

Als es noch keine Computer gab, war das Programmieren noch kein Problem. Als es dann ein paar leistungsschwache Computer gab, wurde das Programmieren ein kleines Problem und nun, wo wir gigantische Computer haben, ist auch das Programmieren zu einem gigantischen Problem geworden.

Edsger Wybe Dijkstra

13

Objektorientierte Simulationen

Wir haben uns im vorangegangenen Kapitel zur Erstellung von grafischen Benutzeroberflächen bereits mit der objektorientierten Programmierung auseinandergesetzt und das Konzept der Vererbung kennen gelernt. Es ist kein Zufall, dass das Aufkommen der objektorientierten Programmierung und die Entwicklung grafischer Benutzeroberflächen in den 1970er und 1980er Jahren zeitlich zusammengefallen sind: Wenn die grundlegenden Steuerelemente in Form von Klassen zur Verfügung gestellt werden, dann können diese Elemente relativ einfach zur Programmierung einer bestimmten Benutzeroberfläche benutzt werden, ohne dass die Details der Implementierung relevant sind.

Ein weiterer wichtiger Aspekt der objektorientierten Programmierung, den wir bei der Programmierung von Benutzeroberflächen bereits kennengelernt haben, ist die Wiederverwendbarkeit von Programmcode: Mithilfe der Vererbung haben wir eine vorhandene Fenster-Klasse zu einer vollständigen Benutzeroberfläche erweitert. Der vorhandene Programmcode der Fenster-Klasse wurde somit in unsere Benutzeroberfläche integriert.

Selbstverständlich kann man die Wiederverwendbarkeit von Code auch dadurch ermöglichen, dass geeignete Funktionen in entsprechenden Bibliotheken bereitgestellt werden. Diese Funktionen müssen dann jeweils mit den zugehörigen Datenstrukturen aufgerufen werden und liefern wiederum andere Datenstrukturen zurück. Man bezeichnet dieses Vorgehen als eine **prozedurale Programmierung**. Bei einem objektorientierten Ansatz beinhaltet die entsprechende Klasse sowohl die Daten als auch die Funktionen (Methoden), die mit diesen Daten arbeiten und diese Daten auch modifizieren.

Den Unterschied der beiden Vorgehensweisen, kann man sich am Beispiel eines Fensters einer grafischen Benutzeroberfläche verdeutlichen: Bei der objektorientierten Programmierung »weiß« das Fenster, wie es sich schließt. Es gibt beispielsweise eine Methode close der Klasse Window. Man schließt das Fenster window, indem man window.close() aufruft. Bei der prozeduralen Programmierung »weiß« eine Funktion close wie man ein Fenster schließt. Um ein Fenster window zu schließen, ruft man die Funktion close mit dem Argument window in der Form close(window) auf. Das sieht zunächst einmal nur nach einer syntaktischen Spielerei aus. Der wesentliche Punkt bei der objektorientierten Herangehensweise ist aber, dass die Datenstruktur (das Fenster)

© Springer-Verlag GmbH Deutschland, ein Teil von Springer Nature 2022
O. Natt, *Physik mit Python*, https://doi.org/10.1007/978-3-662-66454-4_13

und die zugehörige Operation (schließen) in einem Objekt vereint sind, während bei der prozeduralen Herangehensweise die Datenstruktur und die Operation zwei getrennte Objekte sind.

In diesem Kapitel wollen wir uns an einem Beispiel anschauen, wie man die objektorientierte Programmierung auch zur Simulation physikalischer Probleme verwenden kann, um den Programmcode besser zu strukturieren und besser wiederverwendbar zu machen. Damit der Vorteil eines objektorientierten Ansatzes besonders deutlich wird, wählen wir ein relativ komplexes Thema, indem wir den Code zur Behandlung von Stabwerken (siehe Kap. 6) in eine objektorientierte Variante umschreiben. Bevor wir damit beginnen, werden wir noch einige weitere Sprachelemente von Python besprechen, die uns die Arbeit deutlich erleichtern werden.

13.1 Dekoratoren

Ein **Dekorator** ist eine Funktion, die eine andere Funktion als Argument erhält, diese Funktion modifiziert und die modifizierte Funktion zurückgibt. Das ist erst einmal sehr abstrakt, lässt sich aber gut an einem einfachen Beispiel erklären. Nehmen Sie an, dass Sie beim Entwickeln eines Programms eine Ausgabe erhalten möchten, sobald eine bestimmte Funktion aufgerufen und beendet wird. Ein entsprechender Dekorator könnte wie folgt aussehen:

Programm 13.1: *OOsim/dekorator1.py*

```
 5   def logge_aufruf(f):
 6       """Gib Aufrufe der Funktion f auf dem Bildschirm aus."""
 7       def innere_funktion(x):
 8           print(f'Funktionsaufruf von "{f.__name__}({x})".')
 9           y = f(x)
10           print(f'Ergebnis von "{f.__name__}({x})": {y}')
11           return y
12       return innere_funktion
```

Die Funktion `logge_aufruf` erhält als Argument eine Funktion f. Innerhalb von `logge_aufruf` wird nun eine neue Funktion `innere_funktion` definiert. Diese gibt eine Information aus, wobei mit `f.__name__` auf den Funktionsnamen der ursprünglichen Funktion f zugegriffen wird. Anschließend wird die Funktion f ausgeführt und erneut ein Text ausgegeben. Anschließend gibt `logge_aufruf` diese Funktion zurück. Bitte beachten Sie, dass bei einem Aufruf von `logge_aufruf` der Code der inneren Funktion nicht ausgeführt wird. Die Funktion wird lediglich definiert und zurückgegeben.

Um unseren Dekorator `logge_aufruf` zu testen, definieren wir eine gewöhnliche Funktion.

```
16   def wurzel(x):
17       return x ** (1/2)
```

Anschließend wenden wir den Dekorator auf diese Funktion an und erhalten eine neue Funktion.

```
21   wurzel_kommentiert = logge_aufruf(wurzel)
```

Bitte beachten Sie, dass dabei noch keinerlei Textausgabe erzeugt wird. Erst, wenn wir mit

```
24  wurzel_von_zwei = wurzel_kommentiert(2)
```

die dekorierte Funktion aufrufen, erhalten wir eine entsprechende Ausgabe:

```
Funktionsaufruf von "wurzel(2)".
Ergebnis von "wurzel(2)": 1.4142135623730951
```

Gelegentlich möchte man auf diese Weise eine Funktion modifizieren, ohne den Namen zu ändern. Man könnte dann natürlich den Dekorator in der Form

```
wurzel = logge_aufruf(wurzel)
```

anwenden. Python bietet eine elegante Möglichkeit genau dies direkt bei der Definition der Funktion `wurzel` zu erledigen, indem man der Funktionsdefinition ein `@dekoratorname` voranstellt:

Programm 13.2: *OOsim/dekorator2.py*

```
16  @logge_aufruf
17  def wurzel(x):
18      return x ** (1/2)
```

Jeder Aufruf der Funktion `wurzel` sorgt nun dafür, dass der Funktionsaufruf automatisch auf dem Bildschirm ausgegeben wird.

Es gibt in der Standardbibliothek von Python einige vordefinierte Dekoratoren. Ein relativ häufig verwendeter Dekorator findet sich im Modul `functools` unter dem Namen `lru_cache`. Die Abkürzung »lru« steht für »am wenigsten häufig benutzt« (engl. least recently used) und unter einem Cache versteht man einen Pufferspeicher. Der Dekorator speichert intern bei jedem Funktionsaufruf das Argument und das Ergebnis. Wenn die Funktion mit dem gleichen Argument erneut aufgerufen wird, wird nicht mehr die ursprüngliche Funktion aufgerufen, sondern das zwischengespeicherte Ergebnis zurückgegeben. Wenn der interne Speicher mit einer bestimmten Maximalzahl von Argument-Ergebnis-Paaren gefüllt ist, werden bei nachfolgenden Aufrufen, die am wenigsten häufig benutzten Ergebnisse verworfen. Die Verwendung wird an einem Beispiel klar:

Programm 13.3: *OOsim/lru_cache.py*

```
 3  import functools
 4  import random
 5  import time
 6
 7
 8  @functools.lru_cache(maxsize=10)
 9  def f(x):
10      print('        Die Berechnung dauert ganz schön lange')
11      time.sleep(1)
12      return 2 * x
13
14
```

```
15   for i in range(100):
16       x = random.randint(1, 15)
17       print(f'f({x})')
18       y = f(x)
19       print(f'Ergebnis: {y}')
```

Die Funktion f wird 100 Mal mit jeweils einer zufälligen ganzen Zahl zwischen 1 und 15 aufgerufen. Wenn Sie das Programm laufen lassen und die Ausgabe beobachten, sehen Sie den Effekt des Caches: Wenn die Funktion mit einem Argument aufgerufen wird, das erst kürzlich verwendet wurde, dann wird die Berechnung nicht erneut durchgeführt, sondern der zwischengespeicherte Funktionswert wird zurückgegeben.

13.2 Properties

Nehmen wir an, wir möchten eine Klasse zur Darstellung von Temperaturen in Verschiedenen Einheiten definieren. Die Klasse speichert intern alle Temperaturen in der Einheit Kelvin, man möchte aber auch möglichst einfach auf die Temperaturangaben in Grad Celsius zugreifen können. Ein mögliche Klassendefinition sieht wie folgt aus.

Programm 13.4: `OOsim/temperatur1.py`

```
4    class Temperatur:
5        def __init__(self, kelvin=293.15):
6            self.kelvin = kelvin
7
8        def get_celsius(self):
9            return self.kelvin - 273.15
10
11       def set_celsius(self, temperatur_celsius):
12           self.kelvin = temperatur_celsius + 273.15
```

Wir probieren die Klasse einmal mit dem Python-Prompt aus, indem wir den Pythonprompt in dem Verzeichnis starten, in dem die Datei `temperatur1.py` liegt.

```
>>> from temperatur1 import Temperatur
>>> t = Temperatur(293.15)
>>> print(t.get_celsius())
20.0
>>> t.set_celsius(40)
>>> print(t.kelvin)
313.15 K
```

Die Klasse funktioniert erst einmal wie erwartet. Es ist allerdings unschön, dass man auf den Zahlenwert in Grad Celsius über Methoden zugreifen muss, während man auf den Zahlenwert in Kelvin direkt über das Attribut zugreifen kann. Schöner wäre es, wenn man auf beide Zahlenwerte in gleicher Weise wie folgt zugreifen könnte:

```
>>> t = Temperatur(293.15)
>>> print(t.celsius)
20.0
>>> t.celsius = 40
```

```
>>> print(t.kelvin)
313.15
```

Genau dieses Verhalten lässt sich mit dem Dekorator `property` erreichen:

Programm 13.5: *OOsim/temperatur2.py*

```
 4   class Temperatur:
 5       def __init__(self, kelvin=293.15):
 6           self.kelvin = kelvin
 7
 8       @property
 9       def celsius(self):
10           return self.kelvin - 273.15
11
12       @celsius.setter
13       def celsius(self, temperatur_celsius):
14           self.kelvin = temperatur_celsius + 273.15
```

Der erste Dekoratoraufruf in den Zeilen 8 bis 10 erzeugt aus der Methode `celsius` eine Abfrage eines Attributs. Gleichzeitig erzeugt dieser Dekoratoraufruf einen zweiten Dekorator mit dem Namen `celsius.setter`. Dieser zweite Dekorator wird in den Zeilen 12 bis 14 dazu benutzt, um die neue Methode, die die Temperatur in Grad Celsius setzt, in eine Attributzuweisung umzuwandeln. Die interne Funktionsweise des Dekorators `property` ist für das weitere Verständnis nicht notwendig. Wenn Sie an den Details interessiert sind, finden Sie in der Online-Dokumentation [1] eine genauere Erklärung anhand von Beispielen.

13.3 Entpacken von Funktionsargumenten

Nehmen wir an, wir haben ein Tupel (oder eine Liste) mit ganzen Zahlen und wollen mit der Funktion `math.gcd` den größten gemeinsamen Teiler bestimmen. Die offensichtliche Möglichkeit besteht darin, die in Abschn. 2.11 besprochene Mehrfachzuweisung zu verwenden:

```
>>> import math
>>> zahlen = (15, 35, 40)
>>> x, y, z = zahlen
>>> teiler = math.gcd(x, y, z)
```

An dieser Lösung ist unschön, dass man drei zusätzliche Variablen benötigt. Dies könnte man durch einen Funktionsaufruf der Form

```
>>> teiler = math.gcd(zahlen[0], zahlen[1], zahlen[2])
```

vermeiden. Es bleiben allerdings zwei Probleme: Zum einen muss man den Bezeichner `zahlen` dreimal ausschreiben und zum anderen funktioniert der Ansatz nur, wenn `zahlen` auch exakt drei Elemente enthält.

Python bietet für das Problem eine elegante Lösung: Mithilfe der Operators ⋆ kann man bei einem Funktionsaufruf die Elemente eines iterierbaren Objekts direkt auf die Funktionsargumente verteilen:

```
>>> teiler = math.gcd(*zahlen)
```

Der Operator ⋆ bewirkt, dass an dieser Stelle in der Argumentliste alle Elemente von zahlen nacheinander eingesetzt werden. Es ist durchaus erlaubt, mehrere solche Operationen in einem Funktionsaufruf zu verwenden. Der Code

```
>>> zahlen1 = (10, 20, 30)
>>> zahlen2 = (15, 25, 100)
>>> teiler = math.gcd(55, *zahlen1, 75, *zahlen2)
```

ist vollkommen äquivalent zu:

```
>>> teiler = math.gcd(55, 10, 20, 30, 75, 15, 25, 100)
```

Neben dem Operator ⋆ gibt es noch den Operator ⋆⋆. Mit diesem Operator wird der Inhalt eines Dictionarys in Schlüsselwortargumente eines Funktionsaufrufs verpackt. Der Code

```
>>> namen = ('Sabine', 'Klaus', 'Franka', 'Peter')
>>> optionen = {'end': ' stehen auf der Liste.\n', 'sep': ' und '}
>>> print(*namen, **optionen)
```

ist beispielsweise vollkommen äquivalent zu:

```
>>> print('Sabine', 'Klaus', 'Franka', 'Peter',
          end=' stehen auf der Liste.\n', sep=' und ')
```

13.4 Funktionen mit variabler Anzahl von Argumenten

Vielleicht haben Sie sich bereits gefragt, wie man überhaupt eine Funktion wie print oder max definieren kann, die man mit einer beliebigen Anzahl von Argumenten aufrufen kann. Dies geschieht, indem man in der Definition der Funktion die Operatoren ⋆ für Positionsargumente und ⋆⋆ für Schlüsselwortargumente verwendet. Man kann sich die Wirkung dieser Operatoren in der Funktionsdefinition am einfachsten an einem völlig sinnlosen Beispiel klarmachen. Wir definieren direkt im Python-Prompt eine entsprechende Funktion:

```
>>> def f(x, y, *args, opt1=False, opt2=5, **kwargs):
...     print(f'x = {x}')
...     print(f'y = {y}')
...     print(f'Weitere Argumente: {args}')
...     print(f'opt1 = {opt1}')
...     print(f'opt2 = {opt2}')
...     print(f'Weitere Schlüsselwortargumente: {kwargs}')
```

In der Funktionsdefinition haben wir ein zusätzliches Argument `*args` eingebracht, das für eine beliebige Anzahl weiterer Positionsargumente steht und ein zweites zusätzliches Argument `**kwargs`, das für eine beliebige Anzahl von Schlüsselwortargumenten steht. Die Bezeichner `args` und `kwargs` sind prinzipiell frei wählbar. Es hat sich allerdings eingebürgert, genau diese beiden Namen zu verwenden.

Was passiert, wenn wir die Funktion wie folgt aufrufen?

```
>>> f(1, 2, 5, 7, 'heute', opt2=17, farbe='grün', dauer=100)
```

Die Argumente der Funktion werden von links nach rechts abgearbeitet. Die ersten beiden Argumente `1` und `2` werden den Variablennamen `x` und `y` zugeordnet. Die weiteren Positionsargumente `5`, `7` und `'heute'` werden in ein Tupel mit dem Namen `args` verpackt. Das Argument `opt1` wurde nicht angegeben. Deshalb erhält die Variable ihren Vorgabewert `opt1 = False`. Die Variable `opt2` wird mit dem Wert `17` belegt und die weiteren Schlüsselwortargumente `farbe` und `dauer` werden in ein Dictionary mit dem Bezeichner `kwargs` verpackt. Wir erhalten also die folgende Ausgabe:

```
x = 1
y = 2
Weitere Argumente: (5, 7, 'heute')
opt1 = False
opt2 = 17
Weitere Schlüsselwortargumente: {'farbe': 'grün', 'dauer': 100}
```

13.5 Problemanalyse der Stabwerke

In Kap. 6 haben wir verschiedene Programme zur Behandlung von Stabwerken entwickelt. Dabei haben wir zwischen starren Stabwerken, bei denen man nur die Kräfte berechnet hat, und elastischen Stabwerken, bei denen man die Kräfte und die Verschiebungen der Knotenpunkte berechnet hat, unterschieden. Bei den elastischen Stabwerken gab es wiederum zwei Varianten: Die Lösung über ein nichtlineares Gleichungssystem und die näherungsweise Lösung über eine Linearisierung des Systems für kleine Verschiebungen. Darüber hinaus haben wir unterschiedliche Visualisierungsarten diskutiert: Die Stabkräfte wurden entweder durch Vektorpfeile oder mit einer Farbtabelle dargestellt. Bei der Visualisierung gab es darüber hinaus noch die Unterscheidung zwischen zwei- und dreidimensionalen Stabwerken. In Abschn. 10.11 haben wir den Code der linearisierten elastischen Stabwerke dann erneut aufgegriffen, um die Eigenmoden eines Stabwerks zu bestimmen und zu visualisieren.

In jedem der oben erwähnten Schritte wurden mehr oder weniger große Teile des Codes bereits bestehender Programme in neue Programme kopiert und teilweise verändert. Das macht die Programme schwer wartbar. Wenn Sie an dem kopierten Code etwas verändern, dann müssen Sie aufpassen, dass die Änderung in alle anderen Programme mit übernommen wird. Deshalb gilt die generelle Regel:

Vermeiden Sie das Kopieren von Code

Immer wenn Sie Programmcode von einem Programm (oder einem Programmteil) in ein anderes Programm (oder einen anderen Programmteil) kopieren und diesen anschließend gegebenenfalls leicht modifizieren, sollten Sie darüber nachdenken, ob es nicht besser wäre, den entsprechenden Code in eine Funktion und diese eventuell in ein eigenes Modul auszulagern.

Wenn Sie sich die Programme 6.1 bis 6.4 genauer anschauen, dann sehen Sie, dass man die Funktionen `ev` zur Berechnung der Einheitsvektoren, `laenge` zur Berechnung der Stablängen, `stabkraft` zur Berechnung der Kraft in einem Stab, `gesamtkraft` zur Berechnung der Gesamtkräfte auf alle Punkte sowie die Berechnung der Matrix für die starren Stabwerke und die Berechnung der Matrix für das linearisierte Stabwerk in ein eigenes Modul auslagern könnte. Hier stößt man aber auf das Problem, dass diese Funktionen selbst wieder auf die Definition der Geometrie des Stabwerks zugreifen müssen. Diese hatten wir in den Python-Programmen in Kap. 6 jeweils in globalen Variablen (`punkte`, `indizes_stuetz`, `staebe`, `steifigkeiten` und `F_ext`) abgelegt.

Man müsste also jeder einzelnen Funktion die Informationen über das Stabwerk in Form von Argumenten zur Verfügung stellen, was recht unübersichtlich wäre. Sinnvoller wäre es, stattdessen eine Klasse zu definieren, die genau diese Informationen enthält und dann eine Instanz dieser Klasse an die Funktionen übergeben. Wenn wir aber ohnehin eine Klasse definieren müssen, die die Geometrie des Stabwerks enthält, dann können wir auch gleich die entsprechenden Funktionen als Methoden dieser Klasse implementieren.

Bevor man mit dem Entwurf der einzelnen Klassen startet, sollte man sich sorgfältig Gedanken über die Struktur machen. Alle betrachteten Typen von Stabwerken haben gemeinsam, dass sie aus Knotenpunkten, Stützpunkten und Verbindungsstäben bestehen. Auf die verschiedenen Punkte wirken äußere Kräfte und zwischen den Punkten wirken die Stabkräfte. Es bietet sich also an, genau dies in einer allgemeinen Klasse `Stabwerk` abzubilden. Von dieser Klasse leiten wir zwei weitere Klassen `StabwerkStarr` und `StabwerkElastisch` ab. Beide Klassen implementieren jeweils eine eigene Berechnungsmethode für die Stabkräfte, und die Klasse für die elastischen Stabwerke benötigt ein zusätzliches Attribut für die Steifigkeiten der Stäbe. Die Klasse `StabwerkElastischLin` für die linearisierten Stabwerke leiten wir von `StabwerkElastisch` ab, da sie ebenfalls das Attribut der Steifigkeiten benötigt, allerdings eine andere Berechnungsmethode implementieren muss.

Für die Visualisierung könnten wir im Prinzip nur eine Funktion schreiben, die ein Objekt vom Typ `Stabwerk` darstellt. Die verschiedenen Varianten (mit Pfeilen oder mit Farbdarstellung) könnten wir durch optionale Funktionsargumente darstellen. Es wird sich allerdings herausstellen, dass es günstiger ist, auch hierfür eine Klasse zu verwenden, von der wir dann eine weitere Klasse für die animierte Darstellung der Eigenmoden ableiten.

Man könnte auch auf die Idee kommen, innerhalb der Klasse `Stabwerk` eine Methode zu implementieren, die das Stabwerk grafisch darstellt. Ich rate davon dringend ab. Eine Klasse sollte möglichst genau eine Aufgabe haben. Zum einen steigt dadurch die Chance, dass der Code der Klasse übersichtlich bleibt, zum anderen vermeidet man unnötige Abhängigkeiten. Stellen Sie sich vor, dass Sie in Zukunft die Stabwerke mit

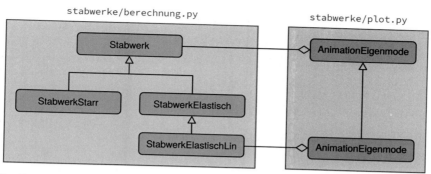

Abb. 13.1: Klassendiagramm für die Stabwerke. *Das Klassendiagramm stellt die einfachste Variante eines UML-Diagramms dar. Jeder Kasten entspricht einer Klasse. Die Pfeile deuten die Vererbung an und zeigen jeweils von der Klasse zur entsprechenden Basisklasse. Die Klassen* StabwerkStarr *und* StabwerkElastisch *sind also beispielsweise von* Stabwerk *abgeleitet. Die Linien mit Rauten zeigen eine sogenannte Aggregation an: Die Klasse* PlotStabwerk *enthält ein Attribut vom Typ Stabwerk.*

einer 3D-Grafikbibliothek darstellen möchten, die nicht nur einfache Strichzeichnungen anbietet wie Matplotlib, sondern eine fotorealistische Darstellung mit Licht und Schatten ermöglicht. Sie müssten dann eine zweite Darstellungsmethode in der Klasse Stabwerk implementieren. Die so modifizierte Klasse lässt sich dann aber nicht mehr auf einem Rechner benutzen, auf dem die verwendete 3D-Grafikbibliothek nicht installiert ist, da der entsprechende Import fehlschlägt.

Die Beziehungen zwischen unterschiedlichen Klassen werden häufig in Form von sogenannten UML-Diagrammen (Unified Modeling Language) dargestellt. In der Spezifikation von UML ist genau festgelegt, welche Beziehung durch welche Art von Linien dargestellt wird. Ein stark vereinfachtes UML-Diagramm für die oben beschriebene Beziehung ist in Abb. 13.1 dargestellt. Dem Diagramm kann man bereits einen Hinweis auf die Implementierung entnehmen: Man erkennt, dass die Klassen zur Darstellung nur locker mit den Berechnungsklassen verknüpft sind. Es ergibt also Sinn, die Klasse Stabwerk zusammen mit den davon abgeleiteten Klassen in einem Modul stabwerke/berechnung.py zu implementieren und die Klassen zur Darstellung in ein zweites Modul stabwerke/plot.py auszulagern. Da die Module allerdings zusammengehören, werden wir sie in einem **Paket** zusammenfassen.

13.6 Das Paket Stabwerke

Ein **Paket** ist in Python eine Sammlung von Modulen und ggf. weiterer Pakete. Ein Paket besteht aus einem Verzeichnis mit dem Paketnamen. In dem Verzeichnis befinden sich weitere Python-Module. In unserem Beispiel heißt das Verzeichnis stabwerke und in diesem Verzeichnis befinden sich zwei Module: berechnung.py und plot.py.

Darüber hinaus gibt es in dem Verzeichnis des Pakets noch eine Datei mit dem Namen __init__.py. In dieser Datei wird festgelegt, was beim Import des Pakets geschieht. In unserem Fall ist diese Datei sehr übersichtlich. Außer einem Docstring werden nur die Klassen der anderen Module importiert.

Programm 13.6: `OOsim/stabwerke/__init__.py`

```
1  """Behandlung der Mechanik von Stabwerken."""
2
3  from .berechnung import Stabwerk
4  from .berechnung import StabwerkStarr
5  from .berechnung import StabwerkElastisch
6  from .berechnung import StabwerkElastischLin
7
8  from .plot import PlotStabwerk
9  from .plot import AnimationEigenmode
```

Wir haben dabei einen sogenannten **relativen Import** verwendet. Ein vorangestellter Punkt bei einem Modulnamen bezieht sich auf das aktuelle Paket.[1] Man hätte also statt `from .berechung` auch `from stabwerke.berechnung` schreiben können, durch den relativen Import spart man sich aber die mehrfache Wiederholung des Paketnamens.

13.7 Die Klasse Stabwerk

Um die Klasse `Stabwerk` zu implementieren, beginnen wir mit der Klassendefinition. Den ausführlichen Docstring überspringen wir aus Platzgründen an dieser Stelle. Die Methode `__init__` erhält als Argumente die Definition der Geometrie. Die Argumente entsprechen genau den Definitionen aus Kap. 6. Zusätzlich erlauben wir noch zwei weitere optionale Argumente: Wir wollen den einzelnen Punkten jeweils eine Masse zuordnen, sodass wir Gewichtskräfte automatisch berücksichtigen können und wir wollen optional weitere externe Kräfte zulassen.

Programm 13.7: `OOsim/stabwerke/berechnung.py: class Stabwerk`

```
8   class Stabwerk:
41      def __init__(self, punkte, stuetz, staebe,
42                   punktmassen=None, kraefte_ext=None):
```

Im nächsten Schritt weisen wir die Argumente von `__init__` entsprechenden Attributen zu. Dabei stellen wir sicher, dass die Typen korrekt sind, indem wir Listen ggf. in Arrays konvertieren. Außerdem stellt dies sicher, dass es sich bei `self.punkte` um eine Kopie von `punkte` handelt.

```
43      self.punkte = np.array(punkte)
44      """np.ndarray: Koordinaten der Punkte (n_punkte × n_dim)."""
45      self.staebe = np.array(staebe)
46      """np.ndarray: Punktindizes der Stäbe (n_staebe × 2)."""
47      self.indizes_stuetz = list(stuetz)
48      """list[int]: Indizes der Stützpunkte (n_stuetz)."""
49      self.kraefte_ext = kraefte_ext
50      """np.ndarray: Äußere Kräfte [N] (n_punkte × n_dim)."""
```

---

[1] Es gibt durchaus Situationen, in denen man mehrere Ebenen von ineinandergeschachtelten Paketen hat. In diesem Fall bezieht sich ein Punkt auf das aktuelle Paket. Zwei vorangestellte Punkte beziehen sich auf das nächst übergeordnete Paket und so weiter.

```
51      self.punktmassen = punktmassen
52      """np.ndarray: Massen der Punkte [kg] (n_punkte)."""
```

Anschließend legen wir zwei Attribute fest, die wir erst später benötigen, wenn wir die Methode `ist_im_gleichgewicht` implementieren.

```
53      self.rtol = 1e-6
54      """float: Relative Genauigkeit des Gleichgewichts."""
55      self.atol = 1e-12
56      """float: Absolute Genauigkeit des Gleichgewichts [N]."""
```

Damit wir in späteren Berechnungen keine Fallunterscheidungen vornehmen müssen, legen wir für den Fall, dass keine Punktmassen angegeben worden sind, alle Punktmassen auf null fest und verfahren entsprechend für die externen Kräfte.

```
60      if self.kraefte_ext is None:
61          self.kraefte_ext = np.zeros((self.n_punkte, self.n_dim))
65      if punktmassen is None:
66          self.punktmassen = np.zeros(self.n_punkte)
```

Dabei haben wir auf zwei Attribute (genauer gesagt werden es Properties sein) zugegriffen, die wir erst später definieren, was an dieser Stelle aber nicht weiter stört, denn die Methode `__init__` wird ja erst ausgeführt, wenn wir tatsächlich ein Objekt vom Typ `Stabwerk` erzeugen.

Als Letztes definieren wir den Vektor der Schwerebeschleunigung, den wir so festlegen, dass er im 2-dimensionalen Fall in $-y$-Richtung und im 3-dimensionalen Fall in $-z$-Richtung zeigt.

```
69      self.g_vector = np.zeros(self.n_dim)
70      """np.ndarray: Vektor der Schwerebeschleunigung [m/s²]."""
74      self.g_vector[-1] = -9.81
```

Damit ist die Methode `__init__` auch bereits abgeschlossen.

Als Nächstes definieren wir eine Reihe von Eigenschaften, wie zum Beispiel die Punktanzahl `n_punkte`, deren Implementierung sehr einfach ist:

```
76      @property
77      def n_punkte(self):
78          """int: Gesamtanzahl der Punkte."""
79          return self.punkte.shape[0]
```

Völlig analog definieren wir jeweils eine Eigenschaft für die Anzahl der Dimensionen `n_dim`, die Anzahl der Stäbe `n_staebe`, die Anzahl der Stützstellen `n_stuetz` und die Anzahl der Knoten `n_knoten`. Wir fügen allerdings bei keiner der Eigenschaften eine Methode zum Setzen des Attributs hinzu, denn das würde hier ja keinen Sinn ergeben.

Für die späteren Berechnungsmethoden benötigen wir häufiger eine Liste der Indizes der Knoten. Auch hierfür definieren wir eine Eigenschaft. Die Implementierung entspricht genau dem entsprechenden Code aus Programm 6.1.

```
101        @property
102        def indizes_knoten(self):
103            """list[int]: Indizes der Knotenpunkte des Stabwerks."""
104            menge_punkte = set(range(len(self.punkte)))
105            menge_stuetzpunkte = set(self.indizes_stuetz)
106            return list(menge_punkte - menge_stuetzpunkte)
```

An dieser Stelle kann man sich fragen, ob man nicht auch einfach ein entsprechendes Attribut indizes_knoten am Ende der Methode __init__ hätte einführen können. Die Antwort lautet ganz klar: »Ja!«, und man fragt sich natürlich, was die Vor- und Nachteile beider Ansätze sind. Der Nachteil des hier gewählten Ansatzes besteht in der Rechenzeit. Jedes Mal, wenn man die Eigenschaft indizes_knoten abfragt, werden die beiden Mengen erzeugt, die Mengendifferenz gebildet und dann daraus eine Liste erstellt. Bei dem Ansatz mit dem Attribut wird bei einer Abfrage nur eine bereits vorhandene Liste zurückgegeben, was deutlich schneller ist. Der Ansatz mit dem Attribut hat aber auch Nachteile: Eine Liste ist ein veränderliches Objekt. Es besteht somit die Gefahr, dass der Zustand des Stabwerks inkonsistent wird, wenn die Liste indizes_knoten und indizes_stuetz unabhängig verändert werden können. Bei dem hier gewählten Ansatz mit der Eigenschaft, kann dies nicht passieren.

Meine generelle Empfehlung beim Programmieren ist: Gehen Sie am Anfang immer den sicheren Weg. Lassen Sie Dinge lieber mehrfach berechnen als sie zwischenzuspeichern und die Gefahr einer Inkonsistenz zu riskieren. Erst wenn man bei der Programmausführung merkt, dass dies zu signifikanten Geschwindigkeitsproblemen führt, sollten man zu einer Zwischenspeicherung eines Ergebnisses übergehen.

Als Nächstes definieren wir eine Methode, die uns den Einheitsvektor in einem Punkt in Richtung eines Stabes zurückgibt. Die Implementierung entspricht der Funktion ev aus den Programmen von Kap. 6, abgesehen davon, dass nun auf die Attribute des Objekts und nicht auf globale Variablen zugegriffen wird:

```
108        def einheitsvektor(self, i_punkt, i_stab):
124            stab = self.staebe[i_stab]
125            if i_punkt not in stab:
126                return np.zeros(self.n_dim)
127            if i_punkt == stab[0]:
128                vec = self.punkte[stab[1]] - self.punkte[i_punkt]
129            else:
130                vec = self.punkte[stab[0]] - self.punkte[i_punkt]
131            return vec / np.linalg.norm(vec)
```

Eine weitere Abweichung vom Code aus Kap. 6 besteht darin, dass wir kein optionales Argument für die Koordinaten der Punkte zulassen. Wir greifen immer auf das Attribut punkte des aktuellen Objekts zu. Es wird sich später zeigen, warum das hier nicht mehr erforderlich ist.

Als Nächstes definieren wir eine Methode, die etwas schizophren wirkt. Die Methode stabkraft_scal besteht aus einer ausführlichen Beschreibung in Form eines Docstrings, der hier nicht mit abgedruckt ist und soll die Stabkräfte berechnen. Das Einzige, was die Methode aber macht, ist, mithilfe des Schlüsselwortes raise einen Fehler vom Typ NotImplementedError zu verursachen.

Das Schlüsselwort `raise`

Mithilfe des Schlüsselwortes `raise` kann in einem Programm ein Fehler (Ausnahme, engl. exception) gezielt ausgelöst werden. Dies sollten Sie machen, wenn aufgrund eines *externen* Einflusses (zum Beispiel aufgrund eines fehlerhaften Funktionsarguments oder einer fehlerhaft gesetzten Eigenschaft eines Objekts) die Programmausführung keinen Sinn mehr ergibt.

Um einen Fehler auszulösen, müssen Sie ein Objekt erzeugen, das vom Typ `BaseException` abgeleitet ist. In der Standardbibliothek von Python sind eine ganze Reihe Fehlertypen vordefiniert [2]. Wählen Sie den Fehlertyp aus, der den vorliegenden Fehlerfall am genauesten beschreibt. Bei der Erzeugung des Fehlerobjekts können Sie einen String übergeben, der die Fehlerursache genauer beschreibt.

Wenn Sie beispielsweise eine mathematische Funktion in Python umsetzen möchten, die nur für positive Argumente definiert ist, dann sollten Sie bei einem nicht positiven Argument einen entsprechenden Fehler vom Typ `ValueError` auslösen, falls der danach folgende Code bei einem solchen Argument selbst keinen passenden Fehler erzeugt.

```python
def funktion(x):
    if x <= 0:
        raise ValueError('Argument muss positiv sein.')
    ...
```

```python
133    def stabkraefte_scal(self):
147        raise NotImplementedError()
```

Es handelt sich hierbei um eine sogenannte **abstrakte Methode**. Einerseits ergibt diese Methode in der Klasse `Stabwerk` eigentlich gar keinen Sinn, denn es kann erst in abgeleiteten Klassen festgelegt werden, wie man die Stabkräfte überhaupt berechnen muss, denn dies unterscheidet sich ja in den unterschiedlichen Typen von Stabwerken. Andererseits gibt es, wie wir gleich sehen werden, eine Reihe von Berechnungsmethoden, die für alle Stabwerkstypen gleich sind, aber eine Methode `stabkraefte_scal` aufrufen. Es ist daher sinnvoll, diese Methoden auch bereits in der Klasse `Stabwerk` zu implementieren. Die abstrakte Methode `stabwerk_scal` ist gewissermaßen ein Platzhalter, also eine Erinnerung, dass es eine Methode gibt, die in der abgeleiteten Klasse noch implementiert werden muss.

Als Nächstes definieren wir eine Reihe Methoden, die bestimmte Kräfte ausrechnen. Dabei tun wir einfach so, als wäre die Methode `stabwerk_scal` bereits implementiert. Wir wollen beispielsweise eine Methode haben, die den Kraftvektor bestimmt, den ein bestimmter Stab auf einen bestimmten Punkt ausübt, indem wir den Wert der entsprechenden Stabkraft mit dem Einheitsvektor multiplizieren.

```python
149    def stabkraft(self, i_punkt, i_stab):
161        einheitsvektor = self.einheitsvektor(i_punkt, i_stab)
162        return self.stabkraefte_scal()[i_stab] * einheitsvektor
```

Damit können wir dann auch die Stabkräfte auf alle Punkte des Stabwerks ausrechnen:

```
164    def stabkraefte(self):
170        kraefte = np.zeros((self.n_punkte, self.n_dim))
171        for i_stab, stab in enumerate(self.staebe):
172            for i_punkt in stab:
173                kraefte[i_punkt] += self.stabkraft(i_punkt, i_stab)
174        return kraefte
```

Die Gewichtskräfte brechnen wir, indem wir jede Punktmasse mit dem Vektor der Schwerebeschleunigung multiplizieren:

```
176    def gewichtskraefte(self):
182        return self.punktmassen.reshape(-1, 1) * self.g_vector
```

Die Gesamtkräfte auf alle Punkte ohne die Stützkräfte ergibt sich aus der Summe der externen Kräfte, der Gewichtskräfte und der Stabkräfte:

```
184    def gesamtkraefte_ohne_stuetzkraefte(self):
190        return (self.kraefte_ext + self.gewichtskraefte()
191                + self.stabkraefte())
```

Die Stützkräfte, die nur auf die Stützpunkte wirken, ergeben sich daraus, dass sie die anderen Kräfte gerade kompensieren müssen.

```
193    def stuetzkraefte(self):
199        kraefte = self.gesamtkraefte_ohne_stuetzkraefte()
200        return -kraefte[self.indizes_stuetz]
```

Abschließend berechnen wir die Gesamtkraft auf jeden einzelnen Punkt.

```
202    def gesamtkraefte(self):
208        kraefte = self.gesamtkraefte_ohne_stuetzkraefte()
209        kraefte[self.indizes_stuetz] += self.stuetzkraefte()
210        return kraefte
```

Für die Verwendung in den abgeleiteten Klassen schreiben wir noch eine Methode, die die aktuelle Länge der einzelnen Stäbe berechnet, da auch dies etwas ist, was für alle Stabwerke gleich sein wird.

```
212    def stablaengen(self):
218        laengen = np.empty(self.n_staebe)
219        for i, stab in enumerate(self.staebe):
220            laengen[i] = np.linalg.norm(self.punkte[stab[0]]
221                                        - self.punkte[stab[1]])
222        return laengen
```

Die gerade besprochenen Methoden bestehen alle nur aus wenige Codezeilen. Das ist ein typisches Vorgehen in der objektorientierten Programmierung: Es werden kurze Methoden geschrieben, die eine ganz spezifische Aufgabe erfüllen. Oftmals ist der Docstring wesentlich länger als der eigentliche Code.

Als Letztes wollen wir in der Klasse `Stabwerk` eine Methode implementieren, die überprüft, ob das Stabwerk im statischen Gleichgewicht ist.

```
224    def ist_im_gleichgewicht(self):
225        """Überprüfe, ob das System im Gleichgewicht ist.
226
227        Returns:
228            bool: True, wenn das System innerhalb der Toleranzen
229                im Gleichgewicht ist. False, sonst.
230        """
```

Im Prinzip müssen wir dazu überprüfen, ob alle Gesamtkräfte gleich null sind. Um das sicherzustellen, ist es ausreichend, zu überprüfen, ob die »Gesamtkräfte ohne Stützkräfte« für die Knotenpunkte null sind. Diese Überprüfung ist aber nicht so einfach, wie es auf den ersten Blick scheint, da wir mit Gleitkommazahlen rechnen und dabei unvermeidliche Rundungsfehler auftauchen. Wir wollen daher nur überprüfen, ob das Ergebnis vom Betrag her »klein genug« ist. Dabei bedeutet »klein genug«, dass die Gesamtkraft im Verhältnis zu den beteiligten Einzelkräften sehr klein ist. Wir bestimmen also zunächst die größte im System auftretende Einzelkraft:

```
231        kraft_stab = np.max(np.abs(self.stabkraefte_scal()))
232        kraft_ext = np.max(np.linalg.norm(self.kraefte_ext, axis=1))
233        kraft_gew = np.max(np.linalg.norm(self.gewichtskraefte(),
234                                          axis=1))
235        kraft_max = max(kraft_stab, kraft_ext, kraft_gew)
```

Als Nächstes bestimmen wir einen Kraftbetrag, den wir für »klein genug« halten, indem wir die Maximalkraft mit einem kleinen Wert `rtol` (relative Toleranz) multiplizieren und einen anderen kleinen Wert `atol` (absolute Toleranz) addieren. Die absolute Toleranz ist wichtig, weil auch beispielsweise alle Einzelkräfte null sein könnten.

```
236        delta_kraft = self.rtol * kraft_max + self.atol
```

Im letzten Schritt überprüfen wir, ob alle Gesamtkräfte vom Betrag her kleiner als die so festgelegte Kraft `delta_kraft` sind.

```
238        kraefte = self.gesamtkraefte_ohne_stuetzkraefte()
239        kraefte = kraefte[self.indizes_knoten]
240        kraefte = np.linalg.norm(kraefte, axis=1)
241        return np.all(kraefte < delta_kraft)
```

Es ist vielleicht etwas frustrierend, dass wir bereits über 200 Zeilen Code geschrieben haben, der aber bisher noch gar nicht funktioniert. In den folgenden Abschnitten wird sich zeigen, wie wichtig diese Vorarbeit dennoch ist.

13.8 Die Klasse StabwerkStarr

Um eine funktionierende Klasse für ein starres Stabwerk zu implementieren, leiten wir diese von dem allgemeinen Stabwerk ab und implementieren eine Methode `_systemmatrix_starr`, die die Matrix A berechnet, die wir in Abschn. 6.1 bereits ausführlich diskutiert haben. Die Implementierung dieser Methode entspricht vollständig dem entsprechenden Abschnitt von Programm 6.1. Die Methode beginnt hierbei bewusst mit einem Unterstrich. Bei dieser Namensgebung handelt es sich um die Umsetzung der Konvention, dass Methoden- oder Attributnamen, die mit einem Unterstrich anfangen, nur innerhalb der Klasse verwendet werden sollten. Sie sind nicht dazu gedacht, vom Benutzer der Klasse verwendet zur werden.

Da wir keine zusätzlichen Attribute einführen, müssen wir für die neue Klasse auch keine neue Methode __init__ implementieren.

Programm 13.8: *OOsim/stabwerke/berechnung.py: StabwerkStarr*

```
244    class StabwerkStarr(Stabwerk):
245        """Ein starres Stabwerk mit unendlich steifen Stäben."""
246
247        def _systemmatrix_starr(self):
264            A = np.zeros((self.n_knoten, self.n_dim, self.n_staebe))
265            for n, k in enumerate(self.indizes_knoten):
266                for i in range(self.n_staebe):
267                    A[n, :, i] = self.einheitsvektor(k, i)
268            A = A.reshape(self.n_knoten * self.n_dim, self.n_staebe)
269            return A
```

Anschließend implementieren wir die Methode stabkraefte_scal, die sich aus der Lösung des linearen Gleichungssystems ergibt.

```
271        def stabkraefte_scal(self):
277            a = self._systemmatrix_starr()
278            b = self.kraefte_ext + self.gewichtskraefte()
279            b = b[self.indizes_knoten].reshape(-1)
280            return np.linalg.solve(a, -b)
```

Damit ist die Klasse für die starren Stabwerke bereits fertig.

13.9 Die Klasse StabwerkElastisch

Um elastische Stabwerke zu modellieren, können wir auch wieder von unserer allgemeinen Stabwerksklasse ableiten. Wir müssen hier allerdings in der Methode __init__ ein neues Argument für die Steifigkeiten der Stäbe einführen und wir wollen alle optionalen Argumente der Basisklasse Stabwerk verwenden können. Damit wir nicht alle Argumente der Basisklasse wiederholen müssen, benutzen wir hierzu die in Abschn. 13.4 besprochene Möglichkeit, eine beliebige Anzahl von Schlüsselwortargumenten zu übergeben:

Programm 13.9: *OOsim/stabwerke/berechnung.py: StabwerkElastisch*

```
283    class StabwerkElastisch(Stabwerk):
305        def __init__(self, punkte, stuetz, staebe, steifigkeiten=None,
306                     **kwargs):
```

Innerhalb der Methode `__init__` müssen wir jetzt zunächst die Basisklasse initialisieren. Dazu entpacken wir das Dictionary `kwargs` mit dem Operator `**` in die Argumentliste (siehe Abschn. 13.3).

```
307         super().__init__(punkte, stuetz, staebe, **kwargs)
```

Die Steifigkeiten weisen wir einem entsprechenden Attribut zu:

```
309         self.steifigkeiten = steifigkeiten
310         """np.ndarray: Steifigkeiten der Stäbe [N] (n_staebe)."""
```

Falls keine Steifigkeiten angegeben worden sind, so wählen wir einen Standardwert von $1 \cdot 10^8$ N für alle Stäbe:

```
314         if self.steifigkeiten is None:
315             self.steifigkeiten = 1e8 * np.ones(self.n_staebe)
```

Als Letztes fügen wir ein Attribut hinzu, das die Stablängen im Ausgangszustand des Stabwerks speichert. Da sich bei einem elastischen Stabwerk die Punkte bewegen können, müssen wir uns zur Berechnung der Stabkräfte die ursprünglichen Stablängen merken.

```
317         self.stablaengen0 = self.stablaengen()
318         """np.ndarray: Die entspannten Stablängen [m] (n_staebe)."""
```

Die Berechnung der Stabkräfte erfolgt nun völlig analog zu Abschn. 6.2 über das hookesche Gesetz in der Methode `stabkraefte_scal`:

```
320     def stabkraefte_scal(self):
322         ursprungslaengen = self.stablaengen0
323         laengen = self.stablaengen()
324         return self.steifigkeiten * (laengen / ursprungslaengen - 1)
```

Für die Lösung des nichtlinearen Gleichungssystems implementieren wir eine geeignete Methode, die exakt der Funktion `funktion_opti` aus dem Programm 6.2 entspricht. Bitte erinnern Sie sich daran, dass wir eine Funktion benötigen, die ein 1-dimensionales Array aller Knotenkoordinaten erwartet und ein 1-dimensionales Array der daraus resultierenden Gesamtkräfte erhält. Wir lösen das hier, indem wir das Attribut `self.punkte` modifizieren und anschließend einfach die entsprechenden Kräfte mit der vorhandenen Methode ausrechnen.

```
326     def _funktion_opti(self, x):
338         self.punkte[self.indizes_knoten] = x.reshape(self.n_knoten,
339                                                       self.n_dim)
340         F_knoten = self.gesamtkraefte()[self.indizes_knoten]
341         return F_knoten.reshape(-1)
```

Diese Methode sollte mit äußerster Vorsicht verwendet werden, denn der Methodenaufruf verändert den inneren Zustand des Stabwerks. Daher ist es auch besonders wichtig gewesen, dass wir in der bei der Initialisierung des Attributs in der Klasse `Stabwerk` eine Kopie des Arguments `punkte` angelegt haben (siehe Methode `__init__` von Programm 13.7)

Bei einem elastischen Stabwerk wollen wir die Positionen der Punkte suchen, bei denen das System im statischen Gleichgewicht ist. Die eigentliche Suche dieser Punkte führen wir wieder mit der Funktion `scipy.optimize.root` aus. Damit der Benutzer der Klasse einen Einfluss auf die Art der Nullstellensuche hat, erlauben wir eine variable Anzahl von Schlüsselwortargumenten `**kwargs`, die wir dann später an die Funktion `scipy.optimize.root` weiterreichen können.

```
343    def suche_gleichgewichtsposition(self, **kwargs):
```

Bei der Implementierung der Funktion müssen wir sehr vorsichtig vorgehen. Zuerst geben wir dem Attribut `self.punkte` einen neuen Namen und ersetzen anschließend `self.punkte` durch eine Kopie.

```
360        punkte = self.punkte
361        self.punkte = self.punkte.copy()
```

Nun erfolgt die eigentliche Suche nach der Gleichgewichtsposition. Dabei wird das Attribut `self.punkte` auf völlig unvorhersehbare Weise verändert. Am Ende der Nullstellensuche setzen wir `self.punkte` wieder auf das ursprüngliche Array zurück.

```
362        x0 = self.punkte[self.indizes_knoten]
363        result = scipy.optimize.root(self._funktion_opti, x0,
364                               **kwargs)
365        self.punkte = punkte
```

Als Letztes überprüfen wir, ob die Nullstellensuche erfolgreich war. Wenn dies der Fall ist, dann setzen wir die Knotenpositionen auf die gefundene Gleichgewichtsposition. Als Rückgabewert wählen wir das Ergebnis von `scipy.optimize.root`. Auf diese Weise hat der Benutzer der Klasse den vollen Zugriff auf die Informationen zum Ablauf der Optimierung.

```
367        if result.success:
368            knoten = result.x.reshape(self.n_knoten, self.n_dim)
369            self.punkte[self.indizes_knoten] = knoten
370        return result
```

Nach dem Aufruf der Methode `suche_gleichgewichtsposition` hat sich also die Position der Knotenpunkte verändert und man kann die Stabkräfte mithilfe der zuvor implementierten Methoden berechnen.

13.10 Die Klasse StabwerkElastischLin

Als Nächstes wollen wir eine Klasse schreiben, die ein elastisches Stabwerk um einen Ausgangszustand linearisiert. Dabei möchten wir einen Schritt weiter gehen, als im Abschn. 6.2. Dort sind wir bei der Linearisierung davon ausgegangen, dass die Stäbe im Ausgangszustand im entspannten Zustand sind (d.h. die Stabkräfte sind null). Wir wollen nun zulassen, dass bereits im Ausgangszustand Stabkräfte vorliegen. Wir werden später sehen, dass wir dadurch in der Lage sind, mehrere Linearisierungsschritte auf das Stabwerk anzuwenden und wir werden auch Eigenschwingungen von vorgespannten Stabwerken berechnen können.

Da das linearisierte elastische Stabwerk ebenfalls ein elastisches Stabwerk ist, leiten wir die entsprechende Klasse von `StabwerkElastisch` ab. In der `__init__` Methode initialisieren wir die Basisklasse mit exakt den gleichen Argumenten. Außerdem speichern wir ein weiteres elastisches Stabwerk in dem Attribut `stabwerk_zuvor`.

Programm 13.10: *OOsim/stabwerke/berechnung.py: StabwerkElastischLin*

```
373  class StabwerkElastischLin(StabwerkElastisch):
374      """Ein Stabwerk mit elastischen Stäben in linearer Näherung."""
375
376      def __init__(self, *args, **kwargs):
377          super().__init__(*args, **kwargs)
382          self.stabwerk_zuvor = StabwerkElastisch(self.punkte,
383                                                  self.indizes_stuetz,
384                                                  self.staebe,
385                                                  self.steifigkeiten)
```

Wir benötigen dieses zweite Stabwerk, weil man sich bei einer Linearisierung stets Änderungen um einen gegebenen Ausgangszustand anschaut. Nach der Gleichgewichtssuche wollen wir also in `self.punkte` die veränderten Positionen der Knotenpunkte vorliegen haben und der Ausgangszustand ist in `self.stabwerk_zuvor` gespeichert.

Im Folgenden gehen wir davon aus, dass sich die aktuellen Knotenpositionen in `self.punkte` bereits leicht von den Knotenpositionen im Stabwerk `stabwerk_zuvor` unterscheiden. Wir wollen nun die Stabkräfte in dieser Situation berechnen. In Programm 6.3 haben wir dazu den folgenden Code verwendet:

```
# Berechne die Kraft in jedem der Stäbe in linearer Näherung.
F = np.zeros(n_staebe)
for i_stab, (j, k) in enumerate(staebe):
    F[i_stab] = (steifigkeiten[i_stab] / laenge(i_stab)
                 * ev(k, i_stab) @ (delta_r[j] - delta_r[k]))
```

Wir können diesen Code direkt auf unsere Klasse anpassen. Dabei müssen wir einige Punkte beachten: 1.) Die Verschiebungen `delta_r` ergeben sich aus der Differenz der aktuellen Punkte und der Punkte vor der Veränderung. 2.) Die Einheitsvektoren `ev(k, i_stab)` beziehen sich auf die Richtungen der Stäbe *vor* der Verschiebung der Knotenpunkte. Wir müssen daher die entsprechende Methode von `stabwerk_zuvor` aufrufen. 3.) Wir müssen berücksichtigen, dass die Stabkräfte vor der Verschiebung nicht null sind. Wir addieren die einzelnen Stabkräfte daher zu den Kräften, die wir aus `stabwerk_zuvor` bestimmen.

Damit erhalten wir die folgende Implementierung der Methode zur Berechnung der Stabkräfte. Diese ist einige Zeilen länger als der ursprüngliche Code von Programm 6.3, da einige Hilfsvariablen eingeführt wurden, damit die Zeilen im Code nicht zu lang werden.

```
413      def stabkraefte_scal(self):
417          delta_r = self.punkte - self.stabwerk_zuvor.punkte
418          kraefte = self.stabwerk_zuvor.stabkraefte_scal()
419          for i_stab, (j, k) in enumerate(self.staebe):
420              S = self.steifigkeiten[i_stab]
421              l0 = self.stablaengen0[i_stab]
```

```
422        ev = self.stabwerk_zuvor.einheitsvektor(k, i_stab)
423        kraefte[i_stab] += S/l0 * ev @ (delta_r[j] - delta_r[k])
424    return kraefte
```

Als Nächstes müssen wir genau wie in Absch. 6.3 eine Matrix $\hat{A}$ aufstellen, sodass

$$\hat{A} \cdot \Delta \vec{r} = \vec{F}_{\text{stab}} \tag{13.1}$$

ist, wobei $\vec{F}_{\text{stab}}$ ein Vektor ist, in dem alle Kraftkomponenten auf alle Knotenpunkte untereinander aufgelistet sind, und $\Delta \vec{r}$ der Vektor aller Komponenten aller Verschiebungen von Knotenpunkten ist, wie es in Gleichung (6.36) dargestellt ist. Wir gehen nun die entsprechende Rechnung aus Abschn. 6.3 schrittweise durch und schreiben nur die Gleichungen auf, an denen sich etwas ändert, wenn die Stäbe bereits eine Vorspannung haben. Ich empfehle Ihnen, die entsprechenden Gleichungen jeweils genau mit der Rechnung in Abschn. 6.3 zu vergleichen.

Wir beginnen mit der Gleichung (6.25) für die Stabkraft. Hier müssen wir berücksichtigen, dass die entspannte Länge des Stabes bei einem vorgespannten Stab nicht die aktuelle Länge $l = |\vec{r}|$ ist, sondern die ursprüngliche Länge, die wir l_0 nennen werden. Die korrekte Gleichung lautet also:

$$F_i = S_i \frac{\Delta l}{l_0} \qquad \text{mit} \qquad \Delta l = |\vec{r} + \Delta \vec{r}| - l_0 \tag{13.2}$$

An der Linearisierung nach Gleichung (6.27) ändert sich nichts. Es gilt also auch für den vorgespannten Stab in der linearen Näherung:

$$|\vec{r} + \Delta \vec{r}| \approx l + \vec{e}_{ki} \cdot \Delta \vec{r} \tag{13.3}$$

In der Längenänderung Δl fällt jetzt aber die Ausgangslänge nicht mehr heraus. Aus Gleichung (6.28) wird nun:

$$\Delta l \approx l - l_0 + \vec{e}_{ki} \cdot \Delta \vec{r} \tag{13.4}$$

Dies hat eine wichtige Konsequenz für die Berechnung der Kraft bei vorgespannten Stabwerken. Ohne Vorspannung war die Längenänderung Δl proportional zu $\Delta \vec{r}$. In dem Produkt aus dem Betrag der Kraft und dem Richtungsvektor mussten wir also in der linearen Näherung nur die nullte Ordnung des Richtungsvektors berücksichtigen. Das ist nun anders: Da Δl einen konstanten Beitrag beinhaltet, der unabhängig von $\Delta \vec{r}$ ist, dürfen wir die Änderungen des Richtungsvektors durch die Verschiebung der Punkte nicht einfach vernachlässigen. Abweichend von Gleichung (6.29) müssen wir die Stabkraft also mit dem neuen Richtungsvektor multiplizieren, der selbst wieder von $\Delta \vec{r}$ abhängt.

$$\vec{F}_{ki} \approx S_i \frac{\Delta l}{l_0} \vec{e}'_{ki} \qquad \text{mit} \qquad \vec{e}'_{ki} = \frac{\vec{r} + \Delta \vec{r}}{|\vec{r} + \Delta \vec{r}|} \tag{13.5}$$

Als Nächstes bestimmen wir die lineare Näherung für den neuen Einheitsvektor. Nach einiger Rechnung (siehe Aufgabe 13.1) erhält man hierfür den Ausdruck

$$\vec{e}'_{ki} \approx \vec{e}_{ki} + \frac{\Delta \vec{r}}{l} - \frac{1}{l} (\vec{e}_{ki} \cdot \Delta \vec{r}) \vec{e}_{ki} \,. \tag{13.6}$$

Wir setzen nun die lineare Näherung für den Richtungsvektor (13.6) und die lineare Näherung für die Längenänderung (13.4) in die Gleichung für die Kraft (13.5) ein und erhalten:

$$\vec{F}_{ki} \approx \frac{S_i}{l_0} \left(l - l_0 + \vec{e}_{ki} \cdot \Delta \vec{r} \right) \left(\vec{e}_{ki} + \frac{\Delta \vec{r}}{l} - \frac{1}{l} (\vec{e}_{ki} \cdot \Delta \vec{r}) \, \vec{e}_{ki} \right) \qquad (13.7)$$

Anschließend multiplizieren wir die beiden großen Klammern aus und vernachlässigen dabei alle Terme, in denen $\Delta \vec{r}$ quadratisch auftaucht. Damit ergibt sich nach einigen Termumformungen:

$$\vec{F}_{ki} \approx \frac{S_i}{l_0} (l - l_0) \, \vec{e}_{ki} + S_i \left(\frac{1}{l_0} - \frac{1}{l} \right) \Delta \vec{r} + \frac{S_i}{l} (\vec{e}_{ki} \cdot \Delta \vec{r}) \, \vec{e}_{ki} \qquad (13.8)$$

Der erste Term in Gleichung (13.8) ist die Kraft, die schon vor der Verschiebung vorhanden war. Die Änderung der Kraft, die linear von den Komponenten von $\Delta \vec{r}$ abhängt, ist somit:

$$\Delta \vec{F}_{ki} \approx S_i \left(\frac{1}{l_0} - \frac{1}{l} \right) \Delta \vec{r} + \frac{S_i}{l} (\vec{e}_{ki} \cdot \Delta \vec{r}) \, \vec{e}_{ki} \qquad (13.9)$$

Der zweite Summand entspricht genau dem Ausdruck, den wir in Gleichung (6.29) bereits für die Kraft in einem nicht vorgespannten Stabwerk gefunden hatten. Wir führen nun die gleichen Umformungen durch, mit denen wir von Gleichung (6.29) zu Gleichung (6.35) gekommen sind, und erhalten:

$$\begin{aligned} \Delta \vec{F}_{ki} \approx & S_i \left(\frac{1}{l_0} - \frac{1}{l} \right) \Delta \vec{r}_j - S_i \left(\frac{1}{l_0} - \frac{1}{l} \right) \Delta \vec{r}_k \\ & - \frac{S_i}{l} (\vec{e}_{ki} \otimes \vec{e}_{ji}) \cdot \Delta \vec{r}_j - \frac{S_i}{l} (\vec{e}_{ki} \otimes \vec{e}_{ki}) \cdot \Delta \vec{r}_k \end{aligned} \qquad (13.10)$$

Das Aufstellen des linearen Gleichungssystems in Matrixschreibweise erfolgt jetzt völlig analog zu Abschn. 6.3. Wir müssen nur anstelle der Blockmatrixbeiträge nach Gleichung (6.37) die neuen Blockmatrixbeiträge für den i-ten Stab berücksichtigen, die sich aus Gleichung (13.10) ergeben

$$\begin{aligned} \hat{A}_{nm}^{(i)} &= +S_i \left(\frac{1}{l_0} - \frac{1}{l} \right) \mathbb{1} - \frac{S_i}{l} (\vec{e}_{k_n\, i} \otimes \vec{e}_{j_m\, i}) \qquad \text{für} \qquad k_n \neq j_m \\ \hat{A}_{nn}^{(i)} &= -S_i \left(\frac{1}{l_0} - \frac{1}{l} \right) \mathbb{1} - \frac{S_i}{l} (\vec{e}_{k_n\, i} \otimes \vec{e}_{k_n\, i}) \,, \end{aligned} \qquad (13.11)$$

wobei $\mathbb{1}$ eine 2×2- bzw. eine 3×3-Einheitsmatrix bezeichnet. Die programmtechnische Erstellung der gesamten Matrix aus den Blockmatrixbeiträgen in der Methode _systemmatrix erfolgt analog zum Vorgehen in Programm 6.3 und wird deshalb hier nicht noch einmal diskutiert. Man muss lediglich die beiden zusätzlichen Terme mit der Einheitsmatrix berücksichtigen. Diese dürfen natürlich nur dann hinzugefügt werden, wenn die Knoten k und j tatsächlich an den betrachteten Stab i angrenzen und man muss die Fallunterscheidung in Gleichung (13.11) berücksichtigen.

Die eigentliche Lösung des linearen Gleichungssystems ist jetzt sehr einfach:

```
462        def suche_gleichgewichtsposition(self):
475            # Speichere den aktuellen Zustand als neuen Ausgangszustand.
476            self.stabwerk_zuvor.punkte = self.punkte.copy()
477
478            # Löse das Gleichungssystem A @ dr = -b, wobei
479            # b die aktuell vorhandenen Kräfte sind.
480            A = self._systemmatrix()
481            b = self.gesamtkraefte()
482            b = b[self.indizes_knoten].reshape(-1)
483            dr = np.linalg.solve(A, -b)
484            dr = dr.reshape(self.n_knoten, self.n_dim)
485
486            self.punkte[self.indizes_knoten] += dr
```

Wir können in diese Klasse auch direkt die Berechnung von Eigenschwingungen einbauen, wie wir es bereits in Absch. 10.11 gemacht haben. Dazu implementieren wir eine entsprechende Methode:

```
488        def eigenmoden(self):
```

Zu Beginn der Methode müssen wir überprüfen, ob sich das Stabwerk überhaupt in einem Gleichgewichtszustand befindet. Wenn sich das System nicht in einem Gleichgewichtszustand befindet, kann es auch keine Schwingungen um diesen Zustand ausführen. Wir benutzen hierzu wieder die Möglichkeit mit raise einen Ausnahmefehler auszulösen.

```
499        if not self.ist_im_gleichgewicht():
500            raise ValueError('Eigenmoden können nur um einen '
501                             'Gleichgewichtszustand bestimmt '
502                             'werden. Das vorliegende System ist '
503                             'nicht im statischen Gleichgewicht.')
```

Die weitere Umsetzung dieser Methode erfolgt völlig analog zu Programm 10.15 und wird deshalb hier übersprungen.

Damit ist die Klasse im Prinzip fertig und kann so auch bereits verwendet werden. Für die Anwendung der Klasse ist aber folgendes Szenario vorstellbar: Sie betrachten ein bestimmtes elastisches Stabwerk, das weit von seinem Gleichgewichtszustand entfernt ist, sodass die lineare Näherung ein ungenaues Ergebnis liefern würde. Sie verwenden demzufolge die Klasse StabwerkElastisch, um den Gleichgewichtszustand zu bestimmen. Als Nächstes wollen Sie aber die Eigenschwingungen des Stabwerks um diesen Gleichgewichtszustand bestimmen. Jetzt haben wir ein Problem, denn die Eigenschwingungen kann man nur in der linearisierten Version eine Stabwerks bestimmen. Es wäre also wünschenswert, dass man aus einem vorhandenen Objekt vom Typ StabwerkElastisch ein neues Objekt vom Typ StabwerkElastischLin erzeugen könnte, ohne dass man manuell alle Punktpositionen, Stablängen, etc. übertragen muss.

Um dies zu erreichen, können wir in der Klasse StabwerkElastischLin eine Funktion from_stabwerk_elastisch definieren. Es kann sich dabei aber nicht um eine normale Methode handeln, denn Methoden beziehen sich immer auf ein konkretes Objekt der entsprechenden Klasse. Hier muss die Funktion aber erst ein Objekt erzeugen.

Wir definieren die Funktion als sogenannte **Klassenmethode**, indem wir sie mit dem gleichnamigen Dekorator versehen:

```
388     @classmethod
389     def from_stabwerk_elastisch(cls, orig):
```

Der Dekorator sorgt dafür, dass das erste Argument nicht eine Instanz der Klasse ist wie bei einer Methode, sondern dass das erste Argument die Klasse selbst ist. Innerhalb der Methode kann man also stets anstelle von `StabwerkElastischLin` einfach `cls` schreiben. Das zweite Argument `orig` muss ein vorhandenes Objekt vom Typ `StabwerkElastisch` sein. Wir beginnen damit, dass wir ein neues Objekt vom Typ `StabwerkElastischLin` erzeugen. Dabei beschränken wir uns auf die unbedingt notwendigen Argumente:

```
401         neu = cls(orig.punkte, orig.indizes_stuetz, orig.staebe)
```

Anschließend kopieren wir alle Attribute des Stabwerks `orig` auf das neu erzeugte linearisierte Stabwerk. Dazu benutzen wir das erste mal die in Python eingebaute Funktion `vars`. Mit dem Funktionsaufruf `vars(orig)` erhalten wir ein Dictionary, das alle Attribute und die zugehörigen Werte des ursprünglichen Stabwerks enthält. Wir iterieren über alle Einträge dieses Dictionaries:

```
404         for attribut, wert in vars(orig).items():
405             setattr(neu, attribut, copy.copy(wert))
```

Innerhalb der Schleife nutzen wir aus, dass man in Python statt einer direkten Zuweisung eines Objektattributs das Attribut auch über einen Aufruf der eingebauten Funktion `setattr` setzen kann. Eine Zuweisung der Form über `neu.rtol = 1e-9` ist völlig äquivalent zu dem Funktionsaufruf `setattr(neu, 'rtol', 1e-9)`. In Zeile 405 wird also der Wert eines Attributs von `orig` mithilfe der Funktion `copy` aus dem entsprechenden Modul der Standardbibliothek kopiert und einem gleichnamigen Attribut in `neu` zugewiesen.

Da wir in Zeile 401 nur die unbedingt notwendigen Argumente angegeben haben, müssen wir jetzt noch dafür sorgen, dass das Attribut `stabwerk_zuvor` den vollständigen Zustand des Stabwerks vor der Linearisierung beschreibt. Dazu setzen wir dieses Attribut auf eine Kopie des ursprünglichen Stabwerks.

```
409         neu.stabwerk_zuvor = copy.copy(orig)
```

Anschließend geben das nun komplett initialisierte Stabwerk zurück.

```
411         return neu
```

13.11 Die Klasse PlotStabwerk

Die Klasse zur Darstellung eines Stabwerks ist zwar umfangreich, aber relativ einfach aufgebaut. Die Methode `__init__` bekommt ein Axes-Objekt und ein Stabwerk übergeben. Mithilfe des Schlüsselwortarguments `kopie=True` kann man erreichen, dass eine tiefe Kopie des Stabwerks erzeugt wird. Das ist sinnvoll, falls das Stabwerk nachträglich von dem aufrufenden Programm noch verändert werden soll (wir werden das in einem der Beispiele benutzen). Darüber hinaus gibt es eine große Anzahl von Schlüsselwortargumenten, die ausführlich im Docstring dokumentiert sind und mit denen man das Aussehen der Darstellung beeinflussen kann.

Programm 13.11: *OOsim/stabwerke/plot.py:* `PlotStabwerk`

```
11   class PlotStabwerk:
73       def __init__(self, ax, stabwerk, kopie=False,
74                    cmap=None,
75                    scal_kraft=0.01,
76                    arrows_stab=True, annot_stab=True,
77                    arrows_ext=True, annot_ext=True,
78                    arrows_grav=True, annot_grav=True,
79                    arrows_stuetz=True, annot_stuetz=True,
80                    arrows=None, annot=None,
81                    linewidth_stab=None,
82                    pointsize=None):
```

In der Methode `__init__` werden zunächst nur die einzelnen Bestandteile des Plots erzeugt. Die korrekten Positionen der Punkte, Stangen und Pfeile werden in einer Methode `update_stabwerk` richtig gesetzt.

```
260      def update_stabwerk(self):
261          """Aktualisiere die Darstellung des Stabwerks."""
```

13.12 Die Klasse AnimationEigenmode

Die Klasse zur animierten Darstellung einer Eigenmode leiten wir von `PlotStabwerk` ab. Zusätzlich zu einer Axes und dem Stabwerk müssen wir noch die Nummer der Eigenmode übergeben. Weiterhin können wir die Amplitude und die Anzahl der dargestellten Zeitschritte pro Periode angeben und wir können auswählen, ob in der Animation auch der Ruhezustand ähnlich wie in Abb. 10.21 dargestellt werden soll.

Da innerhalb der Klasse ein Animationsobjekt erzeugt wird, bietet die Klasse die Möglichkeit an, mit dem Argument `anim_args` ein Dictionary zu übergeben, das die zusätzlichen Argumente für `FuncAnimation` enthält. Darüber hinaus können wir beliebig viele Schlüsselwortargumente für die Basisklasse angeben.

Programm 13.12: *OOsim/stabwerke/plot.py:* `AnimationEigenmode`

```
341   class AnimationEigenmode(PlotStabwerk):
364       def __init__(self, ax, stabwerk, eigenmode,
365                    amplitude=0.1, schritte=40, ruhelage=True,
366                    anim_args=None, **kwargs):
```

Innerhalb der Klasse gibt es noch eine weitere Methode, die für die Aktualisierung der Grafik zuständig ist.

```
440      def _update(self, n):
441          """Aktualisiere die Grafik zum n-ten Zeitschritt."""
```

Diese Methode ist völlig analog zur Funktion `update` von Programm 10.15 implementiert und wird deshalb hier nicht noch einmal ausführlich diskutiert.

13.13 Anwendungen des Pakets

Wir wollen die soeben entwickelten Klassen nun an einigen einfachen Beispielen ausprobieren und greifen dazu auf die Stabwerke zurück, die bereits in Kap. 6 diskutiert worden sind. Um die folgenden Programme ausführen zu können, muss im aktuellen Verzeichnis ein Unterverzeichnis `stabwerke` mit den Dateien `berechnung.py`, `plot.py` und `__init__.py` vorhanden sein. Sie können die Dateien einzeln von der Webseite zum Buch herunterladen oder Sie laden einfach die zip-Datei mit allen Programmen herunter.

Ein einfaches zweidimensionales starres Stabwerk

Wir wollen das Programm 6.1 zu dem einfachen starren Stabwerk nach Abb. 6.4 mithilfe des neuen Pakets umsetzen. Dazu importieren wir neben NumPy und Matplotlib noch das Paket `stabwerke`.

Programm 13.13: `OOsim/stabwerk_starr.py`

```
3  import numpy as np
4  import matplotlib.pyplot as plt
5  import stabwerke
```

Anschließend definieren wir die Geometrie des Stabwerks völlig analog zum Programm 6.1

```
8   punkte = np.array([[0, 0], [0, 1.1], [1.2, 0], [2.5, 1.1]])
9   indizes_stuetz = [0, 1]
10  staebe = np.array([[0, 2], [1, 2], [2, 3], [1, 3]])
11  F_ext = np.array([[0, 0], [0, 0], [0, -147.15], [0, -98.1]])
```

und erzeugen anschließend eine Instanz der Klasse `stabwerke.StabwerkStarr`.

```
14  stabwerk = stabwerke.StabwerkStarr(punkte, indizes_stuetz, staebe,
15                                     kraefte_ext=F_ext)
```

Um die Stabkräfte auszugeben, greifen wir auf die Methode `stabkraefte_scal` zu.

```
18  print(stabwerk.stabkraefte_scal())
```

Um das Stabwerk grafisch darzustellen, erzeugen wir eine Figure und eine Axes mit den üblichen Befehlen und erzeugen anschließend ein Objekt vom Typ `PlotStabwerk`.

```
31  plot = stabwerke.PlotStabwerk(ax, stabwerk, scal_kraft=0.002)
32  plt.show()
```

Wenn Sie das Programm laufen lassen, erhalten Sie eine Darstellung, die im Wesentlichen der Abb. 6.6 entspricht.

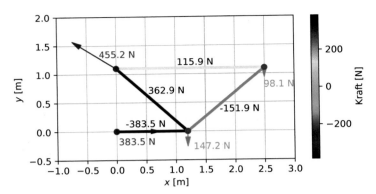

Abb. 13.2: Visualisierung der Kräfte im starren Stabwerk. *Die roten Punkte markieren die Stützpunkte, während die Knotenpunkte blau dargestellt sind. Die Stabkräfte sind farblich kodiert, die zugehörigen Zahlenwerte sind in schwarzer Schrift an den Stäben angegeben. Die grünen Pfeile geben die äußeren Kräfte an. Die roten Pfeile stellen die Stützkräfte dar.*

Mit einer geringfügigen Modifikation können Sie das Stabwerk auch mit farblich kodierten Stabkräften darstellen. Dazu muss lediglich der Darstellungsteil geändert werden. Mithilfe der optionalen Argumente fügen wir eine Farbtabelle hinzu (`cmap='jet'`), ändern die Linienbreite der Stäbe (`linewidth_stab=3`) und legen fest, dass keine Kraftpfeile an die Stäbe gezeichnet werden (`arrows_stab=False`).

Programm 13.14: `OOsim/stabwerk_starr_col.py`

```
34  plot = stabwerke.PlotStabwerk(ax, stabwerk, scal_kraft=0.002,
35                                 cmap='jet', linewidth_stab=3,
36                                 arrows_stab=False)
```

Standardmäßig werden die Beschriftungen der Stäbe mit der gleichen Farbtabelle versehen wie die Stäbe selbst. Wenn das unerwünscht ist, kann man die Farbe der Stäbe wie folgt ändern:

```
37  for annot in plot.annot_stab:
38      annot.set_color('black')
```

An dieser Stelle sieht man den Vorteil, dass `PlotStabwerk` eine Klasse ist und keine einfache Funktion. Da die Grafikelemente als Attribute des Objekts gespeichert sind, können wir nachträglich darauf zugreifen. Auf diese Weise ist es auch erst möglich, einen Farbbalken zur Figure hinzuzufügen, indem wir auf den Farbmapper `plot.mapper` zugreifen:

```
39  fig.colorbar(plot.mapper, label='Kraft [N]')
40  plt.show()
```

Die Ausgabe dieses Programms ist in Abb. 13.2 dargestellt.

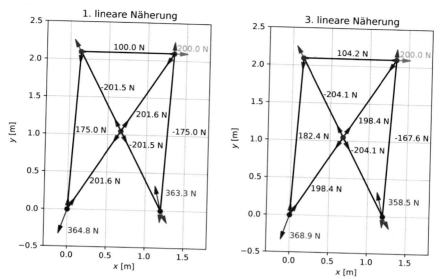

Abb. 13.3: Wiederholte Linearisierung eines Stabwerks. *Während (links) die Ergebnisse des Stabwerks in der linearen Näherung noch deutlich von der nichtlinearen Lösung nach Abb. 6.9 abweichen, stimmen sie bereits in der (rechts) dritten linearen Näherung in allen angegebenen Dezimalstellen mit der nichtlinearen Lösung überein.*

Wiederholte Linearisierung elastischer Stabwerke

Der große Vorteil des objektorientierten Ansatzes für die Behandlung der Stabwerke besteht darin, dass alle relevanten Informationen des Stabwerks in einem einzigen Objekt gespeichert sind. Das hat die Verwaltung der Daten in Abschn. 13.10 wesentlich erleichtert, indem wir in der Klasse StabwerkElastischLin einfach das komplette Stabwerk vor der Linearisierung in einem Attribut gespeichert haben. Dadurch wurde es viel leichter, auch vorgespannte Stabwerke bei der Linearisierung zu berücksichtigen.

Wir wollen dies jetzt ausnutzen, um ein Stabwerk in mehreren Linearisierungsschritten zu lösen. Dazu übernehmen wir die komplette Definition der Geometrie des Regals mit Stabilisierungskreuz nach Abb. 6.8 aus Programm 6.2 und erzeugen anschließend eine Figure und zwei Axes. Danach erstellen wir ein StabwerkElastischLin:

Programm 13.15: *OOsim/stabwerk_elastisch.py*

```
39    stabwerk_linear = stabwerke.StabwerkElastischLin(
40        punkte, indizes_stuetz, staebe,
41        steifigkeiten=steifigkeiten, kraefte_ext=F_ext)
```

Wir bestimmen nun die Gleichgewichtsposition des linearisierten Modells und stellen das Stabwerk dar:

```
42    stabwerk_linear.suche_gleichgewichtsposition()
43    stabwerke.PlotStabwerk(ax1, stabwerk_linear, scal_kraft=scal_kraft,
44                           kopie=True)
45    ax1.set_title('1. lineare Näherung')
```

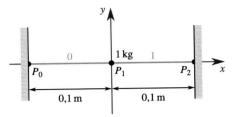

Abb. 13.4: Ein sehr einfaches Stabwerk. *Eine Masse (Punkt P_1) ist zwischen zwei Stäben so eingespannt, dass die Stäbe in der dargestellten Position nicht vorgespannt sind.*

Bitte beachten Sie, dass wir bei der Erzeugung des Plots die Option `kopie=True` verwendet haben, damit wir das Objekt `stabwerk_linear` nachträglich verändern können, ohne dass dies Einfluss auf die Grafik hat.

Wir hatten bereits am Ende von Abschn. 6.3 diskutiert, dass die so berechneten Kräfte erheblich vom Ergebnis der nichtlinearen Berechnung abweichen, weil die Deformationen des Stabwerks nicht vernachlässigbar klein sind. Mit unserem objektorientierten Modell können wir jetzt relativ einfach ausprobieren, ob man eine Verbesserung erzielen kann, indem man das Stabwerk um den Zustand nach der ersten Linearisierung erneut linearisiert. Wir wenden im Folgenden die Linearisierung wiederholt an, bis sich das System im Rahmen der vorgegebenen Toleranzen in einem Gleichgewichtszustand befindet. Dabei zählen wir die Anzahl der benötigten Iterationen.

```
49  iteration = 1
50  while not stabwerk_linear.ist_im_gleichgewicht():
51      iteration += 1
52      print(f'{iteration}. lineare Näherung.')
53      stabwerk_linear.suche_gleichgewichtsposition()
```

Anschließend plotten wir das Ergebnis in der zweiten Axes.

```
54  stabwerke.PlotStabwerk(ax2, stabwerk_linear,
55                         scal_kraft=scal_kraft)
56  ax2.set_title(f'{iteration}. lineare Näherung')
```

Das Resultat ist in Abb. 13.3 dargestellt. Man erkennt, dass bereits nach drei Iterationen das Ergebnis praktisch nicht mehr von der nichtlinearen Optimierung unterscheidbar ist.

Eigenschwingungen vorgespannter Stabwerke

Als letztes Anwendungsbeispiel für das Paket Stabwerke wollen wir uns anschauen, welchen Einfluss es auf die Eigenschwingungen hat, wenn ein Stabwerk durch äußere Kräfte vorgespannt ist. Wir betrachten dazu das besonders einfache Stabwerk nach Abb. 13.4 und nehmen für die Stäbe eine Steifigkeit von $S = 1 \cdot 10^3$ N an. Wir setzen dieses Stabwerk in einem kleinen Python-Programm um, indem wir ein entsprechendes Stabwerk vom Type `StabwerkElastisch` erzeugen.

Programm 13.16: *OOsim/eigenmode_mit_vorspannung.py*

```
8  punkte = np.array([[-0.1, 0.0], [0.0, 0.0],  [0.1, 0.0]])
9  indizes_stuetz = [0, 2]
```

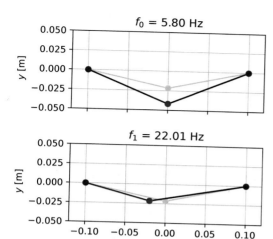

Abb. 13.5: Eigenmoden des Stabwerks.
*Dargestellt ist die jeweilige Mode bei
maximaler Auslenkung. Im Hintergrund
ist die Ausgangslage der Knoten (hellblau) und Stäbe (hellgrau) gezeigt.*

```
10   staebe = np.array([[0, 1], [1, 2]])
11   steifigkeiten = np.array([1e3, 1e3])
12   massen = np.array([0.0, 1.0, 0.0])
13   stabw = stabwerke.StabwerkElastisch(punkte,
14                                       indizes_stuetz, staebe,
15                                       steifigkeiten=steifigkeiten,
16                                       punktmassen=massen)
```

Da für die Masse des mittleren Punktes automatisch die Gewichtskraft berücksichtigt
wird, befindet sich das System nicht im Gleichgewicht und wir suchen die Gleichgewichtsposition der Masse durch Lösen des nichtlinearen Gleichungssystems:

```
19   stabw.suche_gleichgewichtsposition()
```

Jetzt erzeugen wir aus diesem Stabwerk ein linearisiertes Stabwerk und verwenden
dazu die Klassenmethode `from_stabwerk_elastisch`.

```
22   stabw_lin = stabwerke.StabwerkElastischLin.from_stabwerk_elastisch(
23       stabw)
```

Anschließend erzeugen wir eine Figure und zwei Axes für die beiden möglichen Eigenmoden und stellen diese mithilfe der Klasse `AnimationEigenmode` dar.

```
44   animationen = []
45   for i, ax in enumerate([ax1, ax2]):
46       freq = stabw_lin.eigenmoden()[0][i]
47       ax.set_title(f'$f$ = {freq:.2f} Hz')
48       p = stabwerke.AnimationEigenmode(ax, stabw_lin, eigenmode=i,
49                                        amplitude=0.02, cmap='jet',
50                                        arrows=False, annot=False)
51       animationen.append(p)
```

Damit die Animationsobjekte nicht vom Garbage Collector vorzeitig entsorgt werden, speichern wir diese in der Liste `animationen`.

Die Ausgabe des Programms ist in Abb. 13.5 dargestellt. Man erkennt, dass die mittlere Masse in der Ruhelage erwartungsgemäß durchhängt, und das System kann um diese Ruhelage schwingen. In Aufgabe 13.5 werden Sie untersuchen, warum eine der beiden Eigenmoden verschwindet, wenn keine Schwerkraft vorhanden ist.

Zusammenfassung

Objektorientierte Programmierung: In diesem Kapitel haben wir am Beispiel der Stabwerke gelernt, wie man Simulationscode mithilfe der objektorientierten Programmierung besser strukturieren kann.

Python Sprachelemente: Dabei haben wir einige neue Konstrukte der Programmiersprache Python kennengelernt. Mithilfe von Dekoratoren haben wir Eigenschaften (Properties) erstellt und wir haben gelernt, wie man mit einer variablen Anzahl von Funktionsargumenten umgehen kann.

Klassendiagramme: Um das Problem zu strukturieren, haben wir ein Klassendiagramm erstellt und die Klassen auf Module aufgeteilt.

Python-Pakete: Um die Module zusammenzufassen, haben wir ein Python-Paket erstellt.

Abstrakte Methoden: Bei der Implementierung der allgemeinen Klasse für Stabwerke haben wir eine abstrakte Methode verwendet, die ein Platzhalter für eine Methode ist, die erst in einer abgeleiteten Klasse implementiert wird.

Klassenmethoden: Wir haben eine Klassenmethode benutzt, um für die linearisierten elastischen Stabwerke eine zweite Funktion zu schreiben, mit der man ein neues Objekt der Klasse erzeugen kann. Dies haben wir verwendet, um aus einem bestehenden elastischen Stabwerk eine linearisierte Version desselben Stabwerks zu erzeugen.

Verwendung des Pakets: Anschließend haben wir an einigen Beispielen gezeigt, wie man das zuvor erstelle Paket auf unterschiedliche Stabwerksprobleme anwenden kann.

Aufgaben

Aufgabe 13.1: Rechnen sie die in Gleichung (13.6) angegebene lineare Näherung für den neuen Einheitsvektor nach einer Verschiebung eines vorgespannten Stabwerks nach. Hinweis: In der Definition des neuen Einheitsvektors nach Gleichung (13.5) taucht $\Delta \vec{r}$ nicht nur im Zähler sondern auch im Nenner auf. Verwenden Sie Gleichung (13.3) und die Beziehung $1/(1 + x) \approx 1 - x$.

Aufgabe 13.2: Betrachten Sie die Aufgabe 6.6, bei der die Kraftverteilung in einer Brücke berechnet wurde, erneut. Modifizieren Sie Ihre eigene Lösung dieser Aufgabe oder die Musterlösung so, dass das in diesem Kapitel entwickelte Paket `stabwerke` möglichst effizient benutzt wird.

Aufgabe 13.3: In Aufgabe 6.7 sollte die Kraftverteilung in einer Brücke, über die gerade ein Fahrzeug fährt, berechnet werden. Lösen Sie diese Aufgabe erneut mithilfe des Pakets `stabwerke`. Hinweis: In der `update`-Funktion der Animation können Sie die Eigenschaft `artists` der Klasse `PlotStabwerk` benutzen, um eine Liste aller zu aktualisierenden Grafikelemente des Stabwerks zu erhalten.

Aufgabe 13.4: Betrachten Sie das Stabwerk nach Abb. 13.4 ohne Gewichtskräfte. Erzeugen Sie ein linearisiertes elastisches Stabwerk mit einer vorgegebenen Vorspannung der Größe 100 N, indem Sie zuerst ein linearisiertes elastisches Stabwerk erzeugen und anschließend die beiden Stützpunkte um eine geeignete Strecke nach außen schieben. Stellen Sie die beiden möglichen Eigenschwingungen dieses Systems dar und vergleichen Sie die so bestimmten Eigenfrequenzen mit einer analytischen Rechnung.

Aufgabe 13.5: Reduzieren Sie in Aufgabe 13.4 die Vorspannung der Stäbe auf null. Als Ergebnis erhalten Sie nun, dass eine der beiden Eigenmoden eine Eigenfrequenz von null hat. Erklären Sie, warum das System dennoch mit einer von null verschiedenen Frequenz um die Gleichgewichtslage schwingt, wenn man es quer zu Verbindungsachse der beiden Stützpunkte auslenkt. Schreiben Sie ein Programm, das die entsprechende Bewegung der mittleren Masse simuliert. Hinweis: Die Differentialgleichung für die mittlere Masse ist sehr einfach aufzustellen, indem Sie die jeweilige Kraft auf diese Masse mithilfe der entsprechenden Methode aus der Klasse `StabwerkElastisch` berechnen.

Aufgabe 13.6: Schreiben Sie eine Klasse `StabwerkElastischDynamisch`, mit der Sie die Dynamik eines elastischen Stabwerks möglichst einfach und allgemein simulieren können. Leiten Sie die neue Klasse dazu von `StabwerkElastisch` ab. Die neue Klasse soll die folgenden Eigenschaften haben:

- Es muss die Möglichkeit geben, für jeden Knotenpunkt eine Reibungskraft anzusetzen, die proportional zur Geschwindigkeit des Knotenpunktes ist.

- Es muss eine Methode geben, mit der man ausgehend von einem Anfangszustand, der aus den Anfangspositionen und Anfangsgeschwindigkeiten der Knotenpunkte besteht, den Zustand zu späteren Zeitpunkten berechnen kann. Das Ergebnis der Berechnung soll in einer Form zurückgegeben werden, die es ermögicht, die Dynamik des Stabwerks mithilfe der Klasse `stabwerke.PlotStabwerk` animiert darzustellen.

Aufgabe 13.7: Wenden Sie die in Aufgabe 13.6 erstellte Klasse auf das Stabwerk aus Abschn. 6.2 an. Reduzieren Sie dabei die Steifigkeit des äußeren Rahmens um einen Faktor 1000 von $5,6 \cdot 10^6$ N auf $5,6 \cdot 10^3$ N und setzen Sie einen Reibungskoeffizienten von 3,5 kg/s an. Wählen Sie für die beiden oberen Punkte jeweils eine Masse von 5 kg und für den Kreuzungspunkt der Querverstrebungen eine Masse von 1 kg. Berechnen Sie nun die Gleichgewichtsposition unter der in Abb. 6.8 angegebenen äußeren Kraft. Simulieren Sie anschließend die Bewegung des Stabwerks über einen Zeitraum von 5 s mit einer Zeitschrittweite von 0,01 s, wenn man die äußere Kraft auf den oberen rechten Punkt plötzlich weglässt, und stellen Sie die Bewegung des Stabwerks animiert dar.

Welches Problem ergibt sich, wenn Sie statt der oben angegebenen Werte die ursprüngliche Steifigkeit des äußeren Rahmens verwenden?

Aufgabe 13.8: In Abschn. 8.7 haben wir ein Programm zur Simulation von Stoßprozessen mehrerer Teilchen entwickelt. Schreiben Sie eine Klasse, mit der man solche Mehrteilchenstöße möglichst allgemein simulieren kann. Die Klasse soll die folgenden Eigenschaften haben:

- Die Massen und Radien der Teilchen müssen festgelegt werden können.

- Die Begrenzung des Simulationsbereichs in Form von Wänden soll angegeben werden können.

- In der Klasse sollen die aktuellen Positionen und Geschwindigkeiten der Teilchen gespeichert werden.

- Es soll eine Methode `zeitschritt` geben, die ausgehend vom aktuellen Zustand der Teilchen die Positionen und Geschwindigkeiten zu einem späteren Zeitpunkt berechnet und in der Klasse speichert.

Aufgabe 13.9: Wenden Sie die in Aufgabe 13.8 definierte Klasse auf die konkrete Situation von Programm 8.9 an.

Aufgabe 13.10: Benutzen Sie die in Aufgabe 13.8 definierte Klasse, um die brownsche Bewegung analog zu Programm 8.12 zu simulieren.

Aufgabe 13.11: In Abschn. 10.3 wurde eine Funktion erstellt, die die Daten zur Visualisierung einer Schraubenfeder erzeugt hat. Diese Daten wurden dann anschließend verwendet, um die Schraubenfeder zu plotten. Es wäre schöner, wenn man stattdessen ein Objekt vom Typ `Schraubenfeder` hätte, das die Daten intern berechnet und sich direkt mit der Methode `add_line` eine Axes zu einer Grafik hinzufügen lässt. Erstellen Sie eine entsprechende Klasse `Schraubenfeder`, die Sie von `matplotlib.lines.Line2D` ableiten. Die Klasse soll neben den Parametern der Feder noch zwei Attribute `startpunkt` und `endpunkt` haben. Sobald eines dieser beiden Attribute verändert wird, sollen die Daten des Linienplots automatisch aktualisiert werden.

Aufgabe 13.12: Schreiben Sie das Programm 10.3 so um, dass die in Aufgabe 13.11 entwickelte Klasse zur Darstellung einer Schraubenfeder verwendet wird.

Literatur

[1]   Built-in Functions – property. Python Software Foundation. https://docs.python.org/3/library/functions.html#property.

[2]   Built-in Exceptions. Python Software Foundation. https://docs.python.org/3/library/exceptions.html.

Wenn ich weiter geblickt habe, so deshalb, weil ich auf den
Schultern von Riesen stehe.

Isaac Newton

14

Ausblick

Dieses Buch sollte unter anderem vermitteln, dass man beim Programmieren das Rad nicht immer wieder neu erfinden muss. Wesentliche Fortschritte kann man oft am besten erreichen, indem man auf bereits Bestehendes aufbaut. So hat das offenbar auch bereits Isaac Newton gesehen, wie das Zitat zu diesem Kapitel zeigt. Aus diesem Grund haben wir regen Gebrauch von Bibliotheken wie NumPy oder SciPy gemacht. Im Folgenden sollen noch einige Empfehlungen für Bibliotheken angegeben werden, die Sie – abhängig von Ihrem Arbeitsgebiet – vielleicht einmal benötigen könnten.

Die **3-D-Visualisierung** wird von Matplotlib nur sehr stiefmütterlich unterstützt. Eine sehr umfassende Sammlung von Algorithmen zur Bearbeitung und Darstellung 3-dimensionaler Datensätze bietet die Bibliothek VTK [1].

Für die **Auswertung von Messdaten** gibt es neben den Methoden, die wir in Kap. 4 besprochen haben, die sehr umfangreiche Bibliothek Pandas [2]. Die Bibliothek Seaborn [3] setzt auf Matplotlib auf und bietet eine Reihe Funktionen zur Erstellung von **statistischen Grafiken**.

Für das Verständnis physikalischer Probleme ist eine analytische Behandlung sehr oft hilfreich, und auch numerische Berechnungen profitieren oft von analytischen Teillösungen. Für Python gibt es die Bibliothek SymPy [4], mit der man **symbolische Berechnungen** durchführen kann. Diese hat zwar bei Weitem nicht den Funktionsumfang der großen kommerziellen Computeralgebrasysteme, ist aber für die meisten Zwecke völlig ausreichend.

Wenn Sie **partielle Differentialgleichungen** mit Python numerisch lösen möchten, sollten Sie sich einmal das FEniCS-Projekt anschauen [5], zu dem es eine gute Anleitung in Form eines Buches gibt [6].

In den letzten Jahren hat **maschinelles Lernen** in vielen technischen Bereichen zunehmend an Bedeutung gewonnen. Für Python bietet sich dafür die von der Firma Google entwickelte Bibliothek Tensorflow [7] zusammen mit der Bibliothek Keras [8] an, die spezielle Funktionen für maschinelles Lernen bereitstellen. Der Autor von Keras hat auch ein empfehlenswertes einführendes Buch zum maschinellen Lernen mit Python geschrieben [9].

Die Ein- und Ausgabe von **speziellen Datenformaten** ist ein weiteres Thema, das Ihnen vielleicht einmal begegnen wird. Bevor Sie anfangen, eine Funktion zum Einlesen eines speziellen Datenformats zu schreiben, sollten Sie nach einer passenden Bibliothek

© Springer-Verlag GmbH Deutschland, ein Teil von Springer Nature 2022
O. Natt, *Physik mit Python*, https://doi.org/10.1007/978-3-662-66454-4_14

suchen. Für große numerische Datensätze wird häufig das Datenformat **HDF5** [10] verwendet,[1] für das es eine passende Python-Bibliothek gibt [11]. Bilddaten, insbesondere in medizinischen Anwendungen, werden häufig im **DICOM-Standard** [12] gespeichert. In der Bibliothek VTK [1] sind bereits Funktionen enthalten, mit denen man DICOM-Daten lesen kann. Darüber hinaus gibt es noch die Bibliothek PyDicom [13].

Die Aufzählung von zusätzlichen Bibliotheken lässt sich nahezu beliebig fortsetzen und ist meiner Meinung nach ein Zeichen für den großen Erfolg der Programmiersprache Python. Ich hoffe, dass ich Ihnen mit diesem Buch einen guten Einstieg in das wissenschaftliche Programmieren mit Python gegeben habe und Sie in Zukunft auf dieser Grundlage aufbauen können.

In diesem einführenden Buch konnten viele Aspekte der Programmiersprache Python nicht bis ins letzte Detail behandelt werden. Insbesondere die objektorientierte Programmierung und Ein-/Ausgabeoperationen sind sehr kurz gekommen. Wenn Sie tiefer einsteigen möchten, sind die sehr umfassenden Lehrbücher von Ernesti und Kaminski [14, 15] empfehlenswert. Darüber hinaus gibt es in Python, wie in jeder anderen Programmiersprache auch, viele kleine Tricks und Kniffe, von denen einige in dem sehr lesenswerten Buch von Dan Bader [16] vorgestellt werden.

Literatur

[1]   VTK - The Visualization Toolkit. https:/vtk.org.

[2]   Pandas: Python Data Analysis Library. https://pandas.pydata.org.

[3]   Seaborn: Statistical data visualizuation. https://seaborn.pydata.org.

[4]   SymPy. https://www.sympy.org.

[5]   The FEniCSx computing platform. https://fenicsproject.org.

[6]   Langtangen HP und Logg A. Solving PDEs in Python. The FEniCS Tutorial I. Springer, 2017. DOI:10.1007/978-3-319-52462-7.

[7]   TensorFlow: An end-to-end open source machine learning platform. https://www.tensorflow.org.

[8]   Keras: The Python Deep Learning API. https://keras.io.

[9]   Chollet F. Deep learning with Python. Shelter Island, NY: Manning Publications, 2021.

[10]   Ensuring long-term access and usability of HDF data and supporting users of HDF technologies. The HDF Group. https://www.hdfgroup.org.

[11]   HDF5 for Python. https://www.h5py.org.

[12]   DICOM Standard. https://www.dicomstandard.org.

[13]   Pydicom Documentation. https://pydicom.github.io/pydicom.

[14]   Ernesti J. Python 3: Das umfassende Handbuch. Bonn: Rheinwerk Verlag, 2020.

[15]   Kaminski S. Python 3. Berlin, Boston: De Gruyter Oldenbourg, 2016. DOI:10.1515/978311047 3650.

[16]   Bader D. Python Tricks The Book: A Buffet of Awesome Python Features. Amazon, 2018.

---

[1] Die `.mat`-Dateien, die man aus neueren Versionen der Software MATLAB® exportieren kann, sind beispielsweise HDF5-Dateien.

Index

© Springer-Verlag GmbH Deutschland, ein Teil von Springer Nature 2022
O. Natt, *Physik mit Python*, https://doi.org/10.1007/978-3-662-66454-4

Printed in the United States
by Baker & Taylor Publisher Services